弹性波层析成像技术开发及其工程应用

中国电建集团华东勘测设计研究院有限公司
陈文华　侯靖　黄世强　李广场　著

中国水利水电出版社
www.waterpub.com.cn
·北京·

内 容 提 要

本书介绍了弹性波传播的基本原理与正反演方法，现场数据采集、分析和解释的关键技术；提供了弹性波层析成像二维和三维正反演计算软件的主要源代码以及工程实测原始数据，有效地提高了弹性波层析成像方法的地质探测效果，积累了丰富的工程实践经验。特别在我国西部水电能源开发过程中，应用弹性波层析成像方法较好地解决了金沙江、雅砻江、怒江、澜沧江等水流湍急大江大河的跨江地质勘探难题，对于我国西部水电清洁能源开发发挥了重要的作用。

本书适合从事工程勘察、设计、施工、监理、质检等技术人员，尤其是水电、水利、交通、市政等行业专门从事探测和检测的生产技术、科研攻关及其相关人员阅读和参考。

图书在版编目（CIP）数据

弹性波层析成像技术开发及其工程应用 / 陈文华等著. -- 北京 : 中国水利水电出版社, 2022.2
ISBN 978-7-5226-0518-0

Ⅰ. ①弹… Ⅱ. ①陈… Ⅲ. ①弹性波－层析成象－研究 Ⅳ. ①O347.4

中国版本图书馆CIP数据核字(2022)第032073号

书 名	**弹性波层析成像技术开发及其工程应用** TANXINGBO CENGXI CHENGXIANG JISHU KAIFA JI QI GONGCHENG YINGYONG
作 者	中国电建集团华东勘测设计研究院有限公司 陈文华　侯靖　黄世强　李广场　著
出版发行	中国水利水电出版社 （北京市海淀区玉渊潭南路 1 号 D 座　100038） 网址：www.waterpub.com.cn E-mail：sales@waterpub.com.cn 电话：(010) 68367658（营销中心）
经 售	北京科水图书销售中心（零售） 电话：(010) 88383994、63202643、68545874 全国各地新华书店和相关出版物销售网点
排 版	中国水利水电出版社微机排版中心
印 刷	天津嘉恒印务有限公司
规 格	184mm×260mm　16 开本　24.5 印张　537 千字
版 次	2022 年 2 月第 1 版　2022 年 2 月第 1 次印刷
印 数	0001—1500 册
定 价	**138.00** 元

序

地震层析成像是20世纪80年代开始研究的一项物探新方法，通过弹性波射线扫描，对所获得的弹性波走时或幅值进行反演计算，重建探测范围内介质弹性波传播参数空间分布的图像。20世纪90年代初我国已经在黄河小浪底水利枢纽工程坝基探测和丰满水电站大坝病害检测中应用，并取得良好的效果。

《弹性波层析成像技术开发及其工程应用》一书作者自20世纪90年代中期开始在工程地质勘察和质量检测中应用弹性波层析成像技术，通过大量工程应用的研发，自主开发了弹性波层析成像二维和三维正反演分析软件。针对弹性波层析成像反演的多解性等难题，提出了以水平射线分析法、交会射线分析法等新分析方法，和以等值线解释法的定量分析为基础的综合地质解译方法，有效地提高了弹性波层析成像方法的地质探测效果，积累了丰富的工程实践经验。特别在我国西部水电能源开发过程中，应用弹性波层析成像方法较好地解决了金沙江、雅砻江、怒江、澜沧江等水流湍急大江大河的跨江地质勘探难题，对于我国西部水电清洁能源开发发挥了重要的作用。

该书全面系统地介绍了弹性波传播的基本原理与正反演方法，以及现场数据采集、分析和解释的关键技术；提供了弹性波层析成像二维和三维正反演计算软件的主要源代码以及工程实测原始数据，有助于读者全面了解和掌握弹性波层析成像技术，对弹性波层析成像技术的推广应用可以起到很好的作用。我很高兴向从事工程物探的同行们推荐这本书，并祝中国的地球物理科学技术蒸蒸日上。

浙江大学教授，中国科学院院士

前　言

国内自20世纪80年代开展弹性波层析成像方法研究以后，部分科研院所逐渐在工程中应用弹性波层析成像技术，并取得一定成效。20世纪90年代，笔者所在单位在西部白鹤滩、锦屏二级、杨房沟、卡拉、赛格、岩桑树等水电工程勘察中，面临深切河床的勘探难题。为此，笔者单位成立课题组开展弹性波层析成像技术专题研究，对弹性波层析成像的数据采集、资料整编、正反演方法、拟合算法和成果解释等进行了研究，形成一整套具有自主知识产权的研究成果，并在白鹤滩、锦屏二级、杨房沟、卡拉、赛格、岩桑树、LKK、大古等西部大中型水电工程中应用，较好地解决了西部深切河床的勘探难题，为地质工程师提供了翔实的物探成果；同时也应用在工程质量检测项目中，取得了良好的工程效果。

本书侧重弹性波层析成像方法技术和工程应用，共分6章。第1章为概述，介绍弹性波层析成像的发展历程和技术现状；第2章为基本原理与方法，介绍基于几何地震学的弹性波传播的基本原理和正反演技术；第3章为数据采集、整理与分析，介绍弹性波层析成像外业工作、资料预处理应注意的问题和遵循的基本原则、二维成果解释和地质解译等；第4章为二维CT软件（2DCT）开发及其功能，介绍二维解释软件及其核心源代码；第5章为三维CT软件（3DCT）开发及其功能，介绍三维解释软件及其核心源代码；第6章为典型工程应用实例，介绍五项工程实际应用实例，包括五项二维探测成果和二项三维解释成果；以及6个附表。

本书得到了浙江省自然科学基金重点项目：桥梁桩完整性检测新方法探索及缺陷非规则性对动静特性的影响研究（项目批准号：LXZ22E080001）的资助。

由于编者技术水平和经验所限，书中不足甚至差错之处在所难免，恳请读者批评指正。

作者

2020年6月

目　录

第1章　概　　述

1.1　弹性波层析成像的发展历程

计算机层析成像（Computerized Tomography，CT）也称为计算机辅助断层成像，是在物体周边观测某种物理量的投影数据，运用数学方法，重建物体物理量的一种方法。断层成像的概念最早由挪威物理学家 Abel 发表于 1826 年，其研究对象是轴对称的物体。1917 年，奥地利数学家 Radon 发展了 Abel 的思想，使得成像对象扩充到任意形状的物体。20 世纪 60 年代初期，美国科学家 Cormack 等从数学和实验结果证实了根据 X 射线的投影可以唯一地确定人体内部结构，从而奠定了医学诊断上图像重建的理论基础。1968 年英国 EMI 公司中央研究所工程师 Hounsfield 研制出了检查头颅用的 CT 装置，成功用于人体颅脑断面成像，并申请获得了英国专利，Hounsfield 因此获得 1979 年的诺贝尔医学奖。医学 CT 不断发展，并在疾病诊断上获得了巨大成功，在医学上起到了划时代的作用。随后出现了工业 CT，在射电天文学、仪器仪表、工业过程监测等领域得到了成功应用。

物探是通过观察和研究地球物理场及变化来解决地质问题的一种勘查方法。地球物理场是指存在于地球内部及其周围的、具有物理作用的物质空间。受层析成像技术在医学和工业上成功应用的鼓舞，借助医学 CT 思想，20 世纪 70 年代地球物理学界利用地震波的传播对地壳乃至上地幔结构开始进行半定量研究，自此层析成像成为地球物理学的一个新领域。根据所研究地球物理场的不同，层析成像技术在物探领域又分为弹性波 CT、电磁波 CT、电阻率 CT。弹性波 CT 包括声波 CT 和地震波 CT，电磁波 CT 包括电磁波吸收系数 CT 和电磁波速度 CT。

1972 年《*Geophysics*》首次报道了井间地震技术在油田上的试验情况。1979 年，Dines 和 Lytle 对地震层析成像做了大量的数值模拟，并公布了利用弯曲的地震波射线进行地下地震波速度成像的结果。20 世纪 80 年代，偏微分方程反问题的研究进一步深化了反演的内涵，地震层析成像引起了地球物理学界学者的高度重视。在 1984 年第 54 届地球物理勘探学家学会（SEG）年会上设置了地震层析成像研究内容的专题，此后利用人工地震发射与接收系统的地震层析成像理论、方法和技术以数值模拟的形式得到深入、广泛的研究。1984 年，Cities 地球物理公司应用电磁波层析技术对蒸汽驱动试验进行现场监测；1987 年，澳大利亚的 Roger 等在煤矿井中进行了地震波观测，重建井矿间裂缝的图像；20 世纪 80 年代后期，美国国家技术研究所与加拿大多伦多大学在油田上做了跨孔地震层析成像试验。在国内，杨文采院士一直致力于研究地震层析成像技术及工程应用，1989年编写出版《地球物理反演与地震层析成像》，研究提出基于弯曲射线追踪的跨孔CT方法，并指导黄河小浪底水利枢纽工程坝基探测，获得准确的波速层析图像；1993年编写出版《应用地震层析成像》，研究提出改进的阻尼最小二乘QR分解算法，极大提高了地震层析成像方法的精度与稳健性，并指导丰满电站大坝病害检测取得成功。针对油气田开发后期含油层为含水层包围等情况，提出和跨孔地震层析成像的级联法与逐次线性化反演方法，在华北油田查明了老油井间的剩余油层，为地震层析成像在油气田开发中的应用提供了成功范例。自20世纪90年代以后，层析成像技术逐渐在石油勘探、工程勘察等领域进入实用。

1.2　弹性波层析成像技术现状

弹性波层析成像可分为两大类：基于射线理论的射线层析成像和基于波动方程的波形层析成像。对于均匀、各向同性线弹性介质，应力和应变关系服从胡克定律，体波的传播与介质的物理力学特性相关，传播速度和波的频率无关，地震波、声波速度一致。弹性波在非均匀地质体中的传播通常用等效介质和射线理论进行定性描述。弹性波在非均匀地质体中的传播时间取决于其波长相对于地质体的非均质性尺度的大小：①弹性波在非均匀介质中传播，当波长远小于异常体特征尺寸情况下，弹性波以射线形式传播，研究波与障碍物的相互作用时，须应用Snell定律考虑入射波在障碍物表面的反射、折射和绕射等效应；②当波长远大于异常体特征尺寸情况下，非均匀介质可以认为由每个均匀介质组成，研究波与障碍物的相互作用时，不需要考虑反射、折射等效应，只需要研究波在相应的等效介质内的传播即可；③等效介质和射线理论之间的过渡频带弹性波以散射传播。

射线层析成像适用于波长远小于探测目的体特征尺寸情况。相对射线理论，波动方程是描述弹性波在介质中的实际传播的更高阶近似，波动方程层析成像的适应性更大。然而，目前波动方程层析成像尚未广泛实用，仍存在一些问题：①由于波形反演的目标函数中存在大量的局部极小，波形层析成像存在收敛速度慢、对初始模型依赖性强以及易于陷入局部极小的缺陷；②对于复杂介质模型，其数学模型复杂，且存在多参数反演，在反演算法上存在较大的难度；③波形反演需要解析函数模拟发射源的发射和接收耦合，受发射源周围介质特性、几何形状、耦合条件等因素的影响，准确确定这样的源函数非常困难。

弹性波射线层析成像又分为走时层析成像和振幅衰减层析成像，其理论和方法相对成熟。走时层析成像可细分为初至走时层析成像、折射走时层析成像和反射走时层析成像。相对振幅，弹性波走时取决于介质的波速，与激发、接收条件无关；相对折射波和反射波，初至波往往信噪比最高，初至走时通常能容易获取；初至走时层析成像方法简单直观，稳定性较好，主要应用于孔间、面间介质的波速层析，实际应用最为广泛，且得到成功应用。但初至走时层析成像利用的测值单一，仅反演波速参数，只是利用了弹性波的运动学信息，而忽略了弹性波动力学的特征信息，应用范围和效果都存在一定的局限。包含波速、振幅等多参数、多分量弹性波层析成像和波动方程波形层析成像将是未来发展的方向。

1.2.1 正演模拟

正演计算在层析成像中起着重要的作用，正演计算的精度决定着成像的精度。正演数值模拟技术分为由积分方程以求解波场传播走时为主的射线追踪数值模拟和求解偏微分方程的波动方程数值模拟。

(1) 射线追踪数值模拟。射线追踪方法是基于 Huygens 原理、Snell 定律和 Fermat 原理，对射线进行分析得到地震波的传播路径。近二十多年来，国内外已有很多学者对射线追踪方法作了大量研究，主要包括传统射线追踪法、有限差分求解程函方程法、最短路径法、走时线性插值法等，各种射线追踪法均将速度模型用网格离散化，然后进行最短路径的射线追踪，网格形式有矩形网格和三角形网格。

1) 传统射线追踪法。传统射线追踪法有基于初值问题的试射法和基于边值问题的弯曲法。试射法是依据 Snell 定律，根据由震源发出的射线到达接收点的情况对射线入射角进行不断调整，由最靠近接收点的两条射线走时内插求出接收点处走时及路径；弯曲法是在震源与接收点之间做一条假想的初始路径，根据 Fermat 原理对路径进行扰动，从而求出接收点的走时及射线路径。传统射线追踪法存在的不足有：①难以处理介质中较强的波速变化，难以求出多值走时中的全局最小走时，计算效率较低；②试射法不能对首波和阴影区内的射线路径进行追踪；③弯曲法对于震源至接收点距离较远的情况效率较低。

2) 有限差分求解程函方程法。基于波前扩张的思想，Vidale (1988) 提出了用有限差分法求解程函方程来进行射线追踪的方法，开辟了一条射线追踪的新途径。Vidaie 方法的要点是：首先用正方形的网格对慢度模型进行离散化，对程函方程中的偏导数用有限差分进行离散近似，给出平面波或球面波的外推公式；然后从已知走时的、围绕震源的正方形上的节点开始，根据该正方形上节点的已知走时计算其外侧相邻另一正方形上节点的未知走时，外推方向是由震源逐步向外，直到遇到正方形顶点或其对应的内侧相邻正方形上节点走时为相对极大值时停止；最后通过多次迭代即可求出整个计算区域内网格点上地震波的最小走时。当介质中存在较大的波速时，Vidaie 方法会出现不稳定等问题。Qin、张霖斌等对此方法进行了改进，使之既能适应任意复杂的速度模型，又保留了原算法所具有的快速稳定的优点，并考虑了首波的射线追踪问题，使 Vidaie 的方法更加完善，应用范围更为广泛。

3) 最短路径法。最短路径法最初由 Nakanishi (1986) 提出，理论基础是 Fermat 原理及图论中的最短路径理论，用网络节点之间的最小走时连线近似地震射线路径。最短路径法可以同时计算出从震源到达空间所有节点的初至走时及相应的射线路径，并且不受射线理论的约束，可准确地追踪阴影区内的折射波射线路径。当节点较稀时，最短路径法射线常呈之字形路径，计算出的走时将比实际走时普遍偏大，且在波传播方向上节点越少，误差越大；对于波速变化平缓的区域，在两个点之间常会有几条等时最短路径，具有一定的不确定性。张建中、张美根等国内学者对其进行了改进研究，提高了该算法的解释精度。

4）其他方法。Asawaka（1993）提出了一种走时线性插值射线追踪算法，该方法是以走时满足线性插值为前提的一种新型的射线追踪方法，证明了该方法是 Vidaie 差分法的一种高级形式。张建中等国内学者对该方法进行了改进研究，提高了计算精度和效率。此外，还有对最小走时算法的改进，使之适应多值走时计算，如慢度匹配法；传统方法与最小走时算法的结合，如波前射线追踪法；对射线方程求解的解析计算法；将程函方程化为守恒型程函方程，然后用有限差分（上风法）直接求解变换后的方程，进而求出地震波场的最小走时的 Van Trier 法。

（2）波动方程数值模拟。波动方程数值模拟实质是求解地震波波动方程，能够比较精确地模拟任意复杂介质中的弹性波场，得到的波场中包含丰富的波动信息，为研究弹性波传播机理和复杂地层的解释提供了更多的数学及物理依据。目前常用的方法有伪谱法、有限元法、有限差分方法。由于基于波动方程的层析成像方法需要超大规模的三维数值计算，计算速度相对于几何射线法要慢，且易引进干扰波，目前还有许多问题没有解决。但波动方程包含了地震波场的全部信息，比仅利用地震波的走时、仅模拟波的运动学特征的射线追踪层析成像更能客观地反映地下结构的信息，因此对于研究复杂条件下的模拟各种波场最为有效，具有广阔的发展前景。

1.2.2 反演技术

层析成像中的反演方法可分为线性反演方法和非线性反演方法两种。目前非线性反演方法主要有遗传算法、模拟退火法和神经网络法等；由于完全非线性算法在计算过程中要花费大量的计算时间，仍有一些问题待解决，目前还处于深入研究阶段。

线性反演方法一般是将非线性的反问题方程或由此方程经过数学上的处理后得到方程线性化，最终归结为求解病态大型稀疏线性代数方程组。常用的一些线性化方法有积分方程法、射线法、传递矩阵法、Born 近似法及 Rytov 近似法等。线性反演方法较多，包括奇异值分解法（SVD）、反投影法、梯度法以及由这三种方法改进的一些方法。奇异值分解法将系数矩阵分解为三个包含数据空间、模型空间和本征值的正交矩阵的乘积。反投影法通过迭代，将走时异常映射到沿路径的慢度异常中，直至满足数据；常见的反投影法有代数重建法（ART）和联合迭代重建法（SIRT）。梯度法是从梯度方向在模型空间中由初始模型逼近真实模型的一种方法，分为最速下降法、牛顿法、共轭梯度法（CG）、最小二乘法（LSQR）。目前在孔间弹性波射线层析成像中常用的反演算法为 ART、SIRT 和 LSQR 法。

1.3 弹性波层析成像的工程应用

1986 年，同济大学借助医用 CT 设备，对混凝土梁缓慢弯曲时的断裂过程进行了成像分析。1991 年，黄河水利委员会物探部门以电火花作震源进行地震波 CT 数据采集，采用杨文采和杜剑渊编制的软件反演成像，成功查明黄河小浪底工程三坝线 F236 断层的分布情况。1992 年，刘庆芳等在扶余油田采用地震波 CT 和电磁波 CT 探测试验，查明了岩层和油层分布。1994 年，杨文采等对首都机场高速公路立交桥墩采用地震波 CT 进行质量检测，取得了良好的效果；黄河水利委员会物探部门应用地震和声波 CT 技术对黄河小浪底主坝防渗墙混凝土施工质量进行了检测，查找出了不合格墙体，并经钻孔得到验证。在我国“八五”和“九五”期间，成都理工大学、中国电建集团成都勘测设计研究院和长江水利委员会长江工程地球物理勘测研究院等开展了地震波 CT 研究，且在桐子林水电站、二滩水电站和三峡水电站中进行了应用。

我国从 20 世纪 80 年代开始弹性波层析成像研究，80 年代末和 90 年代初在工程上进行了初步应用。进入 21 世纪后，仪器设备和正、反演技术快速发展，弹性波 CT 的应用范围大为拓宽，目前弹性波 CT 广泛应用于资源勘探、工程物探、环境物探和工程质量检测等领域，探测距离范围从几米至上百米，探测效果也更为显著。

第2章 基本原理与方法

2.1 惠更斯原理及斯奈尔定律

惠更斯原理（Huygens 原理）是指球形波面上的每一点（面源）都是一个次级球面波的子波源，子波的波速与频率等于初级波的波速和频率，此后每一时刻的子波波面的包络就是该时刻总的波动的波面，如图 2.1－1 所示。其核心思想是：介质中任一处的波动状态是由各处的波动决定的。

当弹性波穿过波阻抗不同的介质的分界面时，波的传播方向改变，产生反射和透射。斯奈尔定律（Snell 定律）指出，入射波的入射角 α_1（射线和界面法线之间的夹角）和透射角 α_2 及介质波速 V_1、V_2 之间的关系如下（图 2.1－2）：

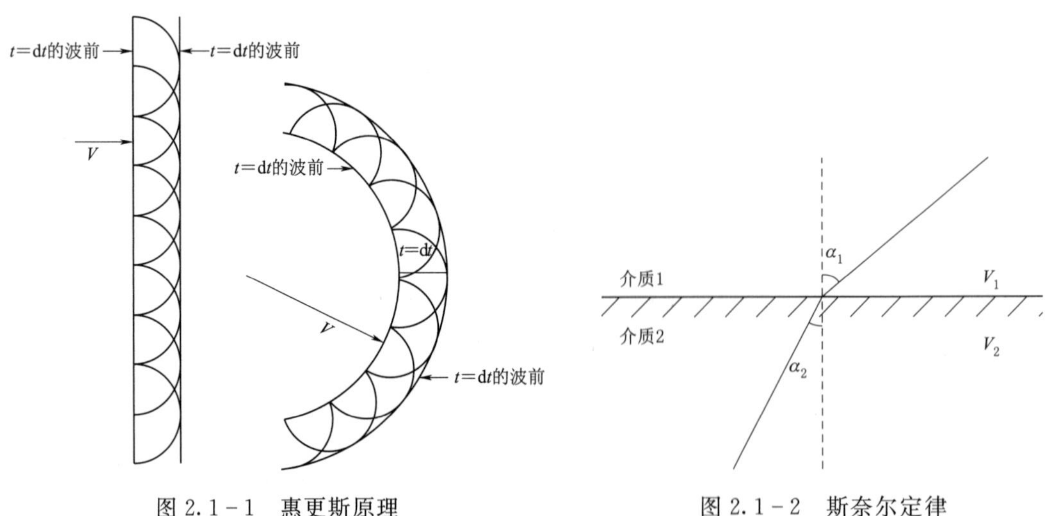

图 2.1－1 惠更斯原理

图 2.1－2 斯奈尔定律

$$\frac{\sin\alpha_1}{V_1}=\frac{\sin\alpha_2}{V_2}=p \tag{2.1-1}$$

式中：p 为射线参数。

斯奈尔定律可用来描述波前面在介质中的传播方向，表示波前面通过界面时仍然保持连续。它也可用各向同性介质中波的射线来表示，射线即惠更斯子波和波前面或包络面上相切点的路径，为波前面上一个特殊点传播的实际路线。

2.2 费马原理

费马原理又称为“最短时间原理”，与其他路径相比，弹性波沿实际路径传播的走时最小，也是波沿走时最小的路径传播。

2.3 射线方程

当介质波速分布函数 $v(x, y)$ 具有简单的形式时，射线方程可用解析式表示。设弹性波射线的走时是波速 $v(x, y)$ 和几何路径的函数，对于第 j 条射线，若射线的走时为 t_j，则有下列积分式：

$$t_i=\int_{R_i}\frac{1}{v(x,y)}\mathrm{d}s=\int_{R_i}A(x,y)\mathrm{d}s \tag{2.3-1}$$

式中：$v(x, y)$ 为波速分布函数；R_i 为第 i 条射线路径；$A(x,y)=1/v(x,y)$ 为慢度分布函数。

波速重建最终归结为求解式（2.3－2）的大型线性方程组：

$$\boldsymbol{AX}=\boldsymbol{b},\boldsymbol{X}>0 \tag{2.3-2}$$

式中：$\boldsymbol{X}$ 为 n 维模型参量（单元慢度）矢量；$\boldsymbol{b}$ 为 m 维观测数据（走时）矢量；$\boldsymbol{A}$ 为射线路径矩阵，其元素为射线穿越各成像单元的长度。

将成像区域离散成若干个规则的网格单元，则式（2.3－2）可化成离散的线性方程组：

$$t_i=\sum_{j=1}^{N}(d_{ij}X_j) \tag{2.3-3}$$

式中：t_i 为第 i 条射线的走时，$i=1,2,\cdots,M$，M 为单元数；d_{ij} 为第 i 条射线穿过第 j 单元的射线长度，$j=1,2,\cdots,N$；X_j 为第 j 单元的慢度；N 为射线数。

将式（2.3－3）写成矩阵形式为

$$[T]=[D][X] \tag{2.3-4}$$

式中：$[T]$ 为 M 维走时列向量；$[D]$ 为 $M\times N$ 阶单元射线长度矩阵；$[X]$ 为 N 维未知单元慢度列向量。

式（2.3－4）具有下列特点：①是一个大型稀疏矩阵；②可能是欠定或超定矩阵；③不可避免的测量误差使矩阵具有不相容性；④矩阵的解具有非唯一性。在用重构模型进行层析成像分析时，式（2.3－4）是基本反演公式，因此，求解时必须采用处理不适定问题的稳定算法。

2.4　最短走时路径搜索法

2.4.1　单元划分与源点设定

将所要研究的介质分割成大小相等的矩形单元或长方体单元，假设每个单元内的介质波速相同，各单元角点设为源点，然后在每个单元边界等间距设置若干个源点。同时，若激发点或接收点不在单元角点和单元边界设置的源点上，则将这些激发点和接收点也设置为源点，如图 2.4－1 所示。

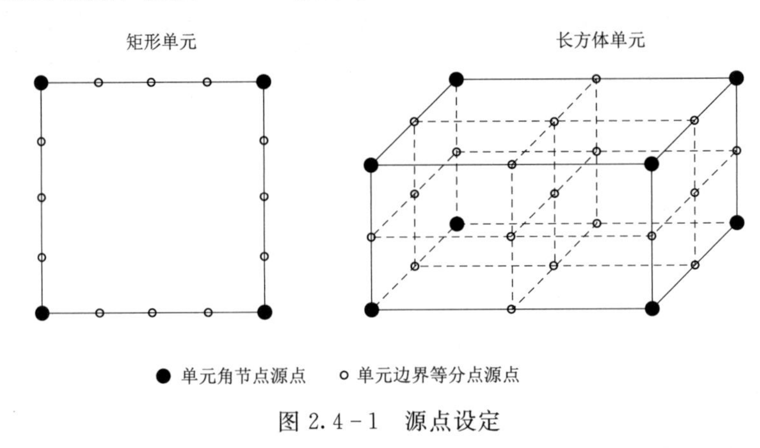

图 2.4－1　源点设定

2.4.2　相邻源点间走时计算

第 k 单元内第 i 源点与第 j 源点间的走时 $t_{k,ij}$ 按式（2.4－1）计算，非单元内各相邻源点走时为∞（无穷大）。若相邻源点在相邻单元的同一边界上，则取其相邻源点间走时 $t_{k,ij}$ 的小值。

$$t_{k,ij}=\frac{D_{k,ij}}{V_k} \tag{2.4-1}$$

式中：$D_{k,ij}$ 为第 k 单元内第 i 源点与第 j 源点间的距离；V_k 为第 k 单元的波速。

2.4.3　最短走时路径搜索新方法

（1）传统的 Dijkstra 最短路径算法。Dijkstra（迪杰斯特拉）算法是典型的最短路径路由算法，用于计算一个节点到其他所有节点的最短路径。主要特点是以起始点为中心向外层层扩展，直到扩展到终点为止。

（2）改进 Dijkstra 算法的最短走时路径搜索新方法。传统的 Dijkstra 最短路径算法有一个大循环体和两个小循环体，3 个循环体均进行 N 次循环，因此每搜索一条最短路径需 $2N^2$ 次循环。根据费马原理及每个单元内的波速相同假设，引入最短走时路径概念，对传统的 Dijkstra 最短路径算法作了两点改进，即：①在大循环体中，在对各源点循环判断过程中，增加了对源点在某单元内位置及经过次数的判断，若单元内射线不在单元边界上，则以后源点循环时，射线就不可能再经过该单元；②在第二个小循环体中，仅对源点所在单元内的相邻源点进行搜索和必要的走时更新。这样，将大大节省内存和计算耗时，提高计算效率。

（3）最短走时路径搜索新方法描述。把所有源点集合 **N** 分成五个子集：**P** 为已经获得最小走时的源点，即已作过子波源的源点集合；$\mathbf{Q}_1$ 为 **P** 中源点所在单元内的其他源点；$\mathbf{Q}_2$ 为已计算出从 **P** 中至少一个源点波传来的走时，但还没有作子震源且不在 $\mathbf{Q}_1$ 内的源点集合；**R** 为在 **N** 中除去 **P**、$\mathbf{Q}_1$、$\mathbf{Q}_2$ 后剩余源点的集合；$\mathbf{F}(i)$ 为与震源或子震源直接相连的源点集合，每一步仅计算这些源点的走时。具体过程为：①初始化，$\mathbf{P}:=\mathbf{\Phi}$，$\mathbf{Q}_1:=\mathbf{\Phi}$，$t(s)=0$，$s$ 为震源，$\mathbf{\Phi}$ 表示空集；$\mathbf{Q}_2:=\mathbf{N}$，$t(i)=\infty$，$i\in\mathbf{N}$；②选择在 $\mathbf{Q}_2$ 中选择走时最小的源点 i，$i\in\mathbf{Q}_2$；③更替，计算从 i 点传到 j 点的走时，若该值比原值小，则用该值取代原值，否则保持原值不变。即，对 $j\in\mathbf{F}(i)\cap\mathbf{Q}_2$，$t(i,j)=\min[t(j),t(i)+d_{ij}]$；对 $j\in\mathbf{F}(i)\cap\mathbf{R}$，$t(j)=t(i)+d_{ij}$。将源点 i 从 $\mathbf{Q}_2$ 转至 **P**，源点 i 所在单元中的其他源点从 $\mathbf{Q}_2$ 转至 $\mathbf{Q}_1$；④迭代判断，如果 $\mathbf{P}=\mathbf{N}$ 或 $\mathbf{Q}=\mathbf{\Phi}$ 停止迭代，否则转向步骤②。步骤②中，通过搜索得到 $\mathbf{Q}_2$ 中选择走时最小的源点 i，源点 i 的走时已经最小，不需再更新，可将其移至 **P** 中；在步骤③中，若源点 i 和源点 j 在单元的不同边界上或单元中间，根据费马原理，该单元内的其他源点就不可能是走时最小源点，则源点 i 所在单元中的其他源点从 $\mathbf{Q}_2$ 转至 $\mathbf{Q}_1$，然后比较 i 点传到 $\mathbf{Q}_2$ 中其他源点的走时，并进行必要的走时更新。

（4）最短走时路径方程组。最短走时路径搜索时，记录每条射线经过的单元号、源点号及其距离，形成式（2.3－3）和式（2.3－4），然后解方程组获得所经过单元的波速。

2.5 反投影技术

反投影技术（Back Projection Technique，BPT）是非迭代反演算法，计算简便但分辨率较低，一般仅用于获得一个初始的解估算。它是一种非迭代方法，将走时沿射线分配给每一个单元，分配时以单元 j 内的第 i 条射线长度 a_{ij} 与射线总长度之比为权，然后把通过 j 单元在加权后的走时对所有射线总加，并除以总射线长度求得慢度：

$$x_j=\sum_{i=1}^{m}\left[\frac{a_{ij}t_i}{\sum_{j=1}^{n}a_{ij}}\right]\Bigg/\sum_{i=1}^{m}a_{ij} \tag{2.5-1}$$

式（2.5－1）中，$i=1,2,\cdots,m$，$j=1,2,\cdots,n$，m 为总射线数，n 为总单元数。

2.6　代数重建技术

代数重建技术（Algebraic Reconstruction Techniques，ART）是按射线依次修改有关单元的图像向量的一类迭代算法，用来求解相容的大型线性方程组。根据式（2.3－3），令图像向量产生一增量 Δx，有

$$\Delta\tau_i=\sum_{j=1}^{n}\Delta x_j a_{ij} \tag{2.6-1}$$

式（2.6－1）中，对射线经过的单元 j 求和。作为迭代算法要根据第 i 条射线的走时差 $\Delta\tau_i$ 求慢度的修改增量 Δx_j。由于式（2.6－1）高度欠定，可以用它作为约束求 Δx_j 的 L^2 模的极小解。由拉格朗日乘子法令目标函数为

$$\min:Q=\sum_{j=1}^{n}(\Delta x_j^2-\lambda\Delta x_j a_{ij})+\lambda\Delta\tau_i \tag{2.6-2}$$

式中：λ 为拉格朗日乘子。由$\partial Q/\partial(\Delta x_j)=0$ 得

$$\Delta x_j=\frac{\lambda}{2}a_{ij} \tag{2.6-3}$$

将式（2.6－3）回代入式（2.6－1），有

$$\Delta\tau_i=\sum_{j=1}^{n}\frac{\lambda}{2}a_{ij}^2 \tag{2.6-4}$$

因此，由式（2.6－3）便可写出对第 i 条射线及第 j 个单元求慢度修改增量的公式，即

$$\Delta x_j=a_{ij}\Delta\tau_i\Big/\sum_{j=1}^{n}a_{ij}^2 \tag{2.6-5}$$

引入松弛因子 μ，则

$$\Delta x_j=\mu a_{ij}\Delta\tau_i\Big/\sum_{j=1}^{n}a_{ij}^2 \tag{2.6-6}$$

$$x_j^{(i)}=x_j^{(i-1)}+\Delta x_j \tag{2.6-7}$$

ART 类方法都是按逐条射线依次对单元慢度进行修改的，它对 $x_j^{(i-1)}$ 进行修改后立刻以 $x_j^{(i)}$ 存回原存储单元，供下次迭代使用。计算修改值时，不必要求对整个矩阵 A 作运算，ART 类方法的这些特点说明它们要求的内存少，计算速度快，但收敛性能较差，并依赖于初值选择。当然，通过合适选取松弛因子可改善收敛性能。

2.7　联合迭代重建技术

联合迭代重建技术（Simultaneous Iterative Reconstruction Techniques，SIRT）算法属于迭代类反演算法，由 Gilbert（1972）首先提出，与 ART 重建技术不同，典型的 SIRT 算法不利用单条射线值来求慢度的修正值，而是把本轮迭代中由所有射线

得到的修改值保存下来，在本轮对迭代结束时求某种平均 $\Delta\overline{x_j}$，然后由式（2.7－1）和式（2.7－2）对每个单元的慢度做修改，并留作下一轮迭代使用。这样取平均修正值可以压制一些干扰因素，而且计算结果与资料的使用次序无关。

$$x_j^{(k+1)}=x_j^{(k)}+\Delta\overline{x_j} \tag{2.7-1}$$

$$\Delta\overline{x}_j=\frac{1}{M_j}\sum_i a_{ij}\Delta\tau_i \Big/ \sum_{j=1}^{n}a_{ij}^2 \tag{2.7-2}$$

式中：M_j 为通过单元 j 的射线数。

SIRT 算法虽对计算机内存要求大，但收敛性好。关于其收敛性结论，只要式（2.7－1）有唯一解，式（2.7－2）就能收敛到其解。当式（2.7－1）的解不唯一时，式（2.7－2）就收敛到二次最优解，这个最优解的准则为：给出一个正定矩阵 $\boldsymbol{D}$ 和两个非负定矩阵 $\boldsymbol{w}_1$ 和 $\boldsymbol{w}_2$ 及一个常向量 $\boldsymbol{x}_0$，寻找 K 中的 x，使得 $\|\boldsymbol{D}^{-1}\boldsymbol{x}\|$ 为最小，其中 $K=\{x\,|\,k(x)\}$达到最小解，如式（2.7－3）。

$$k(x)=(\tau-Ax)^{\mathrm{T}}w_1(\tau-Ax)+(x-x_0)^{\mathrm{T}}w_2(x-x_0) \tag{2.7-3}$$

2.8 阻尼最小二乘法

阻尼最小二乘法（Damped Least Squares QR－factorization，DLSQR）是利用 Lanczos 方法求解阻尼最小二乘问题的一种投影法，由于在求解过程中用到 QR 因子分解法，故这种方法称为 DLSQR 方法。式（2.3－2）的基本特点是：系数矩阵大型、稀疏；方程不相容，即 $\tau\in R(A)$，$R(A)$ 为 A 的列空间；条件数高，则因数据 τ 的误差会引起解的严重变异，故式（2.3－2）无精确解。为求满意解，要采用某种最优化准则，通常按 l_2 范数处理为二次优化问题，并以如下两项准则导出目标函数：

(i) 最小距离准则：寻求解向量 $\boldsymbol{X}$，使模 $\|\tau-\boldsymbol{AX}\|_2$ 极小。

(ii) 模型约束准则：对解向量附加某种先验约束，以消除满足准则（i）的解的不唯一性。

按准则（i）的解不唯一是作为反问题的 $\min\|b-AX\|_2$ 解的固有特性，唯一的例外是 A 满秩。事实上，式（2.3－2）解为 $X+N(A)$，其中 $N(A)=\{X\,|\,AX=0\}$，当且仅当 $N(A)=0$ 时，其解唯一。

按上述两准则形成如下二次优化增广目标函数：

$$F(X)=(b-AX)^{\mathrm{T}}W_1(b-AX)+\mu(X-X_0)^{\mathrm{T}}W_2(X-X_0) \tag{2.8-1}$$

式中：W_1 为数据加权矩阵；W_2 为模型加权矩阵；X_0 为先验模型慢度向量；μ 为阻尼因子，确定右端两项的相对重要性。

$\min F(X)$ 的一阶必要条件为

$$(A^{\mathrm{T}}W_1A+\mu W_2)\Delta X=A^{\mathrm{T}}W_1(b-AX_0) \tag{2.8-2}$$

此即目标函数 $F(X)$ 的正态方程，其中 $\Delta X=X-X_0$。式（2.8－2）的解为

$$X=X_0+(A^{\mathrm{T}}W_1A+\mu W_2)^{-1}A^{\mathrm{T}}W_1(b-AX_0) \tag{2.8-3}$$

在这里，权矩阵的选取举足轻重，且颇为不易，因为选取的自由度很大，常见的取法是从概率理论出发，取 W_1、W_2 各为数据协方差和模型协方差。这种做法的缺陷是“人为因素多些，会把主观因素带入反演问题”。另一种做法是用一阶或二阶离散微分算子形成权矩阵，这时 W_2 既不正定，又不对称，应用比较困难。后来发展了自然权矩阵，按照对本征值的分析，得

$$W_1 = T^{-1} \tag{2.8-4}$$

$$W_2 = D \tag{2.8-5}$$

式（2.8-4）和式（2.8-5）中，矩阵 T 的元素为当前模型的各射线的走时；D 的元素为射线穿越任一单元的长度和与相应单元波速乘积，其量纲为［M^2/S］，称其为射线分布矩阵。两者均为对角矩阵，对称正定。这种权矩阵的最大特点是物理意义明确，它表征了以下基于物理原理的判断：①地震波作为信息载体，随着传播越远越衰减，故射线路径较短者，其信噪比应较高，也较接近真实路径，故对小走时测值加重权；②一条射线对一单元的穿透可视为一次信息“采访”，穿过该单元的射线越多，则“采访”越多，信息也越多，成像就更准确，故对射线较密的成像单元应加重权。

式（2.8-2）的基本解法是迭代法。针对弹性波 CT 的特点，发展了加权最小二乘解的共轭梯度算法，它具有良好的二次收敛性能。其基本迭代公式为

$$\boldsymbol{X}_{k+1} = \boldsymbol{X}_k + \alpha_k \boldsymbol{P}_k \tag{2.8-6}$$

式中：$\boldsymbol{X}_k$ 为第 k 次迭代解向量；α_k 为迭代步长；$\boldsymbol{P}_k$ 为搜索方向向量。

共轭梯度法用于式（2.8-2）求解时，存在如下两个正交条件：

$$\boldsymbol{r}_{k+1}^{\mathrm{T}} \boldsymbol{P}_k = 0 \tag{2.8-7}$$

$$\boldsymbol{P}_k^{\mathrm{T}}(A^{\mathrm{T}} W_1 A + \mu W_2)\boldsymbol{P}_k = 0 \tag{2.8-8}$$

式中：$\boldsymbol{r}_{k+1}$ 为目标函数 $F(X)$ 的梯度矢量，$\boldsymbol{P}_k$ 与 $\boldsymbol{r}_{k+1}$ 正交；$\boldsymbol{P}_k$ 与（$A^{\mathrm{T}}W_1 + \mu W_2$）共轭，称为共轭向量，有

$$\boldsymbol{P}_{k+1} = \boldsymbol{r}_{k+1} + \beta_k \boldsymbol{P}_k \tag{2.8-9}$$

式（2.8-6）和式（2.8-9）是共轭梯度的基本迭代格式，α_k、β_k 可利用正交条件确定，有

$$\alpha_k = (\boldsymbol{r}_k \boldsymbol{r}_k)/(q_k^{\mathrm{T}} W_1 q_k + \mu \boldsymbol{P}_k^{\mathrm{T}} W_2 \boldsymbol{P}_k) \tag{2.8-10}$$

$$\beta_k = (\boldsymbol{r}_{k+1} \boldsymbol{r}_{k+1})/(\boldsymbol{r}_k \boldsymbol{r}_k) \tag{2.8-11}$$

其中

$$q_k = A\boldsymbol{P}_k$$

综上，阻尼加权最小二乘问题共轭梯度算法为：给出初始解向量 $\boldsymbol{X}_0$（多设先验模型为常慢度），置 $\boldsymbol{r}_0 = \boldsymbol{P}_0 = A^{\mathrm{T}} W_1 (b - A\boldsymbol{X}_0)$ 及 $\Delta \boldsymbol{X}_0 = 0$，当 $k = 0,1,2,\cdots$，重复如下步骤（1）～步骤（5）：

（1）按式（2.8-10）算 α_k。

（2）按式（2.8-6）算 $\Delta \boldsymbol{X}_{k+1}$。

（3）按 $\boldsymbol{X}_{k-1} = \boldsymbol{X}_k - \alpha_k (A^{\mathrm{T}} W_1 q_k + \mu W_2 \boldsymbol{P}_k)$ 计算 $\boldsymbol{X}_{k-1}$。

（4）按式（2.8-11）算 β_{k-1}。

（5）按式（2.8-9）算 $\boldsymbol{P}_{k+1}$。

2.9　收敛判断准则

在进行各种反演方法迭代运算时，收敛准则是相当重要的，在每一迭代步中都要判别当前的解是否可以接受，但只能采用有限的迭代次数，因此，根据迭代的精度要求，确定收敛准则。一般采用实测值与反演计算值误差为最小的准则，即

$$|x_i^q - x_i^{q-1}| \leqslant \varepsilon \quad (i=1,2,\cdots,m) \tag{2.9-1}$$

$$\| x^q - x^{q-1} \| \leqslant \varepsilon \tag{2.9-2}$$

式中：q 为迭代次数。

式（2.9-1）一般是要求经过第 q 轮迭代后，各 x 值与前一轮中各值的差均小于事先给定的 ε，满足则认为达到了收敛条件；式（2.9-2）则通过修改增量的模小于某一值来判别收敛，当其修改增量的模随迭代持续增大时，表明了迭代已经发散，也应退出迭代过程。

在最小二乘法等进行反演运算时，也有采用残差、方差和熵值进行收敛判断的，如式（2.9-3）、式（2.9-4）和式（2.9-5）。

（1）残差值判断准则：

$$\| r_k \| \leqslant BTOL \| b \| + ATOL \| A \| \; \| x_k \| \tag{2.9-3}$$

式（2.9-3）中，$\| \cdot \|$ 按 Frobenius（或称 Euclidean）范数定义。$BTOL$ 和 $ATOL$ 为无量纲值，在具体求解过程中可根据数据的精度来定义。假设（A，b）为给出的数据，而（$\tilde{A}$，$\tilde{b}$）为真值，如能给出估计值，则可以定义 $BTOL = \dfrac{\| b - \tilde{b} \|}{\| b \|}$ 和 $ATOL = \dfrac{\| A - \tilde{A} \|}{\| A \|}$。

（2）方差值判断准则：

$$V^K = \frac{1}{N} \sum_{j=1}^{N} (x_j - x) \tag{2.9-4}$$

（3）熵值判断准则：

$$S^K = \frac{1}{\ln N} \sum_{j=1}^{N} \left[\left(\frac{x_j}{x} \right) \ln \left(\frac{x_j}{x} \right) \right] \tag{2.9-5}$$

在迭代过程中，随着 K 的增大，残差值趋于零，方差值趋于极小，熵值趋于极大。但在实际的重建过程中，既要求残差小，又要求方差小，就要控制迭代次数，也就是要取一个折中解。

由于射线弯曲引起的分布不均及系数矩阵经常病态，对于带有误差的走时数据，在逐次线性化迭代过程中，产生的输出序列最终走向无序。为此，必须适当控制收敛条件，避免对求解精度要求过高，使方程无法收敛，最终得不到正确解。

第3章 数据采集、整理与分析

3.1 仪器设备

3.1.1 激发方式及设备

观测系统确定之后，可根据观测系统决定采用地震波CT或声波CT测试方式。两种测试方式所使用的弹性波激发设备有所不同，应根据工程经验或通过现场试验确定适宜的弹性波激发设备。弹性波CT测试方式及弹性波激发设备选择原则如下：

（1）在选用弹性波测试方式和激发设备时，应保证激发的弹性波具有足够的能量，可使得弹性波接收设备获得清晰的弹性波首波波形，并可准确读取各射线的弹性波首波初至时刻和触发时刻。

（2）当采用声波CT测试方式时，宜使用非金属声波仪并配置声波发射换能器，声波发射换能器通常为压电晶体换能器或大功率磁致伸缩换能器。在混凝土或岩石表面发射声波时，一般使用平面声波换能器，在底面涂抹黄油、凡士林等声波耦合剂（图3.1-1）。在孔内发射声波时，应使用柱状声波换能器，其直径应小于孔径，且钻孔中应注满水用于声耦合（图3.1-2）。

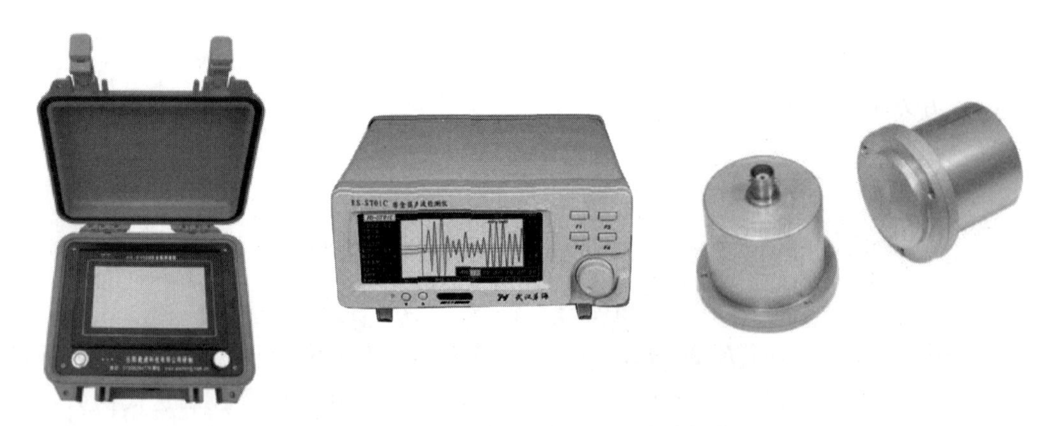

图3.1-1　非金属声波仪和平面声波换能器

（3）当采用地震波CT测试时，应根据现场条件选择在孔内、洞壁或地表激发地震波，地震波激发设备通常有锤击震源、电火花震源和炸药震源，其中锤击震源能量较小，适用于小跨距、在基岩或混凝土表面激发地震波；电火花震源能量适中，适用

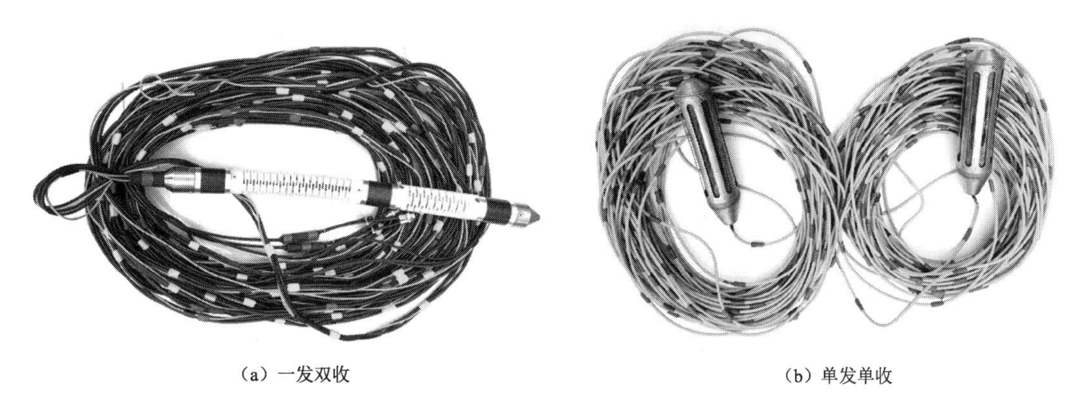

(a) 一发双收　　(b) 单发单收

图 3.1-2　柱状声波换能器

于中小跨距、在钻孔内激发地震波；炸药震源能量较大，适用于较大跨距，可在钻孔、地表或探洞内激发地震波，但受安全条件限制。各地震波激发设备的特点如下：①锤击震源轻便、灵活、安全，可在坚硬的洞壁或地表激发地震波，但激发的地震波能量有限。②电火花震源一般在孔内激发地震波，激发孔内必须注水，必要时须进行全孔盐化或在电火花探头套上盐化皮囊，以保证正常放电和触发信号稳定。对于孔壁较破碎的钻孔，宜使用PVC或PE管护壁。电火花震源见图3.1-3。③炸药震源的适用性最为广泛，也是大跨距地震波CT测试最为理想的震源。但炸药震源的使用应符合《地震勘探爆炸安全规程》(GB 12950—1991) 等相关规定，并确保安全。使用炸药震源激发地震波时，宜使用瞬发电雷管和岩石乳化炸药（图3.1-4），在确保波形记录优良的前提下严格控制炸药量。在钻孔内激发地震波，应防止孔壁坍塌，必要时应采取护壁或跟管爆破等措施。

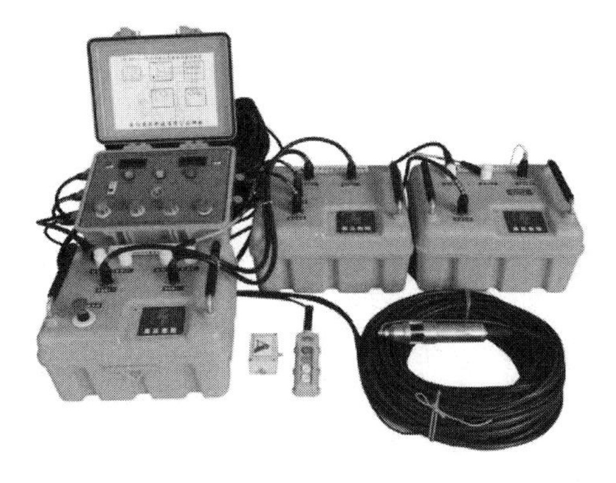

图 3.1-3　电火花震源

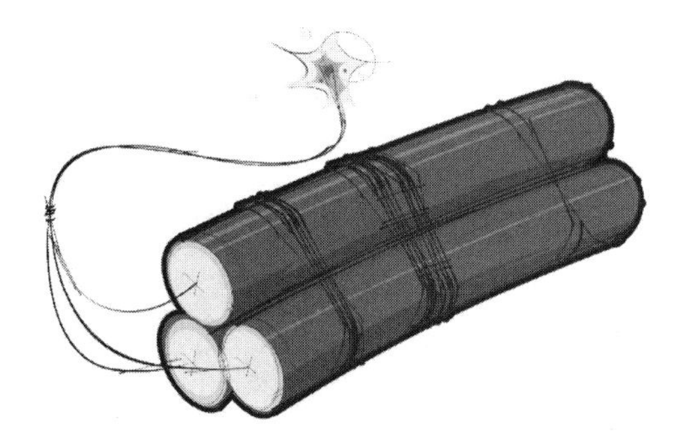

图 3.1-4　炸药震源

3.1.2　接收方式及设备

在观测系统和地震波激发方式确定之后，应选择合适的接收方式及设备，并通过现场试验确定其适用性。弹性波接收方式及设备选择原则如下：

（1）在选用弹性波接收方式和接收设备时，应保证可获得清晰的弹性波首波波形，并可准确读取各射线的弹性波首波初至时刻和触发时刻。

（2）弹性波接收设备应与激发的弹性波类型相适应，激发声波应使用声波接收设备，激发地震波应使用地震波接收设备，且接收设备的频带范围与所激发的弹性波信号的主频相匹配。

（3）弹性波接收设备应具有较高的灵敏度和较好的噪声抑制能力。

（4）声波接收设备通常使用非金属声波仪，并配置声波接收换能器。

（5）地震波接收设备通常使用多道地震仪，配置检波器或串式水听器。在钻孔内接收地震波时，一般使用串式水听器，并注水耦合。多道地震仪和串式水听器如图3.1-5所示。在地表或洞壁接收地震波时，应使用动圈式检波器，检波器插入地表或采用石膏固定洞壁，检波器的振子方向应指向震源，并根据振动特性选用垂直检波器或水平检波器。动圈式地震检波器如图3.1-6所示。

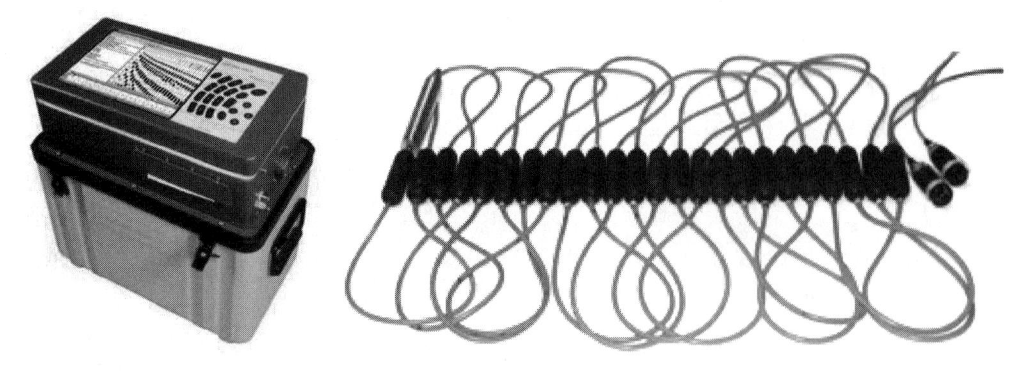

(a) 多道地震仪　　(b) 串式水听器

图3.1-5　多道地震仪和串式水听器

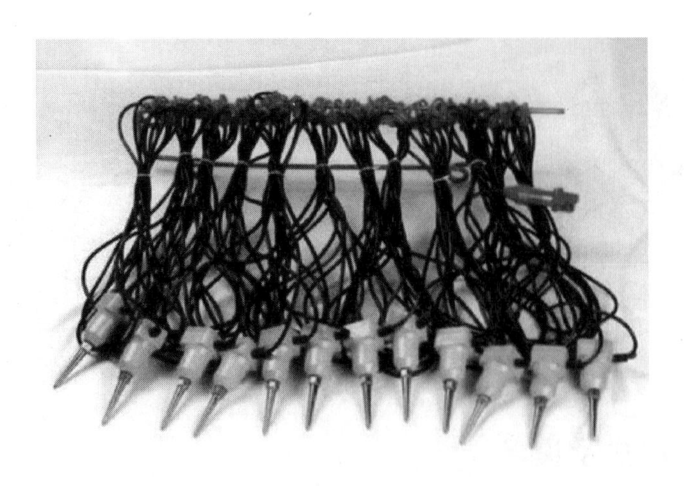

图3.1-6　动圈式地震检波器

3.2 观测系统布置

3.2.1 二维CT观测系统

二维弹性波CT一般利用共面的钻孔、探洞或地表（临空面）测线进行测试，在工程中利用最多的通常为两个共面钻孔。

当利用两个共面钻孔进行二维弹性波CT测试时，在孔-孔之间进行弹性波透射，形成足够多的相互交叉的弹性波射线，并获取各弹性波穿透射线的首波初至走时，用于反演计算。因此，准确获得足够多的弹性波穿透射线的首波初至走时是弹性波CT最基础的工作，而布置适宜的观测系统是获取弹性波CT观测数据的重要保证。二维弹性波CT观测系统布置主要原则如下：

（1）观测系统布置应结合钻孔、探洞、水面、地表、临空面等位置及地质条件、环境干扰因素、仪器设备能力综合确定，确保用于激发和接收弹性波的钻孔、探洞或测线共面；当具备条件时，尽可能布置三边或四边观测系统。

（2）拟探测的目标体宜位于观测系统成像区域的近中心位置，且激发与接收钻孔（探洞、测线）平均间距一般不宜大于5～8倍的目标体尺寸。

（3）观测系统中的射线宜均匀分布，应确保绝大部分成像单元至少有两条相交射线通过；观测系统中弹性波射线的最大夹角不宜小于45°。

（4）观测系统成像区的平均深跨比（孔深与孔间距之比）或长宽比不宜小于1.5，至少不应小于1。

（5）发射点间距和接收点间距宜相同，一般为孔间距的1/15～1/25，且不大于成像单元的边长和拟探测最小目标体尺寸的1/3，发射点间距和接收点间距的相对差值不宜大于20%；一般情况下，声波CT的点间距宜为0.1～0.5m，地震波CT的点间距宜为0.5～5m。

（6）观测系统的成像剖面宜垂直于地层或地质构造的走向，并与地质勘探线、物探测线重合。

（7）当同一测线有多组观测系统相连接时，观测系统的参数宜相同。

（8）观测系统布置应考虑激发和接收设备的能力，确保绝大部分穿透射线的初至清晰，可获得准确的弹性波首波走时；否则应加密布置观测系统。

典型的孔-孔间弹性波CT双边观测系统示意见图3.2-1，孔-面间弹性波CT双边观测系统示意如图3.2-2所示，典型的洞-洞间和洞-面间弹性波CT观测系统布置如图3.2-3所示。

3.2.2 三维CT观测系统

三维弹性波CT测试时，钻孔、探洞、测线可在空间随意分布，但不应少于3个

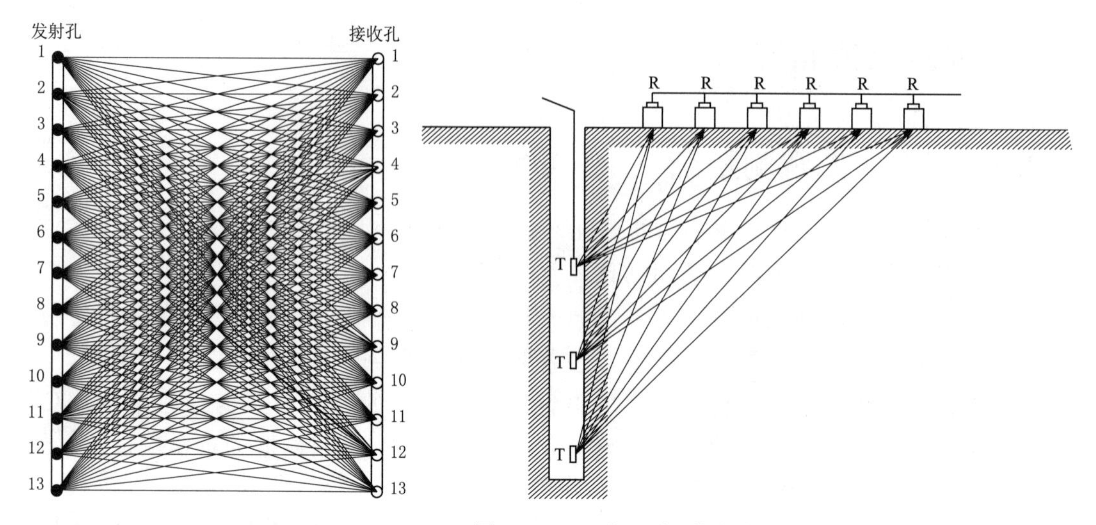

图 3.2-1　孔-孔间弹性波 CT 双边观测系统示意图

图 3.2-2　孔-面间弹性波 CT 双边观测系统示意图

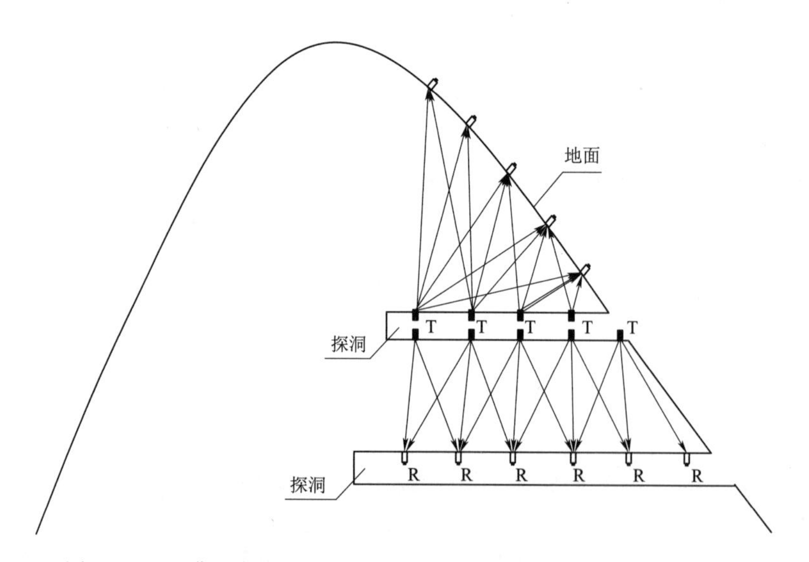

图 3.2-3　典型的洞-洞间和洞-面间弹性波 CT 观测系统布置图

钻孔或探洞或测线，其所包围的空间区域具有一定的范围，以形成柱体形状为佳，并将拟探测目标体包裹其中。为便于叙述，下面以钻孔灌注桩中的 4 根声测管为例做介绍，也适用于其他情形。

大直径钻孔灌注桩通常预埋多根声测管，每对声测管之间进行声波透射测试，可检测两声测管间的混凝土质量或缺陷，但无法反映缺陷混凝土的空间分布及范围。当对多根声测管进行三维声波 CT 测试，可以真实反映缺陷混凝土的空间分布及范围。利用多根声测管布置三维声波 CT 观测系统的主要原则如下：

（1）声测管数量越多，所包围的混凝土空间越大，检测效果也越好。

（2）拟检测的缺陷混凝土宜位于观测系统成像区域的近中心位置，且各声测管的测段位置基本相同。

（3）任意两根声测管之间均进行声波透射，射线宜均匀分布，应确保绝大部分成像单元有至少三条相互交叉的射线通过；观测系统中声波射线的最大夹角不宜小于45°。

（4）观测系统成像区的平均深跨比（深度与间距之比）不应小于1，宜大于1.5。

（5）发射点间距和接收点间距宜相同，一般为对向平均管间距的1/10～1/15，且不大于成像单元的边长和拟探测最小目标体边长的1/3，通常为0.05～0.2m。

（6）当同一观测系统中，不同声测管之间的观测系统参数应保持一致。

（7）观测系统布置应考虑激发和接收设备的能力，确保绝大部分穿透射线的初至清晰，可获得准确的首波走时。

灌注桩4根声测管的CT观测系统布置如图3.2-4所示。

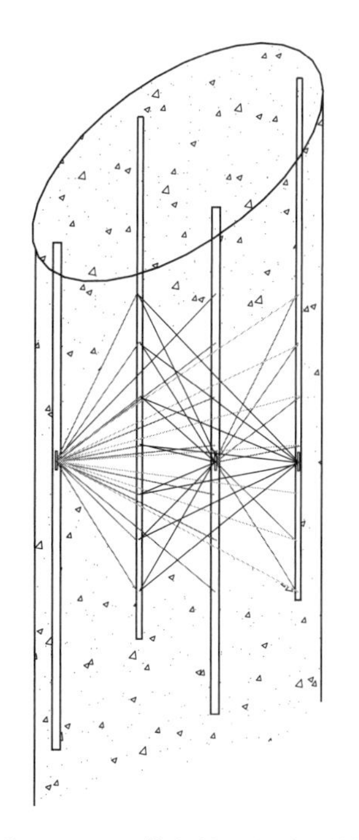

图3.2-4　灌注桩4根声测管的CT观测系统布置图

3.3 初至走时判读与检查

3.3.1 初至走时判读

（1）判读原则。在整理观测数据时，应坚持“宁缺毋滥”的原则：①对于首波初至不清晰或相位校正不可靠的走时数据，应予以剔除；②对于首波初至走时或射线波速明显不合理的射线，应予以剔除；③对于射线过长或路径复杂，怀疑存在明显绕射、折射、反射现象的射线，应慎重考虑取舍。

（2）判读方法。弹性波激发后，自激发点向接收点传播，并被声波仪或地震仪所接收，在弹性波的波形记录中，通常包含纵波、横波或面波，其中纵波的传播速度最快，横波次之，面波最慢，故在波形记录中的初至波应为纵波。每条射线的初至时刻与零声时或触发时刻的差值即为纵波走时。在弹性波观测时，弹性波的初至走时是弹性波CT测试最为重要的数据，应保证触发信号清晰可辨或采用无延时的计时方式，确保弹性波走时准确、可靠。通常情况下，在波形记录上将初至波起始点判读为初至时刻，如图3.3-1所示。当波形记录上的初至波起始点不清晰或无法判读时，可采用相位判读法，先读取初至波的波峰或波谷时刻，然后减去相位校正值。

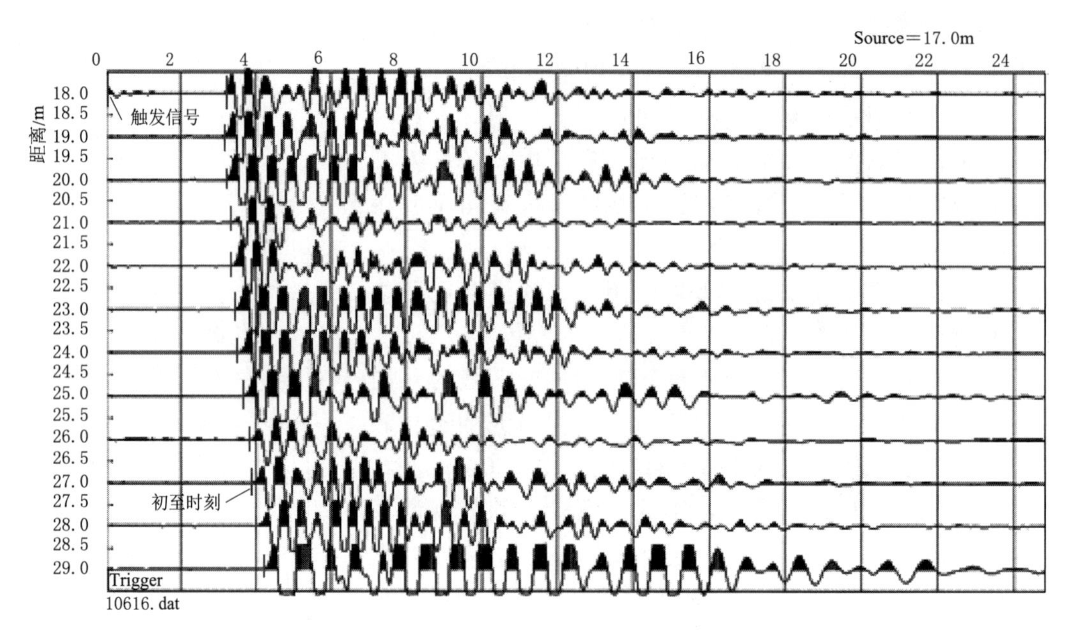

图3.3-1　弹性波初至时刻判读方法

3.3.2　初至走时检查

弹性波观测数据是弹性波CT正反演计算的基础资料，应根据所使用弹性波CT反演软件的格式要求建立观测数据文件。观测数据文件的内容主要包括射线的数量、每条射线的起止坐标和走时。

在建立弹性波CT观测数据文件后，应检查数据文件的“矛盾”之处：

（1）检查重复射线和互换射线的走时，重复射线或互换射线的走时相对偏差不应大于±5%。

（2）检查各射线的射线波速，相邻射线的波速相对偏差不应大于±10%。

（3）检查观测不应少于射线总数的5%，必要时应进行重复观测，每条射线的检查观测或重复观测走时相对偏差不应大于±5%。

（4）对检查发现的“矛盾”之处，应检查原始波形记录和走时读数，如有错误则纠正错误，若读数无误，但又不能合理解释的，应舍弃该条射线的走时数据。

3.4　正反演数据整理与分析

3.4.1　数据处理过程

层析成像的数据处理过程可简单表述为：根据地质资料假定初始速度模型，进行射线追踪，计算出弹性波理论走时，根据理论值与观测值之间的线性方程，反演速度结构，修改速度模型，重复上述过程，直到获得满意的结果。

3.4.2　射线平均波速统计分析

计算每条射线平均波速，绘制每个激发点所有射线的平均波速分布（图 3.4－1）和所有射线平均波速分布柱状图（图 3.4－2）。

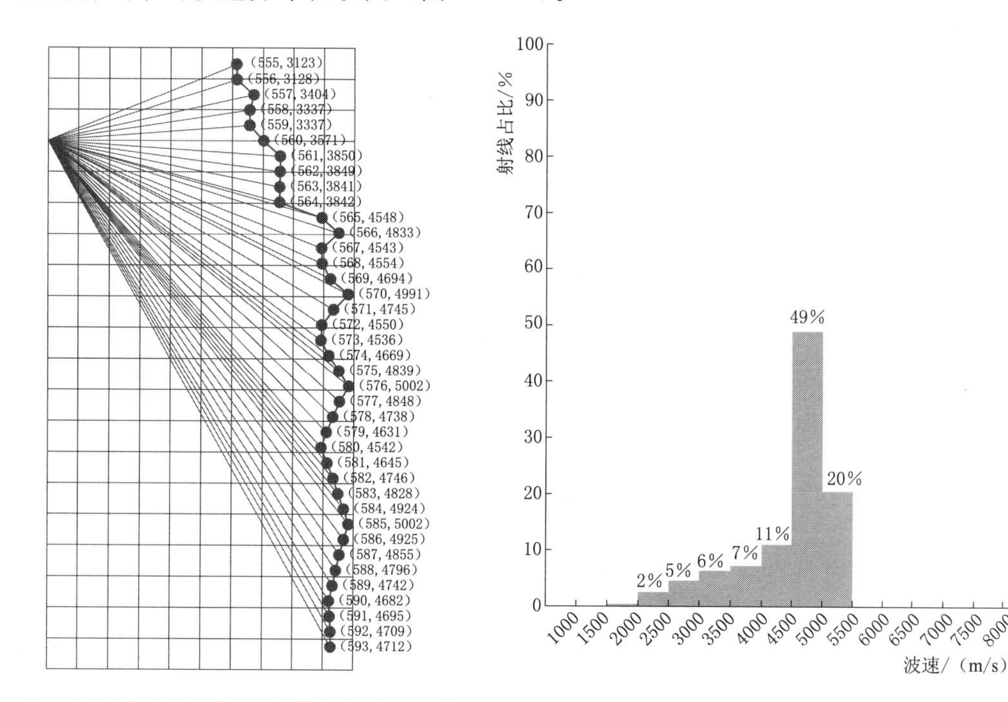

注：括号内逗号前的数字为射线编号，逗号后的数字为平均波速，单位为 m/s。

图 3.4－1　每个激发点所有射线的平均波速分布　　图 3.4－2　射线平均波速分布柱状图

（1）根据图 3.4－1，可对每个激发点的射线束进行射线平均波速浏览，可判断每条射线初至时间读取或输入的正确性和合理性。对不正确或不合理的射线平均波速对应的射线（射线号）进行初至时间校对或删除该射线数据。

（2）从图 3.4－2 可知，射线平均波速为 1500～5500m/s，4500～5000m/s 占 49%。一方面可判断所有射线的平均波速是否在合理范围内；另一方面在反演计算时，可对单元波速进行限值，一般上限取最大射线平均波速，下限可适当低于最小射线平均波速。

3.4.3　已知条件选用

通常情况下，各测孔均进行单孔声波测试，因此孔周边单元的声波波速及其分布规律是已知的，可参考单孔声波测试成果进行单元网格有重点划分。但在利用单孔声波波速时，应注意单孔声波测试仪器（包括激发、接收及采集等仪器设备）与弹性波

CT测试仪器是否相同，若不相同则应考虑波速的频散特性，不能直接利用单孔声波波速作为单元波速。

在跨江或跨河进行弹性波CT探测时，可采用多测深设备测量河床地形，并将河床地形测量成果对水域范围内的单元波速（1500m/s）进行约束，在反演单元波速计算时作为已知量，不再进行未知量求解，这样既能减少计算工作量，又能提高其他单元波速的反演计算精度。

另外，当已知某范围内介质均匀且各射线的平均波速基本相同，在进行单元离散和反演计算时，也可作为已知条件对其单元波速进行约束，从而既能减少反演计算工作量，又能提高其他单元波速的反演计算精度。

3.4.4　初始波速设定

除BPT法是非迭代反演算法外，其余的反演算法均需要迭代计算，合理设定初始波速非常关键。在充分利用已知条件对单元波速进行约束外，可采用BPT法反演单元波速，并将其作为其他方法反演计算的初始波速。实践证明，按照这样方法设定初始速度，不仅迭代收敛快，而且反演计算精度高。

3.4.5　阻尼因子与迭代次数选取

由于离散图像重建问题解的非唯一性，数据拟合差取极小并不等于方程的解估算趋向真解。带阻尼类方法求解较稳定，更具有实用价值，但需确定一个合理的阻尼因子和迭代次数。经综合考虑模型分辨率、数据分辨率、观测数据误差及方程组扰动性态等因素，设定不同迭代次数和阻尼因子，用BPT法反演计算的速度作为初始波速，再用阻尼最小二乘法进行反演计算射线走时误差，获得相对误差-阻尼因子关系曲线和相对误差-迭代次数关系曲线，如图3.4-3分析，阻尼因子取0.5，迭代次数取6。

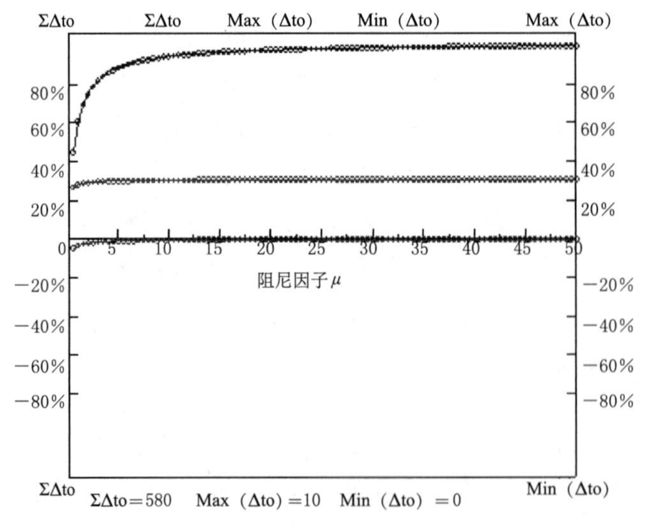

图3.4-3（一）　相对误差与阻尼因子和迭代次数关系曲线

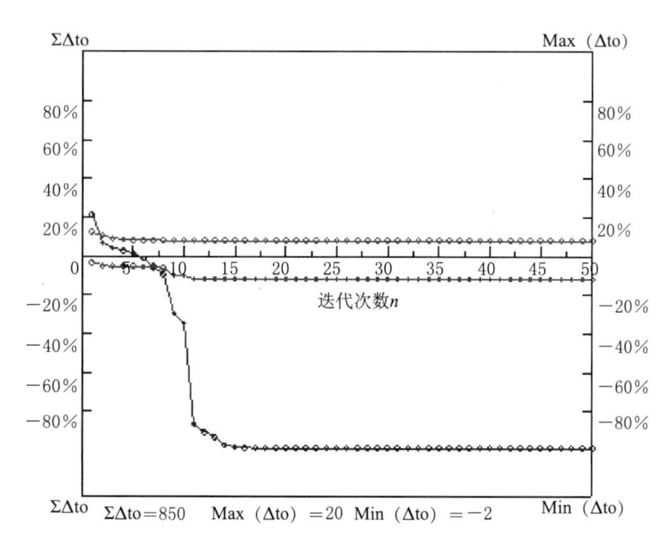

图 3.4-3（二）　相对误差与阻尼因子和迭代次数关系曲线

3.5　波速二维等值线绘制

3.5.1　等值线绘制的插值方法

通过对测试区单元离散并进行反演计算后，获得各单元格的波速，再通过波速等值线图来解释测试区介质的分布。因此，如何绘制等值线图就显得特别重要。要将大量数据进行处理并以等值线的形式呈现，这就需要一套能方便绘制等值线的绘图工具。在众多的商业化绘图软件中，美国 GOLDEN 软件公司的 Surfer 软件，以其方便、直观、快捷、安装简单、对系统要求低等优点得到广大用户的青睐，成为普及度最高的绘图软件之一。其版本 Surfer 8.0 提供了 12 种插值方法，用户可以根据不同的需要选择不同方法来进行插值、来对其进行分析，以达到自己想要的效果。要科学地选择插值方法和灵活地进行参数设置，必须要熟悉各种插值方法的基本理论知识，下面将介绍 Surfer 8.0 中的 12 种插值方法及其应用实例。

（1）反距离加权插值法。反距离加权插值法（Inverse Distance to a Power）是 20 世纪 60 年代末提出的计算区域平均降水量的一种方法。它实际上是一种加权移动平均方法，设平面上分布一系列离散点 $P(x, y, z)$，已知其位置坐标 $P(x_i, y_i)$ 和属性值 $i(i=1,2,\cdots,n)$，根据周围离散点的属性值，通过距离加权插值求 P 点属性值。其插值原理是待插值点邻域内已知散乱点属性值的加权平均，权的大小与待插点的邻域内散乱点之间的距离有关，是距离 $k(0\leqslant k\leqslant 2)$ （一般取 $k=2$）次方的倒数。即

$$z_P=\sum_{i=1}^{n}\frac{z_i}{[d_i(x,y)]^k}\bigg/\frac{1}{[d_i(x,y)]^k} \tag{3.5-1}$$

式（3.5-1）中，$d_i(x,y)=\sqrt{(x-x_i)^2+(y-y_i)^2}$，表示由离散点（$x_i$，$y_i$）至 $P(x_i$，$y_i)$ 点的距离。这种方法的优点是可以通过权重调整空间插值等值线的结构。

（2）克里金插值法。克里金插值法（Kriging），又称克立格法，是法国G·马特隆教授以南非矿山地质工程师D·G·克立格的名字命名的一种方法。它是以区域化变量理论为基础，以变差函数为主要工具，在保证估计值满足无偏性条件和最小方差条件的前提下求得估计值。设区域化变量 $f(x)$ 满足二阶平稳假设或本征假设，则待插点 P 的估计值为

$$f_P=\sum_{i=1}^{n}w_i f_i \tag{3.5-2}$$

式中：f_i 为 n 个已知点的函数值；w_i 为 n 个已知点的权系数。由无偏的条件，有 $\sum_{i=1}^{n}w_i=1$。再根据估计方差最小的条件：

$$\sum_{i=1}^{n}w_i\gamma(x_j-x_i)+\mu=\gamma(x_P-x_i)\quad(i=1,2,\cdots,n) \tag{3.5-3}$$

式中：μ 为拉格朗日算子；$\gamma(x_j-x_i)$ 为已知点间的变差函数值；$\gamma(x_P-x_i)$ 为已知点与待插点间的变差函数值。求出待插点 P 的估计值。简单地说，克里金插值法就是一种特定的滑动加权平均法。

（3）最小曲率法。最小曲率法（Minimum Curvature）广泛应用于地球科学，是构造出具有最小曲率的曲面，使其穿过空间场的每一点，并尽可能使曲面变得光滑。使用最小曲率法时要涉及两个参数——最大偏差参数（Maximum Residuals）和最大循环次数（Maximum Iteration Parameter）参数来控制最小曲率的收敛标准，而且最小曲率法要求至少有四个点。最小曲率法试图在尽可能严格地尊重数据的同时，生成尽可能圆滑的曲面。最小曲率法主要考虑曲面的光滑性，因此插值的成果容易失真，往往超出了最大值和最小值的范畴，由此绘出的等值线与实际相差较大。实际应用中此法只能作为平滑估值，绘出的等值线主要用于定性研究空间分布及走向。

（4）改进谢别德法。使用反距离加权插值法，当增加、删除或改变一个点时，需要重新计算权函数 $w_i(x-y)$，为了克服反距离加权插值法的这一缺陷，改进谢别德法（Modified Shepard's Method）同样使用距离倒数加权的最小二乘方的方法，主要有以下两个方面的改进：①通过修改反距离加权插值法的权函数 $w_i(x-y)=1/[d_i(x,y)]^4$，使其只能在局部范围内起作用，以改变反距离加权插值法的全局插值性质。②同时引用节点函数 $Q_i(x-y)$［插值于（x_i，y_i）点的二次多项式］来代替离散点（x_i，y_i）的属性值 z_i。$Q_i(x-y)$ 在点（x_i，y_i）附近与函数属性值 $z(x$，$y)$ 具有局部近似的性质，因此，如果认为距离（x_i，y_i）较远的点对 $Q_i(x-y)$ 影响不大，则可以认为在（x_i，y_i）点附近，$Q_i(x-y)$ 就可以近似地表示函数属性值 $z(x$，$y)$ 了。

（5）自然邻点插值法。自然邻点插值（Natural Neighbor）是基于Voronoi结构的一类插值方法。自然邻点Laplace插值由Belikov等以及Sugihara和Hiyoshi等先后

从不同角度提出的。对于二维空间，自然邻点插值型函数（基函数）的形式为

$$\varphi_i(x)=\alpha_i(x)/\sum_{j=1}^{n}\alpha_j(x) \tag{3.5-4}$$

$$\alpha_i(x)=s_i(x)/h_i(x) \tag{3.5-5}$$

式中：$s_i(x)$ 为与节点 i 关联的 Voronoi 边的长度；$h_i(x)$ 为插值点 x 到节点 i 的 Voronoi 边的垂直距离；n 为插值点的自然邻点个数。

自然邻点 Laplace 插值型函数满足在插值节点等于 1、单位分解性和线性完备性等插值型函数的基本性质。

（6）最近邻点插值法。最近邻点插值法（Nearest Neighbor）又称泰森多边形方法，是荷兰气象学家 A. H. Thiessen 提出的一种方法，最初用于根据离散分布的气象站的降水来计算平均降水，而现在的 GIS 和地理分析中也经常用其进行快速赋值。实际上，最近邻点插值的一个隐含假设条件是任一网格点 $P(x,y)$ 的属性值都使用距它最近的位置点的属性值，用每一个网格节点的最邻点值作为待插点的节点值，具体算法如下：

假若有一块总面积为 s 的区域，其中共有 N 个网格点 $n(n=1,2,\cdots,N)$。各个网格点的属性值分别为 $q_i(i=1,2,\cdots,N)$。分别以各网格点之间连线的垂直平分线，把流域划分为若干个多边形，然后以各个多边形的面积 $s_i(i=1,2,\cdots,N)$ 为权系数，计算各网格点的加权平均值，并将其作为区域的平均属性值：

$$Q=\sum_{i=1}^{N}s_iq_i/\sum_{i=1}^{N}s_i \tag{3.5-6}$$

（7）多元回归法。多元回归（Polynomial Regression）是用来确定数据的大规模的趋势和图案，它只是根据空间的采样数据，拟合一个数学曲面，用该数学曲面来反映空间分布的变化情况，实际上是一个趋势面分析作图程序。

设随机变量 y 随 n 个自变量 $x_1,x_2,\cdots,x_n$ 变化，并有 m 组观测数据 $x_{1i},x_{2i},\cdots,x_{mi},y_i$（$i=1,2,\cdots,m$），确定随机变量 y 与各个自变量 $x_1,x_2,\cdots,x_n$ 是否存在相关关系，若存在则给出合适的线性组合或可以化成线性组合的关系式，这就是多元回归分析要解决的主要问题之一。假设 $y=b_0+b_1x_1+b_2x_2+\cdots+b_nx_n$，可用最小二乘法来确定 $b_0,b_1,b_2,\cdots,b_n$ 的值。

对所给出的一组数据拟合一个线性模型之后，为了对拟合的合适程度作出评价，需要进行方差分析。利用统计量 F 值对整个回归过程进行显著性检验：

$$F=\frac{U/n}{Q/(m-n-1)}=\frac{\sum_{i=1}^{m}(y_i-\hat{y}_i)^2/n}{\sum_{i=1}^{m}(\hat{y}_i-\overline{y}_i)^2/(m-n-1)} \tag{3.5-7}$$

式中：U 为回归平方和；Q 为残差平方和；$\hat{y}$ 为与观测值相对应的计算值；$\overline{y}$ 为均值。

给定检验水平 α，当 F 值大于临界值 F_n 时，则 $x_1,x_2,\cdots,x_n$ 对 y 有显著的影响，

并且这种影响是线性的，亦即回归方程有实际意义；否则，回归方程无意义。

（8）径向基函数法。径向基函数（Radial Basis Function）又称距离基函数，它是多个数据插值方法的组合，其基函数是由单个变量的函数构成的。一个点（x，y）的这种基函数的形式往往是 $h_i(x,y)=h(d_i)$，这里的 d_i 表示由点（x，y）到第 i 个数据点的距离。所有径向基函数插值法都是准确的插值器，它们都能尽量适应数据。若要生成一个更圆滑的曲面。对所有这些方法都可以引入一个圆滑系数。

函数类型：最基本的函数类似于克里金中的方差图。当对于一个网格点插值时，这些函数为数据点规定了一套最佳权重。

基函数类型有：

1）倒转复二次函数（Inverse Multiquadric）：

$$B(h)=1/\sqrt{h^2R^2} \tag{3.5-8}$$

2）复对数（Multilog）：

$$B(h)=\log(h^2+R^2) \tag{3.5-9}$$

3）复二次函数（Multiquadratic）：

$$B(h)=\sqrt{h^2\times R^2} \tag{3.5-10}$$

4）自然三次样条函数（Natural Cubic Spline）：

$$B(h)=(h^2+R^2)^{1.5} \tag{3.5-11}$$

5）薄板样条法函数（thin Plate Spline）：

$$B(h)=(h^2+R^2)\log(h^2+R^2) \tag{3.5-12}$$

式中：h 为由点（x，y）到第 i 个数据点的距离；R 为平滑因子参数。

其中的复二次函数方法在水文测量、大地测量、地质及采矿、地球物理等领域都得到了广泛应用，效果良好，在数据点数量不太大的情况下计算也不太复杂。薄板样条法实质是使插值函数所代表的弹性薄板受限于插值点，并且具有最小的弯曲能量。

（9）带线性插值的三角剖分法。线性插值三角网法（Triangulation with Linear Interpolation）是使用最佳的Delaunay三角形，将连接数据点间的连线形成三角形，原始数据点连接的规则是这样的：所有三角形的边都不能与另外的三角形相交，其结果构成了一张由三角形拼接起来的覆盖网格范围的网，每一个三角形定义了一个覆盖该三角形内网格节点的面。三角形的倾斜和标高由定义这个三角形的三个原始数据点确定，给定三角形内的全部节点都要受到该三角形的表面的限制，因为各个三角形都是用原始数据点来定义的，这样就把三角形和数据紧密联系起来，线性插值三角网法将在网格范围内均匀分配数据，地图上稀疏的区域将会形成截然不同的三角面。

（10）移动平均法。移动平均法（Moving Average）是一种简单平滑预测方法，它的基本思想是：用大于或等于取样间隔为半径的搜索圆在插值区域内连续搜索移动，以落在搜索圆内所有样点的均值作为待插值点（圆心）取值所得插值曲面即为所求。

(11) 数据度量法。数据度量(Data Metrics)用来提供有关的数据信息，根据度量所得的数据资料，可以再次利用一个网格数据网格的其他方法，它其实不是一种插值方法，它是一种数据的度量方法，通过这种方法可以找到比较合适的插值方法。

(12) 局部多项式法。多项式插值(Local Polynomial)也是常用的方法之一。但是，在进行多项式插值时，要找到一个合理的函数并不是那么容易的，而且当多项式的阶数太大其波动也很大。鉴于此，采用局部多项式法，即对插值对象给定搜索领域内所有点插值出适当特定阶数的多项式。局部多项式插值产生的曲面根多依赖于局部的变异。在 Surfer8.0 中，这些多项式的形式有以下三种：① $F(x,y)=a+bX+cY$；② $F(x,y)=a+bX+cY+dXY+eX^2+fY^2$；③ $F(x,y)=a+bX+cY+dXY+eX^2+fY^2+gX^2Y+hXY^2+iX^3+jY^3$。

3.5.2 单元波速赋予

在单元离散反演计算后，一般对每个单元中心点赋予一个波速，然后再利用某一插值方法绘制等值线。但在遇到测区内介质有突变时，绘制的等值线分布与实际有较大差异。图 3.5-1 (a) 为在单元中心点赋值，图 3.5-1 (b) 为在单元内 9 点赋值，用克里金法分别对其数据网格化后绘制的等值线见图 3.5-2 (a) 和图 3.5-2 (b)，从而可知，9 点赋值明显优于中心点赋值，且符合实际。

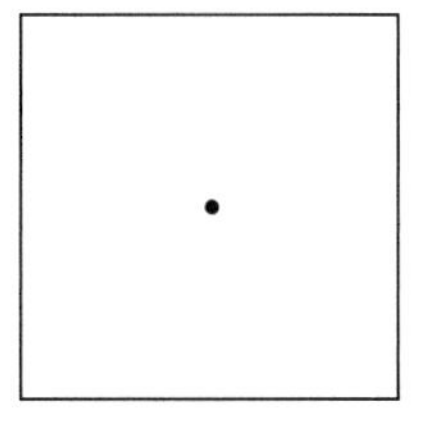

(a) 单元中心点赋值

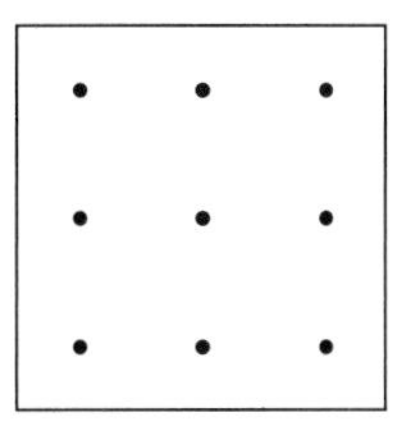

(b) 单元内9点赋值

图 3.5-1 单元波速节点赋值

3.5.3 等值线绘制案例

如图 3.5-3 所示，斜线阴影单元的波速为 1500m/s (模拟河床)，灰色单元的波速为 2500m/s (模拟地质构造)，其他单元的波速为 5000m/s (模拟完整岩体)，此模型为水电工程河床及其覆盖层等探测的典型，分别使用 Surfer 8.0 中的 12 种不同的插值方法对其数据网格化，得到规则的网格文件，然后分别绘制等值线图，如图 3.5-4 所示。

从图 3.5-4 中可知：克里金插值法、改进谢别德法、自然邻点插值法、最近邻点插值法、径向基函数法、带线性插值的三角剖分法最接近实际；反距离加权插值法、最小曲率法较接近实际；局部多项式法较差；多元回归法、移动平均法、数据度量法与实际不符。

因此，不同的插值方法获取的等值线分布是有较大差异的，可以根据各类数据不同的特点，以及要进行的各种不同的分析，科学地选择正确的插值方法，从而进行参数设置生成网格文件，然后绘制正确的、有意义的等值线图。比如，数据点足够密但密度水平较低时，可以选用泰森多边形插值，即最近邻点插值法对其进行插值；数据点不是很密集时，则用反距离加权法对其进行插值；当考虑到空间连续性变化的属性非常不规则时，则用克里金法对其进行插值。

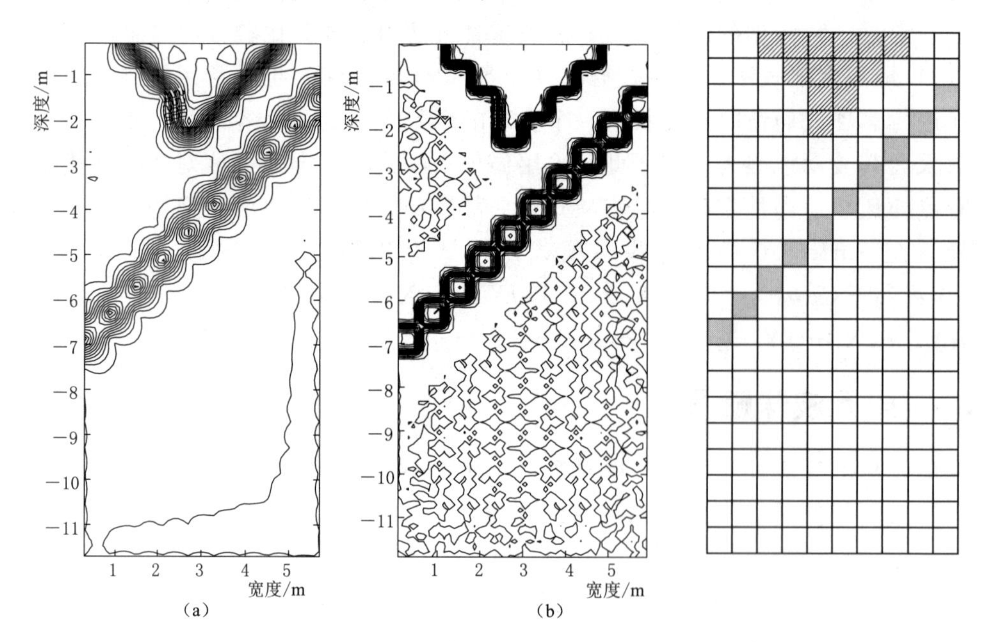

图 3.5-2　不同单元节点赋值后的等值线

图 3.5-3　等值线绘制模型

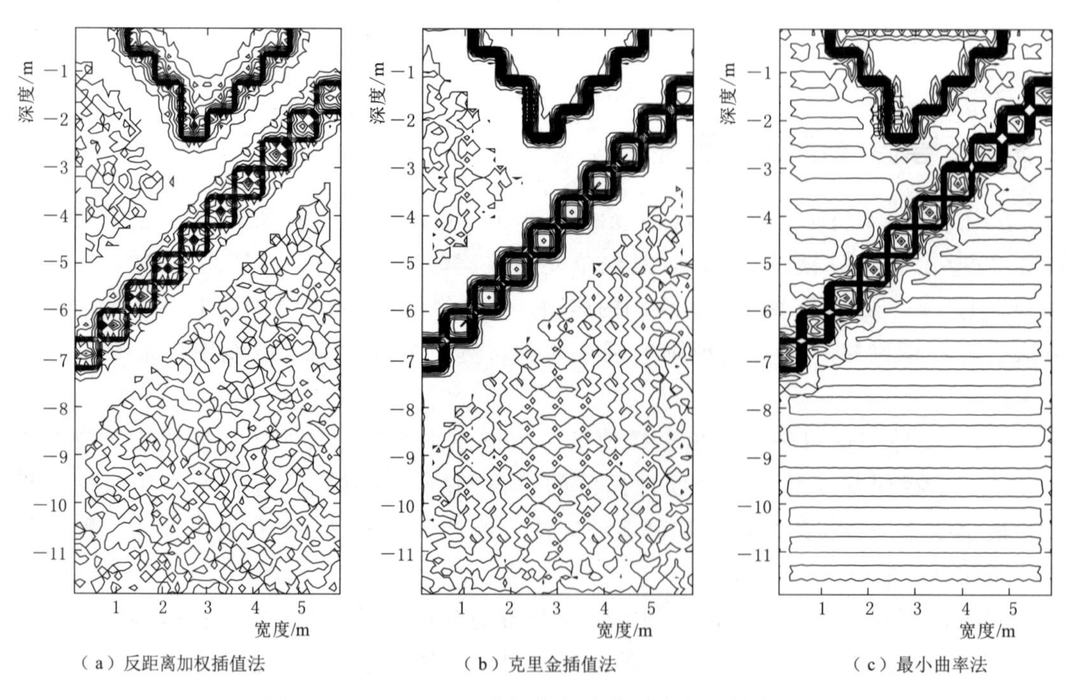

图 3.5-4（一）　12 种插值方法分别绘制的等值线

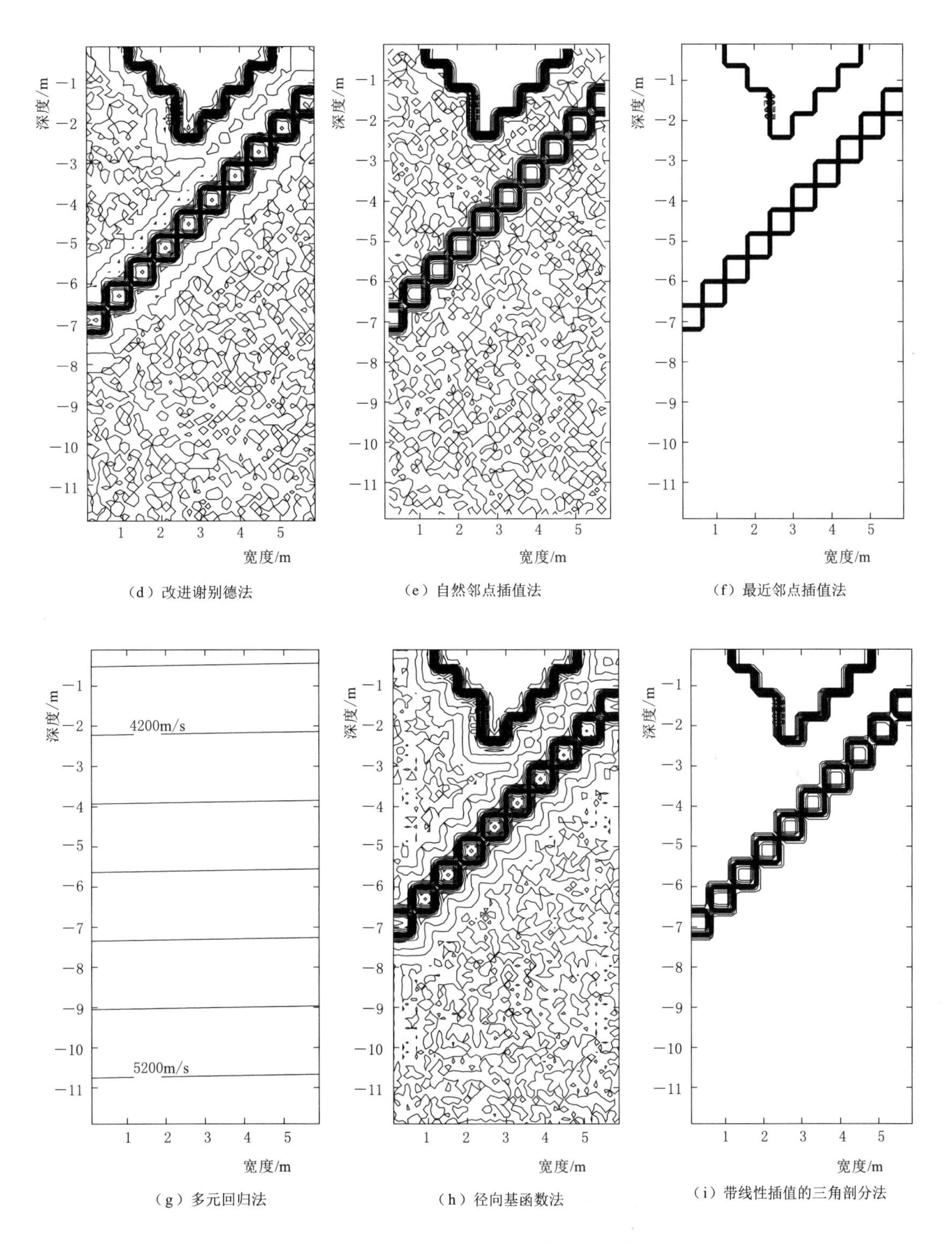

(d) 改进谢别德法

(e) 自然邻点插值法

(f) 最近邻点插值法

(g) 多元回归法

(h) 径向基函数法

(i) 带线性插值的三角剖分法

图 3.5-4(二) 12种插值方法分别绘制的等值线

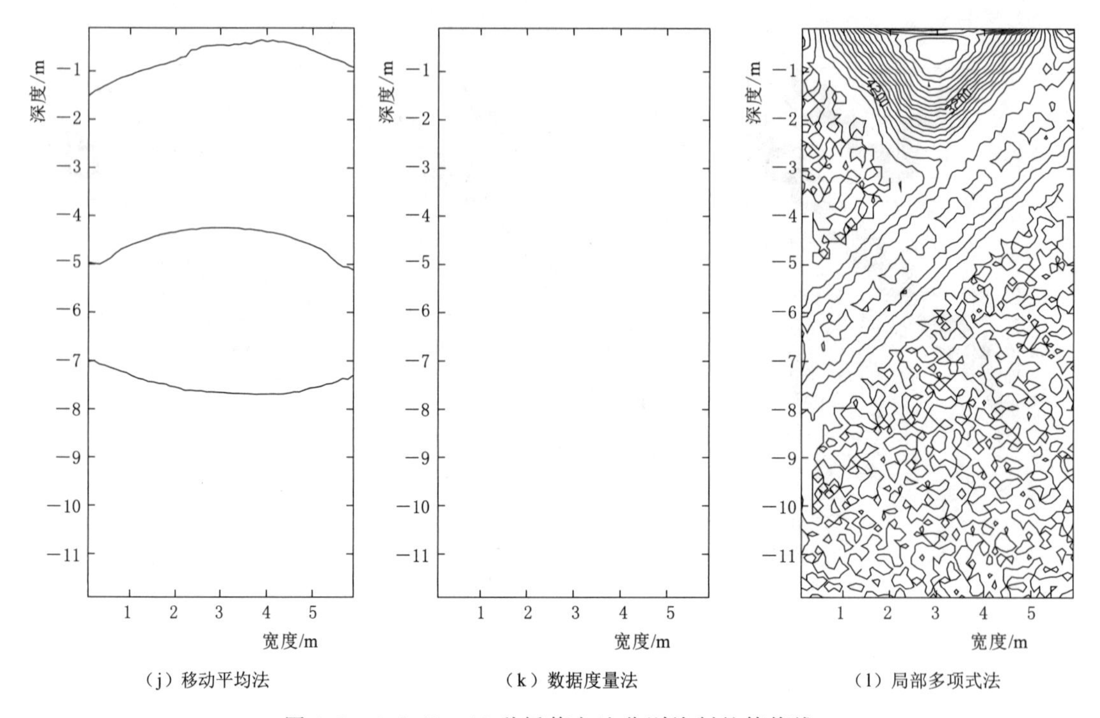

（j）移动平均法　　（k）数据度量法　　（l）局部多项式法

图 3.5-4（三）　12 种插值方法分别绘制的等值线

3.6　二维 CT 成果解释方法探索

3.6.1　水平射线波速解释法

不同深度或位置水平射线波速反映所在深度或位置的介质平均波速，可以大致了解在弹性波 CT 剖面中不同深度或位置的介质平均波速及随深度或位置的变化情况，结合地质资料可初步判断不同深度或位置的介质分布情况。图 3.6-1 为某工程跨江弹性波 CT 剖面的水平射线平均波速与深度分布图。从中可以看出，深度 0～4.5m 范围内介质平均波速为 2500～4500m/s，波速随深度提高明显，分析为 V 字形河床区域；深度 4.5～11.5m 范围内介质平均波速为 4500m/s，波速无明显变化，分析为中等风化基岩；深度 11.5～12.5m 范围内介质平均波速为 4500～5000m/s，波速随深度有所提高，分析为较完整基岩与完整基岩的分界区；深度 12.5～19.5m 范围内介质平均波速为 5000m/s，波速无变化，为完整基岩。根据水平射线平均波速随深度分布及变化情况，结合地质资料可初步划分弹性波 CT 剖面内介质的大致分布情况。

3.6.2　交会射线波速解释法

弹性波射线的平均波速是射线所经过介质及波速的综合反映，根据弹性波射线的平均波速，结合地质资料，可以大致判断该条射线所经过的介质或区域。图 3.6-2

为某工程跨江弹性波 CT 剖面的不同波速射线分布图，依据每条射线的平均波速，分别绘制波速大于 4500m/s 的射线分布、波速小于 3000m/s 的射线分布和波速为 3000～4500m/s 的射线分布。从图 3.6－2（a）可看出，在剖面中上部有一个倒三角形低波速区，其波速低于 4500m/s，由此分析该区域为 V 字形河床区域；从图 3.6－2（b）可以看出，测区上部中间部位有一个射线比较稠密的倒三角形低波速区，其波速普遍低于 3000m/s，其形态与图 3.6－2（a）中的低波速区基本重合但范围略小，为 V 字形河床区域，该区域的介质主要为覆盖层；在剖面的中上部有一条带状的低波速带，波速低于 3000m/s，其位置已深入河床下伏基岩，分析为基岩破碎带；从图 3.6－2（c）可以看出，剖面中经过中上部的射线波速为 3000～4500m/s，而中下部的射线波速大多高于 4500m/s，分析剖面中下部为较完整基岩。

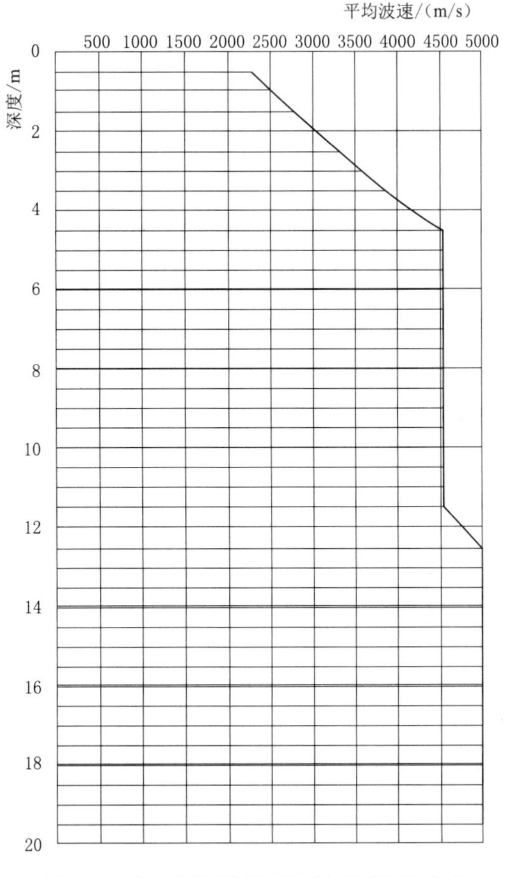

图 3.6－1　水平射线平均波速-深度分布

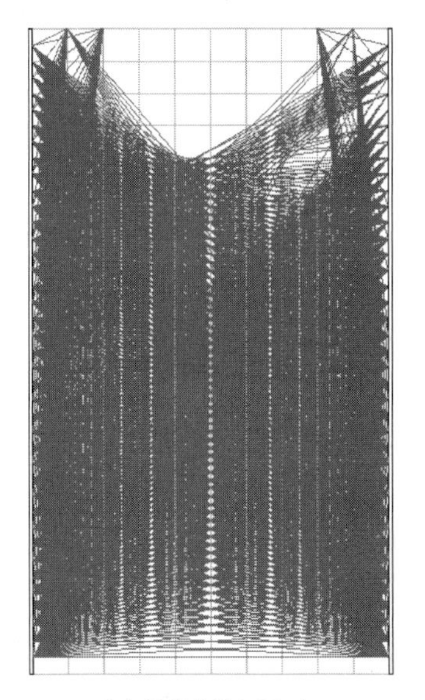

（a）波速大于4500m/s

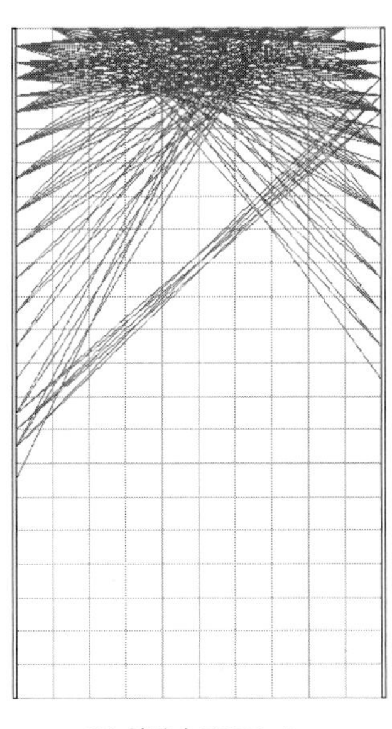

（b）波速小于3000m/s

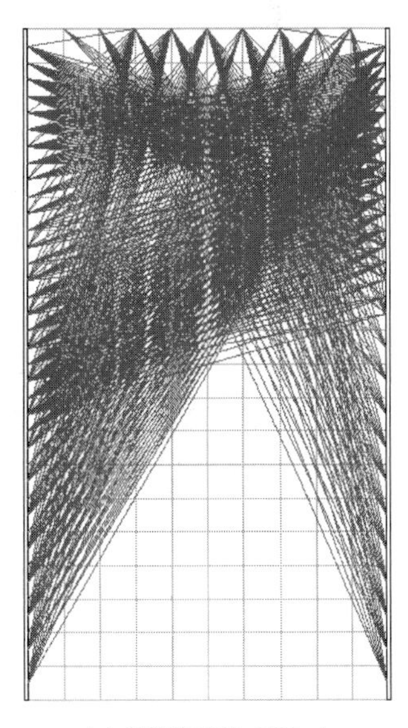

（c）波速为3000~4500m/s

图 3.6－2　不同波速射线分布图

3.6.3　波路解释法

根据费马原理，弹性波以最小时间路径传播，在高波速介质中的最小走时路径射线密度通常高于低波速介质，因此根据介质中的最小走时路径射线相对疏密程度可大致判断剖面中高波速区和低波速区的分布情况。图 3.6－3 为某工程跨江弹性波 CT 剖面的最小走时路径射线分布图，从中可观察到，测区中上部的倒三角形区域内和中部呈 45°条带分布范围内所经过的弹性波射线相对较少，初步分析为相对低波速区。

3.6.4　等值线解释法

弹性波 CT 测试数据经反演计算，得到剖面内各单元的波速，并由此绘制波速等值线图。图 3.6－4 为某工程跨江弹性波 CT 剖面波速等值线图，从中明显观察到测区上部中间部位和中上部 45°斜线一定宽度范围内有等值线密集分布，密集区内部为低波速区，其余为高波速区。因此，可根据波速等值线密集分布划分高波速区或低波速区的位置和规模。

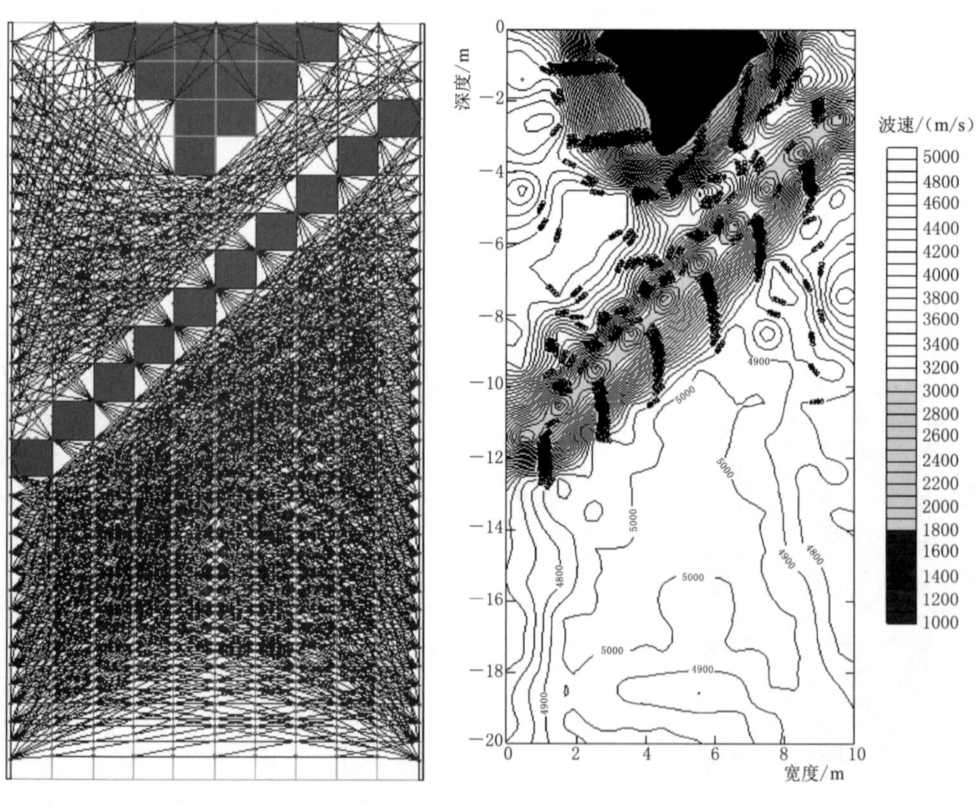

图 3.6－3　最短走时路径的射线分布

图 3.6－4　波速等值线分布

3.6.5 综合解释法

弹性波 CT 成果解释是一项十分复杂的综合分析过程，必须结合地质资料，大致了解地层结构、介质类型及与波速对应关系，同时考虑弹性波 CT 的分辨率、反演误差及地球物理方法普遍存在的多解性问题。一般先进行定性分析，如水平射线波速解释法、交会射线波速解释法、波路解释法及地质解释法为定性分析方法；定性分析方法虽然精度不高，但分析结果较为可靠。定性分析成果是定量分析的基础，等值性解释法为定量分析法；首先应用定性分析结果判断定量分析的符合性、合理性和可靠性，在此基础上再进行精细化的定量分析。若发现定量分析结果与定性分析结果差异较大，应分析定量分析过程是否存在多解性问题，寻求与定性分析相吻合的定量分析结果。

3.7 二维 CT 成果地质解释

弹性波 CT 测试的目的是为地质勘察或工程检测服务，其成果最终应用工程地质或结构语言表示，这是物探成果应用的基础。根据对弹性波 CT 成果的定性和定量分析，结合已有工程地质、工程结构及前期物探资料，建立波速与地质体或结构物的初步对应关系，在波速等值线图的基础上绘制剖面地质图或剖面结构图。图 3.7-1 为某工程跨江剖面波速等值线图，进行地质解释形成图 3.7-2，即为地质解释图。

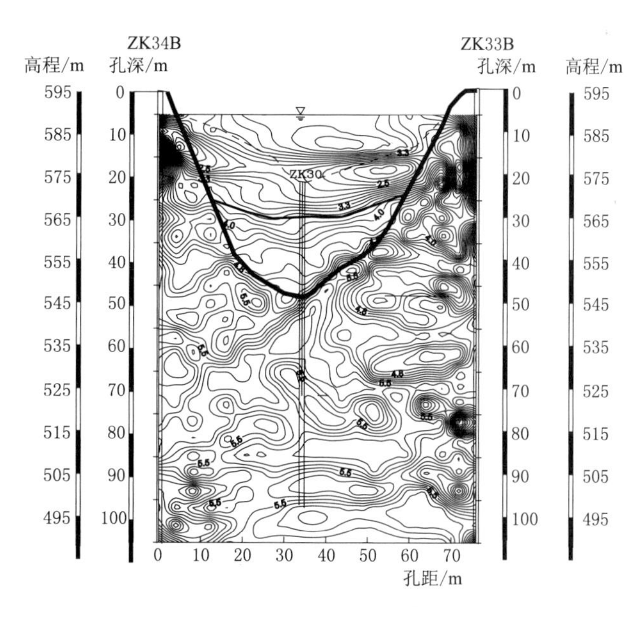

图 3.7-1 某工程跨江孔间地震波 CT 波速等值线图

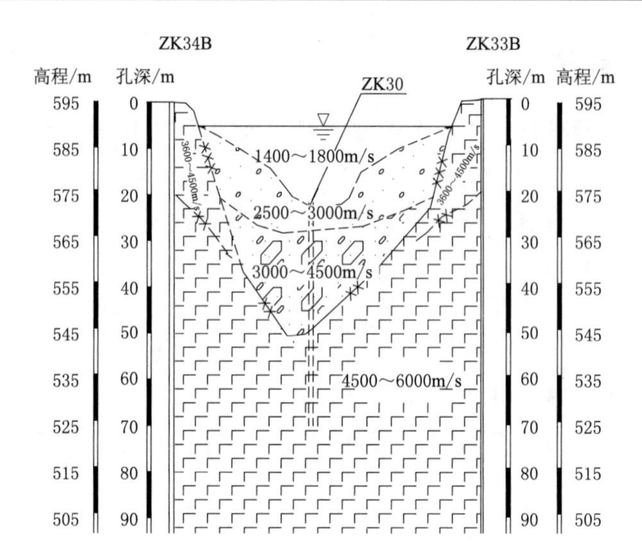

图 3.7-2　某工程跨江孔间地震波 CT 成果地质解释图

第4章　二维CT软件（2DCT）开发及其功能

4.1　VB6概述

Visual Basic（以下简称VB）是Microsoft公司推出的一个集成开发环境，具有简单易学、功能强大、软件费用支出低、见效快等特点。VB继承了Basic语言易学易用的特点，特别适合初学者学习Windows系统编程。VB具有以下一些特点。

4.1.1　可视化的集成开发环境

“Visual”指的是开发图形用户界面（GUI）的方法。在使用过去的一些语言如C语言、Basic语言编写程序时，最令程序员烦恼的是编写友好的用户界面。使用Visual Basic编写应用程序，则不需编写大量代码去描述界面元素的外观和位置，而只要把预先建立的对象添加到屏幕上即可。

“Basic”指的是BASIC（Beanner's All－Purpose Symbolic Instruction Code）语言，一种在计算技术发展历史上应用得最为广泛的语言。VB在原有BASIC语言的基础上进一步发展，已包含了数百条语句、函数及关键词，其中很多和Windows GUI有直接关系。专业人员可以用VB实现其他任何Windows编程语言的功能，而初学者只要掌握几个关键词就可以建立实用的应用程序。从BASIC语言发展到VB，也就是将一种单纯的计算机语言发展成为一个集应用程序开发、测试、查错功能于一体的集成开发环境。

4.1.2　面向对象的程序设计思想

面向对象的程序设计是伴随Windows图形界面的诞生而产生的一种新的程序设计思想，与传统程序设计有着较大的区别，VB就采用了面向对象的程序设计思想。所谓“对象”就是一个可操作的实体，如窗体以及窗体中的按钮、文本框等控件。每个对象都能响应多个不同的事件，每个事件均能驱动一段代码（事件过程），该段代码决定了对象的功能，称这种机制为事件驱动。事件由用户的操作触发。例如，单击一个按钮，则触发按钮的Click（单击）事件，处于该事件过程中的代码就会被执行。若用户未进行任何操作（未触发事件），则程序将处于等待状态。整个应用程序就是由彼此独立的事件过程构成，因此，使用VB创建应用程序，就是为各个对象编写事件过程。

4.1.3　交互式的开发环境

VB集成开发环境是一个交互式的开发环境。传统的应用程序开发过程可以分为三个明显的步骤：编码、编译和测试代码。但是VB与传统的语言不同，它使用交互式方法开发应用程序，使三个步骤之间不再有明显的界限。在大多数语言里，如果编写代码时发生了错误，则在开始编译应用程序时该错误就会被编译器捕获。此时必须查找并改正该错误，然后再次进行编译。对每一个发现的错误都要重复这样的过程。而VB在编程者输入代码时便进行解释，即时捕获并突出显示大多数语法或拼写错误，看起来就像一位专家在检查代码的输入。除即时捕获错误以外，VB也在输入代码时部分地编译该代码。当准备运行和测试应用程序时，只需极短时间即可完成编译。如果编译器发现了错误，则将错误突出显示于代码中。这时可以更正错误并继续编译，而不需从头开始。由于VB的交互特性，因此可以在开发应用程序时运行它。通过这种方式，代码运行的效果可以在开发时就进行测试，而不必等到编译完成以后。

4.1.4　高度的可扩充性

VB是一种高度可扩充的语言，除自身强大的功能外，还为用户扩充其功能提供了各种途径，主要体现在以下三个方面：

（1）支持第三方软件商为其开发的可视化控制对象：VB除自带许多功能强大、实用的可视化控件以外，还支持第三方软件商为扩充其功能而开发的可视化控件，这些可视化控件对应的文件扩展名为OCX。只要拥有控件的OCX文件，就可将其加入VB系统中，从而增强VB的编程能力。

（2）支持访问动态链接库（Dyrnamic Link Library，DLL）：VB在对硬件的控制和低级操作等方面显得力不从心，为此VB提供了访问动态链接库的功能。可以利用其他语言，如Visual C＋＋语言，将需要实现的功能编译成动态链接库（DLL），然后提供给VB调用。

（3）支持访问应用程序接口（API）：应用程序接口（Application Program Interface，API）是Windows环境中可供任何Windows应用程序访问和调用的一组函数集合。在微软的Windows操作系统中，包含了1000多个功能强大、经过严格测试的API函数，供程序开发人员编程时直接调用。VB提供了访问和调用这些API函数的能力，充分利用这些API函数，可大大增强VB的编程能力，并可实现一些用VB语言本身不能实现的特殊功能。

Visual basic 6.0（VB6）最低运行配置要求：

（1）90MHZ或者更快速的CPU。

（2）VGA兼容视频卡，在Windows下支持640 * 480或更高分辨率的显示模式。

（3）Windows 95下至少24MB的内存空间；Windows NT下至少32MB的内存空间。

（4）Windows NT 3.51或更新的版本；Windows 95或更新版本。

（5）Microsoft Internet Explorer 4.01 或更新版本。

4.2　VB 与 MatrixVB 的交互编程

4.2.1　MatrixVB 简介

MatrixVB 是 Mathworks 公司开发的专门用于 VB 的一个 COM 库，是一个能增强 VB 计算功能的函数集合。它允许用户在 VB 编译环境中调用许多强大的计算算法和函数，在 VB6 程序代码中可以像使用 VB 自己的函数一样使用 MatrixVB 的函数，在 VB 中完成矩阵运算等功能，这种方法使用起来简单，编程效率较高。

MatrixVB 提供了 600 多个函数，在 VB 中的功能大致分为：①矩阵生成与运算函数；②数学基本运算函数；③插值与拟合函数；④图形可视化函数；⑤图像和文件处理函数；⑥特殊工具箱函数。

4.2.2　MatrixVB 在 VB 中引用

在发布基于 Mat rixVB 的 VB 应用程序时，应将相应的库文件随系统一起发布。这些文件包括：v4510v. dll、e4510v. dll、ago4510. dll、msveirt. dll、msvert. dll 和 MMat rix. dll。因为 MMatrix. dll 是 COM 服务器，所以必须在操作系统注册后方可使用，用以下命令进行注册：开始——运行 regsvr32 mmatrix. dll。

MatrixVB 库的调用方法是在 VB 的集成开发环境中选中菜单工程/引用中的 MMatrix（图 4.2－1）后就可以直接使用 MatrixVB 库中的命令。

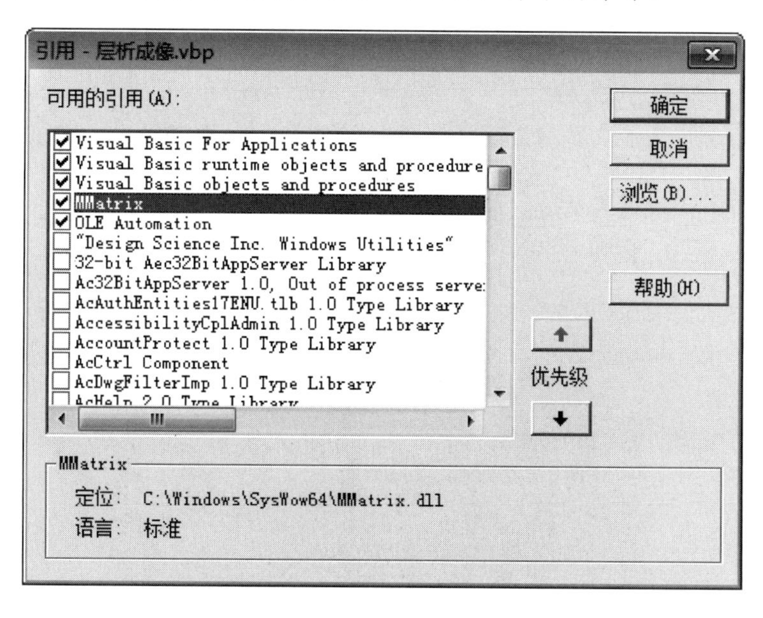

图 4.2－1　MatrixVB 在 Visual Basic 中引用

4.2.3 矩阵运算 VB 源代码

在反演计算时，主要用到矩阵运算函数，如 eye、mtimes、inv、reshape、ctranspose、plus、rN、iN 等。具体 VB 源代码如下：

```
    Dim W1_Dijkstra,W2_Dijkstra,tranA_Dijkstra,QA0_Dijkstra QA1_Dijkstra,Qb1_Dijkstra,Qb_Dijkstra,QA_Dijkstra
    Dim Dx As Variant
'建立与走时有关的权矩阵 W1
    W1_Dijkstra = eye(NSumR)
    W1_Dijkstra = mtimes(W1b_Dijkstra,W1_Dijkstra)
    W1_Dijkstra = inv(W1_Dijkstra)
    W1_Dijkstra = reshape(W1_Dijkstra,NSumR,NSumR)
'建立矩阵 QA_Dijkstra 的第 1 项矩阵 QA1_Dijkstra
    tranA_Dijkstra = ctranspose(A_Dijkstra)
    QA0_Dijkstra = mtimes(tranA_Dijkstra,W1_Dijkstra)
    QA1_Dijkstra = mtimes(QA0_Dijkstra,A_Dijkstra)
    QA1_Dijkstra = reshape(QA1_Dijkstra,New_NSumE,New_NSumE)
'建立矩阵 Qb_Dijkstra 的第 1 项矩阵 Qb1_Dijkstra
    Qb1_Dijkstra = mtimes(QA0_Dijkstra,b_Dijkstra)
    Qb1_Dijkstra = reshape(Qb1_Dijkstra,New_NSumE,1)
    ReDim eyeX0_Dijkstra(1 To New_NSumE,1 To New_NSumE)
'开始迭代计算
    For iNum_Dijkstra = 1 To Val(txtQRParameter. Text)
        '建立"射线穿越任一单元的长度和相应单元速度乘积"的矩阵 W2_Dijkstra
        For iNE = 1 To New_NSumE
            eyeX0_Dijkstra(iNE,iNE) = 0
            For iNR = 1 To NSumR
                If chkRestrict(0). Value = Checked Then eyeX0_Dijkstra(iNE,iNE) = eyeX0_Dijkstra(iNE,iNE) + E_LR(iNR,New_E_ENC_No(iNE)) / X0_Dijkstra(iNE,1)
                If chkRestrict(0). Value = Unchecked Then eyeX0_Dijkstra(iNE,iNE) = eyeX0_Dijkstra(iNE,iNE) + E_LR(iNR,iNE) / X0_Dijkstra(iNE,1)
            Next iNR
            eyeX0_Dijkstra(iNE,iNE) = eyeX0_Dijkstra(iNE,iNE) * v_Dijkstra * (p_Dijkstra) ^ Val(txtQRParameter. Text)
            DoEvents
        Next iNE
        W2_Dijkstra = eye(New_NSumE)
        W2_Dijkstra = mtimes(eyeX0_Dijkstra,W2_Dijkstra)
    '建立矩阵 QA_Dijkstra
        QA_Dijkstra = plus(QA1_Dijkstra,W2_Dijkstra)
        QA_Dijkstra = reshape(QA_Dijkstra,New_NSumE,New_NSumE)
        DoEvents
```

```
'建立矩阵 Qb_Dijkstra
    Qb_Dijkstra = mtimes(QA1_Dijkstra,X0_Dijkstra) '建立矩阵 Qb_Dijkstra 的第 2 项矩阵
    Qb_Dijkstra = minus(Qb1_Dijkstra,Qb_Dijkstra)
    Qb_Dijkstra = reshape(Qb_Dijkstra,New_NSumE,1)
    QA_Dijkstra = inv(QA_Dijkstra)
'解方程(AT * W1 * A+μW2)△X=AT * W1(b-AX0),求△X
    Dx = mtimes(QA_Dijkstra,Qb_Dijkstra)
    For iE = 1 To New_NSumE
        DoEvents
        X0_Dijkstra(iE,1) = X0_Dijkstra(iE,1) + Dx.r2(iE,1)  '重置初始值
    Next iE
Next iNum_Dijkstra
```

4.3 基于 VB 对 Surfer 软件二次开发

4.3.1 Surfer 简介

Surfer 软件是美国 Golden Software 公司编制的一款以画三维图（等高线、image map、3d surface）的软件。该软件简单易学，可以在几分钟内学会主要内容，且其自带的英文帮助（help 菜单）对如何使用该软件解释得很详细，其中的 tutorial 教程更是清晰地介绍了 surfer 的简单应用。

Surfer 具有的强大插值功能和绘制图件能力，使它成为用来处理 XYZ 数据的首选软件，是地质工作者必备的专业制图软件。可以轻松制作基面图、数据点位图、分类数据图、等值线图、线框图、地形地貌图、趋势图、矢量图以及三维表面图等；提供 11 种数据网格化方法，包含几乎所有流行的数据统计计算方法；提供各种流行图形图像文件格式的输入输出接口以及各大 GIS 软件文件格式的输入输出接口，大大方便了文件和数据的交流和交换；提供新版的脚本编辑引擎，自动化功能得到极大加强。

4.3.2 Surfer Automation 技术介绍

Automation 技术能够使一个应用程序，可以通过某个对象去“操纵”另一个应用程序。它提供了一个从应用程序外部控制另一个应用程序的编程界面。应用程序暴露出来的对象，称为自动化对象（Automation Object），外部用户程序可以通过使用这些对象的属性（Properties）和方法（Method），达到实现控制该应用程序的目的。Surfer 采用了层次化的方式来组织其自动化对象，其层次关系如图 4.3-1 所示。常用的自动化对象有 Application、Aexs、Document、Map Frame、PlotDocument、Shapes、WksDocument 等。在所有的 Surfer 自动化对象中 Application 对象代表着 Surfer 程序，它位于这个层次结构的最根部，是最基本的对象，所有其他对象的应用，都要以它为开始。

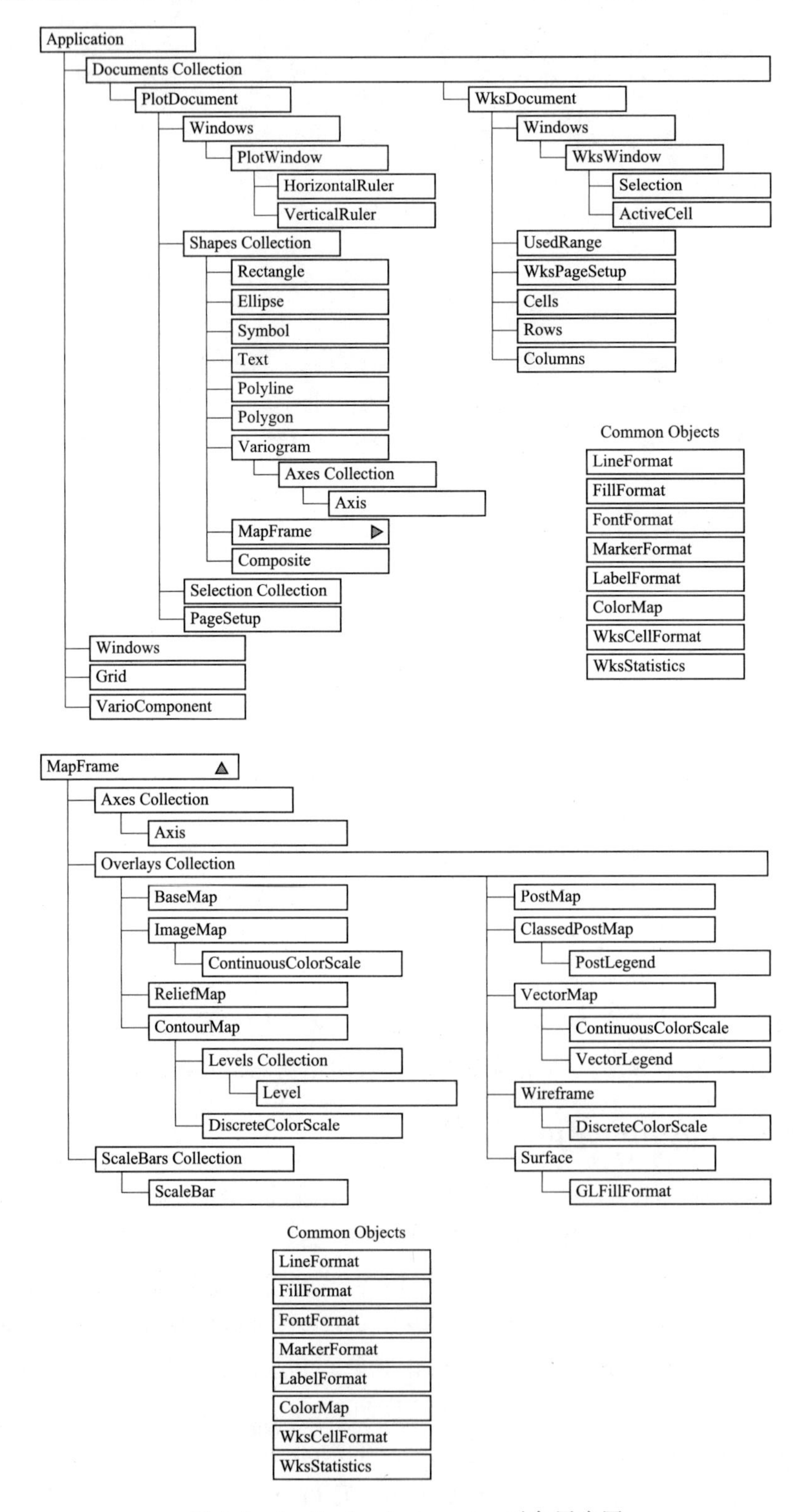

图4.3-1　Surfer Automation 对象层次图

4.3.3 等值线自动绘制流程

等值线图按图 4.3-2 中主要流程自动绘制。

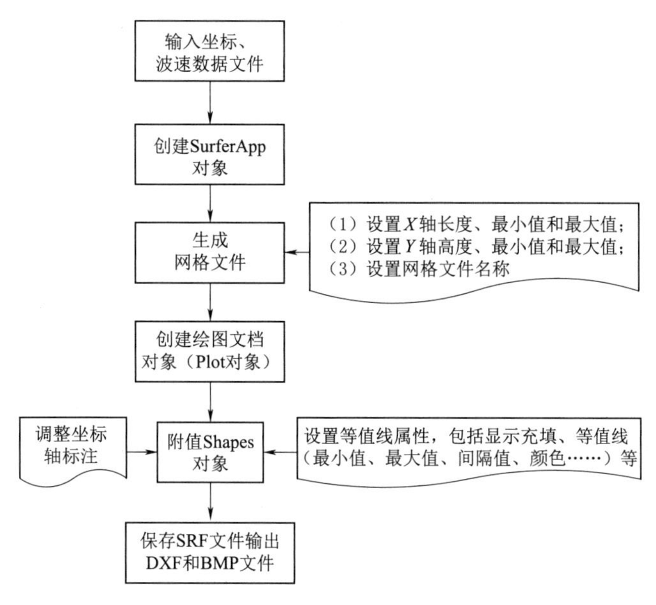

图 4.3-2　等值线自动绘制流程图

4.3.4 等值线自动绘制 VB 源代码

反演计算完成后，软件调用单元速度文件自动绘制等值线图并保存。详细的源代码如下：

```
Private Sub Surfer_DXF_SRF_Draw(Dat_FileName As String)
    On Error GoTo errorHandler
    Dim x1 As Single,z1 As Single,x4 As Single,z4 As Single,Vh As Single
    Dim iRow As Long,iCol As Long,iElement As Long
    Dim SurferApp As Object '定义 SurferApp 对象
    Set SurferApp = CreateObject("Surfer. Application") '创建 SurferApp 对象
    SurferApp. Visible = False '设置 SurferApp 对象可见
    '生成网格文件
    SurferApp. GridData DataFile:=ProjectName & Dat_FileName & ". dat",xMin:=xValueMin,xMax:=WidthX-
Direction,yMin:=-HeightZDirection,yMax:=zValueMax,ShowReport:=False,OutGrid:=ProjectName & Dat_
FileName & ". grd"
    Dim Plot As Object '定义 Plot 对象
    Set Plot = SurferApp. Documents. ADD() '创建绘图文档对象(Plot 对象)
    Dim Shapes As Object '定义 Shapes 对象
    Set Shapes = Plot. Shapes '附值 Shapes 对象
    Dim MapFrame As Object
```

```
    Set MapFrame = Shapes.AddContourMap(GridFileName:=ProjectName & Dat_FileName & ".grd")
    '调整坐标轴主标注
    Dim Axis As Object
    For Each Axis In MapFrame.axes
        With Axis
            .MajorTickType = 3 '内侧
        End With
    Next
    Dim ContourMap As Object '定义等值线图对象
    Set ContourMap = MapFrame.Overlays(1)
    If contour_Fill = 1 Then ContourMap.FillContours = True
    If contour_Fill = 0 Then ContourMap.FillContours = False
    If contour_ColorScale = 1 Then ContourMap.ShowColorScale = True '显示充填颜色比例
    If contour_ColorScale = 0 Or contour_Fill = 0 Then ContourMap.ShowColorScale = False '不显示充填颜色比例
    ContourMap.LabelEdgeDist = 0.25
    ContourMap.LabelLabelDist = 0.5
    ContourMap.LabelFont.Size = 4
    ContourMap.HachClosedOnly = True
    ContourMap.HachLength = 0.0005
    ContourMap.SmoothContours = 2
    Dim Levels AsObject '定义等值线
    Set Levels = ContourMap.Levels '设置等值线
    Levels.AutoGenerate MinLevel:=contour_Vmin,MaxLevel:=contour_Vmax,Interval:=contour_Vit '设置等值
线最小、最大、间隔值
    If Dir(ProjectName & "_EV.lvl") <> "" And contour_Fill = 1 Then Levels.LoadFile ProjectName & "_
EV.lvl"
'   Levels.ShowHach = False
    'Dim ContinuousColorScale As Object
    'Set ContinuousColorScale = ContourMap.ColorScale
    'ContinuousColorScale.LabelFont.Size = 4
'   Levels.fill.Pattern = "纯白"
    Levels.SetHachFrequency FirstIndex:=1,NumberToSet:=1,NumberToSkip:=0
    Levels.SetLabelFrequency FirstIndex:=1,NumberToSet:=1,NumberToSkip:=0 '设置等值线值标注格式
    Dim PlotWindow As Object '定义 PlotWindow 对象
    Set PlotWindow = Plot.NewWindow '设置 PlotWindow 对象
    PlotWindow.Zoom (1) '设置窗口最大化
  Plot.Export ProjectName & Dat_FileName & ".dxf",,"Defaults=1,FormatASCII=0,AllColorsSame=0,All-
TextToAreas=0"
    Plot.SaveAs FileName:=ProjectName & Dat_FileName & ".srf"
    Plot.Export ProjectName & Dat_FileName & ".bmp",,"Defaults=1,Width=345,Height=560,ColorDepth=
24"
    SurferApp.quit
    If Dir(ProjectName & Dat_FileName & ".grd") <> "" Then Kill ProjectName & Dat_FileName & ".grd"
```

```
    Exit Sub
errorHandler:
    MsgBox "DXF 格式文件保存时,出现"" & Err.Description & """的错误!",vbExclamation
    SurferApp.quit
    If Dir(ProjectName & Dat_FileName & ".grd") <> "" Then Kill ProjectName & Dat_FileName & ".grd"
End Sub
```

4.4　最短走时路径搜索的 VB 源代码

4.4.1　最短走时路径搜索流程

按 2.4 节描述的方法，对所有射线逐条进行最短走时路径搜索，其流程如图 4.4－1 所示。

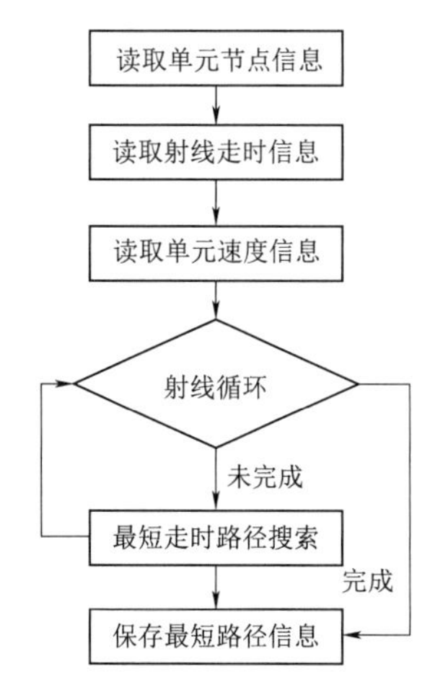

图 4.4－1　最短走时路径搜索流程图

4.4.2　最短走时路径搜索的 VB 源代码

按 2.4 节描述的方法用 VB 语言编制的源代码如下：

```
Private Sub Min_Time_Path_SoSo(strVFileName As String)  '最短路径法计算单元射线长度
On Error GoTo errHandler
    Dim Response
    Dim i,j As Long
    Dim LengthOfRadialInElement() As Single
    ReDim LengthOfRadialInElement(1 To NSumE,1 To NSumR)
    Dim iPoint As Long,iE As Long
    Dim valL As Single,New_E_No As Long
```

```
strVFileName = "_" & strVFileName & "_"
If Dir(ProjectName & strVFileName & "ERL.dat") <> "" And b_OneKeyComputer = False Then
    Response = MsgBox("单元长度计算已进行,是否重新计算?",vbQuestion & vbYesNo)
    If Response = vbNo Then
        ReDim LengthOfRadialInElement(1 To 1,1 To 1)
        Exit Sub
    End If
End If
DoEvents
'判断准备工作是否做好
If Combo3.ListCount = 0 Then
    MsgBox "先进行"最短路径初始化"!",vbExclamation
    Exit Sub
End If
If chkRestrict(1).Value = Checked And (Val(txtVelocity(0).Text) = 0 Or Val(txtVelocity(1).Text) =
0) Then
    MsgBox "有速度范围限制:低限值或高限值不能等于0,请检查!",vbExclamation
    Exit Sub
End If
If chkRestrict(1).Value= Checked And (Val(txtVelocity(0).Text) > Val(txtVelocity(1).Text)) Then
    MsgBox "有速度范围限制:低限值不能大于高限值,请检查!",vbExclamation
    Exit Sub
End If
If Dir(ProjectName & ".XZT") = "" Then
    MsgBox ""坐标、旅时信息"未找到!" & vbCrLf & vbCrLf & "请打开《参数输入》窗口,输入"射线起始点坐
标及射线旅时"。",vbExclamation
    Exit Sub
End If
ReDim NoElement_NearNode(NumNode_ElementAndRadial,NumNode_ElementAndRadial)
ReDim graph(NumNode_ElementAndRadial,NumNode_ElementAndRadial)
ReDim ADD(NumNode_ElementAndRadial)
Dim iNoElement,Distance_NearNodeInElement
frmMain.sbStatusBar.Panels(1).Text = "正在最短路径初始化......"
For iNoElement = 1 To NSumE
    If Element_V(iNoElement) <> 0 Then
        For i = 1 To NumNodeInElement(iNoElement)
            For j = 1 To NumNodeInElement(iNoElement)
                    If graph(NoNodeElement(iNoElement,i),NoNodeElement(iNoElement,j)) = 0 Or
graph(NoNodeElement(iNoElement,i),NoNodeElement(iNoElement,j)) > Length_PtoP(NoNodeElement(iNoEle-
ment,i),NoNodeElement(iNoElement,j)) / Element_V(iNoElement) * 1000 Then
                        graph(NoNodeElement(iNoElement,i),NoNodeElement(iNoElement,j)) = Length_
PtoP(NoNodeElement(iNoElement,i),NoNodeElement(iNoElement,j)) / Element_V(iNoElement) * 1000
```

```
NoElement_NearNode(NoNodeElement(iNoElement,i),NoNodeElement(iNoElement,j)) = iNoElement
                    End If
                Next j
            Next i
        End If
    Next iNoElement
    vertexnum = NumNode_ElementAndRadial '为最短路径搜索设置节点总数
    For i = 1 To NumNode_ElementAndRadial
        ADD(i) = i
        For j = 1 To NumNode_ElementAndRadial
            If graph(i,j) = 0 Then
                graph(i,j) = 10000
            End If
        Next j
    Next i
    DoEvents
    Dim k As Long
    Dim addname() As String
    Dim x_XZ_Pre As Single,z_XZ_Pre As Single,x_XZ_Next As Single,z_XZ_Next As Single,NoNodeTotal_Pre As
Long,NoNodeTotal_Next As Long
    ReDim visited(NumNode_ElementAndRadial)
    ReDim path(NumNode_ElementAndRadial)
    ReDim addname(NumNode_ElementAndRadial)
    Dim iNumStartNode As Long,iNumEnds As Long
'计算单元射线长度
    Open ProjectName & strVFileName & "Path.dat" For Output As #11 '射线路径信息文件
    For iNumStartNode = 1 To NumStartNode
        frmMain.sbStatusBar.Panels(1).Text = "正在进行“最短走时路径搜索”" & Format(iNumStartNode /
NumStartNode,"0%") & "......"
        '附初值
        For i = 1 To vertexnum
            visited(i) = 0
            path(i) = 1
        Next i
        '最短路径算法
        start = NoNodeTotalOfStartNode(iNumStartNode)
        dijkstra (start)
        '对每个开始节点对应的终止节点最短路径搜索
        For iNumEnds = 1 To NumEndsNodeInEveryStartNode(iNumStartNode)
            ends = NoNodeTotalOfEndsEveryStartNode(iNumStartNode,iNumEnds)
            frmMain.sbStatusBar.Panels(1).Text = "正在进行“最短走时路径搜索”" & Format(iNumStartNode
/ NumStartNode,"0%") & "......"
```

```
        k = ends
        j = 1
        Do
            DoEvents
            addname(j) = ADD(k)
            k = path(k)
            j = j + 1
        Loop While (k <> 1)
        For i = j - 1 To 1 Step -1
            If i <> 1 Then NoNodeTotal_Pre = addname(i - 1)
            If i = 1 Then NoNodeTotal_Pre = addname(i)
            NoNodeTotal_Next = addname(i)
            x_XZ_Pre = X_CoordinateNodeElementAndRadial(NoNodeTotal_Pre)
            z_XZ_Pre = Z_CoordinateNodeElementAndRadial(NoNodeTotal_Pre)
            x_XZ_Next = X_CoordinateNodeElementAndRadial(NoNodeTotal_Next)
            z_XZ_Next = Z_CoordinateNodeElementAndRadial(NoNodeTotal_Next)
            Print #11,iNumStartNode,iNumEnds,NoNodeTotal_Pre,NoNodeTotal_Next
            If NoElement_NearNode(NoNodeTotal_Pre,NoNodeTotal_Next) >= 1 And NoRadiallOfEndsEv-
eryStartNode(iNumStartNode,iNumEnds) >= 1 And i <> 1 Then
LengthOfRadialInElement(NoElement_NearNode(NoNodeTotal_Pre,NoNodeTotal_Next),NoRadiallOfEndsEverySt-
artNode(iNumStartNode,iNumEnds)) = Sqr((x_XZ_Pre - x_XZ_Next) ^ 2 + (z_XZ_Pre - z_XZ_Next) ^ 2) '计算
单元射线长度
            End If
        Next i
        NoNodeTotal_Pre = ADD(start)
        NoNodeTotal_Next = addname(j - 1)
        Print #11,iNumStartNode,iNumEnds,NoNodeTotal_Pre,NoNodeTotal_Next
        x_XZ_Pre = X_CoordinateNodeElementAndRadial(NoNodeTotal_Pre)
        z_XZ_Pre = Z_CoordinateNodeElementAndRadial(NoNodeTotal_Pre)
        x_XZ_Next = X_CoordinateNodeElementAndRadial(NoNodeTotal_Next)
        z_XZ_Next = Z_CoordinateNodeElementAndRadial(NoNodeTotal_Next)
        If NoElement_NearNode(NoNodeTotal_Pre,NoNodeTotal_Next) >= 1 And NoRadiallOfEndsEverySt-
artNode(iNumStartNode,iNumEnds) >= 1 Then
            If NoNodeTotal_Next <> ends Then LengthOfRadialInElement(NoElement_NearNode(NoNode-
Total_Pre,NoNodeTotal_Next),NoRadiallOfEndsEveryStartNode(iNumStartNode,iNumEnds)) = Sqr((x_XZ_Pre
- x_XZ_Next) ^ 2 + (z_XZ_Pre - z_XZ_Next) ^ 2) '计算单元射线长度
            If iNumEnds = 1 And j = 2 Then LengthOfRadialInElement(NoElement_NearNode(NoNodeTotal
_Pre,NoNodeTotal_Next),NoRadiallOfEndsEveryStartNode(iNumStartNode,iNumEnds)) = Sqr((x_XZ_Pre - x_
XZ_Next) ^ 2 + (z_XZ_Pre - z_XZ_Next) ^ 2) '计算单元射线长度
```

```
            End If
        Next iNumEnds
    Next iNumStartNode
    Close #11
    Dim b_New_E_No As Boolean
    Dim ENsumR
    Open ProjectName & strVFileName & "ERL.dat" For Output As #1 '单元射线长度信息文件
    Open ProjectName & strVFileName & "E_XZN.dat" For Output As #3 '单元射线条数信息文件
    '计算射线通过某单元的长度、射线号、数量
    New_E_No = 0
    NSumE = MSFlexGrid2.rows - 1
    For iE = 1 To NSumE
        Lr = 0
        ENsumR = 0
        b_New_E_No = True
        b_New_E_No = True
        For iPoint = 1 To NSumR
            DoEvents
            valL = LengthOfRadialInElement(iE,iPoint)
            If valL = 0 Then GoTo 1002
            If b_New_E_No = True Then
                b_New_E_No = False
                New_E_No = New_E_No + 1
            End If
            LER(iE,iPoint) = valL
            ENsumR = ENsumR + 1 '单元射线数量统计
            Lr = Lr + LER(iE,iPoint)
            Print #1,iE,iPoint,LengthOfRadialInElement(iE,iPoint),New_E_No '旧单元号、射线号、单元射线长度、新单元号
1002    Next iPoint
        If Lr <> 0 Then
            Print #3,(EXZ(iE).ElementX1 + EXZ(iE).ElementX4) / 2,-(EXZ(iE).ElementZ1 + EXZ(iE).ElementZ4) / 2,ENsumR,iE
        Else
            Print #3,(EXZ(iE).ElementX1 + EXZ(iE).ElementX4) / 2,-(EXZ(iE).ElementZ1 + EXZ(iE).ElementZ4) / 2,0,iE
        End If
    Next iE
    Close
    ReDim LengthOfRadialInElement(1 To 1,1 To 1)
    frmMain.sbStatusBar.Panels(1).Text = "欢迎使用弹性波层析成像分析软件!"
    If b_OneKeyComputer = False Then MsgBox "完成最短走时路径搜索,相关数据已保存!",vbExclamation
    Exit Sub
```

```
errHandler:
    ReDim LengthOfRadialInElement(1 To 1,1 To 1)
    MsgBox Err. Description,vbExclamation
    frmMain. sbStatusBar. Panels(1). Text = "欢迎使用弹性波层析成像分析软件!"
    Close
End Sub

Private Function dijkstra(begin As Long)
  Dim minedge,vertex,i,j,n,m,edges As Long
  ReDim distance(NumNode_ElementAndRadial)
  edges = 1
  visited(begin) = 1
  For i = 1 To vertexnum
    distance(i) = graph(begin,i)
  Next i
  distance(begin) = 0
  While (edges < vertexnum - 1)
    edges = edges + 1
    minedge = max
    For j = 1 To vertexnum
      If visited(j) = 0 And minedge > distance(j) Then
        vertex = j
        minedge = distance(j)
      End If
    Next j
    visited(vertex) = 1
    For n = 1 To vertexnum
      If visited(n) = 0 And (distance(vertex) + graph(vertex,n)) < distance(n) Then
        distance(n) = distance(vertex) + graph(vertex,n)
        path(n) = vertex
      End If
    Next n
  Wend
End Function
```

4.5　BPT 反演算法的 VB 源代码

4.5.1　BPT 反演算法流程

BPT 反演算法流程如图 4.5－1 所示。

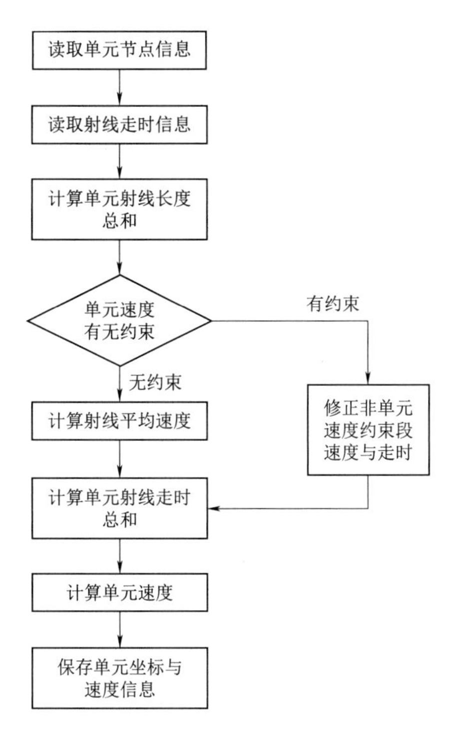

图 4.5-1　BPT 反演算法流程图

4.5.2　BPT 反演算法的 VB 源代码

BPT 反演算法的 VB 源代码如下：

```
Private Sub BPT_Calculate(strVFileName As String)   '反投影法(BPT)计算
'反投影法(BPT)计算
    Dim Response
    On Error GoTo errorHandler
    strVFileName = "_" & strVFileName & "_"
    If Dir(ProjectName & strVFileName & "E_XZV.dat") <> "" And b_OneKeyComputer = FalseThen Response = MsgBox("已用“直线路径——反投影法(BPT 法)”建立单元初始速度。是否重新建立?",vbQuestion & vbYesNo)
    If Response = vbNo And b_OneKeyComputer = False Then Exit Sub
    If Dir(ProjectName & "_S_XZV.dat") = "" Then
        MsgBox "“射线平均波速”未计算,请先计算射线平均波速!",vbExclamation
        Exit Sub
    End If
    If Dir(ProjectName & ".XZT") = "" Then
        MsgBox "射线信息文件(" & ProjectName & ".XZT)未找到!" & vbCr & vbCr & "请打开另一工程;" &
```

```
vbCr & "或打开《参数输入》窗口,输入射线信息。",vbExclamation + vbMsgBoxHelpButton
        Exit Sub
    End If
    Dim iPoint As Long,iE As Long,iNum As Long,S_LER As Single   'S_LER-单元射线长度
    Dim L_ESumR() As Single '单元射线长度总和
    ReDim L_ESumR(1 To NSumE) '单元射线长度总和
    Dim T_ESumR() As Single '单元射线时间总和
    ReDim T_ESumR(1 To NSumE) '单元射线时间总和
    Dim iSumR As Long
    Dim BPT_EV() As Single
    ReDim BPT_EV(1 To NSumE)
    frmMain.sbStatusBar.Panels(1).Text = "正在进行“直线路径——反投影法(BPT法)”初始速度计算......"
    DoEvents
    Open ProjectName & "_S_XZV.dat" For Input As #1 '射线平均波速信息文件
    Open ProjectName & strVFileName & "ERL.dat" For Input As #2 '单元射线长度信息文件
    Open ProjectName & strVFileName & "E_XZN.dat" For Input As #3 '单元射线条数信息文件
    Open ProjectName & strVFileName & "E_XZV.dat" For Output As #4 '反投影法(BPT)单元波速信息文件
    '读取射线平均波速
    iSumR = 0
    Do While Not EOF(1)   '检查文件尾
        iSumR = iSumR + 1
        Input #1,R_XZt0(iSumR).Res_x0,R_XZt0(iSumR).Res_z0,R_XZt0(iSumR).Res_x1,R_XZt0(iSumR)
.Res_z1,RV(iSumR)
        End_Open ProjectName & ".XZT",iSumR
    Loop
    NSumR = iSumR
    Close #1
    '读取单元射线长度
    Do While Not EOF(2)
        Input #2,iE,iPoint,S_LER,iNum
        LER(iE,iPoint) = S_LER
        If NSumE <= iE Then NSumE = iE
    Loop
    Close #2
    '读取单元坐标
    For iE = 1 To NSumE
        Input #3,ECenter_XZ(1,iE),ECenter_XZ(2,iE),iNum,iNum
        ECenter_XZ(2,iE) = -ECenter_XZ(2,iE)
    Next iE
    Close #3
    '读取单元约束信息
    If chkRestrict(0).Value = Checked Then
        If Dir(ProjectName & "_ENC.dat") <> "" Then
```

```
            Dim iENo As Long,iEC As Long,Max_N_ENC As Long
            Dim New_E_No()As Long
            ReDim New_E_No(1 To NSumE)
            Dim XZ_x As Single,XZ_z As Single,XZ_vv As Single
            Dim XZ_v() As Single,ENC() As Long
            ReDim XZ_v(1 To NSumE),ENC(1 To NSumE)
            Max_N_ENC = 0
            Open ProjectName & "_ENC.dat" For Input As #1
            Do While Not EOF(1)
                Input #1,XZ_x,XZ_z,XZ_vv,iENo,iEC
                Max_N_ENC = Max_N_ENC + 1
                New_E_No(Max_N_ENC) = iENo
                ENC(iENo) = iEC
                XZ_v(iENo) = XZ_vv
            Loop
            Close #1
        End If
    End If
    '修正射线平均速度
    If chkRestrict(0).Value = Checked Then
        Dim T1,L1
        For iPoint = 1 To NSumR
            L1 = Sqr((R_XZt0(iPoint).Res_x0 - R_XZt0(iPoint).Res_x1) ^ 2 + (R_XZt0(iPoint).Res_z0 - R_
XZt0(iPoint).Res_z1) ^ 2)
            T1 = L1 / RV(iPoint)
            For iE = 1 To Max_N_ENC
                L1 = L1 - LER(New_E_No(iE),iPoint)
                T1 = T1 - LER(New_E_No(iE),iPoint) / XZ_v(New_E_No(iE))
            Next iE
            RV(iPoint) = L1 / T1
        Next iPoint
    End If
    '计算单元射线长度总和、单元射线旅时总和及单元波速
    For iE = 1 To NSumE
        DoEvents
        If chkRestrict(0).Value = Checked Then '单元速度约束
            If ENC(iE) = 0 Then '无速度约束单元
                L_ESumR(iE) = 0
                For iPoint = 1 To NSumR
                    If LER(iE,iPoint) <> 0 Then
                        L_ESumR(iE) = L_ESumR(iE) + LER(iE,iPoint)
                        T_ESumR(iE) = T_ESumR(iE) + LER(iE,iPoint) / RV(iPoint)
                    End If
                Next iPoint
```

```
            If L_ESumR(iE) <> 0 And T_ESumR(iE) <> 0 Then
                BPT_EV(iE) = L_ESumR(iE) / T_ESumR(iE)
                If chkRestrict(1).Value = Checked Then  '有速度范围限制
                        If BPT_EV(iE) <= Val(txtVelocity(0).Text) Then BPT_EV(iE) = Val(txtVelocity(0).Text)
                        If BPT_EV(iE) >= Val(txtVelocity(1).Text) Then BPT_EV(iE) = Val(txtVelocity(1).Text)
                End If
                Print #4,ECenter_XZ(1,iE),-ECenter_XZ(2,iE),BPT_EV(iE),iE '保存单元坐标及单元波速
            End If
        End If
        If ENC(iE) = -1 Then '有速度约束单元
            Print #4,ECenter_XZ(1,iE),-ECenter_XZ(2,iE),XZ_v(iE),iE '保存单元坐标及单元波速
        End If
    Else '单元速度未约束
        L_ESumR(iE) = 0
        For iPoint = 1 To NSumR
            If LER(iE,iPoint) <> 0 Then
                L_ESumR(iE) = L_ESumR(iE) + LER(iE,iPoint)
                If RV(iPoint)<> 0 Then T_ESumR(iE) = T_ESumR(iE) + LER(iE,iPoint) / RV(iPoint)
            End If
        Next iPoint
        If L_ESumR(iE) <> 0 And T_ESumR(iE) <> 0 Then
            BPT_EV(iE) = L_ESumR(iE) / T_ESumR(iE)
            If chkRestrict(1).Value = Checked Then  '有速度范围限制
                If BPT_EV(iE) <= Val(txtVelocity(0).Text) Then BPT_EV(iE) = Val(txtVelocity(0).Text)
                If BPT_EV(iE) >= Val(txtVelocity(1).Text) Then BPT_EV(iE) = Val(txtVelocity(1).Text)
            End If
            Print #4,ECenter_XZ(1,iE),-ECenter_XZ(2,iE),BPT_EV(iE),iE '保存单元坐标及单元波速
        End If
    End If
Next iE
Close #4
ReDim L_ESumR(1) '单元射线长度总和
ReDim T_ESumR(1) '单元射线时间总和
ReDim BPT_EV(1)
ReDim New_E_No(1)
ReDim XZ_v(1),ENC(1)
frmMain.sbStatusBar.Panels(1).Text = "欢迎使用弹性波层析成像分析软件!"
If b_OneKeyComputer = False Then MsgBox "用"直线路径——反投影法(BPT)"建立单元初始速度计算已完成,数据已保存!",vbExclamation
Exit Sub
errorHandler:
```

```
    Close #1
    Close #2
    Close #3
    Close #4
    ReDim L_ESumR(1) '单元射线长度总和
    ReDim T_ESumR(1) '单元射线时间总和
    ReDim BPT_EV(1)
    ReDim New_E_No(1)
    ReDim XZ_v(1),ENC(1)
    frmMain.sbStatusBar.Panels(1).Text = "欢迎使用弹性波层析成像分析软件!"
    MsgBox "直线路径——反投影法(BPT)计算时,出现“" & Err.Description & "”的错误!" & vbCrLf & vbCrLf
& "请仔细检查“射线起始点坐标、射线旅时及单元节点坐标”数据。",vbExclamation
End Sub
```

4.6 DLSQR 反演算法的 VB 源代码

4.6.1 DLSQR 反演算法流程

DLSQR 反演算法流程如图 4.6-1 所示。

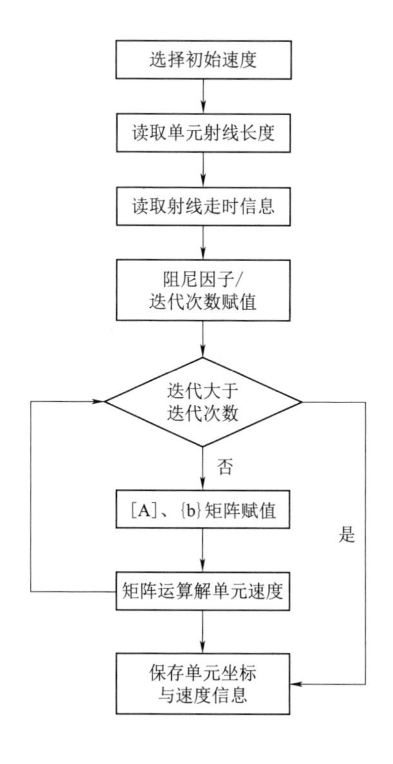

图 4.6-1 DLSQR 反演算法流程图

4.6.2 DLSQR 反演算法的 VB 源代码

阻尼最小二乘法反演计算的 VB 源代码如下：

```
Private Sub Dijkstra_DWLSQR_Calculate(strDWFileName As String)  '正反演计算
    Dim Response
    Dim strDWFileName_1 As String
    strDWFileName_1 = "_DW_" & strDWFileName & "_"
    strDWFileName = "_" & strDWFileName & "_"
    If Dir(ProjectName & strDWFileName & "ERL.dat") = "" Then
        MsgBox "先进行最短走时路径搜索!",vbExclamation
        Exit Sub
    End If
    On Error GoTo errorHandler
    DoEvents
    frmMain.sbStatusBar.Panels(1).Text = "正在加载数据......"
'读取单元约束信息
    If chkRestrict(0).Value = Checked Then
        If Dir(ProjectName & "_ENC.dat") <> "" Then
            Dim iENo As Long,iEC As Long,Max_N_ENC As Long
            Dim New_E_No() As Long
            ReDim New_E_No(1 To NSumE)
            Dim XZ_x As Single,XZ_z As Single,XZ_vv As Single
            Dim XZ_v() As Single,ENC() As Long
            ReDim XZ_v(1 To NSumE),ENC(1 To NSumE)
            Max_N_ENC = 0
            Open ProjectName & "_ENC.dat" For Input As #1
            Do While Not EOF(1)
                Input #1,XZ_x,XZ_z,XZ_vv,iENo,iEC
                Max_N_ENC = Max_N_ENC + 1 '约束单元数
                New_E_No(Max_N_ENC) = iENo '约束单元号
                ENC(iENo) = iEC '约束单元为-1,未约束单元为0
                XZ_v(iENo) = XZ_vv '约束单元速度
            Loop
            Close #1
        End If
    End If
'读取各射线的走时 t0
    Dim fAs Long,iNumber As Long
    Dim R_N,R_x0,R_z0,R_x1,R_z1
    Dim R_t0() As Single
    ReDim R_t0(1 To NSumR)
    frmMain.sbStatusBar.Panels(1).Text = "正在读取走时......"
```

```
    f = FreeFile
    Open ProjectName & ".XZT" For Input As #f
    iNumber = 0
    Do While Not EOF(f)
        iNumber = iNumber + 1
        Input #f,R_N,R_x0,R_z0,R_x1,R_z1,R_t0(iNumber)
        End_Open ProjectName & ".XZT",iNumber
    Loop
    Close #f
    'NSumR 射线总数
    NSumR = iNumber
'读取单元射线长度
    Dim E_LR() As Single
    ReDim E_LR(1 To NSumR,1 To NSumE)
    Dim e1,e2,e3,e4
    Dim New_Element_NSumR() As Long  'New_Element_NoR(2500)新单元射线数
    ReDim New_Element_NSumR(1 To NSumE) 'New_Element_NoR(2500)新单元射线数
    Dim New_Element_NoR() As Long  'New_Element_NoR(2500)新单元射线号
    ReDim New_Element_NoR(1 To NSumR,1 To NSumE) 'New_Element_NoR(2500)新单元射线号
    Dim New_Old_E_No() As Long
    ReDim New_Old_E_No(1 To NSumE)
    Dim New_NSumE As Long
    frmMain.sbStatusBar.Panels(1).Text = "正在读取单元射线长度信息......"

    '读取单元射线长度
    f =FreeFile
    Open ProjectName & strDWFileName & "ERL.dat" For Input As #f
    Do While Not EOF(f)
        Input #f,e1,e2,e3,e4 'e1 老单元号、e2 射线号、e3 单元射线长度、e4 新单元号
        New_Old_E_No(e4) = e1 '新老单元号的一一对应关系
        E_LR(e2,e4) = e3
        New_Element_NSumR(e4) = New_Element_NSumR(e4) + 1
        New_Element_NoR(New_Element_NSumR(e4),e4) = e2
    Loop
    Close #f
    'New_NSumE 计算单元总数
    New_NSumE = e4
'读取单元波速初始值
    Dim ECenter_X,ECenter_Z,ECenter_V,iE
    ReDim DLSQR_EV(1 To NSumE)
    Open ProjectName & Mid(strDWFileName,5) & "E_XZV.dat" For Input As #3 '阻尼加权最小二乘法
(DLSQR)单元波速信息文件
    '读取单元坐标及单元波速
```

```
    Do While Not EOF(3)
        Input #3,ECenter_X,ECenter_Z,ECenter_V,iE
        ECenter_XZ(1,iE) = ECenter_X
        ECenter_XZ(2,iE) = ECenter_Z
        DLSQR_EV(iE) = ECenter_V
    Loop
    Close #3
    DoEvents

'阻尼加权最小二乘法有关参数设置(AT * W1 * A+μW2)△X=AT * W1(b-AX0)
    Dim A_Dijkstra() As Single,b_Dijkstra() As Single,X0_Dijkstra() As Single
    Dim eyeX0_Dijkstra() As Single,W1b_Dijkstra() As Single
    Dim iNum_Dijkstra As Single  'iNum_Dijkstra—迭代次数
    Dim iNR As Long,iNE As Long
'单元速度未约束
    If chkRestrict(0).Value = Unchecked Then
        '将 t0 赋值给 W1b_Dijkstra、b_Dijkstra 数组
        ReDim W1b_Dijkstra(1 To NSumR,1 To NSumR),b_Dijkstra(1 To NSumR,1 To 1)
        For iNumber = 1 To NSumR
            W1b_Dijkstra(iNumber,iNumber) = R_t0(iNumber)
            b_Dijkstra(iNumber,1) = R_t0(iNumber)
            frmMain.sbStatusBar.Panels(1).Text = "读取走时 进程 " & Format(iNumber / NSumR * 100,"#
#0") & "%"
        Next iNumber
        '赋值给 A_Dijkstra 数组
        ReDim A_Dijkstra(1 To NSumR,1 To New_NSumE)
        For iNR = 1 To NSumR
            DoEvents
            frmMain.sbStatusBar.Panels(1).Text = "计算单元刚度矩阵系数 进程 " & Format(iNR / NSumR *
100,"##0") & "%"
            For iNE = 1 To New_NSumE
                A_Dijkstra(iNR,iNE) = 0
                A_Dijkstra(iNR,iNE) = E_LR(iNR,iNE)
            Next iNE
        Next iNR
        frmMain.sbStatusBar.Panels(1).Text = "正在进行“正反演计算”......"
        '慢度初值赋值给 X0_Dijkstra 数组
        ReDim X0_Dijkstra(1 To New_NSumE,1 To 1)
        For iNE = 1 To New_NSumE
            If DLSQR_EV(New_Old_E_No(iNE)) <> 0 Then
                X0_Dijkstra(iNE,1) = 1000 / DLSQR_EV(New_Old_E_No(iNE))
            End If
        Next iNE
```

```
    End If
'单元速度有约束
    If chkRestrict(0). Value = Checked Then
        '除约束单元外的单元新编号及与老单元号的一一对应
        Dim b_ENC_Dijkstra As Boolean, New_E_ENC_Dijkstra As Long, New_E_ENC_True As Long
        Dim New_Old_E_ENC_No() As Long, New_E_ENC_No() As Long
        ReDim New_Old_E_ENC_No(1 To NSumE), New_E_ENC_No(1 To NSumE)
        Dim New_E_ENC_No_True() As Long, New_E_No_True() As Long
        ReDim New_E_ENC_No_True(1 To NSumE), New_E_No_True(1 To NSumE)
        New_E_ENC_Dijkstra = 0
        New_E_ENC_True = 0
        For iNE = 1 To New_NSumE
            DoEvents
            b_ENC_Dijkstra = False
            For iNR = 1 To Max_N_ENC
                If New_E_No(iNR) = New_Old_E_No(iNE) Then
                    New_E_ENC_True = New_E_ENC_True + 1
                    New_E_ENC_No_True(New_E_ENC_True) = iNE
                    New_E_No_True(New_E_ENC_True) = iNR
                    b_ENC_Dijkstra = True
                End If
            Next iNR
            If b_ENC_Dijkstra = False Then
                New_E_ENC_Dijkstra = New_E_ENC_Dijkstra + 1
                New_Old_E_ENC_No(New_E_ENC_Dijkstra) = New_Old_E_No(iNE) '新老单元号的一一对应
                New_E_ENC_No(New_E_ENC_Dijkstra) = iNE
            End If
        Next iNE
        '新单元总数
        New_NSumE = New_E_ENC_Dijkstra
        If New_NSumE = 0 Then GoTo 1

        '将 t0 赋值给 W1b_Dijkstra、b_Dijkstra 数组
        ReDim W1b_Dijkstra(1 To NSumR, 1 To NSumR), b_Dijkstra(1 To NSumR, 1 To 1)
        For iNumber = 1 To NSumR
            DoEvents
            '修正走时
            W1b_Dijkstra(iNumber, iNumber) = R_t0(iNumber)
            For iNE = 1 To New_E_ENC_True
                W1b_Dijkstra(iNumber, iNumber) = W1b_Dijkstra(iNumber, iNumber) - E_LR(iNumber, New_
E_ENC_No_True(iNE)) / XZ_v(New_E_No(New_E_No_True(iNE))) * 1000
            Next iNE
            b_Dijkstra(iNumber, 1) = W1b_Dijkstra(iNumber, iNumber)
```

```
            frmMain.sbStatusBar.Panels(1).Text = "读取走时 进程 " & Format(iNumber / NSumR * 100,"#
#0") & "%"
        Next iNumber
        '赋值给 A_Dijkstra 数组
        ReDimA_Dijkstra(1 To NSumR,1 To New_NSumE)
        For iNR = 1 To NSumR
            DoEvents
            frmMain.sbStatusBar.Panels(1).Text = "计算单元刚度矩阵系数 进程 " & Format(iNR / NSumR *
100,"##0") & "%"
            For iNE = 1 To New_NSumE
                A_Dijkstra(iNR,iNE) = 0
                A_Dijkstra(iNR,iNE) = E_LR(iNR,New_E_ENC_No(iNE))
            Next iNE
        Next iNR
        frmMain.sbStatusBar.Panels(1).Text = "正在进行“正反演计算”......"
        '幔度初值赋值给 X0_Dijkstra 数组
        ReDim X0_Dijkstra(1 To New_NSumE,1 To 1)
        For iNE = 1 To New_NSumE
            If chkRestrict(0).Value = Unchecked Then
                If DLSQR_EV(New_Old_E_No(iNE)) <> 0 Then
                    X0_Dijkstra(iNE,1) = 1000 / DLSQR_EV(New_Old_E_No(iNE))
                End If
            End If
            If chkRestrict(0).Value = Checked Then
                If DLSQR_EV(New_Old_E_ENC_No(iNE)) <> 0 Then
                    X0_Dijkstra(iNE,1) = 1000 / DLSQR_EV(New_Old_E_ENC_No(iNE))
                End If
            End If
        Next iNE
    End If
'赋值阻尼因子 v_Dijkstra
    v_Dijkstra = Val(txtDLSQRParameter.Text)
    Dim W1_Dijkstra,W2_Dijkstra,tranA_Dijkstra,QA0_Dijkstra,QA1_Dijkstra,Qb1_Dijkstra,Qb_Dijkstra,QA_Di-
jkstra
    Dim Dx As Variant
    DoEvents
'射线总数和新单元总数传递给 Matlab
'    txt = "NSumR=" & Mid(NSumR,1) & ";New_NSumE=" & Mid(New_NSumE,1) & ";"
'建立与走时有关的权矩阵 W1
    W1_Dijkstra = eye(NSumR)
    W1_Dijkstra = mtimes(W1b_Dijkstra,W1_Dijkstra)
    W1_Dijkstra = inv(W1_Dijkstra)
    W1_Dijkstra = reshape(W1_Dijkstra,NSumR,NSumR)
```

```
'建立矩阵 QA_Dijkstra 的第 1 项矩阵 QA1_Dijkstra
    tranA_Dijkstra = ctranspose(A_Dijkstra)
    QA0_Dijkstra = mtimes(tranA_Dijkstra, W1_Dijkstra)
    QA1_Dijkstra = mtimes(QA0_Dijkstra, A_Dijkstra)
    QA1_Dijkstra = reshape(QA1_Dijkstra, New_NSumE, New_NSumE)
'建立矩阵 Qb_Dijkstra 的第 1 项矩阵 Qb1_Dijkstra
    Qb1_Dijkstra = mtimes(QA0_Dijkstra, b_Dijkstra)
    Qb1_Dijkstra = reshape(Qb1_Dijkstra, New_NSumE, 1)
    ReDim eyeX0_Dijkstra(1 To New_NSumE, 1 To New_NSumE)
'开始迭代计算
    For iNum_Dijkstra = 1 To Val(txtQRParameter.Text)
        frmMain.sbStatusBar.Panels(1).Text = "正在进行“正反演计算”...... 第 " & Format(iNum_Dijkstra, "
00") & " 次迭代(共" & txtQRParameter.Text & "次)"
        '建立“射线穿越任一单元的长度和相应单元速度乘积”的矩阵 W2_Dijkstra
        For iNE = 1 To New_NSumE
            eyeX0_Dijkstra(iNE, iNE) = 0
            For iNR = 1 To NSumR
                If chkRestrict(0).Value = Checked Then eyeX0_Dijkstra(iNE, iNE) = eyeX0_Dijkstra(iNE,
iNE) + E_LR(iNR, New_E_ENC_No(iNE)) / X0_Dijkstra(iNE, 1)
                If chkRestrict(0).Value = Unchecked Then eyeX0_Dijkstra(iNE, iNE) = eyeX0_Dijkstra(iNE,
iNE) + E_LR(iNR, iNE) / X0_Dijkstra(iNE, 1)
            Next iNR
            eyeX0_Dijkstra(iNE, iNE) = eyeX0_Dijkstra(iNE, iNE) * v_Dijkstra * (p_Dijkstra) ^ Val(txtQRPa-
rameter.Text)
            DoEvents
        Next iNE
        W2_Dijkstra = eye(New_NSumE)
        W2_Dijkstra = mtimes(eyeX0_Dijkstra, W2_Dijkstra)
    '建立矩阵 QA_Dijkstra
        QA_Dijkstra = plus(QA1_Dijkstra, W2_Dijkstra)
        QA_Dijkstra = reshape(QA_Dijkstra, New_NSumE, New_NSumE)
        DoEvents
    '建立矩阵 Qb_Dijkstra
        Qb_Dijkstra = mtimes(QA1_Dijkstra, X0_Dijkstra) '建立矩阵 Qb_Dijkstra 的第 2 项矩阵
        Qb_Dijkstra = minus(Qb1_Dijkstra, Qb_Dijkstra)
        Qb_Dijkstra = reshape(Qb_Dijkstra, New_NSumE, 1)
        QA_Dijkstra = inv(QA_Dijkstra)
    '解方程 QA_DLSQR △X=Qb_DLSQR,求△X
'       CGLS_Calculate QA_Dijkstra, Qb_Dijkstra, New_NSumE, v_Dijkstra, Dx
        DoEvents
    '解方程(AT * W1 * A+μW2)△X=AT * W1(b-AX0),求△X
        Dx = mtimes(QA_Dijkstra, Qb_Dijkstra)
        For iE = 1 To New_NSumE
```

```
            DoEvents
            X0_Dijkstra(iE,1) = X0_Dijkstra(iE,1) + Dx.r2(iE,1)  '重置初始值
            If X0_Dijkstra(iE,1) <> 0 Then
                If chkRestrict(1).Value = Checked Then '有速度范围限制
                    If (1000 / X0_Dijkstra(iE,1)) <= Val(txtVelocity(0).Text) Then X0_Dijkstra(iE,1) =
1000 / Val(txtVelocity(0).Text)
                    If (1000 / X0_Dijkstra(iE,1)) >= Val(txtVelocity(1).Text) Then X0_Dijkstra(iE,1) =
1000 / Val(txtVelocity(1).Text)
                End If
            End If
        Next iE
    Next iNum_Dijkstra
1  Open ProjectName & strDWFileName_1 & "E_XZV.dat" For Output As #4
    For iE = 1 To New_NSumE
        DoEvents
        If X0_Dijkstra(iE,1) <> 0 Then
            X0_Dijkstra(iE,1) = 1000 / X0_Dijkstra(iE,1)
            If chkRestrict(0).Value = Checked Then Print #4,ECenter_XZ(1,New_Old_E_No(New_E_ENC_
No(iE))),ECenter_XZ(2,New_Old_E_No(New_E_ENC_No(iE))),Format(X0_Dijkstra(iE,1),"00"),New_Old_E_
No(New_E_ENC_No(iE))    '保存单元坐标及单元波速
            If chkRestrict(0).Value = Unchecked Then Print #4,ECenter_XZ(1,New_Old_E_No(iE)),ECenter_
XZ(2,New_Old_E_No(iE)),Format(X0_Dijkstra(iE,1),"00"),New_Old_E_No(iE)  '保存单元坐标及单元波速
        End If
    Next iE
    If chkRestrict(0).Value = Checked Then
        For iE = 1 To Max_N_ENC
            DoEvents
            If ENC(New_E_No(iE)) = -1 Then Print #4,ECenter_XZ(1,New_E_No(iE)),ECenter_XZ(2,New
_E_No(iE)),Format(XZ_v(New_E_No(iE)),"00"),New_E_No(iE) '保存单元坐标及单元波速
        Next iE
    End If
    Close #4
    Dim EV_tmp() As Single
    ReDim EV_tmp(1 To NSumE)
    Open ProjectName & strDWFileName_1 & "E_XZV.dat" For Input As #4
    Do While Not EOF(4)
        Input #4,ECenter_X,ECenter_Z,ECenter_V,iE
        EV_tmp(iE) = ECenter_V
    Loop
    Close #4
    Dim EV_Average As Single,Num_Vzero As Long
    Open ProjectName & strDWFileName_1 & "E_XZV.dat" For Output As #4
    For iE = 1 To NSumE
```

```
        If EV_tmp(iE) <> 0 Then Print #4,ECenter_XZ(1,iE),ECenter_XZ(2,iE),EV_tmp(iE),iE '若计算的单元速度不为零
        If EV_tmp(iE) = 0 And DLSQR_EV(iE) <> 0 And chkRestrict(2). Value = Checked Then Print #4, ECenter_XZ(1,iE),ECenter_XZ(2,iE),DLSQR_EV(iE),iE '若计算的单元速度为零,则用初始值代替
    Next iE
    Close #4
    ReDim EV_tmp(1 To 1)
    Dim DXInElement As Single,DZInElement As Single
    Dim XCenterElement As Single,ZCenterElement As Single,VCenterElement As Single

    DXInElement = Abs(EXZ(1). ElementX2 - EXZ(1). ElementX1) / 6 '3/8
    DZInElement = Abs(EXZ(1). ElementZ3 - EXZ(1). ElementZ1) / 6 '3/8

    Open ProjectName & strDWFileName_1 & "VFinal. dat" For Output As #4 '最短路径最小二乘法(Dijkstra 法)单元波速信息文件
    Open ProjectName & strDWFileName_1 & "E_XZV. dat" For Input As #5 '最短路径最小二乘法(Dijkstra 法)单元波速信息文件
    VmaxElement = 0
    VminElement = 10000
    xValueMin = 10000
    zValueMax = -10000
    Do While Not EOF(5)
        Input #5,XCenterElement,ZCenterElement,VCenterElement,iE
        If VCenterElement > VmaxElement Then VmaxElement = VCenterElement
        If VCenterElement < VminElement Then VminElement = VCenterElement
        If xValueMin >= XCenterElement Then xValueMin = XCenterElement
        If zValueMax <= ZCenterElement Then zValueMax = ZCenterElement

        Print #4,XCenterElement,ZCenterElement,VCenterElement,iE
    Loop
    Close #4
    Close #5
    VmaxElement = Int(VmaxElement / 100 + 1) * 100
    VminElement = Int(VminElement / 100 - 1) * 100
    xValueMin = Fix(xValueMin - WidthXDirection / NumPartXDirection / 2)
    zValueMax = Fix(zValueMax + HeightZDirection / NumPartZDirection/ 2)
    Surfer_DXF_SRF_Draw strDWFileName_1 & "VFinal"
    picTabs(1). Picture = LoadPicture(ProjectName & strDWFileName_1 & "VFinal. bmp")
'成果误差计算及表格显示
    Open ProjectName & strDWFileName_1 & "T0_RadialComputer. dat" For Output As #121
    Dim kT0 As Single,CT0 As Single
    For iNR = 1 To NSumR
        kT0 = 0
```

```
        For iNE = 1 To New_NSumE
            If chkRestrict(0). Value = Checked Then kT0 = kT0 + E_LR(iNR,New_E_ENC_No(iNE)) / X0_
Dijkstra(iNE,1) * 1000
            If chkRestrict(0). Value = Unchecked Then kT0 = kT0 + E_LR(iNR,iNE) / X0_Dijkstra(iNE,1) * 1000
        Next iNE
        If chkRestrict(0). Value = Checked Then
            For iNE = 1 To New_E_ENC_True
                kT0 = kT0 + E_LR(iNR,New_E_ENC_No_True(iNE)) / XZ_v(New_E_No(New_E_No_
True(iNE))) * 1000
            Next iNE
        End If
        Print #121,iNR,Format(kT0,"0.000")
        Select Case strDWFileName
            Case "_Dij_LB_"
                MSFlexGrid4. TextMatrix(iNR + 1,2) = Format(kT0,"0.000")
                CT0 = R_XZt0(iNR). Res_t0  'Val(MSFlexGrid4. TextMatrix(iNR + 1,1))
                MSFlexGrid4. TextMatrix(iNR + 1,3) = Format((CT0 - kT0),"0.000")
                If CT0 <> 0 Then MSFlexGrid4. TextMatrix(iNR + 1,4) = Format((CT0 - kT0) / CT0 *
100,"0.00") & "%"
            Case "_Dij_DB_"
                MSFlexGrid4. TextMatrix(iNR + 1,5) = Format(kT0,"0.000")
                CT0 = R_XZt0(iNR). Res_t0  'Val(MSFlexGrid4. TextMatrix(iNR + 1,1))
                MSFlexGrid4. TextMatrix(iNR + 1,6) = Format((CT0 - kT0),"0.000")
                If CT0 <> 0 Then MSFlexGrid4. TextMatrix(iNR + 1,7) = Format((CT0 - kT0) / CT0 *
100,"0.00") & "%"
            Case "_Dij_DW_"
                MSFlexGrid4. TextMatrix(iNR + 1,8) = Format(kT0,"0.000")
                CT0 = R_XZt0(iNR). Res_t0  'Val(MSFlexGrid4. TextMatrix(iNR + 1,1))
                MSFlexGrid4. TextMatrix(iNR + 1,9) = Format((CT0 - kT0),"0.000")
                If CT0 <> 0 Then MSFlexGrid4. TextMatrix(iNR + 1,10) = Format((CT0 - kT0) / CT0 *
100,"0.00") & "%"
            Case "_Dij_DWLB_"
                MSFlexGrid4. TextMatrix(iNR + 1,11) = Format(kT0,"0.000")
                CT0 = R_XZt0(iNR). Res_t0  'Val(MSFlexGrid4. TextMatrix(iNR + 1,1))
                MSFlexGrid4. TextMatrix(iNR + 1,12) = Format((CT0 - kT0),"0.000")
                If CT0 <> 0 Then MSFlexGrid4. TextMatrix(iNR + 1,13) = Format((CT0 - kT0) / CT0 *
100,"0.00") & "%"
            Case "_Dij_CUT_"
                MSFlexGrid4. TextMatrix(iNR + 1,14) = Format(kT0,"0.000")
                CT0 = R_XZt0(iNR). Res_t0  'Val(MSFlexGrid4. TextMatrix(iNR + 1,1))
                MSFlexGrid4. TextMatrix(iNR + 1,15) = Format((CT0 - kT0),"0.000")
                If CT0 <> 0 Then MSFlexGrid4. TextMatrix(iNR + 1,16) = Format((CT0 - kT0) / CT0 *
100,"0.00") & "%"
```

```
        End Select
    Next iNR
    Close #121

    ReDim New_Old_E_ENC_No(1),New_E_ENC_No(1)
    ReDim New_E_ENC_No_True(1),New_E_No_True(1)
    ReDim BPT_EV(1)
    ReDim New_Element_NoR(1,1) 'New_Element_NoR(2500)新单元射线号
    ReDim New_Old_E_No(1)
    ReDim New_E_No(1)
    ReDim XZ_v(1),ENC(1)
    ReDim W1b_Dijkstra(1,1),b_Dijkstra(1,1 To 1)
    ReDim A_Dijkstra(1 To 1,1 To 1)
    ReDim X0_Dijkstra(1 To 1,1 To 1)
    ReDim W1b_Dijkstra(1 To 1,1 To 1),b_Dijkstra(1 To 1,1 To 1)
    ReDim A_Dijkstra(1 To 1,1 To 1)
    ReDim X0_Dijkstra(1 To 1,1 To 1)
    ReDim eyeX0_Dijkstra(1 To 1,1 To 1)
    frmMain.sbStatusBar.Panels(1).Text = "欢迎使用弹性波层析成像分析软件!"
    If b_OneKeyComputer = False Then MsgBox "用“正反演计算”已完成,数据已保存!",vbExclamation
    Exit Sub
errorHandler:
    Close
    ReDim New_Old_E_ENC_No(1),New_E_ENC_No(1)
    ReDim New_E_ENC_No_True(1),New_E_No_True(1)
    ReDim BPT_EV(1)
    ReDim New_Element_NoR(1,1) 'New_Element_NoR(2500)新单元射线号
    ReDim New_Old_E_No(1)
    ReDim New_E_No(1)
    ReDim XZ_v(1),ENC(1)
    ReDim W1b_Dijkstra(1,1),b_Dijkstra(1,1 To 1)
    ReDim A_Dijkstra(1 To 1,1 To 1)
    ReDim X0_Dijkstra(1 To 1,1 To 1)
    ReDim W1b_Dijkstra(1 To 1,1 To 1),b_Dijkstra(1 To 1,1 To 1)
    ReDim A_Dijkstra(1 To1,1 To 1)
    ReDim X0_Dijkstra(1 To 1,1 To 1)
    ReDim eyeX0_Dijkstra(1 To 1,1 To 1)
    frmMain.sbStatusBar.Panels(1).Text = "欢迎使用弹性波层析成像分析软件!"
    MsgBox "正反演计算时,出现“" & Err.Description & "”的错误!" & vbCrLf & vbCrLf & "请仔细检
查。",vbExclamation
End Sub
```

4.7　数据参数输入模块功能

此模块输入的主要数据参数包括钻孔参数、单元及节点参数、射线起始点坐标及射线旅时等，界面如图 4.7-1 所示，其主要功能如下。

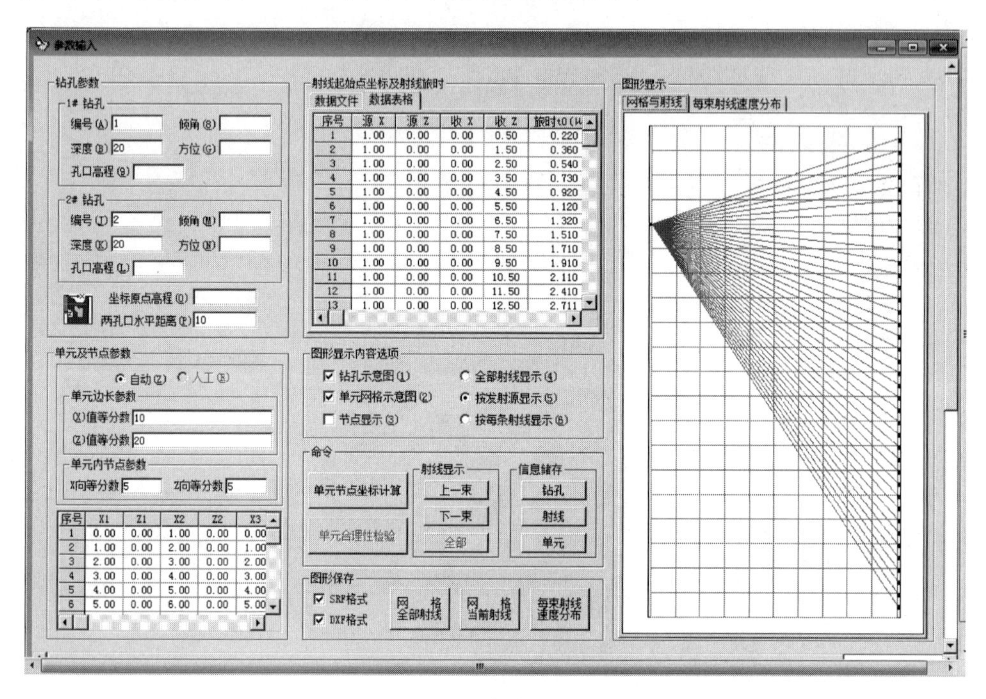

图 4.7-1　参数输入界面

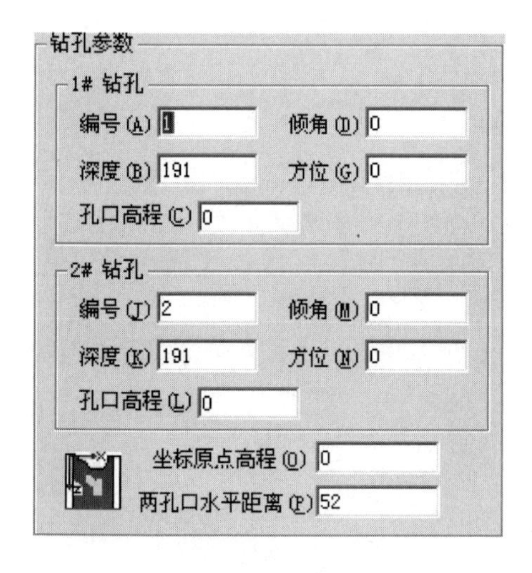

图 4.7-2　钻孔参数输入

4.7.1　钻孔参数输入

如图 4.7-2 所示，钻孔的编号、倾角、方位、深度及孔口高程可直接输入。

4.7.2　单元及节点参数输入

如图 4.7-3 所示，输入单元边长参数，即可计算出各单元交点的坐标。自动划分单元时，分别输入 *X* 轴方向和 *Z* 轴方向的等分数；人工划分单元时，分别输入 *X* 轴方向和 *Z* 轴方向各单元的间距值，用“/”隔开。输入单元内节点参数后，单击 单元节点坐标计算 按钮计算单元角点与单元内节点坐标。

单元及节点参数
自动(Z) 人工(R)
单元边长参数
(X)值等分数 10
(Z)值等分数 20
单元内节点参数
X向等分数 5 Z向等分数 5
序号 X1 Z1 X2 Z2 X3
1 0.00 0.00 1.00 0.00 0.00
2 1.00 0.00 2.00 0.00 1.00
3 2.00 0.00 3.00 0.00 2.00
4 3.00 0.00 4.00 0.00 3.00
5 4.00 0.00 5.00 0.00 4.00
6 5.00 0.00 6.00 0.00 5.00
单元及节点参数
自动(Z) 人工(R)
单元边长参数
(X)间距值 1/1/1.5/1.5/2/3
(Z)间距值 2/2/3/3/4/6
单元内节点参数
X向等分数 5 Z向等分数 5
序号 X1 Z1 X2 Z2 X3
1 0.00 0.00 1.00 0.00 0.00
2 1.00 0.00 2.00 0.00 1.00
3 2.00 0.00 3.50 0.00 2.00
4 3.50 0.00 5.00 0.00 3.50
5 5.00 0.00 7.00 0.00 5.00
6 7.00 0.00 10.00 0.00 7.00

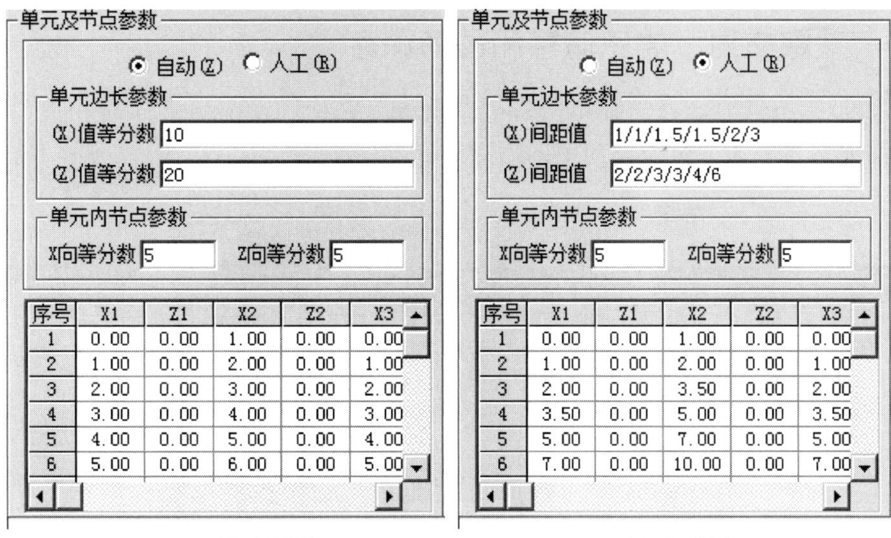

(a) 自动划分　　(b) 人工划分

图 4.7-3　单元与节点参数输入

4.7.3　射线信息输入

如图 4.7-4 所示，发射源点坐标、接收点坐标及走时等射线信息可通过数据文件导入、表格复制粘贴或人工输入表格等方式输入。

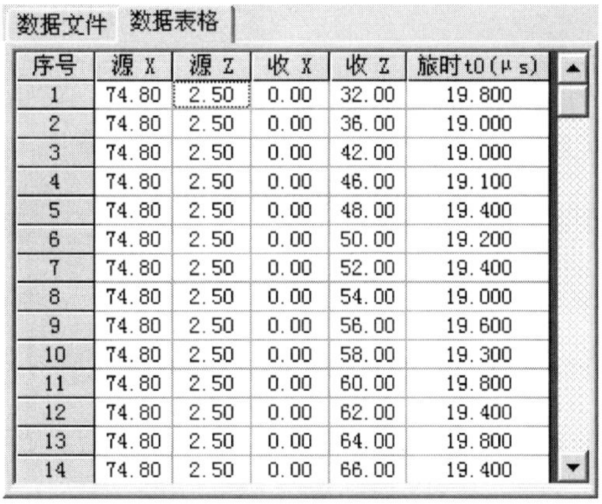
数据文件 数据表格
序号 源X 源Z 收X 收Z 旅时t0(μs)
1 74.80 2.50 0.00 32.00 19.800
2 74.80 2.50 0.00 36.00 19.000
3 74.80 2.50 0.00 42.00 19.000
4 74.80 2.50 0.00 46.00 19.100
5 74.80 2.50 0.00 48.00 19.400
6 74.80 2.50 0.00 50.00 19.200
7 74.80 2.50 0.00 52.00 19.400
8 74.80 2.50 0.00 54.00 19.000
9 74.80 2.50 0.00 56.00 19.600
10 74.80 2.50 0.00 58.00 19.300
11 74.80 2.50 0.00 60.00 19.800
12 74.80 2.50 0.00 62.00 19.400
13 74.80 2.50 0.00 64.00 19.800
14 74.80 2.50 0.00 66.00 19.400

图 4.7-4　射线信息输入

4.7.4　约束单元信息

如图 4.7-5 所示，根据已知情况（如钻孔声波波速、水域范围、断层位置等），对各单元进行弹性波波速设置，这些单元就不参与反演计算求解波速。

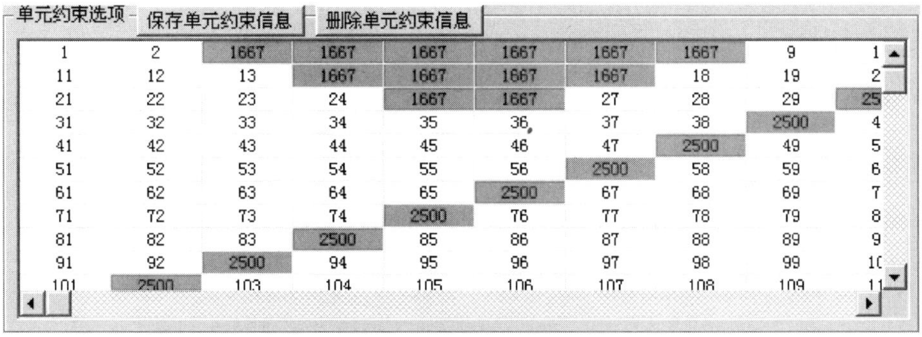
单元约束选项 保存单元约束信息 删除单元约束信息
1 2 1667 1667 1667 1667 1667 1667 9 1
11 12 13 1667 1667 1667 1667 18 19 2
21 22 23 24 1667 1667 27 28 29 25
31 32 33 34 35 36 37 38 2500 4
41 42 43 44 45 46 47 2500 49 5
51 52 53 54 55 56 2500 58 59 6
61 62 63 64 65 2500 67 68 69 7
71 72 73 74 2500 76 77 78 79 8
81 82 83 2500 85 86 87 88 89 9
91 92 2500 94 95 96 97 98 99 10
101 2500 103 104 105 106 107 108 109 11

图 4.7-5　约束单元输入

4.7.5 参数核对、信息储存和图形保存

如图4.7-6所示，可选择不同选项或命令，采用图形显示方式对相关参数进行核对。同时，对输入参数及其相关图形进行保存等。

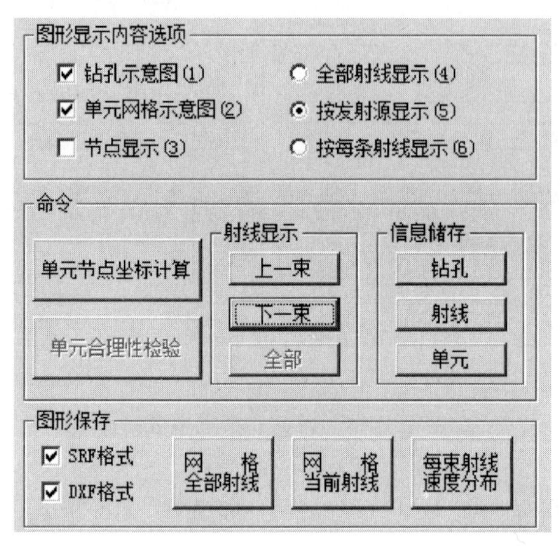

(a) 功能选项

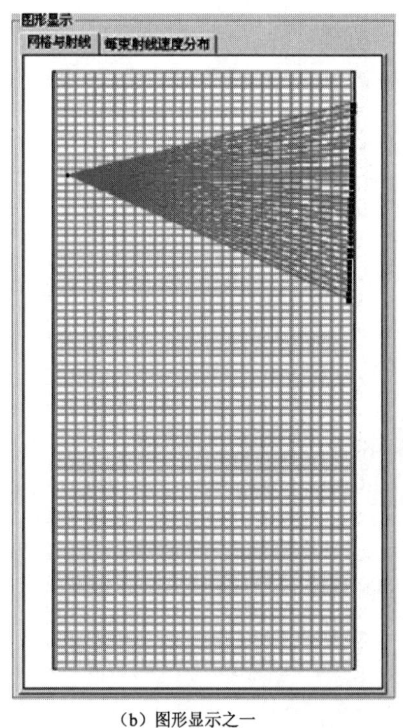

(b) 图形显示之一

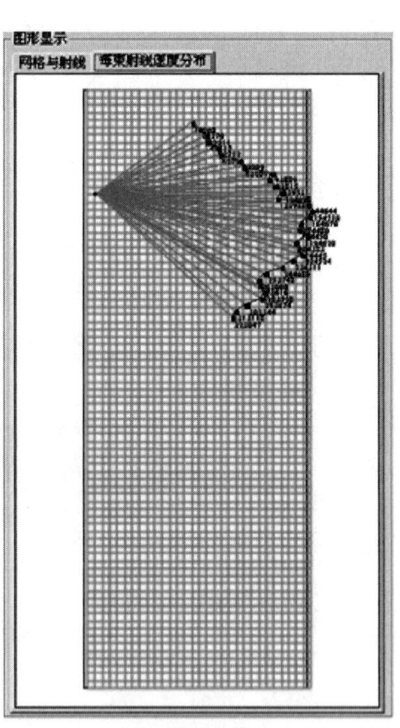

(c) 图形显示之二

图4.7-6 参数核对

4.8　数据预处理模块功能

如图 4.8-1 所示，除单元节点坐标来源于单元划分的计算数据外，数据预处理包括射线平均速度计算、单元射线长度计算、单元及节点信息初始化、波速统计（见图 3.4-2)、水平射线波速深度分布（见图 3.4-1）和不同波速范围内射线分布（见图 3.6-2）等；表格中数据可以复制和保存；图形可以保存为 SRF 和 DXF 格式文件，也可复制 BMP 格式用于粘贴。

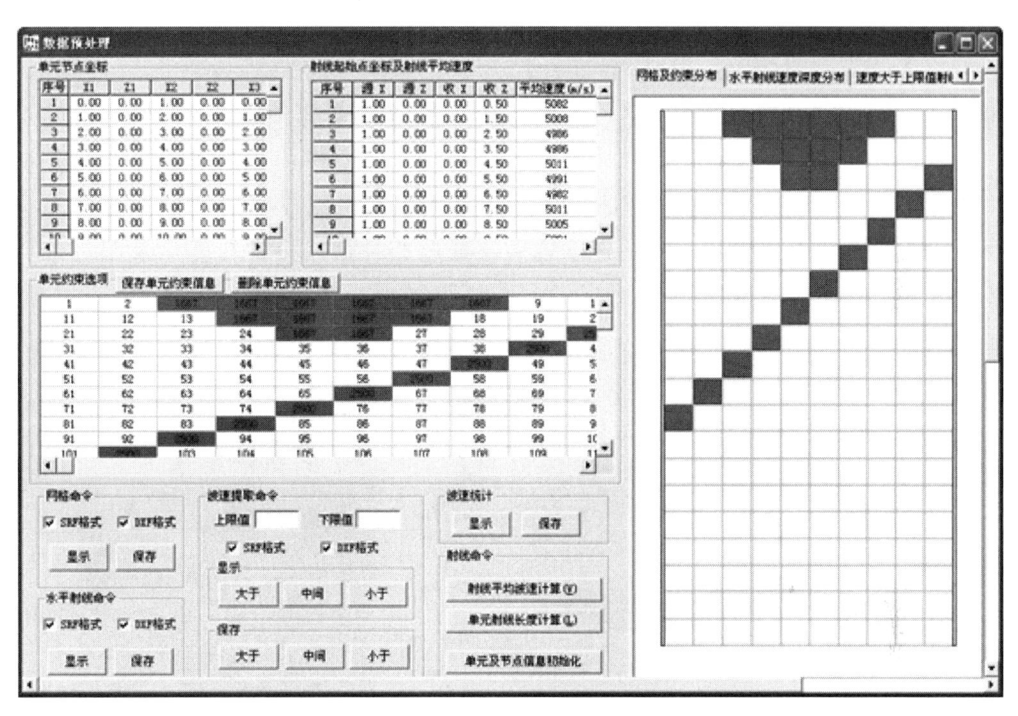

图 4.8-1　数据预处理界面

4.8.1　波速提取命令

如图 4.8-2 所示，通过设定波速上限值和下限值、勾选 SRF 格式和 DXF 格式，对射线平均波速大于上限值、小于下限值和大于上限值小于上限值的射线进行提取显示和（或）信息文件保存。

4.8.2　射线命令

如图 4.8-3 所示，单击“射线平均波速计算”按钮，则计算每条射线的平均波速并保存相关信息于文件中；单击“单元射线长度计算”按钮，则计算每条射线经过各单元内的射线长度并保存相关信息于文件中；单击“单元及节点信息初始化”按钮，则计算单元坐标信息和节点坐标信息并保存相关信息于文件中。

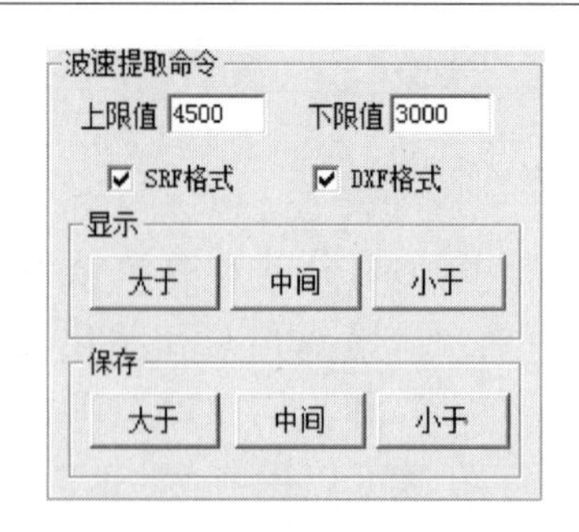

图 4.8－2　波速提取命令

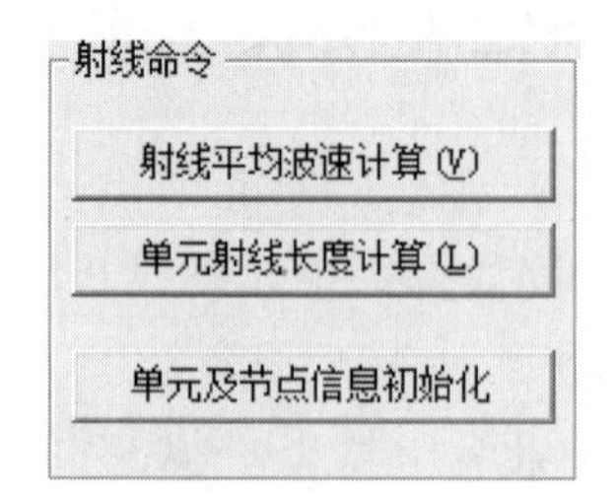

图 4.8－3　射线命令

4.9　最短走时路径搜索法正反演计算模块功能

如图 4.9－1 所示，此模块主要功能包括速度选项、反投影法初始速度计算、阻尼因子和迭代次数参数优化、初始速度选取、最短走时路径搜索与显示及阻尼加权最小二乘法等，具体功能描述如下。

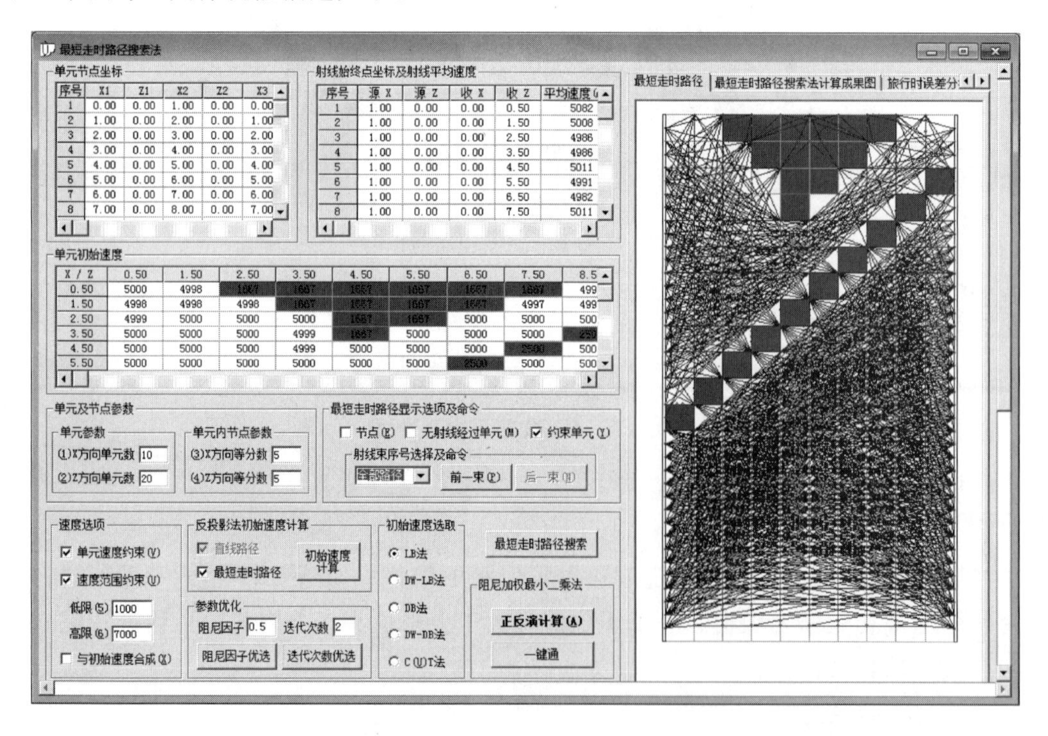

图 4.9－1　最短走时路径搜索法正反演计算界面

4.9.1　速度选项

如图 4.9－2 所示，在速度选项框内，若有单元速度约束，则可勾选；若无单元速度约束，则无法勾选。勾选后，在反演计算时，约束单元的速度作为已知条件，不参与未知数求解。若勾选速度范围约束，则可设定速度低限和高限，在反演计算时，将计算单元波速限制在低限与高限之间；若不勾选，则不限制。若与初始速度合成勾选，则将未参与反演计算的单元取其初始速度代替，与反演计算的单元速度合成形成反演成果进行速度分布分析。

4.9.2　反投影法初始速度计算

如图 4.9－3 所示，勾选最短走时路径，单击初始速度计算按钮，则计算初始速度并搜索最短路径；若不勾选最短走时路径，则仅仅计算初始速度。初始速度计算后，相关信息文件将保存，供反演计算时选用。

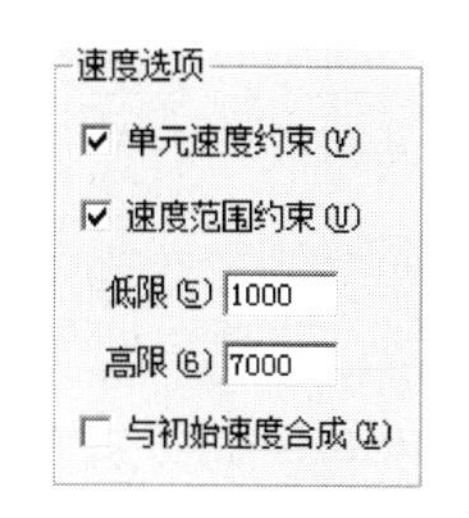

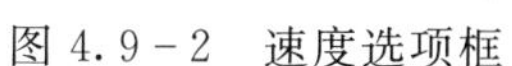
图 4.9－2　速度选项框

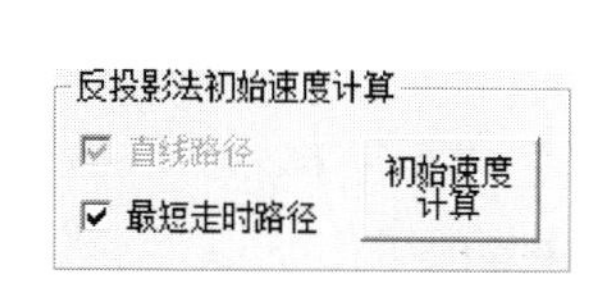

图 4.9－3　速度选项框

4.9.3　阻尼因子和迭代次数参数优化

如图 4.9－4 所示，输入迭代数、阻尼因子，单击“阻尼因子优选”，进行阻尼因子与误差关系计算分析；单击“迭代次数优选”，进行迭代次数与误差关系计算分析；计算完成后，计算结果显示如图 3.4－3 所示，从中可知最佳阻尼因子和迭代次数。

4.9.4　初始速度选取

如图 4.9－5 所示，若优选 LB 法，则以 BPT 法反演计算的单元波速为初始速度；若优选 DW－LB 法，则在 BPT 法基础上采用阻尼最小二乘法反演计算的单元波速作为初始速度；若优选 DB 法，则在 DB 法基础上通过最短走时路径法搜索后再采用阻尼最小二乘法反演计算的单元波速作为初始速度。若优选 DW－DB 法，则在 DB 法基础上通过最短走时路径法搜索后再采用阻尼最小二乘法反演计算的单元波速作为初始速度。

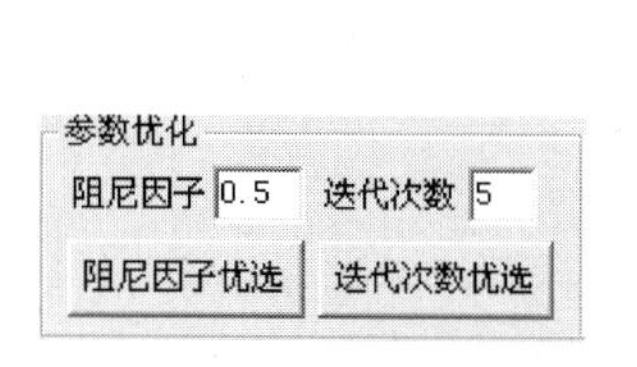

图 4.9－4　参数优化

图 4.9－5　参数优化

4.9.5　最短走时路径搜索

单击 最短走时路径搜索 按钮，则按相关设置条件进行最短走时路径搜索。

4.9.6　最短走时路径搜索与显示

如图 4.9－6 所示，单击正反演计算按钮，即可按原设定条件进行阻尼最小二乘法反演计算，相关信息及其文件将自动保存。按一键通，则从单元初始速度计算开始到正反演计算，全部功能一键完成。

4.9.7　最短走时路径展示

如图 4.9－7 和图 4.9－8 所示，可进行节点、无射线经过单元、约束单元、各射线束路径及全部射线路径进行显示，并可单击鼠标右键可以复制此图片到粘贴板。

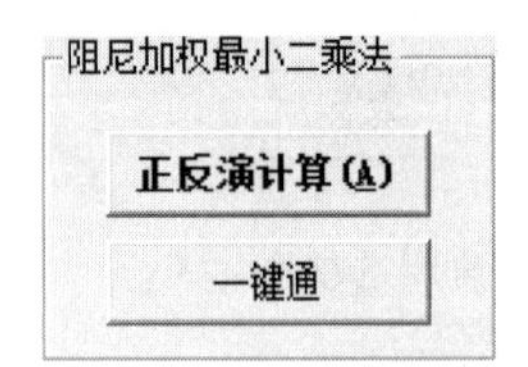

图 4.9－6　正反演计算

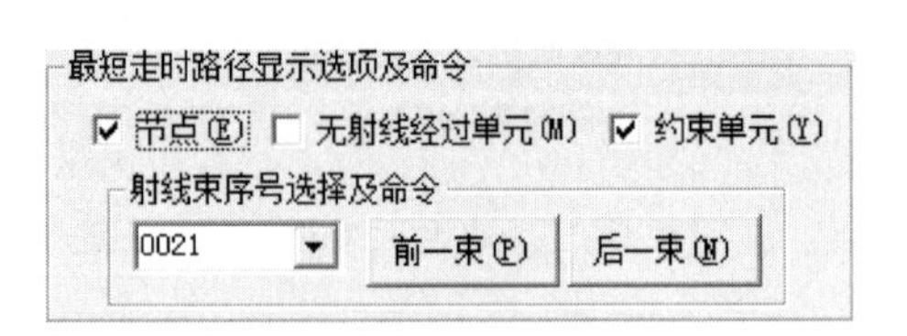

图 4.9－7　最短走时路径显示操作界面

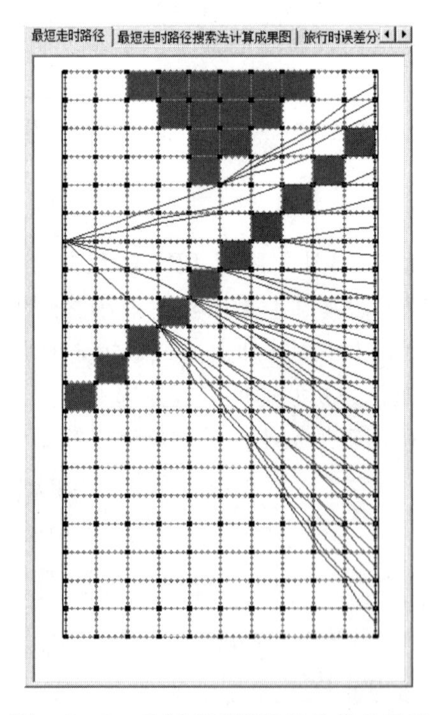

图 4.9－8　最短走时路径相关信息展示

4.9.8　反演计算分析成果展示

如图 4.9－9 所示，反演计算后，其成果图与误差分析表就直接展示在界面上。双击等值线分布图，可用 surfer 软件打开；单击鼠标右键可复制正演成果及误差分析表中数据到粘贴板。

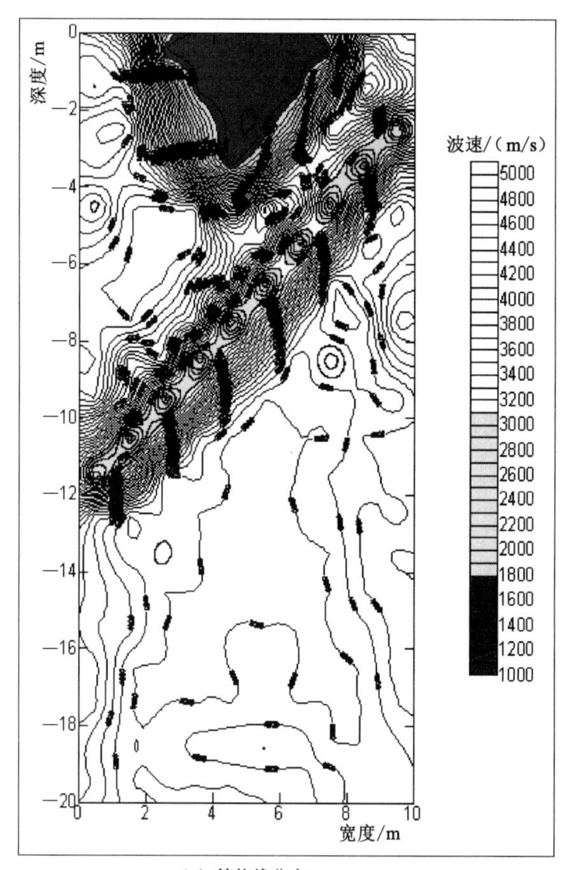

（a）等值线分布

序号	实测旅时	LB法正演成果及误差分析			DB法正
		计算旅时	旅时差	旅时误差	计算旅时
1	0.220	0.244	0.024	10.9%	0.224
2	0.360	0.395	0.035	9.7%	0.377
3	0.540	0.578	0.038	7.0%	0.565
4	0.730	0.771	0.041	5.6%	0.763
5	0.920	0.979	0.059	6.4%	0.966
6	1.120	1.192	0.072	6.4%	1.167
7	1.320	1.396	0.076	5.8%	1.212
8	1.510	1.598	0.088	5.8%	1.411
9	1.710	1.334	-0.376	-22.0%	1.611
10	1.910	1.466	-0.444	-23.2%	1.815
11	2.110	1.781	-0.329	-15.6%	2.035
12	2.410	2.114	-0.296	-12.3%	2.351
13	2.711	2.306	-0.405	-14.9%	2.660
14	2.911	2.453	-0.458	-15.7%	2.798
15	3.110	2.644	-0.466	-15.0%	2.978
16	3.310	2.850	-0.460	-13.9%	3.177
17	3.510	3.058	-0.452	-12.9%	3.380
18	3.710	3.273	-0.437	-11.8%	3.590
19	3.910	3.472	-0.438	-11.2%	3.804
20	4.110	3.683	-0.427	-10.4%	4.014
21	0.410	0.474	0.064	15.6%	0.439
22	0.500	0.577	0.077	15.4%	0.557
23	0.640	0.716	0.076	11.9%	0.706
24	0.810	0.876	0.066	8.1%	0.875
25	0.990	1.068	0.078	7.9%	1.064
26	1.170	1.268	0.098	8.4%	1.250
27	1.360	1.475	0.115	8.5%	1.428
28	1.550	1.641	0.091	5.9%	1.612
29	1.750	1.835	0.085	4.9%	1.805
30	1.940	2.029	0.089	4.6%	2.002
31	2.140	2.259	0.119	5.6%	2.217
32	2.442	2.583	0.141	5.8%	2.352
33	2.733	3.076	0.343	12.6%	2.724
34	2.932	3.223	0.291	9.9%	2.862
35	3.132	3.413	0.281	9.0%	3.042

（b）正演成果及误差分析

图 4.9－9　反演计算分析成果

4.10　最短走时路径搜索法正演计算模块功能

如图 4.10－1 所示，在单元速度选取框中选择 * VFinal. Dat 文件，单击 最短走时路径搜索 按钮，进行最短走时路径搜索，再单击 正演计算(Z) 按钮，则进行各射线的理论走时及走时误差计算分析，其结果显示在正演计算成果及误差分析表中。其余功能与 4.9 节基本相同。

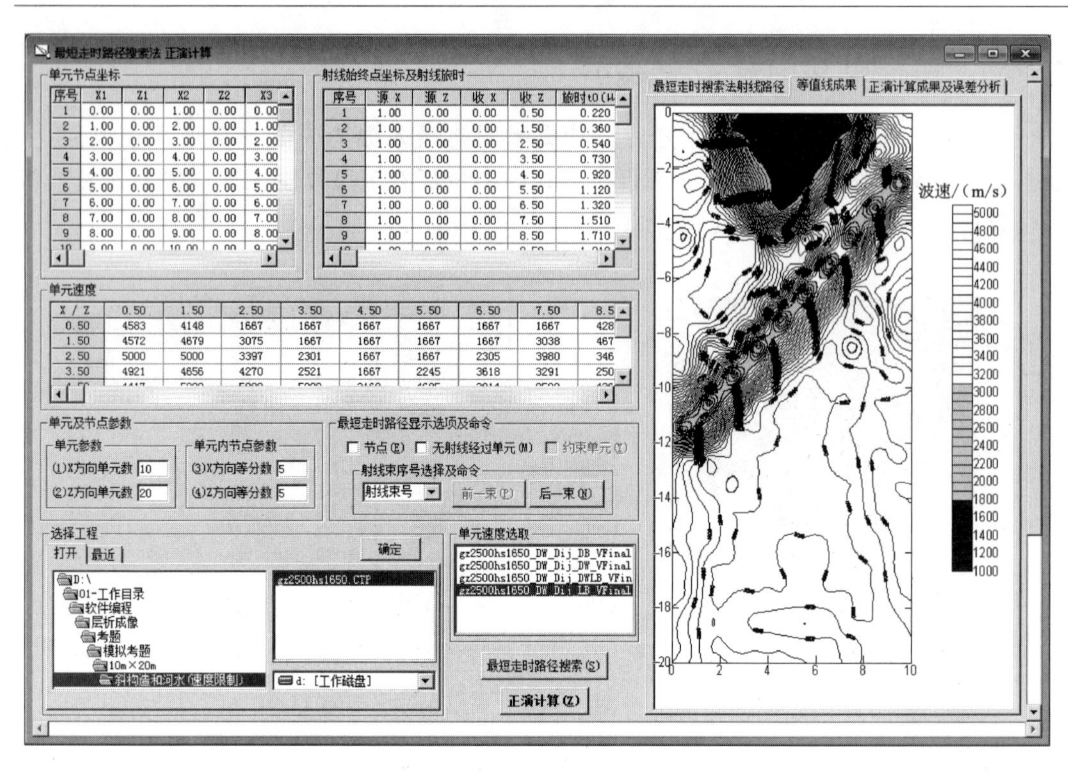

图 4.10-1　正演计算模块界面

4.11　参数设置模块

如图 4.11-1，利用参数设置模块，集中设置反演计算和等值线绘制时需要的相关参数。

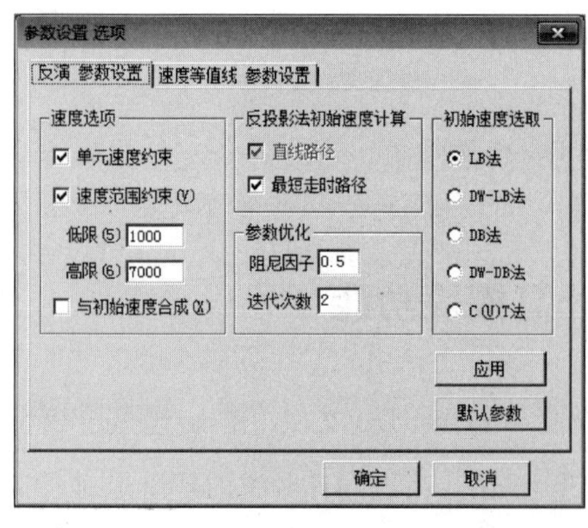

(a) 反演参数设置

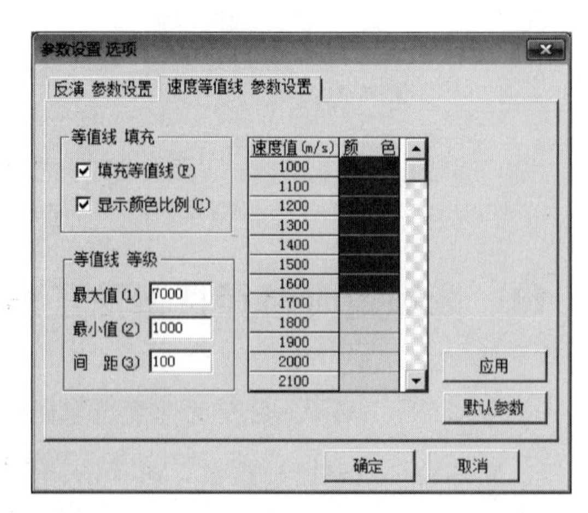

(b) 速度等值线参数设置

图 4.11-1　参数设置界面

第 5 章　三维 CT 软件（3DCT）开发及其功能

5.1　基于 VB 对 Voxler 软件二次开发

5.1.1　Voxler 简介

Voxler 三维可视化科学制图软件是 2006 年由 Golden Software 公司推出的一款专业的三维数据可视化软件，可以提供一种全新的 3D 数据可视化方式。Voxler 主要面向体积渲染和三维数据显示，但可以显示流线、矢量图、等高线图、等值面、图像切片、三维散点图、直接体绘制 3D 块等。计算模块包括三维网格、重采样、多个网格操作和图像处理。Voxler 设计用于显示 XYZC 数据，其中 C 是每个 X、Y 和 Z 位置的变量。使用 Voxler，可以为真正的三维模型创建出色的图形输出；模型可以切片，以任何角度显示，甚至可以通过简单的鼠标移动进行动画处理；标准或自定义着色可应用于模型等。地球科学从钻芯、地震研究、探地雷达、地下测绘和遥感、CT 和 MRI 扫描产生的医学成像、气象数据，高分辨率显微镜、流场和地下水等产生大量体积数据，均可使用 Voxler 软件来建模。Voxler 软件简单易学，且自带有英文帮助（help 菜单），对如何使用该软件解释很详细，其中的 Tutorial 教程更是清晰地介绍了 Voxler 的简单应用。

5.1.2　VoxlerAutomation 技术介绍

（1）VoxlerAutomation 对象。Automation 技术能够使一个应用程序，可以通过某个对象去“操纵”另一个应用程序。它提供了一个从应用程序外部控制另一个应用程序的编程界面。应用程序暴露出来的对象，称为自动化对象（Automation Object），外部用户程序可以通过使用这些对象的属性（Properties）和方法（Method），达到实现控制该应用程序的目的。Voxler 采用了层次化的方式来组织其自动化对象，常用的自动化对象、方法、属性有 Application、CommandAPI、Construct、Import、Option、Do/DoOnce、CreateModule、ModifyModule、Gridder、Axes 等。在所有的 Voxler 自动化对象中 Application 对象代表着 Voxler 程序，它位于这个层次结构的最根部，是最基本的对象，所有其他对象的应用都要以它为开始。详见帮助文件中的“Voxler Automation”部分。

（2）CommandApi 对象和属性。CommandApi 对象包含 Voxler 程序中各种模块的所有属性，且引用应用程序编程接口访问命令，通过 Voxler 自动化中的 Construct 命令对所有模块和属性进行添加、删除或更改。使用 CommandApi 对象需要使用 Construct 方法访问属性，使用 Option 方法指定任何设置，并使用 Do 或 DoOnce 方法执行操作。

CommandApi 属性返回一个 CommandApi 对象，且允许访问 Voxler 中的所有命令。

创建 CommandApi 对象和属性的句法及语句如下：

```
object. CommandApi
object. CommandApi = CommandApi
'Access the command interface
Set CommandApi = VoxlerApp. CommandApi
```

（3）Construct 方法。Construct 方法告诉 Voxler 要创建哪个命令。Construct 方法可以对 CommandApi 对象进行访问。Construct 方法必须与 Option 方法和 Do 方法或 DoOnce 方法结合使用才能创建一个对象。

Construct 方法的句法及语句如下：

```
object. Construct("Construct_type")
CommandApi. Construct ("Open")
CommandApi. Option "Path",VoxlerApp. Path+"\Samples\Gold (ScatterPlot). voxb"
CommandApi. DoOnce
```

Construct 类型（Construct _ type）包括 CheckForUpdate、ClearHistory、ConnectModules、CreateModule、DeleteAllModules、DeleteModule、Export、Import、ModifyModule、MoveModule、New、NewNet、NewWks、Open、RenameModule、Save、ShowModule、ShowWindow、ViewDirection、ViewFitToWindow 和 ViewSize 等。

（4）Import 自动化。Import 是 Construct 类型之一，它允许 Voxler 程序导入现有文件，Import 的句法如下：

```
object. Construct("Import")
```

Import 的指令是通过 Option 方法传递给 Voxler 程序，指令参数如下：

指令参数	参数类型	说　明
AutoConnect	Boolean	If True,the new data is automatically connected. If False,the new data is not automatically connected

续表

指令参数	参数类型	说　明
ClearOptions	Boolean	If True, clear all filter options before adding a new option. If False, a new option will be concatenated to existing options
ClearPath	Boolean	If True, clear current paths to import before adding a new path. If False, the new path will be concatenated to existing paths
Filter	String	Filter id. Specify the file type, based on the filter ID.
GuiEnabled	Boolean	True enables dialogs in the Voxler window. False disables dialogs
Option	String	One or more (key, value) pairs to be passed to the filter. Packed as "key=value", with multiple pairs comma or semicolon-separated
Options	String	One or more (key, value) pairs to be passed to the filter. Packed as "key=value", with multiple pairs comma or semicolon-separated
Path	String	The full path to a file to be imported. One or more paths can be specified by calling this method multiple times
PersistOptions	Boolean	If True, persist filter options in the registry. If False, options are not saved
ProgressEnabled	Boolean	True displays progress bars. False disables progress bars
UndoRedoEnabled	Boolean	True allows undo and redo commands. False disallows undo and redo commands on the import

一个加载一个 VDAT 文件并在其上附加一个 volrender 的示例源代码如下：

```
Sub Main
    'Declares VoxlerApp as an object
    Dim VoxlerApp As Object
    'Creates an instance of the Voxler application object
    'and assigns it to the variable named "VoxlerApp"
    Set VoxlerApp = CreateObject("Voxler. Application")
    'Make Voxler visible
    VoxlerApp. Visible = True
    'Access CommandApi
    Set CommandApi = VoxlerApp. CommandApi
    'Load a VDAT file format
    CommandApi. Construct("Import")
    CommandApi. Option "GuiEnabled","False"
    CommandApi. Option "ProgressEnabled","False"
    CommandApi. Option "UndoRedoEnabled","True"
    CommandApi. Option "AutoConnect","False"
    CommandApi. Option "ClearOptions","False"
    CommandApi. Option "Filter","vdat"
    CommandApi. Option "Path","c:\Program Files\Golden Software\Voxler 4\Samples\Jaw. vdat"
    CommandApi. Option "PersistOptions","True"
```

```
    CommandApi. Do
    'Attach a volrender to the VDAT
    CommandApi. Construct ("CreateModule")
    CommandApi. Option "Type","VolRender"
    Commandapi. Option "AutoConnect","True"
    CommandApi. Option "SourceModule","Jaw. vdat"
    CommandApi. Do
End Sub
```

（5）ModifyModule 类型。ModifyModule（修改模块）也是 Construct 类型之一，它允许 Voxler 程序更改网络管理器中模块的属性，ModifyModule 的句法如下：

```
object. Construct("ModifyModule ")
```

ModifyModule 的指令是通过 Option 方法传递给 Voxler 程序，指令参数如下：

指令参数	参数类型	说　明
Module	string	Name of the module to be moved
ModuleID	unsigned	Numeric ID of the module to be moved
Property	string	Name of the property to be modified
PropertyID	unsigned	Numeric ID of the property to be modified
PropertyValue	string	A target property value encoded as a string

一个打开 Gold（ScatterPlot）示例文件，然后将散点图颜色地图更改为“Rainbow”。

```
Sub Main
    'Declares VoxlerApp as an object
    Dim VoxlerApp As Object
    'Creates an instance of the Voxler application object
    'and assigns it to the variable named "VoxlerApp"
    Set VoxlerApp = CreateObject("Voxler. Application")
    'Make Voxler visible
    VoxlerApp. Visible = True
    'Access CommandApi
    Set CommandApi = VoxlerApp. CommandApi
    'Open an existing file
    CommandApi. Construct ("Open")
    CommandApi. Option "Path",VoxlerApp. Path+"\Samples\Gold (ScatterPlot). voxb"
    CommandApi. DoOnce
    'Change color of scatter plot symbols
    CommandApi. Construct "ModifyModule"
```

```
    CommandApi. Option "Module","ScatterPlot"
    CommandApi. Option "ScatterPlotColormap","Rainbow"
    CommandApi. Do
End Sub
```

（6）Isosurface 模块。通过将类型设置为等值面，使用 CreateModule 命令创建等值面模块。等值面的属性用 ModifyModule 命令更改。Isosurface 的创建句法如下：

```
object. Construct("CreateModule")
object. Option "SourceModule","data file name"
object. Option "Type","ScatterPlot"
object. Do or object. DoOnce
```

Isosurface 的修改属性句法如下：

```
object. Construct("ModifyModule")
object. Option "Module","ScatterPlot"
object. Option "Option_Name","OptionValue"
object. Do or object. DoOnce
```

一个显示了如何加载数据文件、对数据进行网格划分以及从中创建等值面。然后它改变一个属性的示例源代码如下：

```
Sub Main
    'Declares VoxlerApp as an object
    Dim VoxlerApp As Object
    'Creates an instance of the Voxler application object and assigns it to the variable named "VoxlerApp"
    Set VoxlerApp = CreateObject("Voxler. Application")
    'Make Voxler visible
    VoxlerApp. Visible = True
    'Access CommandApi
    Set CommandApi = VoxlerApp. CommandApi
    'Create a new Voxler document
    CommandApi. Construct ("New")
    CommandApi. DoOnce
    'Load the data file
    CommandApi. Construct ("Import")
    CommandApi. Option "AutoConnect","False"
    CommandApi. Option "DefaultPosition","True"
    CommandApi. Option "Path","c:\program files\golden software\Voxler 4\Samples\GoldConcentration. dat"
    CommandApi. Option "Filter","dat"
    CommandApi. Do
    'Add a gridder module
    CommandApi. Construct ("CreateModule")
```

```
    CommandApi. Option "AutoConnect","True"
    CommandApi. Option "SourceModule","GoldConcentration. dat "
    CommandApi. Option "Type","Gridder"
    CommandApi. Do
    'Grid the data
    CommandApi. Construct ("ModifyModule")
    CommandApi. Option "Module","Gridder"
    CommandApi. Option "Gridder3Auto","true"
    CommandApi. Option "Gridder3DoIt","true"
    CommandApi. Do
    'Add a isosurface module
    CommandApi. Construct "CreateModule"
    CommandApi. Option "AutoConnect","True"
    CommandApi. Option "SourceModule","Gridder"
    CommandApi. Option "Type","Isosurface"
    CommandApi. Do
    'Change the isovalue
    CommandApi. Construct ("ModifyModule")
    CommandApi. Option "Module","Isosurface"
    CommandApi. Option "IsosurfaceIsovalue","3. 9"
    CommandApi. Do
End Sub
```

（7）Contours模块。通过将“类型”设置为“等高线”，使用“CreateModule”命令创建等高线模块。轮廓的属性通过ModifyModule命令进行更改。Contours的创建句法如下：

```
object. Construct("CreateModule")
object. Option "SourceModule","data file name"
object. Option "Type","Contours"
object. Do or object. DoOnce
```

Contours的修改属性句法如下：

```
object. Construct("ModifyModule")
object. Option "Module","Contours"
object. Option "Option_Name","OptionValue"
object. Do or object. DoOnce
```

一个显示了如何加载数据文件、对数据进行网格划分以及从中创建等高线图，然后它改变轮廓间隔的示例源代码如下：

```
Sub Main
    'Declares VoxlerApp as an object
```

```
Dim VoxlerApp As Object
'Creates an instance of the Voxler application object
'and assigns it to the variable named "VoxlerApp"
Set VoxlerApp = CreateObject("Voxler. Application")
'Make Voxler visible
VoxlerApp. Visible = True
'Access CommandApi
Set CommandApi = VoxlerApp. CommandApi
'Create a new Voxler document
CommandApi. Construct ("New")
CommandApi. DoOnce
'Load the data file
CommandApi. Construct ("Import")
CommandApi. Option "AutoConnect","False"
CommandApi. Option "DefaultPosition","True"
CommandApi. Option "Path","c:\program files\golden software\Voxler 4\Samples\GoldConcentration. dat"
CommandApi. Option "Filter","dat"
CommandApi. Do
'Add a gridder module
CommandApi. Construct ("CreateModule")
CommandApi. Option "AutoConnect","True"
CommandApi. Option "SourceModule","GoldConcentration. dat "
CommandApi. Option "Type","Gridder"
CommandApi. Do
'Grid the data
CommandApi. Construct ("ModifyModule")
CommandApi. Option "Module","Gridder"
CommandApi. Option "Gridder3Auto","true"
CommandApi. Option "Gridder3DoIt","true"
CommandApi. Do
'Add a contours module
CommandApi. Construct ("CreateModule")
CommandApi. Option "AutoConnect","True"
CommandApi. Option "SourceModule","Gridder"
CommandApi. Option "Type","Contours"
CommandApi. Do
'Change the contour Level Method to Min,Max,Interval
CommandApi. Construct ("ModifyModule")
CommandApi. Option "Module","Contours"
CommandApi. Option "ContourSpacing","2"
CommandApi. Do
'Change the contour level interval to 1
CommandApi. Construct ("ModifyModule")
```

```
    CommandApi. Option "Module","Contours"
    CommandApi. Option "ContourLevelInterval","1"
    CommandApi. Do
End Sub
```

（8）ClipPlane 模块。通过将“类型”设置为“剪辑平面”，使用“CreateModule”命令创建剪裁平面模块，剪辑平面的属性用 ModifyModule 命令更改。ClipPlane 的创建句法如下：

```
object. Construct("CreateModule")
object. Option "SourceModule","data file name"
object. Option "Type","ClipPlane"
object. Do or object. DoOnce
```

ClipPlane 的修改句法如下：

```
object. Construct("ModifyModule")
object. Option("Module","ClipPlane")
object. Option("Option_Name","OptionValue")
object. Do or object. DoOnce
```

ClipPlane 的连接句法如下：

```
object. Construct("ConnectModules")
object. Option "TargetModule","ClipPlane"
object. Option "SourceModule","new data file name"
object. Option "TargetPort","1"
object. Do or object. DoOnce
```

一个如何打开现有的 Voxler 文件，添加剪辑平面模块，将两个几何模块连接到剪辑平面，以及更改剪辑平面方向的示例源代码如下：

```
Sub Main()
    'Declares VoxlerApp as an object
    Dim VoxlerApp As Object
    'Creates an instance of the Voxler application object
    'and assigns it to the variable named "VoxlerApp"
    Set VoxlerApp = CreateObject("Voxler. Application")
    'Make Voxler visible
    VoxlerApp. Visible = True
    'Access CommandApi
    Set CommandApi = VoxlerApp. CommandApi
    'Open an existing file
    CommandApi. Construct ("Open")
```

```
    CommandApi.Option "Path",VoxlerApp.path + "\Samples\Gold (ScatterPlot).voxb"
    CommandApi.DoOnce
    'Add a clip plane
    CommandApi.Construct ("CreateModule")
    CommandApi.Option "Type","ClipPlane"
    CommandApi.Option "AutoConnect","True"
    CommandApi.Option "SourceModule","ScatterPlot"
    CommandApi.Do
    'Add the boundingbox to the clipplane
    CommandApi.Construct ("ConnectModules")
    CommandApi.Option "TargetModule","ClipPlane"
    CommandApi.Option "SourceModule","BoundingBox"
    CommandApi.Option "TargetPort","1"
    CommandApi.Do
    'Alter the axis that the clip plane is showing - clip along Y
    CommandApi.Construct ("ModifyModule")
    CommandApi.Option "Module","ClipPlane"
    CommandApi.Option "ClipPlaneOrientation","1"
    CommandApi.Do
End Sub
```

（9）HeightField 模块。高度场模块是通过将类型设置为高度场，使用“CreateModule”命令创建的。高度字段的属性通过“ModifyModule”命令进行更改。HeightField 的创建句法如下：

```
object.Construct("CreateModule")
object.Option "SourceModule","data file name"
object.Option "Type","HeightField"
object.Do or object.DoOnce
```

HeightField 的修改句法如下：

```
object.Construct("ModifyModule")
object.Option "Module","HeightField"
object.Option "Option_Name","OptionValue"
object.Do or object.DoOnce
```

一个显示了如何导入网格、导入图像以及从两者创建高度场，然后更改绘图样式的示例源代码如下：

```
Public Sub HeightField_Create()
    'Declares VoxlerApp as an object
    Dim VoxlerApp As Object
```

```
    'Creates an instance of the Voxler application object
    'and assigns it to the variable named "VoxlerApp"
    Set VoxlerApp = CreateObject("Voxler. Application")
    'Make Voxler visible
    VoxlerApp. Visible = True
    'Access CommandApi
    Set CommandApi = VoxlerApp. CommandApi
    'Create a new Voxler document
    CommandApi. Construct ("New")
    CommandApi. DoOnce
    'Load the lattice
    CommandApi. Construct ("Import")
    CommandApi. Option "Path",VoxlerApp. path + "\Samples\Elevation. dem"
    CommandApi. Option "GuiEnabled","False"
    CommandApi. Option "Filter","dem"
    CommandApi. Do
    'Import a TIF file
    CommandApi. Construct ("Import")
    CommandApi. Option "Path",VoxlerApp. path + "\Samples\Overlay. tif"
    CommandApi. Option "Filter","tif"
    CommandApi. Do
    'Add a heightfield module
    CommandApi. Construct ("CreateModule")
    CommandApi. Option "AutoConnect","True"
    CommandApi. Option "SourceModule","Elevation. dem"
    CommandApi. Option "Type","HeightField"
    CommandApi. Do
    'Connect TIF as overlay
    CommandApi. Construct ("ConnectModules")
    CommandApi. Option "SourceModule","Overlay. tif"
    CommandApi. Option "TargetModule","HeightField"
    CommandApi. Option "TargetPort","1"
    CommandApi. Do
    'Change the height field drawing style
    'this is 0,1,or 2 for shaded,lines,or points
    CommandApi. Construct ("ModifyModule")
    CommandApi. Option "Module","HeightField"
    CommandApi. Option "HeightFieldDrawStyle","1"
    CommandApi. Do
End Sub
```

5.1.3 三维几何模型数据文件

（1）点数据文件。点集包含一个或多个三维点位置。每个位置都有一个 X、Y 和 Z 坐标以及可选的数据组件。它需要的数据是 X、Y、Z、C 形式的数据，X、Y、Z 决定了三维空间中的某一点，C 是这个点上的某种性质的数据，可以是一个或多个，统称为 C 分量，这个分量是试图可视化的数据，例如波速。

3DCT 软件中的点数据文件的扩展名为 DAT，其格式如下：

```
0    0    0    5000    iElement=1
1    0    0    5000    iElement=1
0    1    0    5000    iElement=1
1    1    0    5000    iElement=1
                ……
```

（2）射线数据文件。Voxler 软件通过 Import 命令调用扩展名为 iv 的数据文件自动绘制 2 节点的连线。2 节点形成一条射线的 iv 数据文件格式及其内容见表 5.1-1。

表 5.1-1　　2 节点形成一条射线的 iv 数据文件格式及其内容

<table>
<tr><th>文件内容</th><th>备注</th></tr>
<tr><td><pre>
#Inventor V2.1 ascii
Group {
    Translation {
    translation－0.000255495 －0.000550002 0
    }
    Switch {
    whichChild 0
    Separator {
    Translation {
        translation－0.000255495 －0.000550002 0
        }
        DrawStyle {
        styleLINES
        }
        Separator {
        DEF +0 Material {
            diffuseColor1 0 0
            transparency0
        }
</pre></td><td>文件头段</td></tr>
</table>

续表

文 件 内 容	备注

USE +0
LineSet {
vertexProperty　　　VertexProperty {
vertex　[0 0 0,
3 4 5]
}
numVertices—1
}
……
	2 节点射线形成段

} } } }	文件尾段

（3）单元网格线数据文件。Voxler 软件通过 Import 命令调用扩展名为 iv 的数据文件自动绘制同一平面内 4 节点的连线。同一平面内 4 节点形成单元某一面的网格线，8 节点形成 6 个平面的单元网格线，其 iv 数据文件格式及其内容见表 5.1－2。

表 5.1－2　8 节点形成 6 个平面的单元网格线的 iv 数据文件格式及其内容

文 件 内 容	备注

#Inventor V2.1 ascii
 	
Group {
Translation {
translation—0.000255495 —0.000550002 0
}
Switch {
whichChild 0
Separator {
Translation {
translation—0.000255495 —0.000550002 0
}
DrawStyle {
styleLINES
}
Separator {
DEF +0 Material {
diffuseColor0.9 0.9 0.9
transparency 0
}
	文件头段

续表

文 件 内 容	备注

USE +0
LineSet {
vertexProperty VertexProperty {
vertex [0 0 0,
1 0 0]
}
 	
numVertices-1
}
……
	4 节点平面形成段

} } } }	文件尾段

(4) 单元网格面数据文件。Voxler 软件通过 Import 命令调用扩展名为 iv 的数据文件自动绘制 8 节点形成 6 个面构成的单元。8 节点形成 6 个面构成的单元网格面的 iv 数据文件格式及其内容见表 5.1-3。

表 5.1-3 8 节点形成 6 个面构成的单元网格面的 iv 数据文件格式及其内容

iv 文件格式内容	备注

#Inventor V2.1 ascii
Group {
Translation {
translation -0.000255495 -0.000550002 0
}
Switch {
whichChild 0
Separator {
Translation {
translation -0.000255495 -0.000550002 0
}
DrawStyle {
styleLINES
pointSize3
}
Separator {
Material {
diffuseColor1 1 1
transparency 0
}
	文件头段

续表

<table>
<tr><th>iv 文件格式内容</th><th>备注</th></tr>
<tr><td><pre>
    FaceSet {
        vertexProperty   VertexProperty {
        vertex [0 0 0,
                 1 0 0,
                 1 1 0,
                 0 1 0,
                 0 0 0]
        }
        numVertices   5
                          }
                        ……
</pre></td><td>4 节点平面形成段</td></tr>
<tr><td><pre>
    }
  }
  }
}
</pre></td><td>文件尾段</td></tr>
</table>

5.1.4 生成三维几何模型数据文件的源代码

（1）生成三维直线射线模型数据文件源代码。根据表 5.1－1 的要求，生成三维直线射线模型数据文件源代码如下：

```
Private Sub infRays_Generate(iv_infRFileName As String)
    Dim Head_infRays As String '射线设置的 *.IV 文件头
    Dim Head_RaysSet As String '射线设置的头
    Dim line2PointCoor As String '射线 2 节点坐标
    Dim endHead_infRays As String '*.IV 文件尾
    Dim x0,y0,z0,x1,y1,z1,x2,y2,z2,x3,y3,z3
    Dim i,j
  '保存 *.IV 文件
    Open iv_infRFileName For Output As #1
    '*.IV 文件头
    Head_infRays = "#Inventor V2.1 ascii" & vbCrLf & vbCrLf
    Head_infRays = Head_infRays & "Group {" & vbCrLf
    Head_infRays = Head_infRays & Space(4) & "Translation {" & vbCrLf
    Head_infRays = Head_infRays & vbTab & "translation" & vbTab & "-0.000255495 -0.000550002 0" & vb-
CrLf
    Head_infRays = Head_infRays & Space(4) & "}" & vbCrLf
    Head_infRays = Head_infRays & Space(4) & "Switch {"& vbCrLf
    Head_infRays = Head_infRays & vbTab & "whichChild" & vbTab & "0" & vbCrLf
    Head_infRays = Head_infRays & vbTab & "Separator {" & vbCrLf
```

```
    Head_infRays = Head_infRays & vbTab & "Translation {" & vbCrLf
    Head_infRays = Head_infRays & vbTab & vbTab & "translation" & vbTab & "-0.000255495 -0.000550002
0" & vbCrLf
    Head_infRays = Head_infRays & vbTab & Space(4) & "}" & vbCrLf
    Head_infRays = Head_infRays & vbTab & Space(4) & "DrawStyle {" & vbCrLf
    Head_infRays = Head_infRays & vbTab & vbTab & "style" & vbTab & "LINES" & vbCrLf
    Head_infRays = Head_infRays & vbTab & Space(4) & "}" & vbCrLf
    Head_infRays = Head_infRays & vbTab & Space(4) & "Separator {" & vbCrLf
    Head_infRays = Head_infRays & vbTab & vbTab & "DEF +0 Material{" & vbCrLf
    Head_infRays = Head_infRays & vbTab & vbTab & Space(4) & "diffuseColor" & vbTab & "1 0 0" & vbCrLf
    Head_infRays = Head_infRays & vbTab & vbTab & Space(4) & "transparency" & vbTab & "0" & vbCrLf
    Head_infRays = Head_infRays & vbTab &vbTab & "}" & vbCrLf
    Print #1,Head_infRays
    '线设置的头
    Head_RaysSet = ""
    Head_RaysSet = Head_RaysSet & vbTab & vbTab & "USE +0" & vbCrLf
    Head_RaysSet = Head_RaysSet + vbTab & vbTab & "LineSet {" & vbCrLf
    Head_RaysSet = Head_RaysSet & vbTab & vbTab & Space(4) & "vertexProperty" & vbTab & vbTab &
vbTab & Space(4) & "VertexProperty {" & vbCrLf
    For i = 1 To fpSpread1.MaxRows  'numLine2 '对射线循环
        '线 2 节点坐标
        fpSpread1.Row = i
        fpSpread1.Col = 1:x0 = Val(fpSpread1.Text)
        fpSpread1.Col = 2:y0 = Val(fpSpread1.Text)
        fpSpread1.Col = 3:z0 = Val(fpSpread1.Text)
        fpSpread1.Col = 4:x1 = Val(fpSpread1.Text)
        fpSpread1.Col = 5:y1 = Val(fpSpread1.Text)
        fpSpread1.Col = 6:z1 = Val(fpSpread1.Text)
        'x0 = 1:y0 = 1:z0 = 0 '顶点坐标
        'x1 = 1:y1 = 0:z1 = 1
        line2PointCoor = vbTab & vbTab & vbTab & "vertex" & vbTab & "[" & Space(1) & (x0) & Space(1)
& (y0) & Space(1) & (z0) & "," & vbCrLf
        line2PointCoor = line2PointCoor & vbTab & vbTab & vbTab & vbTab & vbTab & Space(2) & (x1) &
Space(1) & (y1) & Space(1) & (z1) & " ]" & vbCrLf
        line2PointCoor = line2PointCoor & vbTab & vbTab & Space(4) & "}" & vbCrLf & vbCrLf
        line2PointCoor = line2PointCoor & vbTab & vbTab &Space(4) & "numVertices" & vbTab & "-1" & vb-
CrLf
        line2PointCoor = line2PointCoor & vbTab & vbTab & "}" & vbCrLf
        'Head_RaysSet = Head_RaysSet & line2PointCoor
        Print #1,Head_RaysSet & line2PointCoor
    Next i
    '*.IV 文件尾
    endHead_infRays = vbTab & Space(4) & "}" & vbCrLf
```

```
    endHead_infRays = endHead_infRays & vbTab & "}" & vbCrLf
    endHead_infRays = endHead_infRays & Space(4) & "}" & vbCrLf
    endHead_infRays = endHead_infRays & "}" & vbCr
    Print #1,endHead_infRays
    Close #1
End Sub
```

（2）生成三维最短走时路径射线模型数据文件源代码。根据表5.1-1的要求，生成三维最短走时路径射线模型数据文件源代码如下：

```
Private Sub pathRays_Generate(txt_pathRFileName As String,iv_pathRFileName As String)
    Dim Head_infRays As String '射线设置的 *.IV 文件头
    Dim Head_RaysSet As String '射线设置的头
    Dim line2PointCoor As String '射线 2 节点坐标
    Dim endHead_infRays As String '*.IV 文件尾
    Dim x0,y0,z0,x1,y1,z1,x2,y2,z2,x3,y3,z3
    Dim i,j,iNoNewElement
    '打开最短走时路径信息文件
    Open txt_pathRFileName For Input As #2
  '保存 *.IV 文件
    Open iv_pathRFileName For Output As #1
    '*.IV 文件头
    Head_infRays = "#Inventor V2.1 ascii" & vbCrLf & vbCrLf
    Head_infRays = Head_infRays & "Group {" & vbCrLf
    Head_infRays = Head_infRays & Space(4) & "Translation {" & vbCrLf
    Head_infRays = Head_infRays & vbTab &"translation" & vbTab & "-0.000255495 -0.000550002 0" & vb-
CrLf
    Head_infRays = Head_infRays & Space(4) & "}" & vbCrLf
    Head_infRays = Head_infRays & Space(4) & "Switch {" & vbCrLf
    Head_infRays = Head_infRays & vbTab & "whichChild" & vbTab & "0" & vbCrLf
    Head_infRays = Head_infRays & vbTab & "Separator {" & vbCrLf
    Head_infRays = Head_infRays & vbTab & "Translation {" & vbCrLf
    Head_infRays = Head_infRays & vbTab & vbTab & "translation" & vbTab & "-0.000255495 -0.000550002
0" & vbCrLf
    Head_infRays = Head_infRays & vbTab & Space(4) & "}" & vbCrLf
    Head_infRays = Head_infRays & vbTab & Space(4) & "DrawStyle {" & vbCrLf
    Head_infRays = Head_infRays & vbTab & vbTab & "style" & vbTab & "LINES" & vbCrLf
    Head_infRays = Head_infRays& vbTab & Space(4) & "}" & vbCrLf
    Head_infRays = Head_infRays & vbTab & Space(4) & "Separator {" & vbCrLf
    Head_infRays = Head_infRays & vbTab & vbTab & "DEF +0 Material {" & vbCrLf
    Head_infRays = Head_infRays & vbTab & vbTab & Space(4) & "diffuseColor" & vbTab & "0 1 0" & vbCrLf
    Head_infRays = Head_infRays & vbTab & vbTab & Space(4) & "transparency" & vbTab & "0" & vbCrLf
    Head_infRays = Head_infRays & vbTab & vbTab & "}" & vbCrLf
```

```
    Print #1,Head_infRays
    '线设置的头
    Head_RaysSet = ""
    Head_RaysSet = Head_RaysSet & vbTab & vbTab & "USE +0" & vbCrLf
    Head_RaysSet = Head_RaysSet + vbTab & vbTab & "LineSet {" & vbCrLf
    Head_RaysSet = Head_RaysSet & vbTab & vbTab & Space(4) & "vertexProperty" & vbTab & vbTab &
vbTab & Space(4) &"VertexProperty {" & vbCrLf
    Dim iNumR,iNumE,NoNodeTotal_Pre,NoNodeTotal_Next,L_PreNext
    Do Until EOF(2)
        Input #2,iNumR,iNumE,NoNodeTotal_Pre,NoNodeTotal_Next,L_PreNext,iNoNewElement '读取射线
号、单元号、线段起点节点号、线段终点节点号、线段长度、新单元号
        '线 2 节点坐标
        x0 = NodeCoordinateElement(NoNodeTotal_Pre).x
        y0 = NodeCoordinateElement(NoNodeTotal_Pre).y
        z0 = NodeCoordinateElement(NoNodeTotal_Pre).z
        x1 = NodeCoordinateElement(NoNodeTotal_Next).x
        y1 = NodeCoordinateElement(NoNodeTotal_Next).y
        z1 = NodeCoordinateElement(NoNodeTotal_Next).z
        'x0 = 1:y0 = 1:z0 = 0 '顶点坐标
        'x1 = 1:y1 = 0:z1 = 1
        line2PointCoor = vbTab & vbTab & vbTab & "vertex" & vbTab & "[" & Space(1) & (x0) & Space(1)
& (y0) & Space(1) & (z0) & "," & vbCrLf
        line2PointCoor = line2PointCoor & vbTab & vbTab & vbTab & vbTab & vbTab & Space(2) & (x1) &
Space(1) & (y1) & Space(1) & (z1) & " ]" & vbCrLf
        line2PointCoor = line2PointCoor & vbTab & vbTab & Space(4) & "}" & vbCrLf & vbCrLf
        line2PointCoor = line2PointCoor & vbTab & vbTab & Space(4) & "numVertices" & vbTab & "-1"
& vbCrLf
        line2PointCoor = line2PointCoor & vbTab & vbTab & "}" & vbCrLf
        'Head_RaysSet = Head_RaysSet & line2PointCoor
        Print #1,Head_RaysSet & line2PointCoor
    Loop
    Close #2
    '*.IV 文件尾
    endHead_infRays = vbTab & Space(4) & "}" & vbCrLf
    endHead_infRays = endHead_infRays & vbTab & "}" & vbCrLf
    endHead_infRays = endHead_infRays & Space(4) & "}" & vbCrLf
    endHead_infRays = endHead_infRays & "}" & vbCr
    Print #1,endHead_infRays
    Close #1
End Sub
```

（3）生成三维单元网格线模型数据文件源代码。根据表 5.1-2 的要求，生成三维单元网格线模型数据文件源代码如下：

```
'范围模型展示文件 *.iv 形成
Public Sub infHexahedral_Generate(iv_infHFileName As String)
    Dim Head_infHexahedral As String '长方体各面设置的 *.IV 文件头
    Dim Head_FaceSet As String '各面设置的头
    Dim vertex4PointCoor As String '顶点及 4 节点坐标
    Dim endHead_infHexahedral As String '*.IV 文件尾
    Dim iNode(1 To 8) As Integer
    Dim x0,y0,z0,x1,y1,z1
    Dim xx0,yy0,zz0,xx1,yy1,zz1,xx2,yy2,zz2,xx3,yy3,zz3
    Dim i,j,k

    On Error GoTo errHandler
    '保存 *.IV 文件
    Open iv_infHFileName For Output As #1
    Head_infRays = "#Inventor V2.1 ascii" & vbCrLf & vbCrLf
    Head_infRays = Head_infRays & "Group {" & vbCrLf
    Head_infRays = Head_infRays & Space(4) & "Translation {" & vbCrLf
    Head_infRays = Head_infRays & vbTab & "translation" & vbTab & "-0.000255495 -0.000550002 0" & vb-
CrLf
    Head_infRays = Head_infRays & Space(4) & "}" & vbCrLf
    Head_infRays = Head_infRays & Space(4) & "Switch {" & vbCrLf
    Head_infRays = Head_infRays & vbTab & "whichChild" & vbTab & "0" & vbCrLf
    Head_infRays = Head_infRays & vbTab & "Separator {" & vbCrLf
    Head_infRays = Head_infRays & vbTab & "Translation {" & vbCrLf
    Head_infRays = Head_infRays & vbTab & vbTab & "translation" & vbTab & "-0.000255495 -0.000550002
0" & vbCrLf
    Head_infRays = Head_infRays & vbTab & Space(4) & "}" & vbCrLf
    Head_infRays = Head_infRays & vbTab & Space(4) & "DrawStyle {" & vbCrLf
    Head_infRays = Head_infRays & vbTab & vbTab & "style" & vbTab & "LINES" & vbCrLf
    Head_infRays = Head_infRays & vbTab & Space(4) & "}" & vbCrLf
    Head_infRays = Head_infRays & vbTab & Space(4) & "Separator {" & vbCrLf
    Head_infRays = Head_infRays & vbTab & vbTab & "DEF +0 Material {" & vbCrLf
    Head_infRays = Head_infRays & vbTab & vbTab & Space(4) & "diffuseColor" & vbTab & "0.9 0.9 0.9"
& vbCrLf
    Head_infRays = Head_infRays & vbTab & vbTab & Space(4) & "transparency" & vbTab & "0" & vbCrLf
    Head_infRays = Head_infRays & vbTab & vbTab & "}" & vbCrLf
    Print #1,Head_infRays
    '线设置的头
    Head_RaysSet = ""
    Head_RaysSet = Head_RaysSet & vbTab & vbTab & "USE +0" & vbCrLf
    Head_RaysSet = Head_RaysSet + vbTab & vbTab & "LineSet {" & vbCrLf
    Head_RaysSet = Head_RaysSet & vbTab & vbTab & Space(4) & "vertexProperty" & vbTab & vbTab &
vbTab & Space(4) & "VertexProperty {" & vbCrLf
```

```
    '各面的顶点及4节点坐标
    For i = 1 To numElement '对单元循环
        '获取单元8节点的节点号
        For k = 1 To 8
            iNode(k) = NodeElement(i,k)
        Next k
        For j = 1 To 6
            Select Case j
                Case 1
                    '底面
                    xx0 = NodeCoordinateElement(iNode(1)).x:yy0 = NodeCoordinateElement(iNode(1)).y:
zz0 = NodeCoordinateElement(iNode(1)).z '顶点坐标
                    xx1 = NodeCoordinateElement(iNode(2)).x:yy1 = NodeCoordinateElement(iNode(2)).y:
zz1 = NodeCoordinateElement(iNode(2)).z
                    xx2 = NodeCoordinateElement(iNode(4)).x:yy2 = NodeCoordinateElement(iNode(4)).y:
zz2 = NodeCoordinateElement(iNode(4)).z
                    xx3 = NodeCoordinateElement(iNode(3)).x:yy3 = NodeCoordinateElement(iNode(3)).y:
zz3 = NodeCoordinateElement(iNode(3)).z
                Case 2
                    '顶面
                    xx0 = NodeCoordinateElement(iNode(5)).x:yy0 = NodeCoordinateElement(iNode(5)).y:
zz0 = NodeCoordinateElement(iNode(5)).z '顶点坐标
                    xx1 = NodeCoordinateElement(iNode(6)).x:yy1 = NodeCoordinateElement(iNode(6)).y:
zz1 = NodeCoordinateElement(iNode(6)).z
                    xx2 = NodeCoordinateElement(iNode(8)).x:yy2 = NodeCoordinateElement(iNode(8)).y:
zz2 = NodeCoordinateElement(iNode(8)).z
                    xx3 = NodeCoordinateElement(iNode(7)).x:yy3 = NodeCoordinateElement(iNode(7)).y:
zz3 = NodeCoordinateElement(iNode(7)).z
                Case 3
                    '左面
                    xx0 = NodeCoordinateElement(iNode(1)).x:yy0 = NodeCoordinateElement(iNode(1)).y:
zz0 = NodeCoordinateElement(iNode(1)).z '顶点坐标
                    xx1 = NodeCoordinateElement(iNode(3)).x:yy1 = NodeCoordinateElement(iNode(3)).y:
zz1 = NodeCoordinateElement(iNode(3)).z
                    xx2 = NodeCoordinateElement(iNode(7)).x:yy2 = NodeCoordinateElement(iNode(7)).y:
zz2 = NodeCoordinateElement(iNode(7)).z
                    xx3 = NodeCoordinateElement(iNode(5)).x:yy3 = NodeCoordinateElement(iNode(5)).y:
zz3 = NodeCoordinateElement(iNode(5)).z
                Case 4
                    '右面
                    xx0 = NodeCoordinateElement(iNode(2)).x:yy0 = NodeCoordinateElement(iNode(2)).y:
zz0 = NodeCoordinateElement(iNode(2)).z '顶点坐标
                    xx1 = NodeCoordinateElement(iNode(4)).x:yy1 = NodeCoordinateElement(iNode(4)).y:
zz1 = NodeCoordinateElement(iNode(4)).z
```

```
                    xx2 = NodeCoordinateElement(iNode(8)).x:yy2 = NodeCoordinateElement(iNode(8)).y:
zz2 = NodeCoordinateElement(iNode(8)).z
                    xx3 = NodeCoordinateElement(iNode(6)).x:yy3 = NodeCoordinateElement(iNode(6)).y:
zz3 = NodeCoordinateElement(iNode(6)).z
                Case 5
                    '前面
                    xx0 = NodeCoordinateElement(iNode(1)).x:yy0 = NodeCoordinateElement(iNode(1)).y:
zz0 = NodeCoordinateElement(iNode(1)).z  '顶点坐标
                    xx1 = NodeCoordinateElement(iNode(2)).x:yy1 = NodeCoordinateElement(iNode(2)).y:
zz1 = NodeCoordinateElement(iNode(2)).z
                    xx2 = NodeCoordinateElement(iNode(6)).x:yy2 = NodeCoordinateElement(iNode(6)).y:
zz2 = NodeCoordinateElement(iNode(6)).z
                    xx3 = NodeCoordinateElement(iNode(5)).x:yy3 = NodeCoordinateElement(iNode(5)).y:
zz3 = NodeCoordinateElement(iNode(5)).z
                Case 6
                    '后面
                    xx0 = NodeCoordinateElement(iNode(3)).x:yy0 = NodeCoordinateElement(iNode(3)).y:
zz0 = NodeCoordinateElement(iNode(3)).z  '顶点坐标
                    xx1 = NodeCoordinateElement(iNode(4)).x:yy1 = NodeCoordinateElement(iNode(4)).y:
zz1 = NodeCoordinateElement(iNode(4)).z
                    xx2 = NodeCoordinateElement(iNode(8)).x:yy2 = NodeCoordinateElement(iNode(8)).y:
zz2 = NodeCoordinateElement(iNode(8)).z
                    xx3 = NodeCoordinateElement(iNode(7)).x:yy3 = NodeCoordinateElement(iNode(7)).y:
zz3 = NodeCoordinateElement(iNode(7)).z
            End Select
            x0 = xx0
            y0 = yy0
            z0 = zz0
            x1 = xx1
            y1 = yy1
            z1 = zz1
            line2PointCoor = vbTab & vbTab & vbTab & "vertex" & vbTab & "[" & Space(1) & (x0) &
Space(1) & (y0) & Space(1) &(z0) & "," & vbCrLf
            line2PointCoor = line2PointCoor & vbTab & vbTab & vbTab & vbTab & vbTab & Space(2) & (x1)
& Space(1) & (y1) & Space(1) & (z1) & " ]" & vbCrLf
            line2PointCoor = line2PointCoor & vbTab & vbTab & Space(4) & "}" & vbCrLf & vbCrLf
            line2PointCoor = line2PointCoor & vbTab & vbTab & Space(4) & "numVertices" & vbTab & "-1"
& vbCrLf
            line2PointCoor = line2PointCoor & vbTab & vbTab & "}" & vbCrLf
            Print #1,Head_RaysSet & line2PointCoor
            x0 = xx1
            y0 = yy1
            z0 = zz1
```

```
            x1 = xx2
            y1 = yy2
            z1 = zz2
            line2PointCoor = vbTab & vbTab & vbTab & "vertex" & vbTab & "[" & Space(1) & (x0) & Space(1) & (y0) & Space(1) & (z0) & "," & vbCrLf
            line2PointCoor = line2PointCoor & vbTab & vbTab & vbTab & vbTab & vbTab & Space(2) & (x1) & Space(1) & (y1) & Space(1) & (z1) & " ]" & vbCrLf
            line2PointCoor = line2PointCoor & vbTab & vbTab & Space(4) & "}" & vbCrLf & vbCrLf
            line2PointCoor = line2PointCoor & vbTab & vbTab & Space(4) & "numVertices" & vbTab & "-1" & vbCrLf
            line2PointCoor = line2PointCoor & vbTab & vbTab & "}" & vbCrLf
            Print #1,Head_RaysSet & line2PointCoor
            x0= xx2
            y0 = yy2
            z0 = zz2
            x1 = xx3
            y1 = yy3
            z1 = zz3
            line2PointCoor = vbTab & vbTab & vbTab & "vertex" & vbTab & "[" & Space(1) & (x0) & Space(1) & (y0) & Space(1) & (z0) & "," & vbCrLf
            line2PointCoor = line2PointCoor & vbTab & vbTab & vbTab & vbTab & vbTab & Space(2) & (x1) & Space(1) & (y1) & Space(1) & (z1) & " ]" & vbCrLf
            line2PointCoor = line2PointCoor & vbTab & vbTab & Space(4) & "}" & vbCrLf & vbCrLf
            line2PointCoor = line2PointCoor & vbTab & vbTab & Space(4) & "numVertices" & vbTab & "-1" & vbCrLf
            line2PointCoor = line2PointCoor & vbTab & vbTab & "}" & vbCrLf
            Print #1,Head_RaysSet & line2PointCoor
            x0 = xx3
            y0 = yy3
            z0 = zz3
            x1 = xx0
            y1 = yy0
            z1 = zz0
            line2PointCoor = vbTab & vbTab & vbTab & "vertex" & vbTab & "[" & Space(1) & (x0) & Space(1) & (y0) & Space(1) & (z0) & "," & vbCrLf
            line2PointCoor = line2PointCoor & vbTab & vbTab & vbTab & vbTab & vbTab & Space(2) & (x1) & Space(1) & (y1) & Space(1) & (z1) & " ]" & vbCrLf
            line2PointCoor = line2PointCoor & vbTab & vbTab & Space(4) & "}" & vbCrLf & vbCrLf
            line2PointCoor = line2PointCoor & vbTab & vbTab & Space(4) & "numVertices" & vbTab & "-1" & vbCrLf
            line2PointCoor = line2PointCoor & vbTab & vbTab & "}" & vbCrLf
            Print #1,Head_RaysSet & line2PointCoor
        Next j
```

```
    Next i
    '*.IV文件尾
    endHead_infRays = vbTab & Space(4) & "}" & vbCrLf
    endHead_infRays = endHead_infRays & vbTab & "}" & vbCrLf
    endHead_infRays = endHead_infRays & Space(4) & "}" & vbCrLf
    endHead_infRays = endHead_infRays & "}" & vbCr
    Print #1,endHead_infRays
    Close #1
    Exit Sub
errHandler:
    Close #1
    MsgBox Err.Description,vbExclamation,"范围模型展示文件*.iv形成"
End Sub
```

（4）生成三维单元网格面模型数据文件源代码。根据表5.1-3的要求，生成三维单元网格面模型数据文件源代码如下：

```
'范围模型展示文件*.iv形成
Public Sub infHexahedral_Generate(iv_infHFileName As String)
    Dim Head_infHexahedral As String '长方体各面设置的*.IV文件头
    Dim Head_FaceSet As String '各面设置的头
    Dim vertex4PointCoor As String '顶点及4节点坐标
    Dim endHead_infHexahedral As String '*.IV文件尾
    Dim iNode(1 To 8) As Integer
    Dim x0,y0,z0,x1,y1,z1,x2,y2,z2,x3,y3,z3
    Dim i,j,k

    On Error GoTo errHandler
    '保存*.IV文件
    Open iv_infHFileName For Output As #1
    '*.IV文件头
    Head_infHexahedral = "#Inventor V2.1 ascii" & vbCrLf & vbCrLf
    Head_infHexahedral = Head_infHexahedral & "Group {" & vbCrLf
    Head_infHexahedral = Head_infHexahedral & Space(4) & "Translation {" & vbCrLf
    Head_infHexahedral = Head_infHexahedral & vbTab & "translation" & vbTab & "-0.000255495 -
0.000550002 0" & vbCrLf
    Head_infHexahedral = Head_infHexahedral & Space(4) & "}" & vbCrLf
    Head_infHexahedral = Head_infHexahedral & Space(4) & "Switch {" & vbCrLf
    Head_infHexahedral = Head_infHexahedral & vbTab & "whichChild" & vbTab & "0" & vbCrLf
    Head_infHexahedral = Head_infHexahedral & vbTab & "Separator {" & vbCrLf
    Head_infHexahedral = Head_infHexahedral & vbTab & "Translation {" & vbCrLf
    Head_infHexahedral = Head_infHexahedral & vbTab & vbTab & "translation" & vbTab & "-0.000255495
-0.000550002 0" & vbCrLf
```

```
    Head_infHexahedral = Head_infHexahedral & vbTab & Space(4) & "}" & vbCrLf
    Head_infHexahedral = Head_infHexahedral & vbTab & Space(4) & "DrawStyle {" & vbCrLf
    Head_infHexahedral = Head_infHexahedral & vbTab & vbTab & "style" & vbTab & "LINES" & vbCrLf
    Head_infHexahedral = Head_infHexahedral & vbTab & vbTab & "pointSize" & vbTab & "3" & vbCrLf
    Head_infHexahedral = Head_infHexahedral & vbTab & Space(4) & "}" & vbCrLf
    Head_infHexahedral = Head_infHexahedral & vbTab & Space(4) & "Separator {" & vbCrLf
    Head_infHexahedral = Head_infHexahedral & vbTab & vbTab & "Material {" & vbCrLf
    Head_infHexahedral = Head_infHexahedral & vbTab & vbTab & Space(4) & "diffuseColor" & vbTab & "1 1
1" & vbCrLf
    Head_infHexahedral = Head_infHexahedral & vbTab & vbTab & Space(4) & "transparency" & vbTab & "0"
& vbCrLf
    Head_infHexahedral = Head_infHexahedral & vbTab & vbTab & "}" & vbCrLf
    Print #1,Head_infHexahedral
    '各面设置的头
    Head_FaceSet = vbTab & vbTab & "FaceSet {" & vbCrLf
    Head_FaceSet = Head_FaceSet & vbTab & vbTab& Space(4) & "vertexProperty" & vbTab & vbTab & vbTab
& Space(4) & "VertexProperty {" & vbCrLf
    '各面的顶点及 4 节点坐标
    For i = 1 To numElement '对单元循环
        '获取单元 8 节点的节点号
        For k = 1 To 8
            iNode(k) = NodeElement(i,k)
        Next k
        For j = 1 To 1 '6 '对每个单元的 6 个面循环
            '底面
            Print #1,Head_FaceSet
            x0 = NodeCoordinateElement(iNode(1)).x:y0 = NodeCoordinateElement(iNode(1)).y:z0 = Node-
CoordinateElement(iNode(1)).z  '顶点坐标
            x1 = NodeCoordinateElement(iNode(2)).x:y1 = NodeCoordinateElement(iNode(2)).y:z1 = Node-
CoordinateElement(iNode(2)).z
            x2 = NodeCoordinateElement(iNode(4)).x:y2 = NodeCoordinateElement(iNode(4)).y:z2 = Node-
CoordinateElement(iNode(4)).z
            x3 = NodeCoordinateElement(iNode(3)).x:y3 = NodeCoordinateElement(iNode(3)).y:z3 = Node-
CoordinateElement(iNode(3)).z
            vertex4PointCoor = vbTab & vbTab & vbTab & "vertex" & vbTab & "[" & Space(1) & (x0) &
Space(1) & (y0) & Space(1) & (z0) & "," & vbCrLf
            vertex4PointCoor = vertex4PointCoor & vbTab & vbTab & vbTab & vbTab & vbTab & Space(2)
& (x1) & Space(1) & (y1) & Space(1) & (z1) & "," & vbCrLf
            vertex4PointCoor = vertex4PointCoor & vbTab & vbTab & vbTab & vbTab & vbTab & Space(2)
& (x2) &Space(1) & (y2) & Space(1) & (z2) & "," & vbCrLf
            vertex4PointCoor = vertex4PointCoor & vbTab & vbTab & vbTab & vbTab & vbTab & Space(2)
& (x3) & Space(1) & (y3) & Space(1) & (z3) & "," & vbCrLf
            vertex4PointCoor = vertex4PointCoor &vbTab & vbTab & vbTab & vbTab & vbTab & Space(2)
```

```
& (x0) & Space(1) & (y0) & Space(1) & (z0) & " ]" & vbCrLf
            vertex4PointCoor = vertex4PointCoor & vbTab & vbTab & Space(4) & "}" & vbCrLf & vbCrLf
            vertex4PointCoor = vertex4PointCoor & vbTab & vbTab & Space(4) & "numVertices" & vbTab & "
5" & vbCrLf
            vertex4PointCoor = vertex4PointCoor & vbTab & vbTab & "}" & vbCrLf
            Print #1,vertex4PointCoor
            '顶面
            Print #1,Head_FaceSet
            x0 = NodeCoordinateElement(iNode(5)).x:y0 = NodeCoordinateElement(iNode(5)).y:z0 = Node-
CoordinateElement(iNode(5)).z  '顶点坐标
            x1 = NodeCoordinateElement(iNode(6)).x:y1 = NodeCoordinateElement(iNode(6)).y:z1 = Node-
CoordinateElement(iNode(6)).z
            x2 = NodeCoordinateElement(iNode(8)).x:y2 = NodeCoordinateElement(iNode(8)).y:z2 = Node-
CoordinateElement(iNode(8)).z
            x3 = NodeCoordinateElement(iNode(7)).x:y3 = NodeCoordinateElement(iNode(7)).y:z3 = Node-
CoordinateElement(iNode(7)).z
            vertex4PointCoor = vbTab & vbTab & vbTab & "vertex" & vbTab & "[" & Space(1) & (x0) &
Space(1) & (y0) & Space(1) & (z0) & "," & vbCrLf
            vertex4PointCoor = vertex4PointCoor & vbTab & vbTab & vbTab & vbTab & vbTab & Space(2)
& (x1) & Space(1) & (y1) & Space(1) & (z1) & "," & vbCrLf
            vertex4PointCoor = vertex4PointCoor & vbTab & vbTab & vbTab & vbTab & vbTab & Space(2)
& (x2) & Space(1) & (y2) & Space(1) & (z2) & "," & vbCrLf
            vertex4PointCoor = vertex4PointCoor & vbTab & vbTab & vbTab & vbTab & vbTab & Space(2)
& (x3) & Space(1) & (y3) & Space(1) & (z3) & "," & vbCrLf
            vertex4PointCoor = vertex4PointCoor & vbTab & vbTab & vbTab & vbTab & vbTab & Space(2)
& (x0) & Space(1) & (y0) & Space(1) & (z0) & " ]" & vbCrLf
            vertex4PointCoor = vertex4PointCoor & vbTab & vbTab & Space(4) & "}" & vbCrLf & vbCrLf
            vertex4PointCoor = vertex4PointCoor & vbTab & vbTab & Space(4) & "numVertices" & vbTab & "
5" & vbCrLf
            vertex4PointCoor = vertex4PointCoor & vbTab & vbTab & "}" & vbCrLf
            Print #1,vertex4PointCoor
            '左面
            Print #1,Head_FaceSet
            x0 = NodeCoordinateElement(iNode(1)).x:y0 = NodeCoordinateElement(iNode(1)).y:z0 = Node-
CoordinateElement(iNode(1)).z  '顶点坐标
            x1 = NodeCoordinateElement(iNode(3)).x:y1 = NodeCoordinateElement(iNode(3)).y:z1 = Node-
CoordinateElement(iNode(3)).z
            x2 = NodeCoordinateElement(iNode(7)).x:y2 = NodeCoordinateElement(iNode(7)).y:z2 = Node-
CoordinateElement(iNode(7)).z
            x3 = NodeCoordinateElement(iNode(5)).x:y3 = NodeCoordinateElement(iNode(5)).y:z3 = Node-
CoordinateElement(iNode(5)).z
            vertex4PointCoor = vbTab & vbTab & vbTab & "vertex" & vbTab & "[" & Space(1) & (x0) &
Space(1) & (y0) & Space(1) & (z0) & "," & vbCrLf
```

```
        vertex4PointCoor = vertex4PointCoor & vbTab & vbTab & vbTab & vbTab & vbTab & Space(2) & (x1) & Space(1) & (y1) & Space(1) & (z1) & "," & vbCrLf
        vertex4PointCoor = vertex4PointCoor & vbTab &vbTab & vbTab & vbTab & vbTab & Space(2) & (x2) & Space(1) & (y2) & Space(1) & (z2) & "," & vbCrLf
        vertex4PointCoor = vertex4PointCoor & vbTab & vbTab & vbTab & vbTab & vbTab & Space(2) & (x3) & Space(1) & (y3) & Space(1) & (z3) & "," & vbCrLf
        vertex4PointCoor = vertex4PointCoor & vbTab & vbTab & vbTab & vbTab & vbTab & Space(2) & (x0) & Space(1) & (y0) & Space(1) & (z0) & " ]" & vbCrLf
        vertex4PointCoor = vertex4PointCoor & vbTab & vbTab & Space(4) & "}" & vbCrLf & vbCrLf
        vertex4PointCoor = vertex4PointCoor & vbTab & vbTab & Space(4) & "numVertices" & vbTab & "5" & vbCrLf
        vertex4PointCoor = vertex4PointCoor & vbTab & vbTab & "}" & vbCrLf
        Print #1,vertex4PointCoor
        '右面
        Print #1,Head_FaceSet
        x0 = NodeCoordinateElement(iNode(2)).x:y0 = NodeCoordinateElement(iNode(2)).y:z0 = NodeCoordinateElement(iNode(2)).z  '顶点坐标
        x1 = NodeCoordinateElement(iNode(4)).x:y1 = NodeCoordinateElement(iNode(4)).y:z1 = NodeCoordinateElement(iNode(4)).z
        x2 = NodeCoordinateElement(iNode(8)).x:y2 = NodeCoordinateElement(iNode(8)).y:z2 = NodeCoordinateElement(iNode(8)).z
        x3 = NodeCoordinateElement(iNode(6)).x:y3 = NodeCoordinateElement(iNode(6)).y:z3 = NodeCoordinateElement(iNode(6)).z
        vertex4PointCoor = vbTab & vbTab & vbTab & "vertex" & vbTab & "[" & Space(1) & (x0) & Space(1) & (y0) & Space(1) & (z0) & "," & vbCrLf
        vertex4PointCoor = vertex4PointCoor & vbTab & vbTab & vbTab & vbTab & vbTab & Space(2) & (x1) & Space(1) & (y1) & Space(1) & (z1) & "," & vbCrLf
        vertex4PointCoor = vertex4PointCoor & vbTab & vbTab & vbTab & vbTab & vbTab & Space(2) & (x2) & Space(1) & (y2) & Space(1) & (z2) & "," & vbCrLf
        vertex4PointCoor = vertex4PointCoor & vbTab & vbTab & vbTab & vbTab & vbTab & Space(2) & (x3) & Space(1) & (y3) & Space(1) & (z3) & "," & vbCrLf
        vertex4PointCoor = vertex4PointCoor & vbTab & vbTab & vbTab & vbTab & vbTab & Space(2) & (x0) & Space(1) & (y0) & Space(1) & (z0) & " ]" & vbCrLf
        vertex4PointCoor = vertex4PointCoor & vbTab & vbTab & Space(4) & "}" & vbCrLf & vbCrLf
        vertex4PointCoor = vertex4PointCoor & vbTab & vbTab & Space(4) & "numVertices" & vbTab & "5" & vbCrLf
        vertex4PointCoor = vertex4PointCoor & vbTab & vbTab & "}" & vbCrLf
        Print #1,vertex4PointCoor
        '前面
        Print #1,Head_FaceSet
        x0 = NodeCoordinateElement(iNode(1)).x:y0 = NodeCoordinateElement(iNode(1)).y:z0 = NodeCoordinateElement(iNode(1)).z  '顶点坐标
        x1 = NodeCoordinateElement(iNode(2)).x:y1 = NodeCoordinateElement(iNode(2)).y:z1 = NodeCoordinateElement(iNode(2)).z
```

```
        x2 = NodeCoordinateElement(iNode(6)).x:y2 = NodeCoordinateElement(iNode(6)).y:z2 = NodeCoordinateElement(iNode(6)).z
        x3 = NodeCoordinateElement(iNode(5)).x:y3 = NodeCoordinateElement(iNode(5)).y:z3 = NodeCoordinateElement(iNode(5)).z
        vertex4PointCoor = vbTab & vbTab & vbTab & "vertex" & vbTab & "[" & Space(1) & (x0) & Space(1) & (y0) & Space(1) & (z0) & "," & vbCrLf
        vertex4PointCoor = vertex4PointCoor & vbTab & vbTab & vbTab & vbTab & vbTab & Space(2) & (x1) & Space(1) & (y1) & Space(1) & (z1) & "," & vbCrLf
        vertex4PointCoor = vertex4PointCoor & vbTab & vbTab & vbTab & vbTab & vbTab & Space(2) & (x2) & Space(1) & (y2) & Space(1) & (z2) & "," & vbCrLf
        vertex4PointCoor = vertex4PointCoor & vbTab & vbTab & vbTab & vbTab & vbTab & Space(2) & (x3) & Space(1) & (y3) & Space(1) & (z3) & "," & vbCrLf
        vertex4PointCoor = vertex4PointCoor & vbTab & vbTab & vbTab & vbTab & vbTab & Space(2) & (x0) & Space(1) & (y0) & Space(1) & (z0) & " ]" & vbCrLf
        vertex4PointCoor = vertex4PointCoor& vbTab & vbTab & Space(4) & "}" & vbCrLf & vbCrLf
        vertex4PointCoor = vertex4PointCoor & vbTab & vbTab & Space(4) & "numVertices" & vbTab & " 5" & vbCrLf
        vertex4PointCoor = vertex4PointCoor & vbTab & vbTab & "}" & vbCrLf
        Print #1,vertex4PointCoor
        '后面
        Print #1,Head_FaceSet
        x0 = NodeCoordinateElement(iNode(3)).x:y0 = NodeCoordinateElement(iNode(3)).y:z0 = NodeCoordinateElement(iNode(3)).z  '顶点坐标
        x1 = NodeCoordinateElement(iNode(4)).x:y1 = NodeCoordinateElement(iNode(4)).y:z1 = NodeCoordinateElement(iNode(4)).z
        x2 = NodeCoordinateElement(iNode(8)).x:y2 = NodeCoordinateElement(iNode(8)).y:z2 = NodeCoordinateElement(iNode(8)).z
        x3 = NodeCoordinateElement(iNode(7)).x:y3 = NodeCoordinateElement(iNode(7)).y:z3 = NodeCoordinateElement(iNode(7)).z
        vertex4PointCoor = vbTab & vbTab & vbTab & "vertex" & vbTab & "[" & Space(1) & (x0) & Space(1) & (y0) & Space(1) & (z0) & "," & vbCrLf
        vertex4PointCoor = vertex4PointCoor & vbTab & vbTab & vbTab & vbTab & vbTab & Space(2) & (x1) & Space(1) & (y1) & Space(1) & (z1) & "," & vbCrLf
        vertex4PointCoor = vertex4PointCoor & vbTab & vbTab & vbTab & vbTab & vbTab & Space(2) & (x2) & Space(1) & (y2) & Space(1) & (z2) & "," & vbCrLf
        vertex4PointCoor = vertex4PointCoor & vbTab & vbTab & vbTab & vbTab & vbTab & Space(2) & (x3) & Space(1) & (y3) & Space(1) & (z3) & "," & vbCrLf
        vertex4PointCoor = vertex4PointCoor & vbTab & vbTab & vbTab & vbTab & vbTab & Space(2) & (x0) & Space(1) & (y0) & Space(1) & (z0) & " ]" & vbCrLf
        vertex4PointCoor = vertex4PointCoor & vbTab & vbTab & Space(4) & "}" & vbCrLf & vbCrLf
        vertex4PointCoor = vertex4PointCoor & vbTab & vbTab & Space(4) & "numVertices" & vbTab & " 5" & vbCrLf
        vertex4PointCoor = vertex4PointCoor & vbTab & vbTab & "}" & vbCrLf
```

```
            Print #1,vertex4PointCoor
        Next j
    Next i
    '*.IV 文件尾
    endHead_infHexahedral = vbTab &Space(4) & "}" & vbCrLf
    endHead_infHexahedral = endHead_infHexahedral & vbTab & "}" & vbCrLf
    endHead_infHexahedral = endHead_infHexahedral & Space(4) & "}" & vbCrLf
    endHead_infHexahedral = endHead_infHexahedral & "}" & vbCr
    Print #1,endHead_infHexahedral
    Close #1
    Exit Sub
errHandler:
    Close #1
    MsgBox Err.Description,vbExclamation,"范围模型展示文件*.iv 形成"
End Sub
```

5.1.5 生成三维几何模型的源代码

在 Voxler 软件中调用 “Import” 命令输入 iv 格式数据文件即可生成三维几何模型，其 VB 源代码如下：

```
Sub LoadGeometry()
    '定义 VoxlerApp 为对象
    Dim VoxlerApp As Object
    '创建一个 Voxler 应用对象实例
    Set VoxlerApp = CreateObject("Voxler.Application")
    '使 Voxler 程序窗口可见 e
    VoxlerApp.Visible = True
    '将 VoxlerApp 对象设置为访问 CommandApi
    Set CommandApi = VoxlerApp.CommandApi
    '创建新的 Voxler 文件
    CommandApi.Construct("New")
    CommandApi.DoOnce
    '输入网格文件,添加单元模型
    CommandApi.Construct ("Import")
    CommandApi.Option "AutoConnect","False"
    CommandApi.Option "DefaultPosition","True"
    CommandApi.Option "Filter","iv"
    CommandApi.Option "Path",ProjectName & "_infHexahedral.iv"
    CommandApi.Option "PersistOptions","True"
    CommandApi.Do
    CommandApi.Construct ("ModifyModule")
    CommandApi.Option "Module",Mid(ProjectName,InStrRev(ProjectName,"\") + 1) & "_infHexahedral.iv"
```

```
    CommandApi.Option "GeomSrcDrawStyle","2"
    CommandApi.Do
    '重新命名模块名称
    CommandApi.Construct ("RenameModule")
    CommandApi.Option "GuiEnabled","False"
    CommandApi.Option "ClearOptions","False"
    CommandApi.Option "Module",Mid(ProjectName,InStrRev(ProjectName,"\") + 1) & "_infHexahedral.iv"
    CommandApi.Option "Name",Mid(ProjectName,InStrRev(ProjectName,"\") + 1) & "_infHexahedral.iv
(Lines)"
    CommandApi.Do
    '输入网格文件,添加单元模型(圆点)
    CommandApi.Construct ("Import")
    CommandApi.Option "GuiEnabled","False"
    CommandApi.Option "ClearOptions","False"
    CommandApi.Option "Filter","iv"
    CommandApi.Option "Options","BreakApartCompoundAreas=0;WriteZ=1;BlankMode=0"
    CommandApi.Option "Path",ProjectName & "_infHexahedral.iv"
    CommandApi.Option "PersistOptions","True"
    CommandApi.Do
    CommandApi.Construct ("ModifyModule")
    CommandApi.Option "Module",Mid(ProjectName,InStrRev(ProjectName,"\") + 1) & "_infHexahedral.iv"
    CommandApi.Option "GeomSrcDrawStyle","3"
    CommandApi.Do
    '重新命名模块名称
    CommandApi.Construct ("RenameModule")
    CommandApi.Option "GuiEnabled","False"
    CommandApi.Option "ClearOptions","False"
    CommandApi.Option "Module",Mid(ProjectName,InStrRev(ProjectName,"\") + 1) & "_infHexahedral.iv"
    CommandApi.Option "Name",Mid(ProjectName,InStrRev(ProjectName,"\") + 1) & "_infHexahedral.iv
(Points)"
    CommandApi.Do
End Sub
```

5.1.6　生成波速色谱图的源代码

在 Voxler 软件中调用“Import”命令输入 dat 格式数据文件，再调用“Gridder”命令进行网格格式化，然后调用“VolRender”命令生成波速色谱图，其 VB 源代码如下：

```
Sub VolRender()
    '定义 VoxlerApp 为对象
    Dim VoxlerApp As Object
    '创建一个 Voxler 应用对象实例
```

```
Set VoxlerApp = CreateObject("Voxler. Application")
'使 Voxler 程序窗口可见 e
VoxlerApp. Visible = True
'将 VoxlerApp 对象设置为访问 CommandApi
Set CommandApi = VoxlerApp. CommandApi
'创建新的 Voxler 文件
CommandApi. Construct ("New")
CommandApi. DoOnce
'输入数据文件
CommandApi. Construct ("Import")
CommandApi. Option "AutoConnect","False"
CommandApi. Option "DefaultPosition","True"
CommandApi. Option "Path",ProjectName & "_NodeElementV. dat" 'BPT 法波速合成
CommandApi. Option "Filter","dat"
CommandApi. Option "Options","Defaults=1;EatWhitespace=1;Delimiter=Space,tab,comma,semicolon;Tex-
tQualifier=doublequote,quote"
CommandApi. Option "GuiEnabled","False"
CommandApi. Do
'添加网格化模块
CommandApi. Construct ("CreateModule")
CommandApi. Option "AutoConnect","True"
CommandApi. Option "SourceModule",Mid(ProjectName,InStrRev(ProjectName,"\") + 1) & "_NodeElementV. dat" '
BPT 法波速合成
CommandApi. Option "Type","Gridder"
CommandApi. Do
'开始网格化
CommandApi. Construct ("ModifyModule")
CommandApi. Option "Module","Gridder"
CommandApi. Option "Gridder3Auto","true"
CommandApi. Option "Gridder3DoIt","true"
CommandApi. Do
'Change the Viewer direction to Front
CommandApi. Construct ("ViewDirection")
CommandApi. Option "ViewDirection","Front"
CommandApi. Do
'添加 VolRender 模块
CommandApi. Construct ("CreateModule")
CommandApi. Option "AutoConnect","True"
CommandApi. Option "SourceModule","Gridder"
CommandApi. Option "Type","VolRender"
CommandApi. Do
'更改颜色表
CommandApi. Construct ("ModifyModule")
```

```
    CommandApi. Option "Module","VolRender"
    CommandApi. Option "Gridder3Auto","false"
    CommandApi. Option "VolRenderColormap","RedHot"
    CommandApi. Do
    '更改 volrender 的不透明度。在 0 和 1 之间变化。0 是完全透明的,1 是完全不透明的
    CommandApi. Option "VolRenderOpacity","1. 0"
    CommandApi. Do
    '显示 VolRender(体渲染)图例
    CommandApi. Option "VolRenderLegendEnable","True"
    CommandApi. Do
End Sub
```

5.1.7　生成 Voxler 工程文件（*.voxb）的源代码

根据弹性波层析成像真三维解释相关要求及其参数设置等，形成可供 Voxler 软件打开的 voxb 格式文件，其源代码如下：

```
'Voxler 文件生成
Private Sub cmdVoxler_Click()

    Dim Respone
    '判断相关的信息文件是否已生成
    If Dir(ProjectName & ". 3DCT") = "" Or ProjectName = "" Then
        MsgBox "请新建或打开或保存相关信息文件(*. 3DCT)!",vbExclamation,"Voxler 文件生成"
        Exit Sub
    End If
    If Dir(ProjectName & "_NodeElementV. dat") = "" Then
        MsgBox ProjectName & "_NodeElementV. dat 文件未生成,请先生成单元节点波速信息文件!",vbExclama-
tion,"Voxler 文件生成"
        Exit Sub
    End If
    If Dir(ProjectName & "_infHexahedral. iv") = "" Then
        MsgBox ProjectName & "_infHexahedral. iv 文件未生成,请先生成单元网格信息文件!",vbExclamation,"
Voxler 文件生成"
        Exit Sub
    End If
    If Dir(ProjectName & "_infRays. iv") = "" Then
        MsgBox ProjectName & "_infRays. iv 文件未生成,请先生成射线信息文件!",vbExclamation,"Voxler 文件
生成"
        Exit Sub
    End If
    If Dir(ProjectName & ". voxb") <> "" Then
        Respone = MsgBox(ProjectName & ". voxb 文件已存在。" & vbCrLf & vbCrLf & "是否需要重新生成?",
```

```
vbYesNo + vbQuestion,"Voxler 文件生成")
'        If Respone = vbNo Then Exit Sub
    End If
    On Error Resume Next
    'Set VoxlerApp = GetObject(,"Voxler. Application")
    'If Err. Number <> 0 Then
    '    Set VoxlerApp = CreateObject("Voxler. Application")
    'End If
    'MsgBox Err. Number
    'Create a new instance of Voxler.
    Set VoxlerApp = CreateObject("Voxler. Application")
    'Make Voxler visible
    VoxlerApp. Visible = False
    'Access CommandApi
    Set CommandApi = VoxlerApp. CommandApi
    'Open an existing file
    If Respone = vbNo Then
        CommandApi. Construct ("Open")
        CommandApi. Option "Path",ProjectName & ". voxb"
        CommandApi. DoOnce
        'Make Voxler visible
        VoxlerApp. Visible = True
        Exit Sub
    End If
    'Create a new Voxler document
    CommandApi. Construct ("New")
    CommandApi. DoOnce
    If chkVolRender. Value = Checked Then '波速色谱图
        '输入数据文件
        CommandApi. Construct ("Import")
        CommandApi. Option "AutoConnect","False"
        CommandApi. Option "DefaultPosition","True"
        If OptBPT. Value = True Then CommandApi. Option "Path",ProjectName & "_NodeElementV. dat" 'BPT
法波速合成
        If OptDLSQR. Value = True Then CommandApi. Option "Path",ProjectName & "_NodeElementV. dat" '
DLSQR 法波速合成
        CommandApi. Option "Filter","dat"
        CommandApi. Option "Options","Defaults=1;EatWhitespace=1;Delimiter=Space,tab,comma,semicolon;
TextQualifier=doublequote,quote"
        CommandApi. Option "GuiEnabled","False"
        CommandApi. Do
        '添加网格化模块
        CommandApi. Construct ("CreateModule")
```

```
    CommandApi. Option "AutoConnect","True"
    If OptBPT. Value = True Then CommandApi. Option "SourceModule",Mid(ProjectName,InStrRev(ProjectName,"\") + 1) & "_NodeElementV. dat" 'BPT 法波速合成
    If OptDLSQR. Value = True Then CommandApi. Option "SourceModule",Mid(ProjectName,InStrRev(ProjectName,"\") + 1) & "_NodeElementV. dat" 'DLSQR 法波速合成
    CommandApi. Option "Type","Gridder"
    CommandApi. Do
    DoEvents
    '开始网格化
    CommandApi. Construct ("ModifyModule")
    CommandApi. Option "Module","Gridder"
    CommandApi. Option "Gridder3Auto","true"
    CommandApi. Option "Gridder3DoIt","true"
    CommandApi. Do
    'Change the Viewer direction to Front
    CommandApi. Construct ("ViewDirection")
    CommandApi. Option "ViewDirection","Front"
    CommandApi. Do
    '添加 VolRender 模块
    CommandApi. Construct ("CreateModule")
    CommandApi. Option "AutoConnect","True"
    CommandApi. Option "SourceModule","Gridder"
    CommandApi. Option "Type","VolRender"
    CommandApi. Do
    DoEvents
    '更改颜色表
    CommandApi. Construct ("ModifyModule")
    CommandApi. Option "Module","VolRender"
    CommandApi. Option "Gridder3Auto","false"
    CommandApi. Option "VolRenderColormap","RedHot"
    CommandApi. Do
    '更改 volrender 的不透明度。在 0 和 1 之间变化。0 是完全透明的,1 是完全不透明的
    CommandApi. Option "VolRenderOpacity","1. 0"
    CommandApi. Do
    '显示 VolRender(体渲染)图例
    CommandApi. Option "VolRenderLegendEnable","True"
    CommandApi. Do
    If chkClipPlane. Value = Checked Then
        '添加 ClipPlane 模块
        CommandApi. Construct "CreateModule"
        CommandApi. Option "Type","ClipPlane"
        CommandApi. Option "AutoConnect","True"
        CommandApi. Option "SourceModule","VolRender"
```

```
            CommandApi.Do
            'Alter the axis that the clipplane is showing - clipalong X
            CommandApi.Construct "ModifyModule"
            CommandApi.Option "Module","ClipPlane"
            CommandApi.Option "ClipPlaneOrientation","0"
            CommandApi.Do
        End If
    End If
    If chkElements.Value = Checked Then '单元模型
        '输入网格文件,添加单元模型
        CommandApi.Construct ("Import")
        CommandApi.Option "AutoConnect","False"
        CommandApi.Option "DefaultPosition","True"
        CommandApi.Option "Filter","iv"
        CommandApi.Option "Path",ProjectName & "_infHexahedral.iv"
        CommandApi.Option "PersistOptions","True"
        CommandApi.Do
        CommandApi.Construct ("ModifyModule")
        CommandApi.Option "Module",Mid(ProjectName,InStrRev(ProjectName,"\") + 1) & "_infHexahedral.iv"
        CommandApi.Option "GeomSrcDrawStyle","2"
        CommandApi.Do
        'Rename the HeightField Module
        CommandApi.Construct ("RenameModule")
        CommandApi.Option "GuiEnabled","False"
        CommandApi.Option "ClearOptions","False"
        CommandApi.Option "Module",Mid(ProjectName,InStrRev(ProjectName,"\") + 1) & "_infHexahedral.iv"
        CommandApi.Option "Name",Mid(ProjectName,InStrRev(ProjectName,"\") + 1) & "_infHexahedral.iv(Lines)"
        CommandApi.Do
        '输入网格文件,添加单元模型(圆点)
        CommandApi.Construct ("Import")
        CommandApi.Option "GuiEnabled","False"
        CommandApi.Option "ClearOptions","False"
        CommandApi.Option "Filter","iv"
        CommandApi.Option "Options","BreakApartCompoundAreas=0;WriteZ=1;BlankMode=0"
        CommandApi.Option "Path",ProjectName & "_infHexahedral.iv"
        CommandApi.Option "PersistOptions","True"
        CommandApi.Do
        CommandApi.Construct ("ModifyModule")
        CommandApi.Option "Module",Mid(ProjectName,InStrRev(ProjectName,"\") + 1) & "_infHexahedral.iv"
        CommandApi.Option "GeomSrcDrawStyle","3"
        CommandApi.Do
        'Rename the HeightField Module
        CommandApi.Construct ("RenameModule")
```

```
        CommandApi. Option "GuiEnabled","False"
        CommandApi. Option "ClearOptions","False"
        CommandApi. Option "Module",Mid(ProjectName,InStrRev(ProjectName,"\") + 1) & "_infHexahedral. iv"
        CommandApi. Option "Name",Mid(ProjectName,InStrRev(ProjectName,"\") + 1) & "_infHexahedral. iv(Points)"
        CommandApi. Do
        If chkAxes. Value = Checked Then
            '添加坐标轴
            CommandApi. Construct ("CreateModule")
            CommandApi. Option "Type","Axes"
            CommandApi. Option "AutoConnect","True"
            CommandApi. Option "SourceModule",Mid(ProjectName,InStrRev(ProjectName,"\") + 1) & "_inf-
Hexahedral. iv(Lines)"
            CommandApi. Do
            '修改轴设置
            CommandApi. Construct ("ModifyModule")
            CommandApi. Option "Module","Axes"
            CommandApi. Option "AxesXAxisShow","True"
            CommandApi. Do
            'X 轴名设置
            CommandApi. Option "AxesXAxisTitle","X 方向"
            CommandApi. Do
            '在水平方向是否翻转 X 轴标签
            CommandApi. Option "AxesXAxisFlipLabelsX","False"
            CommandApi. Do
            '在垂直方向是否翻转 X 轴标签
            CommandApi. Option "AxesXAxisFlipLabelsY","False"
            CommandApi. Do
            'Y 轴名设置
            CommandApi. Option "AxesYAxisTitle","Y 方向"
            CommandApi. Do
            '在水平方向是否翻转 Y 轴标签
            CommandApi. Option "AxesYAxisFlipLabelsX","False"
            CommandApi. Do
            '在垂直方向是否翻转 Y 轴标签
            CommandApi. Option "AxesYAxisFlipLabelsY","True"
            CommandApi. Do
            'Z 轴名设置
            CommandApi. Option "AxesZAxisTitle","Z 方向"
            CommandApi. Do
            '在水平方向是否翻转 Z 轴标签
            CommandApi. Option "AxesZAxisFlipLabelsX","False"
            CommandApi. Do
            '在垂直方向是否翻转 Y 轴标签
```

```
            CommandApi. Option "AxesZAxisFlipLabelsY","True"
            CommandApi. Do
        End If
    End If
    If chkRays. Value = Checked Then '射线模型
        '输入射线信息文件,添加射线分布模型(直线)
        CommandApi. Construct ("Import")
        CommandApi. Option "GuiEnabled","False"
        CommandApi. Option "ClearOptions","False"
        CommandApi. Option "Filter","iv"
        CommandApi. Option "Options","BreakApartCompoundAreas=0;WriteZ=1;BlankMode=0"
        CommandApi. Option "Path",ProjectName & "_infRays. iv"
        CommandApi. Option "PersistOptions","True"
        CommandApi. Do
        CommandApi. Construct ("ModifyModule")
        CommandApi. Option "Module",Mid(ProjectName,InStrRev(ProjectName,"\") + 1) & "_infRays. iv"
        CommandApi. Option "GeomSrcDrawStyle","2"
        CommandApi. Do
        'Rename the HeightField Module
        CommandApi. Construct ("RenameModule")
        CommandApi. Option "GuiEnabled","False"
        CommandApi. Option "ClearOptions","False"
        CommandApi. Option "Module",Mid(ProjectName,InStrRev(ProjectName,"\") + 1) & "_infRays. iv"
        CommandApi. Option "Name", Mid(ProjectName, InStrRev(ProjectName,"\") + 1) & "_infRays. iv
(Lines)"
        CommandApi. Do
        '输入射线信息文件,添加射线分布模型(圆点)
        CommandApi. Construct ("Import")
        CommandApi. Option "GuiEnabled","False"
        CommandApi. Option "ClearOptions","False"
        CommandApi. Option "Filter","iv"
        CommandApi. Option"Options","BreakApartCompoundAreas=0;WriteZ=1;BlankMode=0"
        CommandApi. Option "Path",ProjectName & "_infRays. iv"
        CommandApi. Option "PersistOptions","True"
        CommandApi. Do
        CommandApi. Construct ("ModifyModule")
        CommandApi. Option "Module",Mid(ProjectName,InStrRev(ProjectName,"\") + 1) & "_infRays. iv"
        CommandApi. Option "GeomSrcDrawStyle","3"
        CommandApi. Do
        'Rename the HeightField Module
        CommandApi. Construct ("RenameModule")
        CommandApi. Option "GuiEnabled","False"
        CommandApi. Option "ClearOptions","False"
```

```
        CommandApi. Option "Module",Mid(ProjectName,InStrRev(ProjectName,"\") + 1) & "_infRays. iv"
        CommandApi. Option "Name",Mid(ProjectName,InStrRev(ProjectName,"\") + 1) & "_infRays. iv
(Points)"
        CommandApi. Do
    End If
    '输入射线最短走时路径信息文件,添加射线最短走时路径分布模型(折线)
    If chkDijPath. Value = Checked Then '最短走时路径
        CommandApi. Construct ("Import")
        CommandApi. Option "GuiEnabled","False"
        CommandApi. Option "ClearOptions","False"
        CommandApi. Option "Filter","iv"
        CommandApi. Option "Options","BreakApartCompoundAreas=0;WriteZ=1;BlankMode=0"
        CommandApi. Option "Path",ProjectName & "_path. iv"
        CommandApi. Option "PersistOptions","True"
        CommandApi. Do
        CommandApi. Construct ("ModifyModule")
        CommandApi. Option "Module",Mid(ProjectName,InStrRev(ProjectName,"\") + 1) & "_path. iv"
        CommandApi. Option "GeomSrcDrawStyle","2"
        CommandApi. Do
        'Rename the HeightField Module
        CommandApi. Construct ("RenameModule")
        CommandApi. Option "GuiEnabled","False"
        CommandApi. Option "ClearOptions","False"
        CommandApi. Option "Module",Mid(ProjectName,InStrRev(ProjectName,"\") + 1) & "_path. iv"
        CommandApi. Option "Name",Mid(ProjectName,InStrRev(ProjectName,"\") + 1) & "_path. iv(Lines)"
        CommandApi. Do
        '输入射线最短走时路径信息文件,添加射线最短走时路径分布模型(圆点)
        CommandApi. Construct ("Import")
        CommandApi. Option "GuiEnabled","False"
        CommandApi. Option "ClearOptions","False"
        CommandApi. Option "Filter","iv"
        CommandApi. Option "Options","BreakApartCompoundAreas=0;WriteZ=1;BlankMode=0"
        CommandApi. Option "Path",ProjectName & "_path. iv"
        CommandApi. Option "PersistOptions","True"
        CommandApi. Do
        CommandApi. Construct ("ModifyModule")
        CommandApi. Option "Module",Mid(ProjectName,InStrRev(ProjectName,"\") + 1) & "_path. iv"
        CommandApi. Option "GeomSrcDrawStyle","3"
        CommandApi. Do
        'Rename the HeightField Module
        CommandApi. Construct ("RenameModule")
        CommandApi. Option "GuiEnabled","False"
        CommandApi. Option "ClearOptions","False"
```

```
        CommandApi.Option "Module",Mid(ProjectName,InStrRev(ProjectName,"\") + 1) & "_path.iv"
        CommandApi.Option "Name",Mid(ProjectName,InStrRev(ProjectName,"\") + 1) & "_path.iv(Points)"
        CommandApi.Do
    End If
    '保存 Voxler 文件
    CommandApi.Construct ("Save")
    CommandApi.Option "Path",Mid(FileName,1,InStrRev(FileName,".") - 1) & ".voxb"
    CommandApi.Do

    MsgBox "ok!",vbExclamation,"Voxler 文件生成"
    'Make Voxler visible
    VoxlerApp.Visible = True

End Sub
```

5.2 3DCT 软件功能

5.2.1 真三维解释与展示流程

总体流程：原始数据输入→数据预处理→正反演计算→成果展示。

几何模型建立流程：几何参数→单元信息→单元模型展示。

射线模型建立流程：射线信息→射线分布模型。

单元初置波速设置流程：单元波速约束值→射线平均波速→单元最初波速→单元波速合成。

BPT 法波速解释流程：单元波速约束值→单元最初波速→BPT 法波速→单元波速合成→BPT 法波速分布三维展示。

DLSQR 法波速解释流程：单元波速合成→最短走时路径搜索→阻尼最小二乘法→单元波速二次合成→DLSQR 法波速分布三维展示。

总体流程及相关子流程如图 5.2-1 所示。

5.2.2 3DCT 软件主界面与主菜单功能

（1）主界面。启动程序后出现图 5.2-2 所示主界面。

（2）文件菜单主要功能。文件主菜单包括新建、打开、保存、另存为和退出等子菜单，如图 5.2-3 所示。

1）执行新建子菜单，弹出图 5.2-4 界面，在文件名称文本内输入工程名称，按确定就可新建工程。

2）执行打开子菜单，弹出图 5.2-5 界面，选择右边文件列表框内的 *.3DCT 文件，按确定就可打开该文件（工程）；或单击“最近”，弹出图 5.2-6 界面，选择右边文件列表框内的 *.3DCT 文件，按确定就可打开该文件（工程）。

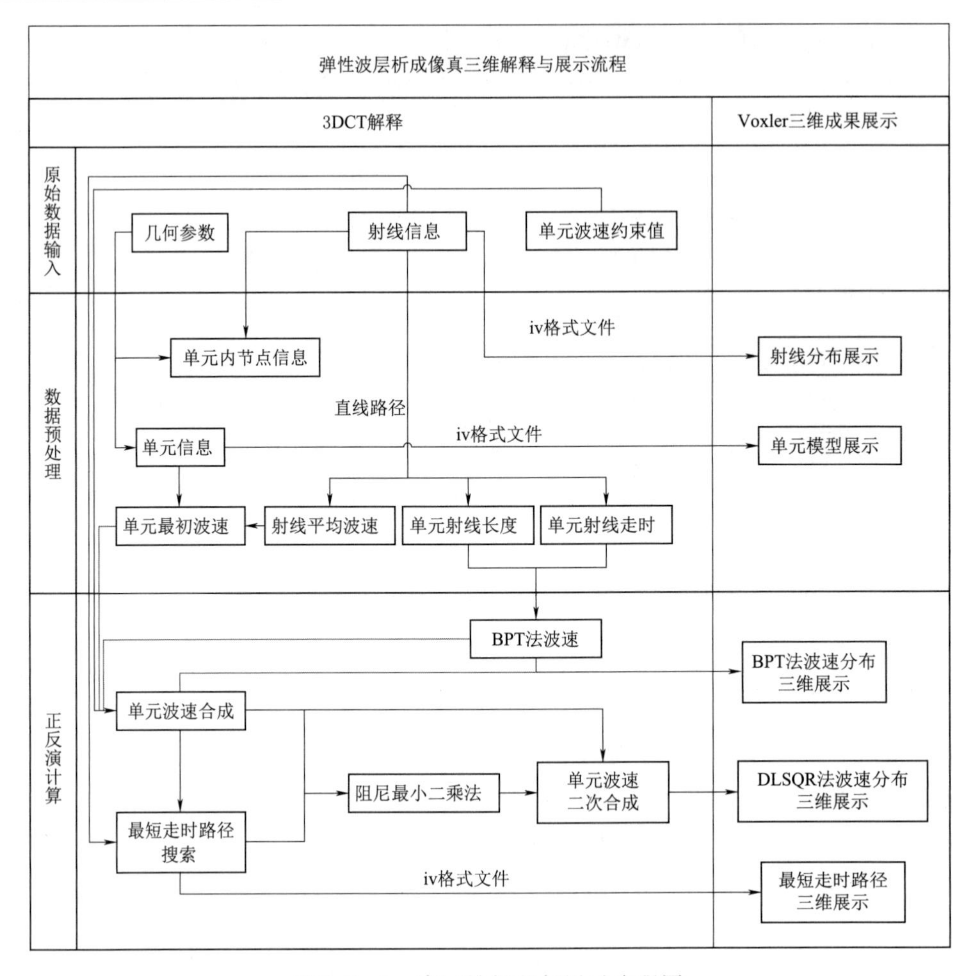

图 5.2－1　真三维解释与展示流程图

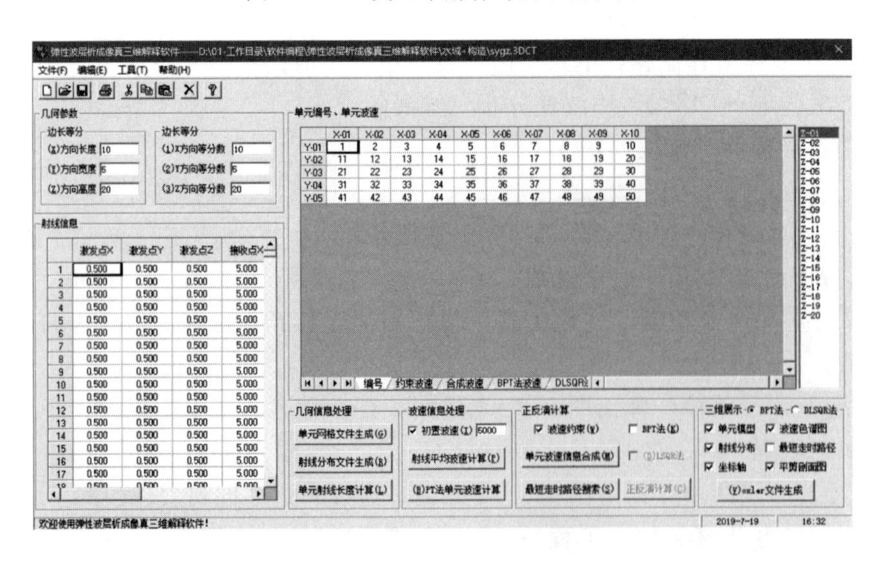

图 5.2－2　3DCT 软件主界面

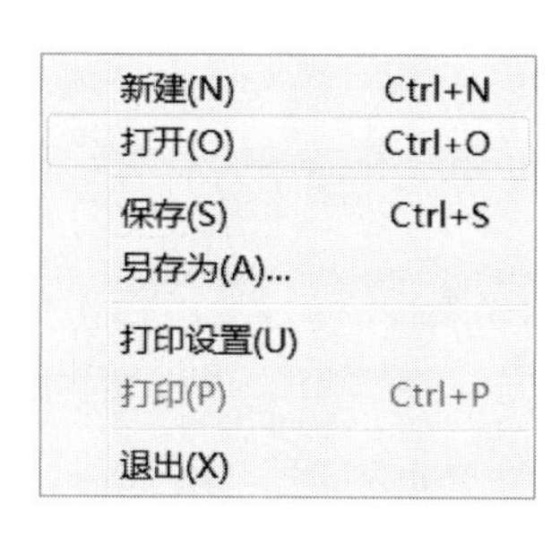

图 5.2-3 文件主菜单

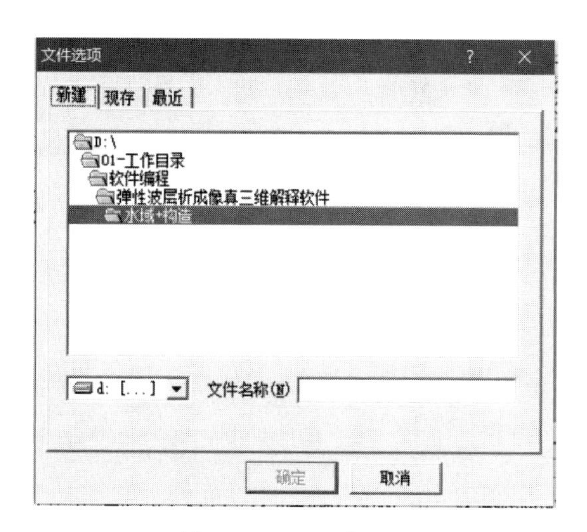

图 5.2-4 新建工程

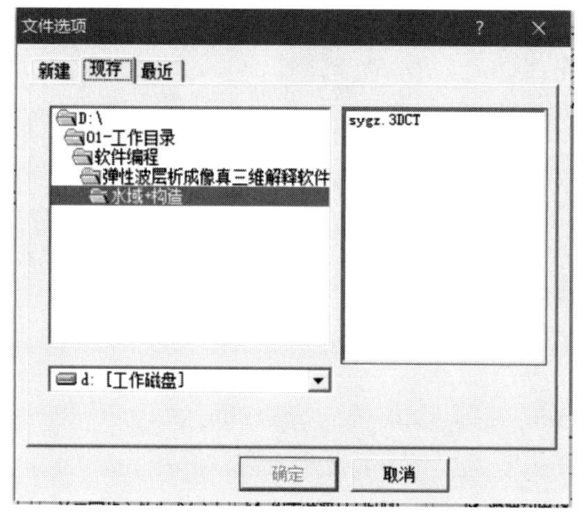

图 5.2-5 打开文件（工程）

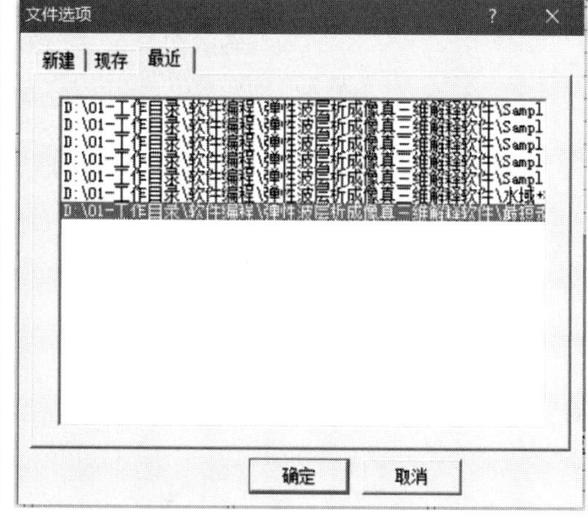

图 5.2-6 打开最近文件（工程）

3）执行保存或另存为子菜单，弹出图 5.2-7 或图 5.2-8 界面，在文件名文本框内输入文件名或选择文件列表框内的 *.3DCT 文件，按确定就可保存该文件（工程）。

（3）编辑主菜单主要功能。编辑主菜单包括剪切、复制、粘贴、删除、插入行、删除行等子菜单。此菜单相应功能仅对射线信息输入时有效，如图 5.2-9 所示。

5.2.3 原始数据输入

（1）几何参数。几何参数的输入界面如图 5.2-10 所示。根据观测系统布置，确定 X、Y、Z 方向的范围及其大小；根据发射点与接收点的间距，确定 X、Y、Z 方向的等分数。3DCT 软件按 X 为正东方向、Y 为正北方向，Z 方向以向上为正方向建立三维直角坐标系。

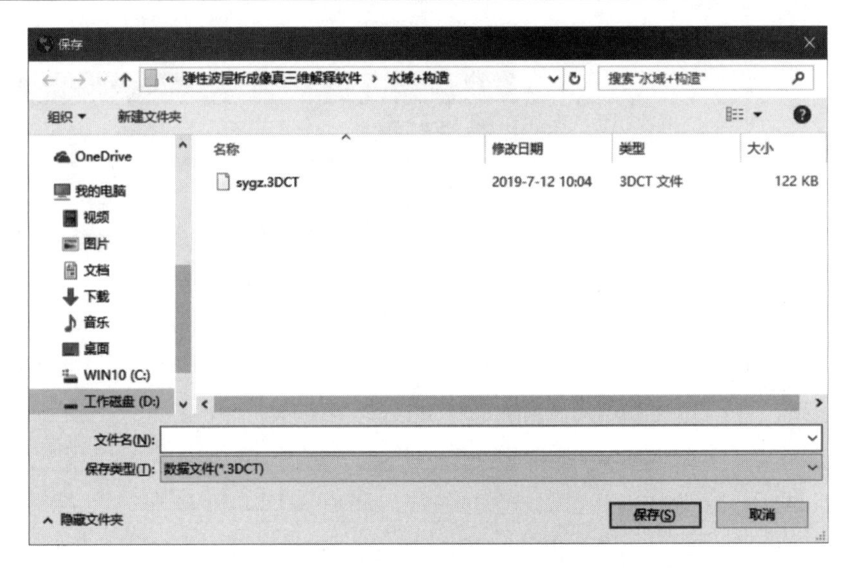

图 5.2－7　保存文件（工程）

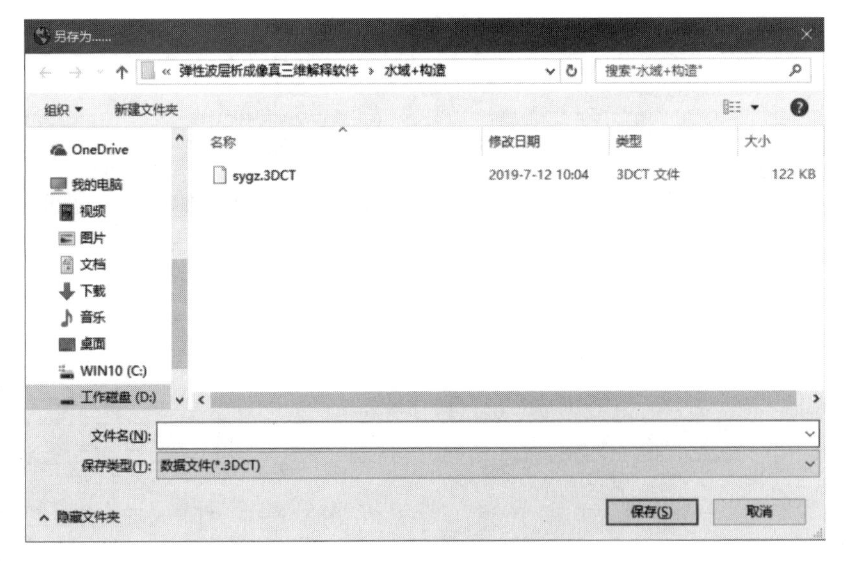

图 5.2－8　另存文件（工程）

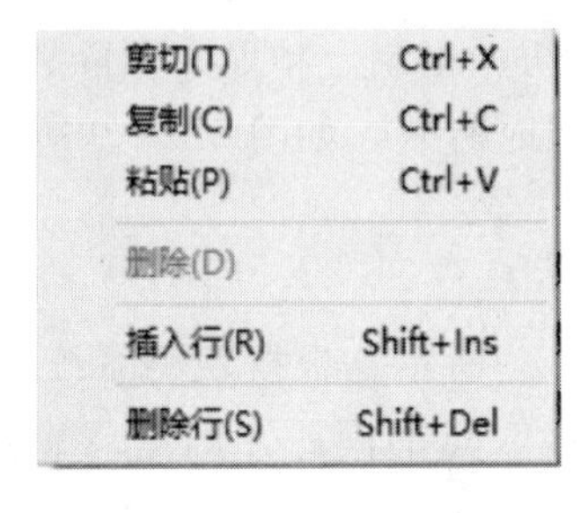

图 5.2－9　编辑主菜单

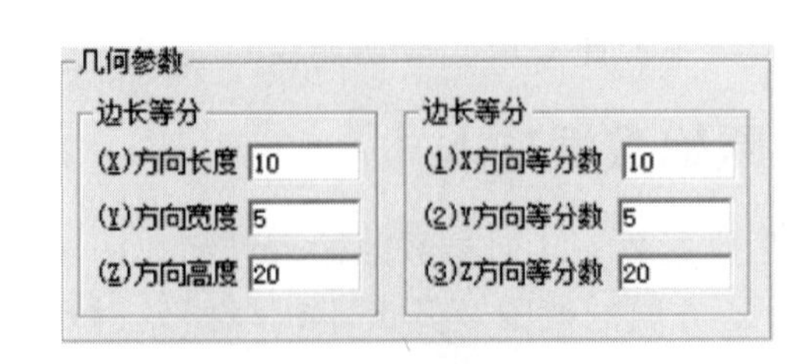

图 5.2－10　几何参数输入界面

（2）射线信息。如图 5.2－11 所示界面，在射线信息框内的表格中输入各条射线的激发点坐标、接收点坐标及其走时。

（3）单元波速约束值。在“单元编号、单元波速”框内（图 5.2－12），选择“约束波速”表，在此表格中输入各单元波速要约束的波速值。全部输入完成后单击鼠标右键并选择“保存”或在文件菜单中选择“保存”，即可保存单元约束波速等信息。

射线信息

	接收点X	接收点Y	接收点Z	旅行时to (μs)
1	5.000	0.500	0.500	0.900
2	5.000	0.500	1.500	0.922
3	5.000	0.500	2.500	0.985
4	5.000	0.500	3.500	1.081
5	5.000	0.500	4.500	1.204
6	5.000	0.500	5.500	1.346
7	5.000	0.500	6.500	1.500
8	5.000	0.500	7.500	1.783
9	5.000	0.500	8.500	2.346
10	5.000	0.500	9.500	2.795
11	5.000	0.500	10.500	3.010
12	5.000	0.500	11.500	3.060
13	5.000	0.500	12.500	3.275
14	5.000	0.500	13.500	3.409
15	5.000	0.500	14.500	3.570
16	5.000	0.500	15.500	3.758
17	5.000	0.500	16.500	4.190
18	5.000	0.500	17.500	4.825

图 5.2－11 射线信息输入界面

5.2.4 数据预处理

数据预处理包括几何信息处理和波速信息处理，其界面如图 5.2－13 和图 5.2－14 所示，相应功能如下。

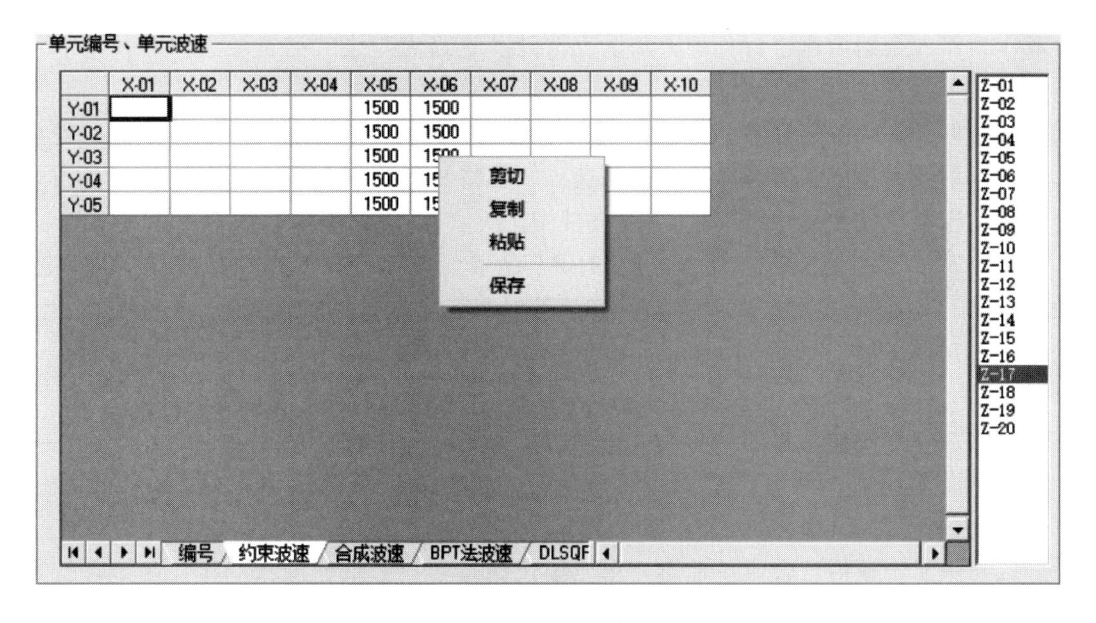

图 5.2－12 单元波速约束值输入界面

（1）单元网格文件生成。单击“单元网格文件生成”按钮或按 Alt＋G 键，就可生成单元与节点信息文件（如 sygz _ infElementNode. txt）和单元网格 iv 格式数据文件（如 sygz _ infHexahedral. iv），单元网格 iv 格式数据文件供三维展示单元模型生成时调用。

（2）射线分布文件生成。单击“射线分布文件生成”按钮或按 Alt+R 键，就可生成射线分布信息文件（如 sygz _ infRays. iv），能供三维展示射线分布模型生成时调用。

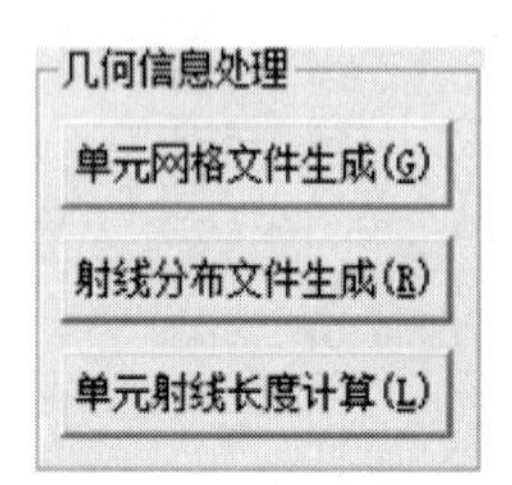

图 5.2-13　几何信息处理操作界面

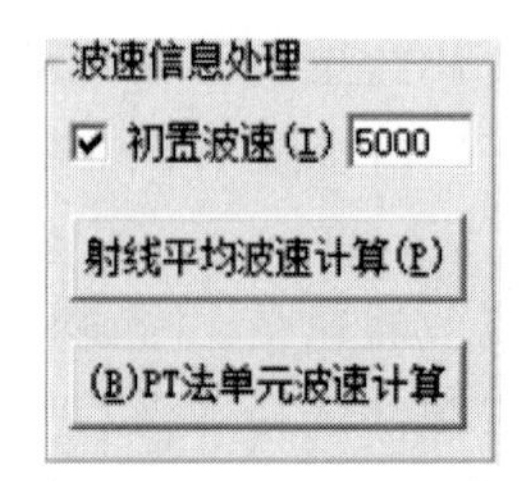

图 5.2-14　波速信息处理操作界面

（3）单元射线长度计算。单击“单元射线长度计算”按钮或按 Alt+L 键，就可计算各条直线射线（假设是直线传播，为激发点与接收点的连线）穿过各单元的线段长度，形成单元射线长度信息文件（如 sygz _ lenRayElement. txt）供波速信息处理时调用。

（4）初置波速。当勾选“初置波速”时，可在其右侧文本框内输入初置波速值，使其作为单元初始波速进行各种方法的反演计算。当未勾选“初置波速”时，则射线未经过的单元不参与正反演计算。

（5）射线平均波速计算。单击“射线平均波速计算”按钮或按 Alt+P 键，就可计算各条射线的速度和所有射线的平均速度，且将平均速度赋值予初置波速。各条射线的速度保存在如 sygz _ RaysV0. txt 文件中。

（6）BPT 法单元波速计算。单击“BPT 法单元波速计算”按钮或按 Alt+B 键，就采用 BPT 法进行单元波速计算，计算结果保存在如 sygz _ VBPT. txt 文件中。

5.2.5　正反演计算

正反演计算的操作界面如图 5.2-15 所示，相应的功能如下。

（1）波速约束。当勾选“波速约束”时，各单元已有波速约束值，在 BPT 法、DLSQR 法计算时，这些单元就不参与解释，走时也要扣除。

（2）单元波速信息合成。单击“单元波速信息合成”按钮或按 Alt+M 键，就可按初置波速、单元约束波速、BPT 法波速排序［初置波速+约束波速（若勾选）+BPT 法波速（若勾选）+DLSQR 法波速（若勾选）］，对相应单元波速进行替代合成，供最短走时路径搜索时采用，也可供三维展示波速色谱图 Voxler 文件生成所用。

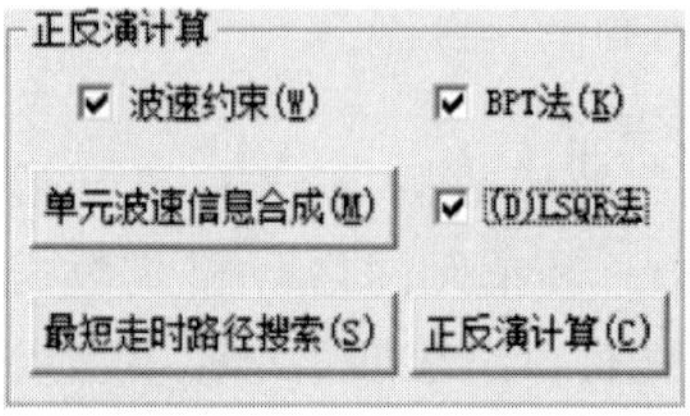

图 5.2-15　正反演计算操作界面

（3）最短走时路径搜索。单击“最短走时路径搜索”按钮或按 Alt+S 键，就可依据合成的单元波速信息［初置波速＋约束波速（若勾选）＋BPT法波速（若勾选）］，采用最短走时路径搜索法对各条射线的最短走时路径进行搜索。搜索完成后，其路径信息保存在如sygz_Path.txt文件中。

（4）BPT法、DLSQR法和正反演计算。当"BPT法"勾选和"DLSQR法"未勾选时，就按BPT法进行正反演计算；当"BPT法"勾选和"DLSQR法"勾选时，就先按BPT法进行单元波速计算，再将其作为初值用DLSQR法进行正反演计算。

5.2.6 Voxler文件生成

Voxler文件生成的操作界面如图5.2-16所示，相应的功能如下。

（1）BPT法。优选"BPT法"，则文件生成时按BPT法计算的波速绘制波速色谱图。

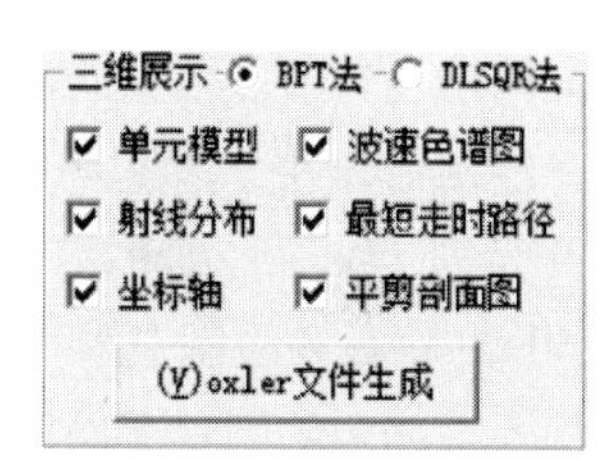

图5.2-16 Voxler文件生成操作界面

（2）DLSQR法。优选"DLSQR法"，则文件生成时按DLSQR法计算的波速绘制波速色谱图。

（3）单元模型。若勾选"单元模型"，则文件生成时就根据单元网格数据建立单元网格模型，在Voxler软件中打开浏览；否则，Voxler软件打开文件时无法浏览到单元网格模型。

（4）射线分布。若勾选"射线分布"，则文件生成时就根据射线数据建立激发点与接收点直线连接的射线分布模型，在Voxler软件中打开浏览；否则，Voxler软件打开文件时无法浏览到射线分布模型。

（5）坐标轴。若勾选"坐标轴"，则文件生成时就根据单元网格数据建立单元网格模型和坐标轴，在Voxler软件中打开浏览；否则，Voxler软件打开文件时无法浏览到坐标轴。

（6）波速色谱图。若勾选"波速色谱图"，则文件生成时就根据波速信息处理和正反演计算时选项及，建立三维波速色谱图形，在Voxler软件中打开浏览；否则，Voxler软件打开文件时无法浏览到三维波速色谱图形。

（7）最短走时路径。若勾选"最短走时路径"，则文件生成时就根据最短走时路径搜索法搜索到的路径节点建立射线路径模型，在Voxler软件中打开浏览；否则，Voxler软件打开文件时无法浏览到最短走时路径分布模型。

（8）平剪剖面图。若勾选"平剪剖面图"，则文件生成时就根据波速色谱图模型，在Voxler软件中打开浏览；否则，Voxler软件打开文件时无法浏览到平剪剖面图。

（9）Voxler文件生成。单击"Voxler文件生成"按钮或按ALT＋V键，就可生成如sygz.voxb文件，并直接启动Voxler软件打开该文件。

5.3　Voxler三维成果展示介绍

如图5.3-1所示，在10m（X方向）×5m（Y方向）×20m（Z方向）测区内存在波速为1500m/s浅灰部分和波速为2500m/s的深灰部分，其余白色部分波速为5000m/s。将该测区划分为1000个1m×1m×1m的小单元，形成1386个最短走时搜索节点，27000个波速点集。同时，在该测区内沿Z方向布设6只测孔，如图5.3-2所示，形成1—2、1—4、1—5、2—3、2—4、2—5、2—6、3—5、3—6、4—5和5—6共计11个剖面4400条射线走时信息。依据上述几何信息、射线信息和波速信息，利用3DCT软件采用BPT法解释获得三维成果并形成了供Voxler软件打开的三维展示文件，打开该文件的界面如图5.3-3所示。从图5.3-3中可看到，利用*.iv格式的单元网格及其节点信息绘制单元网格线与节点并绘制XYZ坐标轴、利用*.iv格式的射线信息绘制射线及其激发点和接收点、利用*.iv格式的最短走时路径信息绘制最短走时路径及其节点、利用单元节点波速数据进行网格化（Gridder）后绘制波速色谱图（VolRender）和绘制三维平剪剖视图等已通过3DCT软件自动形成，下面介绍应用Voxler软件人工如何绘制单元网格与节点图、三维射线与最短走时路径及其节点图、三维波速色谱图、三维平剪剖视图、三维等值面图、平面等值线图和平面高度场图。

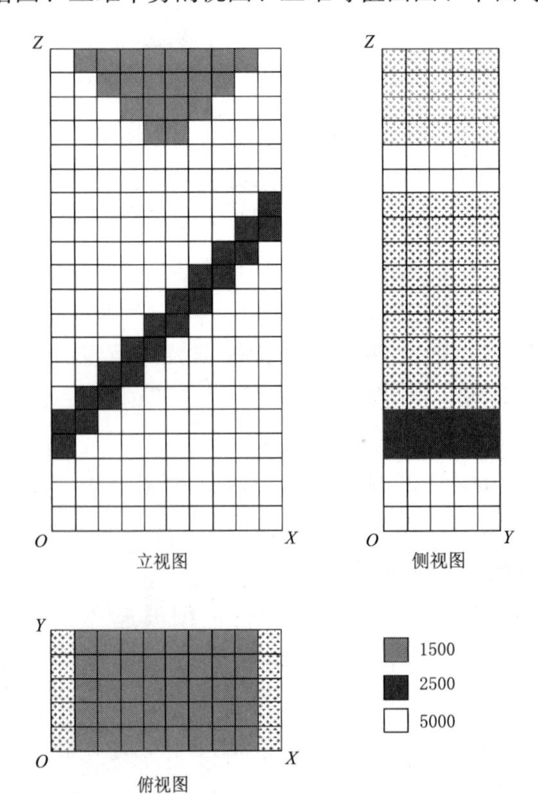

图5.3-1　示例波速分布示意图

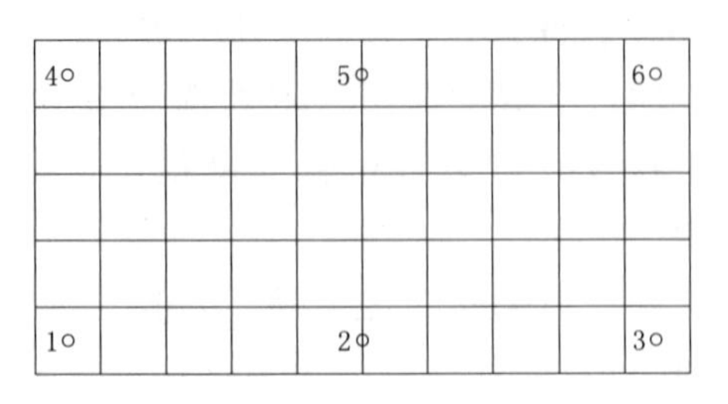

图5.3-2　测孔平面布置示意图

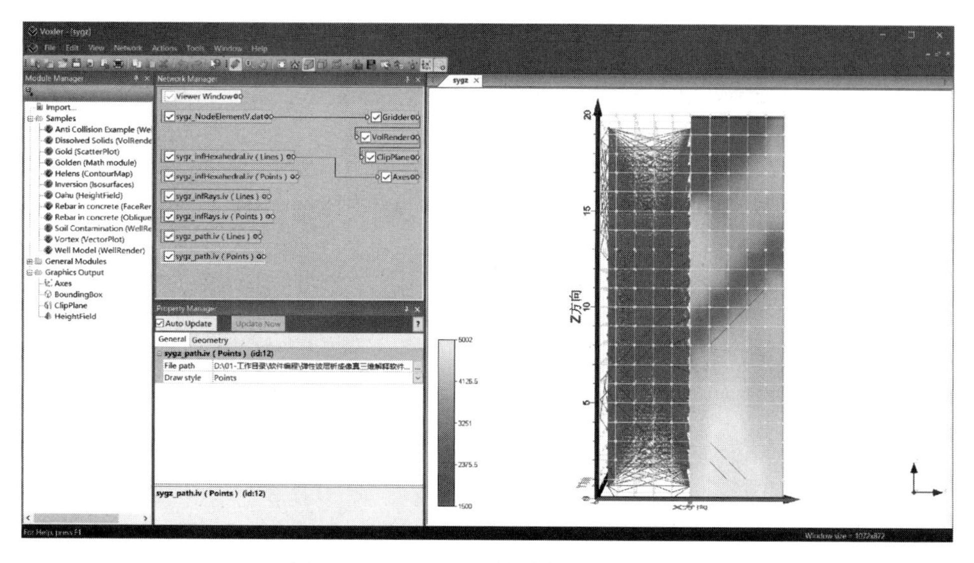

图 5.3-3　Voxler 软件打开文件界面

5.3.1　三维单元网格展示

在 File 主菜单下，选择 Import 命令，弹出图 5.3-4 对话框，输入 sygz _ infHexahedral. iv 文件并打开，再用同样方法输入打开一次；在 Network Manager 窗口内选中 “sygz _ infHexahedral. iv 2”，在 Property Manager 窗口内将 Draw style 属性改为 Points，即就绘制出三维单元网格及其节点图，如图 5.3-5 所示。

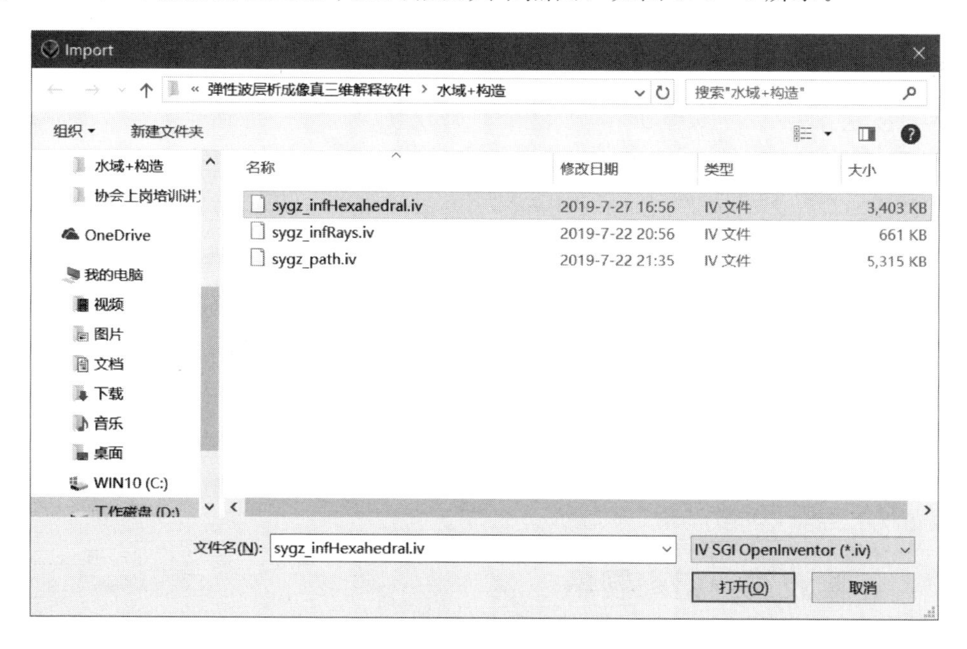

图 5.3-4　Import 对话框

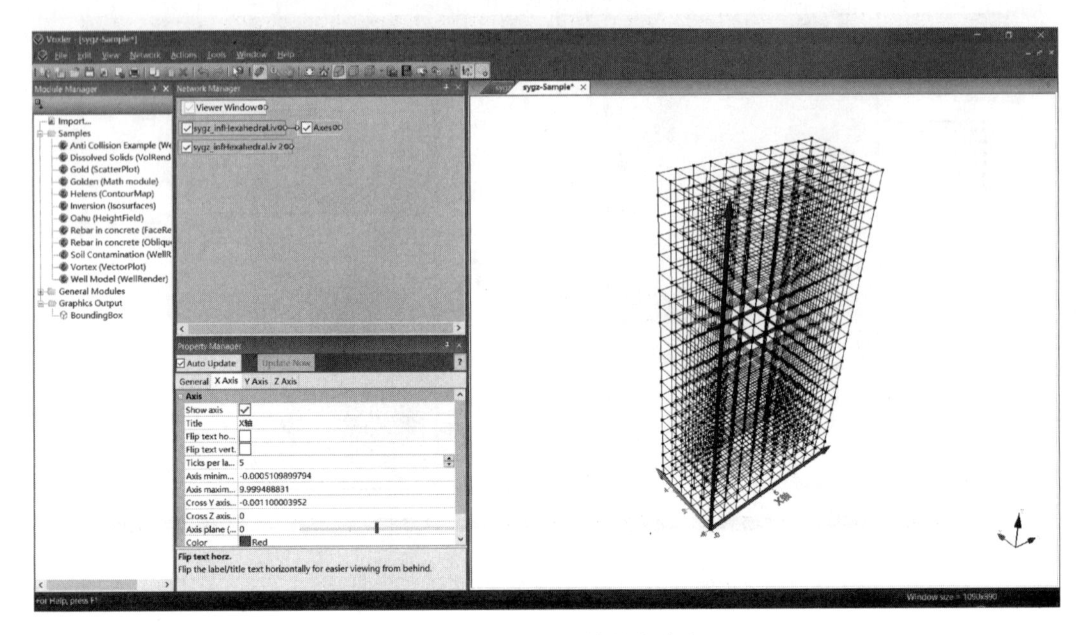

图 5.3－5　单元及其节点分布

在 Network Manager 窗口内选中“sygz _ infHexahedral. iv”，单击鼠标右键，选择 Graphic Output→Axes 命令，形成三维坐标轴；在 Network Manager 窗口内选中“Axes”，在 Property Manager 窗口内分别选择 X Axis、Y Axis、Z Axis，并在 Title 属性中分别输入 *X* 轴、*Y* 轴、*Z* 轴，即就创建了 *XYZ* 坐标轴，如图 5.3－5 所示。

5.3.2　三维射线展示

在 File 主菜单下，选择 Import 命令，弹出图 5.3－4 对话框，输入 sygz _ infRays. iv 文件并打开，再用同样方法输入打开一次；在 Network Manager 窗口内选中“sygz _ infRays. iv 2”，在 Property Manager 窗口内将 Draw style 属性改为 Points，即就绘制出三维射线发射点与接收点连线分布图，如图 5.3－6 所示。

在 File 主菜单下，选择 Import 命令，弹出图 5.3－4 对话框，输入 sygz _ infRays. iv 文件并打开，再用同样方法输入打开一次；在 Network Manager 窗口内选中“sygz _ path. iv 2”，在 Property Manager 窗口内将 Draw style 属性改为 Points，即就绘制出三维射线最短走时路径分布图；在 Network Manager 窗口内取消勾选（即不选取）“sygz _ infRays. iv”和“sygz _ infRays. iv 2”，则可显示三维射线最短走时路径（蓝色线）分布，如图 5.3－7 所示。

5.3.3　三维波速色谱图展示

在 File 主菜单下，选择 Import 命令，弹出图 5.3－4 对话框，输入 sygz _ NodeElementV. Dat 文件并打开；在 Network Manager 窗口内选中“sygz _ NodeEle-

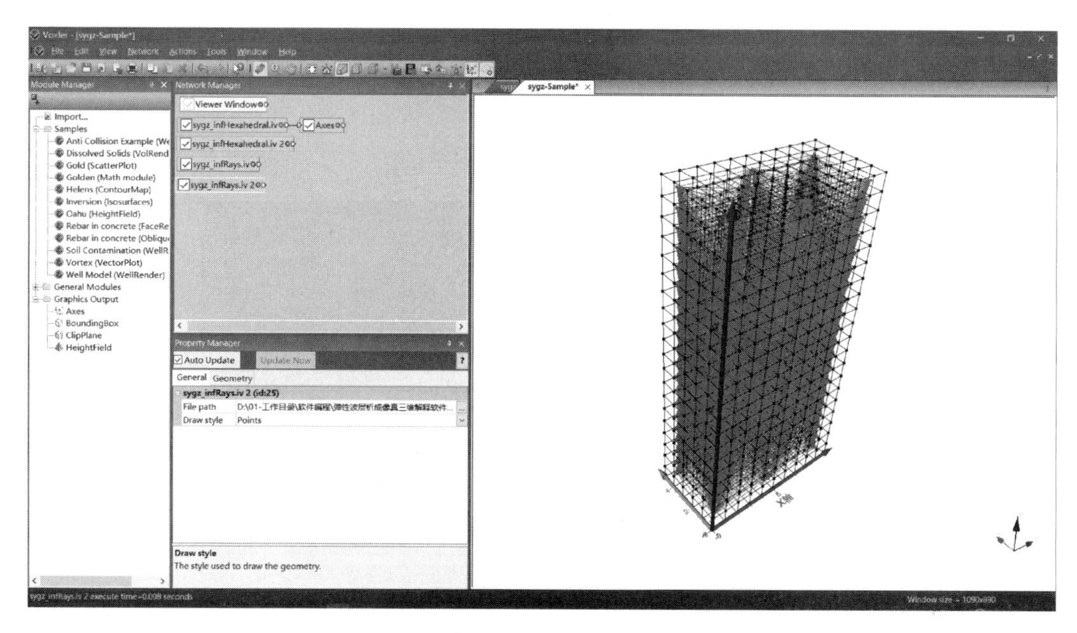

图 5.3-6　射线发射点与接收点连线分布

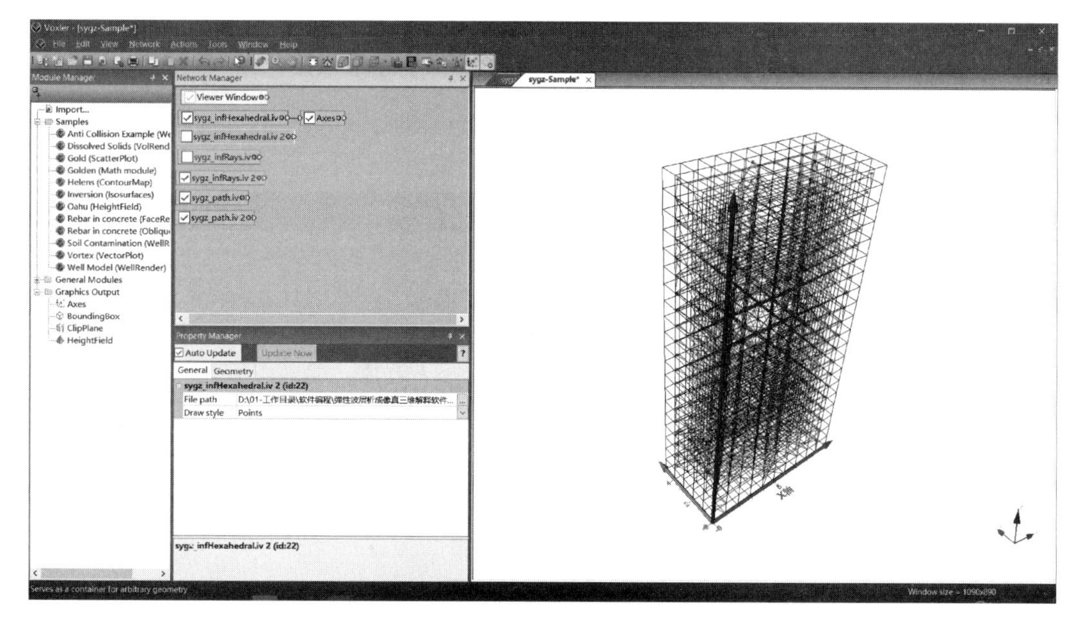

图 5.3-7　射线最短走时路径分布

mentV. Dat”，单击鼠标右键，选择 Computational→Gridder 命令，形成 Gridder 模块；在 Network Manager 窗口内选中“Gridder”模块，在 Property Manager 窗口内选择 Action 属性的 Begin Gridding 命令进行波速信息网格化；再在 Network Manager 窗口内选中“Gridder”模块，单击鼠标右键，选择 Graphic Output→VolRender 命令，形成 VolRender 模块；在 Property Manager 窗口内选择 Colormap 属性，单击右

侧按钮后弹出 Colormap Editor 窗口（图 5.3-8），再在 Colormap Editor 窗口中单击“Load”按钮，弹出打开 *.clr 文件窗口（图 5.3-9），选择 1500-2500-5000.clr 后打开，然后在 Colormap Editor 窗口中单击“Close”按钮关闭“Colormap Editor”窗口，此时即形成三维波速色谱图，如图 5.3-10 所示。

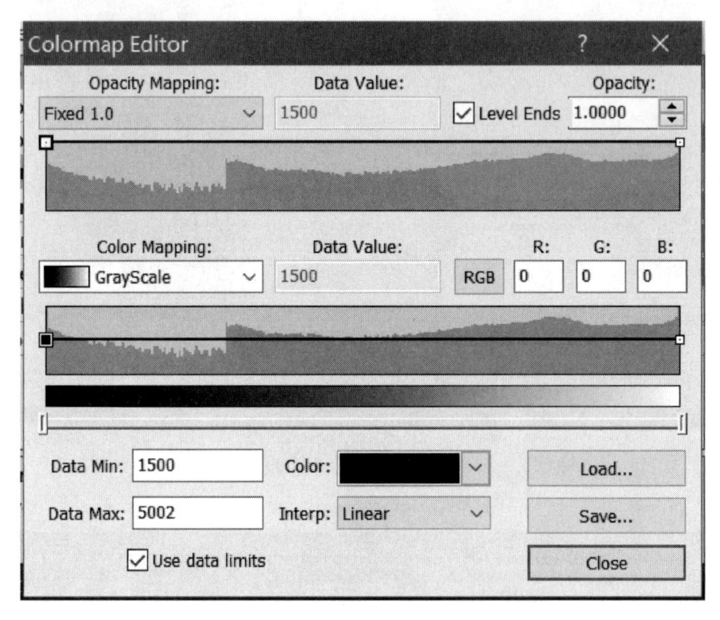

图 5.3-8　Colormap Editor 窗口

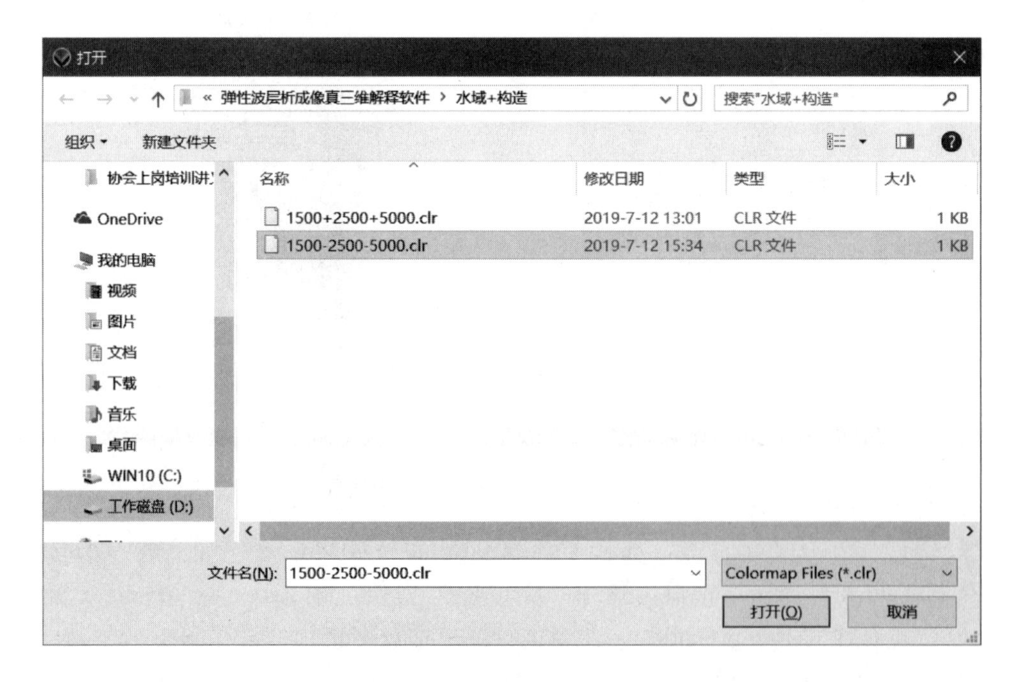

图 5.3-9　打开 *.clr 文件窗口

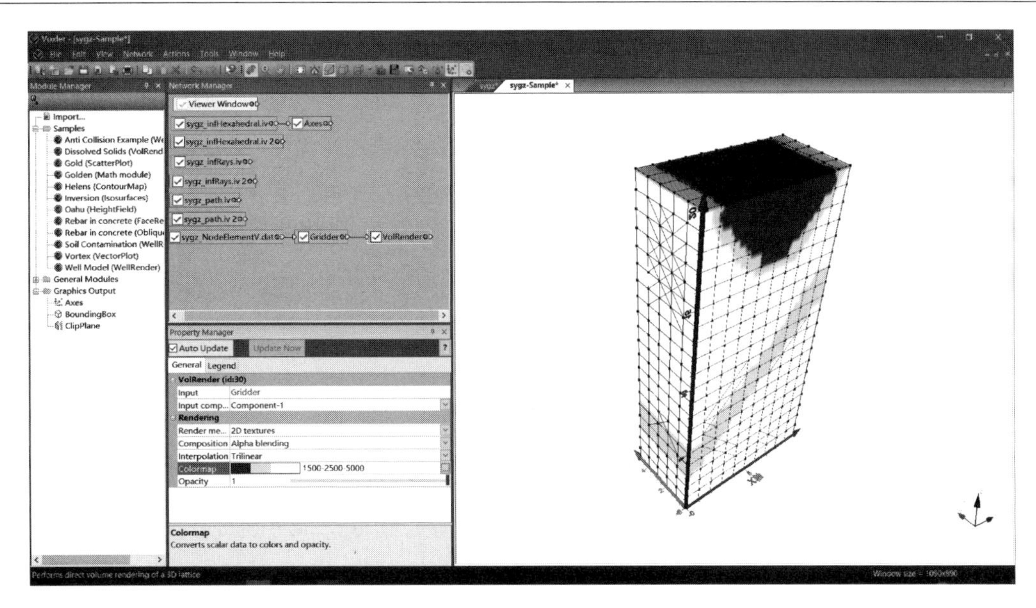

图 5.3-10　波速分布色谱图

5.3.4　三维平剪剖视图展示

在 Network Manager 窗口内选中“VolRender”模块，单击鼠标右键，选择 Graphic Output→ClipPlane 命令，形成 ClipPlane 模块；在 Network Manager 窗口内取消勾选（即不选取）“sygz _ infRays. iv”“sygz _ infRays. iv 2”“sygz _ infRays. iv”和“sygz _ infRays. iv 2”4 个模块，则可显示平剪剖视图，如图 5.3-11 所示。

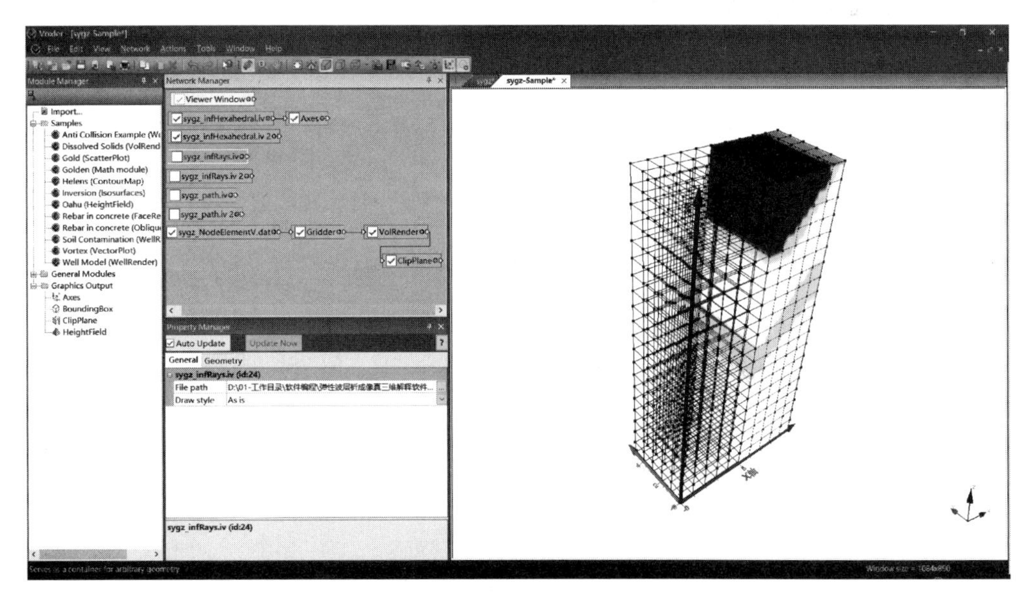

图 5.3-11　沿 X 轴剪切的剪切平面显示图

在Property Manager窗口内选择General→Distance from center属性，通过调整General→Distance from center属性，即可显示不同位置的三维平剪剖视图。

5.3.5　三维等值面展示

在Network Manager窗口内选中“Gridder”模块，单击鼠标右键，选择Graphic Output→Isosurface命令，形成Isosurface模块；在Property Manager窗口内选择Colormap属性，单击右侧按钮后弹出Colormap Editor窗口（图5.3-8），再在Colormap Editor窗口中单击“Load”按钮，弹出打开*.clr文件窗口（图5.3-9），选择1500—2500—5000.clr后打开，然后在Colormap Editor窗口中单击Close按钮关闭Colormap Editor窗口，此时即形成三维等值面；在Network Manager窗口内取消勾选（即不选取）“sygz _ infRays.iv”“sygz _ infRays.iv 2”“sygz _ infRays.iv”“sygz _ infRays.iv 2”和“VolRender”5个模块，则可显示三维等值面图，如图5.3-12所示。

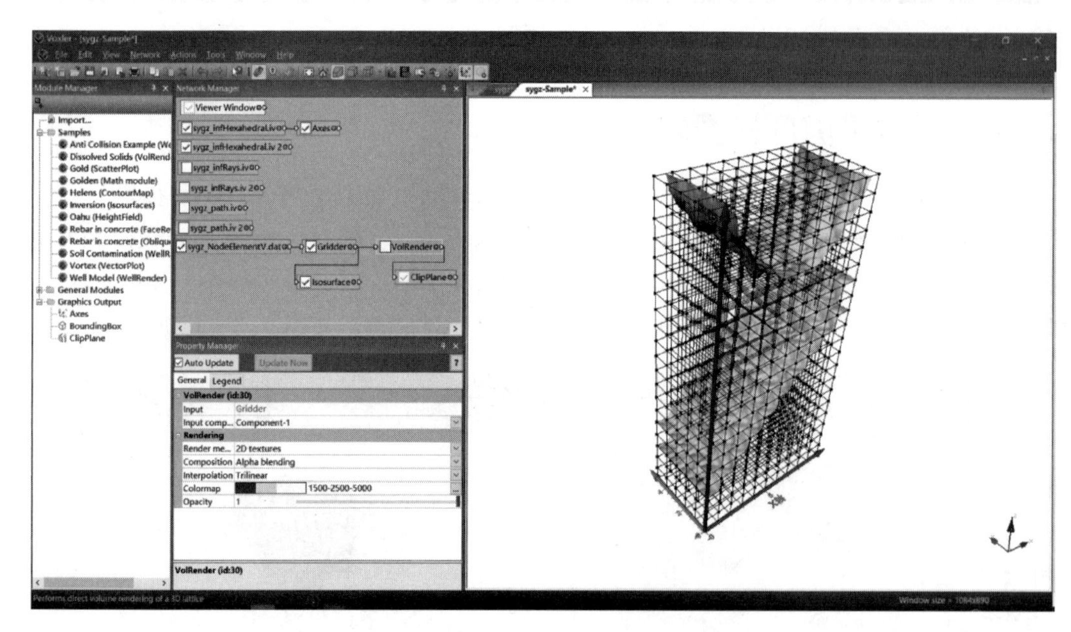

图5.3-12　三维等值面

在Property Manager窗口内选择General→Isovalue属性，通过调整Isovalue属性，即可显示不同位置的三维等值面图。

5.3.6　平面等值线展示

在Network Manager窗口内选中“Gridder”模块，单击鼠标右键，选择Graphic Output→Contours命令，形成Contours模块；在Property Manager窗口内选择Cutting Plane→Orientation属性的XZ plane (coronal)；再在Property Manager窗口内选择General→Colormap属性，单击右侧按钮后弹出Colormap Editor窗口（图5.3-

8)，再在 Colormap Editor 窗口中单击“Load”按钮，弹出打开 *.clr 文件窗口（图 5.3-9），选择 1500-2500-5000.clr 后打开，然后在 Colormap Editor 窗口中单击 Close 按钮关闭 Colormap Editor 窗口，此时即形成平面等值线；在 Network Manager 窗口内取消勾选（即不选取）“sygz _ infRays.iv”“sygz _ infRays.iv 2”“sygz _ infRays.iv”“sygz _ infRays.iv 2”“VolRender”和“Isosurface”6 个模块，则可显示平面等值线图，如图 5.3-13 所示。

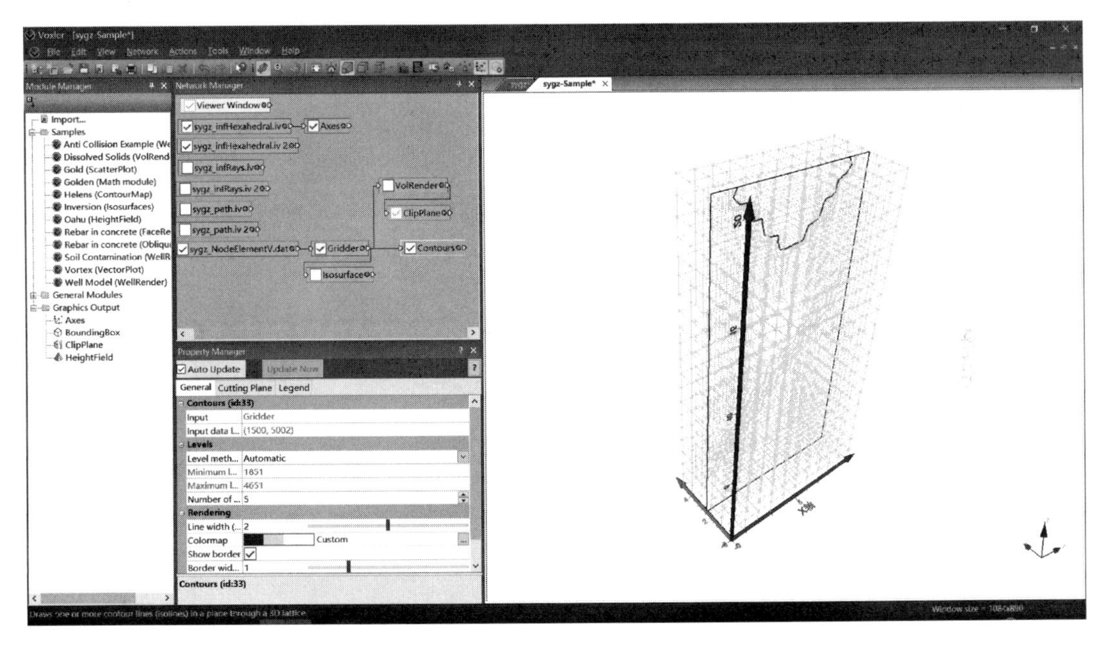

图 5.3-13　沿 *XZ* 平面剪切面等值线

在 Property Manager 窗口内选择 Cutting Plane→Offset from center 属性，通过调整 Offset from center 属性，即可显示不同位置的平面等值线图。

5.3.7　平面高度场展示

在 Network Manager 窗口内选中“Gridder”模块，单击鼠标右键，选择 Graphic Output→HeightField 命令，形成 HeightField 模块；在 Property Manager 窗口内选择 General→Orientation 属性的 YZ plane (sagittal)；再在 Property Manager 窗口内选择 General→Colormap 属性，单击右侧按钮后弹出 Colormap Editor 窗口（图 5.3-8），再在 Colormap Editor 窗口中单击 Load 按钮，弹出打开 *.clr 文件窗口（图 5.3-9），选择 1500-2500-5000.clr 后打开，然后在 Colormap Editor 窗口中单击 Close 按钮关闭 Colormap Editor 窗口，此时即形成平面高度场；在 Network Manager 窗口内取消勾选（即不选取）“sygz _ infRays.iv”“sygz _ infRays.iv 2”“sygz _ infRays.iv”“sygz _ infRays.iv 2”“VolRender”“Isosurface”和“Contours”7 个模块，则可显示平面高度场，如图 5.3-14 所示。

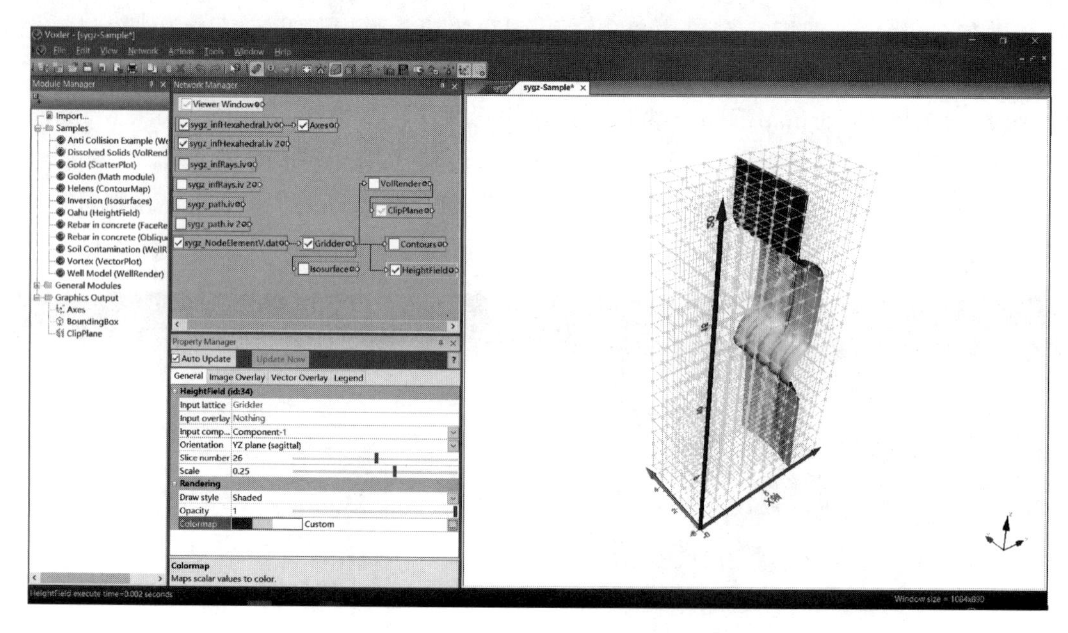

图 5.3-14　*YZ* 平面高度场

在 Property Manager 窗口内，通过调整 Slice Nunber 属性，即可显示不同位置的平面高度场。

第6章　典型工程应用实例

6.1　实例一：跨江地震波CT探测

6.1.1　工程概况

白鹤滩水电站位于金沙江下游，该工程以发电为主，兼有防洪、拦沙、发展库区航运和改善下游通航条件等综合利用效益，是仅次于三峡工程的世界第二大水电站。电站设计正常蓄水位为825m，混凝土双曲拱坝坝高为289m，水库总库容为205.10亿m^3，调节库容为104.36亿m^3，防洪库容为58.38亿m^3，总装机规模为16000MW（16×1000MW），多年平均发电量为559.5亿kW·h。建成后的白鹤滩水电站的效果图如图6.1-1所示。

坝区属中山峡谷地貌，地势北高南低，向东侧倾斜。左岸为大凉山山脉东南坡，山峰高程为2600m，整体上呈向金沙江倾斜的斜坡地形；右岸为药山山脉西坡，山峰高程为3000m以上，主要为陡坡与缓坡相间的地形。坝区自大寨沟沟口起，至神树沟沟口止，河段长为1.7km。金沙江由南向北流入坝址，枯水期水面宽为51～110m，水深为9～18m，水流湍急，常年浑浊。谷坡左岸相对较缓，右岸陡峻，河谷呈不对称的V字形，如图6.1-2和图6.1-3所示。

图6.1-1　白鹤滩水电站效果图

坝区岩性主要为二叠系上统峨眉山组玄武岩，下伏二叠系下统灰岩，上覆三叠系下统飞仙关组砂页岩，三叠系上统须家河组砂岩、泥岩、白云岩，各地层呈假整合接触。第四系松散堆积物主要分布于河床及缓坡台地上。河床覆盖层由全新统含砂的漂石层组成，呈强—中透水性。

坝址地层为二叠系峨眉山玄武岩分有11个大的岩流层（图6.1-4），各岩流层大多由隐晶玄武岩（有的为柱状节理玄武岩）、杏仁玄武岩、角砾熔岩等多岩性小层组成，小层多的层位可以多达17个小层。

图 6.1-2 施工前坝区河谷照片

图 6.1-3 施工期坝区河谷照片

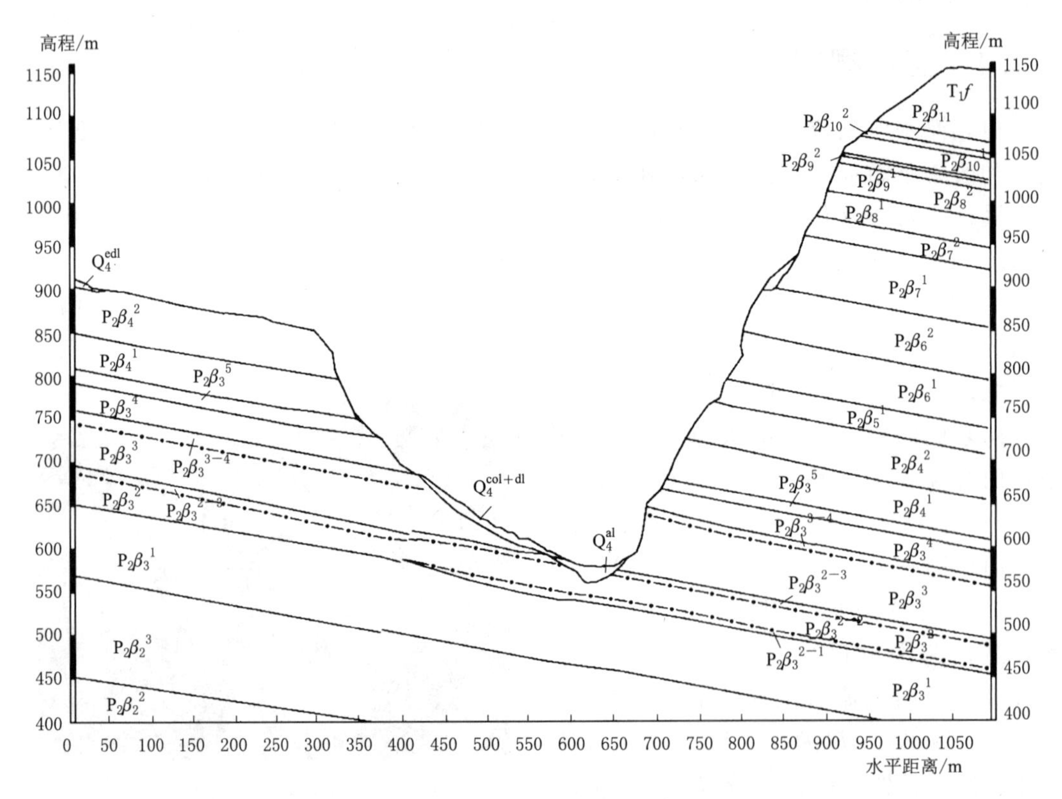

图 6.1-4 坝址地质剖面示意图

6.1.2 现场探测

白鹤滩水电站坝址区河谷狭窄，为典型的 V 形或 U 形深切河谷，且水流湍急，枯水期与洪水期水位落差大，在金沙江河床开展地质钻探安全风险高，技术难度大。自 1998 年以来，研究在河床两岸钻孔采用跨江地震波 CT 探测河床覆盖层及基岩的分布，并通过不断实践，取得了良好的效果。

(1) 观测系统布设。坝址区各剖面跨江地震波 CT 探测除进行孔间穿透外，还利用水面激发，两孔内接收的第三边探测方式，尽量提高观测系统质量。地震波 CT 接收道间距一般为2m，炮点距一般为3～4m；江面激发炮点距一般为5m，详见表6.1-1。

表6.1-1　　白鹤滩水电站坝址区典型地震波CT剖面探测情况一览表

剖面	位置	孔号	孔口高程/m	孔深/m	孔间距/m	水面高程和点距	有效射线/条	激发方式	激收方式	护壁措施
CT3334	勘Ⅱ	ZK33B	597.8	174.58	74.8	水面高程590m；水面激发点距5m，孔内激发点距4m；孔内接收间距2～4m	3060	炸药爆破	井中串地震仪	绳索取芯套管护壁
		ZK34B	608.7	136.9						
CT6768	勘Ⅷ	ZK67	597.8	190.3	101.91	水面高程588m；水面激发点距4m，孔内激发点距3m；孔内接收间距2m	2453	炸药爆破	井中串地震仪	绳索取芯套管护壁
		ZK68	608.7	201.6						
CT717273	勘Ⅹ线	ZK71	608.2	187.5	58.7	水面高程590m；水面激发点距5m，孔内激发点距2～3m；孔内接收间距2～4m	6586	炸药爆破	井中串地震仪	绳索取芯套管护壁
		ZK72	579.2	133.4						
		ZK73	627.6	132.9	62.4					
CT931932	勘Ⅸ$_3$	ZK931	595.0	180.3	143	水面高程589m；水面激发点距5m，孔内激发点距3m；孔内接收间距2m	4143	炸药爆破	井中串地震仪	激发孔钢套管，接收孔PVC管护壁
		ZK932	595.1	180.8						

（2）仪器设备。自1998年在白鹤滩水电站坝址区首次开展跨江地震波CT探测以来，研究采用裸孔炸药激发、电火花激发、炸药跟管激发等激发方式和裸孔接收、PVC管护壁接收等接收方式。“裸孔炸药激发、裸孔接收”方式的激发和接收效果虽好，但容易出现激发孔塌孔和接收孔掉块卡孔现象，难以获得完整的测试数据；“电火花激发、裸孔接收”方式操作简便，但因跨距大，部分射线的电火花激发能量显得不足，波形记录质量较差，同时接收孔也存在掉块卡孔情况，探测效果欠佳，如图6.1-5所示；经过多次不同激发方式和接收方式的试验，最终确定采用“炸药跟管激发、PVC管护壁接收”方式，在激发孔内采用深水微量炸药、释压爆破技术和绳索取芯管跟管爆破激发，在接收孔内采用PVC管护壁，以高灵敏度的井中检波器串和美国Geometric公司S12地震仪接收地震波信号，获得良好的地震波原始记录，如图6.1-6所示。

（3）数据采集。自1998年至2008年间，在白鹤滩水电站坝址区共完成10组跨江地震波CT，获得有效波形记录数万条，以下列举4个典型地震波CT剖面进行介绍，各剖面射线数量及分布见表6.1-1，其中CT3334剖面的各射线走时见附表1。

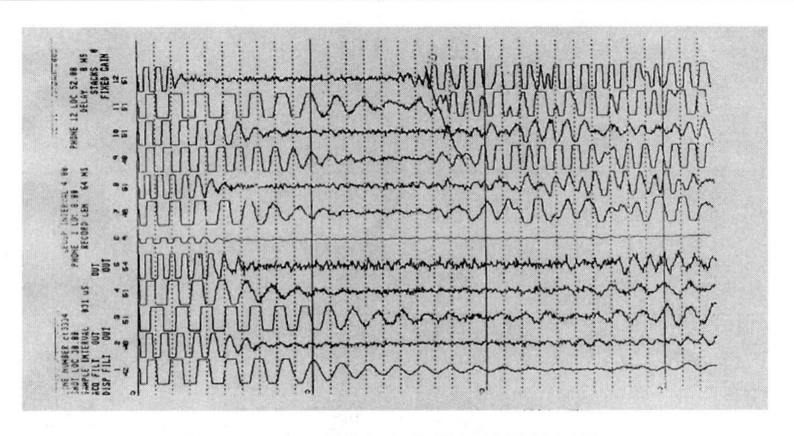

图 6.1-5　采用电火花激发的原始记录

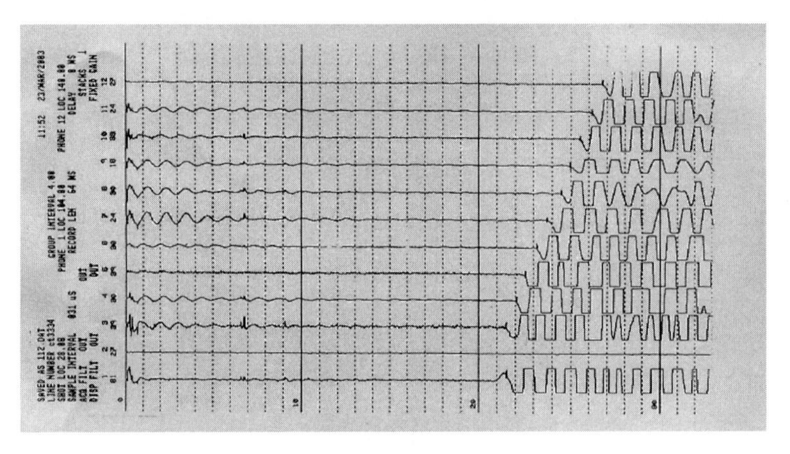

图 6.1-6　采用炸药激发的原始记录

6.1.3　正反演计算与解释

白鹤滩水电站坝址区典型地震波 CT 剖面正反演计算成果与地质解释见表 6.1-2，具体说明如下。

(1) CT3334 剖面。从波速大于 5000m/s 的射线分布和水平射线速度分布可知，孔间河床基岩面呈 V 形，最低点距 ZK34B 孔水平距离约 30m，河床底部基岩埋深约 35m。又从反演计算波速等值线分布可知，波速 2000m/s 和 4500m/s 有等值线密集区，可认为河水最深约 18m，波速 1000～2000m/s；河床覆盖层最大厚度约 20m，覆盖层波速范围为 2000～4500m/s；河床底部基岩的波速范围为 4500～6000m/s，未发现存在明显波速差异的地质构造。

(2) CT6768 剖面。从波速大于 5000m/s 的射线分布和水平射线速度分布可知，孔间河床基岩面呈 U 形，底部较平坦，最低点距 ZK67 孔水平距离约 45m，河床底部基岩埋深约 27m。又从反演计算波速等值线分布可知，波速 2000m/s、3600m/s 和 5000m/s 有等值线密集区，可认为河水最深约 16m，波速 1000～2000m/s；河床覆盖

表 6.1-2　白鹤滩水电站坝址区典型地震波 CT 剖面正反演计算成果与地质解释

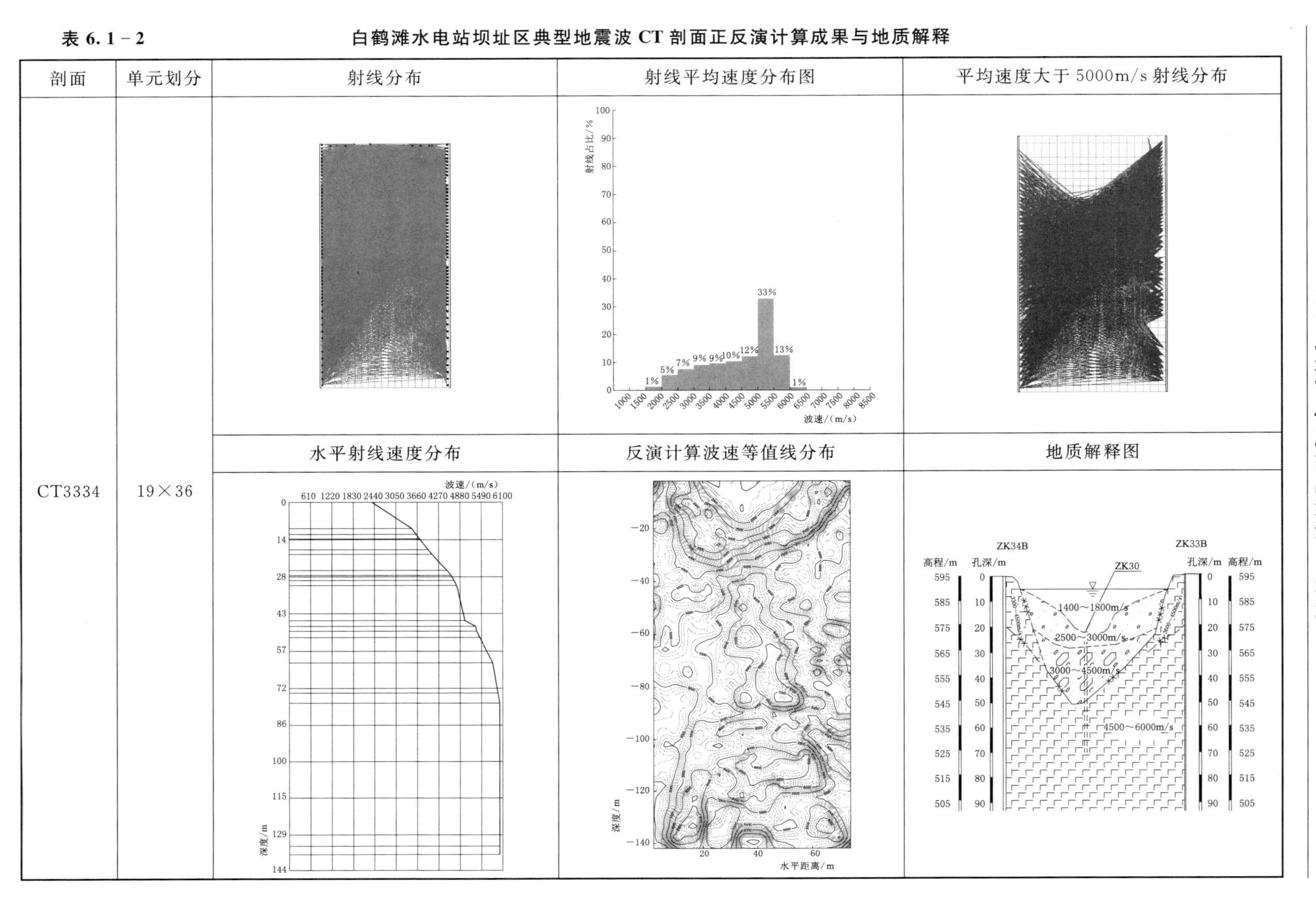

剖面	单元划分	射线分布	射线平均速度分布图	平均速度大于 5000m/s 射线分布
CT3334	19×36			
		水平射线速度分布	反演计算波速等值线分布	地质解释图

续表

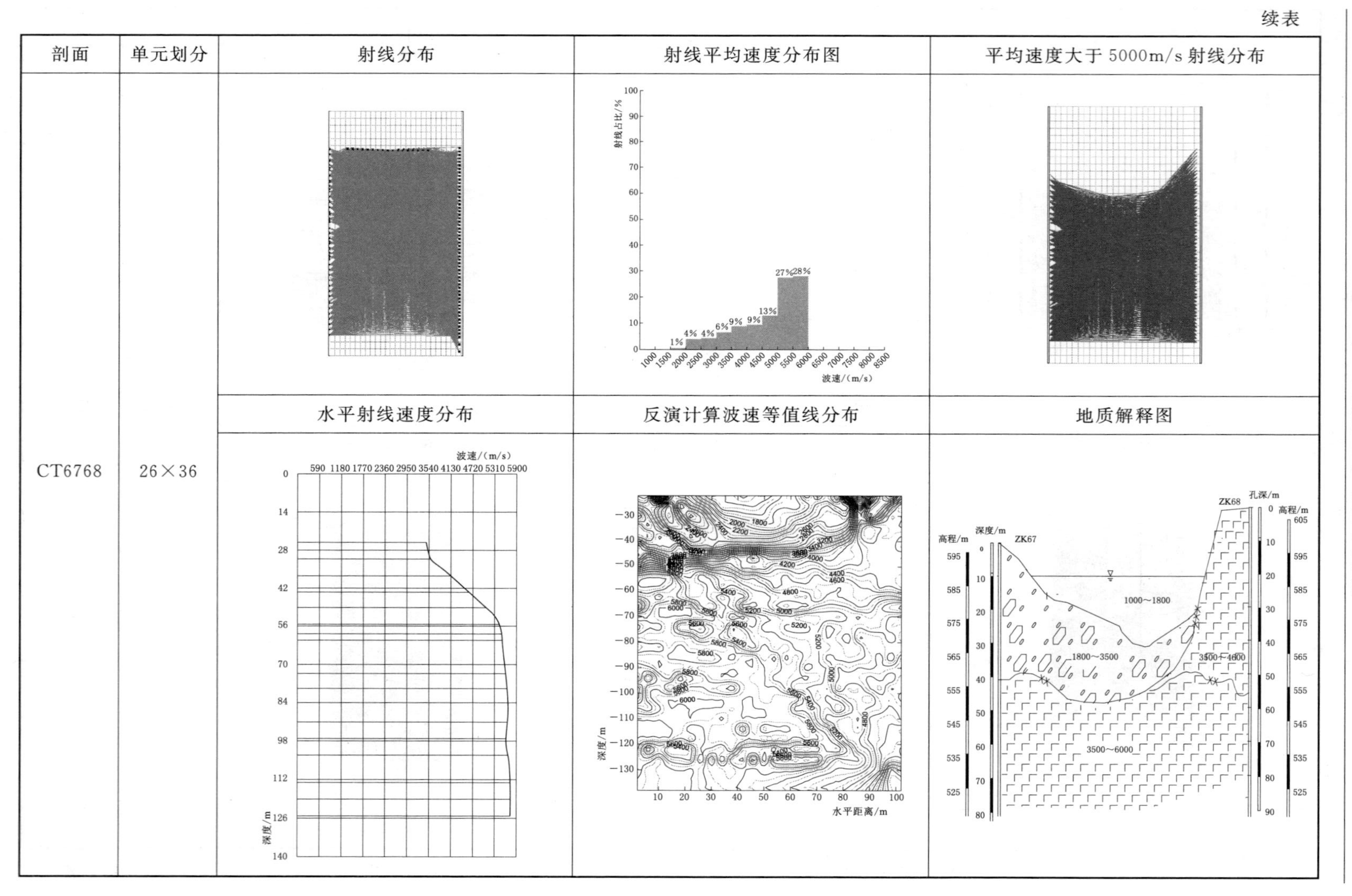

剖面	单元划分	射线分布	射线平均速度分布图	平均速度大于5000m/s射线分布
CT6768	26×36	水平射线速度分布	反演计算波速等值线分布	地质解释图

续表

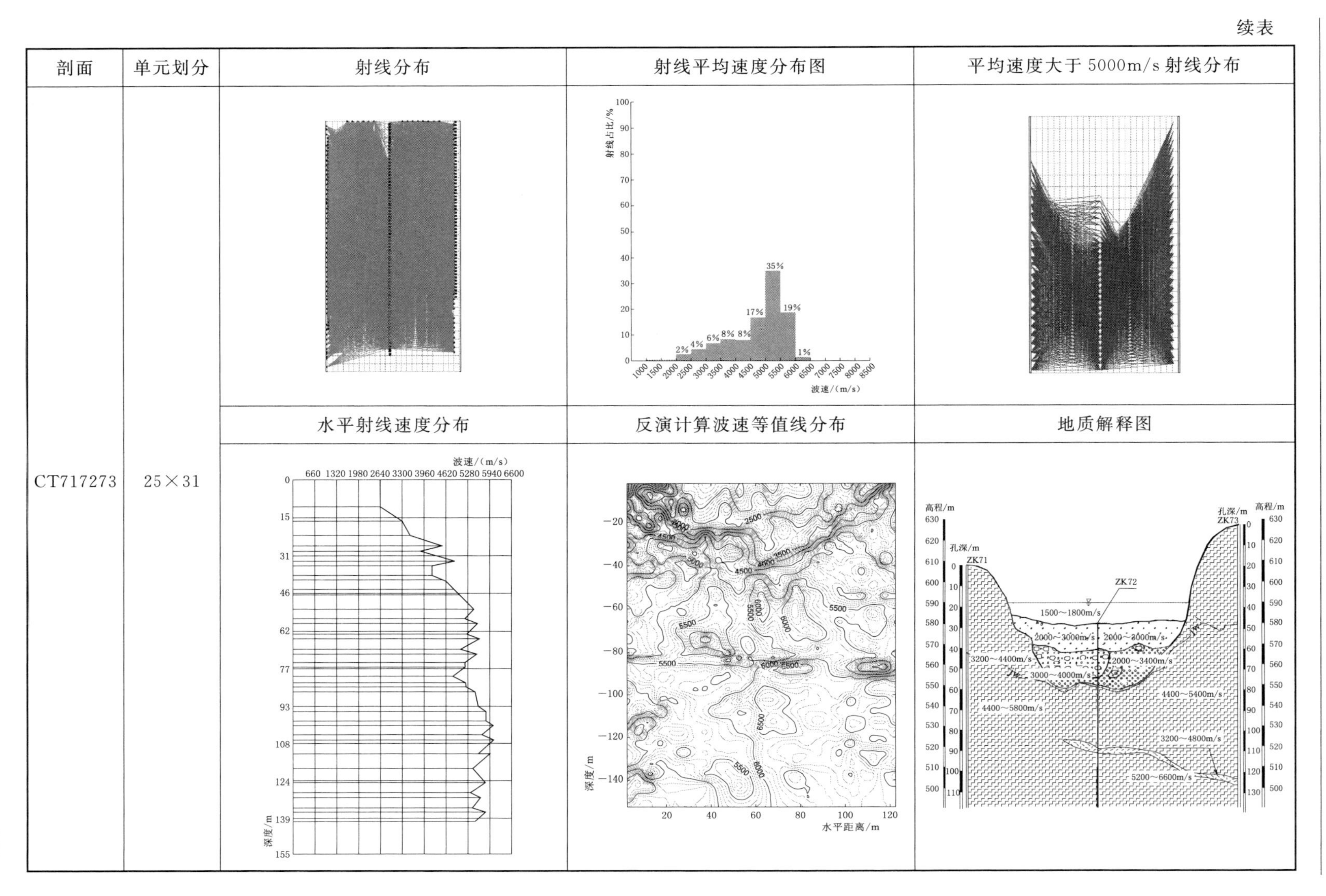
剖面
单元划分
射线分布
射线平均速度分布图
平均速度大于 5000m/s 射线分布
CT717273
25×31
射线占比/%
35%
19%
17%
8% 8%
6%
4%
2%
1%
波速/(m/s)
水平射线速度分布
反演计算波速等值线分布
地质解释图
深度/m
水平距离/m
高程/m
孔深/m
ZK71
ZK72
ZK73
1500～1800m/s
2000～3000m/s
2000～3400m/s
3200～4400m/s
3000～4000m/s
4400～5800m/s
4400～5400m/s
3200～4800m/s
5200～6600m/s

续表

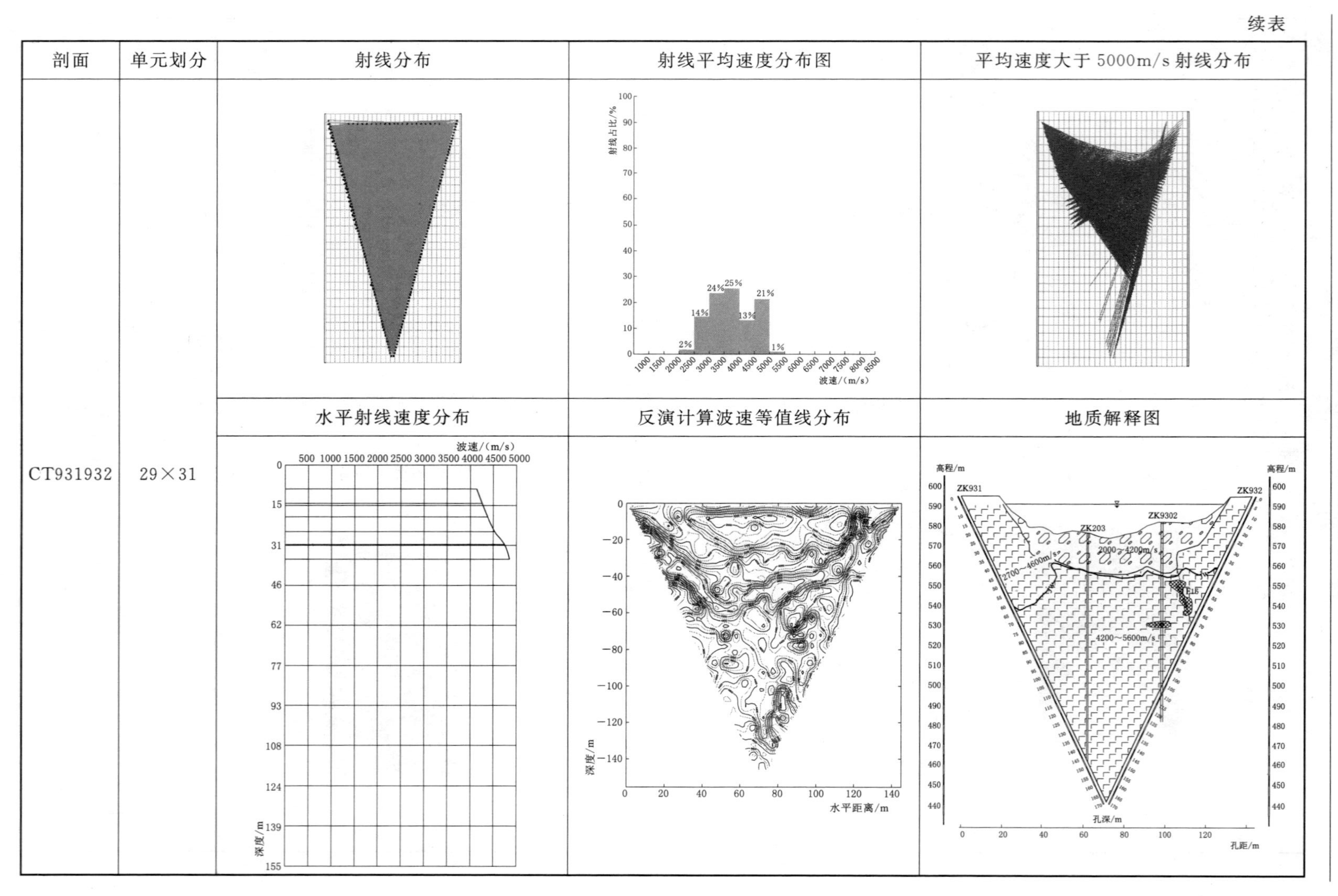

剖面	单元划分	射线分布	射线平均速度分布图	平均速度大于5000m/s射线分布
CT931932	29×31			
		水平射线速度分布	反演计算波速等值线分布	地质解释图

层漂石层最大厚度约 11m，波速范围为 2000～3600m/s；河床底部较完整基岩最大厚度约 24m，波速范围为 3600～5000m/s；河床底部完整基岩的波速范围为 5000～6200m/s，未发现存在明显波速差异的地质构造。

（3）CT717273 剖面。从波速大于 5000m/s 的射线分布和水平射线速度分布可知，孔间河床基岩面呈 U 形，底部较平坦，最低点距 ZK71 孔水平距离约 52m，河床底部基岩埋深约 27m。又从反演计算波速等值线分布可知，波速 2500m/s 和 5000m/s 有等值线密集区，可认为河水最深约 10m，波速 1000～2500m/s；河床覆盖层漂石层最大厚度约 40m，波速范围为 2500～5000m/s；河床底部完整基岩的波速范围为 5000～7000m/s，未发现存在明显波速差异的地质构造。

（4）CT931932 剖面。从波速大于 5000m/s 的射线分布和水平射线速度分布可知，孔间河床基岩面呈 U 形，底部较平坦；覆盖层波速范围为 2000～4200m/s；靠近 ZK932 孔存在一低速带，该低速带波速范围为 3600～4400m/s，分析为 F16 断层及其影响带，其视倾角约为 76°；基岩波速范围为 2400～5600m/s，标有“jw”的界线以上的岩体波速范围为 2400～4600m/s，大多为较破碎—完整性差；该界线以下岩体波速大多为 4200～5600m/s，多属较完整—完整岩体。

6.1.4 地震波 CT 探测成果验证与评价

（1）CT3334 剖面。在 CT3334 剖面的河床部位有孔 30 钻孔，比对分析 CT3334 剖面地震波 CT 探测成果和孔 30 地质资料，结果见表 6.1-3。分析可知：①地震波 CT 探测的水底地形和孔 30 钻孔资料吻合；②CT 成果探测的覆盖层底板埋深和孔 30 地质资料吻合；③仅凭 CT 成果较难划分风化界线，但结合孔 30 地质资料可确定风化界线；④岩性界线无法分辨。

表 6.1-3　　CT3334 剖面地质资料和 CT 成果对比分析表

对比项目		地 质 资 料	CT 成果	有效性评价
水底地形	孔 30	高程 573.7m	高程 574m	吻合
覆盖层	孔 30	高程 582.2m	高程 582m	吻合
风化		弱风化下段高程为 530～563m	分界线不明显	结合地质资料能划分
岩性		角砾熔岩、块状玄武岩、杏仁玄武岩等多种岩性	没有明显分界线	不能分辨

（2）CT6768 剖面。在 CT6768 剖面的河床部位有 XK3、XK18 钻孔，比对分析 CT6768 剖面地震波 CT 探测成果和 XK3、XK18 钻孔地质资料，结果见表 6.1-4。分析可知：①地震波 CT 探测的水底地形和 XK3、XK18 钻孔资料吻合；②ZK67 钻孔覆盖层底板埋深和 CT 成果吻合；CT 探测的上覆层在河床部分包括较破碎—破碎基岩，和 XK3、XK18 钻孔资料吻合；③F3 断层不能分辨，主要原因有两点：一是 F3 断层规模较小，其宽度为 0.2～0.6m；二是 F3 断层的倾角为 85°～90°，和钻孔轴线

近平行，CT探测缺乏大角度相交的射线；④岩性与风化界线无法分辨。

表6.1-4　　CT6768剖面地质资料和CT成果对比分析表

对比项目		地质资料	CT成果	有效性评价
水底地形	XK3	高程572.7m	高程571m	基本吻合
	XK18	高程573m	高程571m	
覆盖层	ZK67	高程556m	高程556.5m	吻合
	XK3	高程568.8m	较难分辨	不能分辨
	XK18	高程557.3m	较难分辨	不能分辨
上覆层（包括较破碎～破碎基岩）	XK3	高程551.5m	高程550m	吻合
	XK18	高程550m	高程550m	
构造	F3断层	N20°～25°W，NE∠85°～90°，宽0.2～0.6m	没有明显的波速梯度	不能分辨
风化		弱风化下段高程为535～552m	分界线不明显	不能分辨
岩性		斜斑玄武岩、角砾熔岩、隐晶玄武岩、杏仁玄武岩、碎屑砂岩等多种岩性	没有明显分界线	不能分辨

（3）CT717273剖面。CT717273剖面由CT7172剖面和CT7273剖面组成，其中ZK72钻孔位于CT717273剖面的河床部位，比对分析CT717273剖面地震波CT探测成果和ZK72钻孔地质资料，结果见表6.1-5。分析可知：①地震波CT探测的水底地形、覆盖层厚度和钻孔资料基本吻合；②对F17断层似有反映，左侧基岩的波速较右侧明显为低，但此类陡倾角且不与钻孔相交的构造，CT方法难以分辨其形态；③对LS3321和RS321层内错动带无反映，主要是LS3318和RS321层内错动带厚度较小，为2～30cm，地震波CT分辨率不足以分辨；对C2层间错动带有明显反映，但在ZK71～ZK72孔间探测不全，分析可能由于该错动带宽度变小所致；④岩性与风化界线无法分辨。

表6.1-5　　CT717273剖面地质资料和CT成果对比分析表

对比项目		地质资料	CT成果	有效性评价
水底地形	ZK72	高程579.2m	高程579.8m	吻合
覆盖层	ZK72	高程545m	高程550m	基本吻合
构造	F17	N35°～45°E，NW∠80°，宽0.8～2.0m	左侧深部基岩波速明显偏低	构造为陡倾角，且不与钻孔相交，难以分辨

续表

对比项目		地质资料	CT 成果	有效性评价
构造	RS321	N35°～40°E，SE∠15°～25°，宽 10～30cm	不明显	宽度太小，不能分辨
	LS321	N40°E，SE∠20°～25°，宽 2～30cm，宽 8～60cm	不明显	宽度太小，不能分辨
	C2	N40°～50°E，SE∠15°～20°	ZK72～ZK73 孔间有明显反映，波速为 3200～4800m/s；ZK71～ZK72 孔间不明显	部分不能分辨
风化		弱风化下段高程为 529～581m	风化界线不明显	不能分辨
岩性		角砾熔岩、隐晶玄武岩、杏仁玄武岩、含斑玄武岩等多种岩性	没有明显分界线	不能分辨

（4）CT931932 剖面。在 CT931932 剖面的河床部位有 ZK9302、ZK203 钻孔，比对分析 CT931932 剖面地震波 CT 探测成果和 ZK9302、ZK203 钻孔地质资料，结果见表 6.1-6。分析可知：①地震波 CT 探测河床覆盖层位置及深度与 ZK9302 孔钻探成果完全相同，地质推测分析的河床覆盖层形态与地震波 CT 探测成果吻合；②地震波 CT 探测成果图中分析的 F16 断层位置及视倾角与地质分析成果较接近，基本符合；但 F14 断层在地震波 CT 探测成果中没有反映；③LS3318 层内错动带在地震波 CT 成果中没有反映；④ZK9302 钻孔中孔深 39.33～40.53m 破碎带和 51.58～78.30m 较破碎段在地震波 CT 成果中没有完全反映，地震波 CT 成果仅在孔深 49.5～53.10m 段反映为相对低速带区；⑤岩性与风化界线无法分辨。

表 6.1-6　　CT931932 剖面地质资料和 CT 成果对比分析表

对比项目		地质资料	CT 成果	有效性评价
水底地形	ZK9302	高程 582.16m	高程 582m	吻合
	ZK203	高程 576.5m	高程 576m	
	其他测段	高程 576.5～591m	高程 574～591m	
覆盖层	ZK9302	高程 556.83m	高程 557m	吻合
	ZK203	高程 556.9m	高程 557m	
	其他测段	高程 576.5～591m	高程 575.5～591m	
构造	F16	N60°～70°W，NE（SW）∠80°～90°宽 0.3～1.5m	波速 3600～4400m/s，反应明显	位置有些差异
	F14	N55°～65°W，NE（SW）∠80°～90°，宽 0.5～1.4m	围岩波速低，断层与围岩波速差异小	不能分辨
	LS3318	宽 20～30cm，全强风化	没有明显的波速梯度	不能分辨
风化		弱风化下段高程为 538～555m	分界线不明显	结合地质资料能划分
岩性		角砾熔岩、柱状节理玄武岩、杏仁玄武岩等多种岩性	波速差异小，没有明显分界线	不能分辨

该剖面在ZK931～ZK932孔间地震波CT成果提交后，布置了ZK203、ZK9302钻孔进行验证，验证结果见表6.1-7。地质工程师绘制的地质剖面图见图6.1-7，与表6.1-2中地质解释图基本吻合。该剖面位于实际的坝址位置，施工期开挖后的形态如图6.1-8所示，孔间地震波CT探测成果与实际情况基本吻合。

表6.1-7　　ZK931～ZK932孔间地震波CT探测成果验证表

验证项目		地质资料	CT成果	符合性评价
水底地形	ZK9302	高程582.16m	高程582m	相符
	ZK203	高程576.5m	高程576m	
覆盖层底部高程	ZK9302	高程556.83m	高程557m	吻合
	ZK203	高程556.9m	高程557m	
构造	F16	N60°～70°W，NE（SW）∠80°～90°，宽0.3～1.5m	波速3600～4400m/s，相对低速，反映明显	基本符合
	F14	N55°～65°W，NE（SW）∠80°～90°，宽0.5～1.4m	无反映	不能分辨
	LS3318	宽20～30cm	无反映	不能分辨

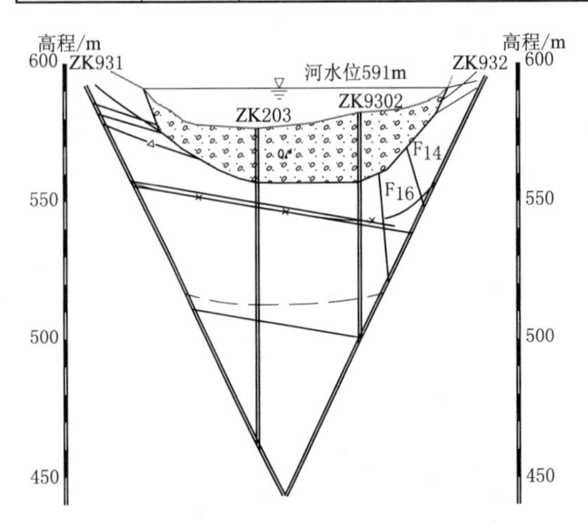

图6.1-7　ZK931～ZK932孔间地质剖面图

图6.1-8　施工期开挖后的形态

6.2　实例二：古河床深槽地震波CT探测

6.2.1　工程概况

某水电站位于金沙江中游，电站装机规模为1800MW。枢纽工程主要由混凝土重力拦河坝、河床泄洪建筑物、右岸坝后式引水发电厂房及冲沙底孔、两岸坝头灌溉取水口等建筑物组成。拦河坝为碾压混凝土重力坝，坝顶高程为1303.00m，最大坝高为 119.0m，坝顶轴线长为 798m。大坝从左至右共分 30 个坝段，1～8 号坝段为左岸挡水坝段，9～13 号坝段为左右泄洪中孔坝段和溢流表孔坝段，14～19 号坝段为引水进水口坝段和冲沙底孔坝段，20～30 号坝段为右岸挡水坝段。

在电站建设阶段大江截流后，发现有一条近南北方向的狭长深槽，主要位于 11 号坝段左半部，至坝下 0＋070 左右渐转至 12 号坝段。深槽两侧岩壁陡立，岩壁形态复杂，沿两壁既有竖向侵蚀发育的槽穴，还有侧向侵蚀的倒悬状槽穴，且大小不一、形态各异。深槽内堆积成分主要为冲积的砂卵砾石夹漂石，表层 5～10m 为围堰合拢大块石和坝基开挖堆渣。深槽坝基段现场照片如图 6.2－1 所示。

图 6.2－1　某水电站 11 号坝基深槽现场照片

基岩为块状玄武岩，岩石坚硬，呈致密块状，风化程度以微风化为主，浅表部为弱下风化。坝基 f_{12-1} 断层斜穿 10 号坝段、11 号坝段和 12 号坝段，在 11 号坝段揭露的 f_{12-1} 断层及影响带宽度大于 3m。根据工程区前期物探资料，完整玄武岩的地震波速度高于 5500m/s，砂卵砾石夹漂石层（饱水）的波速一般为 2500～3500m/s，两种介质地震波速度差异明显，具备地震波 CT 探测条件。

6.2.2　现场探测

（1）观测系统布设。由于在深槽中钻孔难度较大，且已有的数个钻孔反映深槽中基岩面深度差异很大，为更全面了解深槽中基岩面深度和形态，在 11 号坝基坝上 0－10 至坝下 0＋130 范围内布置 10 组地震波 CT 剖面（CT1～CT10），深槽及各地震波 CT 剖面的平面位置如图 6.2－2 所示。各测孔中，接发点间的点距和接收点间的点距均为 1m；各剖面具体几何参数与射线数量见表 6.2－1。

表 6.2－1　　11 号坝基深槽各地震波 CT 剖面及钻孔情况一览表

剖面	剖面位置	孔号	孔　　位	孔口高程/m	孔深/m	孔间距/m	射线总数
CT1	坝上 0－007.5	CT1－1	坝左 0－94.06，坝上 0－5.56	1197.01	45	25.7	652
		CT1－2	坝左 0－68.70，坝上 0－9.12	*1197.29	47		
CT2	坝下 0＋006.2	CT2－1	坝左 0－95.88，坝下 0＋6.20	1196.88	45	27.7	557
		CT2－2	坝左 0－68.14，坝下 0＋6.40	*1196.83	45		
CT3	坝下 0＋021.2	CT3－1	坝左 0－97.08，坝下 0＋21.38	1196.81	47	28.4	500
		CT3－2	坝左 0－68.62，坝下 0＋21.17	*1196.85	47		

续表

剖面	剖面位置	孔号	孔 位	孔口高程/m	孔深/m	孔间距/m	射线总数
CT4	坝下0+036.2	CT4－1	坝左0－96.68，坝下0+36.20	1196.98	47	39.3	484
		CT4－2	坝左0－57.37，坝下0+36.16	*1199.72	48		
CT5	坝下0+051.2	CT5－1	坝左0－93.08，坝下0+51.26	1196.99	47	34.3	525
		CT5－2	坝左0－58.79，坝下0+51.23	*1196.97	47		
CT6	坝下0+072.0	CT6－1	坝左0－90.54，坝下0+71.82	1196.98	47	37.0	458
		CT6－2	坝左0－51.89，坝下0+71.46	*1196.95	47		
CT7	坝下0+087.0	CT7－1	坝左0－86.88，坝下0+85.82	1196.79	49	49.5	488
		CT7－2	坝左0－36.86，坝下0+87.05	*1202.07	57		
CT8	坝下0+105.5	CT8－1	坝左0－68.20，坝下0+105.11	1207.90	67	59.5	624
		CT8－2	坝左0－30.10，坝下0+105.47	*1203.73	65		
CT9	坝下0+124.1	CT9－1	坝左0－62.39，坝下0+134.8	1205.85	66	44.15	528
		CT9－2	坝左0－27.24，坝下0+118.6	*1203.38	64		
CT10	坝左0－68.2	CT8－1	坝左0－68.20，坝下0+105.11	*1207.90	67	37.04	300
		CT9－1	坝左0－62.39，坝下0+134.8	1205.85	66		

注 标注*为剖面深度起算高程。

（2）仪器设备。地震波CT探测采用炸药在孔内激发地震波，用12道高灵敏度井中检波器串和美国Geometric公司S24地震仪接收地震波。

（3）数据采集。各剖面各测线的走时见附表2。

6.2.3 正反演计算与解释

（1）单元划分与射线分布。11号坝基深槽各地震波CT剖面单元划分及射线分布见表6.2-2。

（2）成果分析与地质解释。各地震波CT剖面的射线平均速度分布、射线平均速度大于5500m/s的射线分布、水平射线的速度分布、反演计算的波速等值线分布以及地质解释成果见表6.2-3，各剖面深槽形态特征分析见表6.2-4。

从表6.2-3和表6.2-4可知，各地震波CT剖面的深槽断面形态有所不同，其中CT1、CT2、CT3呈不对称的V形，CT4、CT6、CT8呈不对称U形，CT5、CT7、CT9基本呈正U形。CT1、CT3、CT6、CT9剖面岩壁局部存在倒悬现象。

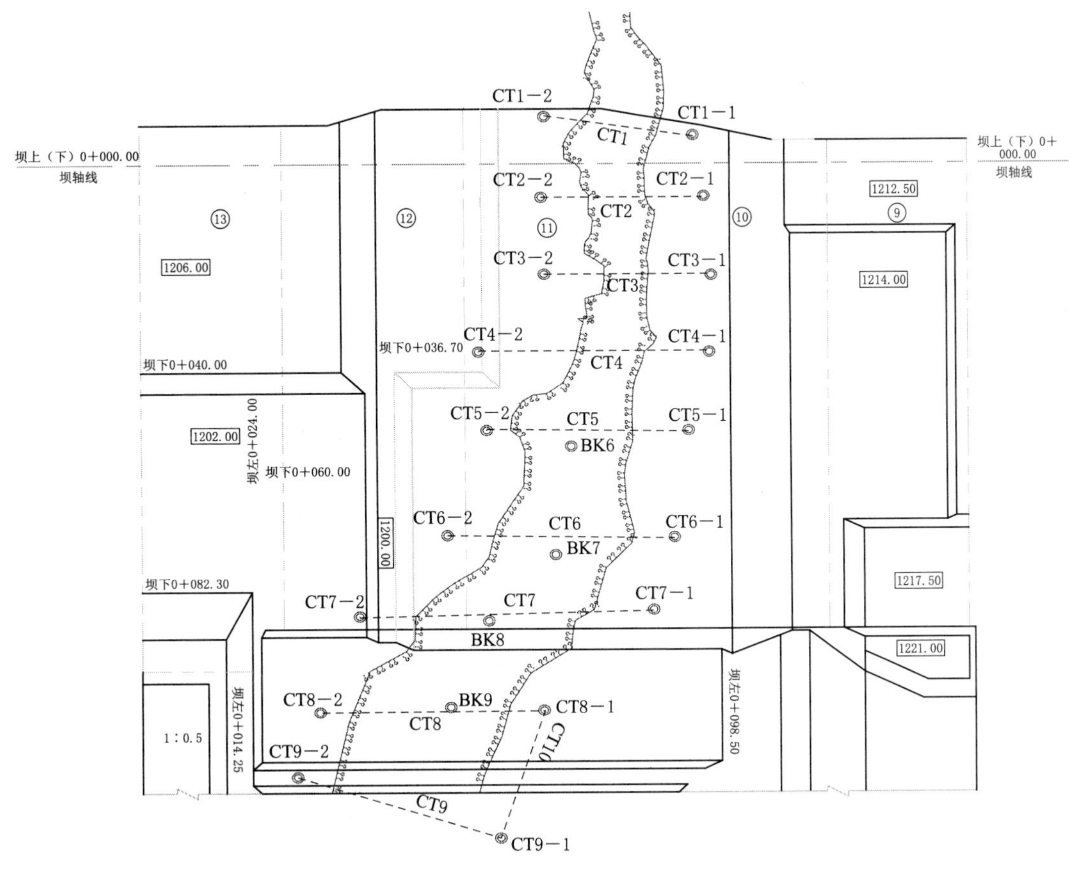

图 6.2－2　11 号坝基深槽地震波 CT 剖面平面布置示意图

表 6.2－2　　11 号坝基深槽各地震波 CT 剖面单元划分与射线分布

剖面序号	剖面示意图	单元划分数量	射线分布示意图
CT1	孔口高程 1197.58m　CT1－2　深槽　孔口高程 1196.75m　CT1－1　深度/m　5　10　15　20　25　30　35　40　45	26×48	

续表

剖面序号	剖面示意图	单元划分数量	射线分布示意图
CT2	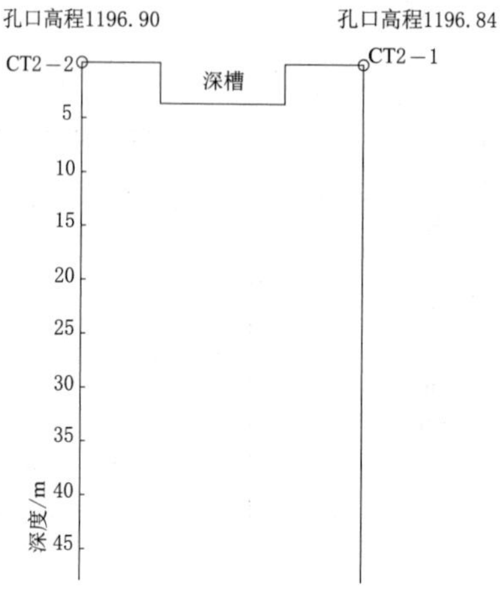 孔口高程1196.90 孔口高程1196.84 CT2－2 CT2－1 深槽 5 10 15 20 25 30 35 40 45 深度/m	28×48	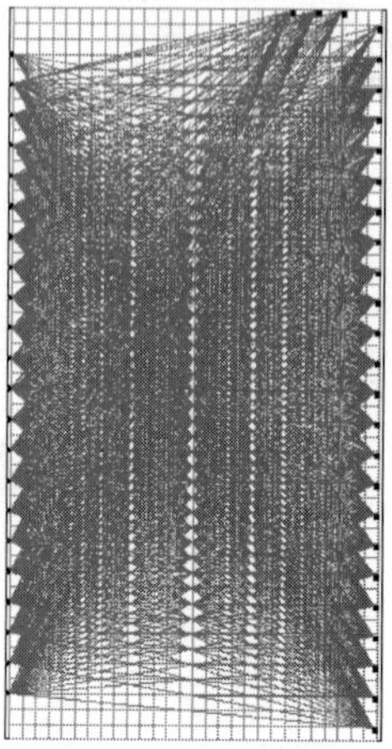
CT3	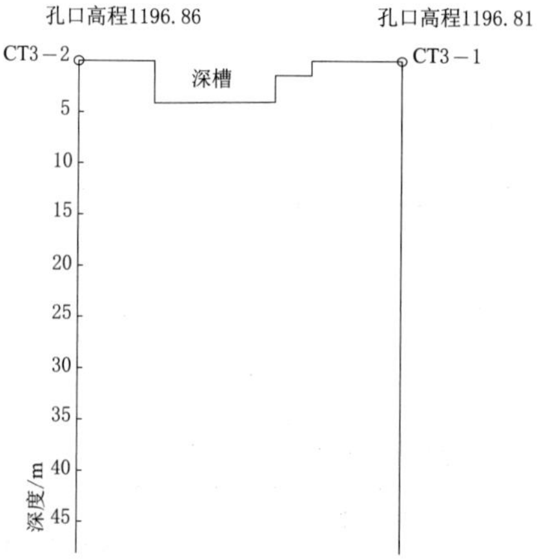 孔口高程1196.86 孔口高程1196.81 CT3－2 CT3－1 深槽 5 10 15 20 25 30 35 40 45 深度/m	29×48	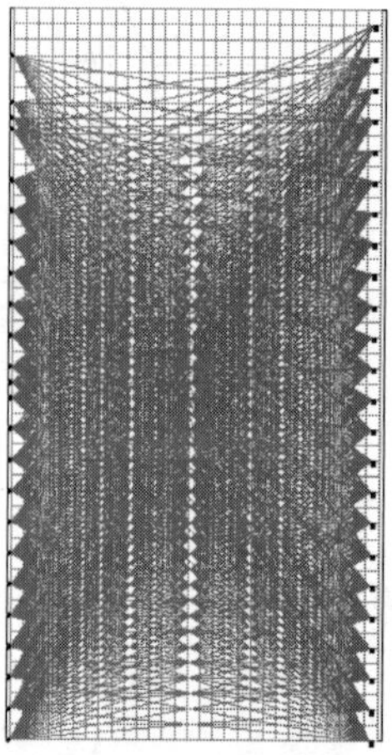
CT4	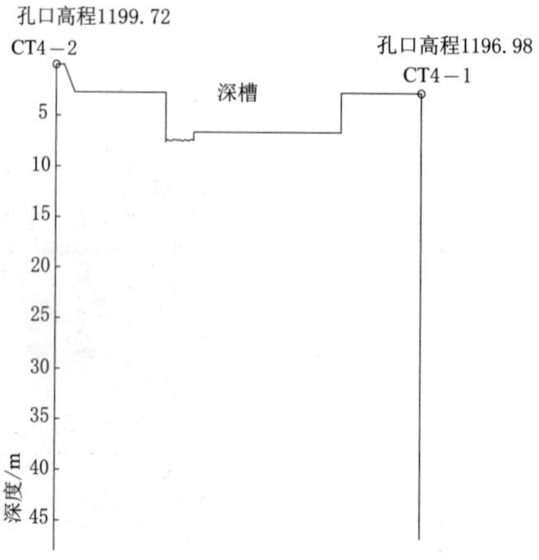 孔口高程1199.72 CT4－2 孔口高程1196.98 CT4－1 深槽 5 10 15 20 25 30 35 40 45 深度/m	40×48	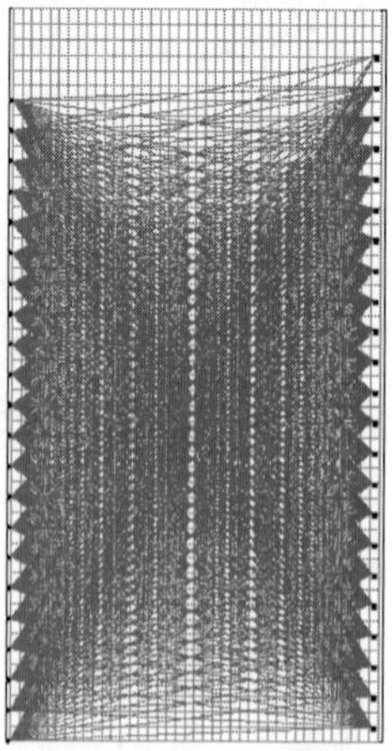

续表

剖面序号	剖面示意图	单元划分数量	射线分布示意图
CT5	孔口高程1196.97 CT5－2 深槽 孔口高程1196.99 CT5－1 5 10 15 20 25 30 35 40 45 深度/m	30×47	
CT6	孔口高程1197.10 CT6－2 深槽 孔口高程1196.93 CT6－1 5 10 15 20 25 30 35 40 45 深度/m	37×46	
CT7	孔口高程1202.07 CT7－2 深槽 孔口高程1196.79 CT7－1 回填碎石 5 10 15 20 25 30 35 40 45 50 55 深度/m	50×50	

续表

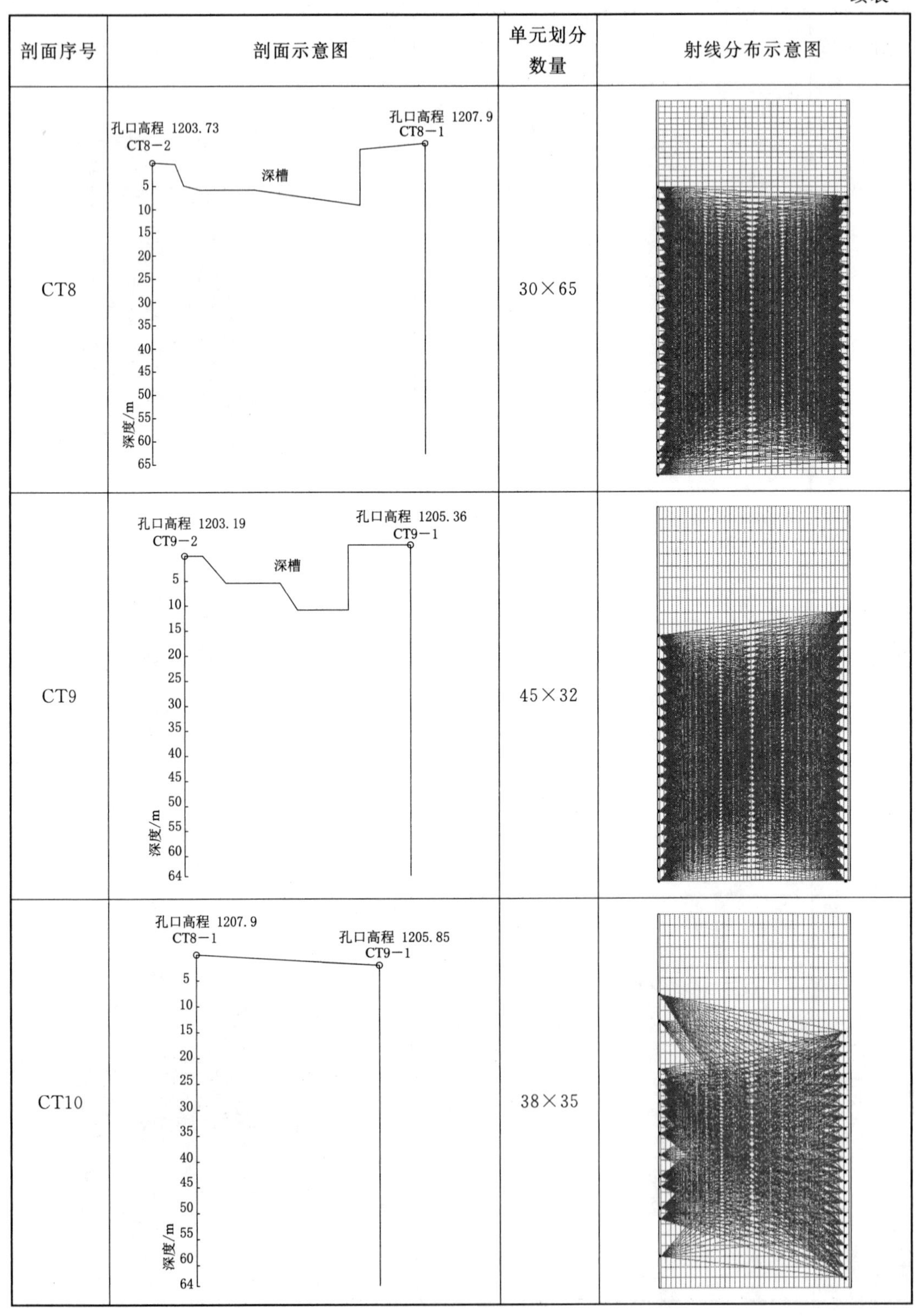

剖面序号	剖面示意图	单元划分数量	射线分布示意图
CT8	孔口高程 1203.73 CT8－2；孔口高程 1207.9 CT8－1；深槽；深度/m 5 10 15 20 25 30 35 40 45 50 55 60 65	30×65	
CT9	孔口高程 1203.19 CT9－2；孔口高程 1205.36 CT9－1；深槽；深度/m 5 10 15 20 25 30 35 40 45 50 55 60 64	45×32	
CT10	孔口高程 1207.9 CT8－1；孔口高程 1205.85 CT9－1；深度/m 5 10 15 20 25 30 35 40 45 50 55 60 64	38×35	

表 6.2-3　各剖面正反演计算成果与地质解释

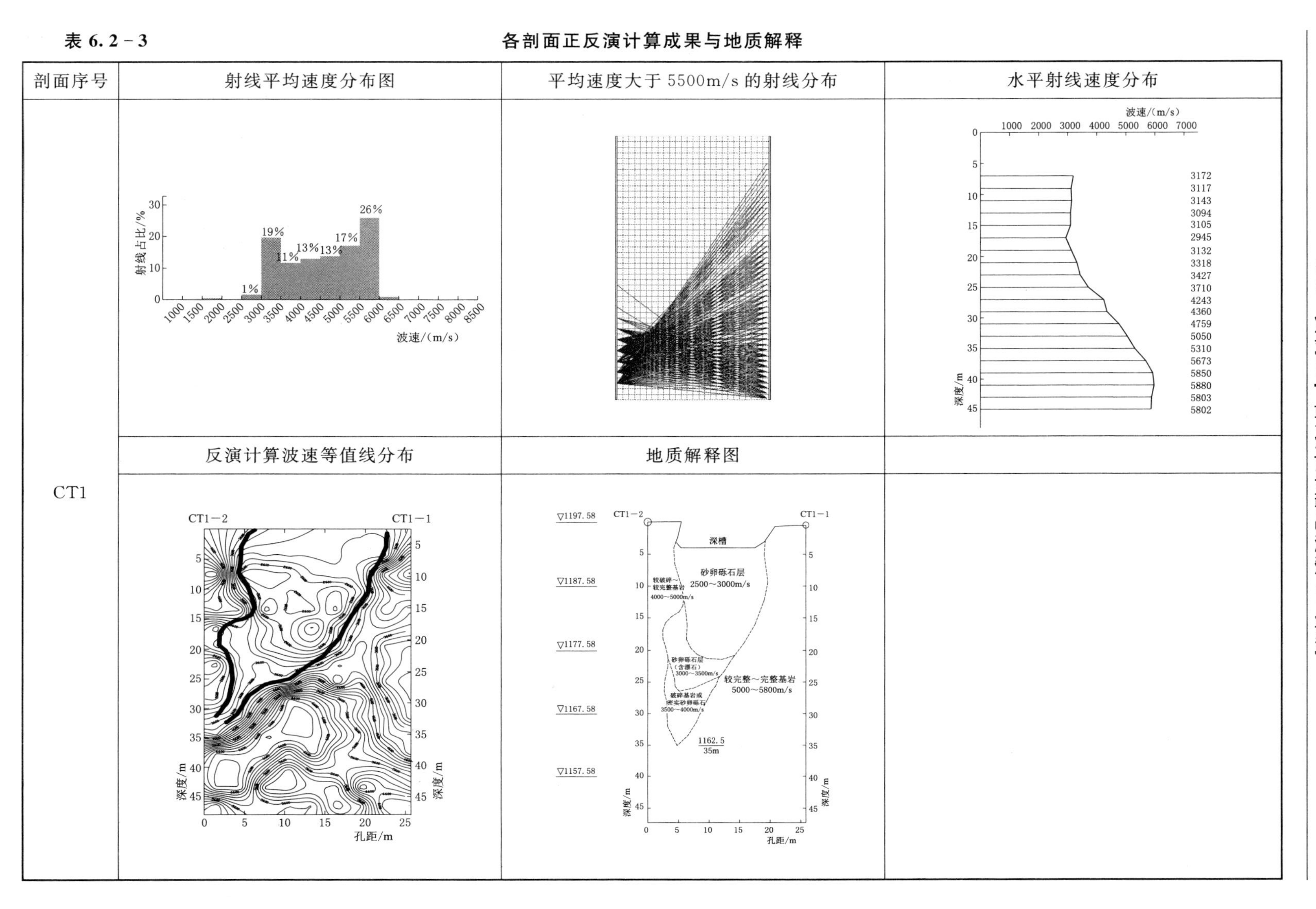

续表

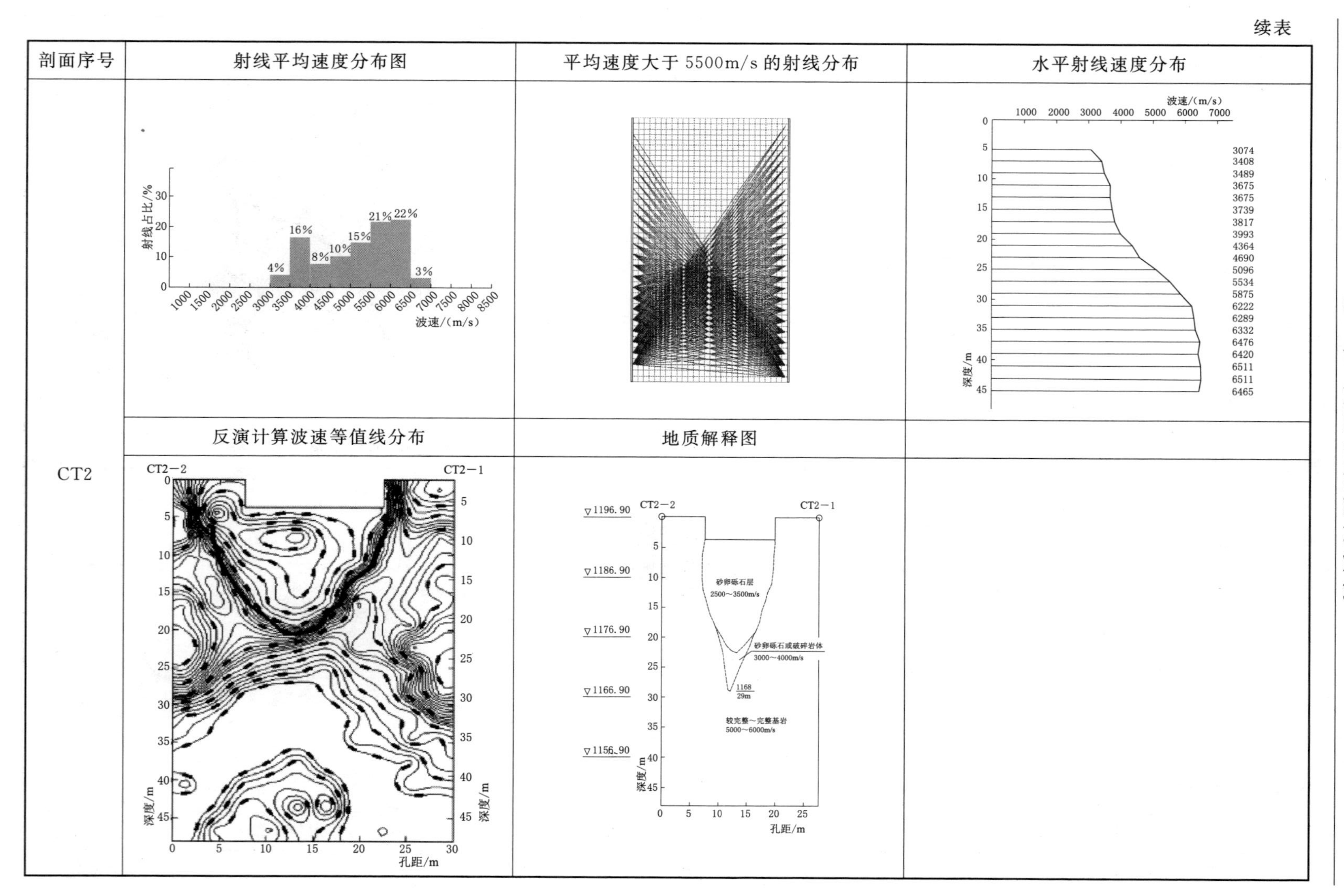
剖面序号
射线平均速度分布图
平均速度大于5500m/s的射线分布
水平射线速度分布
CT2
反演计算波速等值线分布
地质解释图
射线占比/%
4%
16%
8%
10%
15%
21%
22%
3%
波速/(m/s)
3074
3408
3489
3675
3675
3739
3817
3993
4364
4690
5096
5534
5875
6222
6289
6332
6476
6420
6511
6511
6465
深度/m
孔距/m
CT2-2
CT2-1
▽1196.90
▽1186.90
▽1176.90
▽1166.90
▽1156.90
砂卵砾石层
2500~3500m/s
砂卵砾石或破碎岩体
3000~4000m/s
1168
29m
较完整~完整基岩
5000~6000m/s

续表

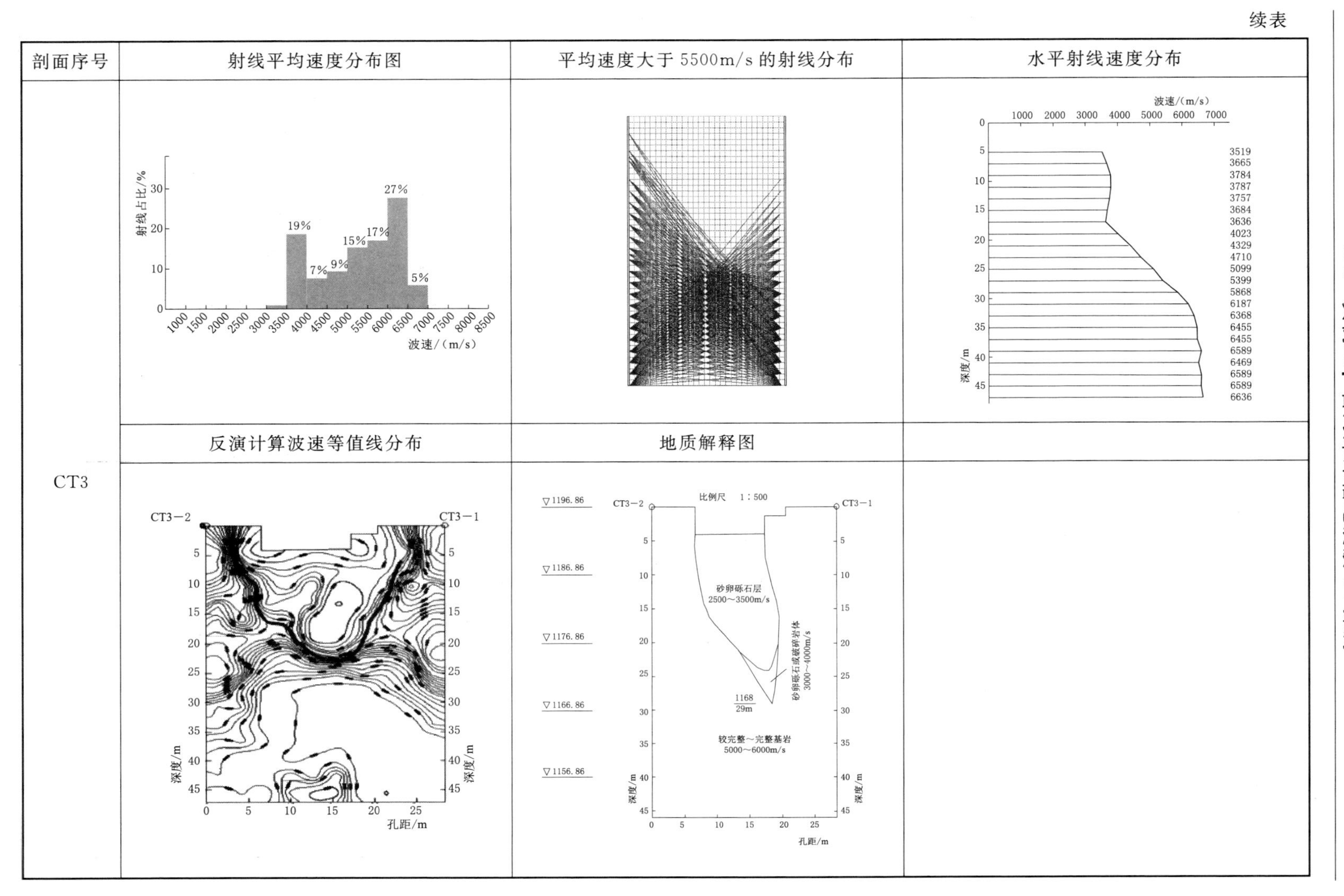
剖面序号
射线平均速度分布图
平均速度大于5500m/s的射线分布
水平射线速度分布
CT3
射线占比/%
波速/(m/s)
19%
7%
9%
15%
17%
27%
5%
3519
3665
3784
3787
3757
3684
3636
4023
4329
4710
5099
5399
5868
6187
6368
6455
6455
6589
6469
6589
6589
6636
深度/m
反演计算波速等值线分布
地质解释图
CT3-2
CT3-1
孔距/m
比例尺 1:500
▽1196.86
▽1186.86
▽1176.86
▽1166.86
▽1156.86
砂卵砾石层
2500~3500m/s
砂卵砾石或破碎岩体
3000~4000m/s
1168
29m
较完整~完整基岩
5000~6000m/s

续表

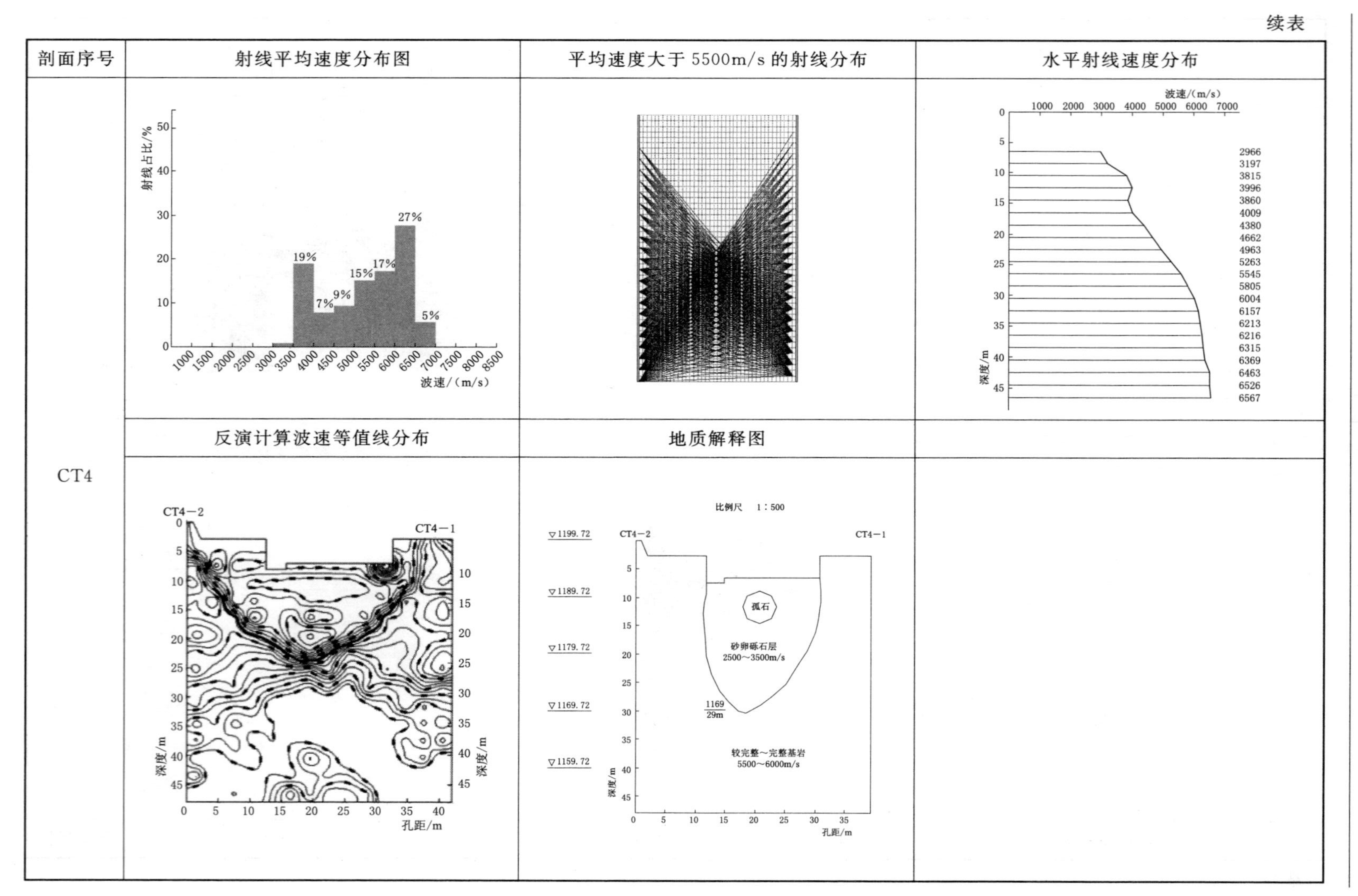
剖面序号
射线平均速度分布图
平均速度大于5500m/s的射线分布
水平射线速度分布
CT4
射线占比/%
19%
7%
9%
15%
17%
27%
5%
波速/(m/s)
深度/m
2966
3197
3815
3996
3860
4009
4380
4662
4963
5263
5545
5805
6004
6157
6213
6216
6315
6369
6463
6526
6567
反演计算波速等值线分布
地质解释图
CT4-2
CT4-1
孔距/m
比例尺 1:500
▽1199.72
▽1189.72
▽1179.72
▽1169.72
▽1159.72
孤石
砂卵砾石层
2500~3500m/s
1169
29m
较完整~完整基岩
5500~6000m/s

续表

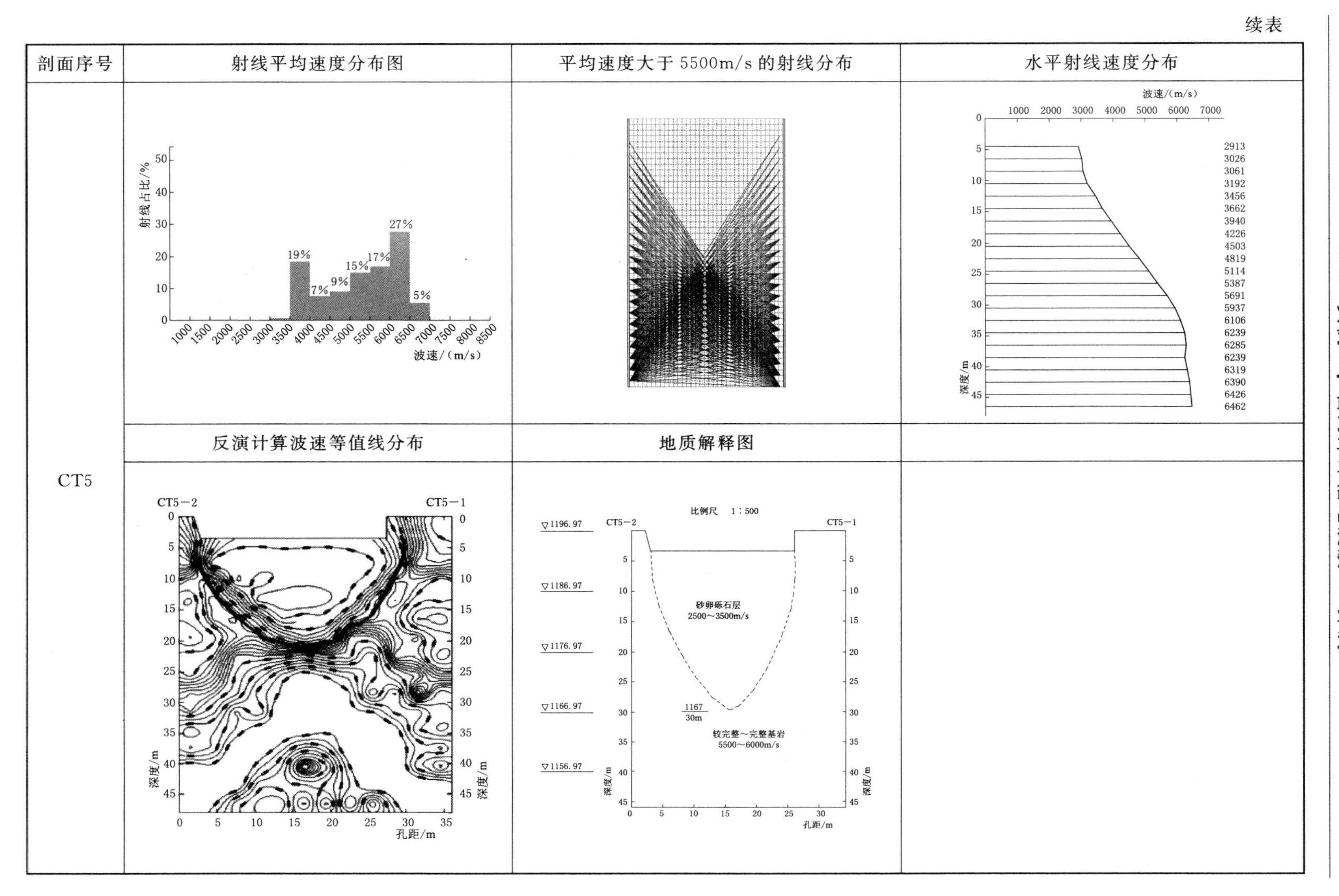
剖面序号
射线平均速度分布图
平均速度大于5500m/s的射线分布
水平射线速度分布
CT5
射线占比/%
波速/(m/s)
19%
7%
9%
15%
17%
27%
5%
波速/(m/s)
深度/m
2913
3026
3061
3192
3456
3662
3940
4226
4503
4819
5114
5387
5691
5937
6106
6239
6285
6239
6319
6390
6426
6462
反演计算波速等值线分布
地质解释图
CT5－2
CT5－1
深度/m
孔距/m
比例尺 1：500
▽1196.97
▽1186.97
▽1176.97
▽1166.97
▽1156.97
砂卵砾石层
2500～3500m/s
1167
30m
较完整～完整基岩
5500～6000m/s

续表

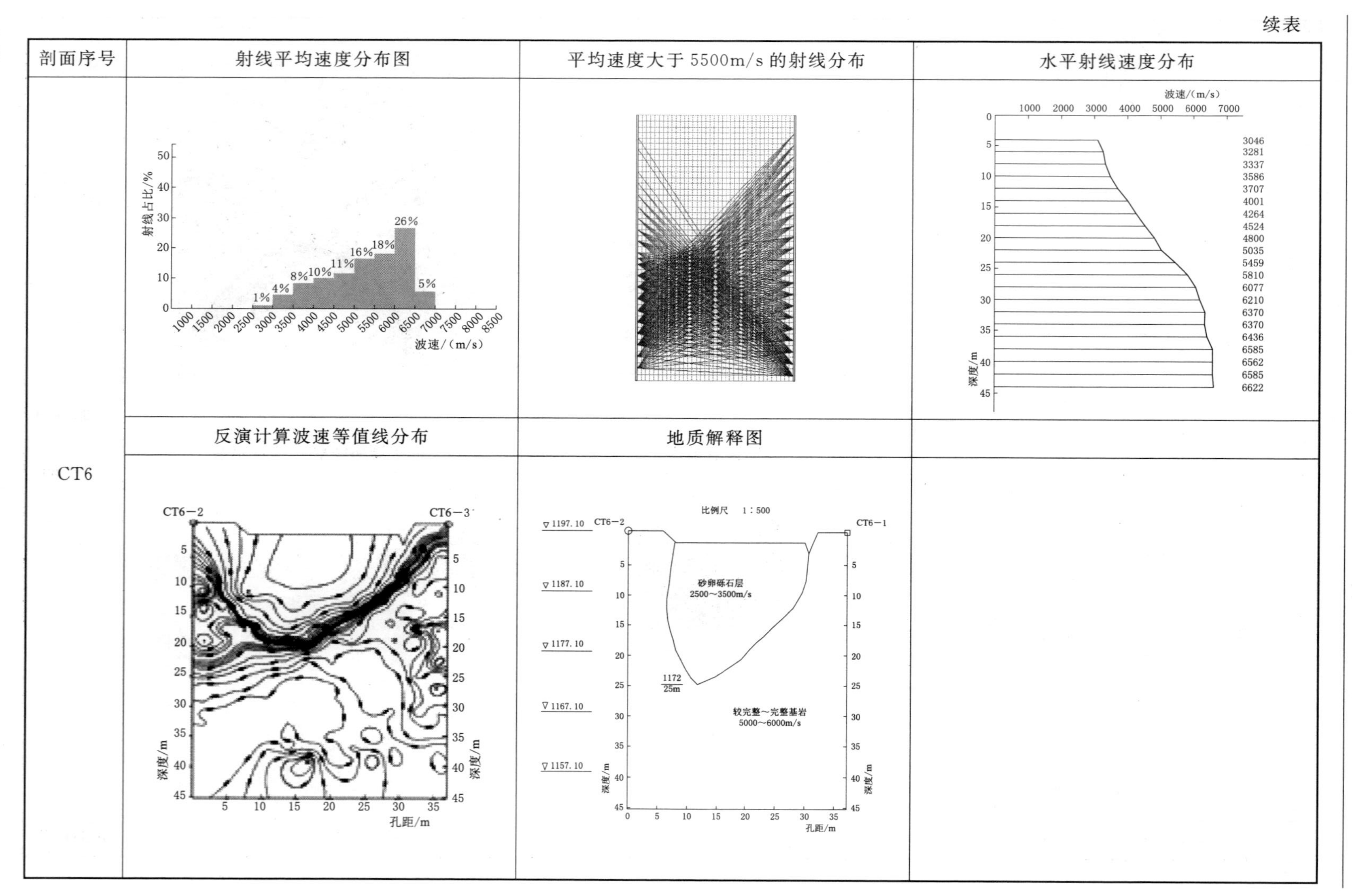

剖面序号	射线平均速度分布图	平均速度大于5500m/s的射线分布	水平射线速度分布
CT6			
	反演计算波速等值线分布	地质解释图	

续表

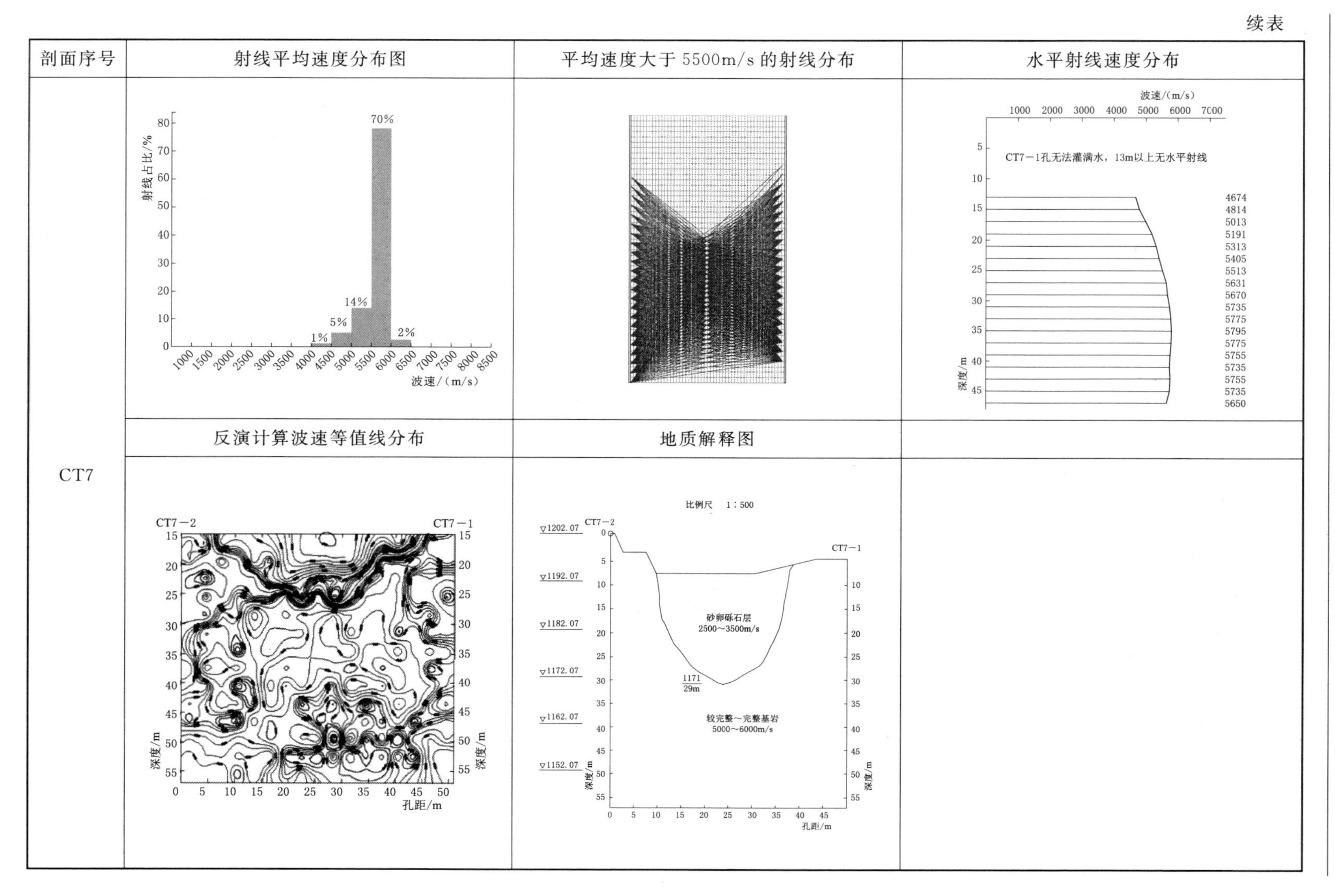
剖面序号
射线平均速度分布图
平均速度大于 5500m/s 的射线分布
水平射线速度分布
CT7
射线占比/%
70%
14%
5%
1%
2%
波速/(m/s)
CT7－1孔无法灌满水，13m以上无水平射线
4674
4814
5013
5191
5313
5405
5513
5631
5670
5735
5775
5795
5775
5755
5735
5755
5735
5650
深度/m
反演计算波速等值线分布
地质解释图
CT7－2
CT7－1
孔距/m
比例尺 1：500
▽1202.07
▽1192.07
▽1182.07
▽1172.07
▽1162.07
▽1152.07
砂卵砾石层
2500～3500m/s
1171
29m
较完整～完整基岩
5000～6000m/s

续表

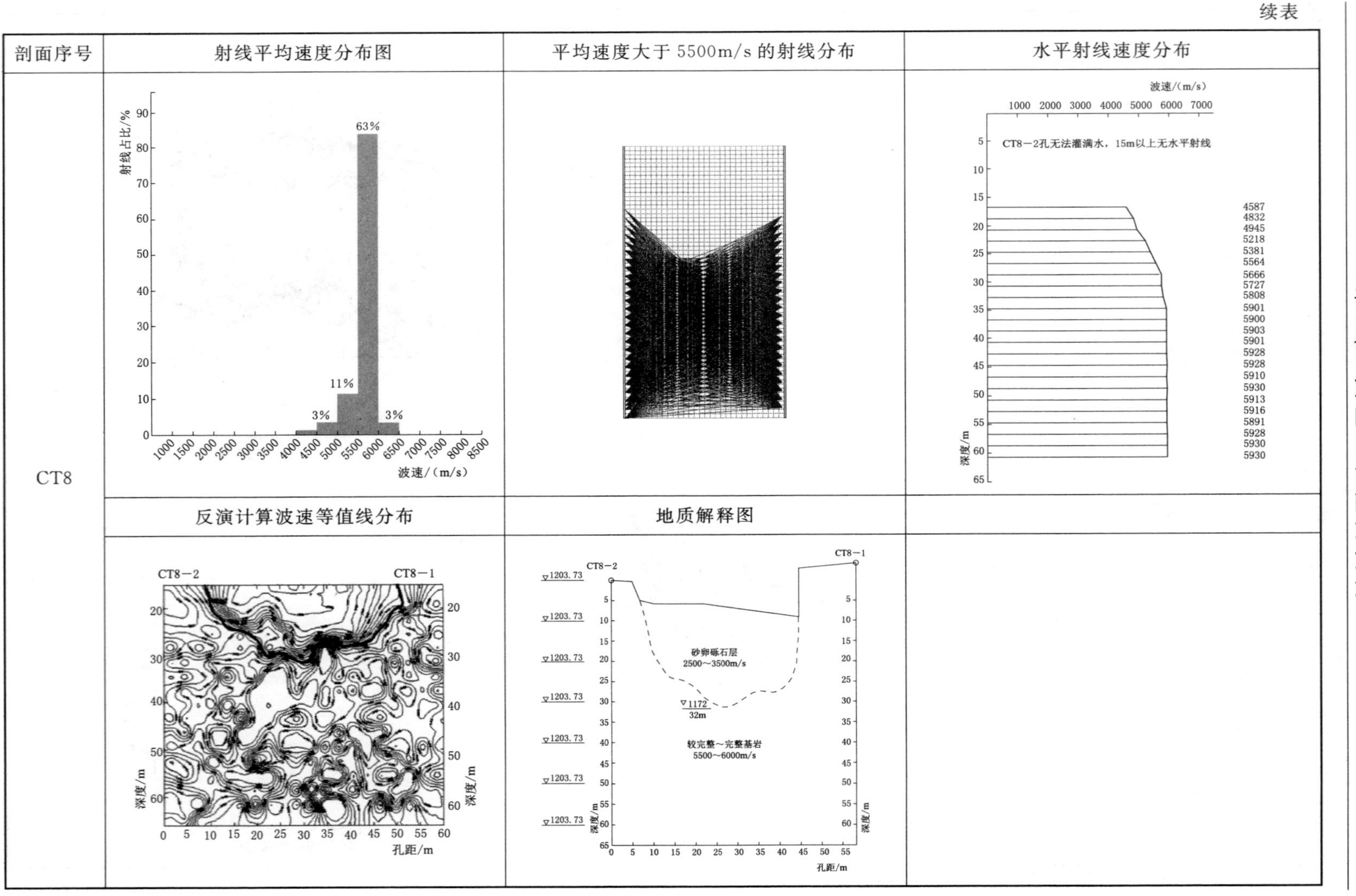
剖面序号
射线平均速度分布图
平均速度大于5500m/s的射线分布
水平射线速度分布
CT8
射线占比/%
63%
11%
3%
3%
波速/(m/s)
波速/(m/s)
CT8－2孔无法灌满水，15m以上无水平射线
深度/m
4587
4832
4945
5218
5381
5564
5666
5727
5808
5901
5900
5903
5901
5928
5928
5910
5930
5913
5916
5891
5928
5930
5930
反演计算波速等值线分布
地质解释图
CT8－2
CT8－1
深度/m
孔距/m
▽1203.73
砂卵砾石层
2500～3500m/s
▽1172
32m
较完整～完整基岩
5500～6000m/s

续表

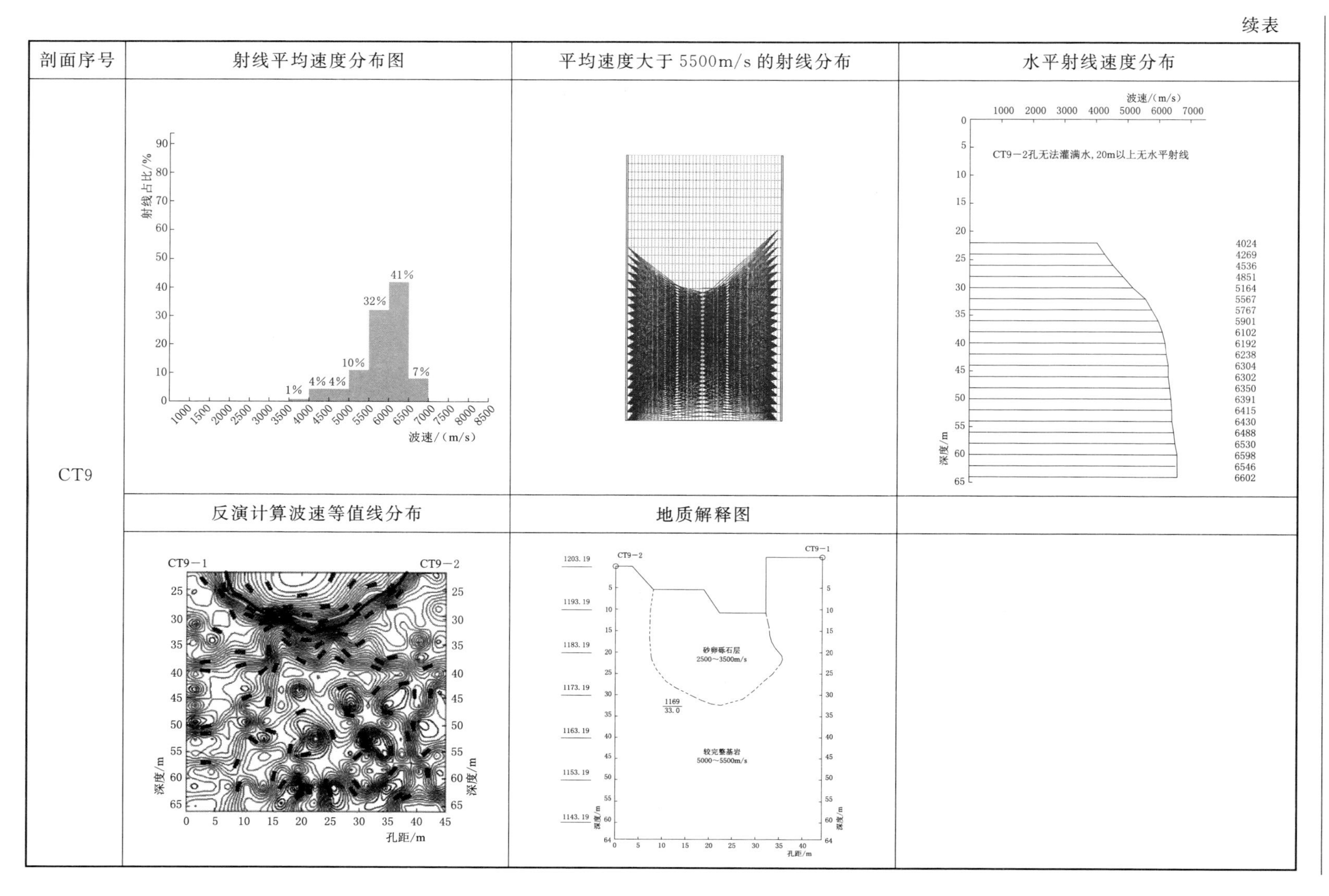
剖面序号
射线平均速度分布图
平均速度大于 5500m/s 的射线分布
水平射线速度分布
CT9
射线占比/%
波速/(m/s)
1%
4%
4%
10%
32%
41%
7%
CT9－2孔无法灌满水，20m以上无水平射线
深度/m
反演计算波速等值线分布
地质解释图
CT9－1
CT9－2
孔距/m
砂卵砾石层
2500～3500m/s
较完整基岩
5000～5500m/s
1169
33.0

续表

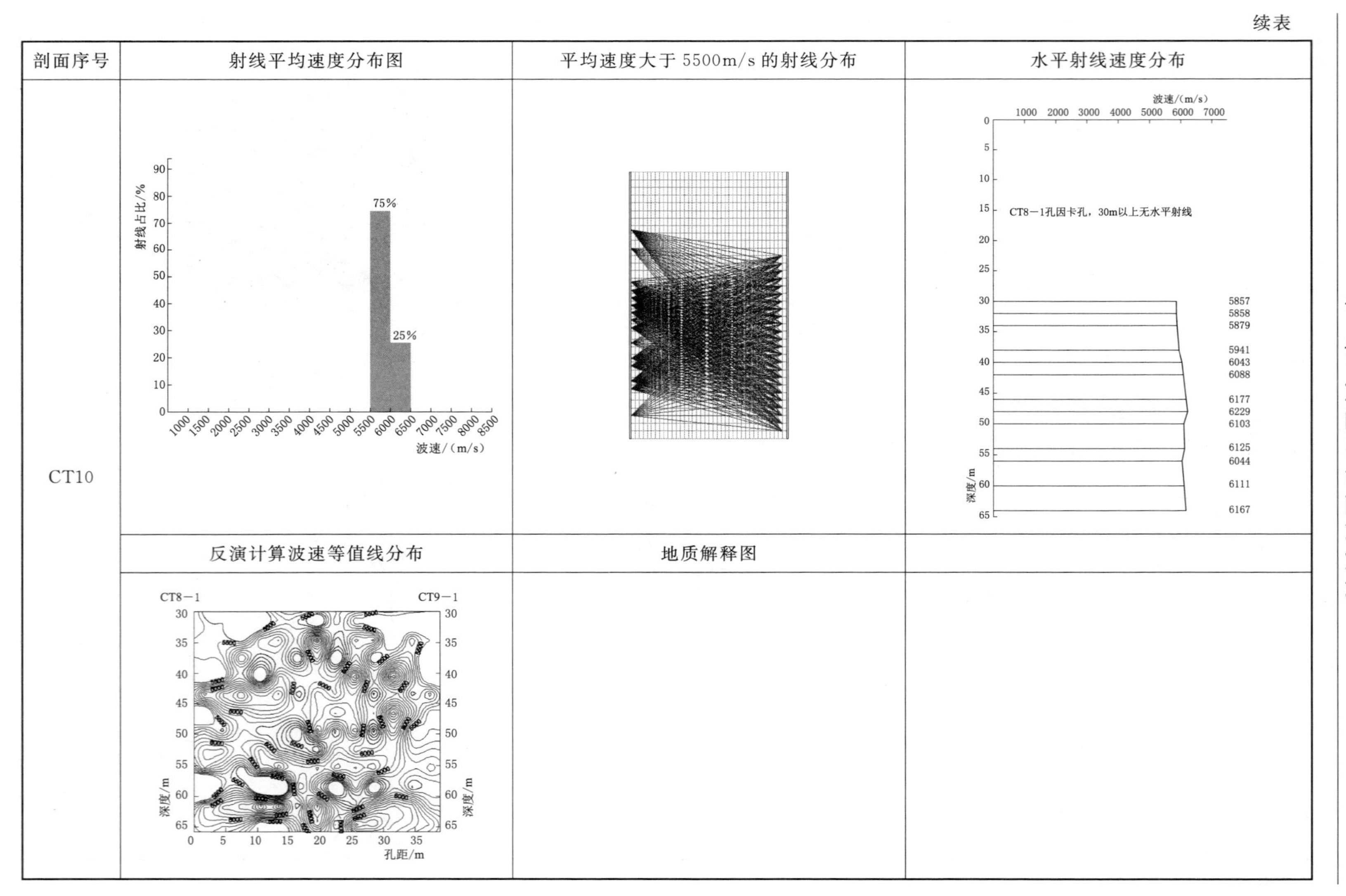
剖面序号
射线平均速度分布图
平均速度大于5500m/s的射线分布
水平射线速度分布
CT10
射线占比/%
75%
25%
波速/(m/s)
CT8－1孔因卡孔，30m以上无水平射线
深度/m
5857
5858
5879
5941
6043
6088
6177
6229
6103
6125
6044
6111
6167
反演计算波速等值线分布
地质解释图
CT8－1
CT9－1
孔距/m

表 6.2-4　　　　各剖面深槽形态特征分析

剖面序号	剖面位置	深槽形态	倾向	备　注
CT1	坝上 0－007.5	V 形	倾向右侧	右侧岩壁局部存在倒悬现象，高程 1180～1184m 段较明显
CT2	坝下 0＋006.2	V 形	略倾向右侧	未发现明显倒悬现象
CT3	坝下 0＋021.2	V 形	略倾向左侧	左侧岩壁局部有倒悬现象，其中高程 1186～1180m 段较为明显
CT4	坝下 0＋036.2	U 形	略倾向右侧	未发现明显倒悬现象
CT5	坝下 0＋051.2	U 形	—	未发现明显倒悬现象
CT6	坝下 0＋072.0	U 形	略倾向右侧	右侧岩壁局部有轻微倒悬现象
CT7	坝下 0＋087.0	U 形	—	未发现明显倒悬现象
CT8	坝下 0＋105.2	U 形	略倾向左侧	未发现明显倒悬现象
CT9	坝下 0＋124.1	U 形	—	结合钻孔资料发现左侧岩壁高程 1181m 处有倒悬现象

6.2.4 钻孔和开挖验证

在地震波 CT 探测成果提交后，地质工程师在地震波 CT1～CT8 剖面或附近布置 BK2、BK4、BK6、BK7 和 BK8 钻孔进行验证，验证分析结果见表 6.2-5。由表 6.2-5 可见，除 CT5 剖面探测的深槽基岩顶面高程与 BK6 钻孔钻探结果存在 5m 左右误差外，其他各剖面基岩顶面高程误差均在 1m 左右。

表 6.2-5　　　　钻孔取芯与地震波 CT 探测建基面位置对比表

钻孔取芯探测			地震波 CT 探测		
钻孔编号	钻孔位置	基岩顶面高程/m	剖面编号	剖面位置	推断基岩面低点高程/m
BK2	坝上 0－3.02	1162.95	CT1	坝上 0－007.5	1162
BK4	坝下 0＋16.36	1167.90	CT2	坝下 0＋006.2	1168
			CT3	坝下 0＋021.2	1168
			CT4	坝下 0＋036.2	1169
BK6	坝下 0＋54.39	1162.00	CT5	坝下 0＋051.2	1167
BK7	坝下 0＋75.16	1173.10	CT6	坝下 0＋072.0	1172
BK8	坝下 0＋87.91	1171.30	CT7	坝下 0＋087.0	1171
			CT8	坝下 0＋105.5	1172

深槽开挖后的照片见图6.2-3，CT2剖面钻孔及开挖验证分析见图6.2-4。由图6.2-4可见，CT2剖面深槽实际形态与CT探测边界形态基本相似，但边界更大一些，且基岩面最大深度比探测深度大1.6m。由此分析表明，地震波的绕射现象在一定程度上影响地震CT的探测精度。

图6.2-3 深槽开挖后照片

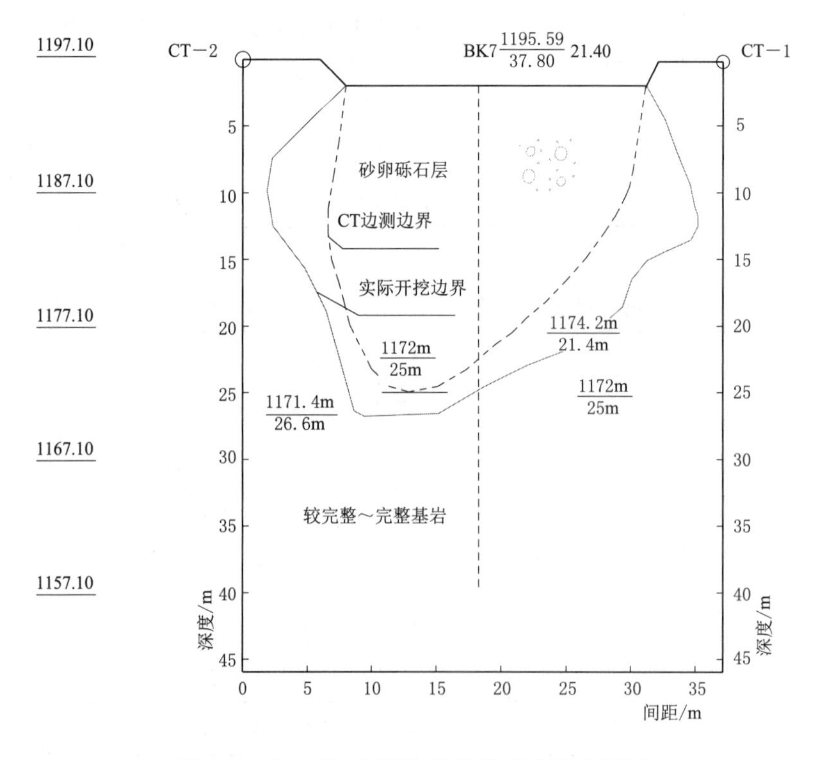

图6.2-4 CT2剖面钻孔及开挖验证分析图

6.3 实例三：洞间地震波 CT 探测

6.3.1 工程概况

锦屏二级水电站位于雅砻江干流锦屏大河弯上，利用坝址下游长 150km 河段的天然落差，通过长约 16.67km 的引水隧洞，裁弯取直，获得水头约 310m。电站总装机容量为 4800MW，单机容量为 600MW。工程枢纽主要由首部拦河闸、引水系统、尾部地下厂房三大部分组成，四条引水隧洞穿过锦屏山连接闸坝与厂区枢纽。四条引水隧洞平行布置，洞径约 13m，相邻两洞壁间距约 47m，中心距 60m。引水洞施工期间，1 号引水隧洞桩号引$_{(1)}$1＋488 揭露一溶洞，溶洞宽约 4m，延伸长度约 20m，高约 30m，揭露时涌水水量达 6m^3/s，后期稳定水量为 50～100L/s。

根据 1 号引水隧洞地质资料，桩号引$_{(1)}$1＋440～1＋535 洞段岩性主要为白色中粗晶大理岩，围岩初步分类为Ⅱ～Ⅲ类，主要构造为 f42、f43 断层。f42 为 N80°W NE∠78°断层，宽 20～30cm，影响带宽达 2m，充填碎裂岩、次生黄泥，沿面溶蚀，到北拱肩尖灭，桩号引$_{(1)}$1＋514 北拱肩附近有小溶孔出露；f43 为 N80°E NW∠70°断层，宽 3～4cm，充填碎裂岩，沿面铁锰质渲染，断层两侧岩石破碎。

根据 2 号引水隧洞地质资料，桩号引$_{(2)}$1＋423～1＋540 洞段岩性主要为白色中粗晶大理岩，围岩初步分类为Ⅲ类，在桩号引$_{(2)}$1＋430～1＋520 局部段北侧边墙及顶拱为溶洞堆积物，主要为碎块石夹次生黄泥，沿面多铁锰质富集。根据地质资料，分别在桩号引$_{(2)}$1＋445、引$_{(2)}$1＋480 和引$_{(2)}$1＋520 出露三条断层：编号 15－10 断层为 E5°W、S∠70°～75°，断层宽 2～4cm，沿面溶蚀，张开 1～2cm，充填碎裂岩，同产状节理裂隙平行发育；编号 15－12 断层为 N70°W、SW∠75°，断层宽 10～30cm，充填碎块岩、泥质，碎块岩块径一般为 5～20cm，沿面渗水，溶洞成串珠状发育，一般宽度为 30～50cm，最宽处约 2m，可见深度大于 5m，沿面铁锰质富集，两侧岩石破碎；编号 16－5 断层为 N68°E、SE∠65°，断层宽为 30～100cm，沿面溶蚀，溶缝宽 10～40cm，充填碎裂岩，溶缝内夹中砂，沿面铁锰质富集。

根据 3 号引水隧洞地质资料，桩号引$_{(3)}$1＋452～1＋545 洞段岩性主要为灰—灰白色大理岩或灰—灰黑色大理岩，围岩主要为Ⅲ类，在桩号引$_{(3)}$1＋480～1＋520 局部段出现一些溶洞（溶蚀空腔），溶蚀发育主要以北侧壁为主，洞段无大的断裂构造经过，只见到两条小挤压破碎带，充填碎裂岩、次生黄泥，局部溶蚀，主要发育 NWW、NE、NEE 节理裂隙。

根据 4 号引水隧洞地质资料，桩号引$_{(4)}$1＋450～1＋544 洞段岩性主要为灰—灰白色大理岩，围岩以Ⅱ$_b$～Ⅲ类为主，该洞段无大的断裂构造经过，主要发育与洞向小角度相交的 NW—NWW 向层面节理和 NW 向裂隙。

为了进一步查明西端引水隧洞Ⅳ区可溶岩地段隧洞之间的岩溶分布，对引水隧洞Ⅳ区（1＋490附近）洞段之间进行地震波CT探测，并在地震波CT探测成果圈定的强溶蚀区（岩体破碎区）布置了13个钻孔进行验证。西端引水洞岩溶Ⅳ区洞段地震波CT探测的观测系统布设见图6.3-1，工作量见表6.3-1。

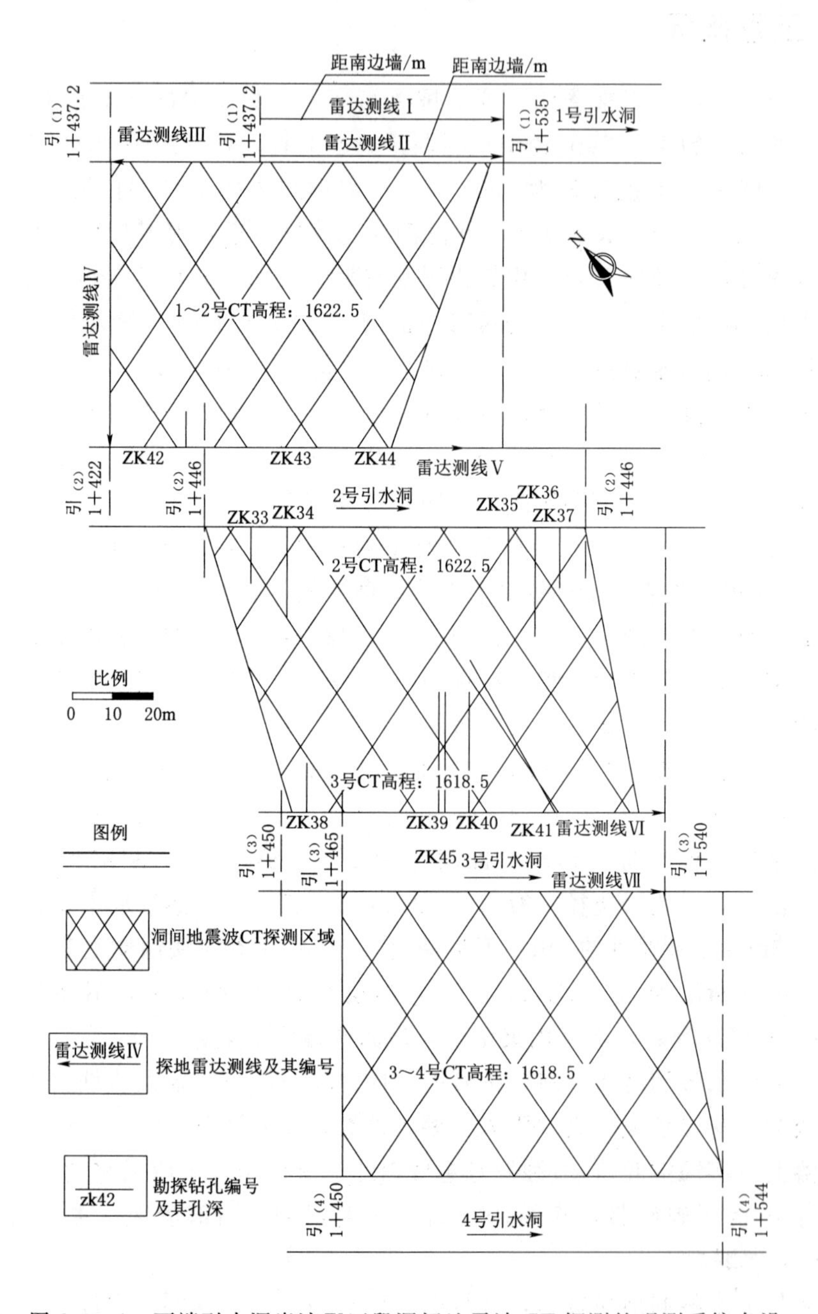

图6.3-1　西端引水洞岩溶Ⅳ区段洞间地震波CT探测的观测系统布设

表6.3-1　　西端引水洞岩溶Ⅳ区段洞间地震波CT探测工作量

物探检测方法及内容		测试点距	测试范围	工作量	备注
洞间CT	1号南侧壁（1+440~1+535） 2号北侧壁（1+423~1+509）	2m	95m×86m	3188条射线	爆破激发
	2号南侧壁（1+446~1+540） 3号北侧壁（1+452~1+538）	2m	94m×86m	1056条射线	爆破激发
	3号南侧壁（1+465~1+545） 4号北侧壁（1+450~1+544）	2m	80m×94m	1007条射线	爆破激发
孔内电视	引水隧洞2号北侧壁	连续	ZK42、ZK43、ZK44	54.4m	水平孔
	引水隧洞2号南侧壁	连续	ZK33、ZK34、ZK35、ZK36、ZK37	57.1m	水平孔
	引水隧洞3号北侧壁	连续	ZK38、ZK39、ZK40、ZK41、ZK45	79.7m	水平孔

6.3.2　现场探测

（1）观测系统布设。

1）1~2号引水隧洞洞间地震波CT探测：在1号洞南侧壁和横通洞下游壁布置激发炮点51个，在横通洞和2号引水隧洞北侧壁接收，形成3个排列共36个接收点；横通洞布置激发炮点23个，1号引水隧洞南侧壁接收，形成2个排列共24个接收点；横通洞布置激发炮点23个，2号引水隧洞北侧壁接收，形成2个排列共24个接收点。

2）2~3号引水隧洞洞间地震波CT探测：在3号引水隧洞北侧壁1+450~1+550段布置激发炮点51个，在2号引水洞南侧壁1+440~1+540段接收，形成2个排列共24个接收点。

3）3~4号引水隧洞洞间地震波CT探测：在3号引水隧洞南侧壁1+460~1+550段布置激发炮点51个，在4号引水洞北侧壁1+450~1+550段接收，形成2个排列共24个接收点。

各激发点的间距和各接收点的间距均为2m。

（2）仪器设备。西端引水洞岩溶Ⅳ区段洞间地震波CT探测采用瞬发电雷管引爆30~50g炸药在洞壁孔内激发地震波，用动圈式检波器和美国Geometric公司S24地震仪接收地震波信号。

（3）数据采集。西端引水洞岩溶Ⅳ区段洞间各地震波CT剖面射线数量、分布和走时见表6.3-2和附表3。

表 6.3-2　　西端引水洞岩溶Ⅳ区段洞间各地震波 CT 剖面正反演计算成果与地质解释

剖面	单元划分	各类示意图
CT1～2号	24×47	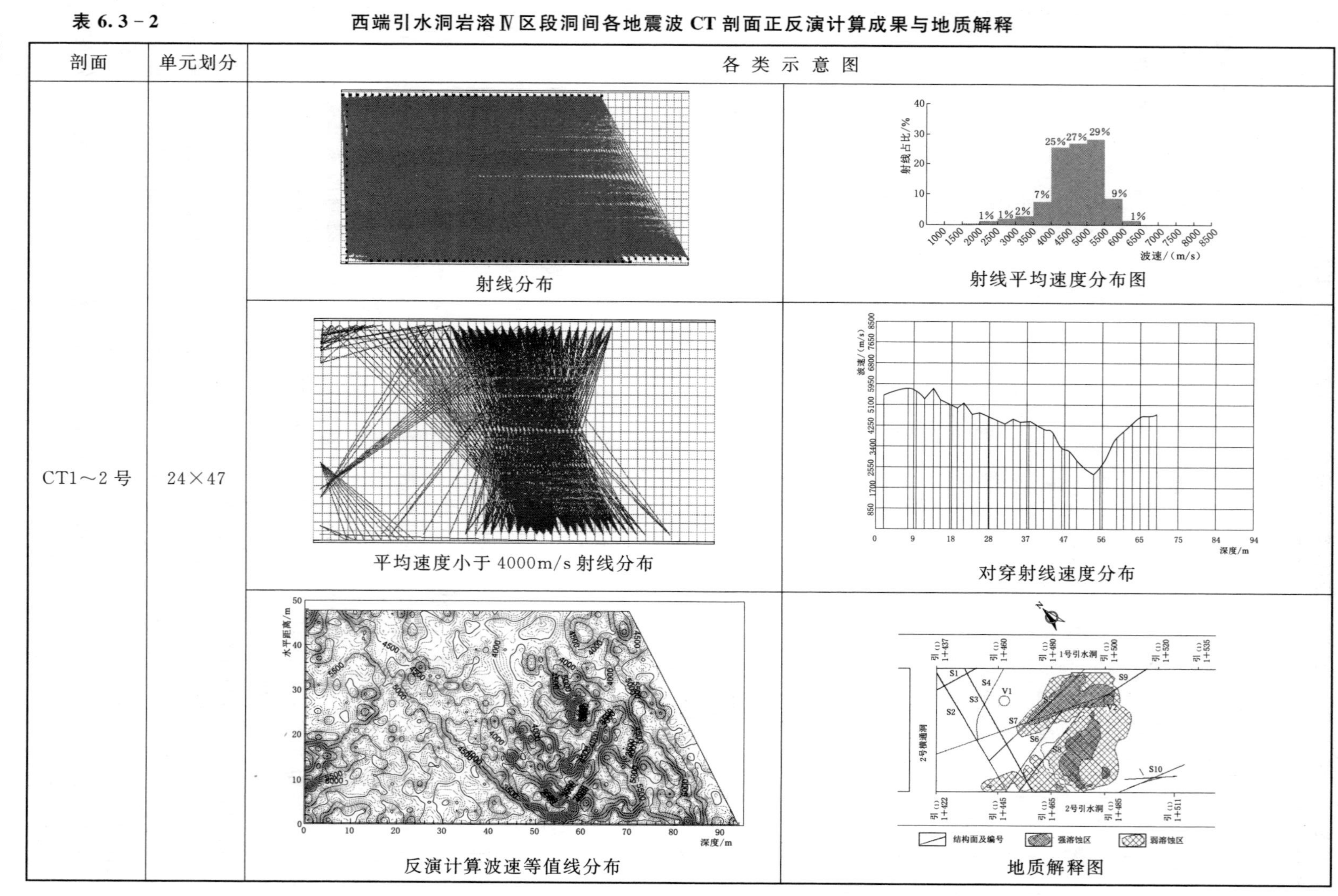 射线分布；射线平均速度分布图；平均速度小于 4000m/s 射线分布；对穿射线速度分布；反演计算波速等值线分布；地质解释图

续表

剖面	单元划分	各类示意图
CT2～3号	23×54	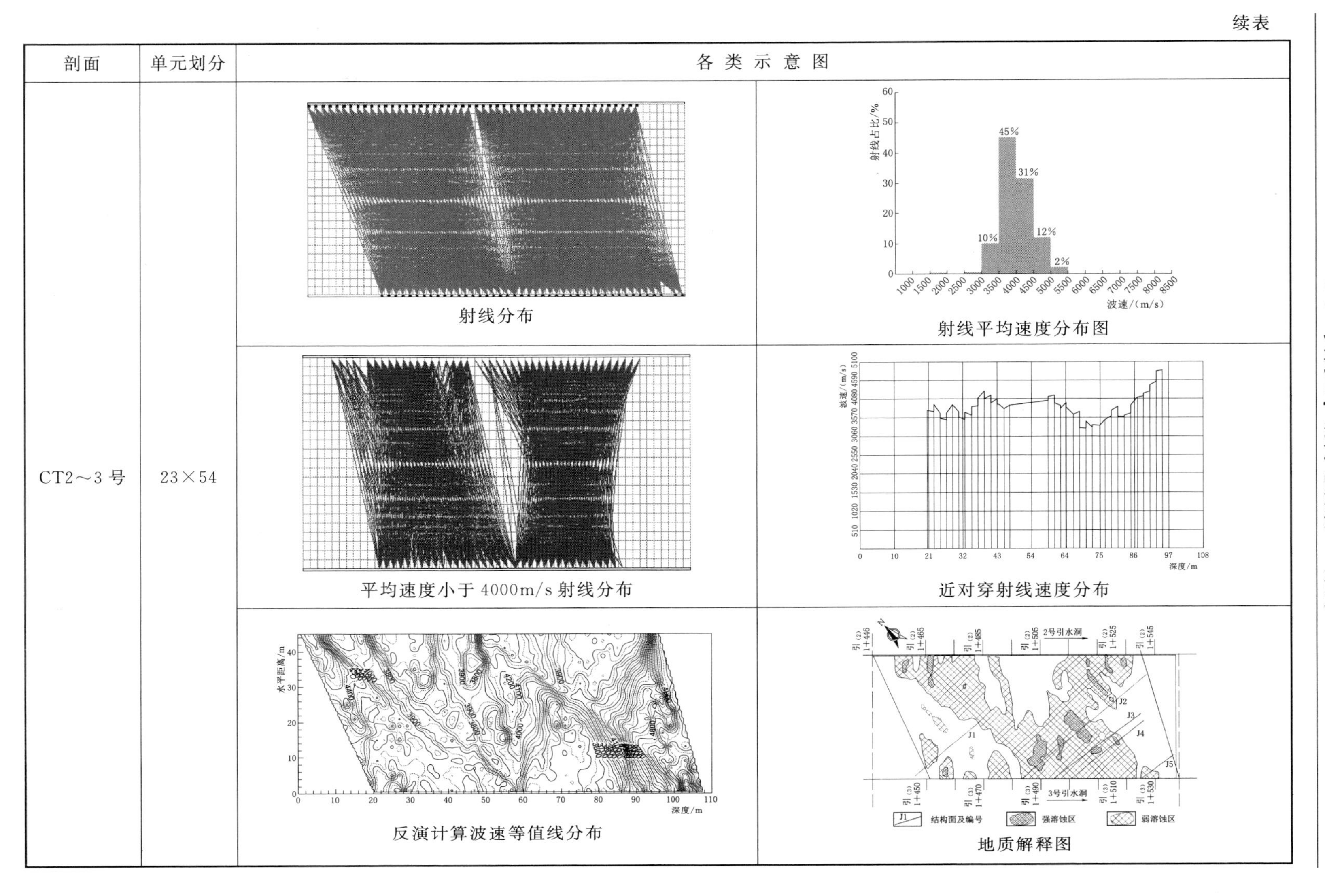 射线分布 射线平均速度分布图 平均速度小于4000m/s射线分布 近对穿射线速度分布 反演计算波速等值线分布 地质解释图

续表

剖面	单元划分	各类示意图
CT3～4号	23×47	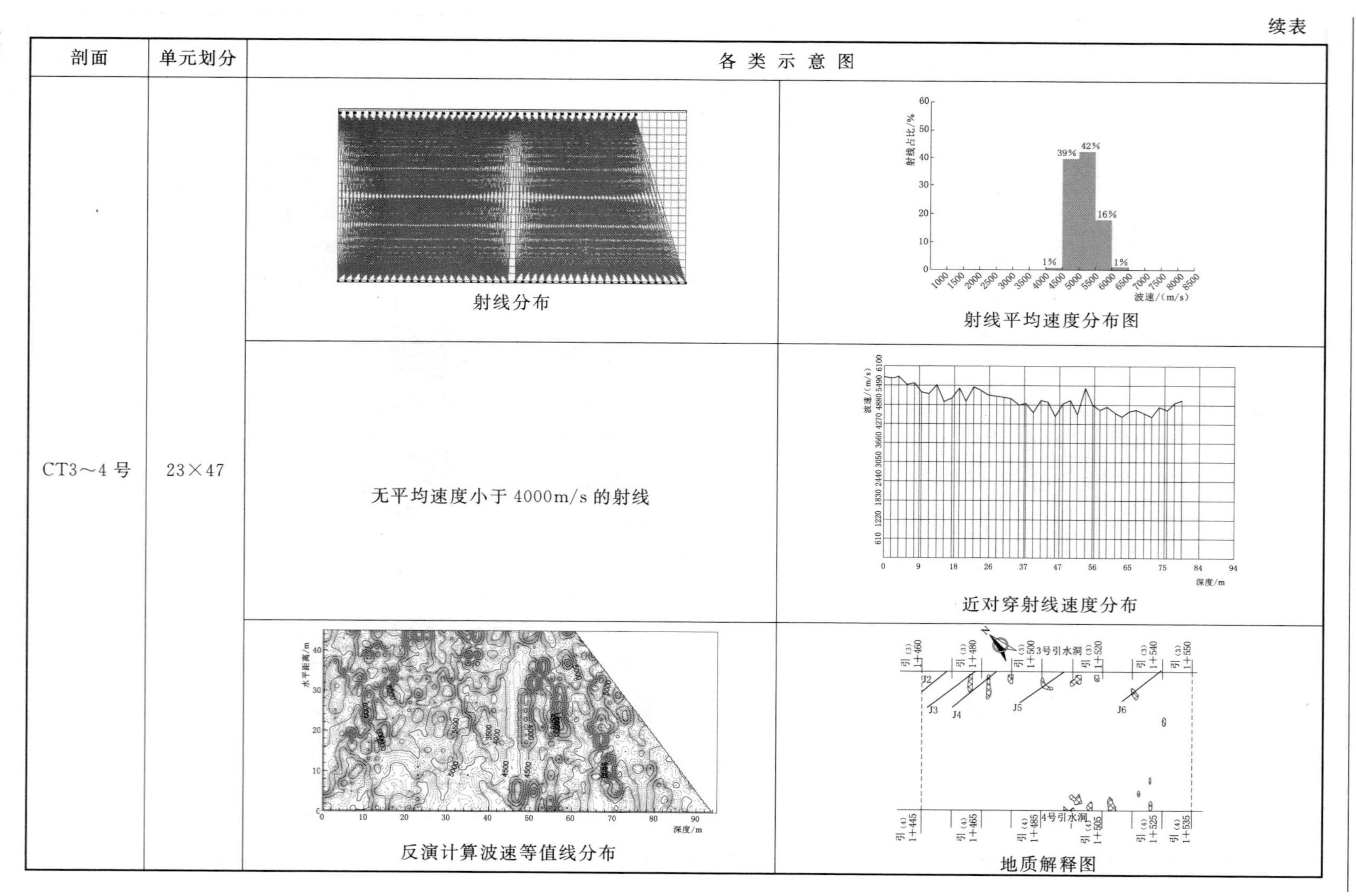 射线分布 射线平均速度分布图 无平均速度小于4000m/s的射线 近对穿射线速度分布 反演计算波速等值线分布 地质解释图

6.3.3 正反演计算与解释

西端引水洞岩溶Ⅳ区段洞间地震波CT剖面正反演计算成果与地质解释见表6.3-2，具体如下：

(1) 1～2号剖面。地震波射线平均波速低于4000m/s的射线占11%，主要位于1号引水隧洞引$_{(1)}$1+465～1+504和2号引水隧洞引$_{(2)}$1+440～1+490洞间，低于周边围岩的波速，推测为溶蚀区；其中射线平均波速低于3000m/s的射线主要位于1号引水隧洞桩号引$_{(1)}$1+470～1+502和2号引水隧洞桩号引$_{(2)}$1+469～1+489洞间，远低于周边围岩的波速，推测为强溶蚀区。反演计算波速等值线分布在波速3000m/s和4000m/s左右分别有等值线密集带，结合地质资料，该剖面的地质解释成果见表6.3-2中的地质解释图。

(2) 2～3号剖面。地震波射线平均波速低于4000m/s的射线占55%，主要位于2号引水隧洞引$_{(2)}$1+452～1+492与3号引水隧洞桩号引$_{(3)}$1+452～1+490洞间以及2号引水隧洞引$_{(2)}$1+505～1+539与3号引水隧洞桩号引$_{(3)}$1+490～1+518洞间，低于周边围岩的波速，推测为弱溶蚀区。反演计算波速等值线分布在波速4000m/s左右有等值线密集带，结合地质资料，该剖面的地质解释成果见表6.3-2中的地质解释图。

(3) 3～4号剖面。地震波射线平均波速均大于4000m/s，根据反演计算波速等值线分布，局部波速有低于4000m/s，可能存在局部溶蚀区，结合地质资料，该剖面的地质解释成果见表6.3-3中的地质解释图。

6.3.4 钻孔及孔内电视验证

根据地震波CT探测地质解释成果，分别在2号引水隧洞南、北侧壁和3号引水隧洞北侧壁布置了13个勘探验证孔，并采用钻孔电视观察钻孔孔壁的岩溶发育情况，钻孔孔壁岩溶发育描述及孔内电视孔壁图片见表6.3-3。验证结果表明，地震波CT探测地质解释成果符合实际情况。

表6.3-3　各剖面正反演计算成果与地质解释

孔号及位置	孔深范围/m	孔壁岩溶发育描述
ZK33 引$_{(2)}$1+457.4南	0～2.7	套管（因破碎护壁）
	2.7～4.0	溶蚀裂隙发育，岩体较破碎
	4.0～5.4	溶洞及破碎区
	5.4～5.9	溶蚀裂隙不发育，岩体完整性差
	5.9～7.5	溶洞及其碎块堆积物。7.5m之后堵塞无法拍摄

续表

孔号及位置	孔深范围/m	孔壁岩溶发育描述
ZK33 引$_{(2)}$1+457.4南	孔内电视图片	
ZK34 引$_{(2)}$1+466.2南	0～5.2	套管（因破碎护壁）
	5.2～5.8	岩体完整性差
	5.8～12.6	在6.4～9.6m、10.1～11.6m、12～12.6m深发育3段溶洞，碎块堆积物充填
	孔内电视图片	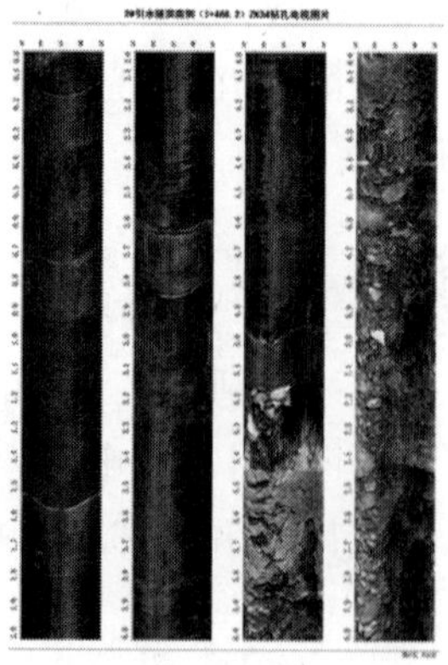 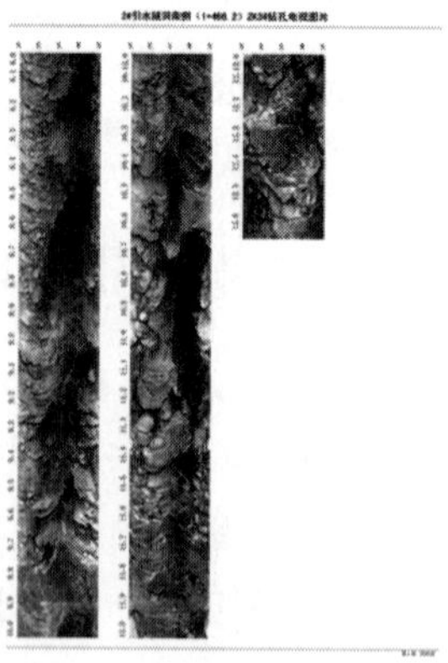
ZK35 引$_{(2)}$1+521.4南	0～0.4	岩体完整
	0.4～1.7	溶蚀裂隙发育，岩体较破碎
	1.7～3.4	岩体较完整
	3.4～4.2	小溶洞，无充填
	4.2～6.4	岩体较完整，溶蚀裂隙不发育
	6.4～7.7	溶蚀裂隙发育，岩体较破碎
	7.7～11.6	局部溶蚀裂隙发育，岩体较破碎—较完整

续表

孔号及位置	孔深范围/m	孔壁岩溶发育描述
ZK35 引₍₂₎1+521.4南	孔内电视图片	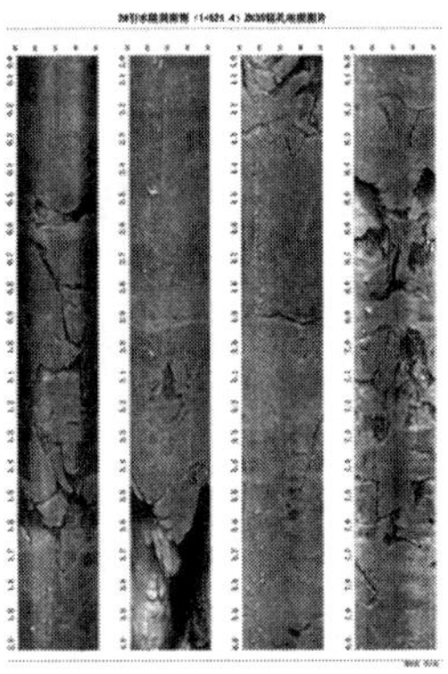 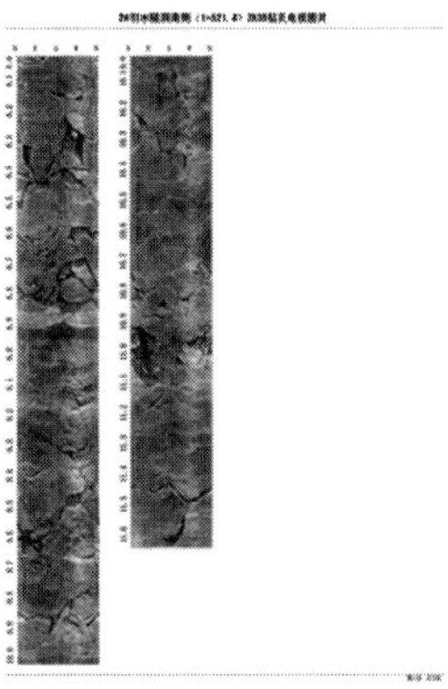
ZK36 引₍₂₎1+528南	0～7.6	岩体较完整，溶蚀裂隙不发育
	7.6～8.2	岩体破碎，溶蚀裂隙发育
	8.2～8.8	岩体较完整，溶蚀裂隙不发育
	8.8～10.8	岩体破碎—较破碎，溶蚀裂隙很发育
	10.8～12.2	岩体破碎—完整性差，局部溶蚀裂隙发育
	12.2～12.9	岩体破碎—较破碎，溶蚀裂隙很发育
	12.9～13.9	岩体较完整，溶蚀裂隙不发育
	13.9～15.5	溶洞，无充填。15.5m之后堵塞无法拍摄
	孔内电视图片	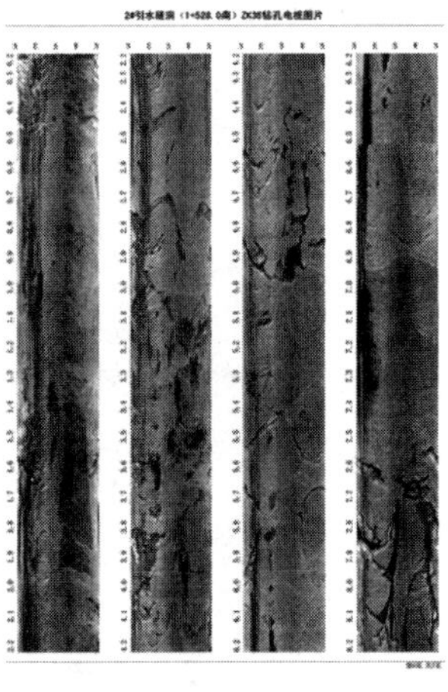 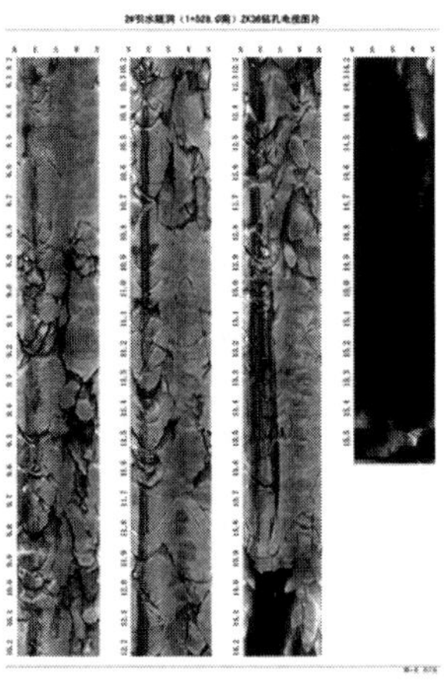

续表

孔号及位置	孔深范围/m	孔壁岩溶发育描述
ZK37 引$_{(2)}$1+534南	0.3～1.8	在1.5m、1.8m发育溶蚀裂隙，局部充填岩溶胶结物，岩体完整性差
	1.8～9.9	在3.1m、3.9m、5.0m、5.4m、6.3m、7.1m、7.4m、7.7m、8.5m、9.1m处发育溶蚀裂隙，张开无充填，岩体大多较完整，局部完整性差
	孔内电视图片	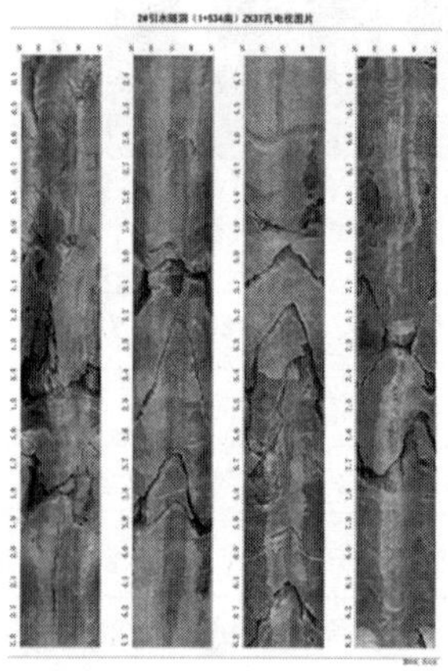 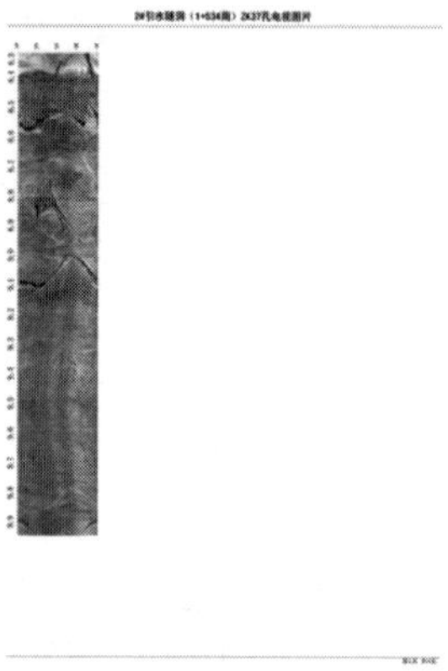
ZK38 引$_{(3)}$1+456.4北	0～7.5	在0.3m、0.6m、2.1m、6.6m处发育节理，无溶蚀现象，岩体完整—较完整
	孔内电视图片	

续表

孔号及位置	孔深范围/m	孔壁岩溶发育描述
ZK39 引$_{(3)}$1+488.6北	0～11.7	在0.4～0.7m、1.0～1.2m、1.4m、1.7m、2.0～2.9m、3.1m、3.7～4.3m、5.1m、6.0～6.6m、9.9m、10.2～10.6m、11.1m、11.3m、11.6m处发育溶蚀裂隙，多为张开，该段岩体为完整性差—较完整
	11.7～12.9	溶洞及其碎块堆积物
	12.9～15.4	岩体较完整，溶蚀裂隙不发育
	15.4～15.6	小溶洞及其碎块堆积物
	15.6～16.0	岩体较完整，溶蚀裂隙不发育
	16.0～19.5	溶洞及其碎块堆积物
	19.5～20.6	在20.2m、20.3m发育溶蚀裂隙，岩体较完整
	孔内电视图片	  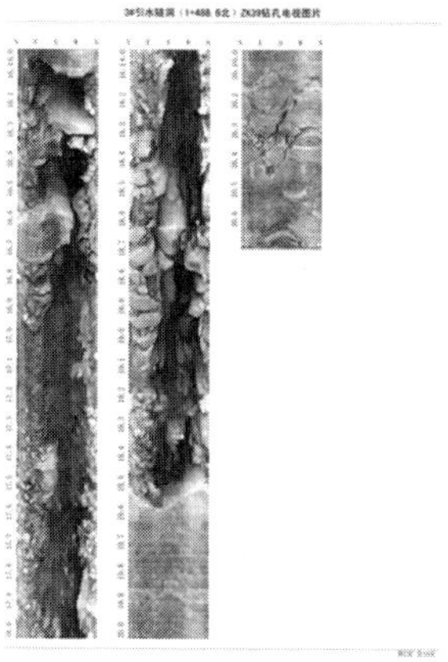

续表

孔号及位置	孔深范围/m	孔壁岩溶发育描述
ZK40 引$_{(3)}$1+497北	0～9.6	在0.3m、1.1m、1.5m、2.3m、2.8m、3.8m、4.0～4.3m、4.5m、5.7m、6.1m、6.6m、8.5m、8.7m、9.4m处发育溶蚀裂隙，多为张开，该段岩体为完整性差—较完整
	9.6～9.8	溶蚀宽缝，无充填
	9.8～13.0	岩体较完整，溶蚀裂隙不发育
	13.0～13.7	溶洞及其碎块堆积物。13.7m之后堵塞无法拍摄。备注：该孔根据现场岩芯了解，13.0～21.7m均为溶洞及其碎块堆积物，21.7～22.1m为较完整基岩
	孔内电视图片	
ZK41 引$_{(3)}$1+518.0北	0～1.5	裂隙发育，轻微溶蚀
	1.5～7.5	岩体较完整，裂隙不发育
	7.5～14.8	7.6～7.9m、8.5m、9.0m、9.1m、11.4m、11.6m、11.9m、12.4m、12.5m、13.0m发育溶蚀裂隙，岩体完整性差—较完整
	14.8～17.8	14.8～15.1m、15.6～15.8m、16.0～16.5m段为溶洞，无充填
	17.8～19.6	溶洞，无充填
	19.6～21.4	完整岩体
	21.4～21.6	21.4～21.6m段溶洞，碎块堆积物充填。21.6m之后堵塞无法拍摄。备注：该孔根据现场岩芯了解，21.6～31.0m均为溶洞及其碎块堆积物

续表

<table>
<tr><th>孔号及位置</th><th>孔深范围/m</th><th colspan="2">孔壁岩溶发育描述</th></tr>
<tr><td rowspan="2">ZK41
引(3)1＋518.0 北</td><td rowspan="2">孔内电视图片</td><td>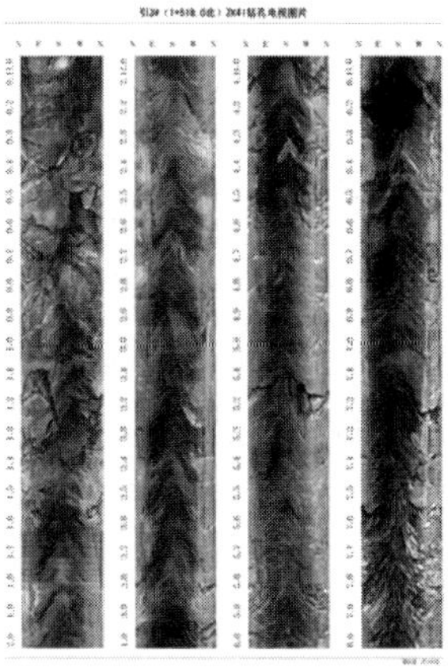</td><td>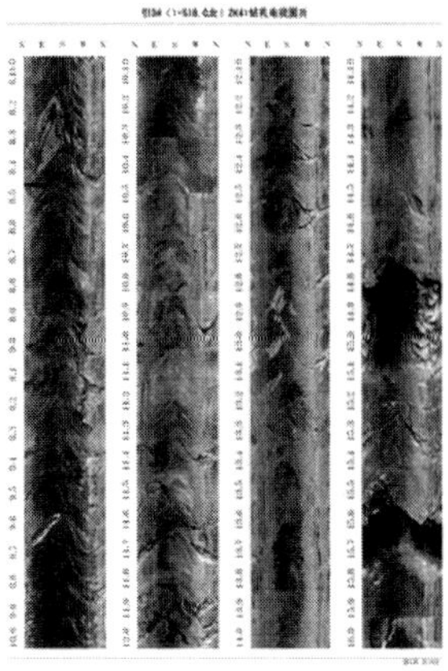</td></tr>
<tr><td>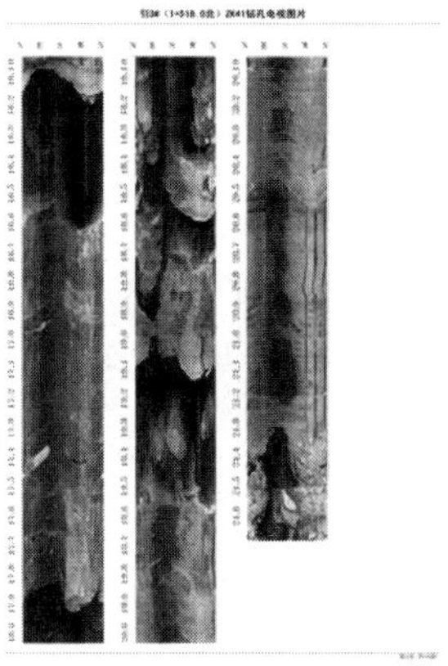</td><td></td></tr>
<tr><td rowspan="2">ZK42
引(2)1＋440.8 北</td><td>0～5.0</td><td colspan="2">岩体较完整，溶蚀裂隙不发育</td></tr>
<tr><td>孔内电视图片</td><td colspan="2">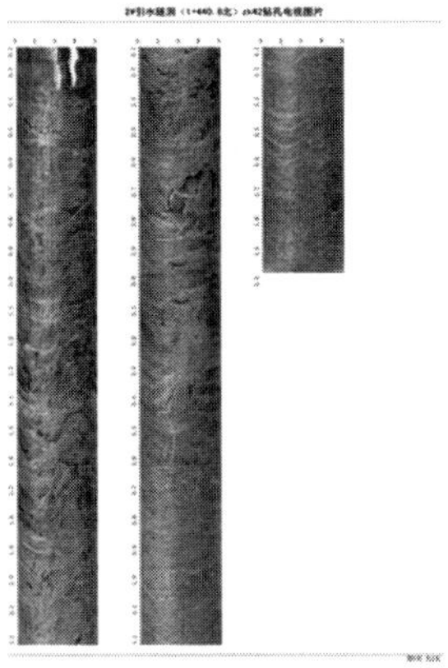</td></tr>
</table>

续表

孔号及位置	孔深范围/m	孔壁岩溶发育描述
ZK43 引$_{(2)}$1+468.4北	0～7.1	套管（因破碎护壁）
	7.1～8.0	岩体较破碎，溶蚀裂隙发育
	8.0～11.3	在8.0～8.6m、9.1m、9.3～9.5m、9.9m、10.2～11.3m发育溶蚀裂隙或岩溶破碎带，岩体较破碎—完整性差
	11.3～11.5	溶洞，无充填
	11.5～13.9	岩体较完整，溶蚀裂隙不发育
	13.9～15.4	溶洞，局部碎块堆积物充填
	15.4～17.6	15.9m、16.2m、16.4m、17.0m、17.3m处发育溶蚀裂缝，岩体完整性差
	17.6～18.3	溶洞，少量碎块体堆积物充填。18.3m之后堵塞无法拍摄。备注：18.3m之后钻机钻杆因溶洞堆积物卡断无法拔出
	孔内电视图片	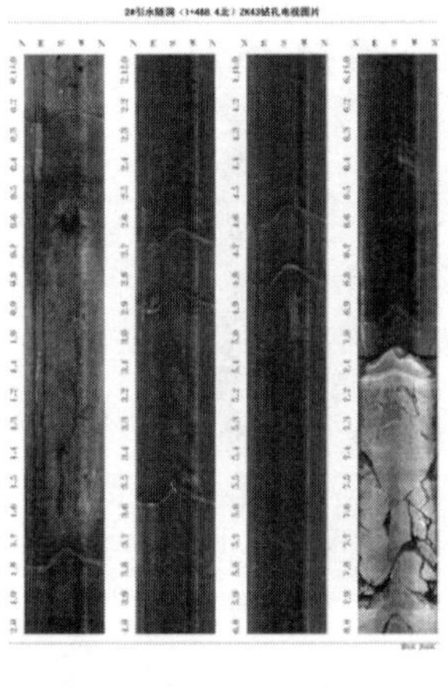 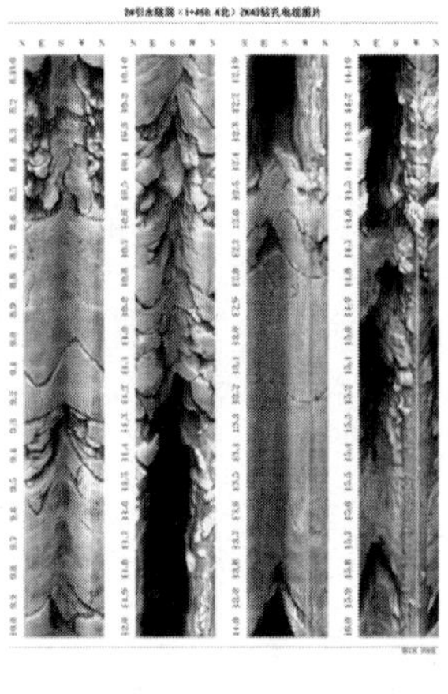 

续表

孔号及位置	孔深范围/m	孔壁岩溶发育描述
ZK44 引$_{(2)}$1+488.7北	0～6.2	岩体较完整，溶蚀裂隙不发育
	6.2～15.7	在6.2～6.4m、7.4～7.8m、8.0～8.6m、9.0m、9.2m、9.6m、10m、10.2m、10.4～11m、11.2m、11.5～11.9m、12.4m、12.7m、13.3～13.7m、13.9～14.2m、14.4m、15.1m发育溶蚀裂隙或岩溶破碎带，岩体多为较破碎
	15.7～23.6	该段为溶洞，局部有碎块堆积物充填
	23.6～27.2	23.7m、25.1m发育溶蚀裂隙，岩体较完整
	27.2～27.5	溶洞，无充填
	27.5～28.0	岩体较完整，溶蚀裂隙不发育
	28.0～31.1	溶洞，无充填
	孔内电视图片	

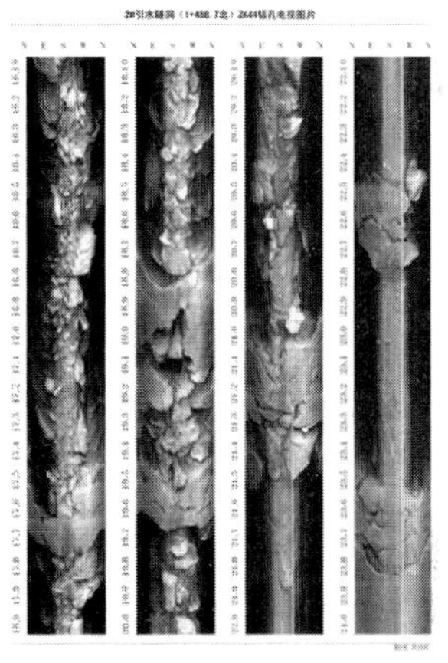

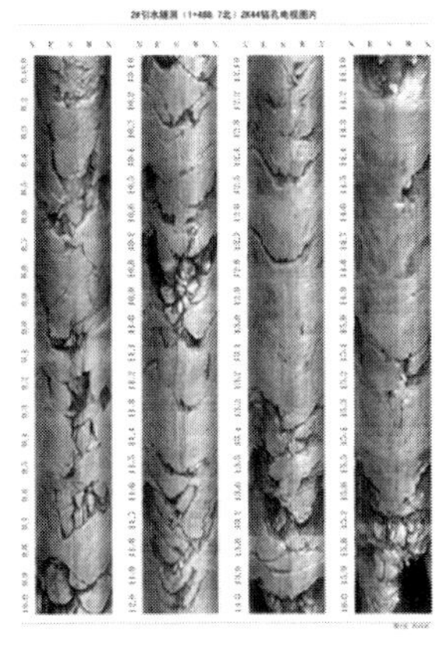

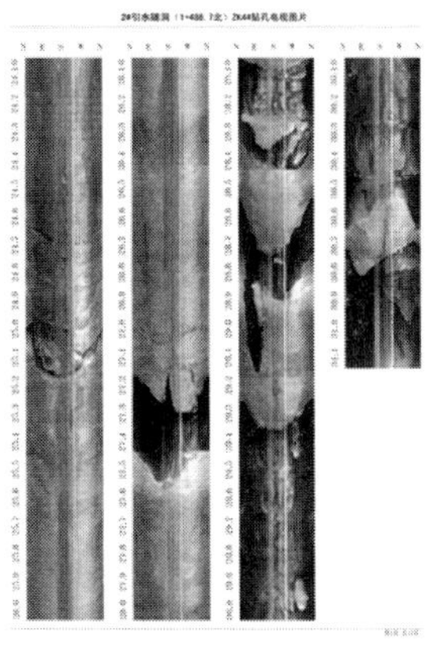

续表

<table>
<tr><th>孔号及位置</th><th>孔深范围/m</th><th colspan="2">孔壁岩溶发育描述</th></tr>
<tr><td rowspan="7">ZK45
引₍₃₎1+490.6北</td><td>0～5.5</td><td colspan="2">较完整，溶蚀裂隙不发育</td></tr>
<tr><td>5.5～6.8</td><td colspan="2">该段溶蚀裂隙发育，局部岩体较破碎</td></tr>
<tr><td>6.8～10.1</td><td colspan="2">岩体相对较完整</td></tr>
<tr><td>10.1～16.0</td><td colspan="2">局部溶蚀裂隙较发育，岩体完整性差</td></tr>
<tr><td>16.0～16.3</td><td colspan="2">溶洞，碎块堆积物充填。16.3m之后堵塞无法拍摄。(注：该孔根据现场岩芯了解，16.3～20.1m均为溶洞及其碎块堆积物)</td></tr>
<tr><td rowspan="2">孔内电视图片</td><td></td><td></td></tr>
<tr><td></td><td></td></tr>
</table>

6.4 实例四：城市地下岩溶地震波 CT 探测

6.4.1 工程概况

某城市地铁 6 号线一期工程线路全长约 26.955km，共设 19 座车站、18 个区间、1 个车辆段及 2 座主变所。线路走向及地理位置中河山路站—凤凰公园站区间拟采用盾构法施工，隧道基底埋深为 17～27m，隧道底板标高为－8.99～－17.46m。

根据初勘和详勘的地质资料，河山路站—凤凰公园站区间下伏基岩为石炭系黄龙组灰岩，上部第四纪地层厚度较大，一般为 36.2～54.5m，土体类型较复杂，性质差异较大，地层从中更新世至全新世均有发育，成因类型较多，主要有海积、冲湖积、冲海积及坡洪积成因等。根据勘探孔揭露的地层结构、岩性特征、埋藏条件及物理力学特征，勘探深度范围内的地基土划分为①$_{1}$ 杂填土、①$_{2}$ 素填土、②$_{3-2}$砂质粉土、③$_{3}$ 砂质粉土夹粉砂、③$_{5}$ 砂质粉土、④$_{1}$ 淤泥质粉质黏土、④$_{2}$ 淤泥质粉质黏土夹粉砂、④$_{3}$ 淤泥质粉质黏土、⑤$_{33}$粉砂、⑦$_{1}$ 黏土、⑦$_{2}$ 粉质黏土、⑦$_{33}$砾砂、⑨$_{1}$ 粉质黏土、⑨$_{2}$ 含砂粉质黏土、⑩$_{2}$ 含砂粉质黏土、(12)$_{1}$ 粉砂、(12)$_{4}$ 圆砾、(16)$_{1}$ 含砾粉质黏土、(16)$_{2}$ 碎石夹黏土、(29)$_{1}$ 全风化灰岩、(29)$_{2}$ 强风化灰岩、(29)$_{3}$ 中风化灰岩、(29)$_{3夹}$溶洞充填物、(30)$_{1}$ 全风化石英砂岩、(30)$_{2}$ 强风化石英砂岩和 (30)$_{3}$ 中等风化石英砂岩等 12 个工程地质层，细分为 25 个亚层和 1 个洞穴堆积物。在河山路站—凤凰公园站区间段，基岩为石炭系黄龙组灰岩，深埋于第四纪地层之下。从埋藏条件来分类，本场区的岩溶为覆盖型岩溶，主要有溶洞、溶隙和土洞等。

根据初勘和详勘的地质资料，勘探深度范围内地下水类型可分为第四系松散岩类孔隙性潜水（以下简称潜水）、基岩裂隙水和岩溶（地下）水。浅部潜水主要赋存于①填土层、②$_{3-2}$层砂质粉土、③$_{3}$ 层砂质粉土夹粉砂和③$_{5}$ 层砂质粉土，中下部⑤$_{33}$粉砂、(12)$_{1}$ 粉砂和 (12)$_{4}$ 圆砾层中，静止水位一般埋深 0.90～3.10m，相当于 85 高程 1.17～6.84m，并随季节的变化而变化。潜水主要接受大气降水和地下侧向径流补给，并以蒸发、侧向地下径流及下渗基岩裂隙水或岩溶水为主要排泄方式。潜水水位年变幅为 1.0～2.0m。

岩溶水主要赋存于场地基底的溶洞、岩溶裂隙及地下暗河之中。岩溶（地下）水主要受上部松散岩类孔隙水竖向缓慢入渗汇入，通过岩溶通道汇入地下暗河之中，其属于渗入式补给。基岩裂隙及岩溶发育，连通性较好，水量较大。

6.4.2 现场探测

在河山路站—凤凰公园站区间共布置了 171 个机钻孔，共完成孔间地震波 CT 探测 209 组，并布置了 2 个地质验证孔 YZK1 和 YZK2。在此，利用 YZK1 验证孔周围探测到各 CT 剖面各射线的数据，对岩溶分布进行二维和三维正反演计算、地质解释

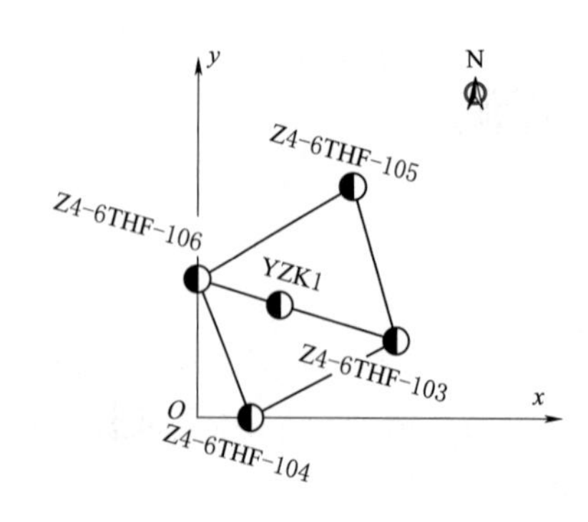

图 6.4-1 YZK1 验证孔周边地震波 CT 剖面平面布置示意图

和验证对比分析。

(1) 观测系统布设。在 YZK1 验证孔周边有 Z4-6THF-103、Z4-6THF-104、Z4-6THF-105、Z4-6THF-106 钻孔，形成 CT103104、CT103105、CT103106、CT104106、CT105106 等 5 组地震波 CT 剖面，平面布置如图 6.4-1 所示，各测孔中接发点间的点距和接收点间的点距均为 1m，各剖面具体几何参数与射线数量见表 6.4-1。

(2) 仪器设备。本项目地震波 CT 探测使用美国 Geometric 公司制造的 NZXP II 地震仪及 12 道井中检波器串；地震波激发使用国产 HX-DHH 型电火花震源，激震能量高达 30KJ。

表 6.4-1 YZK1 验证孔周边地震波 CT 剖面观测系统参数一览表

剖面编号	孔　号	孔口高程/m	探测孔深/m	探测孔段/m	同孔上下测点间距/m	测孔间距/m	射线数量
CT103104	Z4-6THF-103	7.50	60.70	30～59	1	16.3	760
	Z4-6THF-104	7.63	63.60	30～58	1		
CT103105	Z4-6THF-103	7.50	60.70	32～59	1	15.3	693
	Z4-6THF-105	7.55	62.00	32～59	1		
CT103106	Z4-6THF-103	7.50	60.70	30～59	1	20.7	847
	Z4-6THF-106	7.57	62.80	30～59	1		
CT104106	Z4-6THF-104	7.63	63.60	30～60	1	14.2	738
	Z4-6THF-106	7.57	62.80	30～58	1		
CT105106	Z4-6THF-105	7.55	62.00	30～60	1	17.9	707
	Z4-6THF-106	7.57	62.80	30～59	1		

(3) 数据采集。利用高能电火花激发地震波，地震波射线未穿过岩溶的地震波记录初至清晰，首波初至时刻判读容易，触发时刻稳定，典型地震波记录如图 6.4-2 所示。当地震波穿过岩溶时，地震波首波初至时刻增大，首波能量衰减，射线波速明显降低，穿过岩溶的典型地震波记录如图 6.4-3 所示。各剖面各测线的走时见附表 4。

6.4.3 二维正反演计算与成果分析

(1) 单元及射线信息。YZK1 验证孔周边 5 组地震波 CT 剖面、单元划及射线分布见表 6.4-2。

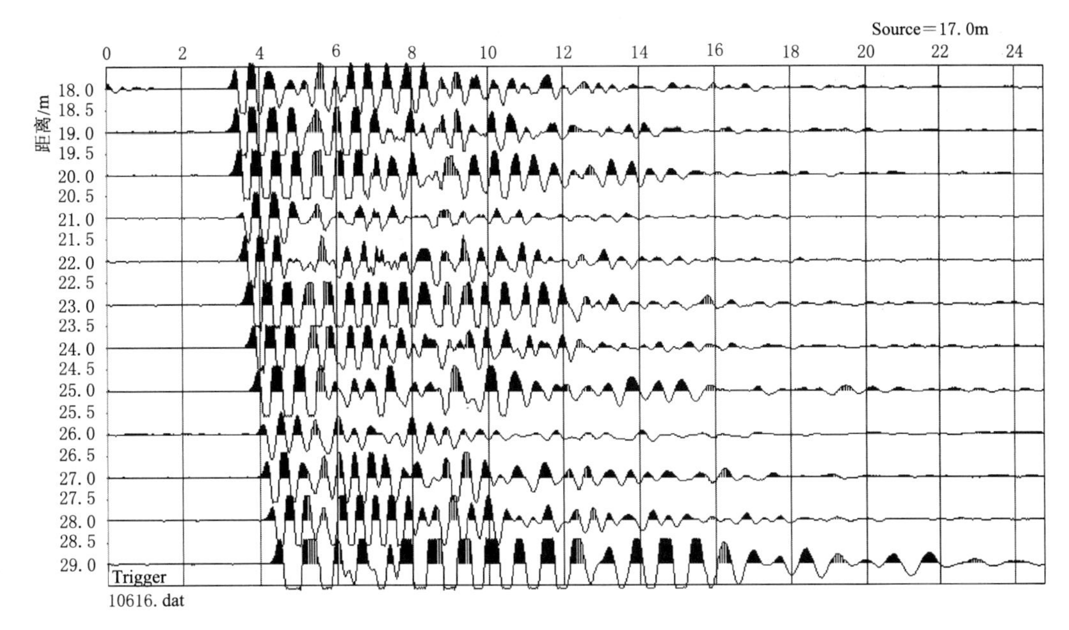

图 6.4-2 未穿过岩溶的地震波波形图

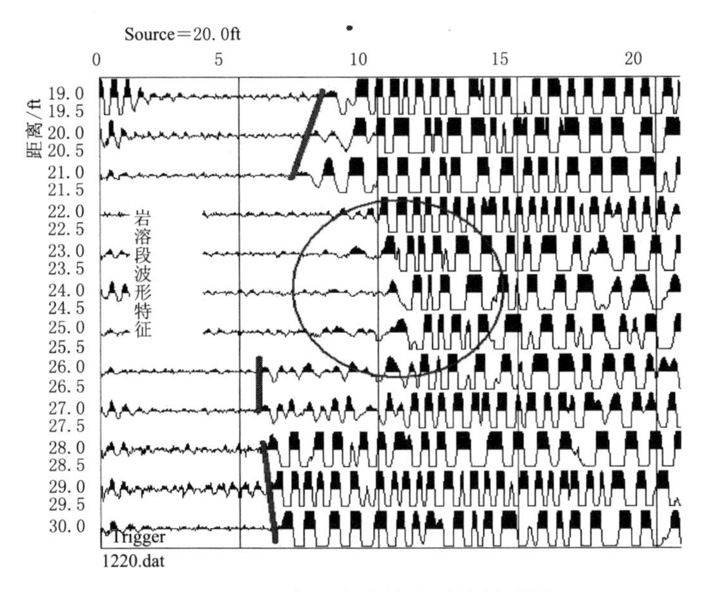

图 6.4-3 穿过岩溶的地震波波形图

（2）成果分析。YZK1 验证孔周边 5 组地震波 CT 剖面的射线平均速度分布、平均速度在 2500～5000m/s 范围的射线分布、水平射线的速度分布及反演计算的波速等值线分布等成果见表 6.4-3。从表 6.4-3 分析可知：

1）钻孔 Z4-6THF-103～Z4-6THF-106 和 YZK1 揭示，覆盖层埋深为 38.0～42.0m，完整新鲜灰岩顶板埋深为 49.9～59.4m。

表 6.4-2　　各剖面单元划分与射线分布

剖面序号	单元划分	剖面及射线分布示意图
CT103104	16×29	*103 −21.50 29.00 ⑩2 −24.20 31.70 ⑯1 −33.20 40.70 ㉙3 −34.10 41.60 ㉙3−1 −40.00 47.50 ㉙3 −48.00 55.50 ㉙3−1 −50.20 57.70 ㉙3 −53.20 60.70 *104 25.60 −17.97 27.30 −19.67 ⑦3−3 ⑨1 30.20 −22.57 30.80 −23.17 ⑩2 31.50 −23.87 ⑫4 ⑥2 38.00 −30.37 ㉙3 40.40 −32.77 ㉙3−1 43.80 −36.17 ㉙3 50.70 −43.07 ㉙3−1 51.80 −44.17 53.00 −45.37 ㉙3 54.30 −46.67 ㉙3−1 55.00 −47.37 ㉙3 56.10 −48.47 ㉙3−1 58.30 −50.67 ㉙3 59.40 −51.77 ㉙3−1 ㉙3 63.60 −55.97
CT103105	16×27	*103 −21.50 29.00 ⑩2 −24.20 31.70 ⑯1 −33.20 40.70 ㉙3 41.60 −34.10 ㉙3−1 −40.00 47.50 ㉙3 −48.00 55.50 ㉙3−1 −50.20 57.70 ㉙3 −53.20 60.70 *105 27.20 −19.65 28.70 −21.15 ⑨1 ⑫4 37.10 −29.55 ⑯1 40.40 −32.85 41.10 −33.55 ㉙3 ㉙3 46.80 −39.25 ㉙3 50.50 −42.95 ㉙3−1 51.00 −43.45 ㉙3 62.00 −54.45
CT103106	21×29	*103 −21.50 29.00 ⑩2 −24.20 31.70 ⑯1 −33.20 40.70 −34.10 41.60 ㉙3 ㉙3−1 −40.00 47.50 ㉙3 −48.00 55.50 ㉙3−1 −50.20 57.70 ㉙3 −53.20 60.70 *106 27.20 −19.63 ⑨1 30.10 −22.53 31.80 −24.23 ⑩2 ⑫4 34.00 −26.43 ⑯1 38.60 −31.03 38.80 −31.23 ㉙3 39.60 −32.03 ㉙3−1 40.80 −33.23 ㉙3 41.80 −34.23 ㉙3−1 42.90 −35.33 ㉙3 44.50 −36.93 ㉙3−1 47.40 −39.83 ㉙3 ㉙3−1 49.90 −42.33 ㉙3 62.80 −55.23

续表

剖面序号	单元划分	剖面及射线分布示意图
CT104106	14×30	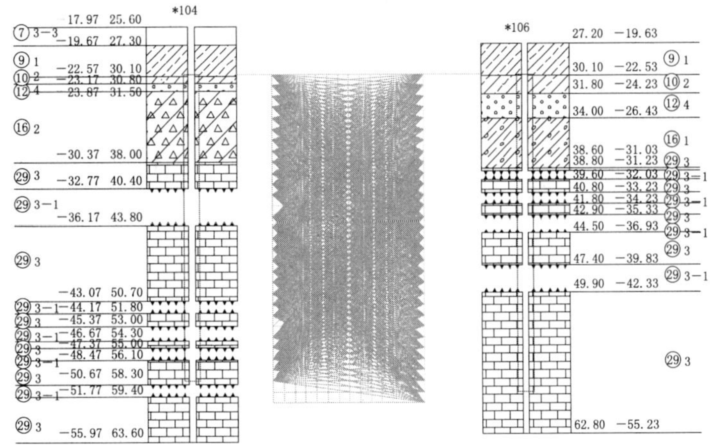
CT105106	18×30	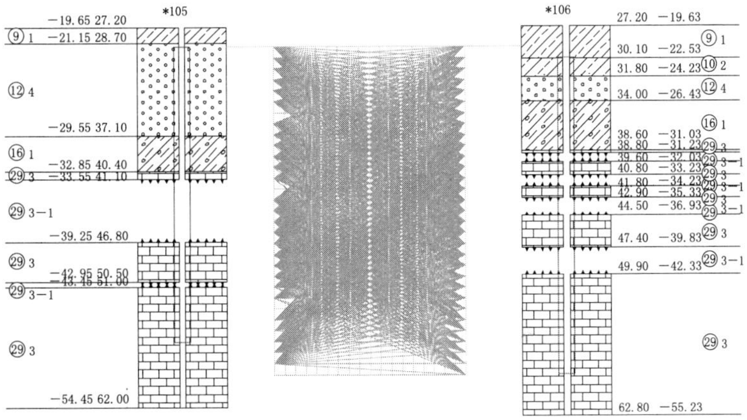

2）根据水平射线平均速度随深度变化曲线分析，覆盖层埋深为38～41m，与钻孔揭示深度比较，最大值相差1m。

3）根据水平射线平均速度在2500～5000m/s范围的射线分布分析，岩溶埋深为38～57m，与钻孔揭示深度比较，最大值相差2.4m。

4）根据反演计算的波速等值线分布分析，覆盖层埋深为37～43m；完整新鲜灰岩顶板埋深为49～59m，与钻孔揭示深度比较，最大值相差0.9m。

6.4.4 地质解释与钻孔验证

根据YZK1验证孔周边5组地震波CT剖面射线平均速度分布、平均速度在2500～5000m/s范围的射线分布、水平射线速度分布及反演计算波速等值线分布成果，结合各探测孔地质资料，经地质解释得到各CT剖面的地质分布情况见表6.4-4。从表6.4-4可知：

表 6.4-3　　YZK1 验证孔周边 5 组地震波 CT 剖面正反演计算成果

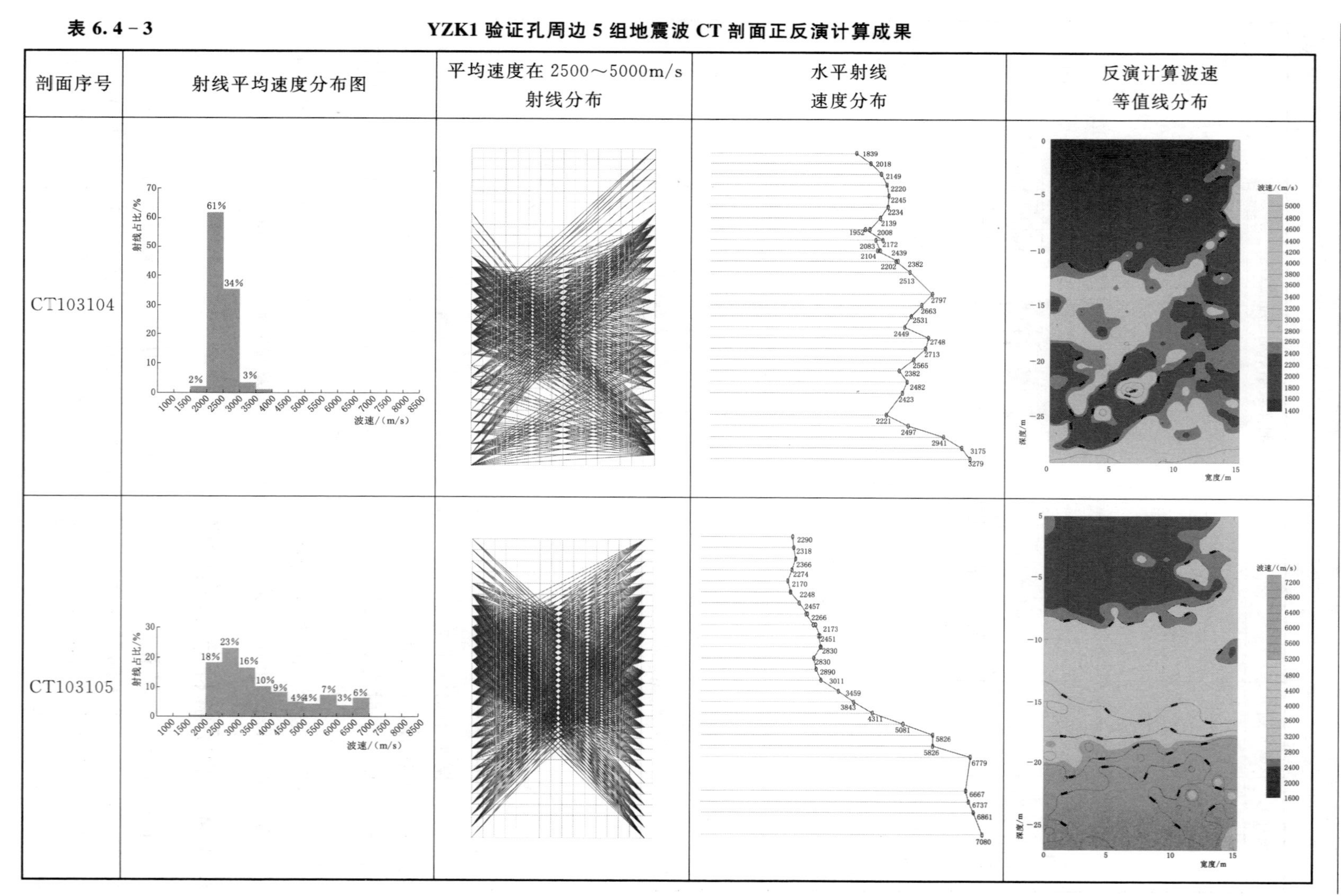

剖面序号	射线平均速度分布图	平均速度在 2500～5000m/s 射线分布	水平射线速度分布	反演计算波速等值线分布
CT103104				
CT103105				

续表

剖面序号	射线平均速度分布图	平均速度在 2500～5000m/s 射线分布	水平射线速度分布	反演计算波速等值线分布
CT103106	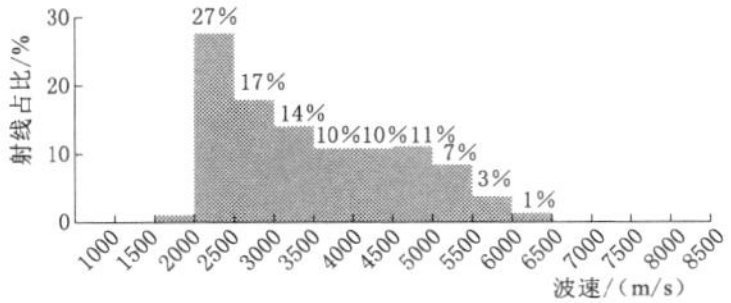	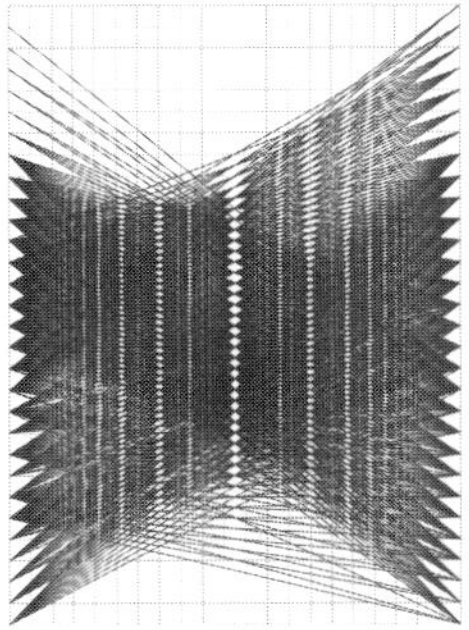	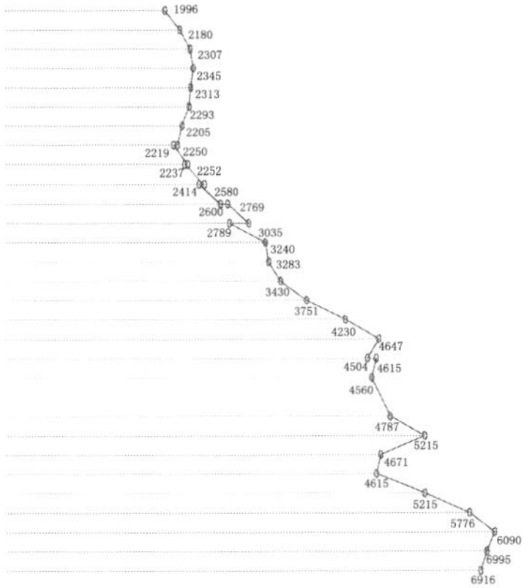	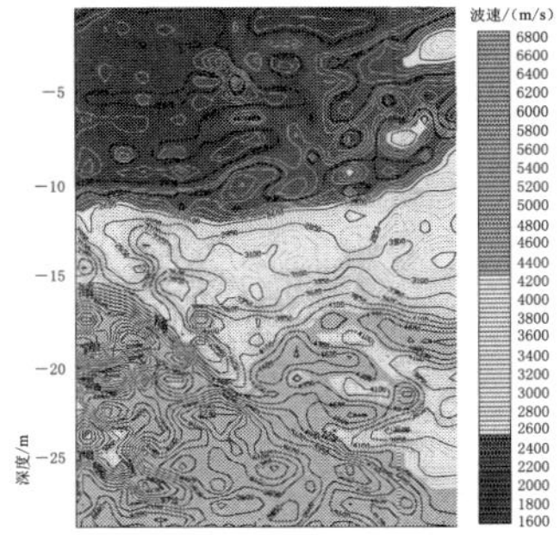
CT104106	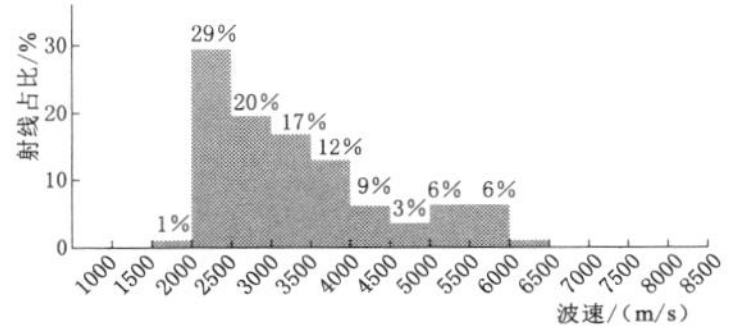	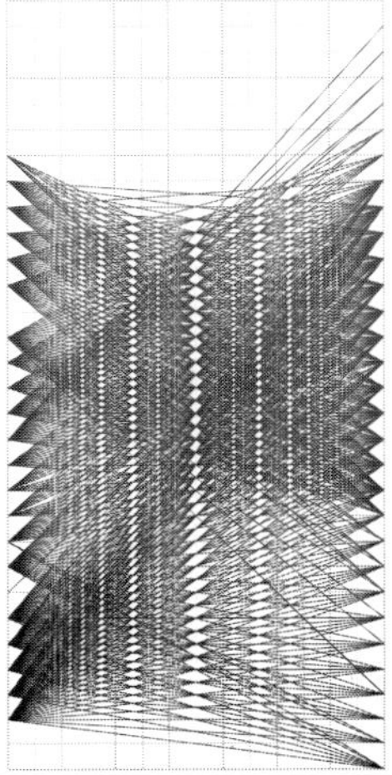	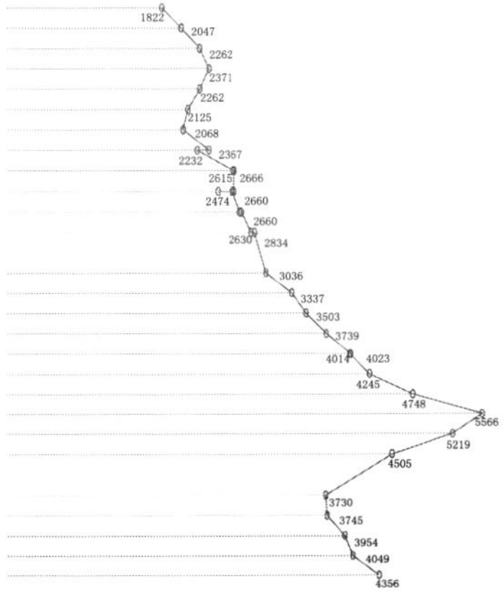	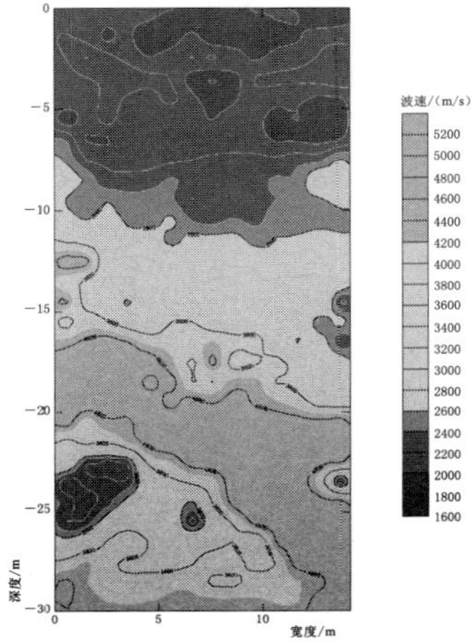

续表

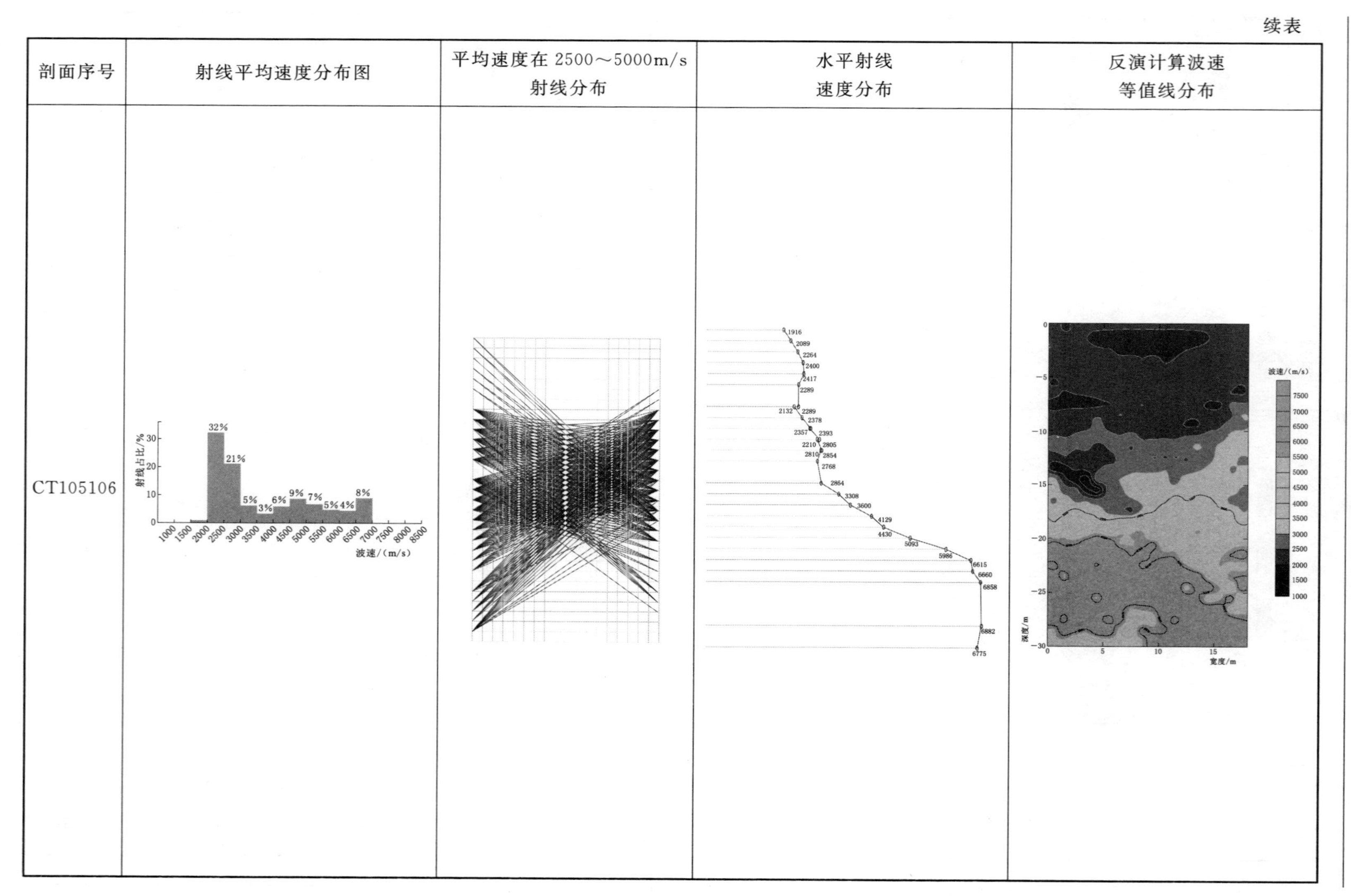

剖面序号	射线平均速度分布图	平均速度在2500～5000m/s射线分布	水平射线速度分布	反演计算波速等值线分布
CT105106				

表 6.4-4　　　　　YZK1验证孔周边各地震波CT剖面地质分布情况

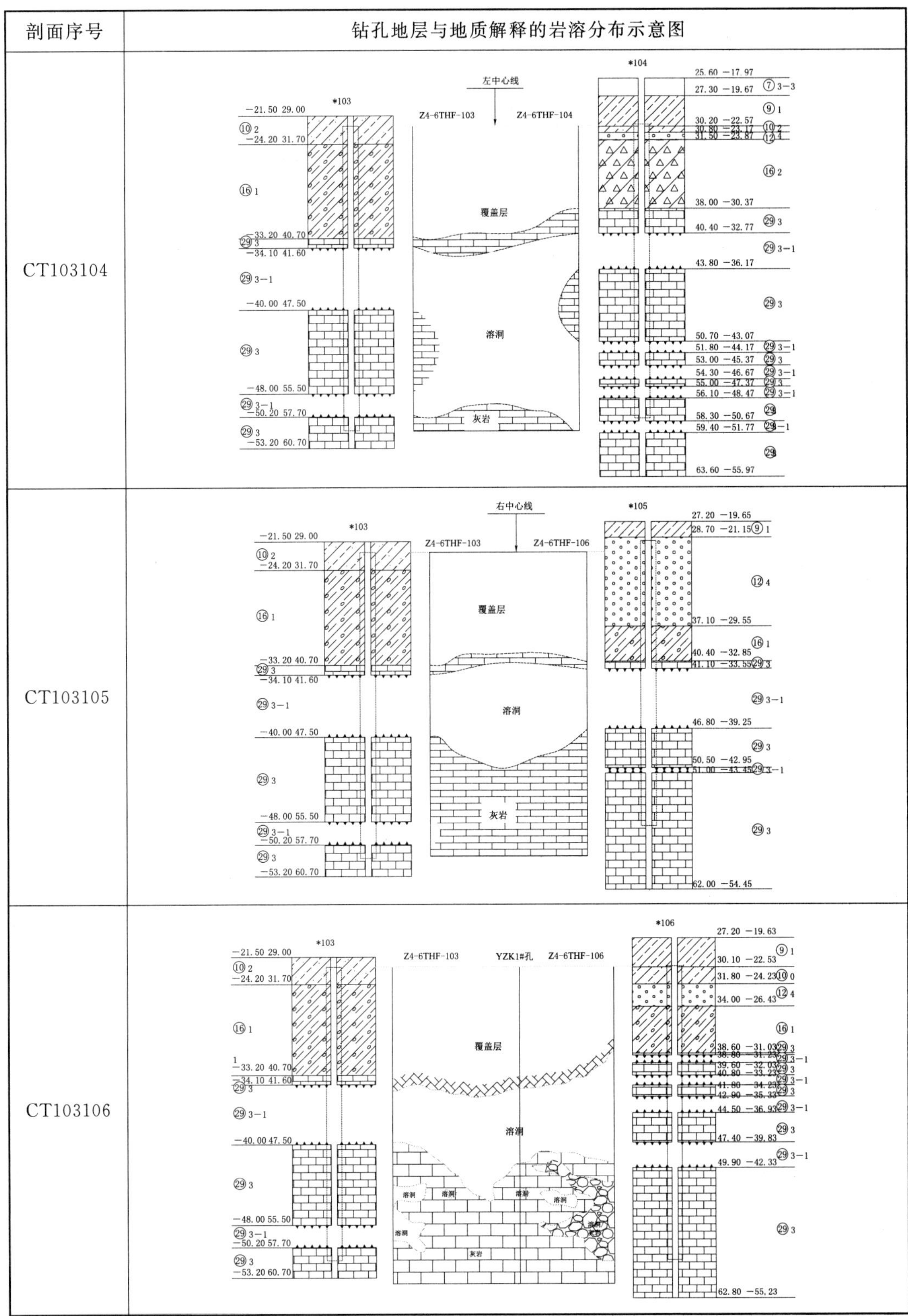

剖面序号	钻孔地层与地质解释的岩溶分布示意图
CT103104	
CT103105	
CT103106	

续表

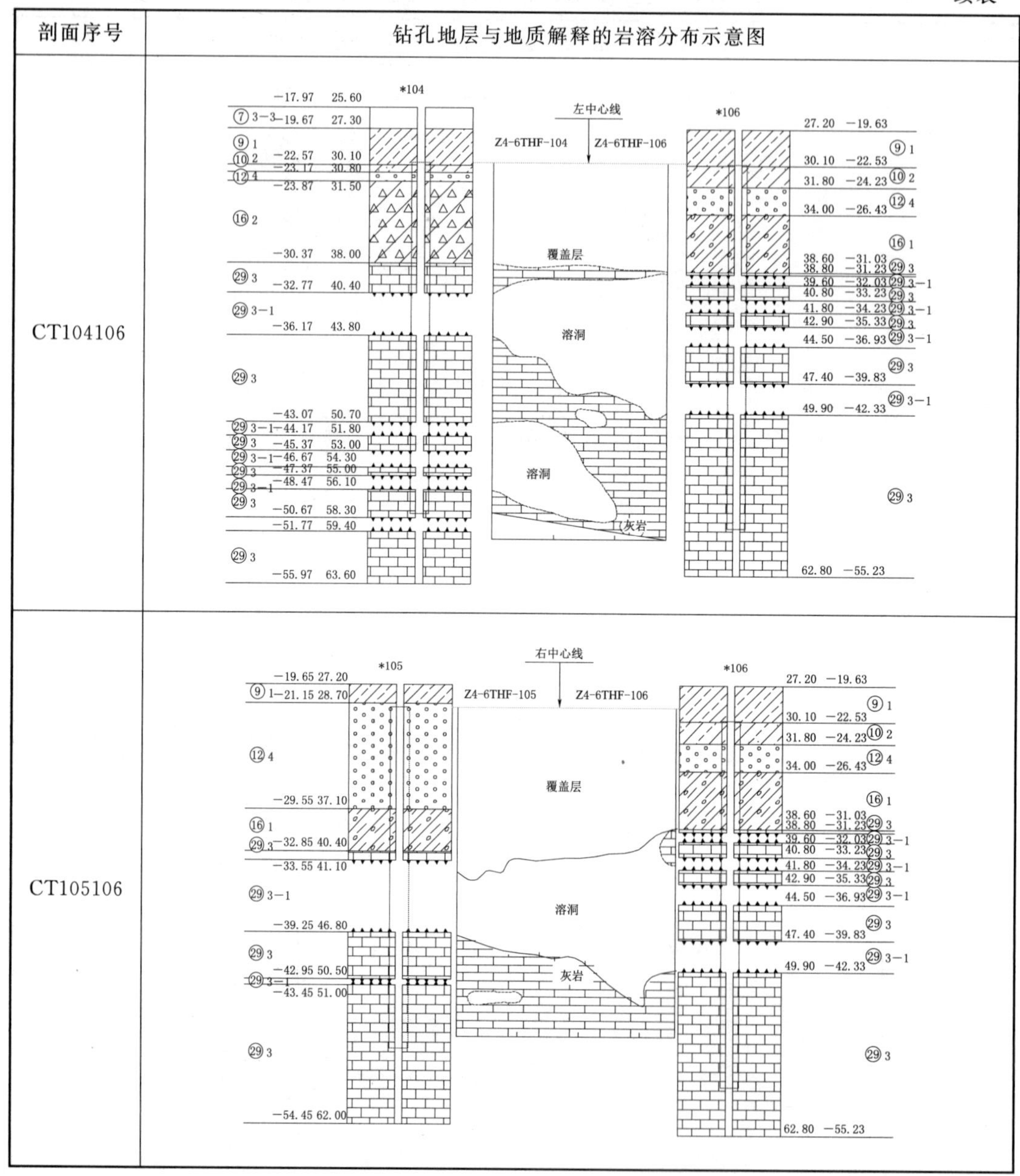

剖面序号	钻孔地层与地质解释的岩溶分布示意图
CT104106	
CT105106	

1）各剖面范围内，岩溶发育，形态复杂。

2）探测范围内，灰岩层厚度最小 0.45m，最大大于 12m；岩溶层厚度最小 3.4m，最大 15m。

3）解释成果与 YZK1 验证孔揭示的地层比较，灰岩层厚度误差范围为－1.67～1.27m，岩溶层厚度误差范围为－1.75～1.37m。

地震波 CT 成果解释岩溶分布与 YZK1 号验证孔揭示的岩溶分布对比分析见图 6.4－4。从图 6.4－4 可知：

1）地震波CT解释的覆盖层厚度为42.15m，YZK1验证孔揭示的覆盖层厚度为41.80m，基本吻合。

2）YZK1验证孔揭示第一层灰岩厚度为0.20m，但地震波CT未能解释出来。

3）地震波CT解释的第一层岩溶高度为6.13m，YZK1验证孔揭示的第一层岩溶高度为5.80m，相差0.33m，基本吻合。

4）YZK1验证孔揭示第二层岩溶高度为4m，但地震波CT未能解释出来。此深度范围内的地震波CT解释波速为2500～4100m/s，应该为灰岩与岩溶互存。

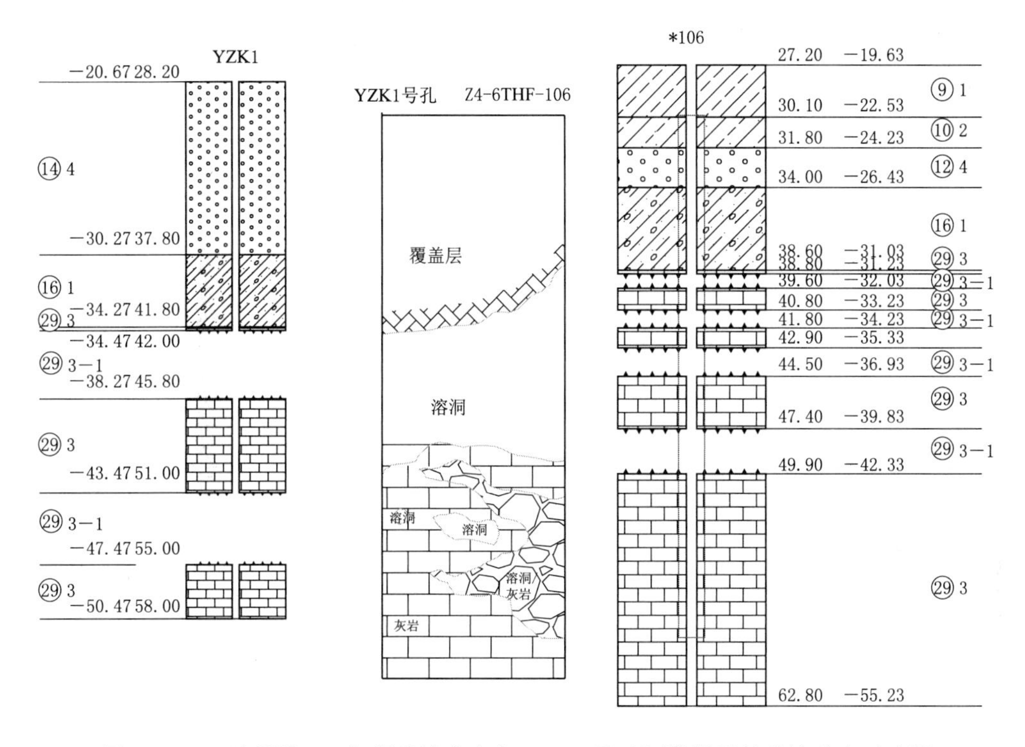

图6.4-4 地震波CT解释岩溶分布与YZK1号验证孔揭示的岩溶分布对比图

6.4.5 三维正反演计算与解释

根据YZK1验证孔周边的CT103104、CT103105、CT103106、CT104106、CT105106等5个地震CT剖面分布及探测数据，建立三维地质模型，应用3DCT软件，初置波速设5500m/s，将BPT法计算的波速作为初始波速进行最短走时路径搜索，然后用DLSQR法反演单元波速，再应用Voxler软件进行三维色谱图和三维平面等值线图展示。

（1）坐标系及几何参数。以正东为 X 轴正方向、正北为 Y 轴正方向、向上为 Z

轴正方向，Z 轴零点设在 -52.47m 高程处。由各剖面构成的地质体为 22m×22m×30m 的长方体，并将该长方体离散为 1815 个 2m×2m×2m 的正方体单元，如图 6.4-5 所示。

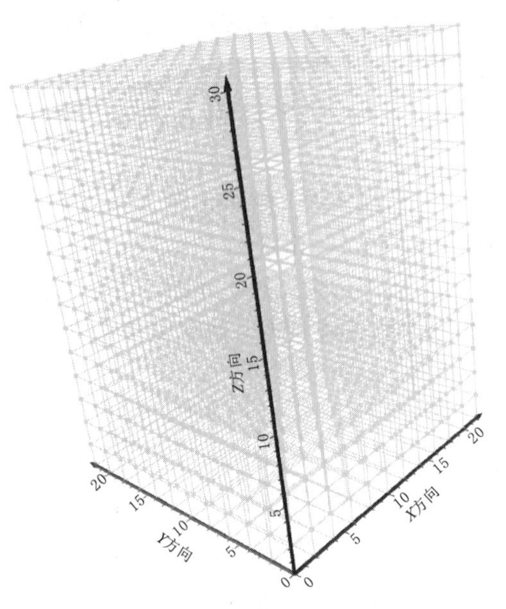

图 6.4-5 坐标系及几何参数

（2）节点及射线信息。由 Z4-6THF-103、Z4-6THF-104、Z4-6THF-105、Z4-6THF-106 钻孔形成的地质体，经离散后有 2304 个节点。CT103104、CT103105、CT103106、CT104106、CT105106 等 5 组地震波 CT 剖面的有效地震波射线共 3745 条，BPT 法计算单元波速时的射线（直线、浅灰线）分布如图 6.4-6 所示，DLSQR 法计算时的各射线最短走时路径（折线、黑线）分布如图 6.4-7 所示。

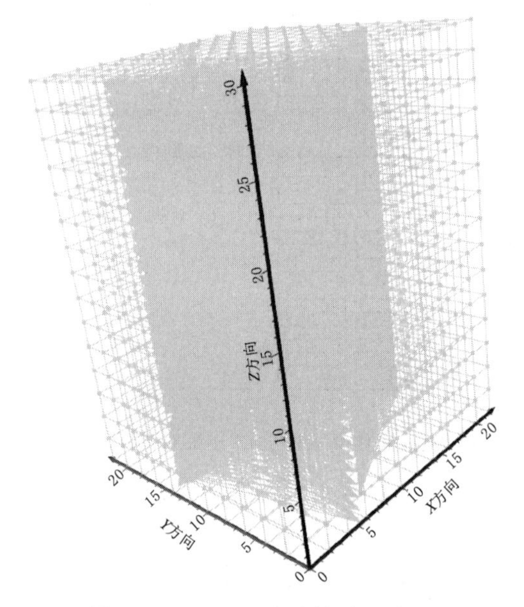

图 6.4-6 BPT 法计算单元波速时的射线分布

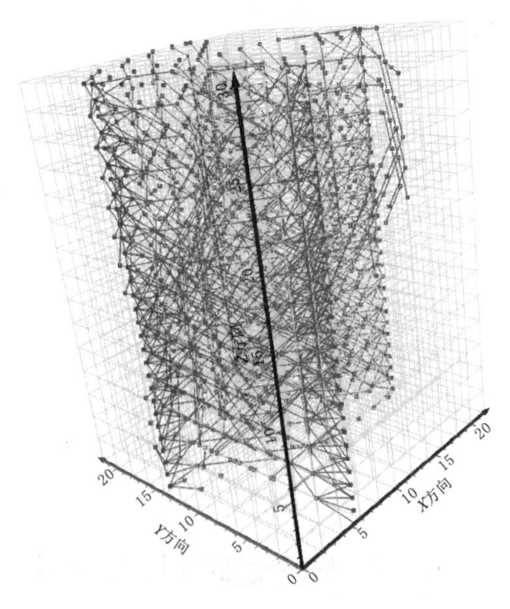

图 6.4-7 DLSQR 法计算时的各射线最短走时路径分布

（3）三维色谱图与等值线图。将初置的单元波速、BPT 法计算的单元波速和 DLSQR 法反演计算的单元波速进行合成，应用 Voxler 软件，获得由 Z4-6THF-103、Z4-6THF-104、Z4-6THF-105、Z4-6THF-106 钻孔所形成地质体内部的三维波速色谱图（图 6.4-8）和各探测剖面的波速等值线图（图 6.4-9）。

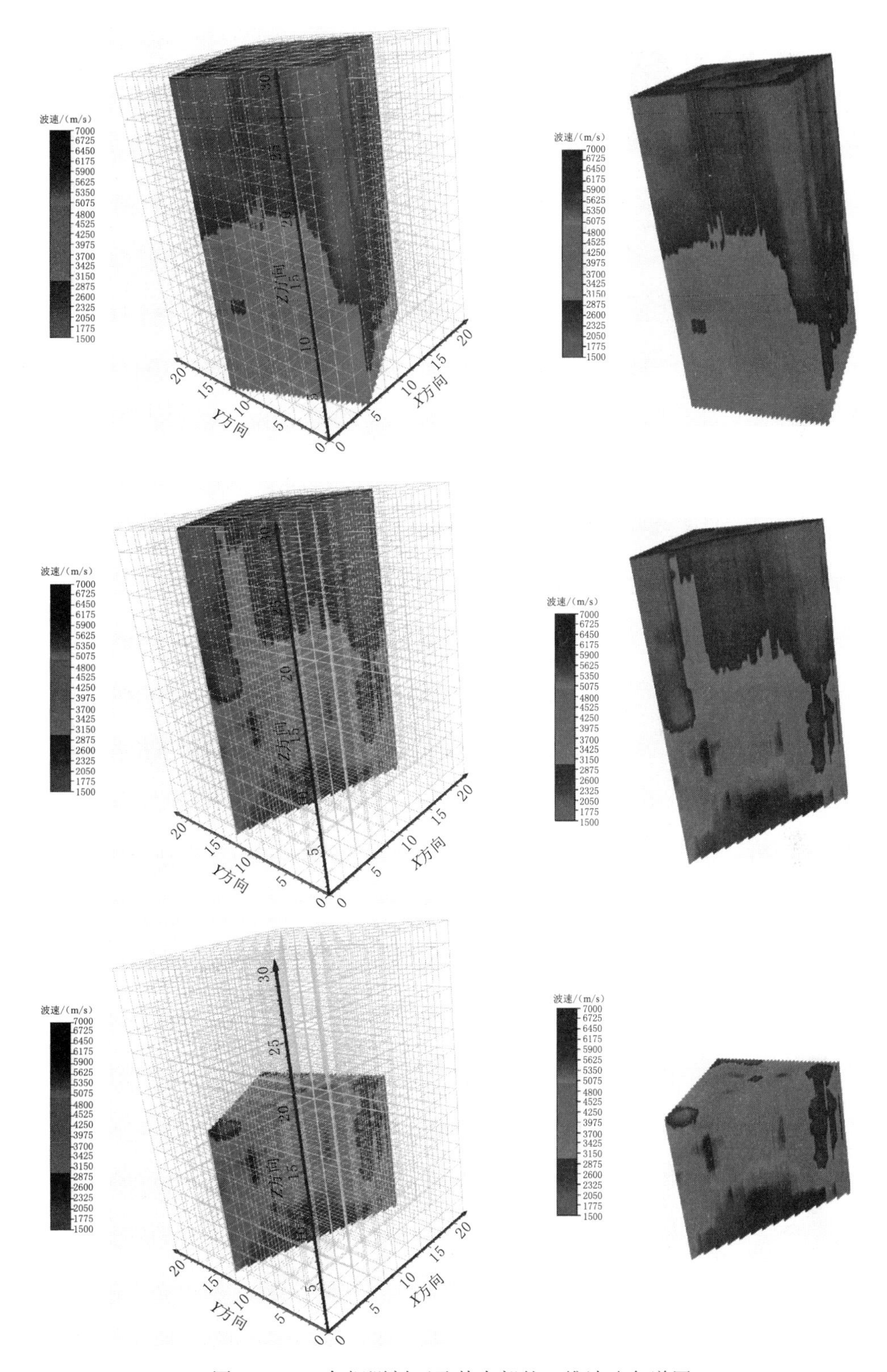

图 6.4-8　各探测剖面及其内部的三维波速色谱图

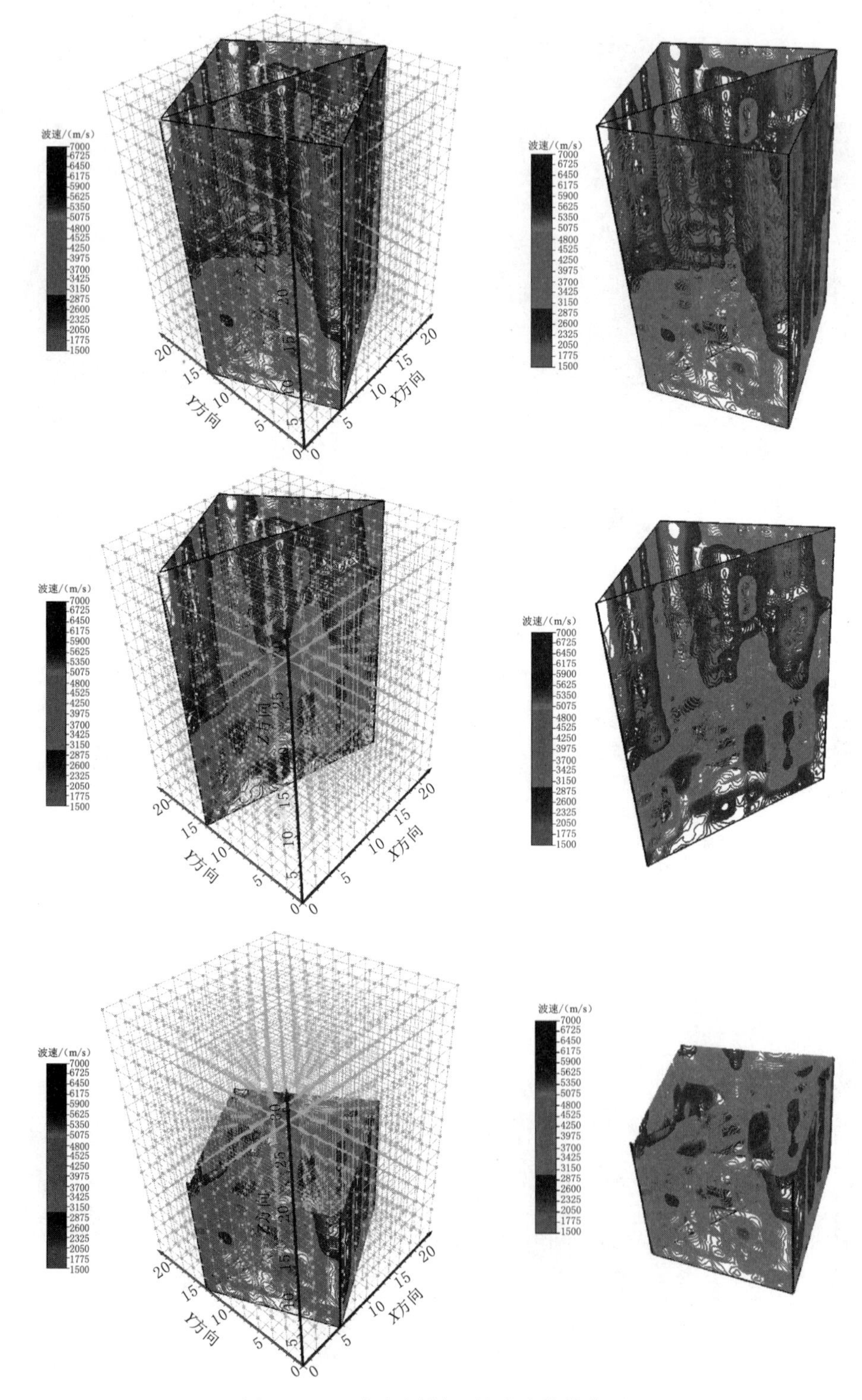

图 6.4-9　各探测剖面的波速等值线图

（4）波速解释精度分析。通过正反演分析可知，地震波射线走时误差大于 20%的共 53 条，占 1.4%；地震波射线走时误差大于 10%小于等于 20%的共 378 条，占 10.1%；地震波射线走时误差在 10%及以内的共 3314 条，占 88.5%。波速解释精度高，各射线走时误差区间范围内的射线数与射线占比如图 6.4-10 所示。

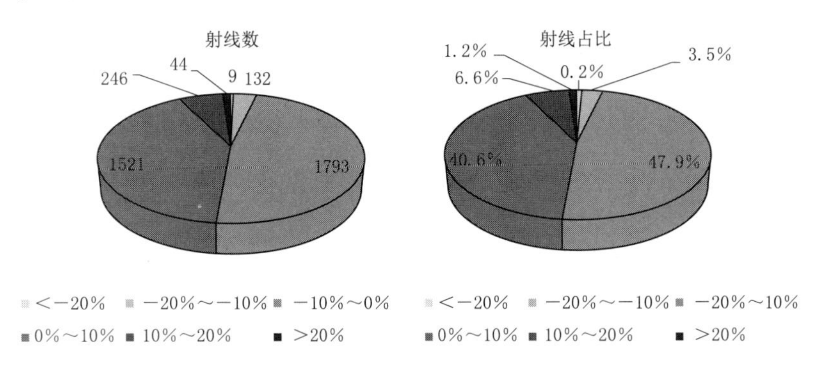

图 6.4-10　各射线走时误差区间范围内的射线数与射线占比

在三维模型中切出 Z4-6THF-106～YZK01 号～Z4-6THF-103 剖面并作波速等值线（图 6.4-11），并导出等值线的网格数据，再绘制其平面等值线分布（图 6.4-12）。将 Z4-6THF-103、Z4-6THF-106 和 YZK01 号各孔揭示的地层深度及地层情况与计算深度相应的正反演计算波速进行对照，情况见表 6.4-5～表 6.4-7。对照可知：波速分布基本能反映地层分布；Z4-6THF-103 孔和 Z4-6THF-106 孔岩溶深度范围误差在 0.5～2.0m；YZK01 号孔揭示岩溶发育且与灰岩互层，波速在 2700～4400m/s，无明显的波速等值线密集带，与地层情况基本一致。

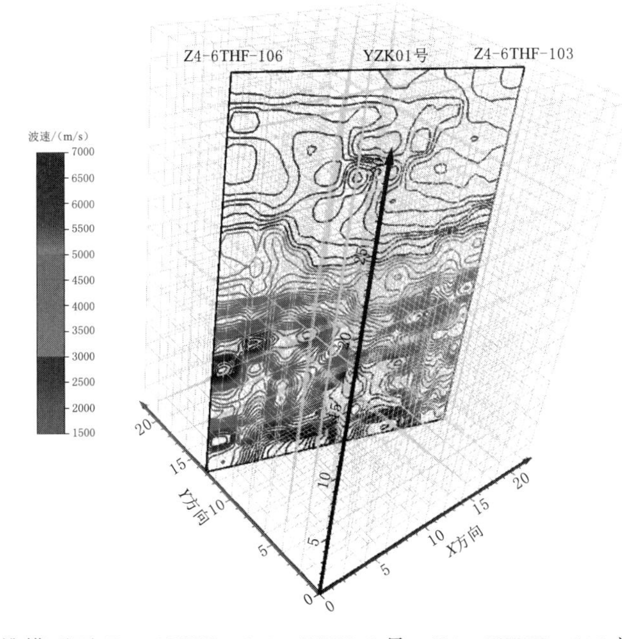

图 6.4-11　三维模型下 Z4-6THF-106～YZK01 号～Z4-6THF-103 剖面的波速等值线图

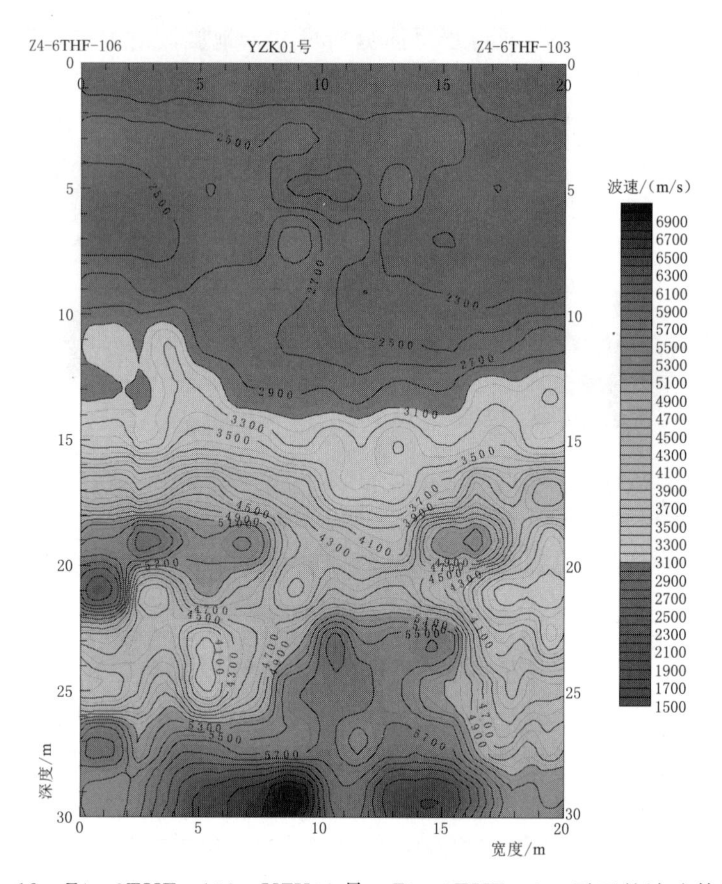

图 6.4-12 Z4-6THF-106～YZK01号～Z4-6THF-103平面的波速等值线图

表 6.4-5 Z4-6THF-103钻孔揭示地层情况与正反演计算波速对照表

深度/m	地层描述	反演波速/(m/s)	备注
11.6～17.5	溶洞：全充填，11.6～14.0m充填含砾粉质黏土，软塑状；14.0～17.5m充填碎石夹黏土，稍密	2900～4100	在10m附近存在波速2500m/s左右的等值线密集带，在16m附近存在波速3800m/s等值线密集带
17.5～25.5	中风化灰岩：白灰色，白灰夹少量浅红色，粗晶结构，质较纯，属较硬岩，RQD一般为30%～50%，局部节理裂隙发育，岩芯较破碎	4100～4500	在18m附近和23.5m附近存在波速4000m/s左右的等值线密集带；在19.5～23.5m存在波速3500～4000m/s等值线
25.5～27.7	溶洞：空洞，无充填，掉钻，无回水	4500～4800	无相对低速区
27.7～30.7	中风化灰岩：白灰色，白灰夹少量浅红色，粗晶结构，质较纯，属较硬岩，岩芯较完整，RQD一般为50%～80%，局部节理裂隙发育，岩芯较破碎	4800～5300	

表6.4-6 Z4-6THF-106钻孔揭示地层情况与正反演计算波速对照表

深度/m	地层描述	反演波速/(m/s)	备注
12.0～15.8	溶洞：为串珠状溶洞，局部为半岩半土，充填含砾粉质黏土	3100～3700	在8m附近存在波速2700m/s左右的等值线密集带，在16.5m附近存在波速4100m/s等值线密集带
15.8～21.0	中风化灰岩：灰、深灰色，岩芯较完整，多呈短柱状、长柱状，局部岩芯破碎，呈碎块状为主，中陡倾角节理裂隙较发育，裂隙面充填方解石脉，岩性致密坚硬，锤击声脆，不易碎	3700～5600	在17.5m附近和22.5m附近存在波速4800m/s左右的等值线密集带
21.0～25.0	溶洞：空洞，无充填，掉钻	5600～4200	在22.5～25.5m存在波速为3700～4500m/s的相对低速区
25.0～28.0	中风化灰岩：灰、深灰色，岩芯较完整，多呈短柱状、长柱状，局部岩芯破碎，呈碎块状为主，中陡倾角节理裂隙较发育，裂隙面充填方解石脉，岩性致密坚硬，锤击声脆，不易碎	4200～6300	

表6.4-7 YZK01#钻孔揭示地层情况与正反演计算波速对照表

深度/m	地层描述	反演波速/(m/s)	备注
8.8～9.6	溶洞：褐红、紫红色，硬可塑状，含砾粉质黏土充填	2700～2800	无明显的等值线密集带
9.6～10.8	中风化灰岩：白灰色，白灰夹少量浅红色，粗晶结构，质较纯，属较硬岩，岩芯较完整，RQD一般为30%～50%，局部节理裂隙发育，岩芯较破碎	2700	无明显的等值线密集带
10.8～11.8	溶洞：灰黄、褐黄、褐红、紫红色，软塑状，含砾粉质黏土充填	2700～2800	无明显的等值线密集带
11.8～12.9	中风化灰岩：白灰色，白灰夹少量浅红色，粗晶结构，质较纯，属较硬岩，岩芯较完整，RQD一般为50%～80%，局部节理裂隙发育，岩芯较破碎	2800～2900	无明显的等值线密集带
12.9～14.5	溶洞：灰黄、褐黄、褐红、紫红色，流塑-软塑状，含砾粉质黏土充填	2900～3200	无明显的等值线密集带

续表

深度/m	地层描述	反演波速/(m/s)	备注
14.5～17.4	中风化灰岩：白灰色，白灰夹少量浅红色，粗晶结构，质较纯，属较硬岩，岩芯较完整，RQD一般为40%～60%，局部节理裂隙发育，岩芯较破碎	3200～4100	在16m附近存在波速3600m/s左右的等值线密集带
17.4～19.9	溶洞：灰黄、褐黄、褐红、紫红色，流塑～软塑状，含砾粉质黏土充填	4100～4400	无明显的等值线密集带
19.9～32.8	中风化灰岩：白灰色，白灰夹少量浅红色，粗晶结构，质较纯，属较硬岩，岩芯较完整，RQD一般为50%～80%，局部节理裂隙发育，岩芯较破碎	4400～7000	在23m附近存在波速5000m/s左右的等值线密集带

6.5　实例五：大直径钻孔灌注桩质量检测

6.5.1　工程概况

某大桥位于钱塘江之上，桥址所处钱塘江河口段，河床宽而浅、潮强流急、涌潮汹涌。该桥主墩及过渡墩采用独柱形墩身，墩身与桩基础之间为单桩独柱形式。桩基采用C30水下混凝土浇筑，桩身直径为3.8m的大直径钻孔灌注桩，按摩擦桩设计。在用声波透射法检测时，发现13Z号桩在50.0～55.0m（高程－40.0～－45.0m）位置存在缺陷，为进一步查清缺陷范围，了解该段混凝土质量，利用桩身中4根声测管，对该桩段开展了声波扫测，并应用CT解释技术，分析该桩段的缺陷分布。4根声测管布置如图6.5－1所示。各剖面常规声波透射法检测成果如图6.5－2所示，其中各剖面混凝土声波临界值的最小值、最大值和平均值分别为2984m/s、4524m/s和4025m/s。

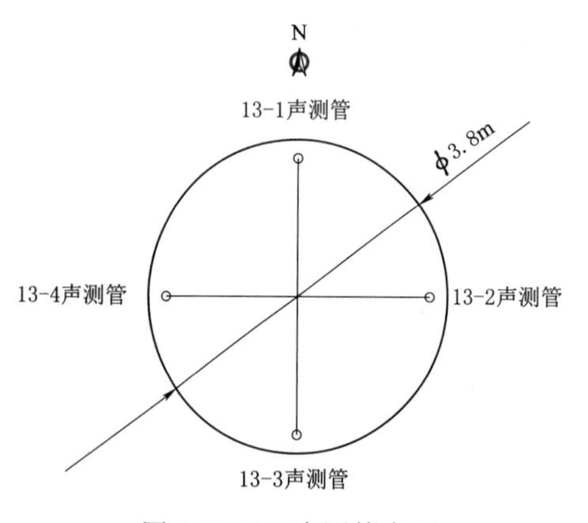

图6.5－1　声测管布置

6.5.2　现场探测

（1）观测系统布设。13Z号灌注桩的声测管平面布置如图6.5－1所示，各声波CT剖面观测系统参数见表6.5－1。

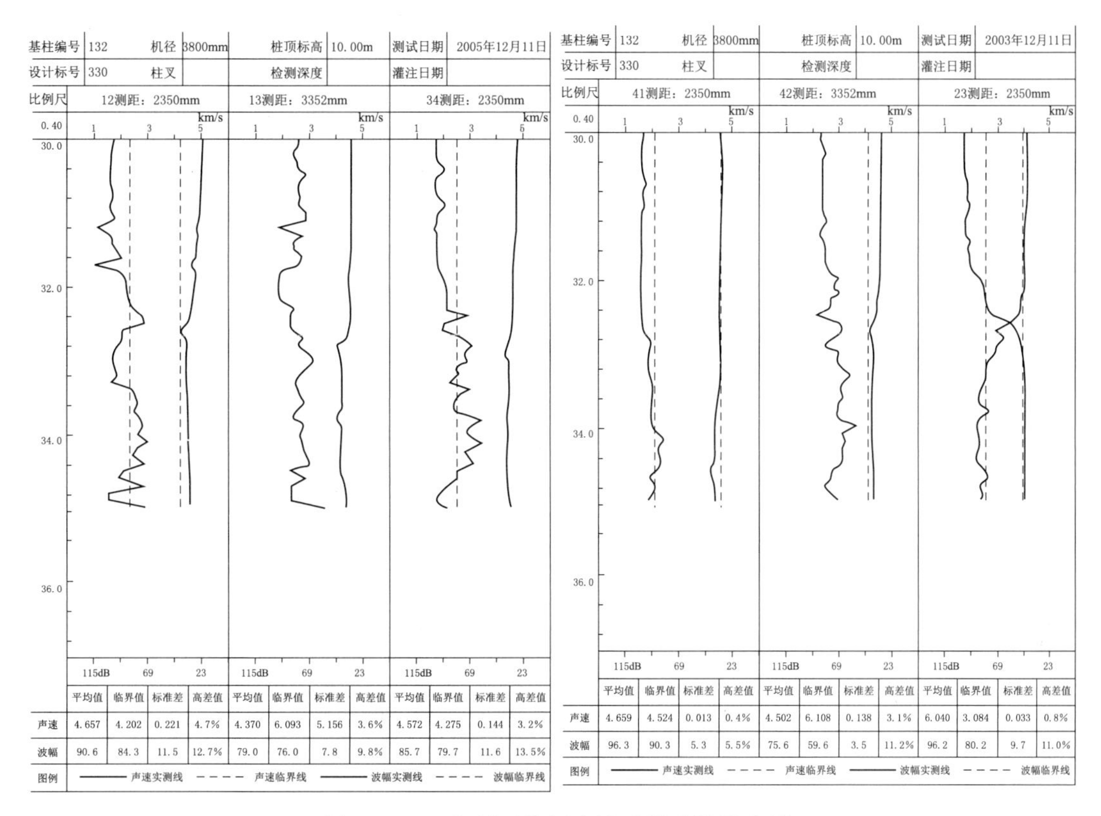

图 6.5－2 各剖面常规声波透射法检测成果

表 6.5－1　　13Z 号灌注桩声波 CT 观测系统参数

剖面编号	孔号	孔口高程/m	测孔深/m	测点间距/m	测孔间距/m	单元划分	射线数量
CT12	13－1	－40.0	5.0	0.2	2.35	24×50	511
	13－2	－45.0					
CT13	13－1	－40.0			3.35	34×50	501
	13－2	－45.0					
CT14	13－1	－40.0			2.35	24×50	511
	13－4	－45.0					
CT23	13－2	－40.0			2.35	26×50	378
	13－3	－45.0					
CT24	13－2	－40.0			3.35	34×50	523
	13－4	－45.0					
CT34	13－3	－40.0			2.35	24×50	378
	13－4	－45.0					

（2）仪器设备。本次声波检测使用RS－ST01D全自动超声波检测仪，测读精度高达0.1μs，具有采样精度高，性能稳定可靠及数据处理能力强等优点。该仪器经法定机构的检定，并处于检定有效期内。

（3）数据采集。在13Z号桩深度50.0～55.0m段，利用预埋的4根声测管进行声波穿透检测。每两根声测管组成一个声波CT检测断面，其中一根声测管放置声波发射换能器，另一根声测管放置接收换能器，以扇形观测方式自下而上进行观测，发射和接收换能器的移动点距为20cm。水平声波穿透检测，点距为10cm。典型声波记录如图6.5－3所示，各剖面声波射线的走时见附表5。

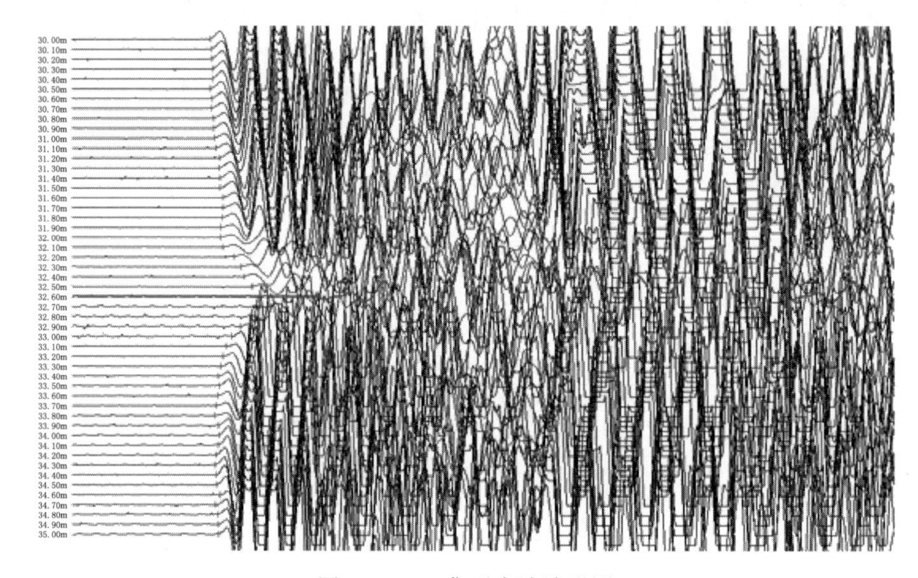

图6.5－3　典型声波波形图

6.5.3　二维正反演计算与成果分析

13Z号桩各声波CT剖面射线平均波速统计见表6.5－2，各剖面的单元划分、射线分布及正反演计算成果见表6.5－3。分析可知：

表6.5－2　13Z号桩各声波CT剖面射线平均波速统计

剖面编号	射线平均波速/(m/s)			射线平均波速4200m/s		备　注
	最大值	最小值	平均值	射线条数	占比/%	
CT12	4715	4058	4485	481	94	剖面上有少量缺陷
CT13	4655	3542	4357	397	79	剖面上有较多缺陷
CT14	4970	4267	4585	511	100	剖面上无缺陷
CT23	4704	3418	4407	352	93	剖面上有少量缺陷
CT34	4745	4122	4485	370	98	剖面上有极少量缺陷
CT42	4655	3933	4384	459	88	剖面上有较多缺陷

表 6.5-3 13Z号桩各声波CT剖面的单元划分、射线分布及正反演计算成果

剖面序号	单元划分	射线分布 / 水平射线速度分布	射线平均速度分布 / 反演计算波速等值线分布	平均速度大于4200m/s的射线分布 / 最短走时路径分布
CT12	25×25	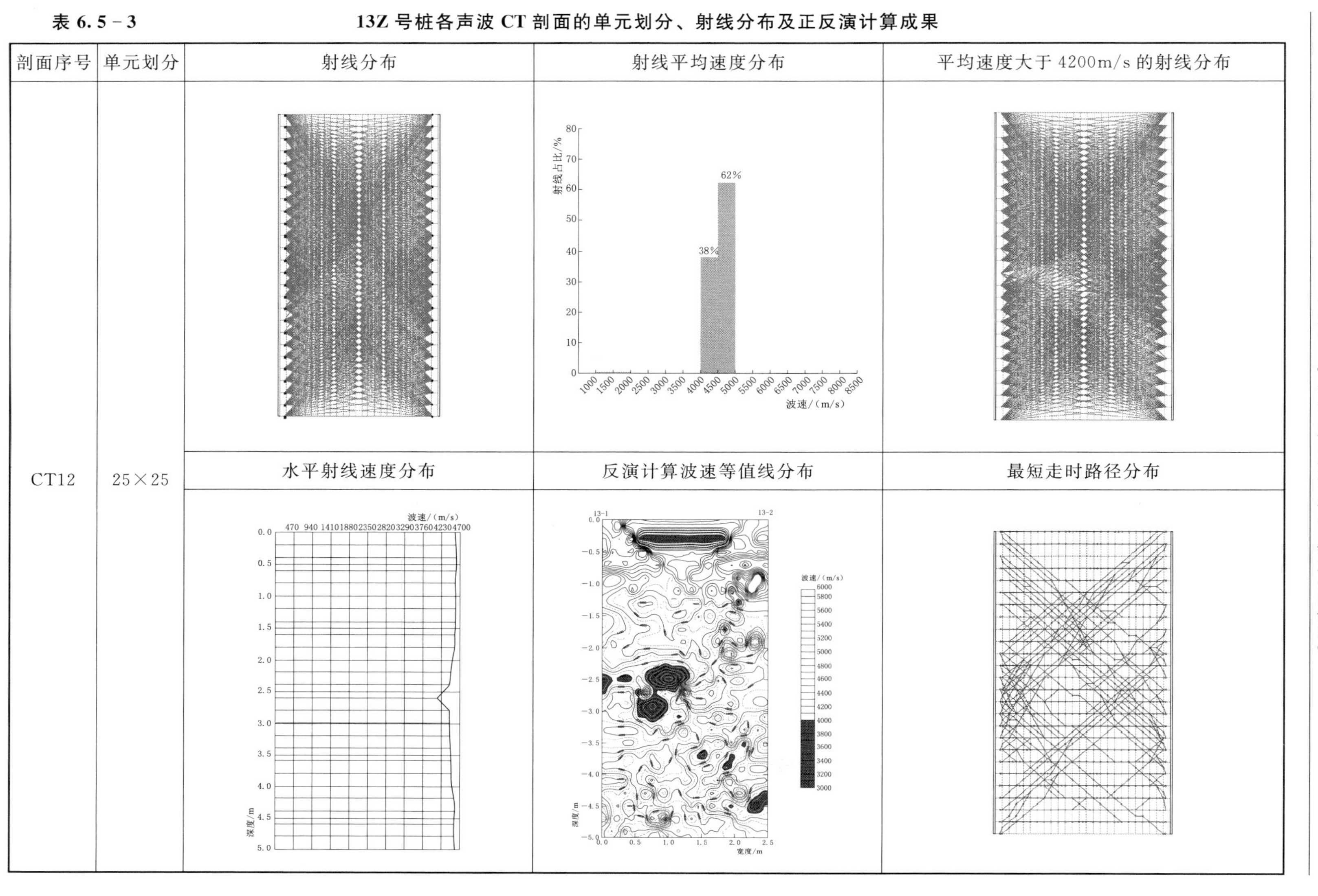		

续表

剖面序号	单元划分	射线分布	射线平均速度分布	平均速度大于 4200m/s 的射线分布
CT13	17×25	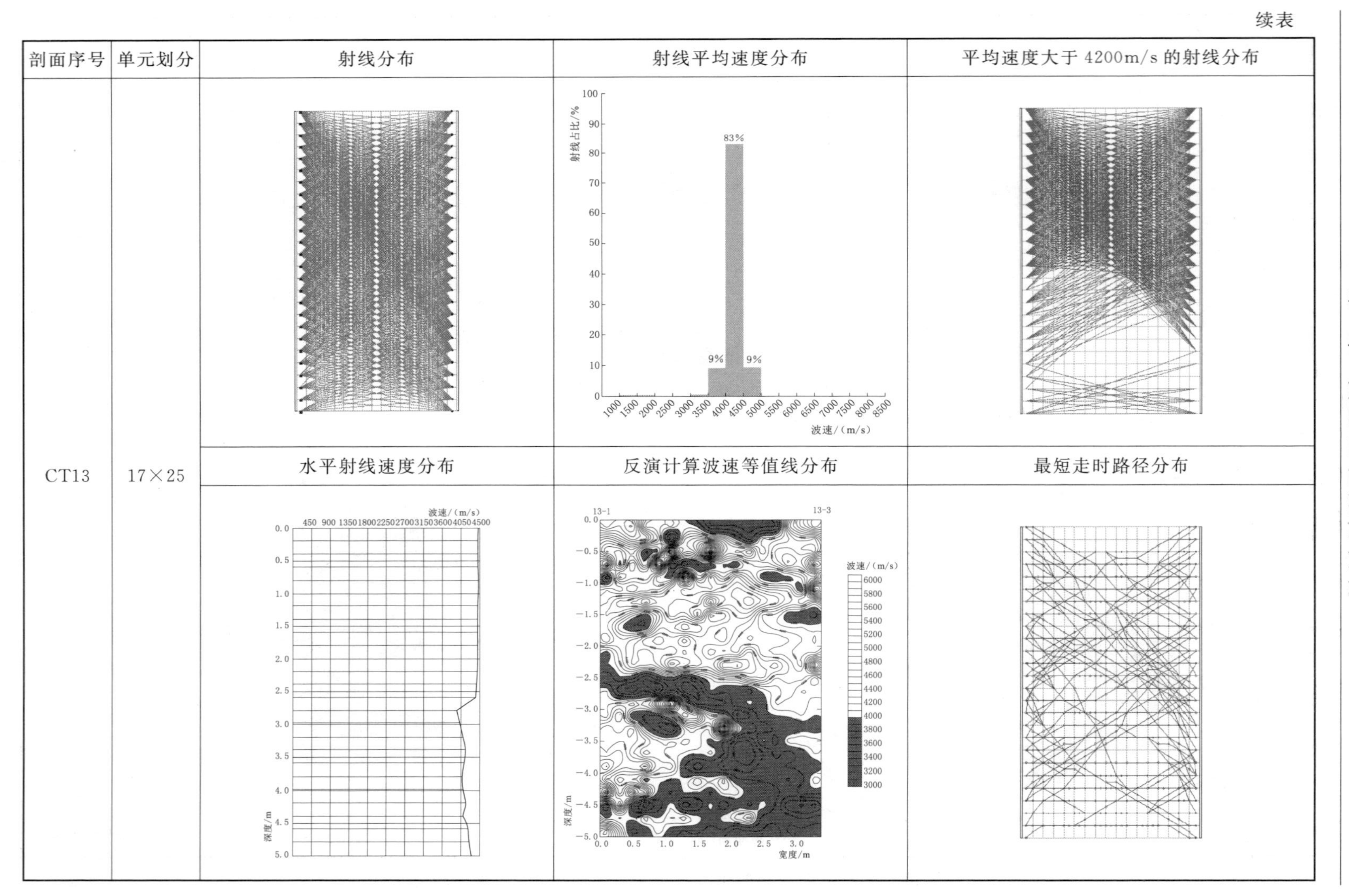		
		水平射线速度分布	反演计算波速等值线分布	最短走时路径分布

续表

剖面序号	单元划分	射线分布	射线平均速度分布	平均速度大于4200m/s的射线分布
CT14	13×25			
		水平射线速度分布	反演计算波速等值线分布	最短走时路径分布

续表

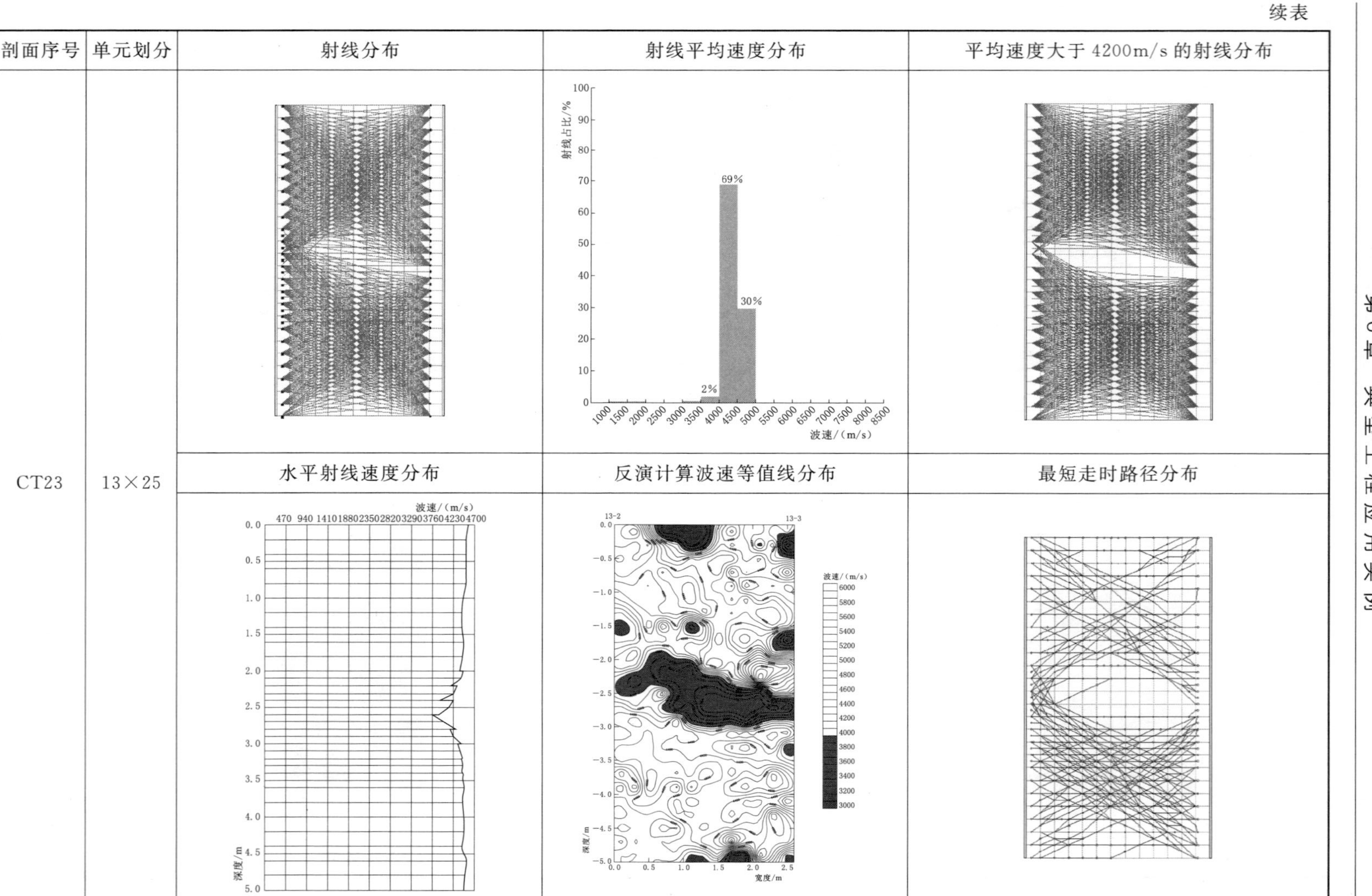
剖面序号
单元划分
射线分布
射线平均速度分布
平均速度大于4200m/s的射线分布
CT23
13×25
水平射线速度分布
反演计算波速等值线分布
最短走时路径分布
射线占比/%
69%
30%
2%
波速/(m/s)
深度/m
宽度/m
13-2
13-3

续表

剖面序号	单元划分	射线分布	射线平均速度分布	平均速度大于 4200m/s 的射线分布
CT34	13×25	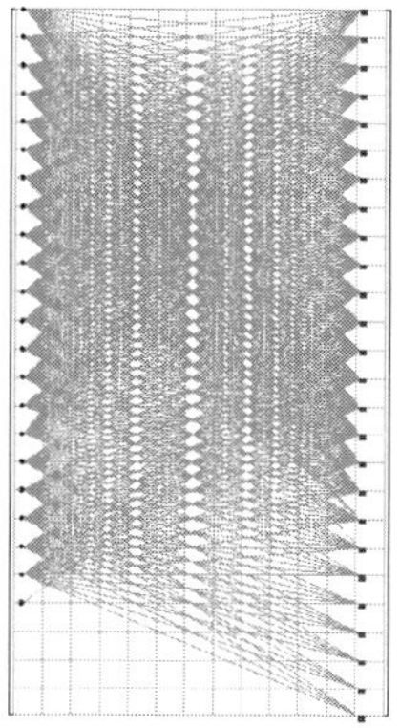	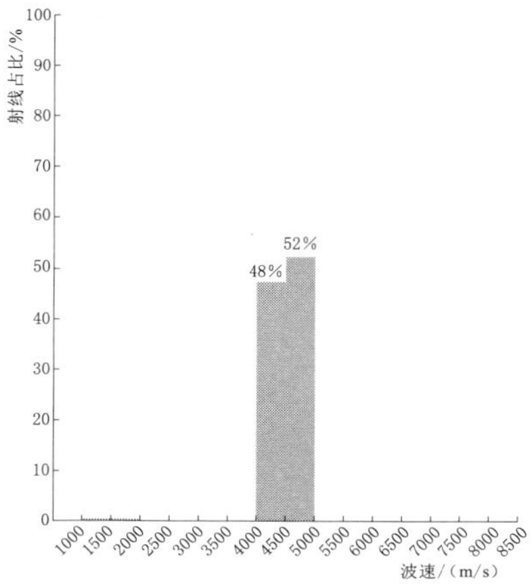	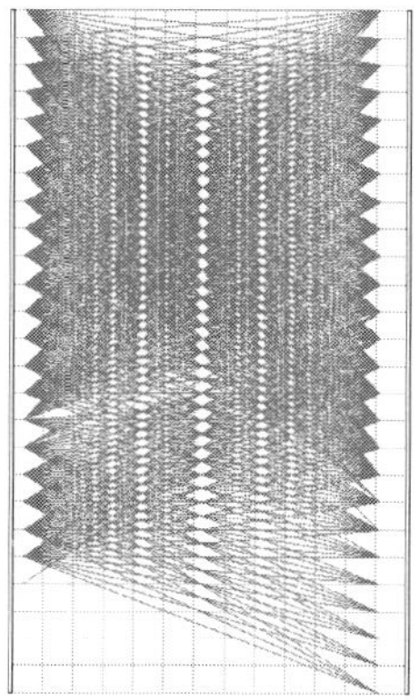
		水平射线速度分布	反演计算波速等值线分布	最短走时路径分布
		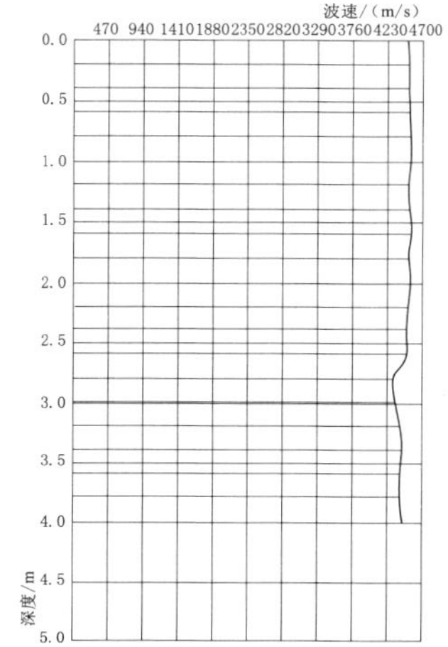	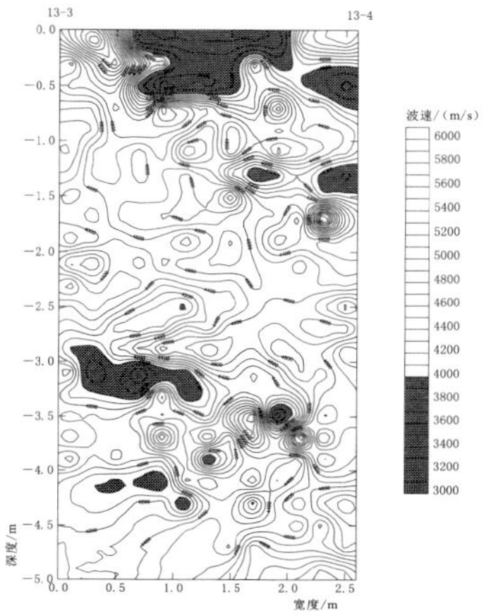	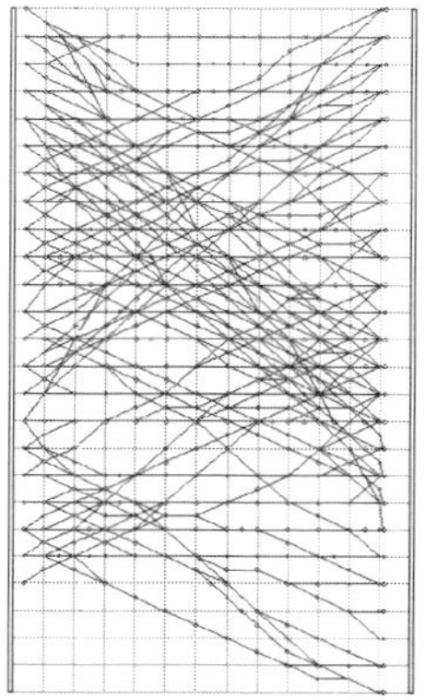

续表

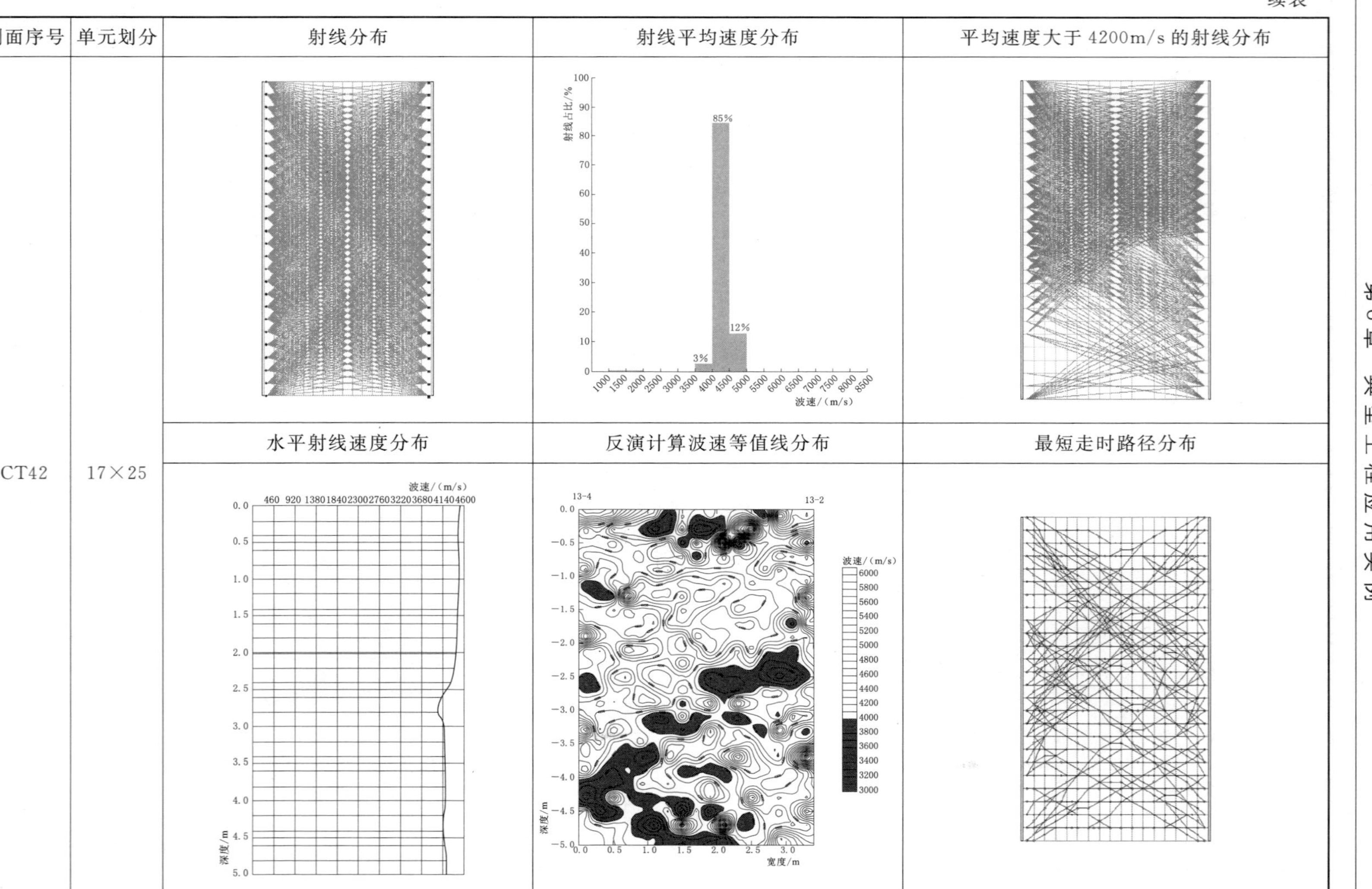

剖面序号	单元划分	射线分布	射线平均速度分布	平均速度大于4200m/s的射线分布
CT42	17×25			
		水平射线速度分布	反演计算波速等值线分布	最短走时路径分布

（1）从射线平均波速统计和射线平均波速不小于4200m/s的射线分布分析，混凝土缺陷主要分布在CT23剖面往中心方向，CT13方向缺陷范围比CT42方向缺陷范围大一些，CT14剖面无缺陷。

（2）从水平射线速度分布分析，CT12剖面孔深52.6m（高程－42.6m）混凝土波速相对偏低，最小波速4090m/s；CT13在孔深52.8～54.4m（高程－42.8～－44.4m）段混凝土波速相对偏低，最小波速为4022m/s；CT14剖面混凝土波速未见异常；CT23检测剖面在孔深52.2～52.8m（高程－42.2～－42.8m）段混凝土波速相对较低，最小波速为3723m/s；CT34剖面混凝土波速未见异常；CT42剖面在孔深52.6～52.8m（高程－42.6～－42.8m）段混凝土波速相对偏低，最小波速为4115m/s。因此，混凝土缺陷主要分布在CT12、CT13和CT23三个剖面构成的三角形平面内，孔深为52.2～52.8m（高程－42.2～－42.8m）。

（3）反演计算波速等值线分布分析，CT12剖面中，混凝土缺陷主要分布在孔深52.3～53.2m（高程－42.3～－43.2m）、离13－1孔水平距离为0.5～1.5m，其波速为3200～4000m/s；CT13剖面中，混凝土缺陷主要分布在孔深52.1～53.2m（高程－42.1～－43.2m）、离13－1孔水平距离0.5～2.8m、斜条状和在孔深53.2～55.0m（高程－43.2～－45.0m）、离13－1孔水平距离1.2～3.4m，其波速为3300～4000m/s；CT14剖面中混凝土无缺陷；CT23剖面中，混凝土缺陷主要分布在孔深51.9～53.0m（高程－41.9～－43.0m）、离13－2孔水平距离0.0～2.5m、斜条状，其波速为3100～4000m/s；CT34剖面中，混凝土缺陷主要分布在孔深52.9～53.3m（高程－42.9～－43.3m）、离13－3孔水平距离0.2～0.8m，其波速为3600～4000m/s；CT42剖面中，混凝土缺陷主要分布在孔深52.2～52.8m（高程－42.2～－42.8m）、离13－4孔水平距离1.8～3.3m，其波速为3200～4000m/s。

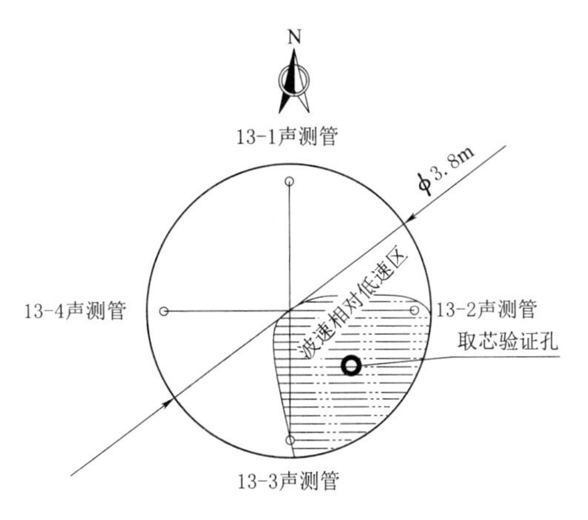

图6.5－4　13Z号桩桩身混凝土缺陷分布平面示意图

综上分析，混凝土缺陷的平面分布如图6.5－4所示，孔深为51.9～55.0m（高程－41.9～－45.0m），波速为3100～4000m/s。

6.5.4　钻孔声波验证

取芯验证孔布置在CT23剖面之间位置如图6.5－4所示。取芯孔单孔声波速度曲线如图6.5－5所示。取芯孔单孔声波速度反映了实际的混凝土速度，深度50.0～55.0m段平均声速为4112m/s，其中深度52.5～53.3m段声速明显偏低，平均声速为3468m/s，最低声速为3306m/s。钻芯结果显示，该段芯样骨料分布不均匀，局部砂

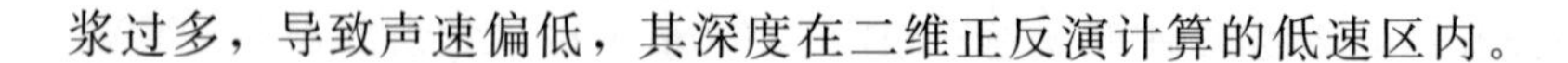
浆过多，导致声速偏低，其深度在二维正反演计算的低速区内。

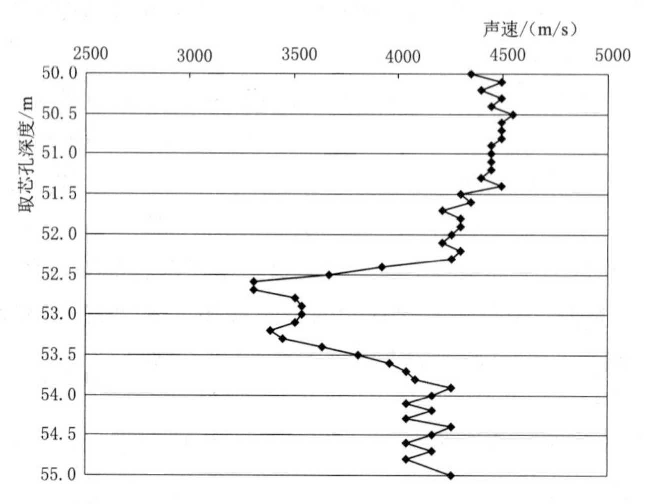

图 6.5－5　取芯验证孔单孔声波波速-深度曲线

6.5.5　三维正反演计算与解释

（1）坐标系及几何参数。如图 6.5－6 建立 xOy 平面坐标，13Z 号桩中 13－1 声测管、13－2 声测管、13－3 声测管、13－4 声测管及取芯验证孔的 xy 坐标分别为（2.425，2.425）、（2.425，0.075）、（0.075，0.075）、（0.075，2.425）及（1.564，0.657）。Z 轴向上为正方向，Z 轴零点设在深度 55.0m（－45.0m 高程）处。由各剖面构成的桩身体为 2.5m×2.5m×5.0m 的长方体，并将该长方体离散为 2500 个 0.25m×0.25m×0.20m 的小长方体，如图 6.5－7 所示。

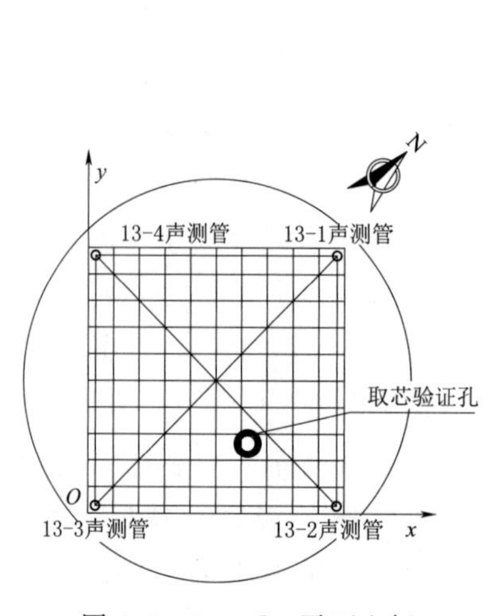

图 6.5－6　xOy 平面坐标

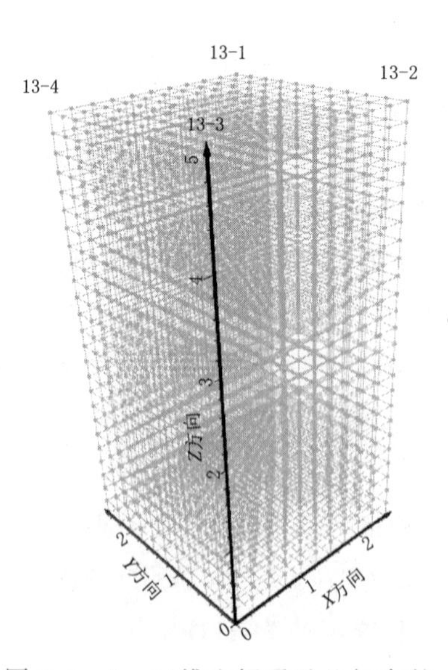

图 6.5－7　三维坐标系及几何参数

（2）节点及射线信息。13Z号桩深度50.0～55.0m（高程−40.0～−45.0m）段离散后有3146个节点，各声波CT剖面的有效射线共2802条，BPT法计算单元波速时的射线（直线）分布如图6.5-8所示，DLSQR法计算时的各射线最短走时路径（折线）分布如图6.5-9所示。

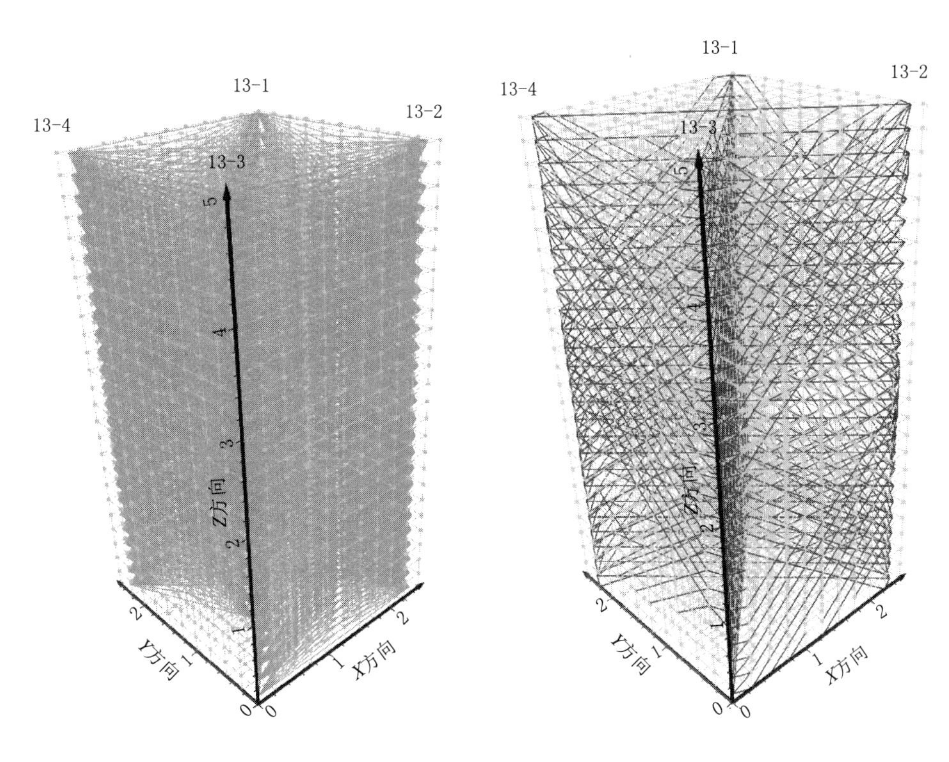

图6.5-8 BPT法计算单元波速时的射线分布

图6.5-9 DLSQR法计算时的各射线最短走时路径分布

（3）三维色谱图与等值线图。13Z号桩深度50.0～55.0m（高程−40.0～−45.0m）段的声波CT探测数据经真三维反演计算获得的三维波速色谱图如图6.5-10所示；波速低于4000m/s的区域分布如图6.5-11所示，其区域范围为x［0.80，2.20］，y［0.00，1.45］，z［1.70，2.50］；在取芯验证孔附近波速随深度变化如图6.5-12所示。射线平均波速最大值、最小值和平均值分别为4970m/s、3418m/s和4451m/s，三维正反演计算的小长方体波速最大值、最小值和平均值分别为5521m/s、2882m/s和4562m/s，后者的最大值大于前者、后者的最小值小于前者、两者的平均值较接近。比较图6.5-5和图6.5-12，取芯验证孔附近的声波波速大于三维正反演计算的小长方体波速，但随深度变化曲线的分布形态一致，低速区的深度范围也一致。

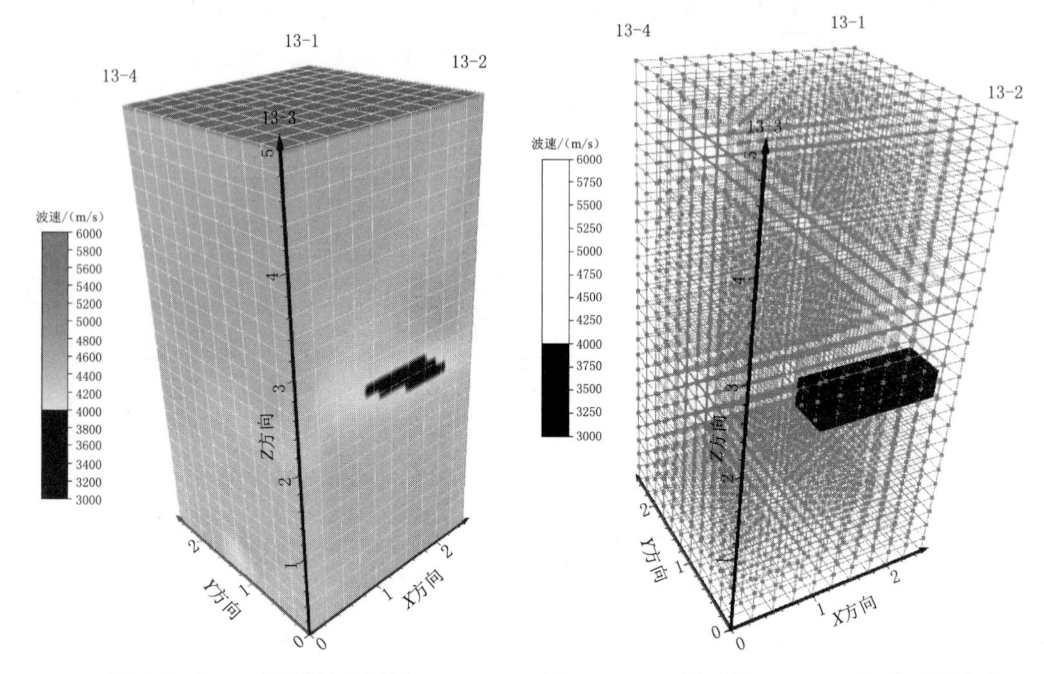

图6.5-10 三维波速色谱图

图6.5-11 波速低于4000m/s的区域分布

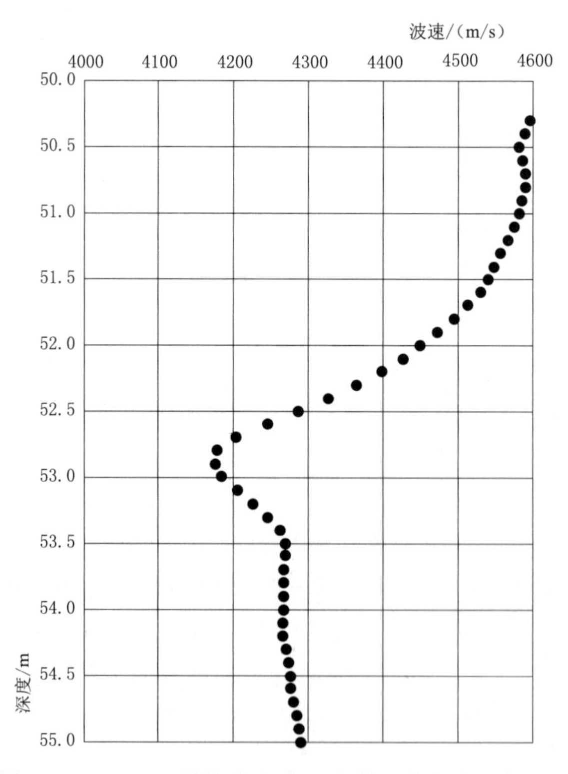

图6.5-12 13Z号桩取芯验证孔附近波速随深度变化

附　　表

附表 1　　白鹤滩水电站坝址区 CT3334 剖面地震波射线走时汇总

测孔编号	ZK33		ZK34			测孔编号	ZK33		ZK34		
水平间距	74.8					水平间距	74.8				
序号	X1	Z1	X2	Z2	走时	序号	X1	Z1	X2	Z2	走时
	m	m	m	m	ms		m	m	m	m	ms
1	74.80	2.50	0.00	32.00	19.800	24	74.80	2.50	0.00	92.00	22.400
2	74.80	2.50	0.00	36.00	19.000	25	74.80	2.50	0.00	96.00	23.000
3	74.80	2.50	0.00	42.00	19.000	26	74.80	2.50	0.00	100.00	23.800
4	74.80	2.50	0.00	46.00	19.100	27	74.80	2.50	0.00	104.00	24.400
5	74.80	2.50	0.00	48.00	19.400	28	74.80	2.50	0.00	106.00	25.200
6	74.80	2.50	0.00	50.00	19.200	29	74.80	2.50	0.00	108.00	25.000
7	74.80	2.50	0.00	52.00	19.400	30	74.80	2.50	0.00	110.00	25.900
8	74.80	2.50	0.00	54.00	19.000	31	74.80	2.50	0.00	112.00	25.300
9	74.80	2.50	0.00	56.00	19.600	32	74.80	2.50	0.00	114.00	26.200
10	74.80	2.50	0.00	58.00	19.300	33	74.80	2.50	0.00	116.00	26.000
11	74.80	2.50	0.00	60.00	19.800	34	74.80	2.50	0.00	118.00	27.000
12	74.80	2.50	0.00	62.00	19.400	35	74.80	2.50	0.00	122.00	27.800
13	74.80	2.50	0.00	64.00	19.800	36	74.80	2.50	0.00	126.00	28.300
14	74.80	2.50	0.00	66.00	19.400	37	74.80	2.50	0.00	130.00	29.000
15	74.80	2.50	0.00	68.00	19.800	38	74.80	2.50	0.00	134.00	29.400
16	74.80	2.50	0.00	70.00	20.000	39	74.80	2.50	0.00	138.00	30.000
17	74.80	2.50	0.00	72.00	20.100	40	74.80	2.50	0.00	142.00	30.700
18	74.80	2.50	0.00	74.00	20.200	41	74.80	4.00	0.00	10.00	22.800
19	74.80	2.50	0.00	76.00	20.500	42	74.80	4.00	0.00	18.00	21.300
20	74.80	2.50	0.00	78.00	20.500	43	74.80	4.00	0.00	22.00	20.900
21	74.80	2.50	0.00	80.00	20.300	44	74.80	4.00	0.00	26.00	20.400
22	74.80	2.50	0.00	84.00	20.800	45	74.80	4.00	0.00	30.00	19.800
23	74.80	2.50	0.00	88.00	21.400	46	74.80	4.00	0.00	34.00	19.400

续表

测孔编号	ZK33		ZK34			测孔编号	ZK33		ZK34		
水平间距	74.8					水平间距	74.8				
序号	X1	Z1	X2	Z2	走时	序号	X1	Z1	X2	Z2	走时
	m	m	m	m	ms		m	m	m	m	ms
47	74.80	4.00	0.00	38.00	19.000	75	74.80	4.00	0.00	110.00	25.500
48	74.80	4.00	0.00	42.00	18.800	76	74.80	4.00	0.00	112.00	25.100
49	74.80	4.00	0.00	46.00	19.000	77	74.80	4.00	0.00	114.00	25.900
50	74.80	4.00	0.00	48.00	19.000	78	74.80	4.00	0.00	116.00	25.500
51	74.80	4.00	0.00	50.00	18.900	79	74.80	4.00	0.00	118.00	26.100
52	74.80	4.00	0.00	52.00	19.000	80	74.80	4.00	0.00	122.00	26.800
53	74.80	4.00	0.00	54.00	19.000	81	74.80	4.00	0.00	126.00	28.000
54	74.80	4.00	0.00	56.00	19.100	82	74.80	4.00	0.00	130.00	28.500
55	74.80	4.00	0.00	58.00	19.100	83	74.80	4.00	0.00	134.00	29.000
56	74.80	4.00	0.00	60.00	19.100	84	74.80	4.00	0.00	138.00	29.500
57	74.80	4.00	0.00	62.00	19.100	85	74.80	4.00	0.00	142.00	30.200
58	74.80	4.00	0.00	64.00	19.200	86	74.80	6.00	0.00	10.00	22.500
59	74.80	4.00	0.00	66.00	19.400	87	74.80	6.00	0.00	12.00	22.500
60	74.80	4.00	0.00	68.00	19.700	88	74.80	6.00	0.00	24.00	20.500
61	74.80	4.00	0.00	70.00	19.700	89	74.80	6.00	0.00	26.00	20.000
62	74.80	4.00	0.00	72.00	19.800	90	74.80	6.00	0.00	28.00	19.900
63	74.80	4.00	0.00	74.00	20.000	91	74.80	6.00	0.00	32.00	19.000
64	74.80	4.00	0.00	76.00	20.000	92	74.80	6.00	0.00	34.00	19.000
65	74.80	4.00	0.00	78.00	20.200	93	74.80	6.00	0.00	36.00	18.800
66	74.80	4.00	0.00	80.00	20.100	94	74.80	6.00	0.00	38.00	18.400
67	74.80	4.00	0.00	84.00	20.800	95	74.80	6.00	0.00	40.00	18.200
68	74.80	4.00	0.00	88.00	21.200	96	74.80	6.00	0.00	42.00	18.300
69	74.80	4.00	0.00	92.00	21.800	97	74.80	6.00	0.00	44.00	18.200
70	74.80	4.00	0.00	96.00	22.600	98	74.80	6.00	0.00	46.00	18.300
71	74.80	4.00	0.00	100.00	23.500	99	74.80	6.00	0.00	48.00	18.400
72	74.80	4.00	0.00	104.00	24.000	100	74.80	6.00	0.00	50.00	18.500
73	74.80	4.00	0.00	106.00	25.200	101	74.80	6.00	0.00	52.00	18.200
74	74.80	4.00	0.00	108.00	24.800	102	74.80	6.00	0.00	54.00	18.500

附表 1　白鹤滩水电站坝址区 CT3334 剖面地震波射线走时汇总

续表

测孔编号	ZK33		ZK34			测孔编号	ZK33		ZK34		
水平间距	74.8					水平间距	74.8				
序号	X1	Z1	X2	Z2	走时	序号	X1	Z1	X2	Z2	走时
	m	m	m	m	ms		m	m	m	m	ms
103	74.80	6.00	0.00	56.00	18.200	131	74.80	6.00	0.00	134.00	28.800
104	74.80	6.00	0.00	58.00	18.800	132	74.80	6.00	0.00	138.00	29.100
105	74.80	6.00	0.00	60.00	18.600	133	74.80	6.00	0.00	142.00	30.000
106	74.80	6.00	0.00	62.00	18.800	134	74.80	8.00	0.00	42.00	18.500
107	74.80	6.00	0.00	64.00	18.900	135	74.80	8.00	0.00	46.00	18.800
108	74.80	6.00	0.00	66.00	18.900	136	74.80	8.00	0.00	50.00	18.800
109	74.80	6.00	0.00	68.00	19.000	137	74.80	8.00	0.00	54.00	18.800
110	74.80	6.00	0.00	70.00	19.200	138	74.80	8.00	0.00	58.00	19.000
111	74.80	6.00	0.00	72.00	19.300	139	74.80	8.00	0.00	62.00	19.000
112	74.80	6.00	0.00	74.00	19.500	140	74.80	8.00	0.00	66.00	19.100
113	74.80	6.00	0.00	76.00	19.500	141	74.80	8.00	0.00	70.00	19.300
114	74.80	6.00	0.00	78.00	19.800	142	74.80	8.00	0.00	74.00	19.800
115	74.80	6.00	0.00	80.00	19.800	143	74.80	8.00	0.00	78.00	19.800
116	74.80	6.00	0.00	84.00	20.000	144	74.80	8.00	0.00	80.00	20.000
117	74.80	6.00	0.00	88.00	20.500	145	74.80	8.00	0.00	84.00	20.500
118	74.80	6.00	0.00	92.00	21.200	146	74.80	8.00	0.00	88.00	21.000
119	74.80	6.00	0.00	96.00	21.800	147	74.80	8.00	0.00	92.00	21.400
120	74.80	6.00	0.00	100.00	22.800	148	74.80	8.00	0.00	96.00	22.200
121	74.80	6.00	0.00	104.00	23.200	149	74.80	8.00	0.00	100.00	23.000
122	74.80	6.00	0.00	106.00	25.800	150	74.80	8.00	0.00	104.00	23.800
123	74.80	6.00	0.00	108.00	24.000	151	74.80	8.00	0.00	106.00	24.000
124	74.80	6.00	0.00	110.00	25.800	152	74.80	8.00	0.00	108.00	24.200
125	74.80	6.00	0.00	112.00	24.600	153	74.80	8.00	0.00	110.00	25.500
126	74.80	6.00	0.00	114.00	25.800	154	74.80	8.00	0.00	112.00	24.800
127	74.80	6.00	0.00	116.00	25.000	155	74.80	8.00	0.00	114.00	25.000
128	74.80	6.00	0.00	118.00	26.500	156	74.80	8.00	0.00	116.00	25.400
129	74.80	6.00	0.00	122.00	26.900	157	74.80	8.00	0.00	118.00	25.800
130	74.80	6.00	0.00	130.00	28.100	158	74.80	8.00	0.00	122.00	26.200

续表

测孔编号	ZK33		ZK34		
水平间距	74.8				
序号	X1	Z1	X2	Z2	走时
	m	m	m	m	ms
159	74.80	8.00	0.00	126.00	27.300
160	74.80	8.00	0.00	130.00	27.600
161	74.80	8.00	0.00	134.00	28.400
162	74.80	8.00	0.00	138.00	28.700
163	74.80	8.00	0.00	142.00	29.500
164	74.80	8.70	0.00	32.00	19.200
165	74.80	8.70	0.00	36.00	18.800
166	74.80	8.70	0.00	40.00	18.800
167	74.80	8.70	0.00	44.00	18.600
168	74.80	8.70	0.00	48.00	18.200
169	74.80	8.70	0.00	52.00	18.100
170	74.80	8.70	0.00	56.00	18.000
171	74.80	8.70	0.00	60.00	17.800
172	74.80	8.70	0.00	64.00	17.800
173	74.80	8.70	0.00	68.00	17.800
174	74.80	8.70	0.00	72.00	17.500
175	74.80	8.70	0.00	76.00	17.800
176	74.80	10.00	0.00	10.00	21.500
177	74.80	10.00	0.00	14.00	21.000
178	74.80	10.00	0.00	22.00	19.700
179	74.80	10.00	0.00	26.00	19.500
180	74.80	10.00	0.00	30.00	18.900
181	74.80	10.00	0.00	34.00	18.400
182	74.80	10.00	0.00	38.00	17.900
183	74.80	10.00	0.00	46.00	17.700
184	74.80	10.00	0.00	50.00	18.000
185	74.80	10.00	0.00	54.00	17.900
186	74.80	10.00	0.00	58.00	18.100

测孔编号	ZK33		ZK34		
水平间距	74.8				
序号	X1	Z1	X2	Z2	走时
	m	m	m	m	ms
187	74.80	10.00	0.00	62.00	18.200
188	74.80	10.00	0.00	66.00	18.400
189	74.80	10.00	0.00	70.00	18.700
190	74.80	10.00	0.00	74.00	18.800
191	74.80	10.00	0.00	78.00	19.100
192	74.80	10.00	0.00	80.00	19.000
193	74.80	10.00	0.00	84.00	19.500
194	74.80	10.00	0.00	88.00	20.000
195	74.80	10.00	0.00	92.00	20.600
196	74.80	10.00	0.00	96.00	21.200
197	74.80	10.00	0.00	98.00	21.600
198	74.80	10.00	0.00	100.00	22.200
199	74.80	10.00	0.00	104.00	22.700
200	74.80	10.00	0.00	106.00	24.000
201	74.80	10.00	0.00	108.00	23.200
202	74.80	10.00	0.00	110.00	24.100
203	74.80	10.00	0.00	112.00	23.800
204	74.80	10.00	0.00	114.00	24.600
205	74.80	10.00	0.00	116.00	24.200
206	74.80	10.00	0.00	118.00	25.000
207	74.80	10.00	0.00	122.00	25.700
208	74.80	10.00	0.00	126.00	26.500
209	74.80	10.00	0.00	130.00	27.200
210	74.80	10.00	0.00	134.00	27.800
211	74.80	10.00	0.00	138.00	28.400
212	74.80	10.00	0.00	142.00	29.000
213	74.80	12.00	0.00	4.00	22.500
214	74.80	12.00	0.00	6.00	22.000

续表

测孔编号	ZK33		ZK34			测孔编号	ZK33		ZK34		
水平间距	74.8					水平间距	74.8				
序号	X1	Z1	X2	Z2	走时	序号	X1	Z1	X2	Z2	走时
	m	m	m	m	ms		m	m	m	m	ms
215	74.80	12.00	0.00	8.00	21.300	243	74.80	12.00	0.00	66.00	17.500
216	74.80	12.00	0.00	10.00	21.200	244	74.80	12.00	0.00	68.00	17.500
217	74.80	12.00	0.00	12.00	20.800	245	74.80	12.00	0.00	70.00	17.500
218	74.80	12.00	0.00	14.00	20.500	246	74.80	12.00	0.00	72.00	17.300
219	74.80	12.00	0.00	16.00	20.300	247	74.80	12.00	0.00	74.00	17.300
220	74.80	12.00	0.00	18.00	20.100	248	74.80	12.00	0.00	76.00	17.700
221	74.80	12.00	0.00	20.00	19.800	249	74.80	12.00	0.00	78.00	17.800
222	74.80	12.00	0.00	22.00	19.400	250	74.80	12.00	0.00	98.00	22.500
223	74.80	12.00	0.00	24.00	19.000	251	74.80	12.00	0.00	106.00	23.100
224	74.80	12.00	0.00	26.00	19.000	252	74.80	12.00	0.00	110.00	23.700
225	74.80	12.00	0.00	28.00	18.800	253	74.80	12.00	0.00	114.00	24.200
226	74.80	12.00	0.00	30.00	18.300	254	74.80	12.00	0.00	118.00	24.800
227	74.80	12.00	0.00	32.00	18.000	255	74.80	12.00	0.00	122.00	25.700
228	74.80	12.00	0.00	34.00	17.800	256	74.80	12.00	0.00	126.00	26.100
229	74.80	12.00	0.00	36.00	17.800	257	74.80	12.00	0.00	130.00	26.900
230	74.80	12.00	0.00	38.00	17.500	258	74.80	12.00	0.00	134.00	27.200
231	74.80	12.00	0.00	40.00	18.500	259	74.80	12.00	0.00	138.00	27.900
232	74.80	12.00	0.00	44.00	18.400	260	74.80	12.00	0.00	142.00	28.600
233	74.80	12.00	0.00	46.00	18.400	261	74.80	14.00	0.00	6.00	22.000
234	74.80	12.00	0.00	48.00	18.400	262	74.80	14.00	0.00	8.00	21.400
235	74.80	12.00	0.00	50.00	17.500	263	74.80	14.00	0.00	10.00	20.800
236	74.80	12.00	0.00	52.00	17.900	264	74.80	14.00	0.00	14.00	20.200
237	74.80	12.00	0.00	54.00	17.400	265	74.80	14.00	0.00	18.00	19.900
238	74.80	12.00	0.00	56.00	17.800	266	74.80	14.00	0.00	22.00	19.000
239	74.80	12.00	0.00	58.00	17.800	267	74.80	14.00	0.00	26.00	18.800
240	74.80	12.00	0.00	60.00	17.700	268	74.80	14.00	0.00	30.00	18.200
241	74.80	12.00	0.00	62.00	17.800	269	74.80	14.00	0.00	32.00	17.800
242	74.80	12.00	0.00	64.00	17.600	270	74.80	14.00	0.00	34.00	17.600

续表

测孔编号	ZK33		ZK34			测孔编号	ZK33		ZK34		
水平间距	74.8					水平间距	74.8				
序号	X1	Z1	X2	Z2	走时	序号	X1	Z1	X2	Z2	走时
	m	m	m	m	ms		m	m	m	m	ms
271	74.80	14.00	0.00	36.00	17.300	299	74.80	14.00	0.00	130.00	26.300
272	74.80	14.00	0.00	38.00	17.200	300	74.80	14.00	0.00	134.00	27.000
273	74.80	14.00	0.00	40.00	18.100	301	74.80	14.00	0.00	138.00	27.700
274	74.80	14.00	0.00	42.00	16.900	302	74.80	14.00	0.00	142.00	28.000
275	74.80	14.00	0.00	44.00	17.900	303	74.80	16.00	0.00	4.00	21.800
276	74.80	14.00	0.00	46.00	17.000	304	74.80	16.00	0.00	6.00	21.200
277	74.80	14.00	0.00	48.00	17.800	305	74.80	16.00	0.00	8.00	20.900
278	74.80	14.00	0.00	50.00	17.000	306	74.80	16.00	0.00	10.00	20.500
279	74.80	14.00	0.00	52.00	17.400	307	74.80	16.00	0.00	12.00	20.200
280	74.80	14.00	0.00	54.00	17.000	308	74.80	16.00	0.00	14.00	20.000
281	74.80	14.00	0.00	56.00	17.300	309	74.80	16.00	0.00	18.00	19.000
282	74.80	14.00	0.00	58.00	17.100	310	74.80	16.00	0.00	20.00	19.000
283	74.80	14.00	0.00	60.00	17.300	311	74.80	16.00	0.00	22.00	18.800
284	74.80	14.00	0.00	62.00	17.300	312	74.80	16.00	0.00	24.00	18.400
285	74.80	14.00	0.00	64.00	17.200	313	74.80	16.00	0.00	26.00	18.200
286	74.80	14.00	0.00	66.00	17.500	314	74.80	16.00	0.00	28.00	17.900
287	74.80	14.00	0.00	68.00	17.000	315	74.80	16.00	0.00	30.00	17.800
288	74.80	14.00	0.00	70.00	17.800	316	74.80	16.00	0.00	32.00	17.300
289	74.80	14.00	0.00	72.00	17.000	317	74.80	16.00	0.00	34.00	17.300
290	74.80	14.00	0.00	74.00	17.000	318	74.80	16.00	0.00	36.00	17.000
291	74.80	14.00	0.00	76.00	17.000	319	74.80	16.00	0.00	38.00	16.900
292	74.80	14.00	0.00	78.00	17.200	320	74.80	16.00	0.00	40.00	17.800
293	74.80	14.00	0.00	106.00	23.000	321	74.80	16.00	0.00	42.00	16.800
294	74.80	14.00	0.00	110.00	23.500	322	74.80	16.00	0.00	44.00	17.600
295	74.80	14.00	0.00	114.00	24.000	323	74.80	16.00	0.00	46.00	16.800
296	74.80	14.00	0.00	118.00	24.500	324	74.80	16.00	0.00	48.00	17.200
297	74.80	14.00	0.00	122.00	25.400	325	74.80	16.00	0.00	50.00	16.800
298	74.80	14.00	0.00	126.00	26.000	326	74.80	16.00	0.00	52.00	17.000

续表

测孔编号	ZK33		ZK34			测孔编号	ZK33		ZK34		
水平间距	74.8					水平间距	74.8				
序号	X1	Z1	X2	Z2	走时	序号	X1	Z1	X2	Z2	走时
	m	m	m	m	ms		m	m	m	m	ms
327	74.80	16.00	0.00	54.00	16.900	355	74.80	18.00	0.00	18.00	18.900
328	74.80	16.00	0.00	56.00	17.000	356	74.80	18.00	0.00	20.00	18.500
329	74.80	16.00	0.00	58.00	17.000	357	74.80	18.00	0.00	22.00	18.500
330	74.80	16.00	0.00	60.00	17.000	358	74.80	18.00	0.00	24.00	18.100
331	74.80	16.00	0.00	62.00	17.000	359	74.80	18.00	0.00	26.00	17.700
332	74.80	16.00	0.00	64.00	16.800	360	74.80	18.00	0.00	28.00	17.700
333	74.80	16.00	0.00	66.00	17.300	361	74.80	18.00	0.00	30.00	17.300
334	74.80	16.00	0.00	68.00	16.900	362	74.80	18.00	0.00	32.00	17.000
335	74.80	16.00	0.00	70.00	17.400	363	74.80	18.00	0.00	34.00	16.900
336	74.80	16.00	0.00	72.00	17.700	364	74.80	18.00	0.00	36.00	16.800
337	74.80	16.00	0.00	74.00	17.800	365	74.80	18.00	0.00	38.00	16.500
338	74.80	16.00	0.00	76.00	17.800	366	74.80	18.00	0.00	40.00	17.000
339	74.80	16.00	0.00	78.00	18.000	367	74.80	18.00	0.00	42.00	16.200
340	74.80	16.00	0.00	106.00	22.300	368	74.80	18.00	0.00	44.00	15.800
341	74.80	16.00	0.00	110.00	23.000	369	74.80	18.00	0.00	46.00	16.300
342	74.80	16.00	0.00	114.00	23.500	370	74.80	18.00	0.00	48.00	15.800
343	74.80	16.00	0.00	118.00	24.000	371	74.80	18.00	0.00	50.00	16.500
344	74.80	16.00	0.00	122.00	24.800	372	74.80	18.00	0.00	52.00	16.100
345	74.80	16.00	0.00	126.00	25.500	373	74.80	18.00	0.00	54.00	16.400
346	74.80	16.00	0.00	130.00	26.000	374	74.80	18.00	0.00	56.00	16.600
347	74.80	16.00	0.00	134.00	26.500	375	74.80	18.00	0.00	58.00	16.700
348	74.80	16.00	0.00	138.00	27.300	376	74.80	18.00	0.00	60.00	16.100
349	74.80	16.00	0.00	142.00	27.900	377	74.80	18.00	0.00	62.00	16.800
350	74.80	18.00	0.00	6.00	21.200	378	74.80	18.00	0.00	64.00	16.300
351	74.80	18.00	0.00	8.00	20.800	379	74.80	18.00	0.00	66.00	16.900
352	74.80	18.00	0.00	10.00	20.100	380	74.80	18.00	0.00	68.00	16.500
353	74.80	18.00	0.00	14.00	19.500	381	74.80	18.00	0.00	70.00	17.000
354	74.80	18.00	0.00	16.00	19.000	382	74.80	18.00	0.00	72.00	17.000

续表

测孔编号	ZK33		ZK34			测孔编号	ZK33		ZK34		
水平间距	74.8					水平间距	74.8				
序号	X1	Z1	X2	Z2	走时	序号	X1	Z1	X2	Z2	走时
	m	m	m	m	ms		m	m	m	m	ms
383	74.80	18.00	0.00	74.00	17.200	411	74.80	20.00	0.00	38.00	16.200
384	74.80	18.00	0.00	76.00	17.000	412	74.80	20.00	0.00	40.00	16.000
385	74.80	18.00	0.00	78.00	17.700	413	74.80	20.00	0.00	42.00	16.300
386	74.80	18.00	0.00	106.00	22.000	414	74.80	20.00	0.00	44.00	16.000
387	74.80	18.00	0.00	110.00	22.500	415	74.80	20.00	0.00	46.00	16.500
388	74.80	18.00	0.00	114.00	23.100	416	74.80	20.00	0.00	48.00	16.100
389	74.80	18.00	0.00	118.00	23.800	417	74.80	20.00	0.00	50.00	16.600
390	74.80	18.00	0.00	122.00	24.500	418	74.80	20.00	0.00	52.00	16.200
391	74.80	18.00	0.00	126.00	25.000	419	74.80	20.00	0.00	54.00	16.700
392	74.80	18.00	0.00	130.00	25.500	420	74.80	20.00	0.00	56.00	16.300
393	74.80	18.00	0.00	134.00	26.100	421	74.80	20.00	0.00	58.00	16.800
394	74.80	18.00	0.00	138.00	26.900	422	74.80	20.00	0.00	60.00	16.400
395	74.80	18.00	0.00	142.00	27.300	423	74.80	20.00	0.00	62.00	16.900
396	74.80	20.00	0.00	6.00	21.000	424	74.80	20.00	0.00	64.00	16.500
397	74.80	20.00	0.00	8.00	20.000	425	74.80	20.00	0.00	66.00	17.000
398	74.80	20.00	0.00	10.00	19.900	426	74.80	20.00	0.00	68.00	16.800
399	74.80	20.00	0.00	12.00	19.400	427	74.80	20.00	0.00	70.00	17.000
400	74.80	20.00	0.00	14.00	19.000	428	74.80	20.00	0.00	72.00	17.000
401	74.80	20.00	0.00	18.00	18.500	429	74.80	20.00	0.00	74.00	17.200
402	74.80	20.00	0.00	20.00	18.300	430	74.80	20.00	0.00	76.00	17.100
403	74.80	20.00	0.00	22.00	18.000	431	74.80	20.00	0.00	78.00	17.800
404	74.80	20.00	0.00	24.00	17.800	432	74.80	20.00	0.00	106.00	21.900
405	74.80	20.00	0.00	26.00	17.700	433	74.80	20.00	0.00	110.00	22.300
406	74.80	20.00	0.00	28.00	17.300	434	74.80	20.00	0.00	114.00	22.900
407	74.80	20.00	0.00	30.00	17.000	435	74.80	20.00	0.00	118.00	23.500
408	74.80	20.00	0.00	32.00	16.800	436	74.80	20.00	0.00	122.00	24.000
409	74.80	20.00	0.00	34.00	16.800	437	74.80	20.00	0.00	126.00	24.900
410	74.80	20.00	0.00	36.00	16.200	438	74.80	20.00	0.00	130.00	25.300

续表

测孔编号	ZK33		ZK34			测孔编号	ZK33		ZK34		
水平间距	74.8					水平间距	74.8				
序号	X1	Z1	X2	Z2	走时	序号	X1	Z1	X2	Z2	走时
	m	m	m	m	ms		m	m	m	m	ms
439	74.80	20.00	0.00	134.00	25.900	467	74.80	22.00	0.00	70.00	16.500
440	74.80	20.00	0.00	138.00	26.600	468	74.80	22.00	0.00	72.00	16.600
441	74.80	20.00	0.00	142.00	27.000	469	74.80	22.00	0.00	74.00	16.800
442	74.80	22.00	0.00	8.00	20.000	470	74.80	22.00	0.00	76.00	16.900
443	74.80	22.00	0.00	10.00	19.300	471	74.80	22.00	0.00	78.00	17.100
444	74.80	22.00	0.00	20.00	18.100	472	74.80	22.00	0.00	80.00	17.000
445	74.80	22.00	0.00	24.00	17.600	473	74.80	22.00	0.00	82.00	17.700
446	74.80	22.00	0.00	26.00	17.400	474	74.80	22.00	0.00	84.00	18.500
447	74.80	22.00	0.00	30.00	16.300	475	74.80	22.00	0.00	86.00	19.300
448	74.80	22.00	0.00	32.00	16.300	476	74.80	22.00	0.00	88.00	19.000
449	74.80	22.00	0.00	34.00	16.200	477	74.80	22.00	0.00	90.00	19.800
450	74.80	22.00	0.00	36.00	16.100	478	74.80	22.00	0.00	92.00	19.800
451	74.80	22.00	0.00	38.00	16.000	479	74.80	22.00	0.00	94.00	20.500
452	74.80	22.00	0.00	40.00	15.900	480	74.80	22.00	0.00	98.00	20.500
453	74.80	22.00	0.00	42.00	15.800	481	74.80	22.00	0.00	102.00	21.300
454	74.80	22.00	0.00	44.00	15.800	482	74.80	22.00	0.00	106.00	22.000
455	74.80	22.00	0.00	46.00	15.900	483	74.80	22.00	0.00	110.00	22.000
456	74.80	22.00	0.00	48.00	15.500	484	74.80	22.00	0.00	114.00	22.500
457	74.80	22.00	0.00	50.00	15.900	485	74.80	22.00	0.00	118.00	23.100
458	74.80	22.00	0.00	52.00	15.900	486	74.80	22.00	0.00	122.00	24.800
459	74.80	22.00	0.00	54.00	15.900	487	74.80	22.00	0.00	126.00	24.500
460	74.80	22.00	0.00	56.00	16.000	488	74.80	22.00	0.00	130.00	25.000
461	74.80	22.00	0.00	58.00	16.100	489	74.80	22.00	0.00	134.00	25.500
462	74.80	22.00	0.00	60.00	16.100	490	74.80	22.00	0.00	138.00	26.100
463	74.80	22.00	0.00	62.00	16.100	491	74.80	22.00	0.00	142.00	26.700
464	74.80	22.00	0.00	64.00	16.200	492	74.80	24.00	0.00	34.00	16.000
465	74.80	22.00	0.00	66.00	16.300	493	74.80	24.00	0.00	42.00	15.600
466	74.80	22.00	0.00	68.00	16.400	494	74.80	24.00	0.00	46.00	16.200

续表

测孔编号	ZK33		ZK34			测孔编号	ZK33		ZK34		
水平间距	74.8					水平间距	74.8				
序号	X1	Z1	X2	Z2	走时	序号	X1	Z1	X2	Z2	走时
	m	m	m	m	ms		m	m	m	m	ms
495	74.80	24.00	0.00	50.00	16.000	523	74.80	24.00	0.00	126.00	24.500
496	74.80	24.00	0.00	52.00	16.200	524	74.80	24.00	0.00	130.00	25.200
497	74.80	24.00	0.00	54.00	16.200	525	74.80	24.00	0.00	134.00	25.800
498	74.80	24.00	0.00	56.00	16.300	526	74.80	24.00	0.00	138.00	26.200
499	74.80	24.00	0.00	58.00	16.400	527	74.80	24.00	0.00	142.00	26.900
500	74.80	24.00	0.00	60.00	16.300	528	74.80	23.50	0.00	106.00	21.400
501	74.80	24.00	0.00	62.00	16.500	529	74.80	23.50	0.00	110.00	21.900
502	74.80	24.00	0.00	64.00	16.400	530	74.80	23.50	0.00	114.00	22.400
503	74.80	24.00	0.00	66.00	16.600	531	74.80	23.50	0.00	118.00	23.000
504	74.80	24.00	0.00	68.00	16.400	532	74.80	23.50	0.00	122.00	23.700
505	74.80	24.00	0.00	72.00	16.900	533	74.80	23.50	0.00	126.00	24.200
506	74.80	24.00	0.00	74.00	17.100	534	74.80	23.50	0.00	130.00	24.600
507	74.80	24.00	0.00	76.00	17.400	535	74.80	23.50	0.00	134.00	25.200
508	74.80	24.00	0.00	78.00	17.500	536	74.80	23.50	0.00	138.00	26.000
509	74.80	24.00	0.00	80.00	17.700	537	74.80	23.50	0.00	142.00	26.000
510	74.80	24.00	0.00	82.00	17.800	538	74.80	25.00	0.00	8.00	18.800
511	74.80	24.00	0.00	84.00	18.500	539	74.80	25.00	0.00	24.00	17.000
512	74.80	24.00	0.00	86.00	18.500	540	74.80	25.00	0.00	28.00	15.900
513	74.80	24.00	0.00	88.00	18.900	541	74.80	25.00	0.00	32.00	15.500
514	74.80	24.00	0.00	90.00	19.600	542	74.80	25.00	0.00	36.00	15.100
515	74.80	24.00	0.00	92.00	19.500	543	74.80	26.00	0.00	10.00	19.200
516	74.80	24.00	0.00	94.00	20.300	544	74.80	26.00	0.00	26.00	16.700
517	74.80	24.00	0.00	98.00	20.500	545	74.80	26.00	0.00	30.00	16.500
518	74.80	24.00	0.00	102.00	21.300	546	74.80	26.00	0.00	34.00	16.000
519	74.80	24.00	0.00	106.00	21.900	547	74.80	26.00	0.00	38.00	15.500
520	74.80	24.00	0.00	110.00	22.400	548	74.80	26.00	0.00	40.00	15.500
521	74.80	24.00	0.00	114.00	22.900	549	74.80	26.00	0.00	42.00	15.300
522	74.80	24.00	0.00	122.00	24.100	550	74.80	26.00	0.00	44.00	15.400

续表

测孔编号	ZK33		ZK34			测孔编号	ZK33		ZK34		
水平间距	74.8					水平间距	74.8				
序号	X1	Z1	X2	Z2	走时	序号	X1	Z1	X2	Z2	走时
	m	m	m	m	ms		m	m	m	m	ms
551	74.80	26.00	0.00	46.00	15.500	579	74.80	26.00	0.00	110.00	21.800
552	74.80	26.00	0.00	48.00	15.500	580	74.80	26.00	0.00	114.00	22.200
553	74.80	26.00	0.00	50.00	15.600	581	74.80	26.00	0.00	122.00	23.300
554	74.80	26.00	0.00	52.00	15.500	582	74.80	26.00	0.00	126.00	24.000
555	74.80	26.00	0.00	54.00	15.600	583	74.80	26.00	0.00	130.00	24.500
556	74.80	26.00	0.00	56.00	15.800	584	74.80	26.00	0.00	134.00	25.100
557	74.80	26.00	0.00	58.00	15.800	585	74.80	26.00	0.00	138.00	25.800
558	74.80	26.00	0.00	60.00	15.800	586	74.80	26.00	0.00	142.00	26.300
559	74.80	26.00	0.00	62.00	15.800	587	74.80	28.00	0.00	4.00	20.000
560	74.80	26.00	0.00	64.00	15.900	588	74.80	28.00	0.00	8.00	19.300
561	74.80	26.00	0.00	66.00	16.000	589	74.80	28.00	0.00	10.00	18.500
562	74.80	26.00	0.00	68.00	16.000	590	74.80	28.00	0.00	12.00	18.500
563	74.80	26.00	0.00	70.00	16.000	591	74.80	28.00	0.00	14.00	17.900
564	74.80	26.00	0.00	72.00	16.200	592	74.80	28.00	0.00	16.00	17.500
565	74.80	26.00	0.00	74.00	16.300	593	74.80	28.00	0.00	18.00	17.300
566	74.80	26.00	0.00	76.00	16.500	594	74.80	28.00	0.00	20.00	17.200
567	74.80	26.00	0.00	78.00	16.800	595	74.80	28.00	0.00	22.00	17.000
568	74.80	26.00	0.00	80.00	17.000	596	74.80	28.00	0.00	24.00	16.800
569	74.80	26.00	0.00	82.00	17.900	597	74.80	28.00	0.00	26.00	16.600
570	74.80	26.00	0.00	84.00	17.800	598	74.80	28.00	0.00	28.00	16.300
571	74.80	26.00	0.00	86.00	18.500	599	74.80	28.00	0.00	30.00	16.000
572	74.80	26.00	0.00	88.00	18.500	600	74.80	28.00	0.00	32.00	15.800
573	74.80	26.00	0.00	90.00	18.800	601	74.80	28.00	0.00	34.00	15.600
574	74.80	26.00	0.00	92.00	19.100	602	74.80	28.00	0.00	36.00	15.400
575	74.80	26.00	0.00	94.00	19.300	603	74.80	28.00	0.00	38.00	15.100
576	74.80	26.00	0.00	98.00	20.300	604	74.80	28.00	0.00	40.00	15.000
577	74.80	26.00	0.00	102.00	20.700	605	74.80	28.00	0.00	42.00	14.900
578	74.80	26.00	0.00	106.00	21.500	606	74.80	28.00	0.00	44.00	14.900

续表

测孔编号	ZK33		ZK34			测孔编号	ZK33		ZK34		
水平间距	74.8					水平间距	74.8				
序号	X1	Z1	X2	Z2	走时	序号	X1	Z1	X2	Z2	走时
	m	m	m	m	ms		m	m	m	m	ms
607	74.80	28.00	0.00	46.00	15.000	635	74.80	28.00	0.00	110.00	21.500
608	74.80	28.00	0.00	48.00	15.100	636	74.80	28.00	0.00	114.00	22.100
609	74.80	28.00	0.00	50.00	15.100	637	74.80	28.00	0.00	122.00	23.200
610	74.80	28.00	0.00	52.00	15.100	638	74.80	28.00	0.00	126.00	24.300
611	74.80	28.00	0.00	54.00	15.100	639	74.80	28.00	0.00	130.00	24.500
612	74.80	28.00	0.00	56.00	15.200	640	74.80	28.00	0.00	134.00	24.800
613	74.80	28.00	0.00	58.00	15.300	641	74.80	28.00	0.00	138.00	25.300
614	74.80	28.00	0.00	60.00	15.300	642	74.80	28.00	0.00	142.00	26.000
615	74.80	28.00	0.00	62.00	15.300	643	74.80	30.00	0.00	8.00	19.100
616	74.80	28.00	0.00	64.00	15.400	644	74.80	30.00	0.00	10.00	18.700
617	74.80	28.00	0.00	66.00	15.400	645	74.80	30.00	0.00	12.00	18.500
618	74.80	28.00	0.00	68.00	15.700	646	74.80	30.00	0.00	14.00	18.000
619	74.80	28.00	0.00	70.00	15.800	647	74.80	30.00	0.00	16.00	18.000
620	74.80	28.00	0.00	72.00	15.800	648	74.80	30.00	0.00	18.00	17.600
621	74.80	28.00	0.00	74.00	16.000	649	74.80	30.00	0.00	20.00	17.200
622	74.80	28.00	0.00	76.00	16.100	650	74.80	30.00	0.00	22.00	16.900
623	74.80	28.00	0.00	78.00	16.200	651	74.80	30.00	0.00	24.00	16.600
624	74.80	28.00	0.00	80.00	17.000	652	74.80	30.00	0.00	26.00	16.400
625	74.80	28.00	0.00	82.00	17.300	653	74.80	30.00	0.00	28.00	16.100
626	74.80	28.00	0.00	84.00	17.600	654	74.80	30.00	0.00	30.00	15.900
627	74.80	28.00	0.00	86.00	17.900	655	74.80	30.00	0.00	32.00	15.700
628	74.80	28.00	0.00	88.00	18.300	656	74.80	30.00	0.00	34.00	15.500
629	74.80	28.00	0.00	90.00	18.300	657	74.80	30.00	0.00	36.00	15.300
630	74.80	28.00	0.00	92.00	18.800	658	74.80	30.00	0.00	38.00	15.000
631	74.80	28.00	0.00	94.00	19.200	659	74.80	30.00	0.00	40.00	15.000
632	74.80	28.00	0.00	98.00	20.100	660	74.80	30.00	0.00	42.00	15.000
633	74.80	28.00	0.00	102.00	20.800	661	74.80	30.00	0.00	44.00	14.900
634	74.80	28.00	0.00	106.00	21.200	662	74.80	30.00	0.00	46.00	15.000

续表

测孔编号	ZK33		ZK34			测孔编号	ZK33		ZK34		
水平间距	74.8					水平间距	74.8				
序号	X1	Z1	X2	Z2	走时	序号	X1	Z1	X2	Z2	走时
	m	m	m	m	ms		m	m	m	m	ms
663	74.80	30.00	0.00	48.00	15.000	691	74.80	30.00	0.00	114.00	21.300
664	74.80	30.00	0.00	50.00	15.000	692	74.80	30.00	0.00	118.00	21.900
665	74.80	30.00	0.00	52.00	15.000	693	74.80	30.00	0.00	122.00	22.500
666	74.80	30.00	0.00	54.00	15.000	694	74.80	30.00	0.00	126.00	23.100
667	74.80	30.00	0.00	56.00	15.100	695	74.80	30.00	0.00	130.00	23.400
668	74.80	30.00	0.00	58.00	15.200	696	74.80	30.00	0.00	134.00	24.100
669	74.80	30.00	0.00	60.00	15.200	697	74.80	30.00	0.00	138.00	24.800
670	74.80	30.00	0.00	62.00	15.200	698	74.80	30.00	0.00	142.00	25.200
671	74.80	30.00	0.00	64.00	15.100	699	74.80	32.00	0.00	4.00	20.000
672	74.80	30.00	0.00	66.00	15.500	700	74.80	32.00	0.00	6.00	19.400
673	74.80	30.00	0.00	68.00	15.600	701	74.80	32.00	0.00	8.00	19.100
674	74.80	30.00	0.00	70.00	15.600	702	74.80	32.00	0.00	10.00	18.500
675	74.80	30.00	0.00	72.00	15.800	703	74.80	32.00	0.00	12.00	18.200
676	74.80	30.00	0.00	74.00	15.800	704	74.80	32.00	0.00	14.00	18.000
677	74.80	30.00	0.00	76.00	16.000	705	74.80	32.00	0.00	16.00	17.400
678	74.80	30.00	0.00	78.00	16.200	706	74.80	32.00	0.00	18.00	17.300
679	74.80	30.00	0.00	80.00	17.200	707	74.80	32.00	0.00	20.00	17.000
680	74.80	30.00	0.00	82.00	18.000	708	74.80	32.00	0.00	22.00	16.800
681	74.80	30.00	0.00	84.00	17.800	709	74.80	32.00	0.00	24.00	16.600
682	74.80	30.00	0.00	86.00	18.300	710	74.80	32.00	0.00	26.00	16.300
683	74.80	30.00	0.00	88.00	18.300	711	74.80	32.00	0.00	28.00	16.100
684	74.80	30.00	0.00	90.00	18.500	712	74.80	32.00	0.00	30.00	15.800
685	74.80	30.00	0.00	92.00	19.100	713	74.80	32.00	0.00	32.00	15.700
686	74.80	30.00	0.00	94.00	19.000	714	74.80	32.00	0.00	34.00	15.300
687	74.80	30.00	0.00	98.00	20.100	715	74.80	32.00	0.00	36.00	15.200
688	74.80	30.00	0.00	102.00	20.100	716	74.80	32.00	0.00	38.00	14.900
689	74.80	30.00	0.00	106.00	20.500	717	74.80	32.00	0.00	40.00	14.700
690	74.80	30.00	0.00	110.00	20.500	718	74.80	32.00	0.00	42.00	14.700

续表

测孔编号	ZK33		ZK34			测孔编号	ZK33		ZK34		
水平间距	74.8					水平间距	74.8				
序号	X1	Z1	X2	Z2	走时	序号	X1	Z1	X2	Z2	走时
	m	m	m	m	ms		m	m	m	m	ms
719	74.80	32.00	0.00	44.00	14.900	747	74.80	32.00	0.00	106.00	20.300
720	74.80	32.00	0.00	46.00	14.900	748	74.80	32.00	0.00	110.00	20.700
721	74.80	32.00	0.00	48.00	15.000	749	74.80	32.00	0.00	114.00	21.200
722	74.80	32.00	0.00	50.00	14.800	750	74.80	32.00	0.00	122.00	22.300
723	74.80	32.00	0.00	52.00	14.900	751	74.80	32.00	0.00	126.00	23.000
724	74.80	32.00	0.00	54.00	14.900	752	74.80	32.00	0.00	130.00	23.000
725	74.80	32.00	0.00	56.00	15.200	753	74.80	32.00	0.00	134.00	24.200
726	74.80	32.00	0.00	58.00	15.000	754	74.80	32.00	0.00	138.00	24.700
727	74.80	32.00	0.00	60.00	15.200	755	74.80	32.00	0.00	142.00	25.300
728	74.80	32.00	0.00	62.00	15.100	756	74.80	34.00	0.00	48.00	14.900
729	74.80	32.00	0.00	64.00	15.400	757	74.80	34.00	0.00	50.00	15.100
730	74.80	32.00	0.00	66.00	15.200	758	74.80	34.00	0.00	52.00	14.800
731	74.80	32.00	0.00	68.00	15.500	759	74.80	34.00	0.00	54.00	15.100
732	74.80	32.00	0.00	70.00	15.500	760	74.80	34.00	0.00	56.00	14.900
733	74.80	32.00	0.00	72.00	15.700	761	74.80	34.00	0.00	58.00	15.300
734	74.80	32.00	0.00	74.00	15.800	762	74.80	34.00	0.00	60.00	15.000
735	74.80	32.00	0.00	76.00	16.000	763	74.80	34.00	0.00	62.00	15.500
736	74.80	32.00	0.00	78.00	16.300	764	74.80	34.00	0.00	64.00	15.100
737	74.80	32.00	0.00	80.00	16.700	765	74.80	34.00	0.00	66.00	15.600
738	74.80	32.00	0.00	82.00	16.700	766	74.80	34.00	0.00	72.00	15.400
739	74.80	32.00	0.00	84.00	17.200	767	74.80	34.00	0.00	74.00	15.800
740	74.80	32.00	0.00	86.00	17.300	768	74.80	34.00	0.00	76.00	15.800
741	74.80	32.00	0.00	88.00	17.300	769	74.80	34.00	0.00	78.00	16.300
742	74.80	32.00	0.00	90.00	17.500	770	74.80	34.00	0.00	80.00	16.100
743	74.80	32.00	0.00	92.00	18.300	771	74.80	34.00	0.00	82.00	16.800
744	74.80	32.00	0.00	94.00	18.800	772	74.80	34.00	0.00	84.00	16.500
745	74.80	32.00	0.00	98.00	19.400	773	74.80	34.00	0.00	86.00	17.200
746	74.80	32.00	0.00	102.00	19.700	774	74.80	34.00	0.00	92.00	17.900

附表 1　白鹤滩水电站坝址区 CT3334 剖面地震波射线走时汇总

续表

测孔编号	ZK33		ZK34			测孔编号	ZK33		ZK34		
水平间距	74.8					水平间距	74.8				
序号	X1	Z1	X2	Z2	走时	序号	X1	Z1	X2	Z2	走时
	m	m	m	m	ms		m	m	m	m	ms
775	74.80	34.00	0.00	94.00	18.400	803	74.80	35.00	0.00	74.00	15.500
776	74.80	34.00	0.00	98.00	19.300	804	74.80	35.00	0.00	76.00	15.400
777	74.80	34.00	0.00	106.00	19.800	805	74.80	35.00	0.00	78.00	15.700
778	74.80	34.00	0.00	110.00	20.300	806	74.80	36.00	0.00	26.00	16.100
779	74.80	34.00	0.00	114.00	20.800	807	74.80	36.00	0.00	30.00	15.600
780	74.80	34.00	0.00	122.00	21.300	808	74.80	36.00	0.00	34.00	15.200
781	74.80	34.00	0.00	130.00	22.300	809	74.80	36.00	0.00	38.00	14.700
782	74.80	34.00	0.00	134.00	22.700	810	74.80	36.00	0.00	46.00	14.800
783	74.80	35.00	0.00	8.00	18.800	811	74.80	36.00	0.00	48.00	15.000
784	74.80	35.00	0.00	32.00	15.300	812	74.80	36.00	0.00	50.00	15.000
785	74.80	35.00	0.00	36.00	14.900	813	74.80	36.00	0.00	52.00	14.900
786	74.80	35.00	0.00	40.00	14.700	814	74.80	36.00	0.00	54.00	15.000
787	74.80	35.00	0.00	42.00	14.500	815	74.80	36.00	0.00	56.00	14.900
788	74.80	35.00	0.00	44.00	14.500	816	74.80	36.00	0.00	58.00	15.000
789	74.80	35.00	0.00	46.00	14.700	817	74.80	36.00	0.00	60.00	14.900
790	74.80	35.00	0.00	48.00	14.800	818	74.80	36.00	0.00	62.00	15.100
791	74.80	35.00	0.00	50.00	14.800	819	74.80	36.00	0.00	64.00	15.100
792	74.80	35.00	0.00	52.00	14.800	820	74.80	36.00	0.00	66.00	15.200
793	74.80	35.00	0.00	54.00	14.800	821	74.80	36.00	0.00	72.00	15.300
794	74.80	35.00	0.00	56.00	14.800	822	74.80	36.00	0.00	74.00	15.700
795	74.80	35.00	0.00	58.00	14.500	823	74.80	36.00	0.00	76.00	15.800
796	74.80	35.00	0.00	60.00	14.900	824	74.80	36.00	0.00	78.00	15.900
797	74.80	35.00	0.00	62.00	14.800	825	74.80	36.00	0.00	80.00	16.200
798	74.80	35.00	0.00	64.00	14.900	826	74.80	36.00	0.00	82.00	16.400
799	74.80	35.00	0.00	66.00	14.600	827	74.80	36.00	0.00	84.00	16.700
800	74.80	35.00	0.00	68.00	15.100	828	74.80	36.00	0.00	86.00	17.300
801	74.80	35.00	0.00	70.00	15.100	829	74.80	36.00	0.00	90.00	17.900
802	74.80	35.00	0.00	72.00	15.200	830	74.80	36.00	0.00	92.00	17.900

续表

测孔编号	ZK33		ZK34			测孔编号	ZK33		ZK34		
水平间距	74.8					水平间距	74.8				
序号	X1	Z1	X2	Z2	走时	序号	X1	Z1	X2	Z2	走时
	m	m	m	m	ms		m	m	m	m	ms
831	74.80	36.00	0.00	94.00	18.200	859	74.80	37.00	0.00	46.00	15.400
832	74.80	36.00	0.00	106.00	19.600	860	74.80	37.00	0.00	50.00	15.500
833	74.80	36.00	0.00	110.00	20.000	861	74.80	37.00	0.00	54.00	15.500
834	74.80	36.00	0.00	114.00	20.300	862	74.80	37.00	0.00	58.00	15.500
835	74.80	36.00	0.00	118.00	21.000	863	74.80	37.00	0.00	62.00	15.600
836	74.80	36.00	0.00	122.00	21.500	864	74.80	37.00	0.00	66.00	15.800
837	74.80	36.00	0.00	126.00	22.200	865	74.80	37.00	0.00	70.00	15.800
838	74.80	36.00	0.00	130.00	22.500	866	74.80	37.00	0.00	74.00	16.000
839	74.80	36.00	0.00	134.00	23.100	867	74.80	37.00	0.00	78.00	16.300
840	74.80	36.00	0.00	138.00	23.800	868	74.80	38.00	0.00	40.00	15.200
841	74.80	36.00	0.00	142.00	24.400	869	74.80	38.00	0.00	44.00	15.100
842	74.80	37.00	0.00	4.00	19.500	870	74.80	38.00	0.00	46.00	14.800
843	74.80	37.00	0.00	8.00	18.700	871	74.80	38.00	0.00	48.00	14.900
844	74.80	37.00	0.00	10.00	19.300	872	74.80	38.00	0.00	50.00	14.900
845	74.80	37.00	0.00	12.00	18.000	873	74.80	38.00	0.00	52.00	14.900
846	74.80	37.00	0.00	14.00	18.200	874	74.80	38.00	0.00	54.00	14.800
847	74.80	37.00	0.00	16.00	17.000	875	74.80	38.00	0.00	56.00	15.000
848	74.80	37.00	0.00	18.00	17.700	876	74.80	38.00	0.00	58.00	14.900
849	74.80	37.00	0.00	20.00	16.800	877	74.80	38.00	0.00	60.00	15.000
850	74.80	37.00	0.00	24.00	16.100	878	74.80	38.00	0.00	62.00	15.000
851	74.80	37.00	0.00	26.00	16.200	879	74.80	38.00	0.00	64.00	15.000
852	74.80	37.00	0.00	28.00	15.600	880	74.80	38.00	0.00	66.00	14.900
853	74.80	37.00	0.00	30.00	15.900	881	74.80	38.00	0.00	68.00	15.300
854	74.80	37.00	0.00	32.00	15.100	882	74.80	38.00	0.00	72.00	15.300
855	74.80	37.00	0.00	34.00	15.200	883	74.80	38.00	0.00	74.00	15.400
856	74.80	37.00	0.00	36.00	14.900	884	74.80	38.00	0.00	76.00	15.700
857	74.80	37.00	0.00	38.00	14.900	885	74.80	38.00	0.00	78.00	15.500
858	74.80	37.00	0.00	42.00	15.200	886	74.80	38.00	0.00	80.00	15.900

续表

测孔编号	ZK33		ZK34			测孔编号	ZK33		ZK34		
水平间距	74.8					水平间距	74.8				
序号	X1	Z1	X2	Z2	走时	序号	X1	Z1	X2	Z2	走时
	m	m	m	m	ms		m	m	m	m	ms
887	74.80	38.00	0.00	82.00	15.900	915	74.80	40.00	0.00	72.00	15.100
888	74.80	38.00	0.00	84.00	16.300	916	74.80	40.00	0.00	74.00	15.100
889	74.80	38.00	0.00	86.00	16.100	917	74.80	40.00	0.00	76.00	15.300
890	74.80	38.00	0.00	90.00	17.800	918	74.80	40.00	0.00	78.00	15.100
891	74.80	38.00	0.00	92.00	17.700	919	74.80	40.00	0.00	80.00	15.700
892	74.80	38.00	0.00	94.00	17.700	920	74.80	40.00	0.00	82.00	15.300
893	74.80	38.00	0.00	98.00	18.700	921	74.80	40.00	0.00	98.00	18.400
894	74.80	38.00	0.00	102.00	19.200	922	74.80	40.00	0.00	102.00	18.900
895	74.80	38.00	0.00	106.00	19.700	923	74.80	40.00	0.00	106.00	19.200
896	74.80	38.00	0.00	110.00	19.900	924	74.80	40.00	0.00	110.00	19.800
897	74.80	38.00	0.00	114.00	20.500	925	74.80	40.00	0.00	114.00	20.200
898	74.80	38.00	0.00	122.00	21.400	926	74.80	40.00	0.00	122.00	21.300
899	74.80	38.00	0.00	126.00	22.000	927	74.80	40.00	0.00	126.00	21.800
900	74.80	38.00	0.00	130.00	22.300	928	74.80	40.00	0.00	130.00	22.100
901	74.80	38.00	0.00	134.00	22.800	929	74.80	40.00	0.00	134.00	22.500
902	74.80	38.00	0.00	142.00	24.000	930	74.80	42.00	0.00	46.00	14.800
903	74.80	40.00	0.00	34.00	15.600	931	74.80	42.00	0.00	48.00	14.700
904	74.80	40.00	0.00	46.00	15.000	932	74.80	42.00	0.00	50.00	14.700
905	74.80	40.00	0.00	48.00	14.800	933	74.80	42.00	0.00	52.00	14.400
906	74.80	40.00	0.00	50.00	14.600	934	74.80	42.00	0.00	54.00	14.500
907	74.80	40.00	0.00	52.00	14.600	935	74.80	42.00	0.00	56.00	14.300
908	74.80	40.00	0.00	54.00	14.500	936	74.80	42.00	0.00	58.00	14.600
909	74.80	40.00	0.00	56.00	14.500	937	74.80	42.00	0.00	60.00	14.300
910	74.80	40.00	0.00	58.00	14.600	938	74.80	42.00	0.00	62.00	14.700
911	74.80	40.00	0.00	60.00	14.500	939	74.80	42.00	0.00	64.00	14.600
912	74.80	40.00	0.00	62.00	14.700	940	74.80	42.00	0.00	66.00	14.800
913	74.80	40.00	0.00	64.00	14.900	941	74.80	42.00	0.00	72.00	14.800
914	74.80	40.00	0.00	66.00	14.800	942	74.80	42.00	0.00	74.00	15.100

续表

测孔编号	ZK33		ZK34			测孔编号	ZK33		ZK34		
水平间距	74.8					水平间距	74.8				
序号	X1	Z1	X2	Z2	走时	序号	X1	Z1	X2	Z2	走时
	m	m	m	m	ms		m	m	m	m	ms
943	74.80	42.00	0.00	76.00	15.200	971	74.80	44.00	0.00	78.00	15.100
944	74.80	42.00	0.00	78.00	15.400	972	74.80	44.00	0.00	80.00	15.200
945	74.80	42.00	0.00	80.00	15.500	973	74.80	44.00	0.00	82.00	15.500
946	74.80	42.00	0.00	82.00	15.800	974	74.80	44.00	0.00	84.00	15.300
947	74.80	42.00	0.00	84.00	16.000	975	74.80	44.00	0.00	90.00	16.900
948	74.80	42.00	0.00	86.00	16.200	976	74.80	44.00	0.00	92.00	17.000
949	74.80	42.00	0.00	92.00	17.300	977	74.80	44.00	0.00	94.00	17.300
950	74.80	42.00	0.00	94.00	17.500	978	74.80	44.00	0.00	98.00	18.000
951	74.80	42.00	0.00	98.00	18.200	979	74.80	44.00	0.00	102.00	19.000
952	74.80	42.00	0.00	102.00	18.500	980	74.80	44.00	0.00	106.00	18.800
953	74.80	42.00	0.00	106.00	19.100	981	74.80	44.00	0.00	110.00	19.500
954	74.80	42.00	0.00	110.00	19.500	982	74.80	44.00	0.00	114.00	20.000
955	74.80	42.00	0.00	114.00	19.900	983	74.80	44.00	0.00	122.00	21.000
956	74.80	42.00	0.00	130.00	22.200	984	74.80	44.00	0.00	130.00	22.200
957	74.80	42.00	0.00	142.00	23.600	985	74.80	44.00	0.00	142.00	23.400
958	74.80	44.00	0.00	48.00	14.600	986	74.80	46.00	0.00	46.00	15.000
959	74.80	44.00	0.00	50.00	14.500	987	74.80	46.00	0.00	48.00	14.300
960	74.80	44.00	0.00	52.00	14.400	988	74.80	46.00	0.00	50.00	14.100
961	74.80	44.00	0.00	54.00	14.200	989	74.80	46.00	0.00	52.00	14.100
962	74.80	44.00	0.00	56.00	14.300	990	74.80	46.00	0.00	54.00	14.000
963	74.80	44.00	0.00	58.00	14.300	991	74.80	46.00	0.00	56.00	14.000
964	74.80	44.00	0.00	60.00	14.300	992	74.80	46.00	0.00	58.00	14.000
965	74.80	44.00	0.00	62.00	14.400	993	74.80	46.00	0.00	60.00	14.000
966	74.80	44.00	0.00	64.00	14.400	994	74.80	46.00	0.00	62.00	14.100
967	74.80	44.00	0.00	66.00	14.400	995	74.80	46.00	0.00	64.00	14.100
968	74.80	44.00	0.00	72.00	14.700	996	74.80	46.00	0.00	66.00	14.000
969	74.80	44.00	0.00	74.00	14.800	997	74.80	46.00	0.00	72.00	14.300
970	74.80	44.00	0.00	76.00	15.000	998	74.80	46.00	0.00	74.00	14.300

续表

测孔编号	ZK33		ZK34			测孔编号	ZK33		ZK34		
水平间距	74.8					水平间距	74.8				
序号	X1	Z1	X2	Z2	走时	序号	X1	Z1	X2	Z2	走时
	m	m	m	m	ms		m	m	m	m	ms
999	74.80	46.00	0.00	76.00	14.600	1027	74.80	48.00	0.00	74.00	14.100
1000	74.80	46.00	0.00	78.00	14.800	1028	74.80	48.00	0.00	76.00	14.300
1001	74.80	46.00	0.00	80.00	14.800	1029	74.80	48.00	0.00	78.00	14.400
1002	74.80	46.00	0.00	82.00	15.200	1030	74.80	48.00	0.00	80.00	14.400
1003	74.80	46.00	0.00	84.00	15.500	1031	74.80	48.00	0.00	82.00	15.000
1004	74.80	46.00	0.00	86.00	15.800	1032	74.80	48.00	0.00	86.00	16.000
1005	74.80	46.00	0.00	92.00	16.800	1033	74.80	48.00	0.00	92.00	16.200
1006	74.80	46.00	0.00	94.00	17.000	1034	74.80	48.00	0.00	94.00	16.600
1007	74.80	46.00	0.00	98.00	17.400	1035	74.80	48.00	0.00	98.00	17.000
1008	74.80	46.00	0.00	102.00	17.900	1036	74.80	48.00	0.00	102.00	17.300
1009	74.80	46.00	0.00	106.00	18.500	1037	74.80	48.00	0.00	106.00	17.900
1010	74.80	46.00	0.00	110.00	18.800	1038	74.80	48.00	0.00	110.00	18.200
1011	74.80	46.00	0.00	114.00	19.000	1039	74.80	48.00	0.00	114.00	18.500
1012	74.80	46.00	0.00	122.00	19.800	1040	74.80	48.00	0.00	122.00	19.800
1013	74.80	46.00	0.00	126.00	20.400	1041	74.80	50.00	0.00	46.00	14.200
1014	74.80	46.00	0.00	130.00	20.800	1042	74.80	50.00	0.00	48.00	14.100
1015	74.80	48.00	0.00	46.00	14.300	1043	74.80	50.00	0.00	50.00	14.000
1016	74.80	48.00	0.00	48.00	14.100	1044	74.80	50.00	0.00	52.00	13.800
1017	74.80	48.00	0.00	50.00	14.000	1045	74.80	50.00	0.00	54.00	13.900
1018	74.80	48.00	0.00	52.00	13.900	1046	74.80	50.00	0.00	56.00	13.800
1019	74.80	48.00	0.00	54.00	13.800	1047	74.80	50.00	0.00	58.00	13.800
1020	74.80	48.00	0.00	56.00	13.800	1048	74.80	50.00	0.00	60.00	13.800
1021	74.80	48.00	0.00	58.00	13.800	1049	74.80	50.00	0.00	62.00	13.900
1022	74.80	48.00	0.00	60.00	13.800	1050	74.80	50.00	0.00	64.00	13.900
1023	74.80	48.00	0.00	62.00	13.900	1051	74.80	50.00	0.00	66.00	13.900
1024	74.80	48.00	0.00	64.00	13.700	1052	74.80	50.00	0.00	72.00	14.100
1025	74.80	48.00	0.00	66.00	14.000	1053	74.80	50.00	0.00	74.00	14.100
1026	74.80	48.00	0.00	72.00	13.900	1054	74.80	50.00	0.00	76.00	14.300

续表

测孔编号	ZK33		ZK34			测孔编号	ZK33		ZK34		
水平间距	74.8					水平间距	74.8				
序号	X1	Z1	X2	Z2	走时	序号	X1	Z1	X2	Z2	走时
	m	m	m	m	ms		m	m	m	m	ms
1055	74.80	50.00	0.00	78.00	14.500	1083	74.80	52.00	0.00	80.00	14.400
1056	74.80	50.00	0.00	80.00	14.600	1084	74.80	52.00	0.00	82.00	14.500
1057	74.80	50.00	0.00	82.00	14.600	1085	74.80	52.00	0.00	84.00	14.800
1058	74.80	50.00	0.00	84.00	15.000	1086	74.80	52.00	0.00	86.00	15.200
1059	74.80	50.00	0.00	86.00	15.200	1087	74.80	52.00	0.00	90.00	15.500
1060	74.80	50.00	0.00	92.00	16.100	1088	74.80	52.00	0.00	92.00	15.900
1061	74.80	50.00	0.00	94.00	16.300	1089	74.80	52.00	0.00	94.00	16.200
1062	74.80	50.00	0.00	98.00	16.800	1090	74.80	52.00	0.00	98.00	16.200
1063	74.80	50.00	0.00	102.00	17.200	1091	74.80	52.00	0.00	102.00	16.900
1064	74.80	50.00	0.00	106.00	17.800	1092	74.80	52.00	0.00	106.00	17.500
1065	74.80	50.00	0.00	110.00	18.100	1093	74.80	52.00	0.00	110.00	17.600
1066	74.80	50.00	0.00	114.00	18.600	1094	74.80	52.00	0.00	114.00	18.000
1067	74.80	52.00	0.00	36.00	14.500	1095	74.80	52.00	0.00	122.00	19.000
1068	74.80	52.00	0.00	46.00	14.200	1096	74.80	52.00	0.00	126.00	19.700
1069	74.80	52.00	0.00	48.00	14.000	1097	74.80	52.00	0.00	130.00	20.000
1070	74.80	52.00	0.00	50.00	13.800	1098	74.80	52.00	0.00	134.00	20.700
1071	74.80	52.00	0.00	52.00	13.800	1099	74.80	52.00	0.00	142.00	22.400
1072	74.80	52.00	0.00	54.00	13.600	1100	74.80	53.00	0.00	8.00	18.200
1073	74.80	52.00	0.00	56.00	13.800	1101	74.80	53.00	0.00	12.00	18.200
1074	74.80	52.00	0.00	58.00	13.700	1102	74.80	53.00	0.00	20.00	17.000
1075	74.80	52.00	0.00	60.00	13.800	1103	74.80	53.00	0.00	24.00	16.600
1076	74.80	52.00	0.00	62.00	13.800	1104	74.80	53.00	0.00	28.00	16.000
1077	74.80	52.00	0.00	64.00	13.800	1105	74.80	53.00	0.00	32.00	14.800
1078	74.80	52.00	0.00	66.00	13.700	1106	74.80	53.00	0.00	36.00	14.200
1079	74.80	52.00	0.00	72.00	13.900	1107	74.80	53.00	0.00	42.00	14.100
1080	74.80	52.00	0.00	74.00	14.000	1108	74.80	53.00	0.00	46.00	14.000
1081	74.80	52.00	0.00	76.00	14.200	1109	74.80	53.00	0.00	48.00	14.000
1082	74.80	52.00	0.00	78.00	14.100	1110	74.80	53.00	0.00	50.00	13.800

附表1　白鹤滩水电站坝址区CT3334剖面地震波射线走时汇总

续表

测孔编号	ZK33		ZK34		
水平间距	74.8				
序号	X1	Z1	X2	Z2	走时
	m	m	m	m	ms
1111	74.80	53.00	0.00	52.00	13.800
1112	74.80	53.00	0.00	54.00	13.600
1113	74.80	53.00	0.00	56.00	13.700
1114	74.80	53.00	0.00	58.00	13.700
1115	74.80	53.00	0.00	60.00	13.800
1116	74.80	53.00	0.00	62.00	13.800
1117	74.80	53.00	0.00	64.00	13.800
1118	74.80	53.00	0.00	66.00	13.700
1119	74.80	53.00	0.00	72.00	13.900
1120	74.80	53.00	0.00	74.00	13.900
1121	74.80	53.00	0.00	76.00	14.100
1122	74.80	53.00	0.00	78.00	14.200
1123	74.80	53.00	0.00	80.00	14.500
1124	74.80	53.00	0.00	82.00	14.500
1125	74.80	53.00	0.00	84.00	14.800
1126	74.80	53.00	0.00	86.00	15.000
1127	74.80	53.00	0.00	92.00	15.900
1128	74.80	53.00	0.00	94.00	16.000
1129	74.80	53.00	0.00	98.00	16.000
1130	74.80	53.00	0.00	102.00	16.400
1131	74.80	53.00	0.00	106.00	17.000
1132	74.80	53.00	0.00	110.00	17.300
1133	74.80	53.00	0.00	114.00	17.700
1134	74.80	53.00	0.00	122.00	18.800
1135	74.80	53.00	0.00	126.00	19.200
1136	74.80	53.00	0.00	130.00	19.800
1137	74.80	55.70	0.00	80.00	13.800
1138	74.80	55.70	0.00	84.00	14.000

测孔编号	ZK33		ZK34		
水平间距	74.8				
序号	X1	Z1	X2	Z2	走时
	m	m	m	m	ms
1139	74.80	55.70	0.00	88.00	14.400
1140	74.80	55.70	0.00	92.00	15.000
1141	74.80	55.70	0.00	96.00	15.500
1142	74.80	55.70	0.00	100.00	15.700
1143	74.80	55.70	0.00	104.00	16.200
1144	74.80	55.70	0.00	106.00	16.700
1145	74.80	55.70	0.00	108.00	16.600
1146	74.80	55.70	0.00	110.00	16.900
1147	74.80	55.70	0.00	112.00	17.000
1148	74.80	55.70	0.00	114.00	17.700
1149	74.80	55.70	0.00	116.00	17.300
1150	74.80	55.70	0.00	118.00	17.800
1151	74.80	55.70	0.00	122.00	18.400
1152	74.80	55.70	0.00	126.00	18.900
1153	74.80	55.70	0.00	130.00	19.400
1154	74.80	55.70	0.00	134.00	19.800
1155	74.80	55.70	0.00	138.00	20.200
1156	74.80	55.70	0.00	142.00	20.800
1157	74.80	59.00	0.00	2.00	22.000
1158	74.80	59.00	0.00	4.00	19.600
1159	74.80	59.00	0.00	6.00	20.300
1160	74.80	59.00	0.00	8.00	19.000
1161	74.80	59.00	0.00	10.00	19.300
1162	74.80	59.00	0.00	12.00	18.900
1163	74.80	59.00	0.00	14.00	18.400
1164	74.80	59.00	0.00	16.00	18.500
1165	74.80	59.00	0.00	18.00	18.100
1166	74.80	59.00	0.00	20.00	17.700

续表

测孔编号	ZK33		ZK34			测孔编号	ZK33		ZK34		
水平间距	74.8					水平间距	74.8				
序号	X1	Z1	X2	Z2	走时	序号	X1	Z1	X2	Z2	走时
	m	m	m	m	ms		m	m	m	m	ms
1167	74.80	59.00	0.00	22.00	16.300	1195	74.80	59.00	0.00	78.00	13.400
1168	74.80	59.00	0.00	24.00	16.200	1196	74.80	59.00	0.00	80.00	13.400
1169	74.80	59.00	0.00	26.00	16.000	1197	74.80	59.00	0.00	84.00	13.600
1170	74.80	59.00	0.00	28.00	15.800	1198	74.80	59.00	0.00	88.00	14.000
1171	74.80	59.00	0.00	30.00	15.300	1199	74.80	59.00	0.00	92.00	14.500
1172	74.80	59.00	0.00	32.00	15.200	1200	74.80	59.00	0.00	96.00	15.000
1173	74.80	59.00	0.00	34.00	15.100	1201	74.80	59.00	0.00	100.00	15.700
1174	74.80	59.00	0.00	36.00	14.900	1202	74.80	59.00	0.00	104.00	15.700
1175	74.80	59.00	0.00	38.00	14.500	1203	74.80	59.00	0.00	106.00	16.000
1176	74.80	59.00	0.00	40.00	14.500	1204	74.80	59.00	0.00	108.00	16.100
1177	74.80	59.00	0.00	42.00	14.300	1205	74.80	59.00	0.00	110.00	16.300
1178	74.80	59.00	0.00	44.00	14.100	1206	74.80	59.00	0.00	112.00	16.400
1179	74.80	59.00	0.00	46.00	13.800	1207	74.80	59.00	0.00	114.00	16.800
1180	74.80	59.00	0.00	48.00	13.700	1208	74.80	59.00	0.00	116.00	16.800
1181	74.80	59.00	0.00	50.00	13.500	1209	74.80	59.00	0.00	118.00	17.100
1182	74.80	59.00	0.00	52.00	13.300	1210	74.80	59.00	0.00	122.00	17.900
1183	74.80	59.00	0.00	54.00	13.100	1211	74.80	59.00	0.00	126.00	18.300
1184	74.80	59.00	0.00	56.00	13.000	1212	74.80	59.00	0.00	130.00	18.800
1185	74.80	59.00	0.00	58.00	13.000	1213	74.80	59.00	0.00	134.00	19.100
1186	74.80	59.00	0.00	60.00	13.100	1214	74.80	59.00	0.00	138.00	19.600
1187	74.80	59.00	0.00	62.00	13.000	1215	74.80	59.00	0.00	142.00	20.100
1188	74.80	59.00	0.00	64.00	13.000	1216	74.80	62.00	0.00	2.00	22.000
1189	74.80	59.00	0.00	66.00	13.000	1217	74.80	62.00	0.00	4.00	19.500
1190	74.80	59.00	0.00	68.00	13.000	1218	74.80	62.00	0.00	6.00	19.300
1191	74.80	59.00	0.00	70.00	13.000	1219	74.80	62.00	0.00	8.00	18.900
1192	74.80	59.00	0.00	72.00	13.200	1220	74.80	62.00	0.00	10.00	18.300
1193	74.80	59.00	0.00	74.00	13.200	1221	74.80	62.00	0.00	12.00	19.000
1194	74.80	59.00	0.00	76.00	13.200	1222	74.80	62.00	0.00	16.00	18.600

续表

测孔编号	ZK33		ZK34			测孔编号	ZK33		ZK34		
水平间距	74.8					水平间距	74.8				
序号	X1	Z1	X2	Z2	走时	序号	X1	Z1	X2	Z2	走时
	m	m	m	m	ms		m	m	m	m	ms
1223	74.80	62.00	0.00	18.00	17.000	1251	74.80	62.00	0.00	74.00	13.000
1224	74.80	62.00	0.00	20.00	16.800	1252	74.80	62.00	0.00	76.00	13.100
1225	74.80	62.00	0.00	22.00	16.500	1253	74.80	62.00	0.00	78.00	13.100
1226	74.80	62.00	0.00	24.00	16.300	1254	74.80	62.00	0.00	98.00	15.000
1227	74.80	62.00	0.00	26.00	16.000	1255	74.80	62.00	0.00	106.00	15.900
1228	74.80	62.00	0.00	28.00	15.800	1256	74.80	62.00	0.00	110.00	16.200
1229	74.80	62.00	0.00	30.00	15.500	1257	74.80	62.00	0.00	114.00	16.500
1230	74.80	62.00	0.00	32.00	15.200	1258	74.80	62.00	0.00	118.00	17.000
1231	74.80	62.00	0.00	34.00	15.100	1259	74.80	62.00	0.00	122.00	17.600
1232	74.80	62.00	0.00	36.00	14.800	1260	74.80	62.00	0.00	126.00	18.100
1233	74.80	62.00	0.00	38.00	14.500	1261	74.80	62.00	0.00	130.00	18.500
1234	74.80	62.00	0.00	40.00	14.500	1262	74.80	62.00	0.00	134.00	19.000
1235	74.80	62.00	0.00	42.00	14.200	1263	74.80	62.00	0.00	138.00	19.500
1236	74.80	62.00	0.00	44.00	14.100	1264	74.80	62.00	0.00	142.00	20.000
1237	74.80	62.00	0.00	46.00	13.800	1265	74.80	68.00	0.00	80.00	12.800
1238	74.80	62.00	0.00	48.00	13.600	1266	74.80	68.00	0.00	84.00	12.900
1239	74.80	62.00	0.00	50.00	13.300	1267	74.80	68.00	0.00	88.00	13.100
1240	74.80	62.00	0.00	52.00	13.200	1268	74.80	68.00	0.00	92.00	13.600
1241	74.80	62.00	0.00	54.00	13.000	1269	74.80	68.00	0.00	96.00	13.900
1242	74.80	62.00	0.00	56.00	13.000	1270	74.80	68.00	0.00	100.00	14.300
1243	74.80	62.00	0.00	58.00	13.000	1271	74.80	68.00	0.00	104.00	14.600
1244	74.80	62.00	0.00	60.00	13.000	1272	74.80	68.00	0.00	108.00	14.900
1245	74.80	62.00	0.00	62.00	12.900	1273	74.80	68.00	0.00	112.00	15.100
1246	74.80	62.00	0.00	64.00	13.000	1274	74.80	68.00	0.00	116.00	15.500
1247	74.80	62.00	0.00	66.00	13.000	1275	74.80	71.00	0.00	8.00	20.200
1248	74.80	62.00	0.00	68.00	12.900	1276	74.80	71.00	0.00	10.00	18.600
1249	74.80	62.00	0.00	70.00	12.900	1277	74.80	71.00	0.00	12.00	19.100
1250	74.80	62.00	0.00	72.00	13.000	1278	74.80	71.00	0.00	14.00	18.100

续表

测孔编号	ZK33		ZK34			测孔编号	ZK33		ZK34		
水平间距	74.8					水平间距	74.8				
序号	X1	Z1	X2	Z2	走时	序号	X1	Z1	X2	Z2	走时
	m	m	m	m	ms		m	m	m	m	ms
1279	74.80	71.00	0.00	16.00	17.800	1307	74.80	71.00	0.00	84.00	12.800
1280	74.80	71.00	0.00	18.00	17.500	1308	74.80	71.00	0.00	88.00	13.100
1281	74.80	71.00	0.00	20.00	17.000	1309	74.80	71.00	0.00	92.00	13.500
1282	74.80	71.00	0.00	22.00	16.800	1310	74.80	71.00	0.00	96.00	13.800
1283	74.80	71.00	0.00	24.00	16.700	1311	74.80	71.00	0.00	100.00	14.200
1284	74.80	71.00	0.00	26.00	16.500	1312	74.80	71.00	0.00	104.00	14.200
1285	74.80	71.00	0.00	28.00	16.100	1313	74.80	71.00	0.00	108.00	14.700
1286	74.80	71.00	0.00	30.00	16.000	1314	74.80	71.00	0.00	112.00	15.100
1287	74.80	71.00	0.00	32.00	15.600	1315	74.80	71.00	0.00	116.00	15.300
1288	74.80	71.00	0.00	34.00	15.400	1316	74.80	74.00	0.00	8.00	18.200
1289	74.80	71.00	0.00	36.00	15.100	1317	74.80	74.00	0.00	12.00	18.200
1290	74.80	71.00	0.00	38.00	14.800	1318	74.80	74.00	0.00	14.00	18.100
1291	74.80	71.00	0.00	40.00	14.400	1319	74.80	74.00	0.00	16.00	18.100
1292	74.80	71.00	0.00	42.00	14.300	1320	74.80	74.00	0.00	18.00	17.600
1293	74.80	71.00	0.00	44.00	14.200	1321	74.80	74.00	0.00	20.00	17.400
1294	74.80	71.00	0.00	46.00	14.200	1322	74.80	74.00	0.00	22.00	16.900
1295	74.80	71.00	0.00	48.00	14.200	1323	74.80	74.00	0.00	24.00	16.900
1296	74.80	71.00	0.00	50.00	14.400	1324	74.80	74.00	0.00	26.00	16.600
1297	74.80	71.00	0.00	52.00	14.100	1325	74.80	74.00	0.00	28.00	16.400
1298	74.80	71.00	0.00	54.00	14.000	1326	74.80	74.00	0.00	30.00	16.000
1299	74.80	71.00	0.00	56.00	13.900	1327	74.80	74.00	0.00	32.00	15.900
1300	74.80	71.00	0.00	60.00	13.900	1328	74.80	74.00	0.00	34.00	15.500
1301	74.80	71.00	0.00	64.00	13.700	1329	74.80	74.00	0.00	36.00	15.400
1302	74.80	71.00	0.00	68.00	13.500	1330	74.80	74.00	0.00	38.00	14.900
1303	74.80	71.00	0.00	72.00	13.300	1331	74.80	74.00	0.00	40.00	14.800
1304	74.80	71.00	0.00	76.00	13.200	1332	74.80	74.00	0.00	42.00	14.500
1305	74.80	71.00	0.00	78.00	13.500	1333	74.80	74.00	0.00	44.00	14.300
1306	74.80	71.00	0.00	80.00	12.800	1334	74.80	74.00	0.00	46.00	14.000

附表 1　白鹤滩水电站坝址区 CT3334 剖面地震波射线走时汇总

续表

测孔编号	ZK33		ZK34			测孔编号	ZK33		ZK34		
水平间距	74.8					水平间距	74.8				
序号	X1	Z1	X2	Z2	走时	序号	X1	Z1	X2	Z2	走时
	m	m	m	m	ms		m	m	m	m	ms
1335	74.80	74.00	0.00	50.00	13.500	1363	74.80	78.00	0.00	62.00	13.100
1336	74.80	74.00	0.00	58.00	13.500	1364	74.80	78.00	0.00	66.00	12.900
1337	74.80	74.00	0.00	62.00	13.100	1365	74.80	78.00	0.00	70.00	12.600
1338	74.80	74.00	0.00	66.00	12.900	1366	74.80	78.00	0.00	74.00	12.500
1339	74.80	74.00	0.00	70.00	12.800	1367	74.80	78.00	0.00	78.00	12.500
1340	74.80	74.00	0.00	74.00	12.600	1368	74.80	78.00	0.00	82.00	12.500
1341	74.80	74.00	0.00	78.00	12.600	1369	74.80	78.00	0.00	86.00	13.100
1342	74.80	74.00	0.00	82.00	12.900	1370	74.80	78.00	0.00	94.00	13.900
1343	74.80	74.00	0.00	86.00	13.300	1371	74.80	78.00	0.00	96.00	15.000
1344	74.80	74.00	0.00	90.00	13.500	1372	74.80	80.00	0.00	50.00	13.300
1345	74.80	74.00	0.00	94.00	14.100	1373	74.80	80.00	0.00	58.00	13.800
1346	74.80	74.00	0.00	96.00	15.000	1374	74.80	80.00	0.00	62.00	13.300
1347	74.80	74.00	0.00	106.00	14.800	1375	74.80	80.00	0.00	66.00	12.900
1348	74.80	74.00	0.00	110.00	15.000	1376	74.80	80.00	0.00	70.00	12.900
1349	74.80	74.00	0.00	114.00	15.300	1377	74.80	80.00	0.00	74.00	12.400
1350	74.80	74.00	0.00	118.00	15.800	1378	74.80	80.00	0.00	78.00	12.500
1351	74.80	74.00	0.00	122.00	16.300	1379	74.80	80.00	0.00	82.00	12.500
1352	74.80	74.00	0.00	126.00	16.700	1380	74.80	80.00	0.00	86.00	12.500
1353	74.80	74.00	0.00	130.00	17.000	1381	74.80	80.00	0.00	90.00	12.900
1354	74.80	74.00	0.00	134.00	17.500	1382	74.80	80.00	0.00	94.00	13.600
1355	74.80	74.00	0.00	138.00	17.900	1383	74.80	80.00	0.00	106.00	14.300
1356	74.80	74.00	0.00	142.00	18.400	1384	74.80	80.00	0.00	110.00	14.500
1357	74.80	78.00	0.00	18.00	17.800	1385	74.80	80.00	0.00	114.00	14.800
1358	74.80	78.00	0.00	38.00	13.800	1386	74.80	80.00	0.00	118.00	15.200
1359	74.80	78.00	0.00	42.00	13.800	1387	74.80	80.00	0.00	122.00	15.600
1360	74.80	78.00	0.00	46.00	14.100	1388	74.80	80.00	0.00	126.00	16.000
1361	74.80	78.00	0.00	50.00	13.800	1389	74.80	80.00	0.00	130.00	16.400
1362	74.80	78.00	0.00	58.00	13.300	1390	74.80	80.00	0.00	134.00	16.700

续表

测孔编号	ZK33		ZK34			测孔编号	ZK33		ZK34		
水平间距	74.8					水平间距	74.8				
序号	X1	Z1	X2	Z2	走时	序号	X1	Z1	X2	Z2	走时
	m	m	m	m	ms		m	m	m	m	ms
1391	74.80	80.00	0.00	138.00	17.100	1419	74.80	86.00	0.00	110.00	14.600
1392	74.80	80.00	0.00	142.00	17.600	1420	74.80	86.00	0.00	114.00	14.900
1393	74.80	81.70	0.00	18.00	17.800	1421	74.80	86.00	0.00	118.00	15.000
1394	74.80	81.70	0.00	30.00	15.800	1422	74.80	86.00	0.00	122.00	15.600
1395	74.80	81.70	0.00	34.00	15.600	1423	74.80	86.00	0.00	126.00	15.800
1396	74.80	81.70	0.00	38.00	15.500	1424	74.80	86.00	0.00	130.00	15.900
1397	74.80	81.70	0.00	42.00	15.300	1425	74.80	86.00	0.00	134.00	16.400
1398	74.80	81.70	0.00	46.00	14.800	1426	74.80	86.00	0.00	138.00	16.800
1399	74.80	84.00	0.00	8.00	20.700	1427	74.80	86.00	0.00	142.00	17.200
1400	74.80	84.00	0.00	12.00	20.000	1428	74.80	89.00	0.00	14.00	20.400
1401	74.80	84.00	0.00	16.00	19.200	1429	74.80	89.00	0.00	18.00	19.900
1402	74.80	84.00	0.00	20.00	18.400	1430	74.80	89.00	0.00	22.00	18.800
1403	74.80	84.00	0.00	24.00	18.000	1431	74.80	89.00	0.00	26.00	18.200
1404	74.80	84.00	0.00	28.00	17.600	1432	74.80	89.00	0.00	30.00	17.800
1405	74.80	84.00	0.00	32.00	17.000	1433	74.80	89.00	0.00	34.00	16.900
1406	74.80	84.00	0.00	36.00	16.200	1434	74.80	89.00	0.00	38.00	16.200
1407	74.80	84.00	0.00	40.00	15.700	1435	74.80	89.00	0.00	42.00	15.600
1408	74.80	84.00	0.00	44.00	15.100	1436	74.80	89.00	0.00	46.00	15.100
1409	74.80	86.00	0.00	8.00	20.200	1437	74.80	89.00	0.00	98.00	12.500
1410	74.80	86.00	0.00	12.00	19.500	1438	74.80	89.00	0.00	106.00	13.800
1411	74.80	86.00	0.00	16.00	19.100	1439	74.80	89.00	0.00	110.00	14.000
1412	74.80	86.00	0.00	20.00	18.200	1440	74.80	89.00	0.00	114.00	14.100
1413	74.80	86.00	0.00	24.00	17.900	1441	74.80	89.00	0.00	118.00	14.400
1414	74.80	86.00	0.00	28.00	17.500	1442	74.80	89.00	0.00	122.00	14.800
1415	74.80	86.00	0.00	32.00	16.800	1443	74.80	89.00	0.00	126.00	15.000
1416	74.80	86.00	0.00	40.00	15.500	1444	74.80	89.00	0.00	130.00	15.300
1417	74.80	86.00	0.00	44.00	15.100	1445	74.80	89.00	0.00	134.00	15.500
1418	74.80	86.00	0.00	106.00	14.400	1446	74.80	89.00	0.00	138.00	16.000

续表

测孔编号	ZK33		ZK34			测孔编号	ZK33		ZK34		
水平间距	74.8					水平间距	74.8				
序号	X1	Z1	X2	Z2	走时	序号	X1	Z1	X2	Z2	走时
	m	m	m	m	ms		m	m	m	m	ms
1447	74.80	89.00	0.00	142.00	16.500	1475	74.80	92.00	0.00	138.00	15.700
1448	74.80	90.00	0.00	18.00	19.700	1476	74.80	92.00	0.00	142.00	16.200
1449	74.80	90.00	0.00	22.00	19.000	1477	74.80	95.00	0.00	10.00	21.200
1450	74.80	90.00	0.00	26.00	18.700	1478	74.80	95.00	0.00	14.00	20.500
1451	74.80	90.00	0.00	30.00	18.000	1479	74.80	95.00	0.00	18.00	19.900
1452	74.80	90.00	0.00	34.00	17.800	1480	74.80	95.00	0.00	22.00	19.200
1453	74.80	90.00	0.00	38.00	17.200	1481	74.80	95.00	0.00	26.00	19.000
1454	74.80	90.00	0.00	42.00	16.000	1482	74.80	95.00	0.00	30.00	18.200
1455	74.80	92.00	0.00	50.00	14.000	1483	74.80	95.00	0.00	34.00	17.500
1456	74.80	92.00	0.00	58.00	14.000	1484	74.80	95.00	0.00	38.00	16.900
1457	74.80	92.00	0.00	62.00	13.600	1485	74.80	95.00	0.00	42.00	16.400
1458	74.80	92.00	0.00	66.00	13.300	1486	74.80	95.00	0.00	46.00	15.800
1459	74.80	92.00	0.00	70.00	13.000	1487	74.80	95.00	0.00	50.00	14.100
1460	74.80	92.00	0.00	74.00	12.900	1488	74.80	95.00	0.00	58.00	14.000
1461	74.80	92.00	0.00	78.00	12.900	1489	74.80	95.00	0.00	62.00	13.800
1462	74.80	92.00	0.00	82.00	13.100	1490	74.80	95.00	0.00	66.00	13.400
1463	74.80	92.00	0.00	86.00	13.600	1491	74.80	95.00	0.00	70.00	13.200
1464	74.80	92.00	0.00	90.00	13.500	1492	74.80	95.00	0.00	78.00	13.500
1465	74.80	92.00	0.00	94.00	13.200	1493	74.80	95.00	0.00	82.00	13.200
1466	74.80	92.00	0.00	98.00	12.800	1494	74.80	95.00	0.00	86.00	13.300
1467	74.80	92.00	0.00	106.00	13.500	1495	74.80	95.00	0.00	90.00	13.000
1468	74.80	92.00	0.00	110.00	13.700	1496	74.80	95.00	0.00	94.00	12.900
1469	74.80	92.00	0.00	114.00	14.000	1497	74.80	95.00	0.00	106.00	12.500
1470	74.80	92.00	0.00	118.00	14.200	1498	74.80	95.00	0.00	110.00	12.600
1471	74.80	92.00	0.00	122.00	14.500	1499	74.80	95.00	0.00	114.00	12.800
1472	74.80	92.00	0.00	126.00	14.700	1500	74.80	95.00	0.00	118.00	12.900
1473	74.80	92.00	0.00	130.00	14.900	1501	74.80	95.00	0.00	122.00	13.400
1474	74.80	92.00	0.00	134.00	15.400	1502	74.80	95.00	0.00	126.00	13.700

续表

测孔编号	ZK33		ZK34			测孔编号	ZK33		ZK34		
水平间距	74.8					水平间距	74.8				
序号	X1	Z1	X2	Z2	走时	序号	X1	Z1	X2	Z2	走时
	m	m	m	m	ms		m	m	m	m	ms
1503	74.80	95.00	0.00	130.00	13.500	1531	74.80	98.00	0.00	126.00	15.000
1504	74.80	95.00	0.00	134.00	13.900	1532	74.80	98.00	0.00	130.00	15.000
1505	74.80	95.00	0.00	138.00	14.200	1533	74.80	98.00	0.00	134.00	15.200
1506	74.80	95.00	0.00	142.00	14.700	1534	74.80	98.00	0.00	138.00	15.600
1507	74.80	97.00	0.00	10.00	21.400	1535	74.80	98.00	0.00	142.00	16.000
1508	74.80	97.00	0.00	18.00	19.200	1536	74.80	101.00	0.00	10.00	22.200
1509	74.80	97.00	0.00	22.00	18.800	1537	74.80	101.00	0.00	14.00	21.600
1510	74.80	97.00	0.00	26.00	18.300	1538	74.80	101.00	0.00	18.00	20.000
1511	74.80	97.00	0.00	30.00	17.600	1539	74.80	101.00	0.00	22.00	19.400
1512	74.80	97.00	0.00	34.00	16.900	1540	74.80	101.00	0.00	26.00	19.100
1513	74.80	97.00	0.00	38.00	16.000	1541	74.80	101.00	0.00	30.00	18.300
1514	74.80	97.00	0.00	42.00	15.500	1542	74.80	101.00	0.00	34.00	17.900
1515	74.80	97.00	0.00	46.00	15.100	1543	74.80	101.00	0.00	38.00	16.800
1516	74.80	98.00	0.00	56.00	14.300	1544	74.80	101.00	0.00	42.00	16.500
1517	74.80	98.00	0.00	58.00	14.600	1545	74.80	101.00	0.00	46.00	15.800
1518	74.80	98.00	0.00	62.00	14.100	1546	74.80	101.00	0.00	50.00	14.700
1519	74.80	98.00	0.00	66.00	13.700	1547	74.80	101.00	0.00	58.00	15.000
1520	74.80	98.00	0.00	70.00	13.500	1548	74.80	101.00	0.00	62.00	14.700
1521	74.80	98.00	0.00	74.00	13.300	1549	74.80	101.00	0.00	66.00	14.300
1522	74.80	98.00	0.00	78.00	13.300	1550	74.80	101.00	0.00	70.00	14.000
1523	74.80	98.00	0.00	82.00	13.400	1551	74.80	101.00	0.00	74.00	14.000
1524	74.80	98.00	0.00	86.00	13.300	1552	74.80	101.00	0.00	78.00	13.800
1525	74.80	98.00	0.00	90.00	13.100	1553	74.80	101.00	0.00	82.00	13.900
1526	74.80	98.00	0.00	106.00	14.000	1554	74.80	101.00	0.00	86.00	13.500
1527	74.80	98.00	0.00	110.00	14.200	1555	74.80	101.00	0.00	90.00	13.400
1528	74.80	98.00	0.00	114.00	14.300	1556	74.80	101.00	0.00	94.00	13.000
1529	74.80	98.00	0.00	118.00	14.400	1557	74.80	101.00	0.00	98.00	13.000
1530	74.80	98.00	0.00	122.00	14.600	1558	74.80	101.00	0.00	106.00	13.400

续表

测孔编号	ZK33		ZK34			测孔编号	ZK33		ZK34		
水平间距	74.8					水平间距	74.8				
序号	X1	Z1	X2	Z2	走时	序号	X1	Z1	X2	Z2	走时
	m	m	m	m	ms		m	m	m	m	ms
1559	74.80	101.00	0.00	110.00	13.500	1587	74.80	119.00	0.00	42.00	20.200
1560	74.80	101.00	0.00	114.00	13.500	1588	74.80	119.00	0.00	46.00	19.500
1561	74.80	101.00	0.00	118.00	13.600	1589	74.80	119.00	0.00	50.00	18.000
1562	74.80	101.00	0.00	122.00	13.800	1590	74.80	119.30	0.00	58.00	18.000
1563	74.80	101.00	0.00	126.00	14.100	1591	74.80	119.30	0.00	62.00	17.400
1564	74.80	101.00	0.00	130.00	14.000	1592	74.80	119.30	0.00	66.00	16.900
1565	74.80	101.00	0.00	134.00	14.200	1593	74.80	119.30	0.00	70.00	16.600
1566	74.80	101.00	0.00	138.00	14.500	1594	74.80	119.30	0.00	74.00	16.000
1567	74.80	101.00	0.00	142.00	15.000	1595	74.80	119.30	0.00	78.00	15.800
1568	74.80	123.00	0.00	106.00	13.200	1596	74.80	119.30	0.00	82.00	15.500
1569	74.80	123.00	0.00	110.00	12.700	1597	74.80	119.30	0.00	86.00	15.000
1570	74.80	123.00	0.00	114.00	12.500	1598	74.80	123.70	0.00	18.00	24.000
1571	74.80	123.00	0.00	118.00	12.600	1599	74.80	123.70	0.00	22.00	23.900
1572	74.80	123.00	0.00	122.00	12.600	1600	74.80	123.70	0.00	26.00	23.000
1573	74.80	123.00	0.00	126.00	12.800	1601	74.80	123.70	0.00	30.00	22.100
1574	74.80	123.00	0.00	130.00	12.700	1602	74.80	123.70	0.00	34.00	21.800
1575	74.80	123.00	0.00	134.00	12.900	1603	74.80	123.70	0.00	38.00	20.800
1576	74.80	123.00	0.00	138.00	13.100	1604	74.80	123.70	0.00	42.00	20.300
1577	74.80	123.00	0.00	142.00	13.500	1605	74.80	123.70	0.00	46.00	19.500
1578	74.80	119.00	0.00	2.00	27.900	1606	74.80	123.70	0.00	50.00	18.100
1579	74.80	119.00	0.00	10.00	25.200	1607	74.80	123.30	0.00	58.00	17.600
1580	74.80	119.00	0.00	14.00	24.800	1608	74.80	123.30	0.00	62.00	17.000
1581	74.80	119.00	0.00	18.00	23.900	1609	74.80	123.30	0.00	66.00	16.600
1582	74.80	119.00	0.00	22.00	23.500	1610	74.80	123.30	0.00	70.00	16.300
1583	74.80	119.00	0.00	26.00	23.000	1611	74.80	123.30	0.00	74.00	16.000
1584	74.80	119.00	0.00	30.00	22.200	1612	74.80	123.30	0.00	78.00	15.600
1585	74.80	119.00	0.00	34.00	21.500	1613	74.80	123.30	0.00	82.00	15.100
1586	74.80	119.00	0.00	38.00	20.200	1614	74.80	123.30	0.00	86.00	14.600

续表

测孔编号	ZK33		ZK34			测孔编号	ZK33		ZK34		
水平间距	74.8					水平间距	74.8				
序号	X1	Z1	X2	Z2	走时	序号	X1	Z1	X2	Z2	走时
	m	m	m	m	ms		m	m	m	m	ms
1615	74.80	123.30	0.00	90.00	14.500	1643	74.80	127.30	0.00	86.00	15.400
1616	74.80	123.30	0.00	94.00	14.000	1644	74.80	127.30	0.00	90.00	15.000
1617	74.80	123.00	0.00	106.00	13.200	1645	74.80	127.30	0.00	94.00	14.500
1618	74.80	123.00	0.00	110.00	12.800	1646	74.80	127.30	0.00	98.00	14.000
1619	74.80	123.00	0.00	114.00	12.500	1647	74.80	127.00	0.00	106.00	13.400
1620	74.80	123.00	0.00	118.00	12.600	1648	74.80	127.00	0.00	110.00	13.000
1621	74.80	123.00	0.00	122.00	12.700	1649	74.80	127.00	0.00	114.00	12.600
1622	74.80	123.00	0.00	126.00	12.900	1650	74.80	127.00	0.00	118.00	12.500
1623	74.80	123.00	0.00	130.00	12.800	1651	74.80	127.00	0.00	122.00	12.500
1624	74.80	123.00	0.00	134.00	12.700	1652	74.80	127.00	0.00	126.00	12.600
1625	74.80	123.00	0.00	138.00	13.000	1653	74.80	127.00	0.00	130.00	12.500
1626	74.80	123.00	0.00	142.00	13.400	1654	74.80	127.00	0.00	134.00	12.500
1627	74.80	127.70	0.00	18.00	25.100	1655	74.80	127.00	0.00	138.00	12.600
1628	74.80	127.70	0.00	22.00	24.600	1656	74.80	127.00	0.00	142.00	12.800
1629	74.80	127.70	0.00	26.00	24.000	1657	74.80	130.00	0.00	18.00	25.700
1630	74.80	127.70	0.00	30.00	23.300	1658	74.80	130.00	0.00	22.00	25.100
1631	74.80	127.70	0.00	34.00	22.800	1659	74.80	130.00	0.00	30.00	23.800
1632	74.80	127.70	0.00	38.00	21.500	1660	74.80	130.00	0.00	34.00	23.000
1633	74.80	127.70	0.00	42.00	21.000	1661	74.80	130.00	0.00	38.00	22.200
1634	74.80	127.70	0.00	46.00	20.300	1662	74.80	130.00	0.00	42.00	21.500
1635	74.80	127.70	0.00	50.00	19.800	1663	74.80	130.00	0.00	46.00	20.800
1636	74.80	127.30	0.00	58.00	18.700	1664	74.80	130.00	0.00	50.00	19.300
1637	74.80	127.30	0.00	62.00	18.000	1665	74.80	130.30	0.00	58.00	19.000
1638	74.80	127.30	0.00	66.00	17.600	1666	74.80	130.30	0.00	62.00	18.400
1639	74.80	127.30	0.00	70.00	17.200	1667	74.80	130.30	0.00	66.00	17.900
1640	74.80	127.30	0.00	74.00	16.700	1668	74.80	130.30	0.00	70.00	17.400
1641	74.80	127.30	0.00	78.00	16.300	1669	74.80	130.30	0.00	74.00	17.000
1642	74.80	127.30	0.00	82.00	15.800	1670	74.80	130.30	0.00	78.00	16.500

续表

测孔编号	ZK33		ZK34			测孔编号	ZK33		ZK34		
水平间距	74.8					水平间距	74.8				
序号	X1	Z1	X2	Z2	走时	序号	X1	Z1	X2	Z2	走时
	m	m	m	m	ms		m	m	m	m	ms
1671	74.80	130.30	0.00	82.00	16.100	1699	74.80	133.70	0.00	78.00	17.000
1672	74.80	130.30	0.00	86.00	15.700	1700	74.80	133.70	0.00	82.00	16.600
1673	74.80	130.30	0.00	90.00	15.000	1701	74.80	133.70	0.00	86.00	16.000
1674	74.80	130.30	0.00	94.00	14.600	1702	74.80	133.70	0.00	90.00	15.500
1675	74.80	130.30	0.00	98.00	14.700	1703	74.80	133.70	0.00	94.00	15.100
1676	74.80	130.70	0.00	106.00	13.600	1704	74.80	133.70	0.00	98.00	14.500
1677	74.80	130.70	0.00	110.00	13.100	1705	74.80	134.00	0.00	106.00	13.800
1678	74.80	130.70	0.00	114.00	12.800	1706	74.80	134.00	0.00	110.00	13.300
1679	74.80	130.70	0.00	118.00	12.700	1707	74.80	134.00	0.00	114.00	13.200
1680	74.80	130.70	0.00	122.00	12.800	1708	74.80	134.00	0.00	118.00	13.200
1681	74.80	130.70	0.00	126.00	12.800	1709	74.80	134.00	0.00	122.00	13.200
1682	74.80	130.70	0.00	130.00	12.500	1710	74.80	134.00	0.00	126.00	12.800
1683	74.80	130.70	0.00	134.00	12.600	1711	74.80	134.00	0.00	130.00	12.500
1684	74.80	130.70	0.00	138.00	12.800	1712	74.80	134.00	0.00	134.00	12.500
1685	74.80	130.70	0.00	142.00	13.000	1713	74.80	134.00	0.00	138.00	12.600
1686	74.80	133.40	0.00	18.00	26.400	1714	74.80	134.00	0.00	142.00	13.000
1687	74.80	133.40	0.00	22.00	25.700	1715	74.80	137.70	0.00	18.00	27.000
1688	74.80	133.40	0.00	26.00	25.400	1716	74.80	137.70	0.00	30.00	25.000
1689	74.80	133.40	0.00	30.00	24.500	1717	74.80	137.70	0.00	34.00	24.500
1690	74.80	133.40	0.00	34.00	23.700	1718	74.80	137.70	0.00	46.00	22.000
1691	74.80	133.40	0.00	38.00	22.700	1719	74.80	137.40	0.00	56.00	20.200
1692	74.80	133.40	0.00	42.00	22.200	1720	74.80	137.40	0.00	60.00	19.700
1693	74.80	133.40	0.00	46.00	21.400	1721	74.80	137.40	0.00	64.00	19.100
1694	74.80	133.70	0.00	58.00	19.600	1722	74.80	137.40	0.00	68.00	18.600
1695	74.80	133.70	0.00	62.00	19.100	1723	74.80	137.40	0.00	72.00	18.000
1696	74.80	133.70	0.00	66.00	18.400	1724	74.80	137.40	0.00	76.00	17.700
1697	74.80	133.70	0.00	70.00	18.000	1725	74.80	137.40	0.00	80.00	17.200
1698	74.80	133.70	0.00	74.00	17.200	1726	74.80	137.40	0.00	84.00	16.700

续表

测孔编号	ZK33		ZK34			测孔编号	ZK33		ZK34		
水平间距	74.8					水平间距	74.8				
序号	X1	Z1	X2	Z2	走时	序号	X1	Z1	X2	Z2	走时
	m	m	m	m	ms		m	m	m	m	ms
1727	74.80	137.40	0.00	88.00	16.100	1755	9.80	0.50	74.80	64.00	22.400
1728	74.80	137.40	0.00	92.00	15.500	1756	9.80	0.50	74.80	72.00	22.500
1729	74.80	137.40	0.00	98.00	15.000	1757	9.80	0.50	74.80	76.00	23.000
1730	74.80	138.00	0.00	106.00	14.000	1758	9.80	0.50	74.80	80.00	23.500
1731	74.80	138.00	0.00	110.00	13.500	1759	9.80	0.50	74.80	84.00	24.000
1732	74.80	138.00	0.00	114.00	13.300	1760	9.80	0.50	74.80	88.00	24.500
1733	74.80	138.00	0.00	118.00	13.200	1761	9.80	0.50	74.80	92.00	25.000
1734	74.80	138.00	0.00	122.00	13.000	1762	14.80	1.00	74.80	0.00	31.100
1735	74.80	138.00	0.00	126.00	12.500	1763	14.80	1.00	74.80	4.00	30.000
1736	74.80	138.00	0.00	130.00	12.300	1764	14.80	1.00	74.80	6.00	26.500
1737	74.80	138.00	0.00	134.00	12.300	1765	14.80	1.00	74.80	8.00	29.400
1738	74.80	138.00	0.00	138.00	12.500	1766	14.80	1.00	74.80	10.00	26.000
1739	74.80	138.00	0.00	142.00	12.800	1767	14.80	1.00	74.80	12.00	25.000
1740	9.80	0.50	74.80	12.00	24.000	1768	14.80	1.00	74.80	14.00	24.500
1741	9.80	0.50	74.80	14.00	24.000	1769	14.80	1.00	74.80	16.00	24.000
1742	9.80	0.50	74.80	16.00	23.000	1770	14.80	1.00	74.80	18.00	23.800
1743	9.80	0.50	74.80	24.00	22.400	1771	14.80	1.00	74.80	24.00	23.700
1744	9.80	0.50	74.80	26.00	22.400	1772	14.80	1.00	74.80	26.00	23.500
1745	9.80	0.50	74.80	28.00	21.800	1773	14.80	1.00	74.80	28.00	23.000
1746	9.80	0.50	74.80	32.00	21.500	1774	14.80	1.00	74.80	30.00	23.200
1747	9.80	0.50	74.80	36.00	21.300	1775	14.80	1.00	74.80	32.00	23.000
1748	9.80	0.50	74.80	40.00	21.200	1776	14.80	1.00	74.80	34.00	23.000
1749	9.80	0.50	74.80	42.00	21.100	1777	14.80	1.00	74.80	36.00	22.800
1750	9.80	0.50	74.80	44.00	21.000	1778	14.80	1.00	74.80	38.00	22.500
1751	9.80	0.50	74.80	48.00	21.500	1779	14.80	1.00	74.80	40.00	22.600
1752	9.80	0.50	74.80	52.00	22.300	1780	14.80	1.00	74.80	42.00	22.500
1753	9.80	0.50	74.80	56.00	22.000	1781	14.80	1.00	74.80	44.00	22.400
1754	9.80	0.50	74.80	60.00	22.100	1782	14.80	1.00	74.80	46.00	22.200

附表 1　白鹤滩水电站坝址区 CT3334 剖面地震波射线走时汇总

续表

测孔编号	ZK33		ZK34			测孔编号	ZK33		ZK34		
水平间距	74.8					水平间距	74.8				
序号	X1	Z1	X2	Z2	走时	序号	X1	Z1	X2	Z2	走时
	m	m	m	m	ms		m	m	m	m	ms
1783	14.80	1.00	74.80	48.00	22.000	1811	19.80	1.00	74.80	0.00	28.100
1784	14.80	1.00	74.80	52.00	22.300	1812	19.80	1.00	74.80	2.00	27.800
1785	14.80	1.00	74.80	54.00	22.200	1813	19.80	1.00	74.80	4.00	27.700
1786	14.80	1.00	74.80	58.00	22.300	1814	19.80	1.00	74.80	6.00	27.000
1787	14.80	1.00	74.80	62.00	22.400	1815	19.80	1.00	74.80	8.00	27.000
1788	14.80	1.00	74.80	66.00	22.700	1816	19.80	1.00	74.80	10.00	26.800
1789	14.80	1.00	74.80	72.00	23.000	1817	19.80	1.00	74.80	12.00	26.900
1790	14.80	1.00	74.80	74.00	23.000	1818	19.80	1.00	74.80	14.00	26.200
1791	14.80	1.00	74.80	76.00	23.700	1819	19.80	1.00	74.80	16.00	26.500
1792	14.80	1.00	74.80	78.00	23.400	1820	19.80	1.00	74.80	18.00	26.100
1793	14.80	1.00	74.80	80.00	24.500	1821	19.80	1.00	74.80	24.00	24.500
1794	14.80	1.00	74.80	82.00	23.900	1822	19.80	1.00	74.80	26.00	26.100
1795	14.80	1.00	74.80	84.00	24.600	1823	19.80	1.00	74.80	28.00	24.200
1796	14.80	1.00	74.80	86.00	24.500	1824	19.80	1.00	74.80	30.00	24.200
1797	14.80	1.00	74.80	88.00	24.800	1825	19.80	1.00	74.80	32.00	24.200
1798	14.80	1.00	74.80	90.00	24.800	1826	19.80	1.00	74.80	34.00	24.200
1799	14.80	1.00	74.80	92.00	25.000	1827	19.80	1.00	74.80	36.00	24.200
1800	14.80	1.00	74.80	94.00	25.500	1828	19.80	1.00	74.80	38.00	24.100
1801	14.80	1.00	74.80	98.00	26.200	1829	19.80	1.00	74.80	40.00	24.100
1802	14.80	1.00	74.80	102.00	26.800	1830	19.80	1.00	74.80	42.00	24.300
1803	14.80	1.00	74.80	106.00	27.600	1831	19.80	1.00	74.80	44.00	24.000
1804	14.80	1.00	74.80	110.00	28.100	1832	19.80	1.00	74.80	46.00	24.000
1805	14.80	1.00	74.80	114.00	29.000	1833	19.80	1.00	74.80	48.00	24.200
1806	14.80	1.00	74.80	122.00	30.200	1834	19.80	1.00	74.80	50.00	23.900
1807	14.80	1.00	74.80	126.00	30.800	1835	19.80	1.00	74.80	52.00	24.400
1808	14.80	1.00	74.80	130.00	31.300	1836	19.80	1.00	74.80	54.00	24.200
1809	14.80	1.00	74.80	138.00	33.000	1837	19.80	1.00	74.80	56.00	24.800
1810	14.80	1.00	74.80	142.00	33.300	1838	19.80	1.00	74.80	58.00	24.400

续表

测孔编号	ZK33		ZK34			测孔编号	ZK33		ZK34		
水平间距	74.8					水平间距	74.8				
序号	X1	Z1	X2	Z2	走时	序号	X1	Z1	X2	Z2	走时
	m	m	m	m	ms		m	m	m	m	ms
1839	19.80	1.00	74.80	60.00	24.900	1867	24.80	1.00	74.80	4.00	25.000
1840	19.80	1.00	74.80	62.00	24.500	1868	24.80	1.00	74.80	6.00	24.500
1841	19.80	1.00	74.80	64.00	25.000	1869	24.80	1.00	74.80	8.00	24.700
1842	19.80	1.00	74.80	66.00	24.600	1870	24.80	1.00	74.80	10.00	24.100
1843	19.80	1.00	74.80	72.00	25.200	1871	24.80	1.00	74.80	12.00	24.500
1844	19.80	1.00	74.80	74.00	25.200	1872	24.80	1.00	74.80	14.00	24.000
1845	19.80	1.00	74.80	76.00	25.500	1873	24.80	1.00	74.80	16.00	24.000
1846	19.80	1.00	74.80	78.00	25.500	1874	24.80	1.00	74.80	18.00	23.800
1847	19.80	1.00	74.80	80.00	26.000	1875	24.80	1.00	74.80	24.00	24.200
1848	19.80	1.00	74.80	82.00	26.000	1876	24.80	1.00	74.80	26.00	24.100
1849	19.80	1.00	74.80	84.00	26.500	1877	24.80	1.00	74.80	28.00	24.500
1850	19.80	1.00	74.80	86.00	26.100	1878	24.80	1.00	74.80	30.00	24.500
1851	19.80	1.00	74.80	88.00	26.600	1879	24.80	1.00	74.80	32.00	25.000
1852	19.80	1.00	74.80	90.00	26.800	1880	24.80	1.00	74.80	34.00	25.000
1853	19.80	1.00	74.80	92.00	27.000	1881	24.80	1.00	74.80	36.00	25.500
1854	19.80	1.00	74.80	94.00	27.200	1882	24.80	1.00	74.80	38.00	25.300
1855	19.80	1.00	74.80	98.00	29.000	1883	24.80	1.00	74.80	40.00	25.500
1856	19.80	1.00	74.80	102.00	29.500	1884	24.80	1.00	74.80	42.00	25.900
1857	19.80	1.00	74.80	106.00	30.200	1885	24.80	1.00	74.80	44.00	26.600
1858	19.80	1.00	74.80	110.00	30.600	1886	24.80	1.00	74.80	48.00	26.700
1859	19.80	1.00	74.80	122.00	32.800	1887	24.80	1.00	74.80	50.00	26.500
1860	19.80	1.00	74.80	126.00	33.300	1888	24.80	1.00	74.80	52.00	26.400
1861	19.80	1.00	74.80	130.00	33.800	1889	24.80	1.00	74.80	54.00	26.300
1862	19.80	1.00	74.80	134.00	34.500	1890	24.80	1.00	74.80	56.00	26.500
1863	19.80	1.00	74.80	138.00	35.500	1891	24.80	1.00	74.80	58.00	26.600
1864	19.80	1.00	74.80	142.00	36.000	1892	24.80	1.00	74.80	60.00	27.100
1865	24.80	1.00	74.80	0.00	25.400	1893	24.80	1.00	74.80	62.00	26.900
1866	24.80	1.00	74.80	2.00	24.900	1894	24.80	1.00	74.80	64.00	27.100

续表

测孔编号	ZK33		ZK34			测孔编号	ZK33		ZK34		
水平间距	74.8					水平间距	74.8				
序号	X1	Z1	X2	Z2	走时	序号	X1	Z1	X2	Z2	走时
	m	m	m	m	ms		m	m	m	m	ms
1895	24.80	1.00	74.80	66.00	27.200	1923	29.80	0.00	74.80	12.00	20.300
1896	24.80	1.00	74.80	72.00	27.300	1924	29.80	0.00	74.80	14.00	20.300
1897	24.80	1.00	74.80	74.00	28.000	1925	29.80	0.00	74.80	16.00	20.600
1898	24.80	1.00	74.80	76.00	27.900	1926	29.80	0.00	74.80	18.00	20.200
1899	24.80	1.00	74.80	78.00	28.300	1927	29.80	0.00	74.80	24.00	20.800
1900	24.80	1.00	74.80	80.00	28.400	1928	29.80	0.00	74.80	26.00	20.800
1901	24.80	1.00	74.80	82.00	29.100	1929	29.80	0.00	74.80	28.00	20.800
1902	24.80	1.00	74.80	84.00	29.000	1930	29.80	0.00	74.80	30.00	21.000
1903	24.80	1.00	74.80	86.00	29.400	1931	29.80	0.00	74.80	32.00	21.100
1904	24.80	1.00	74.80	88.00	29.500	1932	29.80	0.00	74.80	34.00	21.400
1905	24.80	1.00	74.80	90.00	29.900	1933	29.80	0.00	74.80	36.00	21.500
1906	24.80	1.00	74.80	92.00	29.900	1934	29.80	0.00	74.80	38.00	21.900
1907	24.80	1.00	74.80	94.00	30.100	1935	29.80	0.00	74.80	40.00	21.900
1908	24.80	1.00	74.80	98.00	32.100	1936	29.80	0.00	74.80	42.00	22.200
1909	24.80	1.00	74.80	102.00	32.400	1937	29.80	0.00	74.80	44.00	22.500
1910	24.80	1.00	74.80	106.00	33.500	1938	29.80	0.00	74.80	46.00	23.200
1911	24.80	1.00	74.80	110.00	34.000	1939	29.80	0.00	74.80	48.00	23.700
1912	24.80	1.00	74.80	122.00	36.000	1940	29.80	0.00	74.80	50.00	24.600
1913	24.80	1.00	74.80	126.00	36.700	1941	29.80	0.00	74.80	52.00	24.100
1914	24.80	1.00	74.80	130.00	37.000	1942	29.80	0.00	74.80	54.00	25.300
1915	24.80	1.00	74.80	138.00	38.700	1943	29.80	0.00	74.80	56.00	24.900
1916	24.80	1.00	74.80	142.00	39.000	1944	29.80	0.00	74.80	58.00	25.900
1917	29.80	0.00	74.80	0.00	20.900	1945	29.80	0.00	74.80	60.00	25.500
1918	29.80	0.00	74.80	2.00	20.900	1946	29.80	0.00	74.80	62.00	26.500
1919	29.80	0.00	74.80	4.00	20.700	1947	29.80	0.00	74.80	64.00	26.100
1920	29.80	0.00	74.80	6.00	20.700	1948	29.80	0.00	74.80	66.00	27.400
1921	29.80	0.00	74.80	8.00	20.700	1949	29.80	0.00	74.80	72.00	27.300
1922	29.80	0.00	74.80	10.00	20.700	1950	29.80	0.00	74.80	74.00	28.400

续表

测孔编号	ZK33		ZK34		
水平间距	74.8				
序号	X1	Z1	X2	Z2	走时
	m	m	m	m	ms
1951	29.80	0.00	74.80	76.00	28.000
1952	29.80	0.00	74.80	78.00	29.100
1953	29.80	0.00	74.80	80.00	28.900
1954	29.80	0.00	74.80	82.00	29.900
1955	29.80	0.00	74.80	84.00	29.800
1956	29.80	0.00	74.80	86.00	30.500
1957	29.80	0.00	74.80	88.00	30.300
1958	29.80	0.00	74.80	90.00	31.200
1959	29.80	0.00	74.80	92.00	30.800
1960	29.80	0.00	74.80	94.00	31.800
1961	29.80	0.00	74.80	98.00	33.300
1962	29.80	0.00	74.80	102.00	33.800
1963	29.80	0.00	74.80	106.00	34.700
1964	29.80	0.00	74.80	110.00	35.200
1965	29.80	0.00	74.80	114.00	36.200
1966	29.80	0.00	74.80	122.00	37.700
1967	29.80	0.00	74.80	126.00	38.300
1968	29.80	0.00	74.80	130.00	38.900
1969	29.80	0.00	74.80	134.00	39.800
1970	29.80	0.00	74.80	138.00	40.700
1971	29.80	0.00	74.80	142.00	41.200
1972	34.80	1.00	74.80	0.00	17.800
1973	34.80	1.00	74.80	2.00	17.600
1974	34.80	1.00	74.80	4.00	17.400
1975	34.80	1.00	74.80	6.00	17.300
1976	34.80	1.00	74.80	8.00	17.400
1977	34.80	1.00	74.80	10.00	17.800
1978	34.80	1.00	74.80	12.00	17.600

测孔编号	ZK33		ZK34		
水平间距	74.8				
序号	X1	Z1	X2	Z2	走时
	m	m	m	m	ms
1979	34.80	1.00	74.80	14.00	18.000
1980	34.80	1.00	74.80	16.00	18.000
1981	34.80	1.00	74.80	18.00	18.300
1982	34.80	1.00	74.80	24.00	18.400
1983	34.80	1.00	74.80	26.00	18.900
1984	34.80	1.00	74.80	28.00	18.800
1985	34.80	1.00	74.80	30.00	19.200
1986	34.80	1.00	74.80	32.00	19.200
1987	34.80	1.00	74.80	34.00	19.800
1988	34.80	1.00	74.80	36.00	20.000
1989	34.80	1.00	74.80	38.00	20.000
1990	34.80	1.00	74.80	40.00	20.500
1991	34.80	1.00	74.80	42.00	20.600
1992	34.80	1.00	74.80	44.00	21.000
1993	34.80	1.00	74.80	46.00	21.400
1994	34.80	1.00	74.80	48.00	21.700
1995	34.80	1.00	74.80	50.00	22.000
1996	34.80	1.00	74.80	52.00	22.100
1997	34.80	1.00	74.80	54.00	22.600
1998	34.80	1.00	74.80	56.00	22.900
1999	34.80	1.00	74.80	58.00	23.400
2000	34.80	1.00	74.80	60.00	23.500
2001	34.80	1.00	74.80	62.00	24.000
2002	34.80	1.00	74.80	64.00	24.200
2003	34.80	1.00	74.80	66.00	24.700
2004	34.80	1.00	74.80	72.00	25.400
2005	34.80	1.00	74.80	74.00	25.900
2006	34.80	1.00	74.80	76.00	26.000

续表

测孔编号	ZK33		ZK34			测孔编号	ZK33		ZK34		
水平间距	74.8					水平间距	74.8				
序号	X1	Z1	X2	Z2	走时	序号	X1	Z1	X2	Z2	走时
	m	m	m	m	ms		m	m	m	m	ms
2007	34.80	1.00	74.80	78.00	26.600	2035	39.80	1.00	74.80	16.00	15.000
2008	34.80	1.00	74.80	80.00	27.000	2036	39.80	1.00	74.80	18.00	15.300
2009	34.80	1.00	74.80	82.00	27.400	2037	39.80	1.00	74.80	24.00	15.500
2010	34.80	1.00	74.80	84.00	27.800	2038	39.80	1.00	74.80	26.00	16.200
2011	34.80	1.00	74.80	86.00	27.900	2039	39.80	1.00	74.80	28.00	16.000
2012	34.80	1.00	74.80	88.00	28.100	2040	39.80	1.00	74.80	30.00	16.800
2013	34.80	1.00	74.80	90.00	28.600	2041	39.80	1.00	74.80	32.00	16.800
2014	34.80	1.00	74.80	92.00	28.900	2042	39.80	1.00	74.80	34.00	17.200
2015	34.80	1.00	74.80	94.00	29.400	2043	39.80	1.00	74.80	36.00	17.600
2016	34.80	1.00	74.80	98.00	30.900	2044	39.80	1.00	74.80	38.00	17.900
2017	34.80	1.00	74.80	102.00	31.500	2045	39.80	1.00	74.80	40.00	18.500
2018	34.80	1.00	74.80	106.00	32.200	2046	39.80	1.00	74.80	42.00	18.300
2019	34.80	1.00	74.80	110.00	33.000	2047	39.80	1.00	74.80	44.00	19.200
2020	34.80	1.00	74.80	114.00	33.700	2048	39.80	1.00	74.80	46.00	19.200
2021	34.80	1.00	74.80	122.00	35.200	2049	39.80	1.00	74.80	48.00	19.900
2022	34.80	1.00	74.80	126.00	35.800	2050	39.80	1.00	74.80	50.00	20.400
2023	34.80	1.00	74.80	130.00	36.300	2051	39.80	1.00	74.80	52.00	20.500
2024	34.80	1.00	74.80	134.00	37.100	2052	39.80	1.00	74.80	54.00	21.200
2025	34.80	1.00	74.80	138.00	38.000	2053	39.80	1.00	74.80	56.00	21.300
2026	34.80	1.00	74.80	142.00	38.600	2054	39.80	1.00	74.80	58.00	21.700
2027	39.80	1.00	74.80	0.00	14.400	2055	39.80	1.00	74.80	60.00	22.000
2028	39.80	1.00	74.80	2.00	14.300	2056	39.80	1.00	74.80	62.00	22.500
2029	39.80	1.00	74.80	4.00	14.200	2057	39.80	1.00	74.80	64.00	22.800
2030	39.80	1.00	74.80	6.00	14.200	2058	39.80	1.00	74.80	66.00	23.000
2031	39.80	1.00	74.80	8.00	14.200	2059	39.80	1.00	74.80	72.00	23.900
2032	39.80	1.00	74.80	10.00	14.600	2060	39.80	1.00	74.80	74.00	24.400
2033	39.80	1.00	74.80	12.00	14.600	2061	39.80	1.00	74.80	76.00	24.400
2034	39.80	1.00	74.80	14.00	14.900	2062	39.80	1.00	74.80	78.00	25.000

续表

测孔编号	ZK33		ZK34			测孔编号	ZK33		ZK34		
水平间距	74.8					水平间距	74.8				
序号	X1	Z1	X2	Z2	走时	序号	X1	Z1	X2	Z2	走时
	m	m	m	m	ms		m	m	m	m	ms
2063	39.80	1.00	74.80	80.00	25.200	2091	44.80	1.00	74.80	18.00	13.300
2064	39.80	1.00	74.80	82.00	25.800	2092	44.80	1.00	74.80	24.00	14.000
2065	39.80	1.00	74.80	84.00	26.000	2093	44.80	1.00	74.80	26.00	14.300
2066	39.80	1.00	74.80	86.00	26.500	2094	44.80	1.00	74.80	28.00	14.700
2067	39.80	1.00	74.80	88.00	26.800	2095	44.80	1.00	74.80	30.00	14.700
2068	39.80	1.00	74.80	90.00	27.000	2096	44.80	1.00	74.80	32.00	15.100
2069	39.80	1.00	74.80	92.00	27.300	2097	44.80	1.00	74.80	34.00	15.400
2070	39.80	1.00	74.80	94.00	27.800	2098	44.80	1.00	74.80	36.00	15.900
2071	39.80	1.00	74.80	98.00	29.000	2099	44.80	1.00	74.80	38.00	16.000
2072	39.80	1.00	74.80	102.00	29.800	2100	44.80	1.00	74.80	40.00	16.400
2073	39.80	1.00	74.80	106.00	30.200	2101	44.80	1.00	74.80	42.00	16.700
2074	39.80	1.00	74.80	110.00	31.200	2102	44.80	1.00	74.80	44.00	17.200
2075	39.80	1.00	74.80	114.00	32.100	2103	44.80	1.00	74.80	46.00	18.000
2076	39.80	1.00	74.80	122.00	33.400	2104	44.80	1.00	74.80	48.00	18.400
2077	39.80	1.00	74.80	126.00	34.000	2105	44.80	1.00	74.80	50.00	18.500
2078	39.80	1.00	74.80	130.00	34.700	2106	44.80	1.00	74.80	52.00	19.100
2079	39.80	1.00	74.80	134.00	35.300	2107	44.80	1.00	74.80	54.00	19.400
2080	39.80	1.00	74.80	138.00	36.300	2108	44.80	1.00	74.80	56.00	20.000
2081	39.80	1.00	74.80	142.00	37.000	2109	44.80	1.00	74.80	58.00	20.000
2082	44.80	1.00	74.80	0.00	12.600	2110	44.80	1.00	74.80	60.00	20.900
2083	44.80	1.00	74.80	2.00	12.300	2111	44.80	1.00	74.80	62.00	20.800
2084	44.80	1.00	74.80	4.00	12.200	2112	44.80	1.00	74.80	64.00	21.400
2085	44.80	1.00	74.80	6.00	12.200	2113	44.80	1.00	74.80	66.00	21.400
2086	44.80	1.00	74.80	8.00	12.300	2114	44.80	1.00	74.80	72.00	22.800
2087	44.80	1.00	74.80	10.00	12.500	2115	44.80	1.00	74.80	74.00	22.800
2088	44.80	1.00	74.80	12.00	12.600	2116	44.80	1.00	74.80	76.00	23.200
2089	44.80	1.00	74.80	14.00	12.800	2117	44.80	1.00	74.80	78.00	23.500
2090	44.80	1.00	74.80	16.00	13.000	2118	44.80	1.00	74.80	80.00	24.200

续表

测孔编号	ZK33		ZK34			测孔编号	ZK33		ZK34		
水平间距	74.8					水平间距	74.8				
序号	X1	Z1	X2	Z2	走时	序号	X1	Z1	X2	Z2	走时
	m	m	m	m	ms		m	m	m	m	ms
2119	44.80	1.00	74.80	82.00	24.500	2147	49.80	1.00	74.80	24.00	11.200
2120	44.80	1.00	74.80	84.00	25.000	2148	49.80	1.00	74.80	26.00	11.400
2121	44.80	1.00	74.80	86.00	25.000	2149	49.80	1.00	74.80	28.00	11.700
2122	44.80	1.00	74.80	88.00	25.500	2150	49.80	1.00	74.80	30.00	12.000
2123	44.80	1.00	74.80	90.00	25.600	2151	49.80	1.00	74.80	32.00	12.400
2124	44.80	1.00	74.80	92.00	26.100	2152	49.80	1.00	74.80	34.00	12.700
2125	44.80	1.00	74.80	94.00	26.500	2153	49.80	1.00	74.80	36.00	13.000
2126	44.80	1.00	74.80	98.00	27.200	2154	49.80	1.00	74.80	38.00	12.300
2127	44.80	1.00	74.80	102.00	28.000	2155	49.80	1.00	74.80	40.00	13.600
2128	44.80	1.00	74.80	106.00	28.600	2156	49.80	1.00	74.80	42.00	14.000
2129	44.80	1.00	74.80	110.00	29.500	2157	49.80	1.00	74.80	44.00	14.500
2130	44.80	1.00	74.80	114.00	30.200	2158	49.80	1.00	74.80	46.00	15.000
2131	44.80	1.00	74.80	122.00	31.700	2159	49.80	1.00	74.80	48.00	16.000
2132	44.80	1.00	74.80	126.00	32.200	2160	49.80	1.00	74.80	50.00	16.300
2133	44.80	1.00	74.80	130.00	33.000	2161	49.80	1.00	74.80	52.00	16.900
2134	44.80	1.00	74.80	134.00	33.800	2162	49.80	1.00	74.80	54.00	17.000
2135	44.80	1.00	74.80	138.00	34.600	2163	49.80	1.00	74.80	56.00	17.600
2136	44.80	1.00	74.80	142.00	35.100	2164	49.80	1.00	74.80	58.00	17.900
2137	49.80	1.00	74.80	0.00	9.800	2165	49.80	1.00	74.80	60.00	18.300
2138	49.80	1.00	74.80	2.00	9.300	2166	49.80	1.00	74.80	62.00	18.800
2139	49.80	1.00	74.80	4.00	9.400	2167	49.80	1.00	74.80	64.00	19.000
2140	49.80	1.00	74.80	6.00	9.200	2168	49.80	1.00	74.80	66.00	19.400
2141	49.80	1.00	74.80	8.00	9.400	2169	49.80	1.00	74.80	72.00	20.500
2142	49.80	1.00	74.80	10.00	9.500	2170	49.80	1.00	74.80	74.00	20.800
2143	49.80	1.00	74.80	12.00	9.600	2171	49.80	1.00	74.80	76.00	21.100
2144	49.80	1.00	74.80	14.00	9.900	2172	49.80	1.00	74.80	78.00	21.500
2145	49.80	1.00	74.80	16.00	10.300	2173	49.80	1.00	74.80	80.00	21.900
2146	49.80	1.00	74.80	18.00	10.400	2174	49.80	1.00	74.80	82.00	22.200

续表

测孔编号	ZK33		ZK34			测孔编号	ZK33		ZK34		
水平间距	74.8					水平间距	74.8				
序号	X1	Z1	X2	Z2	走时	序号	X1	Z1	X2	Z2	走时
	m	m	m	m	ms		m	m	m	m	ms
2175	49.80	1.00	74.80	84.00	22.500	2203	54.80	1.00	74.80	26.00	9.000
2176	49.80	1.00	74.80	86.00	23.100	2204	54.80	1.00	74.80	28.00	9.100
2177	49.80	1.00	74.80	88.00	23.400	2205	54.80	1.00	74.80	30.00	9.600
2178	49.80	1.00	74.80	90.00	23.900	2206	54.80	1.00	74.80	32.00	9.700
2179	49.80	1.00	74.80	92.00	24.200	2207	54.80	1.00	74.80	34.00	10.100
2180	49.80	1.00	74.80	94.00	24.500	2208	54.80	1.00	74.80	36.00	10.300
2181	49.80	1.00	74.80	98.00	25.000	2209	54.80	1.00	74.80	38.00	10.900
2182	49.80	1.00	74.80	102.00	25.500	2210	54.80	1.00	74.80	40.00	11.000
2183	49.80	1.00	74.80	106.00	26.400	2211	54.80	1.00	74.80	42.00	11.500
2184	49.80	1.00	74.80	110.00	27.200	2212	54.80	1.00	74.80	44.00	11.900
2185	49.80	1.00	74.80	114.00	28.100	2213	54.80	1.00	74.80	46.00	12.400
2186	49.80	1.00	74.80	122.00	29.400	2214	54.80	1.00	74.80	48.00	14.200
2187	49.80	1.00	74.80	126.00	30.200	2215	54.80	1.00	74.80	50.00	14.900
2188	49.80	1.00	74.80	130.00	31.000	2216	54.80	1.00	74.80	52.00	15.000
2189	49.80	1.00	74.80	134.00	31.300	2217	54.80	1.00	74.80	54.00	15.800
2190	49.80	1.00	74.80	138.00	32.300	2218	54.80	1.00	74.80	56.00	15.900
2191	49.80	1.00	74.80	142.00	32.900	2219	54.80	1.00	74.80	58.00	16.500
2192	54.80	1.00	74.80	0.00	6.800	2220	54.80	1.00	74.80	60.00	16.700
2193	54.80	1.00	74.80	2.00	6.800	2221	54.80	1.00	74.80	62.00	17.200
2194	54.80	1.00	74.80	4.00	6.300	2222	54.80	1.00	74.80	64.00	17.300
2195	54.80	1.00	74.80	6.00	6.500	2223	54.80	1.00	74.80	66.00	18.000
2196	54.80	1.00	74.80	8.00	6.300	2224	54.80	1.00	74.80	72.00	18.800
2197	54.80	1.00	74.80	10.00	6.900	2225	54.80	1.00	74.80	74.00	19.400
2198	54.80	1.00	74.80	12.00	7.000	2226	54.80	1.00	74.80	76.00	19.400
2199	54.80	1.00	74.80	14.00	7.100	2227	54.80	1.00	74.80	78.00	20.000
2200	54.80	1.00	74.80	16.00	7.200	2228	54.80	1.00	74.80	80.00	20.200
2201	54.80	1.00	74.80	18.00	7.800	2229	54.80	1.00	74.80	82.00	21.000
2202	54.80	1.00	74.80	24.00	8.200	2230	54.80	1.00	74.80	84.00	21.000

附表 1 白鹤滩水电站坝址区 CT3334 剖面地震波射线走时汇总

续表

测孔编号	ZK33		ZK34			测孔编号	ZK33		ZK34		
水平间距	74.8					水平间距	74.8				
序号	X1	Z1	X2	Z2	走时	序号	X1	Z1	X2	Z2	走时
	m	m	m	m	ms		m	m	m	m	ms
2231	54.80	1.00	74.80	86.00	21.600	2259	59.80	1.00	74.80	28.00	8.800
2232	54.80	1.00	74.80	88.00	21.800	2260	59.80	1.00	74.80	30.00	8.300
2233	54.80	1.00	74.80	90.00	22.500	2261	59.80	1.00	74.80	32.00	9.000
2234	54.80	1.00	74.80	92.00	22.300	2262	59.80	1.00	74.80	34.00	9.000
2235	54.80	1.00	74.80	94.00	23.100	2263	59.80	1.00	74.80	36.00	9.100
2236	54.80	1.00	74.80	98.00	23.400	2264	59.80	1.00	74.80	38.00	9.800
2237	54.80	1.00	74.80	102.00	24.000	2265	59.80	1.00	74.80	40.00	9.800
2238	54.80	1.00	74.80	106.00	24.800	2266	59.80	1.00	74.80	42.00	10.400
2239	54.80	1.00	74.80	110.00	25.500	2267	59.80	1.00	74.80	44.00	10.600
2240	54.80	1.00	74.80	114.00	26.300	2268	59.80	1.00	74.80	46.00	11.400
2241	54.80	1.00	74.80	122.00	27.800	2269	59.80	1.00	74.80	48.00	11.900
2242	54.80	1.00	74.80	126.00	28.300	2270	59.80	1.00	74.80	50.00	12.300
2243	54.80	1.00	74.80	130.00	29.200	2271	59.80	1.00	74.80	52.00	12.400
2244	54.80	1.00	74.80	134.00	29.900	2272	59.80	1.00	74.80	54.00	13.100
2245	54.80	1.00	74.80	138.00	30.200	2273	59.80	1.00	74.80	56.00	13.200
2246	54.80	1.00	74.80	142.00	31.300	2274	59.80	1.00	74.80	58.00	14.000
2247	59.80	1.00	74.80	0.00	5.200	2275	59.80	1.00	74.80	60.00	14.100
2248	59.80	1.00	74.80	2.00	5.100	2276	59.80	1.00	74.80	62.00	14.800
2249	59.80	1.00	74.80	4.00	5.000	2277	59.80	1.00	74.80	64.00	15.000
2250	59.80	1.00	74.80	6.00	5.000	2278	59.80	1.00	74.80	66.00	15.300
2251	59.80	1.00	74.80	8.00	5.300	2279	59.80	1.00	74.80	72.00	16.300
2252	59.80	1.00	74.80	10.00	5.300	2280	59.80	1.00	74.80	74.00	16.800
2253	59.80	1.00	74.80	12.00	5.700	2281	59.80	1.00	74.80	76.00	17.000
2254	59.80	1.00	74.80	14.00	5.900	2282	59.80	1.00	74.80	78.00	17.500
2255	59.80	1.00	74.80	16.00	5.900	2283	59.80	1.00	74.80	80.00	17.900
2256	59.80	1.00	74.80	18.00	6.400	2284	59.80	1.00	74.80	82.00	18.300
2257	59.80	1.00	74.80	24.00	7.500	2285	59.80	1.00	74.80	84.00	18.500
2258	59.80	1.00	74.80	26.00	7.800	2286	59.80	1.00	74.80	86.00	19.000

续表

测孔编号	ZK33		ZK34			测孔编号	ZK33		ZK34		
水平间距	74.8					水平间距	74.8				
序号	X1	Z1	X2	Z2	走时	序号	X1	Z1	X2	Z2	走时
	m	m	m	m	ms		m	m	m	m	ms
2287	59.80	1.00	74.80	88.00	19.300	2315	64.80	1.00	74.80	52.00	11.800
2288	59.80	1.00	74.80	90.00	19.800	2316	64.80	1.00	74.80	54.00	11.900
2289	59.80	1.00	74.80	92.00	20.100	2317	64.80	1.00	74.80	56.00	12.400
2290	59.80	1.00	74.80	94.00	20.700	2318	64.80	1.00	74.80	58.00	12.700
2291	59.80	1.00	74.80	98.00	21.300	2319	64.80	1.00	74.80	60.00	13.200
2292	59.80	1.00	74.80	102.00	22.000	2320	64.80	1.00	74.80	62.00	13.300
2293	59.80	1.00	74.80	106.00	22.600	2321	64.80	1.00	74.80	64.00	14.100
2294	59.80	1.00	74.80	110.00	23.500	2322	64.80	1.00	74.80	66.00	14.000
2295	59.80	1.00	74.80	114.00	24.200	2323	64.80	1.00	74.80	72.00	15.500
2296	59.80	1.00	74.80	122.00	25.800	2324	64.80	1.00	74.80	74.00	15.500
2297	59.80	1.00	74.80	126.00	26.400	2325	64.80	1.00	74.80	76.00	16.200
2298	59.80	1.00	74.80	130.00	27.000	2326	64.80	1.00	74.80	78.00	16.100
2299	59.80	1.00	74.80	134.00	27.900	2327	64.80	1.00	74.80	80.00	17.000
2300	59.80	1.00	74.80	138.00	28.800	2328	64.80	1.00	74.80	82.00	17.000
2301	59.80	1.00	74.80	142.00	29.400	2329	64.80	1.00	74.80	84.00	17.900
2302	64.80	1.00	74.80	0.00	3.800	2330	64.80	1.00	74.80	86.00	18.000
2303	64.80	1.00	74.80	4.00	3.700	2331	64.80	1.00	74.80	88.00	18.700
2304	64.80	1.00	74.80	8.00	4.200	2332	64.80	1.00	74.80	90.00	18.700
2305	64.80	1.00	74.80	12.00	4.800	2333	64.80	1.00	74.80	92.00	19.400
2306	64.80	1.00	74.80	16.00	5.400	2334	64.80	1.00	74.80	94.00	19.700
2307	64.80	1.00	74.80	24.00	6.900	2335	64.80	1.00	74.80	98.00	21.000
2308	64.80	1.00	74.80	28.00	7.600	2336	64.80	1.00	74.80	102.00	21.800
2309	64.80	1.00	74.80	32.00	8.400	2337	64.80	1.00	74.80	106.00	22.500
2310	64.80	1.00	74.80	36.00	9.000	2338	64.80	1.00	74.80	110.00	23.400
2311	64.80	1.00	74.80	40.00	9.900	2339	64.80	1.00	74.80	114.00	24.200
2312	64.80	1.00	74.80	44.00	10.600	2340	64.80	1.00	74.80	122.00	25.200
2313	64.80	1.00	74.80	48.00	10.900	2341	64.80	1.00	74.80	126.00	26.300
2314	64.80	1.00	74.80	50.00	10.900	2342	64.80	1.00	74.80	130.00	26.900

续表

测孔编号	ZK33		ZK34			测孔编号	ZK33		ZK34		
水平间距	74.8					水平间距	74.8				
序号	X1	Z1	X2	Z2	走时	序号	X1	Z1	X2	Z2	走时
	m	m	m	m	ms		m	m	m	m	ms
2343	64.80	1.00	74.80	134.00	27.800	2371	6.00	1.00	0.00	6.00	2.100
2344	64.80	1.00	74.80	138.00	28.400	2372	6.00	1.00	0.00	8.00	2.900
2345	64.80	1.00	74.80	142.00	29.200	2373	6.00	1.00	0.00	10.00	2.700
2346	66.80	1.00	74.80	0.00	1.900	2374	6.00	1.00	0.00	12.00	3.500
2347	66.80	1.00	74.80	2.00	1.700	2375	6.00	1.00	0.00	14.00	3.200
2348	66.80	1.00	74.80	4.00	1.900	2376	6.00	1.00	0.00	16.00	4.100
2349	66.80	1.00	74.80	6.00	2.000	2377	6.00	1.00	0.00	18.00	3.900
2350	66.80	1.00	74.80	8.00	2.200	2378	6.00	1.00	0.00	24.00	5.600
2351	66.80	1.00	74.80	10.00	2.700	2379	6.00	1.00	0.00	26.00	5.300
2352	66.80	1.00	74.80	12.00	2.900	2380	6.00	1.00	0.00	28.00	6.300
2353	66.80	1.00	74.80	14.00	3.200	2381	6.00	1.00	0.00	30.00	6.200
2354	66.80	1.00	74.80	16.00	3.600	2382	6.00	1.00	0.00	32.00	7.200
2355	66.80	1.00	74.80	18.00	3.900	2383	6.00	1.00	0.00	34.00	7.000
2356	66.80	1.00	74.80	24.00	5.100	2384	6.00	1.00	0.00	36.00	8.000
2357	66.80	1.00	74.80	26.00	5.200	2385	6.00	1.00	0.00	38.00	7.800
2358	66.80	1.00	74.80	28.00	6.000	2386	6.00	1.00	0.00	40.00	8.800
2359	66.80	1.00	74.80	30.00	6.000	2387	6.00	1.00	0.00	42.00	8.500
2360	66.80	1.00	74.80	32.00	6.500	2388	6.00	1.00	0.00	44.00	9.400
2361	66.80	1.00	74.80	34.00	6.800	2389	6.00	1.00	0.00	46.00	9.400
2362	66.80	1.00	74.80	36.00	7.500	2390	6.00	1.00	0.00	48.00	10.100
2363	66.80	1.00	74.80	38.00	7.500	2391	6.00	1.00	0.00	50.00	10.700
2364	66.80	1.00	74.80	40.00	8.000	2392	6.00	1.00	0.00	52.00	10.900
2365	66.80	1.00	74.80	42.00	8.300	2393	6.00	1.00	0.00	54.00	11.400
2366	66.80	1.00	74.80	44.00	9.000	2394	6.00	1.00	0.00	56.00	11.800
2367	66.80	1.00	74.80	46.00	9.100	2395	6.00	1.00	0.00	58.00	12.500
2368	6.00	1.00	0.00	0.00	2.100	2396	6.00	1.00	0.00	60.00	12.500
2369	6.00	1.00	0.00	2.00	1.900	2397	6.00	1.00	0.00	62.00	13.200
2370	6.00	1.00	0.00	4.00	2.300	2398	6.00	1.00	0.00	64.00	13.400

续表

测孔编号	ZK33		ZK34			测孔编号	ZK33		ZK34		
水平间距	74.8					水平间距	74.8				
序号	X1	Z1	X2	Z2	走时	序号	X1	Z1	X2	Z2	走时
	m	m	m	m	ms		m	m	m	m	ms
2399	6.00	1.00	0.00	66.00	13.800	2427	10.00	1.00	0.00	8.00	3.000
2400	6.00	1.00	0.00	72.00	14.800	2428	10.00	1.00	0.00	10.00	4.000
2401	6.00	1.00	0.00	74.00	15.300	2429	10.00	1.00	0.00	12.00	3.500
2402	6.00	1.00	0.00	76.00	15.300	2430	10.00	1.00	0.00	14.00	4.500
2403	6.00	1.00	0.00	78.00	16.000	2431	10.00	1.00	0.00	16.00	4.100
2404	6.00	1.00	0.00	80.00	16.200	2432	10.00	1.00	0.00	18.00	5.100
2405	6.00	1.00	0.00	82.00	16.800	2433	10.00	1.00	0.00	24.00	5.400
2406	6.00	1.00	0.00	84.00	17.000	2434	10.00	1.00	0.00	26.00	6.500
2407	6.00	1.00	0.00	86.00	17.500	2435	10.00	1.00	0.00	28.00	6.200
2408	6.00	1.00	0.00	88.00	17.800	2436	10.00	1.00	0.00	30.00	6.300
2409	6.00	1.00	0.00	90.00	18.500	2437	10.00	1.00	0.00	32.00	7.000
2410	6.00	1.00	0.00	92.00	18.700	2438	10.00	1.00	0.00	34.00	7.000
2411	6.00	1.00	0.00	94.00	19.200	2439	10.00	1.00	0.00	36.00	7.800
2412	6.00	1.00	0.00	98.00	20.000	2440	10.00	1.00	0.00	38.00	7.800
2413	6.00	1.00	0.00	102.00	20.900	2441	10.00	1.00	0.00	40.00	8.600
2414	6.00	1.00	0.00	106.00	21.900	2442	10.00	1.00	0.00	42.00	8.700
2415	6.00	1.00	0.00	110.00	22.500	2443	10.00	1.00	0.00	44.00	9.400
2416	6.00	1.00	0.00	114.00	23.200	2444	10.00	1.00	0.00	46.00	9.500
2417	6.00	1.00	0.00	122.00	24.900	2445	10.00	1.00	0.00	48.00	11.000
2418	6.00	1.00	0.00	126.00	25.500	2446	10.00	1.00	0.00	50.00	11.900
2419	6.00	1.00	0.00	130.00	26.300	2447	10.00	1.00	0.00	52.00	12.900
2420	6.00	1.00	0.00	134.00	27.200	2448	10.00	1.00	0.00	54.00	12.700
2421	6.00	1.00	0.00	138.00	27.800	2449	10.00	1.00	0.00	56.00	13.800
2422	6.00	1.00	0.00	142.00	28.600	2450	10.00	1.00	0.00	58.00	13.700
2423	10.00	1.00	0.00	0.00	2.700	2451	10.00	1.00	0.00	60.00	14.700
2424	10.00	1.00	0.00	2.00	3.300	2452	10.00	1.00	0.00	62.00	14.300
2425	10.00	1.00	0.00	4.00	2.700	2453	10.00	1.00	0.00	64.00	15.500
2426	10.00	1.00	0.00	6.00	3.200	2454	10.00	1.00	0.00	66.00	15.000

续表

测孔编号	ZK33		ZK34			测孔编号	ZK33		ZK34		
水平间距	74.8					水平间距	74.8				
序号	X1	Z1	X2	Z2	走时	序号	X1	Z1	X2	Z2	走时
	m	m	m	m	ms		m	m	m	m	ms
2455	10.00	1.00	0.00	72.00	16.800	2483	15.00	1.00	0.00	10.00	5.200
2456	10.00	1.00	0.00	74.00	16.600	2484	15.00	1.00	0.00	12.00	4.600
2457	10.00	1.00	0.00	76.00	17.600	2485	15.00	1.00	0.00	14.00	5.500
2458	10.00	1.00	0.00	78.00	17.400	2486	15.00	1.00	0.00	16.00	5.000
2459	10.00	1.00	0.00	80.00	18.300	2487	15.00	1.00	0.00	18.00	6.000
2460	10.00	1.00	0.00	82.00	18.200	2488	15.00	1.00	0.00	24.00	6.300
2461	10.00	1.00	0.00	84.00	19.300	2489	15.00	1.00	0.00	26.00	7.200
2462	10.00	1.00	0.00	86.00	18.900	2490	15.00	1.00	0.00	28.00	7.000
2463	10.00	1.00	0.00	88.00	19.900	2491	15.00	1.00	0.00	30.00	8.000
2464	10.00	1.00	0.00	90.00	19.800	2492	15.00	1.00	0.00	32.00	7.800
2465	10.00	1.00	0.00	92.00	20.700	2493	15.00	1.00	0.00	34.00	8.800
2466	10.00	1.00	0.00	94.00	20.300	2494	15.00	1.00	0.00	36.00	8.600
2467	10.00	1.00	0.00	98.00	21.300	2495	15.00	1.00	0.00	38.00	9.500
2468	10.00	1.00	0.00	102.00	22.200	2496	15.00	1.00	0.00	40.00	9.200
2469	10.00	1.00	0.00	106.00	23.100	2497	15.00	1.00	0.00	42.00	10.200
2470	10.00	1.00	0.00	110.00	23.900	2498	15.00	1.00	0.00	44.00	10.000
2471	10.00	1.00	0.00	114.00	24.300	2499	15.00	1.00	0.00	46.00	11.000
2472	10.00	1.00	0.00	122.00	26.000	2500	15.00	1.00	0.00	48.00	12.400
2473	10.00	1.00	0.00	126.00	27.100	2501	15.00	1.00	0.00	50.00	12.900
2474	10.00	1.00	0.00	130.00	27.900	2502	15.00	1.00	0.00	52.00	13.200
2475	10.00	1.00	0.00	134.00	28.000	2503	15.00	1.00	0.00	54.00	13.600
2476	10.00	1.00	0.00	138.00	29.200	2504	15.00	1.00	0.00	56.00	14.100
2477	10.00	1.00	0.00	142.00	29.600	2505	15.00	1.00	0.00	58.00	14.500
2478	15.00	1.00	0.00	0.00	4.200	2506	15.00	1.00	0.00	60.00	15.300
2479	15.00	1.00	0.00	2.00	4.900	2507	15.00	1.00	0.00	62.00	15.300
2480	15.00	1.00	0.00	4.00	4.100	2508	15.00	1.00	0.00	64.00	16.100
2481	15.00	1.00	0.00	6.00	4.700	2509	15.00	1.00	0.00	66.00	16.000
2482	15.00	1.00	0.00	8.00	4.200	2510	15.00	1.00	0.00	72.00	17.700

续表

测孔编号	ZK33		ZK34			测孔编号	ZK33		ZK34		
水平间距	74.8					水平间距	74.8				
序号	X1	Z1	X2	Z2	走时	序号	X1	Z1	X2	Z2	走时
	m	m	m	m	ms		m	m	m	m	ms
2511	15.00	1.00	0.00	74.00	17.800	2539	20.00	0.00	0.00	12.00	8.800
2512	15.00	1.00	0.00	76.00	18.300	2540	20.00	0.00	0.00	14.00	8.800
2513	15.00	1.00	0.00	78.00	18.500	2541	20.00	0.00	0.00	16.00	9.300
2514	15.00	1.00	0.00	80.00	18.500	2542	20.00	0.00	0.00	18.00	9.200
2515	15.00	1.00	0.00	82.00	19.200	2543	20.00	0.00	0.00	24.00	10.300
2516	15.00	1.00	0.00	84.00	19.900	2544	20.00	0.00	0.00	26.00	10.400
2517	15.00	1.00	0.00	86.00	20.200	2545	20.00	0.00	0.00	28.00	11.000
2518	15.00	1.00	0.00	88.00	20.000	2546	20.00	0.00	0.00	30.00	11.100
2519	15.00	1.00	0.00	90.00	21.000	2547	20.00	0.00	0.00	32.00	11.700
2520	15.00	1.00	0.00	92.00	20.900	2548	20.00	0.00	0.00	34.00	11.900
2521	15.00	1.00	0.00	94.00	21.800	2549	20.00	0.00	0.00	36.00	12.500
2522	15.00	1.00	0.00	98.00	21.800	2550	20.00	0.00	0.00	38.00	12.700
2523	15.00	1.00	0.00	102.00	22.400	2551	20.00	0.00	0.00	40.00	13.200
2524	15.00	1.00	0.00	106.00	23.800	2552	20.00	0.00	0.00	42.00	13.500
2525	15.00	1.00	0.00	110.00	24.300	2553	20.00	0.00	0.00	44.00	13.900
2526	15.00	1.00	0.00	114.00	25.000	2554	20.00	0.00	0.00	46.00	14.300
2527	15.00	1.00	0.00	122.00	26.400	2555	20.00	0.00	0.00	48.00	15.200
2528	15.00	1.00	0.00	126.00	27.500	2556	20.00	0.00	0.00	50.00	15.300
2529	15.00	1.00	0.00	130.00	28.400	2557	20.00	0.00	0.00	52.00	16.000
2530	15.00	1.00	0.00	134.00	29.100	2558	20.00	0.00	0.00	54.00	16.000
2531	15.00	1.00	0.00	138.00	29.800	2559	20.00	0.00	0.00	56.00	16.800
2532	15.00	1.00	0.00	142.00	30.400	2560	20.00	0.00	0.00	58.00	16.900
2533	20.00	0.00	0.00	0.00	8.400	2561	20.00	0.00	0.00	60.00	17.600
2534	20.00	0.00	0.00	2.00	8.100	2562	20.00	0.00	0.00	62.00	17.600
2535	20.00	0.00	0.00	4.00	8.200	2563	20.00	0.00	0.00	64.00	18.400
2536	20.00	0.00	0.00	6.00	7.900	2564	20.00	0.00	0.00	66.00	18.200
2537	20.00	0.00	0.00	8.00	8.400	2565	20.00	0.00	0.00	72.00	19.900
2538	20.00	0.00	0.00	10.00	8.500	2566	20.00	0.00	0.00	74.00	19.800

附表 1　白鹤滩水电站坝址区 CT3334 剖面地震波射线走时汇总

续表

测孔编号	ZK33		ZK34			测孔编号	ZK33		ZK34		
水平间距	74.8					水平间距	74.8				
序号	X1	Z1	X2	Z2	走时	序号	X1	Z1	X2	Z2	走时
	m	m	m	m	ms		m	m	m	m	ms
2567	20.00	0.00	0.00	76.00	20.500	2595	25.00	1.00	0.00	14.00	11.300
2568	20.00	0.00	0.00	78.00	20.500	2596	25.00	1.00	0.00	16.00	12.000
2569	20.00	0.00	0.00	80.00	21.300	2597	25.00	1.00	0.00	18.00	11.600
2570	20.00	0.00	0.00	82.00	21.300	2598	25.00	1.00	0.00	24.00	12.800
2571	20.00	0.00	0.00	84.00	22.000	2599	25.00	1.00	0.00	26.00	12.700
2572	20.00	0.00	0.00	86.00	22.100	2600	25.00	1.00	0.00	28.00	13.500
2573	20.00	0.00	0.00	88.00	22.900	2601	25.00	1.00	0.00	30.00	13.200
2574	20.00	0.00	0.00	90.00	23.000	2602	25.00	1.00	0.00	32.00	14.200
2575	20.00	0.00	0.00	92.00	23.700	2603	25.00	1.00	0.00	34.00	17.100
2576	20.00	0.00	0.00	94.00	23.800	2604	25.00	1.00	0.00	36.00	15.000
2577	20.00	0.00	0.00	98.00	24.600	2605	25.00	1.00	0.00	38.00	14.800
2578	20.00	0.00	0.00	102.00	25.400	2606	25.00	1.00	0.00	40.00	15.900
2579	20.00	0.00	0.00	106.00	26.500	2607	25.00	1.00	0.00	42.00	15.700
2580	20.00	0.00	0.00	110.00	27.000	2608	25.00	1.00	0.00	44.00	16.500
2581	20.00	0.00	0.00	114.00	27.600	2609	25.00	1.00	0.00	46.00	16.300
2582	20.00	0.00	0.00	122.00	29.300	2610	25.00	1.00	0.00	48.00	18.400
2583	20.00	0.00	0.00	126.00	30.100	2611	25.00	1.00	0.00	50.00	18.000
2584	20.00	0.00	0.00	130.00	30.900	2612	25.00	1.00	0.00	52.00	19.200
2585	20.00	0.00	0.00	134.00	31.500	2613	25.00	1.00	0.00	54.00	18.800
2586	20.00	0.00	0.00	138.00	32.300	2614	25.00	1.00	0.00	56.00	20.000
2587	20.00	0.00	0.00	142.00	33.100	2615	25.00	1.00	0.00	58.00	19.700
2588	25.00	1.00	0.00	0.00	11.600	2616	25.00	1.00	0.00	60.00	21.000
2589	25.00	1.00	0.00	2.00	11.000	2617	25.00	1.00	0.00	62.00	20.500
2590	25.00	1.00	0.00	4.00	11.200	2618	25.00	1.00	0.00	64.00	21.600
2591	25.00	1.00	0.00	6.00	10.900	2619	25.00	1.00	0.00	66.00	21.200
2592	25.00	1.00	0.00	8.00	11.400	2620	25.00	1.00	0.00	72.00	23.000
2593	25.00	1.00	0.00	10.00	11.200	2621	25.00	1.00	0.00	74.00	22.800
2594	25.00	1.00	0.00	12.00	11.700	2622	25.00	1.00	0.00	76.00	23.600

续表

测孔编号	ZK33		ZK34			测孔编号	ZK33		ZK34		
水平间距	74.8					水平间距	74.8				
序号	X1	Z1	X2	Z2	走时	序号	X1	Z1	X2	Z2	走时
	m	m	m	m	ms		m	m	m	m	ms
2623	25.00	1.00	0.00	78.00	23.300	2651	30.00	1.00	0.00	16.00	14.500
2624	25.00	1.00	0.00	80.00	24.600	2652	30.00	1.00	0.00	18.00	14.900
2625	25.00	1.00	0.00	82.00	24.000	2653	30.00	1.00	0.00	24.00	15.500
2626	25.00	1.00	0.00	84.00	25.400	2654	30.00	1.00	0.00	26.00	15.900
2627	25.00	1.00	0.00	86.00	24.900	2655	30.00	1.00	0.00	28.00	16.100
2628	25.00	1.00	0.00	88.00	26.000	2656	30.00	1.00	0.00	30.00	16.700
2629	25.00	1.00	0.00	90.00	26.500	2657	30.00	1.00	0.00	32.00	17.000
2630	25.00	1.00	0.00	92.00	26.900	2658	30.00	1.00	0.00	34.00	17.400
2631	25.00	1.00	0.00	94.00	26.300	2659	30.00	1.00	0.00	36.00	17.700
2632	25.00	1.00	0.00	98.00	27.000	2660	30.00	1.00	0.00	38.00	18.200
2633	25.00	1.00	0.00	102.00	27.800	2661	30.00	1.00	0.00	40.00	18.500
2634	25.00	1.00	0.00	106.00	28.800	2662	30.00	1.00	0.00	42.00	18.900
2635	25.00	1.00	0.00	110.00	29.500	2663	30.00	1.00	0.00	44.00	19.200
2636	25.00	1.00	0.00	114.00	29.900	2664	30.00	1.00	0.00	46.00	19.700
2637	25.00	1.00	0.00	122.00	31.500	2665	30.00	1.00	0.00	48.00	19.800
2638	25.00	1.00	0.00	126.00	32.400	2666	30.00	1.00	0.00	50.00	20.300
2639	25.00	1.00	0.00	130.00	33.200	2667	30.00	1.00	0.00	52.00	20.500
2640	25.00	1.00	0.00	134.00	33.800	2668	30.00	1.00	0.00	54.00	21.000
2641	25.00	1.00	0.00	138.00	34.900	2669	30.00	1.00	0.00	56.00	21.400
2642	25.00	1.00	0.00	142.00	35.800	2670	30.00	1.00	0.00	58.00	22.000
2643	30.00	1.00	0.00	0.00	13.500	2671	30.00	1.00	0.00	60.00	22.300
2644	30.00	1.00	0.00	2.00	14.600	2672	30.00	1.00	0.00	62.00	22.700
2645	30.00	1.00	0.00	4.00	14.100	2673	30.00	1.00	0.00	64.00	22.900
2646	30.00	1.00	0.00	6.00	14.200	2674	30.00	1.00	0.00	66.00	23.300
2647	30.00	1.00	0.00	8.00	14.300	2675	30.00	1.00	0.00	72.00	24.400
2648	30.00	1.00	0.00	10.00	14.600	2676	30.00	1.00	0.00	74.00	24.800
2649	30.00	1.00	0.00	12.00	14.400	2677	30.00	1.00	0.00	76.00	25.000
2650	30.00	1.00	0.00	14.00	14.700	2678	30.00	1.00	0.00	78.00	25.500

续表

测孔编号	ZK33		ZK34		
水平间距	74.8				
序号	X1	Z1	X2	Z2	走时
	m	m	m	m	ms
2679	30.00	1.00	0.00	80.00	25.900
2680	30.00	1.00	0.00	82.00	26.300
2681	30.00	1.00	0.00	84.00	26.800
2682	30.00	1.00	0.00	86.00	27.000
2683	30.00	1.00	0.00	88.00	27.300
2684	30.00	1.00	0.00	90.00	28.000
2685	30.00	1.00	0.00	92.00	28.100
2686	30.00	1.00	0.00	94.00	28.800
2687	30.00	1.00	0.00	98.00	30.200
2688	30.00	1.00	0.00	102.00	30.900
2689	30.00	1.00	0.00	106.00	31.900
2690	30.00	1.00	0.00	110.00	32.800
2691	30.00	1.00	0.00	114.00	33.200
2692	30.00	1.00	0.00	122.00	34.700
2693	30.00	1.00	0.00	126.00	35.400
2694	30.00	1.00	0.00	130.00	36.200
2695	30.00	1.00	0.00	134.00	37.000
2696	30.00	1.00	0.00	138.00	37.300
2697	30.00	1.00	0.00	142.00	38.400
2698	35.00	1.00	0.00	0.00	17.200
2699	35.00	1.00	0.00	2.00	17.000
2700	35.00	1.00	0.00	4.00	16.900
2701	35.00	1.00	0.00	6.00	16.600
2702	35.00	1.00	0.00	8.00	17.000
2703	35.00	1.00	0.00	10.00	16.800
2704	35.00	1.00	0.00	12.00	17.100
2705	35.00	1.00	0.00	14.00	16.900
2706	35.00	1.00	0.00	16.00	17.300

测孔编号	ZK33		ZK34		
水平间距	74.8				
序号	X1	Z1	X2	Z2	走时
	m	m	m	m	ms
2707	35.00	1.00	0.00	18.00	17.200
2708	35.00	1.00	0.00	24.00	18.200
2709	35.00	1.00	0.00	26.00	18.200
2710	35.00	1.00	0.00	28.00	18.900
2711	35.00	1.00	0.00	30.00	18.900
2712	35.00	1.00	0.00	32.00	19.600
2713	35.00	1.00	0.00	34.00	19.700
2714	35.00	1.00	0.00	36.00	20.400
2715	35.00	1.00	0.00	38.00	20.600
2716	35.00	1.00	0.00	40.00	21.100
2717	35.00	1.00	0.00	42.00	21.200
2718	35.00	1.00	0.00	44.00	22.000
2719	35.00	1.00	0.00	46.00	22.000
2720	35.00	1.00	0.00	48.00	22.800
2721	35.00	1.00	0.00	50.00	23.800
2722	35.00	1.00	0.00	52.00	23.300
2723	35.00	1.00	0.00	54.00	24.500
2724	35.00	1.00	0.00	56.00	24.200
2725	35.00	1.00	0.00	58.00	25.500
2726	35.00	1.00	0.00	60.00	25.100
2727	35.00	1.00	0.00	62.00	26.300
2728	35.00	1.00	0.00	64.00	25.800
2729	35.00	1.00	0.00	66.00	27.000
2730	35.00	1.00	0.00	72.00	27.100
2731	35.00	1.00	0.00	74.00	28.300
2732	35.00	1.00	0.00	76.00	28.000
2733	35.00	1.00	0.00	78.00	29.100
2734	35.00	1.00	0.00	80.00	28.300

续表

测孔编号	ZK33		ZK34			测孔编号	ZK33		ZK34		
水平间距	74.8					水平间距	74.8				
序号	X1	Z1	X2	Z2	走时	序号	X1	Z1	X2	Z2	走时
	m	m	m	m	ms		m	m	m	m	ms
2735	35.00	1.00	0.00	82.00	29.800	2762	40.00	1.00	0.00	18.00	20.000
2736	35.00	1.00	0.00	84.00	29.400	2763	40.00	1.00	0.00	24.00	21.200
2737	35.00	1.00	0.00	86.00	30.700	2764	40.00	1.00	0.00	26.00	21.000
2738	35.00	1.00	0.00	88.00	30.100	2765	40.00	1.00	0.00	28.00	22.000
2739	35.00	1.00	0.00	90.00	30.200	2766	40.00	1.00	0.00	30.00	21.800
2740	35.00	1.00	0.00	92.00	31.800	2767	40.00	1.00	0.00	32.00	22.800
2741	35.00	1.00	0.00	94.00	31.900	2768	40.00	1.00	0.00	34.00	22.700
2742	35.00	1.00	0.00	98.00	32.900	2769	40.00	1.00	0.00	36.00	23.500
2743	35.00	1.00	0.00	102.00	33.500	2770	40.00	1.00	0.00	38.00	23.300
2744	35.00	1.00	0.00	106.00	34.600	2771	40.00	1.00	0.00	40.00	24.200
2745	35.00	1.00	0.00	110.00	35.400	2772	40.00	1.00	0.00	42.00	24.100
2746	35.00	1.00	0.00	114.00	36.000	2773	40.00	1.00	0.00	44.00	25.000
2747	35.00	1.00	0.00	122.00	37.600	2774	40.00	1.00	0.00	46.00	25.000
2748	35.00	1.00	0.00	126.00	38.400	2775	40.00	1.00	0.00	48.00	26.200
2749	35.00	1.00	0.00	130.00	40.200	2776	40.00	1.00	0.00	50.00	26.000
2750	35.00	1.00	0.00	134.00	41.000	2777	40.00	1.00	0.00	52.00	26.900
2751	35.00	1.00	0.00	138.00	42.000	2778	40.00	1.00	0.00	54.00	26.500
2752	35.00	1.00	0.00	142.00	42.500	2779	40.00	1.00	0.00	56.00	27.400
2753	40.00	1.00	0.00	0.00	20.400	2780	40.00	1.00	0.00	58.00	27.100
2754	40.00	1.00	0.00	2.00	19.800	2781	40.00	1.00	0.00	60.00	28.100
2755	40.00	1.00	0.00	4.00	20.000	2782	40.00	1.00	0.00	62.00	27.800
2756	40.00	1.00	0.00	6.00	19.500	2783	40.00	1.00	0.00	64.00	28.600
2757	40.00	1.00	0.00	8.00	20.100	2784	40.00	1.00	0.00	66.00	28.100
2758	40.00	1.00	0.00	10.00	19.800	2785	40.00	1.00	0.00	72.00	29.200
2759	40.00	1.00	0.00	12.00	20.200	2786	40.00	1.00	0.00	74.00	29.000
2760	40.00	1.00	0.00	14.00	19.800	2787	40.00	1.00	0.00	76.00	29.500
2761	40.00	1.00	0.00	16.00	20.300	2788	40.00	1.00	0.00	78.00	29.100

续表

测孔编号	ZK33		ZK34			测孔编号	ZK33		ZK34		
水平间距	74.8					水平间距	74.8				
序号	X1	Z1	X2	Z2	走时	序号	X1	Z1	X2	Z2	走时
	m	m	m	m	ms		m	m	m	m	ms
2789	40.00	1.00	0.00	80.00	30.000	2816	45.00	1.00	0.00	16.00	23.500
2790	40.00	1.00	0.00	82.00	29.800	2817	45.00	1.00	0.00	18.00	23.000
2791	40.00	1.00	0.00	84.00	30.600	2818	45.00	1.00	0.00	24.00	24.100
2792	40.00	1.00	0.00	86.00	31.400	2819	45.00	1.00	0.00	26.00	24.000
2793	40.00	1.00	0.00	88.00	31.000	2820	45.00	1.00	0.00	28.00	24.700
2794	40.00	1.00	0.00	90.00	32.300	2821	45.00	1.00	0.00	30.00	24.600
2795	40.00	1.00	0.00	92.00	31.800	2822	45.00	1.00	0.00	32.00	24.900
2796	40.00	1.00	0.00	94.00	33.000	2823	45.00	1.00	0.00	34.00	25.200
2797	40.00	1.00	0.00	98.00	32.000	2824	45.00	1.00	0.00	36.00	24.900
2798	40.00	1.00	0.00	102.00	32.400	2825	45.00	1.00	0.00	38.00	25.500
2799	40.00	1.00	0.00	106.00	33.300	2826	45.00	1.00	0.00	40.00	25.000
2800	40.00	1.00	0.00	110.00	33.800	2827	45.00	1.00	0.00	42.00	25.300
2801	40.00	1.00	0.00	114.00	34.400	2828	45.00	1.00	0.00	44.00	25.100
2802	40.00	1.00	0.00	122.00	35.800	2829	45.00	1.00	0.00	46.00	25.400
2803	40.00	1.00	0.00	126.00	36.300	2830	45.00	1.00	0.00	48.00	25.700
2804	40.00	1.00	0.00	130.00	37.200	2831	45.00	1.00	0.00	50.00	26.400
2805	40.00	1.00	0.00	134.00	37.300	2832	45.00	1.00	0.00	52.00	25.600
2806	40.00	1.00	0.00	138.00	38.300	2833	45.00	1.00	0.00	54.00	26.500
2807	40.00	1.00	0.00	142.00	38.800	2834	45.00	1.00	0.00	56.00	25.800
2808	45.00	1.00	0.00	0.00	23.800	2835	45.00	1.00	0.00	58.00	26.800
2809	45.00	1.00	0.00	2.00	22.800	2836	45.00	1.00	0.00	60.00	25.900
2810	45.00	1.00	0.00	4.00	23.200	2837	45.00	1.00	0.00	62.00	26.800
2811	45.00	1.00	0.00	6.00	22.400	2838	45.00	1.00	0.00	64.00	26.000
2812	45.00	1.00	0.00	8.00	23.300	2839	45.00	1.00	0.00	66.00	27.000
2813	45.00	1.00	0.00	10.00	22.800	2840	45.00	1.00	0.00	72.00	26.500
2814	45.00	1.00	0.00	12.00	23.300	2841	45.00	1.00	0.00	74.00	27.500
2815	45.00	1.00	0.00	14.00	22.800	2842	45.00	1.00	0.00	76.00	26.700

续表

测孔编号	ZK33		ZK34			测孔编号	ZK33		ZK34		
水平间距	74.8					水平间距	74.8				
序号	X1	Z1	X2	Z2	走时	序号	X1	Z1	X2	Z2	走时
	m	m	m	m	ms		m	m	m	m	ms
2843	45.00	1.00	0.00	78.00	27.800	2870	50.00	1.00	0.00	14.00	26.100
2844	45.00	1.00	0.00	80.00	27.200	2871	50.00	1.00	0.00	16.00	26.300
2845	45.00	1.00	0.00	82.00	28.400	2872	50.00	1.00	0.00	18.00	26.300
2846	45.00	1.00	0.00	84.00	27.800	2873	50.00	1.00	0.00	24.00	25.800
2847	45.00	1.00	0.00	86.00	28.800	2874	50.00	1.00	0.00	26.00	25.500
2848	45.00	1.00	0.00	88.00	28.100	2875	50.00	1.00	0.00	28.00	25.400
2849	45.00	1.00	0.00	90.00	29.500	2876	50.00	1.00	0.00	30.00	25.400
2850	45.00	1.00	0.00	92.00	29.000	2877	50.00	1.00	0.00	32.00	25.200
2851	45.00	1.00	0.00	94.00	30.200	2878	50.00	1.00	0.00	34.00	25.500
2852	45.00	1.00	0.00	98.00	31.200	2879	50.00	1.00	0.00	36.00	24.900
2853	45.00	1.00	0.00	102.00	31.600	2880	50.00	1.00	0.00	38.00	25.800
2854	45.00	1.00	0.00	106.00	32.100	2881	50.00	1.00	0.00	40.00	24.500
2855	45.00	1.00	0.00	110.00	32.800	2882	50.00	1.00	0.00	42.00	24.700
2856	45.00	1.00	0.00	114.00	33.100	2883	50.00	1.00	0.00	44.00	24.200
2857	45.00	1.00	0.00	122.00	34.800	2884	50.00	1.00	0.00	46.00	24.900
2858	45.00	1.00	0.00	126.00	35.300	2885	50.00	1.00	0.00	48.00	25.700
2859	45.00	1.00	0.00	130.00	35.800	2886	50.00	1.00	0.00	50.00	25.200
2860	45.00	1.00	0.00	134.00	36.400	2887	50.00	1.00	0.00	52.00	25.600
2861	45.00	1.00	0.00	138.00	37.000	2888	50.00	1.00	0.00	54.00	25.400
2862	45.00	1.00	0.00	142.00	37.700	2889	50.00	1.00	0.00	56.00	25.800
2863	50.00	1.00	0.00	0.00	26.500	2890	50.00	1.00	0.00	58.00	25.700
2864	50.00	1.00	0.00	2.00	26.200	2891	50.00	1.00	0.00	60.00	25.900
2865	50.00	1.00	0.00	4.00	26.000	2892	50.00	1.00	0.00	62.00	25.900
2866	50.00	1.00	0.00	6.00	25.800	2893	50.00	1.00	0.00	64.00	26.000
2867	50.00	1.00	0.00	8.00	26.100	2894	50.00	1.00	0.00	66.00	25.900
2868	50.00	1.00	0.00	10.00	26.000	2895	50.00	1.00	0.00	72.00	26.500
2869	50.00	1.00	0.00	12.00	26.200	2896	50.00	1.00	0.00	74.00	26.400

续表

测孔编号	ZK33		ZK34			测孔编号	ZK33		ZK34		
水平间距	74.8					水平间距	74.8				
序号	X1	Z1	X2	Z2	走时	序号	X1	Z1	X2	Z2	走时
	m	m	m	m	ms		m	m	m	m	ms
2897	50.00	1.00	0.00	76.00	26.700	2924	55.00	1.00	0.00	12.00	30.300
2898	50.00	1.00	0.00	78.00	26.800	2925	55.00	1.00	0.00	14.00	30.700
2899	50.00	1.00	0.00	80.00	27.200	2926	55.00	1.00	0.00	16.00	30.400
2900	50.00	1.00	0.00	82.00	27.200	2927	55.00	1.00	0.00	18.00	29.800
2901	50.00	1.00	0.00	84.00	27.800	2928	55.00	1.00	0.00	24.00	25.100
2902	50.00	1.00	0.00	86.00	27.700	2929	55.00	1.00	0.00	26.00	25.500
2903	50.00	1.00	0.00	88.00	28.100	2930	55.00	1.00	0.00	28.00	25.000
2904	50.00	1.00	0.00	90.00	28.500	2931	55.00	1.00	0.00	30.00	25.200
2905	50.00	1.00	0.00	92.00	29.000	2932	55.00	1.00	0.00	32.00	24.700
2906	50.00	1.00	0.00	94.00	29.300	2933	55.00	1.00	0.00	34.00	24.800
2907	50.00	1.00	0.00	98.00	29.900	2934	55.00	1.00	0.00	36.00	24.200
2908	50.00	1.00	0.00	102.00	30.400	2935	55.00	1.00	0.00	38.00	24.000
2909	50.00	1.00	0.00	106.00	31.000	2936	55.00	1.00	0.00	40.00	24.000
2910	50.00	1.00	0.00	110.00	31.500	2937	55.00	1.00	0.00	42.00	24.000
2911	50.00	1.00	0.00	114.00	32.200	2938	55.00	1.00	0.00	44.00	23.800
2912	50.00	1.00	0.00	122.00	33.500	2939	55.00	1.00	0.00	46.00	23.800
2913	50.00	1.00	0.00	126.00	34.000	2940	55.00	1.00	0.00	48.00	22.900
2914	50.00	1.00	0.00	130.00	34.700	2941	55.00	1.00	0.00	50.00	23.000
2915	50.00	1.00	0.00	134.00	35.200	2942	55.00	1.00	0.00	52.00	23.000
2916	50.00	1.00	0.00	138.00	36.000	2943	55.00	1.00	0.00	54.00	23.000
2917	50.00	1.00	0.00	142.00	36.300	2944	55.00	1.00	0.00	56.00	23.200
2918	55.00	1.00	0.00	0.00	30.500	2945	55.00	1.00	0.00	58.00	23.200
2919	55.00	1.00	0.00	2.00	30.700	2946	55.00	1.00	0.00	60.00	23.300
2920	55.00	1.00	0.00	4.00	30.200	2947	55.00	1.00	0.00	62.00	23.400
2921	55.00	1.00	0.00	6.00	30.300	2948	55.00	1.00	0.00	64.00	23.500
2922	55.00	1.00	0.00	8.00	30.300	2949	55.00	1.00	0.00	66.00	23.400
2923	55.00	1.00	0.00	10.00	30.600	2950	55.00	1.00	0.00	72.00	24.000

续表

测孔编号	ZK33		ZK34			测孔编号	ZK33		ZK34		
水平间距	74.8					水平间距	74.8				
序号	X1	Z1	X2	Z2	走时	序号	X1	Z1	X2	Z2	走时
	m	m	m	m	ms		m	m	m	m	ms
2951	55.00	1.00	0.00	74.00	23.900	2979	60.00	1.00	0.00	36.00	22.900
2952	55.00	1.00	0.00	76.00	24.200	2980	60.00	1.00	0.00	38.00	22.000
2953	55.00	1.00	0.00	78.00	24.300	2981	60.00	1.00	0.00	40.00	22.500
2954	55.00	1.00	0.00	80.00	24.600	2982	60.00	1.00	0.00	42.00	21.800
2955	55.00	1.00	0.00	82.00	24.800	2983	60.00	1.00	0.00	44.00	21.400
2956	55.00	1.00	0.00	84.00	25.000	2984	60.00	1.00	0.00	46.00	20.900
2957	55.00	1.00	0.00	86.00	25.300	2985	60.00	1.00	0.00	48.00	20.900
2958	55.00	1.00	0.00	88.00	25.900	2986	60.00	1.00	0.00	50.00	21.100
2959	55.00	1.00	0.00	90.00	26.200	2987	60.00	1.00	0.00	52.00	20.900
2960	55.00	1.00	0.00	92.00	26.300	2988	60.00	1.00	0.00	54.00	21.100
2961	55.00	1.00	0.00	94.00	26.800	2989	60.00	1.00	0.00	56.00	21.100
2962	55.00	1.00	0.00	98.00	27.100	2990	60.00	1.00	0.00	58.00	21.500
2963	55.00	1.00	0.00	102.00	27.600	2991	60.00	1.00	0.00	60.00	21.200
2964	55.00	1.00	0.00	106.00	28.200	2992	60.00	1.00	0.00	62.00	21.600
2965	55.00	1.00	0.00	110.00	28.100	2993	60.00	1.00	0.00	64.00	21.200
2966	55.00	1.00	0.00	114.00	29.200	2994	60.00	1.00	0.00	66.00	21.900
2967	55.00	1.00	0.00	122.00	30.600	2995	60.00	1.00	0.00	72.00	21.900
2968	55.00	1.00	0.00	126.00	31.200	2996	60.00	1.00	0.00	74.00	22.200
2969	55.00	1.00	0.00	130.00	31.600	2997	60.00	1.00	0.00	76.00	22.000
2970	55.00	1.00	0.00	134.00	32.200	2998	60.00	1.00	0.00	78.00	22.500
2971	55.00	1.00	0.00	138.00	33.100	2999	60.00	1.00	0.00	80.00	22.300
2972	55.00	1.00	0.00	142.00	33.100	3000	60.00	1.00	0.00	82.00	22.900
2973	60.00	1.00	0.00	24.00	24.100	3001	60.00	1.00	0.00	84.00	23.000
2974	60.00	1.00	0.00	26.00	22.300	3002	60.00	1.00	0.00	86.00	23.400
2975	60.00	1.00	0.00	28.00	23.800	3003	60.00	1.00	0.00	88.00	23.700
2976	60.00	1.00	0.00	30.00	22.300	3004	60.00	1.00	0.00	90.00	23.300
2977	60.00	1.00	0.00	32.00	23.200	3005	60.00	1.00	0.00	92.00	24.300
2978	60.00	1.00	0.00	34.00	22.200	3006	60.00	1.00	0.00	94.00	25.200

续表

测孔编号	ZK33		ZK34			测孔编号	ZK33		ZK34		
水平间距	74.8					水平间距	74.8				
序号	X1	Z1	X2	Z2	走时	序号	X1	Z1	X2	Z2	走时
	m	m	m	m	ms		m	m	m	m	ms
3007	60.00	1.00	0.00	98.00	25.700	3034	65.00	1.00	0.00	60.00	20.900
3008	60.00	1.00	0.00	102.00	26.100	3035	65.00	1.00	0.00	62.00	21.100
3009	60.00	1.00	0.00	106.00	26.900	3036	65.00	1.00	0.00	64.00	21.100
3010	60.00	1.00	0.00	110.00	27.400	3037	65.00	1.00	0.00	66.00	21.200
3011	60.00	1.00	0.00	114.00	28.000	3038	65.00	1.00	0.00	72.00	21.600
3012	60.00	1.00	0.00	122.00	29.500	3039	65.00	1.00	0.00	74.00	21.900
3013	60.00	1.00	0.00	126.00	30.100	3040	65.00	1.00	0.00	76.00	21.800
3014	60.00	1.00	0.00	130.00	30.600	3041	65.00	1.00	0.00	78.00	22.100
3015	60.00	1.00	0.00	134.00	31.100	3042	65.00	1.00	0.00	80.00	22.300
3016	60.00	1.00	0.00	138.00	31.500	3043	65.00	1.00	0.00	82.00	22.400
3017	60.00	1.00	0.00	142.00	32.500	3044	65.00	1.00	0.00	84.00	22.600
3018	65.00	1.00	0.00	26.00	22.000	3045	65.00	1.00	0.00	86.00	23.100
3019	65.00	1.00	0.00	28.00	22.400	3046	65.00	1.00	0.00	88.00	23.300
3020	65.00	1.00	0.00	30.00	21.300	3047	65.00	1.00	0.00	90.00	24.000
3021	65.00	1.00	0.00	34.00	21.100	3048	65.00	1.00	0.00	92.00	24.100
3022	65.00	1.00	0.00	36.00	21.800	3049	65.00	1.00	0.00	94.00	24.500
3023	65.00	1.00	0.00	38.00	20.800	3050	65.00	1.00	0.00	98.00	25.600
3024	65.00	1.00	0.00	40.00	21.300	3051	65.00	1.00	0.00	102.00	26.100
3025	65.00	1.00	0.00	42.00	20.500	3052	65.00	1.00	0.00	106.00	26.800
3026	65.00	1.00	0.00	44.00	20.800	3053	65.00	1.00	0.00	110.00	27.300
3027	65.00	1.00	0.00	46.00	20.800	3054	65.00	1.00	0.00	114.00	28.000
3028	65.00	1.00	0.00	48.00	20.700	3055	65.00	1.00	0.00	122.00	29.000
3029	65.00	1.00	0.00	50.00	20.900	3056	65.00	1.00	0.00	126.00	29.800
3030	65.00	1.00	0.00	52.00	20.700	3057	65.00	1.00	0.00	130.00	30.200
3031	65.00	1.00	0.00	54.00	20.900	3058	65.00	1.00	0.00	134.00	30.500
3032	65.00	1.00	0.00	56.00	20.900	3059	65.00	1.00	0.00	138.00	31.200
3033	65.00	1.00	0.00	58.00	21.000	3060	65.00	1.00	0.00	142.00	32.100

附表 2　　　　某水电站 11 号坝基深槽各剖面地震波射线走时汇总（一）

测孔编号	CT1-1	CT1-2		CT2-1	CT2-2		CT5-1	CT5-2		CT8-1	CT8-2		CT9-1	CT9-2	
水平间距	25.70m			27.70m			34.30m			59.50m			44.15m		
序号	深度	深度	走时	深度	深度	走时	深度	深度	走时	深度	深度	走时	深度	深度	走时
	m	m	ms	m	m	ms	m	m	ms	m	m	ms	m	m	ms
1	7.00	1.80	8.750	3.00	3.10	9.180	46.00	1.00	10.340	15.00	16.63	13.310	22.00	17.83	11.750
2	7.00	3.80	8.340	3.00	7.10	8.780	46.00	5.00	9.500	15.00	18.63	12.900	22.00	19.83	11.250
3	7.00	9.80	8.150	3.00	11.10	8.500	46.00	9.00	8.810	15.00	20.63	12.780	22.00	21.83	11.030
4	7.00	11.80	8.180	3.00	15.10	8.500	46.00	13.00	8.210	15.00	22.63	12.500	22.00	23.83	10.680
5	7.00	13.80	8.370	3.00	19.10	8.780	46.00	17.00	7.590	15.00	24.63	12.370	22.00	25.83	10.280
6	7.00	15.80	8.500	3.00	23.10	9.030	46.00	21.00	7.030	15.00	26.63	12.210	22.00	27.83	9.900
7	7.00	17.80	8.460	3.00	27.10	8.680	46.00	25.00	6.590	15.00	28.63	12.120	22.00	29.83	9.560
8	7.00	19.80	8.460	3.00	31.10	8.590	46.00	29.00	6.120	15.00	30.63	12.060	22.00	31.83	9.250
9	7.00	21.80	8.680	3.00	35.10	8.620	46.00	33.00	5.810	15.00	32.63	12.030	22.00	33.83	9.120
10	7.00	23.80	8.500	3.00	39.10	8.780	46.00	37.00	5.620	15.00	34.63	12.060	22.00	35.83	9.030
11	7.00	25.80	8.840	3.00	43.10	9.030	46.00	41.00	5.430	15.00	36.63	12.060	22.00	37.83	9.000
12	7.00	27.80	8.930	3.00	47.10	9.430	46.00	45.00	5.310	15.00	38.63	12.090	22.00	39.83	9.030
13	7.00	29.80	9.120	5.00	3.10	9.090	46.00	3.00	9.810	15.00	40.63	12.090	22.00	41.83	9.030
14	7.00	31.80	9.060	5.00	5.10	9.000	46.00	7.00	9.120	15.00	42.63	12.150	22.00	43.83	9.120
15	7.00	37.80	9.060	5.00	7.10	8.620	46.00	11.00	8.530	15.00	44.63	12.210	22.00	45.83	9.250
16	7.00	39.80	9.030	5.00	9.10	8.280	46.00	15.00	7.930	15.00	46.63	12.310	22.00	47.83	9.370
17	7.00	41.80	9.090	5.00	11.10	8.280	46.00	19.00	7.310	15.00	48.63	12.370	22.00	49.83	9.460
18	7.00	43.80	9.210	5.00	13.10	8.090	46.00	23.00	6.780	15.00	50.63	12.530	22.00	51.83	9.620
19	7.00	45.80	9.250	5.00	15.10	8.680	46.00	27.00	6.310	15.00	52.63	12.680	22.00	53.83	9.840
20	7.00	47.80	9.400	5.00	17.10	8.250	46.00	31.00	5.960	15.00	54.63	12.840	22.00	55.83	10.060
21	9.00	3.80	8.530	5.00	21.10	8.530	46.00	35.00	5.710	15.00	56.63	12.960	22.00	57.83	10.280
22	9.00	9.80	8.250	5.00	23.10	8.840	46.00	39.00	5.530	15.00	58.63	13.120	22.00	59.83	10.500
23	9.00	11.80	8.180	5.00	25.10	8.500	46.00	43.00	5.370	15.00	60.63	13.340	22.00	61.83	10.710
24	9.00	13.80	8.310	5.00	27.10	8.310	46.00	47.00	5.310	15.00	62.63	13.530	22.00	63.83	10.900
25	9.00	15.80	8.280	5.00	29.10	8.180	44.00	1.00	10.120	17.00	16.63	13.030	24.00	17.83	11.460
26	9.00	17.80	8.400	5.00	31.10	8.090	44.00	5.00	9.310	17.00	18.63	12.620	24.00	19.83	10.960

附表2 某水电站11号坝基深槽各剖面地震波射线走时汇总（一）

续表

测孔编号	CT1-1	CT1-2		CT2-1	CT2-2		CT5-1	CT5-2		CT8-1	CT8-2		CT9-1	CT9-2	
水平间距	25.70m			27.70m			34.30m			59.50m			44.15m		
序号	深度	深度	走时	深度	深度	走时	深度	深度	走时	深度	深度	走时	深度	深度	走时
	m	m	ms	m	m	ms	m	m	ms	m	m	ms	m	m	ms
27	9.00	19.80	8.310	5.00	33.10	8.180	44.00	9.00	8.650	17.00	20.63	12.530	24.00	21.83	10.810
28	9.00	21.80	8.500	5.00	35.10	8.250	44.00	13.00	8.030	17.00	22.63	12.250	24.00	23.83	10.370
29	9.00	23.80	8.560	5.00	37.10	8.340	44.00	17.00	7.430	17.00	24.63	12.090	24.00	25.83	10.060
30	9.00	25.80	9.090	5.00	39.10	8.430	44.00	21.00	6.870	17.00	26.63	11.960	24.00	27.83	9.590
31	9.00	27.80	8.780	5.00	41.10	8.530	44.00	25.00	6.430	17.00	28.63	11.810	24.00	29.83	9.310
32	9.00	29.80	8.810	5.00	43.10	8.650	44.00	29.00	6.000	17.00	30.63	11.810	24.00	31.83	8.960
33	9.00	31.80	8.710	5.00	45.10	8.840	44.00	33.00	5.680	17.00	32.63	11.710	24.00	33.83	8.870
34	9.00	35.80	8.500	5.00	47.10	9.060	44.00	37.00	5.530	17.00	34.63	11.810	24.00	35.83	8.750
35	9.00	37.80	8.650	7.00	1.10	9.280	44.00	41.00	5.400	17.00	36.63	11.710	24.00	37.83	8.750
36	9.00	39.80	8.680	7.00	5.10	8.400	44.00	45.00	5.340	17.00	38.63	11.810	24.00	39.83	8.710
37	9.00	41.80	8.750	7.00	7.10	8.120	44.00	3.00	9.650	17.00	40.63	11.780	24.00	41.83	8.750
38	9.00	43.80	8.810	7.00	9.10	8.060	44.00	7.00	8.960	17.00	42.63	11.870	24.00	43.83	8.840
39	9.00	45.80	8.900	7.00	11.10	7.900	44.00	11.00	8.370	17.00	44.63	11.930	24.00	45.83	8.930
40	9.00	47.80	9.000	7.00	13.10	7.810	44.00	15.00	7.780	17.00	46.63	12.060	24.00	47.83	9.060
41	11.00	3.80	8.710	7.00	15.10	8.120	44.00	19.00	7.150	17.00	48.63	12.090	24.00	49.83	9.180
42	11.00	7.80	8.340	7.00	17.10	7.960	44.00	23.00	6.650	17.00	50.63	12.250	24.00	51.83	9.340
43	11.00	9.80	8.340	7.00	19.10	8.310	44.00	27.00	6.180	17.00	52.63	12.400	24.00	53.83	9.560
44	11.00	11.80	8.180	7.00	21.10	8.120	44.00	31.00	5.840	17.00	54.63	12.560	24.00	55.83	9.780
45	11.00	13.80	8.250	7.00	23.10	8.340	44.00	35.00	5.590	17.00	56.63	12.650	24.00	57.83	10.000
46	11.00	15.80	8.210	7.00	25.10	8.120	44.00	39.00	5.460	17.00	58.63	12.840	24.00	59.83	10.180
47	11.00	17.80	8.210	7.00	27.10	8.090	44.00	43.00	5.370	17.00	60.63	13.060	24.00	61.83	10.430
48	11.00	19.80	8.430	7.00	29.10	7.900	44.00	47.00	5.340	17.00	62.63	13.280	24.00	63.83	10.620
49	11.00	21.80	8.340	7.00	31.10	7.960	42.00	1.00	10.000	19.00	16.63	12.870	26.00	17.83	11.210
50	11.00	23.80	8.560	7.00	33.10	7.780	42.00	5.00	9.180	19.00	18.63	12.340	26.00	19.83	10.780
51	11.00	25.80	8.650	7.00	35.10	7.960	42.00	9.00	8.530	19.00	20.63	12.310	26.00	21.83	10.530
52	11.00	27.80	8.650	7.00	37.10	7.960	42.00	13.00	7.930	19.00	22.63	11.960	26.00	23.83	10.150
53	11.00	29.80	8.560	7.00	39.10	8.120	42.00	17.00	7.310	19.00	24.63	11.840	26.00	25.83	9.750

续表

测孔编号	CT1-1	CT1-2		CT2-1	CT2-2		CT5-1	CT5-2		CT8-1	CT8-2		CT9-1	CT9-2	
水平间距	25.70m			27.70m			34.30m			59.50m			44.15m		
序号	深度	深度	走时	深度	深度	走时	深度	深度	走时	深度	深度	走时	深度	深度	走时
	m	m	ms	m	m	ms	m	m	ms	m	m	ms	m	m	ms
54	11.00	31.80	8.400	7.00	41.10	8.150	42.00	21.00	6.750	19.00	26.63	11.680	26.00	27.83	9.400
55	11.00	35.80	8.250	7.00	43.10	8.340	42.00	25.00	6.340	19.00	28.63	11.620	26.00	29.83	9.030
56	11.00	37.80	8.250	7.00	45.10	8.460	42.00	29.00	5.900	19.00	30.63	11.560	26.00	31.83	8.780
57	11.00	39.80	8.280	7.00	47.10	8.710	42.00	33.00	5.620	19.00	32.63	11.500	26.00	33.83	8.590
58	11.00	41.80	8.430	9.00	3.10	8.530	42.00	37.00	5.500	19.00	34.63	11.530	26.00	35.83	8.590
59	11.00	43.80	8.500	9.00	5.10	8.560	42.00	41.00	5.400	19.00	36.63	11.500	26.00	37.83	8.500
60	11.00	45.80	8.560	9.00	7.10	8.310	42.00	45.00	5.400	19.00	38.63	11.560	26.00	39.83	8.560
61	11.00	47.80	8.680	9.00	9.10	7.930	42.00	3.00	9.460	19.00	40.63	11.560	26.00	41.83	8.500
62	13.00	1.80	9.120	9.00	13.10	7.750	42.00	7.00	8.840	19.00	42.63	11.620	26.00	43.83	8.620
63	13.00	3.80	8.900	9.00	15.10	7.960	42.00	11.00	8.210	19.00	44.63	11.680	26.00	45.83	8.680
64	13.00	5.80	8.650	9.00	17.10	7.960	42.00	15.00	7.620	19.00	46.63	11.780	26.00	47.83	8.870
65	13.00	7.80	8.400	9.00	19.10	8.090	42.00	19.00	7.000	19.00	48.63	11.870	26.00	49.83	8.900
66	13.00	9.80	8.430	9.00	21.10	8.090	42.00	23.00	6.500	19.00	50.63	12.000	26.00	51.83	9.120
67	13.00	11.80	8.310	9.00	23.10	8.030	42.00	27.00	6.060	19.00	52.63	12.150	26.00	53.83	9.280
68	13.00	13.80	8.310	9.00	25.10	7.840	42.00	31.00	5.750	19.00	54.63	12.280	26.00	55.83	9.560
69	13.00	15.80	8.250	9.00	27.10	7.750	42.00	35.00	5.530	19.00	56.63	12.400	26.00	57.83	9.680
70	13.00	17.80	8.310	9.00	29.10	7.590	42.00	39.00	5.400	19.00	58.63	12.560	26.00	59.83	9.930
71	13.00	19.80	8.340	9.00	31.10	7.590	42.00	43.00	5.370	19.00	60.63	12.810	26.00	61.83	10.090
72	13.00	21.80	8.370	9.00	33.10	7.500	42.00	47.00	5.370	19.00	62.63	13.000	26.00	63.83	10.340
73	13.00	23.80	8.370	9.00	35.10	7.560	40.00	1.00	9.870	21.00	16.63	12.560	28.00	17.83	10.930
74	13.00	25.80	8.430	9.00	37.10	7.650	40.00	5.00	9.060	21.00	18.63	12.090	28.00	19.83	10.530
75	13.00	27.80	8.280	9.00	39.10	7.710	40.00	9.00	8.430	21.00	20.63	12.060	28.00	21.83	10.280
76	13.00	29.80	8.150	9.00	41.10	7.840	40.00	13.00	7.810	21.00	22.63	11.680	28.00	23.83	9.870
77	13.00	31.80	7.930	9.00	43.10	7.960	40.00	17.00	7.180	21.00	24.63	11.590	28.00	25.83	9.460
78	13.00	33.80	7.960	9.00	45.10	8.120	40.00	21.00	6.620	21.00	26.63	11.430	28.00	27.83	9.120
79	13.00	37.80	7.960	9.00	47.10	8.370	40.00	25.00	6.210	21.00	28.63	11.340	28.00	29.83	8.750
80	13.00	39.80	7.930	11.00	3.10	8.500	40.00	29.00	5.810	21.00	30.63	11.280	28.00	31.83	8.500

附表 2　某水电站 11 号坝基深槽各剖面地震波射线走时汇总（一）

续表

测孔编号	CT1-1	CT1-2		CT2-1	CT2-2		CT5-1	CT5-2		CT8-1	CT8-2		CT9-1	CT9-2	
水平间距	25.70m			27.70m			34.30m			59.50m			44.15m		
序号	深度	深度	走时	深度	深度	走时	深度	深度	走时	深度	深度	走时	深度	深度	走时
	m	m	ms	m	m	ms	m	m	ms	m	m	ms	m	m	ms
81	13.00	41.80	8.060	11.00	5.10	8.120	40.00	33.00	5.590	21.00	32.63	11.250	28.00	33.83	8.370
82	13.00	43.80	8.120	11.00	7.10	7.840	40.00	37.00	5.460	21.00	34.63	11.250	28.00	35.83	8.310
83	13.00	45.80	8.210	11.00	9.10	7.680	40.00	41.00	5.430	21.00	36.63	11.250	28.00	37.83	8.210
84	13.00	47.80	8.370	11.00	11.10	7.530	40.00	45.00	5.430	21.00	38.63	11.280	28.00	39.83	8.280
85	15.00	1.80	9.090	11.00	13.10	7.560	40.00	3.00	9.430	21.00	40.63	11.310	28.00	41.83	8.250
86	15.00	3.80	8.900	11.00	15.10	7.620	40.00	7.00	8.810	21.00	42.63	11.340	28.00	43.83	8.340
87	15.00	5.80	8.840	11.00	17.10	7.590	40.00	11.00	8.150	21.00	44.63	11.430	28.00	45.83	8.430
88	15.00	7.80	8.500	11.00	19.10	7.650	40.00	15.00	7.560	21.00	46.63	11.500	28.00	47.83	8.560
89	15.00	9.80	8.500	11.00	21.10	7.710	40.00	19.00	6.930	21.00	48.63	11.590	28.00	49.83	8.620
90	15.00	11.80	8.370	11.00	23.10	7.650	40.00	23.00	6.400	21.00	50.63	11.710	28.00	51.83	8.810
91	15.00	13.80	8.340	11.00	25.10	7.500	40.00	27.00	6.000	21.00	52.63	11.870	28.00	53.83	9.000
92	15.00	15.80	8.280	11.00	27.10	7.340	40.00	31.00	5.710	21.00	54.63	12.030	28.00	55.83	9.250
93	15.00	17.80	8.340	11.00	29.10	7.210	40.00	35.00	5.530	21.00	56.63	12.150	28.00	57.83	9.430
94	15.00	19.80	8.310	11.00	31.10	7.180	40.00	39.00	5.460	21.00	58.63	12.310	28.00	59.83	9.620
95	15.00	21.80	8.310	11.00	33.10	7.180	40.00	43.00	5.430	21.00	60.63	12.530	28.00	61.83	9.840
96	15.00	23.80	8.310	11.00	35.10	7.250	40.00	47.00	5.500	21.00	62.63	12.710	28.00	63.83	10.030
97	15.00	25.80	8.120	11.00	37.10	7.310	38.00	1.00	9.840	23.00	16.63	12.280	30.00	17.83	10.750
98	15.00	27.80	7.960	11.00	39.10	7.400	38.00	5.00	9.030	23.00	18.63	11.840	30.00	19.83	10.430
99	15.00	29.80	7.840	11.00	41.10	7.460	38.00	9.00	8.340	23.00	20.63	11.750	30.00	21.83	10.120
100	15.00	31.80	7.750	11.00	43.10	7.620	38.00	13.00	7.750	23.00	22.63	11.460	30.00	23.83	9.620
101	15.00	33.80	7.590	11.00	45.10	7.780	38.00	17.00	7.150	23.00	24.63	11.280	30.00	25.83	9.280
102	15.00	35.80	7.560	11.00	47.10	8.000	38.00	21.00	6.530	23.00	26.63	11.210	30.00	27.83	8.900
103	15.00	37.80	7.680	13.00	3.10	8.430	38.00	25.00	6.150	23.00	28.63	11.090	30.00	29.83	8.560
104	15.00	39.80	7.680	13.00	5.10	8.180	38.00	29.00	5.750	23.00	30.63	11.090	30.00	31.83	8.250
105	15.00	41.80	7.710	13.00	7.10	7.930	38.00	33.00	5.560	23.00	32.63	11.000	30.00	33.83	8.150
106	15.00	43.80	7.870	13.00	9.10	7.680	38.00	37.00	5.500	23.00	34.63	11.030	30.00	35.83	8.060
107	15.00	45.80	7.930	13.00	11.10	7.530	38.00	41.00	5.530	23.00	36.63	10.960	30.00	37.83	8.000

续表

测孔编号	CT1-1	CT1-2		CT2-1	CT2-2		CT5-1	CT5-2		CT8-1	CT8-2		CT9-1	CT9-2	
水平间距	25.70m			27.70m			34.30m			59.50m			44.15m		
序号	深度	深度	走时	深度	深度	走时	深度	深度	走时	深度	深度	走时	深度	深度	走时
	m	m	ms	m	m	ms	m	m	ms	m	m	ms	m	m	ms
108	15.00	47.80	8.030	13.00	13.10	7.530	38.00	45.00	5.590	23.00	38.63	11.060	30.00	39.83	8.000
109	17.00	3.80	9.030	13.00	15.10	7.500	38.00	3.00	9.370	23.00	40.63	11.030	30.00	41.83	8.030
110	17.00	5.80	8.960	13.00	17.10	7.500	38.00	7.00	8.710	23.00	42.63	11.090	30.00	43.83	8.090
111	17.00	7.80	8.680	13.00	19.10	7.500	38.00	11.00	8.030	23.00	44.63	11.180	30.00	45.83	8.210
112	17.00	9.80	8.680	13.00	21.10	7.500	38.00	15.00	7.460	23.00	46.63	11.250	30.00	47.83	8.310
113	17.00	11.80	8.460	13.00	23.10	7.370	38.00	19.00	6.840	23.00	48.63	11.340	30.00	49.83	8.430
114	17.00	13.80	8.430	13.00	25.10	7.180	38.00	23.00	6.340	23.00	50.63	11.460	30.00	51.83	8.560
115	17.00	15.80	8.370	13.00	27.10	7.030	38.00	27.00	5.930	23.00	52.63	11.620	30.00	53.83	8.780
116	17.00	17.80	8.730	13.00	29.10	6.900	38.00	31.00	5.650	23.00	54.63	11.750	30.00	55.83	9.000
117	17.00	19.80	8.310	13.00	31.10	6.900	38.00	35.00	5.500	23.00	56.63	11.870	30.00	57.83	9.210
118	17.00	21.80	8.280	13.00	33.10	6.870	38.00	39.00	5.500	23.00	58.63	12.060	30.00	59.83	9.370
119	17.00	23.80	8.280	13.00	35.10	6.930	38.00	43.00	5.560	23.00	60.63	12.280	30.00	61.83	9.590
120	17.00	25.80	7.900	13.00	37.10	7.000	38.00	47.00	5.620	23.00	62.63	12.460	30.00	63.83	9.750
121	17.00	27.80	7.900	13.00	39.10	7.060	36.00	1.00	9.870	25.00	16.63	12.060	32.00	17.83	10.500
122	17.00	29.80	7.590	13.00	41.10	7.180	36.00	5.00	8.960	25.00	18.63	11.620	32.00	19.83	10.180
123	17.00	31.80	7.650	13.00	43.10	7.280	36.00	9.00	8.250	25.00	20.63	11.530	32.00	21.83	9.840
124	17.00	33.80	7.310	13.00	45.10	7.460	36.00	13.00	7.650	25.00	22.63	11.250	32.00	23.83	9.340
125	17.00	35.80	7.560	13.00	47.10	7.680	36.00	17.00	7.060	25.00	24.63	11.090	32.00	25.83	9.000
126	17.00	37.80	7.370	15.00	1.10	8.530	36.00	21.00	6.430	25.00	26.63	10.960	32.00	27.83	8.620
127	17.00	39.80	7.590	15.00	3.10	8.460	36.00	25.00	6.000	25.00	28.63	10.840	32.00	29.83	8.310
128	17.00	41.80	7.460	15.00	5.10	8.150	36.00	29.00	5.650	25.00	30.63	10.810	32.00	31.83	7.960
129	17.00	43.80	7.750	15.00	7.10	7.930	36.00	33.00	5.500	25.00	32.63	10.780	32.00	33.83	7.870
130	17.00	45.80	7.620	15.00	9.10	7.710	36.00	37.00	5.460	25.00	34.63	10.810	32.00	35.83	7.780
131	17.00	47.80	7.960	15.00	11.10	7.560	36.00	41.00	5.530	25.00	36.63	10.780	32.00	37.83	7.750
132	19.00	3.80	9.620	15.00	13.10	7.530	36.00	45.00	5.650	25.00	38.63	10.810	32.00	39.83	7.710
133	19.00	5.80	9.340	15.00	15.10	7.400	36.00	3.00	9.310	25.00	40.63	10.780	32.00	41.83	7.780
134	19.00	7.80	9.060	15.00	17.10	7.340	36.00	7.00	8.650	25.00	42.63	10.870	32.00	43.83	7.810

续表

测孔编号	CT1-1	CT1-2		CT2-1	CT2-2		CT5-1	CT5-2		CT8-1	CT8-2		CT9-1	CT9-2	
水平间距	25.70m			27.70m			34.30m			59.50m			44.15m		
序号	深度	深度	走时	深度	深度	走时	深度	深度	走时	深度	深度	走时	深度	深度	走时
	m	m	ms	m	m	ms	m	m	ms	m	m	ms	m	m	ms
135	19.00	9.80	8.870	15.00	19.10	7.310	36.00	11.00	7.960	25.00	44.63	10.930	32.00	45.83	7.960
136	19.00	11.80	8.870	15.00	21.10	7.250	36.00	15.00	7.400	25.00	46.63	11.030	32.00	47.83	8.030
137	19.00	13.80	8.710	15.00	23.10	7.060	36.00	19.00	6.750	25.00	48.63	11.090	32.00	49.83	8.150
138	19.00	15.80	8.650	15.00	25.10	6.840	36.00	23.00	6.250	25.00	50.63	11.250	32.00	51.83	8.280
139	19.00	17.80	8.460	15.00	27.10	6.710	36.00	27.00	5.870	25.00	52.63	11.370	32.00	53.83	8.530
140	19.00	19.80	8.210	15.00	29.10	6.620	36.00	31.00	5.590	25.00	54.63	11.560	32.00	55.83	8.710
141	19.00	21.80	8.030	15.00	31.10	6.590	36.00	35.00	5.460	25.00	56.63	11.650	32.00	57.83	8.900
142	19.00	23.80	7.780	15.00	33.10	6.530	36.00	39.00	5.500	25.00	58.63	11.840	32.00	59.83	9.060
143	19.00	25.80	7.560	15.00	35.10	6.620	36.00	43.00	5.590	25.00	60.63	12.030	32.00	61.83	9.250
144	19.00	27.80	7.370	15.00	37.10	6.650	36.00	47.00	5.750	25.00	62.63	12.250	32.00	63.83	9.400
145	19.00	29.80	7.310	15.00	39.10	6.750	34.00	1.00	9.840	27.00	16.63	11.930	34.00	17.83	10.280
146	19.00	31.80	7.180	15.00	41.10	6.840	34.00	5.00	9.000	27.00	18.63	11.400	34.00	19.83	10.000
147	19.00	33.80	6.960	15.00	43.10	6.960	34.00	9.00	8.210	27.00	20.63	11.370	34.00	21.83	9.650
148	19.00	35.80	6.960	15.00	45.10	7.120	34.00	13.00	7.650	27.00	22.63	11.000	34.00	23.83	9.180
149	19.00	37.80	7.030	15.00	47.10	7.340	34.00	17.00	7.090	27.00	24.63	10.870	34.00	25.83	8.840
150	19.00	39.80	7.030	17.00	1.10	9.000	34.00	21.00	6.500	27.00	26.63	10.750	34.00	27.83	8.500
151	19.00	41.80	7.120	17.00	3.10	8.590	34.00	25.00	6.090	27.00	28.63	10.650	34.00	29.83	8.120
152	19.00	43.80	7.180	17.00	5.10	8.340	34.00	29.00	5.700	27.00	30.63	10.650	34.00	31.83	7.840
153	19.00	45.80	7.280	17.00	7.10	8.030	34.00	33.00	5.560	27.00	32.63	10.620	34.00	33.83	7.680
154	19.00	47.80	7.400	17.00	9.10	7.810	34.00	37.00	5.560	27.00	34.63	10.560	34.00	35.83	7.650
155	21.00	3.80	9.810	17.00	11.10	7.650	34.00	41.00	5.620	27.00	36.63	10.590	34.00	37.83	7.590
156	21.00	5.80	9.680	17.00	13.10	7.460	34.00	45.00	5.810	27.00	38.63	10.590	34.00	39.83	7.590
157	21.00	7.80	9.620	17.00	15.10	7.370	34.00	3.00	9.340	27.00	40.63	10.620	34.00	41.83	7.590
158	21.00	9.80	9.370	17.00	17.10	7.250	34.00	7.00	8.650	27.00	42.63	10.650	34.00	43.83	7.650
159	21.00	11.80	9.210	17.00	19.10	7.180	34.00	11.00	8.000	27.00	44.63	10.750	34.00	45.83	7.780
160	21.00	13.80	8.960	17.00	21.10	6.930	34.00	15.00	7.430	27.00	46.63	10.840	34.00	47.83	7.870
161	21.00	15.80	8.590	17.00	23.10	6.750	34.00	19.00	6.750	27.00	48.63	10.900	34.00	49.83	7.960

续表

测孔编号	CT1-1	CT1-2		CT2-1	CT2-2		CT5-1	CT5-2		CT8-1	CT8-2		CT9-1	CT9-2	
水平间距	25.70m			27.70m			34.30m			59.50m			44.15m		
序号	深度	深度	走时	深度	深度	走时	深度	深度	走时	深度	深度	走时	深度	深度	走时
	m	m	ms	m	m	ms	m	m	ms	m	m	ms	m	m	ms
162	21.00	17.80	8.210	17.00	25.10	6.560	34.00	23.00	6.280	27.00	50.63	11.030	34.00	51.83	8.120
163	21.00	19.80	8.030	17.00	27.10	6.400	34.00	27.00	5.900	27.00	52.63	11.210	34.00	53.83	8.310
164	21.00	21.80	7.750	17.00	29.10	6.340	34.00	31.00	5.620	27.00	54.63	11.340	34.00	55.83	8.530
165	21.00	23.80	7.530	17.00	31.10	6.280	34.00	35.00	5.500	27.00	56.63	11.460	34.00	57.83	8.650
166	21.00	25.80	7.310	17.00	33.10	6.210	34.00	39.00	5.560	27.00	58.63	11.620	34.00	59.83	8.840
167	21.00	27.80	7.180	17.00	35.10	6.280	34.00	43.00	5.700	27.00	60.63	11.870	34.00	61.83	9.000
168	21.00	29.80	7.000	17.00	37.10	6.340	34.00	47.00	5.900	27.00	62.63	12.060	34.00	63.83	9.180
169	21.00	31.80	6.930	17.00	39.10	6.370	32.00	1.00	9.930	29.00	16.63	11.780	36.00	17.83	10.120
170	21.00	33.80	6.710	17.00	41.10	6.500	32.00	5.00	9.060	29.00	18.63	11.280	36.00	19.83	9.750
171	21.00	35.80	6.750	17.00	43.10	6.620	32.00	9.00	8.310	29.00	20.63	11.250	36.00	21.83	9.460
172	21.00	37.80	6.710	17.00	45.10	6.810	32.00	13.00	7.710	29.00	22.63	10.930	36.00	23.83	9.030
173	21.00	39.80	6.780	17.00	47.10	7.000	32.00	17.00	7.090	29.00	24.63	10.780	36.00	25.83	8.680
174	21.00	41.80	6.810	19.00	1.10	9.090	32.00	21.00	6.530	29.00	26.63	10.650	36.00	27.83	8.310
175	21.00	43.80	6.930	19.00	3.10	8.780	32.00	25.00	6.120	29.00	28.63	10.530	36.00	29.83	8.000
176	21.00	45.80	7.030	19.00	5.10	8.530	32.00	29.00	5.750	29.00	30.63	10.500	36.00	31.83	7.710
177	21.00	47.80	7.180	19.00	7.10	8.250	32.00	33.00	5.620	29.00	32.63	10.460	36.00	33.83	7.560
178	23.00	1.80	10.430	19.00	9.10	8.000	32.00	37.00	5.620	29.00	34.63	10.430	36.00	35.83	7.500
179	23.00	3.80	9.960	19.00	11.10	7.810	32.00	41.00	5.710	29.00	36.63	10.430	36.00	37.83	7.430
180	23.00	5.80	9.710	19.00	13.10	7.530	32.00	45.00	5.930	29.00	38.63	10.460	36.00	39.83	7.430
181	23.00	7.80	9.460	19.00	15.10	7.530	32.00	3.00	9.340	29.00	40.63	10.430	36.00	41.83	7.430
182	23.00	9.80	9.120	19.00	17.10	7.090	32.00	7.00	8.620	29.00	42.63	10.530	36.00	43.83	7.500
183	23.00	11.80	8.960	19.00	19.10	6.930	32.00	11.00	8.000	29.00	44.63	10.590	36.00	45.83	7.620
184	23.00	13.80	8.530	19.00	21.10	6.680	32.00	15.00	7.400	29.00	46.63	10.680	36.00	47.83	7.680
185	23.00	15.80	8.310	19.00	23.10	6.460	32.00	19.00	6.710	29.00	48.63	10.750	36.00	49.83	7.780
186	23.00	17.80	7.900	19.00	25.10	6.210	32.00	23.00	6.250	29.00	50.63	10.900	36.00	51.83	7.870
187	23.00	18.80	8.030	19.00	27.10	6.120	32.00	27.00	5.870	29.00	52.63	11.060	36.00	53.83	8.090
188	23.00	19.80	7.710	19.00	31.10	6.000	32.00	31.00	5.590	29.00	54.63	11.180	36.00	55.83	8.210

附表2　某水电站11号坝基深槽各剖面地震波射线走时汇总（一）

续表

测孔编号	CT1-1	CT1-2		CT2-1	CT2-2		CT5-1	CT5-2		CT8-1	CT8-2		CT9-1	CT9-2	
水平间距	25.70m			27.70m			34.30m			59.50m			44.15m		
序号	深度 m	深度 m	走时 ms	深度 m	深度 m	走时 ms	深度 m	深度 m	走时 ms	深度 m	深度 m	走时 ms	深度 m	深度 m	走时 ms
189	23.00	19.80	7.870	19.00	33.10	5.930	32.00	35.00	5.530	29.00	56.63	11.310	36.00	57.83	8.400
190	23.00	20.80	7.750	19.00	35.10	6.030	32.00	39.00	5.590	29.00	58.63	11.500	36.00	59.83	8.530
191	23.00	21.80	7.310	19.00	37.10	6.030	32.00	43.00	5.750	29.00	60.63	11.680	36.00	61.83	8.710
192	23.00	21.80	7.650	19.00	39.10	6.090	32.00	47.00	6.000	29.00	62.63	11.900	36.00	63.83	8.840
193	23.00	22.80	7.500	19.00	41.10	6.180	30.00	1.00	10.000	31.00	16.63	11.650	38.00	17.83	9.810
194	23.00	23.80	7.210	19.00	43.10	6.310	30.00	5.00	9.180	31.00	18.63	11.180	38.00	19.83	9.430
195	23.00	23.80	7.400	19.00	45.10	6.500	30.00	9.00	8.430	31.00	20.63	11.060	38.00	21.83	9.180
196	23.00	24.80	7.430	19.00	47.10	6.680	30.00	13.00	7.840	31.00	22.63	10.840	38.00	23.83	8.750
197	23.00	25.80	6.930	21.00	1.10	9.500	30.00	17.00	7.180	31.00	24.63	10.650	38.00	25.83	8.400
198	23.00	27.80	6.840	21.00	3.10	8.960	30.00	21.00	6.620	31.00	26.63	10.590	38.00	27.83	8.030
199	23.00	29.80	6.620	21.00	5.10	8.650	30.00	25.00	6.250	31.00	28.63	10.500	38.00	29.83	7.810
200	23.00	31.80	6.560	21.00	7.10	8.460	30.00	29.00	5.870	31.00	30.63	10.430	38.00	31.83	7.460
201	23.00	33.80	6.340	21.00	9.10	8.090	30.00	33.00	5.710	31.00	32.63	10.370	38.00	33.83	7.340
202	23.00	35.80	6.370	21.00	11.10	7.710	30.00	37.00	5.750	31.00	34.63	10.370	38.00	35.83	7.250
203	23.00	37.80	6.310	21.00	13.10	7.500	30.00	41.00	5.840	31.00	36.63	10.340	38.00	37.83	7.250
204	23.00	39.80	6.400	21.00	15.10	7.180	30.00	45.00	6.090	31.00	38.63	10.370	38.00	39.83	7.180
205	23.00	40.80	6.590	21.00	17.10	6.840	30.00	3.00	9.500	31.00	40.63	10.370	38.00	41.83	7.250
206	23.00	41.80	6.400	21.00	19.10	6.590	30.00	7.00	8.810	31.00	42.63	10.430	38.00	43.83	7.250
207	23.00	42.80	6.560	21.00	21.10	6.340	30.00	11.00	8.180	31.00	44.63	10.500	38.00	45.83	7.370
208	23.00	43.80	6.590	21.00	23.10	6.150	30.00	15.00	7.560	31.00	46.63	10.590	38.00	47.83	7.370
209	23.00	45.80	6.590	21.00	25.10	5.930	30.00	19.00	6.900	31.00	48.63	10.650	38.00	49.83	7.460
210	23.00	45.80	6.750	21.00	27.10	5.810	30.00	23.00	6.400	31.00	50.63	10.810	38.00	51.83	7.530
211	23.00	46.80	6.900	21.00	29.10	5.680	30.00	27.00	6.060	31.00	52.63	10.930	38.00	53.83	7.750
212	23.00	47.80	6.750	21.00	31.10	5.650	30.00	31.00	5.780	31.00	54.63	11.090	38.00	55.83	7.870
213	23.00	47.80	7.060	21.00	33.10	5.620	30.00	35.00	5.680	31.00	56.63	11.180	38.00	57.83	8.060
214	24.00	3.80	10.000	21.00	35.10	5.680	30.00	39.00	5.780	31.00	58.63	11.370	38.00	59.83	8.150
215	24.00	7.80	9.200	21.00	37.10	5.680	30.00	43.00	5.930	31.00	60.63	11.590	38.00	61.83	8.400

续表

测孔编号	CT1-1	CT1-2		CT2-1	CT2-2		CT5-1	CT5-2		CT8-1	CT8-2		CT9-1	CT9-2	
水平间距	25.70m			27.70m			34.30m			59.50m			44.15m		
序号	深度	深度	走时	深度	深度	走时	深度	深度	走时	深度	深度	走时	深度	深度	走时
	m	m	ms	m	m	ms	m	m	ms	m	m	ms	m	m	ms
216	24.00	11.80	8.680	21.00	39.10	5.780	30.00	47.00	6.210	31.00	62.63	11.750	38.00	63.83	8.500
217	24.00	15.80	7.960	21.00	41.10	5.840	28.00	1.00	10.090	33.00	16.63	11.530	40.00	17.83	9.710
218	24.00	19.80	7.430	21.00	43.10	6.000	28.00	5.00	9.340	33.00	18.63	11.030	40.00	19.83	9.370
219	24.00	23.80	6.930	21.00	45.10	6.120	28.00	9.00	8.560	33.00	20.63	10.930	40.00	21.83	9.060
220	24.00	27.80	6.560	21.00	47.10	6.340	28.00	13.00	8.000	33.00	22.63	10.680	40.00	23.83	8.710
221	24.00	31.80	6.280	23.00	3.10	9.000	28.00	17.00	7.340	33.00	24.63	10.560	40.00	25.83	8.310
222	24.00	35.80	6.150	23.00	5.10	8.590	28.00	21.00	6.780	33.00	26.63	10.400	40.00	27.83	8.000
223	24.00	39.80	6.180	23.00	7.10	8.250	28.00	25.00	6.370	33.00	28.63	10.400	40.00	29.83	7.680
224	24.00	43.80	6.340	23.00	11.10	7.620	28.00	29.00	6.030	33.00	30.63	10.280	40.00	31.83	7.430
225	24.00	47.80	6.560	23.00	13.10	7.250	28.00	33.00	5.900	33.00	32.63	10.280	40.00	33.83	7.280
226	25.00	3.80	9.750	23.00	15.10	6.930	28.00	37.00	5.900	33.00	34.63	10.210	40.00	35.83	7.210
227	25.00	5.80	9.710	23.00	17.10	6.650	28.00	41.00	6.030	33.00	36.63	10.210	40.00	37.83	7.150
228	25.00	7.80	9.120	23.00	19.10	6.340	28.00	45.00	6.280	33.00	38.63	10.210	40.00	39.83	7.150
229	25.00	7.80	9.900	23.00	21.10	6.150	28.00	3.00	9.680	33.00	40.63	10.250	40.00	41.83	7.150
230	25.00	8.80	9.700	23.00	23.10	5.900	28.00	7.00	8.930	33.00	42.63	10.280	40.00	43.83	7.150
231	25.00	9.80	9.180	23.00	25.10	5.710	28.00	11.00	8.370	33.00	44.63	10.370	40.00	45.83	7.250
232	25.00	10.80	9.340	23.00	27.10	5.530	28.00	15.00	7.680	33.00	46.63	10.430	40.00	47.83	7.310
233	25.00	11.80	8.530	23.00	29.10	5.760	28.00	19.00	7.030	33.00	48.63	10.530	40.00	49.83	7.340
234	25.00	13.80	8.560	23.00	31.10	5.400	28.00	23.00	6.530	33.00	50.63	10.620	40.00	51.83	7.460
235	25.00	14.80	8.240	23.00	33.10	5.400	28.00	27.00	6.210	33.00	52.63	10.810	40.00	53.83	7.620
236	25.00	15.80	7.900	23.00	35.10	5.430	28.00	31.00	5.930	33.00	54.63	10.900	40.00	55.83	7.780
237	25.00	15.80	8.120	23.00	37.10	5.640	28.00	35.00	5.870	33.00	56.63	11.060	40.00	57.83	7.900
238	25.00	16.80	8.030	23.00	39.10	5.500	28.00	39.00	5.960	33.00	58.63	11.180	40.00	59.83	8.060
239	25.00	17.80	7.810	23.00	41.10	5.590	28.00	43.00	6.120	33.00	60.63	11.430	40.00	61.83	8.210
240	25.00	17.80	7.930	23.00	43.10	5.680	28.00	47.00	6.430	33.00	62.63	11.560	40.00	63.83	8.370
241	25.00	18.80	7.710	23.00	45.10	5.870	26.00	1.00	10.460	35.00	16.63	11.340	42.00	17.83	9.750
242	25.00	19.80	7.340	23.00	47.10	6.030	26.00	5.00	9.460	35.00	18.63	10.960	42.00	19.83	9.370

附表 2　某水电站 11 号坝基深槽各剖面地震波射线走时汇总（一）

续表

测孔编号	CT1-1	CT1-2		CT2-1	CT2-2		CT5-1	CT5-2		CT8-1	CT8-2		CT9-1	CT9-2	
水平间距	25.70m			27.70m			34.30m			59.50m			44.15m		
序号	深度	深度	走时	深度	深度	走时	深度	深度	走时	深度	深度	走时	深度	深度	走时
	m	m	ms	m	m	ms	m	m	ms	m	m	ms	m	m	ms
243	25.00	19.80	7.810	25.00	3.10	8.750	26.00	9.00	8.810	35.00	20.63	10.870	42.00	21.83	9.060
244	25.00	20.80	7.400	25.00	5.10	8.370	26.00	13.00	8.150	35.00	22.63	10.620	42.00	23.83	8.710
245	25.00	21.80	7.180	25.00	7.10	7.960	26.00	17.00	7.460	35.00	24.63	10.400	42.00	25.83	8.340
246	25.00	21.80	7.340	25.00	9.10	7.650	26.00	21.00	6.900	35.00	26.63	10.340	42.00	27.83	8.030
247	25.00	22.80	7.120	25.00	11.10	7.370	26.00	25.00	6.500	35.00	28.63	10.280	42.00	29.83	7.710
248	25.00	23.80	6.870	25.00	13.10	7.030	26.00	29.00	6.180	35.00	30.63	10.180	42.00	31.83	7.400
249	25.00	23.80	7.060	25.00	15.10	6.710	26.00	33.00	6.030	35.00	32.63	10.150	42.00	33.83	7.250
250	25.00	24.80	6.930	25.00	17.10	6.370	26.00	37.00	6.060	35.00	34.63	10.120	42.00	35.83	7.180
251	25.00	25.80	6.930	25.00	19.10	6.150	26.00	41.00	6.180	35.00	36.63	10.090	42.00	37.83	7.150
252	25.00	27.80	6.500	25.00	21.10	5.870	26.00	45.00	6.430	35.00	38.63	10.120	42.00	39.83	7.120
253	25.00	29.80	6.620	25.00	23.10	5.650	26.00	3.00	9.840	35.00	40.63	10.120	42.00	41.83	7.090
254	25.00	31.80	6.120	25.00	25.10	5.430	26.00	7.00	9.090	35.00	42.63	10.180	42.00	43.83	7.120
255	25.00	32.80	6.400	25.00	27.10	5.310	26.00	11.00	8.530	35.00	44.63	10.250	42.00	45.83	7.150
256	25.00	33.80	6.340	25.00	29.10	5.180	26.00	15.00	7.840	35.00	46.63	10.340	42.00	47.83	7.180
257	25.00	34.80	6.400	25.00	31.10	5.150	26.00	19.00	7.210	35.00	48.63	10.400	42.00	49.83	7.250
258	25.00	35.80	6.060	25.00	33.10	5.120	26.00	23.00	6.680	35.00	50.63	10.510	42.00	51.83	7.340
259	25.00	37.80	6.370	25.00	35.10	5.150	26.00	27.00	6.370	35.00	52.63	10.650	42.00	53.83	7.500
260	25.00	39.80	6.090	25.00	37.10	5.120	26.00	31.00	6.120	35.00	54.63	10.780	42.00	55.83	7.620
261	25.00	41.80	6.430	25.00	39.10	5.210	26.00	35.00	6.030	35.00	56.63	10.900	42.00	57.83	7.710
262	25.00	43.80	6.180	25.00	41.10	5.250	26.00	39.00	6.150	35.00	58.63	11.060	42.00	59.83	7.840
263	25.00	45.80	6.620	25.00	43.10	5.370	26.00	43.00	6.310	35.00	60.63	11.280	42.00	61.83	8.000
264	25.00	47.80	6.370	25.00	45.10	5.530	26.00	47.00	6.650	35.00	62.63	11.430	42.00	63.83	8.120
265	27.00	3.80	9.430	25.00	47.10	5.710	24.00	1.00	10.460	37.00	16.63	11.430	44.00	17.83	9.710
266	27.00	5.80	9.030	27.00	3.10	8.460	24.00	5.00	9.650	37.00	18.63	11.030	44.00	19.83	9.430
267	27.00	7.80	8.750	27.00	5.10	8.060	24.00	9.00	8.960	37.00	20.63	10.840	44.00	21.83	9.120
268	27.00	7.80	9.180	27.00	7.10	7.710	24.00	13.00	8.280	37.00	22.63	10.650	44.00	23.83	8.710
269	27.00	8.80	9.060	27.00	9.10	7.430	24.00	17.00	7.650	37.00	24.63	10.460	44.00	25.83	8.340

续表

测孔编号	CT1-1	CT1-2		CT2-1	CT2-2		CT5-1	CT5-2		CT8-1	CT8-2		CT9-1	CT9-2	
水平间距	25.70m			27.70m			34.30m			59.50m			44.15m		
序号	深度	深度	走时	深度	深度	走时	深度	深度	走时	深度	深度	走时	深度	深度	走时
	m	m	ms	m	m	ms	m	m	ms	m	m	ms	m	m	ms
270	27.00	9.80	8.530	27.00	11.10	7.060	24.00	21.00	7.060	37.00	26.63	10.370	44.00	27.83	8.000
271	27.00	9.80	8.900	27.00	13.10	6.780	24.00	25.00	6.710	37.00	28.63	10.280	44.00	29.83	7.750
272	27.00	10.80	8.560	27.00	15.10	6.340	24.00	29.00	6.340	37.00	30.63	10.210	44.00	31.83	7.430
273	27.00	11.80	7.870	27.00	17.10	6.120	24.00	33.00	6.250	37.00	32.63	10.150	44.00	33.83	7.280
274	27.00	11.80	8.530	27.00	19.10	5.810	24.00	37.00	6.250	37.00	34.63	10.120	44.00	35.83	7.180
275	27.00	12.80	8.430	27.00	21.10	5.620	24.00	41.00	6.400	37.00	36.63	10.120	44.00	37.83	7.120
276	27.00	13.80	7.930	27.00	23.10	5.340	24.00	45.00	6.650	37.00	38.63	10.150	44.00	39.83	7.060
277	27.00	15.80	7.560	27.00	25.10	5.180	24.00	3.00	9.960	37.00	40.63	10.120	44.00	41.83	7.030
278	27.00	17.80	7.310	27.00	27.10	5.000	24.00	7.00	9.310	37.00	42.63	10.180	44.00	43.83	7.030
279	27.00	17.80	7.530	27.00	29.10	4.930	24.00	11.00	8.620	37.00	44.63	10.250	44.00	45.83	7.090
280	27.00	18.80	7.460	27.00	31.10	4.870	24.00	15.00	8.030	37.00	46.63	10.310	44.00	47.83	7.120
281	27.00	19.80	6.830	27.00	33.10	4.870	24.00	19.00	7.370	37.00	48.63	10.340	44.00	49.83	7.150
282	27.00	19.80	7.310	27.00	35.10	4.840	24.00	23.00	6.840	37.00	50.63	10.460	44.00	51.83	7.210
283	27.00	20.80	7.060	27.00	37.10	4.870	24.00	27.00	6.530	37.00	52.63	10.590	44.00	53.83	7.310
284	27.00	21.80	6.710	27.00	39.10	4.900	24.00	31.00	6.280	37.00	54.63	10.710	44.00	55.83	7.400
285	27.00	21.80	7.000	27.00	41.10	5.000	24.00	35.00	6.210	37.00	56.63	10.810	44.00	57.83	7.500
286	27.00	22.80	6.870	27.00	43.10	5.060	24.00	39.00	6.340	37.00	58.63	10.960	44.00	59.83	7.620
287	27.00	23.80	6.370	27.00	45.10	5.250	24.00	43.00	6.530	37.00	60.63	11.090	44.00	61.83	7.780
288	27.00	23.80	6.780	27.00	47.10	5.400	24.00	47.00	6.840	37.00	62.63	11.210	44.00	63.83	7.900
289	27.00	24.80	6.560	29.00	1.10	8.590	22.00	1.00	10.960	39.00	16.63	11.370	46.00	17.83	9.780
290	27.00	25.80	6.310	29.00	3.10	8.280	22.00	5.00	9.930	39.00	18.63	10.900	46.00	19.83	9.460
291	27.00	27.80	6.060	29.00	5.10	7.900	22.00	9.00	9.280	39.00	20.63	10.870	46.00	21.83	9.180
292	27.00	28.80	6.250	29.00	9.10	7.180	22.00	13.00	8.620	39.00	22.63	10.590	46.00	23.83	8.780
293	27.00	29.80	6.000	29.00	11.10	6.870	22.00	17.00	7.870	39.00	24.63	10.400	46.00	25.83	8.400
294	27.00	29.80	6.280	29.00	13.10	6.530	22.00	21.00	7.370	39.00	26.63	10.310	46.00	27.83	8.030
295	27.00	30.80	6.090	29.00	15.10	6.180	22.00	25.00	6.960	39.00	28.63	10.280	46.00	29.83	7.780
296	27.00	31.80	5.620	29.00	17.10	5.930	22.00	29.00	6.590	39.00	30.63	10.180	46.00	31.83	7.460

续表

测孔编号	CT1-1	CT1-2		CT2-1	CT2-2		CT5-1	CT5-2		CT8-1	CT8-2		CT9-1	CT9-2	
水平间距	25.70m			27.70m			34.30m			59.50m			44.15m		
序号	深度	深度	走时	深度	深度	走时	深度	深度	走时	深度	深度	走时	深度	深度	走时
	m	m	ms	m	m	ms	m	m	ms	m	m	ms	m	m	ms
297	27.00	31.80	6.120	29.00	19.10	5.590	22.00	33.00	6.460	39.00	32.63	10.150	46.00	33.83	7.310
298	27.00	33.80	5.750	29.00	21.10	5.400	22.00	37.00	6.500	39.00	34.63	10.090	46.00	35.83	7.210
299	27.00	33.80	6.060	29.00	23.10	5.150	22.00	41.00	6.650	39.00	36.63	10.090	46.00	37.83	7.120
300	27.00	34.80	5.960	29.00	25.10	4.960	22.00	45.00	6.900	39.00	38.63	10.090	46.00	39.83	7.060
301	27.00	35.80	5.620	29.00	27.10	4.780	22.00	3.00	10.210	39.00	40.63	10.090	46.00	41.83	7.030
302	27.00	35.80	6.460	29.00	29.10	4.710	22.00	7.00	9.530	39.00	42.63	10.120	46.00	43.83	7.000
303	27.00	36.80	5.900	29.00	31.10	4.650	22.00	11.00	9.000	39.00	44.63	10.180	46.00	45.83	7.030
304	27.00	37.80	5.710	29.00	33.10	4.650	22.00	15.00	8.280	39.00	46.63	10.210	46.00	47.83	7.030
305	27.00	39.80	5.680	29.00	35.10	4.620	22.00	19.00	7.590	39.00	48.63	10.280	46.00	49.83	7.030
306	27.00	41.80	5.840	29.00	37.10	4.620	22.00	23.00	7.120	39.00	50.63	10.340	46.00	51.83	7.090
307	27.00	43.80	5.810	29.00	39.10	4.650	22.00	27.00	6.780	39.00	52.63	10.460	46.00	53.83	7.150
308	27.00	45.80	6.000	29.00	41.10	4.750	22.00	31.00	6.500	39.00	54.63	10.560	46.00	55.83	7.210
309	27.00	47.80	6.000	29.00	43.10	4.840	22.00	35.00	6.460	39.00	56.63	10.680	46.00	57.83	7.310
310	29.00	7.80	8.960	29.00	45.10	5.000	22.00	39.00	6.590	39.00	58.63	10.780	46.00	59.83	7.430
311	29.00	8.80	8.680	29.00	47.10	5.150	22.00	43.00	6.780	39.00	60.63	10.930	46.00	61.83	7.560
312	29.00	10.80	8.310	31.00	1.10	8.430	22.00	47.00	7.090	39.00	62.63	11.060	46.00	63.83	7.680
313	29.00	12.80	7.870	31.00	3.10	8.060	20.00	1.00	11.250	41.00	16.63	11.400	48.00	17.83	9.840
314	29.00	13.80	7.560	31.00	5.10	7.710	20.00	5.00	10.180	41.00	18.63	11.000	48.00	19.83	9.530
315	29.00	14.80	7.560	31.00	7.10	7.340	20.00	9.00	9.590	41.00	20.63	11.000	48.00	21.83	9.250
316	29.00	14.80	7.560	31.00	9.10	7.000	20.00	13.00	8.870	41.00	22.63	10.650	48.00	23.83	8.900
317	29.00	16.80	7.370	31.00	11.10	6.710	20.00	17.00	8.120	41.00	24.63	10.460	48.00	25.83	8.530
318	29.00	17.80	7.150	31.00	13.10	6.340	20.00	21.00	7.620	41.00	26.63	10.370	48.00	27.83	8.120
319	29.00	18.80	7.030	31.00	15.10	6.030	20.00	25.00	7.180	41.00	28.63	10.310	48.00	29.83	7.840
320	29.00	19.80	6.900	31.00	17.10	5.750	20.00	29.00	6.840	41.00	30.63	10.210	48.00	31.83	7.560
321	29.00	20.80	6.680	31.00	19.10	5.430	20.00	33.00	6.710	41.00	32.63	10.180	48.00	33.83	7.370
322	29.00	21.80	6.590	31.00	21.10	5.210	20.00	37.00	6.750	41.00	34.63	10.120	48.00	35.83	7.280
323	29.00	22.80	6.450	31.00	23.10	4.960	20.00	41.00	6.900	41.00	36.63	10.120	48.00	37.83	7.180

续表

测孔编号	CT1-1	CT1-2		CT2-1	CT2-2		CT5-1	CT5-2		CT8-1	CT8-2		CT9-1	CT9-2	
水平间距	25.70m			27.70m			34.30m			59.50m			44.15m		
序号	深度	深度	走时	深度	深度	走时	深度	深度	走时	深度	深度	走时	深度	深度	走时
	m	m	ms	m	m	ms	m	m	ms	m	m	ms	m	m	ms
324	29.00	23.80	6.370	31.00	25.10	4.810	20.00	45.00	7.180	41.00	38.63	10.090	48.00	39.83	7.120
325	29.00	24.80	6.280	31.00	27.10	6.620	20.00	3.00	10.530	41.00	40.63	10.090	48.00	41.83	7.030
326	29.00	25.80	6.150	31.00	29.10	4.560	20.00	7.00	9.840	41.00	42.63	10.090	48.00	43.83	7.000
327	29.00	26.80	6.150	31.00	31.10	4.460	20.00	11.00	9.210	41.00	44.63	10.120	48.00	45.83	7.000
328	29.00	27.80	6.120	31.00	33.10	4.460	20.00	15.00	8.460	41.00	46.63	10.150	48.00	47.83	6.960
329	29.00	28.80	5.900	31.00	35.10	4.430	20.00	19.00	7.840	41.00	48.63	10.180	48.00	49.83	6.960
330	29.00	29.80	5.870	31.00	37.10	4.460	20.00	23.00	7.340	41.00	50.63	10.250	48.00	51.83	7.000
331	29.00	30.80	5.780	31.00	39.10	4.460	20.00	27.00	7.000	41.00	52.63	10.400	48.00	53.83	7.030
332	29.00	31.80	5.780	31.00	41.10	4.560	20.00	31.00	6.750	41.00	54.63	10.460	48.00	55.83	7.090
333	29.00	32.80	5.780	31.00	43.10	4.650	20.00	35.00	6.680	41.00	56.63	10.590	48.00	57.83	7.150
334	29.00	33.80	5.650	31.00	45.10	4.810	20.00	39.00	6.810	41.00	58.63	10.650	48.00	59.83	7.250
335	29.00	34.80	5.650	31.00	47.10	4.930	20.00	43.00	7.030	41.00	60.63	10.780	48.00	61.83	7.370
336	29.00	36.80	5.620	33.00	1.10	8.370	20.00	47.00	7.340	41.00	62.63	10.870	48.00	63.83	7.500
337	29.00	40.80	5.530	33.00	3.10	8.000	18.00	1.00	11.530	43.00	16.63	11.500	50.00	17.83	9.930
338	29.00	41.80	5.530	33.00	5.10	7.650	18.00	5.00	10.430	43.00	18.63	11.090	50.00	19.83	9.590
339	29.00	42.80	5.560	33.00	7.10	7.280	18.00	9.00	9.840	43.00	20.63	10.870	50.00	21.83	9.310
340	29.00	43.80	5.590	33.00	9.10	6.930	18.00	13.00	9.150	43.00	22.63	10.710	50.00	23.83	8.960
341	29.00	44.80	5.620	33.00	11.10	6.650	18.00	17.00	8.400	43.00	24.63	10.530	50.00	25.83	8.530
342	29.00	45.80	5.710	33.00	13.10	6.310	18.00	21.00	7.870	43.00	26.63	10.430	50.00	27.83	8.180
343	31.00	6.80	8.810	33.00	15.10	5.960	18.00	25.00	7.430	43.00	28.63	10.340	50.00	29.83	7.900
344	31.00	7.80	8.620	33.00	17.10	5.680	18.00	29.00	7.090	43.00	30.63	10.250	50.00	31.83	7.620
345	31.00	8.80	8.370	33.00	19.10	5.400	18.00	33.00	6.960	43.00	32.63	10.180	50.00	33.83	7.460
346	31.00	9.80	8.250	33.00	21.10	5.150	18.00	37.00	7.000	43.00	34.63	10.150	50.00	35.83	7.310
347	31.00	10.80	8.030	33.00	23.10	4.930	18.00	41.00	7.150	43.00	36.63	10.090	50.00	37.83	7.210
348	31.00	11.80	7.870	33.00	25.10	4.750	18.00	45.00	7.430	43.00	38.63	10.090	50.00	39.83	7.120
349	31.00	12.80	7.710	33.00	27.10	4.560	18.00	3.00	10.750	43.00	40.63	10.030	50.00	41.83	7.060
350	31.00	13.80	7.590	33.00	29.10	4.460	18.00	7.00	10.060	43.00	42.63	10.060	50.00	43.83	7.030

附表2 某水电站11号坝基深槽各剖面地震波射线走时汇总（一）

续表

测孔编号	CT1 -1	CT1 -2		CT2 -1	CT2 -2		CT5 -1	CT5 -2		CT8 -1	CT8 -2		CT9 -1	CT9 -2	
水平间距	25.70m			27.70m			34.30m			59.50m			44.15m		
序号	深度	深度	走时	深度	深度	走时	深度	深度	走时	深度	深度	走时	深度	深度	走时
	m	m	ms	m	m	ms	m	m	ms	m	m	ms	m	m	ms
351	31.00	14.80	7.180	33.00	31.10	4.400	18.00	11.00	9.530	43.00	44.63	10.060	50.00	45.83	6.960
352	31.00	18.80	6.680	33.00	33.10	4.400	18.00	15.00	8.680	43.00	46.63	10.120	50.00	47.83	6.960
353	31.00	19.80	6.680	33.00	35.10	4.370	18.00	19.00	8.120	43.00	48.63	10.120	50.00	49.83	6.930
354	31.00	20.80	6.370	33.00	37.10	4.370	18.00	23.00	7.590	43.00	50.63	10.210	50.00	51.83	6.960
355	31.00	21.80	6.280	33.00	39.10	4.370	18.00	27.00	7.250	43.00	52.63	10.310	50.00	53.83	6.960
356	31.00	22.80	6.210	33.00	41.10	4.460	18.00	31.00	7.000	43.00	54.63	10.400	50.00	55.83	7.000
357	31.00	23.80	6.120	33.00	43.10	4.500	18.00	35.00	6.960	43.00	56.63	10.460	50.00	57.83	7.060
358	31.00	24.80	6.030	33.00	45.10	4.650	18.00	39.00	7.090	43.00	58.63	10.530	50.00	59.83	7.120
359	31.00	28.80	5.500	33.00	47.10	4.780	18.00	43.00	7.310	43.00	60.63	10.620	50.00	61.83	7.210
360	31.00	29.80	5.430	35.00	1.10	8.400	18.00	47.00	7.620	43.00	62.63	10.750	50.00	63.83	7.310
361	31.00	30.80	5.400	35.00	3.10	8.000	16.00	1.00	11.810	45.00	16.63	11.530	52.00	17.83	10.000
362	31.00	36.80	5.090	35.00	5.10	7.680	16.00	5.00	10.810	45.00	18.63	11.090	52.00	19.83	9.680
363	31.00	37.80	5.120	35.00	7.10	7.340	16.00	9.00	10.150	45.00	20.63	11.000	52.00	21.83	9.310
364	31.00	38.80	5.210	35.00	9.10	7.000	16.00	13.00	9.400	45.00	22.63	10.750	52.00	23.83	9.030
365	31.00	39.80	5.180	35.00	11.10	6.680	16.00	17.00	8.710	45.00	24.63	10.560	52.00	25.83	8.590
366	31.00	40.80	5.250	35.00	13.10	6.340	16.00	21.00	8.180	45.00	26.63	10.500	52.00	27.83	8.310
367	31.00	41.80	5.210	35.00	15.10	6.060	16.00	25.00	7.750	45.00	28.63	10.370	52.00	29.83	8.000
368	31.00	42.80	5.280	35.00	17.10	5.750	16.00	29.00	7.400	45.00	30.63	10.280	52.00	31.83	7.680
369	31.00	43.80	5.340	35.00	19.10	5.430	16.00	33.00	7.250	45.00	32.63	10.210	52.00	33.83	7.500
370	31.00	44.80	5.340	35.00	21.10	5.210	16.00	37.00	7.310	45.00	34.63	10.150	52.00	35.83	7.400
371	31.00	45.80	5.400	35.00	23.10	5.000	16.00	41.00	7.460	45.00	36.63	10.120	52.00	37.83	7.250
372	31.00	46.80	5.500	35.00	25.10	4.780	16.00	45.00	7.710	45.00	38.63	10.090	52.00	39.83	7.180
373	31.00	47.80	5.500	35.00	27.10	4.620	16.00	3.00	11.060	45.00	40.63	10.060	52.00	41.83	7.090
374	33.00	3.80	8.840	35.00	29.10	4.530	16.00	7.00	10.430	45.00	42.63	10.060	52.00	43.83	7.030
375	33.00	4.80	8.680	35.00	31.10	4.460	16.00	11.00	9.810	45.00	44.63	10.060	52.00	45.83	7.000
376	33.00	5.80	8.530	35.00	33.10	4.430	16.00	15.00	9.060	45.00	46.63	10.090	52.00	47.83	6.960
377	33.00	6.80	8.370	35.00	35.10	4.370	16.00	19.00	8.460	45.00	48.63	10.120	52.00	49.83	6.960

续表

测孔编号	CT1-1	CT1-2		CT2-1	CT2-2		CT5-1	CT5-2		CT8-1	CT8-2		CT9-1	CT9-2	
水平间距	25.70m			27.70m			34.30m			59.50m			44.15m		
序号	深度	深度	走时	深度	深度	走时	深度	深度	走时	深度	深度	走时	深度	深度	走时
	m	m	ms	m	m	ms	m	m	ms	m	m	ms	m	m	ms
378	33.00	7.80	8.210	35.00	37.10	4.370	16.00	23.00	7.960	45.00	50.63	10.180	52.00	51.83	6.900
379	33.00	8.80	8.030	35.00	39.10	4.340	16.00	27.00	7.590	45.00	52.63	10.280	52.00	53.83	6.870
380	33.00	9.80	7.900	35.00	41.10	4.400	16.00	31.00	7.340	45.00	54.63	10.340	52.00	55.83	6.840
381	33.00	10.80	7.750	35.00	43.10	4.430	16.00	35.00	7.250	45.00	56.63	10.370	52.00	57.83	6.960
382	33.00	11.80	7.500	35.00	45.10	4.560	16.00	39.00	7.400	45.00	58.63	10.430	52.00	59.83	6.960
383	33.00	12.80	7.370	35.00	47.10	4.650	16.00	43.00	7.620	45.00	60.63	10.530	52.00	61.83	7.120
384	33.00	13.80	7.250	37.00	1.10	8.460	16.00	47.00	7.930	45.00	62.63	10.620	52.00	63.83	7.120
385	33.00	14.80	7.030	37.00	3.10	8.150	14.00	1.00	12.060	47.00	16.63	11.650	54.00	17.83	10.150
386	33.00	14.80	7.030	37.00	5.10	7.750	14.00	5.00	11.120	47.00	18.63	11.210	54.00	19.83	9.710
387	33.00	15.80	6.930	37.00	7.10	7.400	14.00	9.00	10.460	47.00	20.63	11.090	54.00	21.83	9.400
388	33.00	16.80	6.780	37.00	9.10	7.060	14.00	13.00	9.750	47.00	22.63	10.870	54.00	23.83	9.120
389	33.00	17.80	6.650	37.00	11.10	6.780	14.00	17.00	9.030	47.00	24.63	10.650	54.00	25.83	8.710
390	33.00	18.80	6.560	37.00	13.10	6.400	14.00	21.00	8.430	47.00	26.63	10.590	54.00	27.83	8.400
391	33.00	19.80	6.400	37.00	15.10	6.120	14.00	25.00	8.030	47.00	28.63	10.500	54.00	29.83	8.120
392	33.00	20.80	6.210	37.00	17.10	5.810	14.00	29.00	7.650	47.00	30.63	10.400	54.00	31.83	7.810
393	33.00	21.80	6.090	37.00	19.10	5.530	14.00	33.00	7.560	47.00	32.63	10.310	54.00	33.83	7.650
394	33.00	22.80	6.000	37.00	21.10	5.280	14.00	37.00	7.590	47.00	34.63	10.250	54.00	35.83	7.460
395	33.00	23.80	5.930	37.00	23.10	5.060	14.00	41.00	7.750	47.00	36.63	10.210	54.00	37.83	7.370
396	33.00	24.80	5.750	37.00	25.10	4.870	14.00	45.00	8.030	47.00	38.63	10.180	54.00	39.83	7.250
397	33.00	28.80	5.370	37.00	27.10	4.710	14.00	3.00	11.400	47.00	40.63	10.120	54.00	41.83	7.150
398	33.00	29.80	5.280	37.00	29.10	4.590	14.00	7.00	10.750	47.00	42.63	10.120	54.00	43.83	7.060
399	33.00	30.80	5.180	37.00	31.10	4.530	14.00	11.00	10.120	47.00	44.63	10.120	54.00	45.83	7.030
400	33.00	31.80	5.180	37.00	33.10	4.430	14.00	15.00	9.370	47.00	46.63	10.120	54.00	47.83	6.960
401	33.00	32.80	5.090	37.00	35.10	4.370	14.00	19.00	8.780	47.00	48.63	10.090	54.00	49.83	6.900
402	33.00	33.80	5.090	37.00	37.10	4.340	14.00	23.00	8.250	47.00	50.63	10.120	54.00	51.83	6.840
403	33.00	34.80	5.120	37.00	39.10	4.310	14.00	27.00	7.810	47.00	52.63	10.150	54.00	53.83	6.750
404	33.00	35.80	5.560	37.00	41.10	4.310	14.00	31.00	7.560	47.00	54.63	10.210	54.00	55.83	6.750

续表

测孔编号	CT1－1	CT1－2		CT2－1	CT2－2		CT5－1	CT5－2		CT8－1	CT8－2		CT9－1	CT9－2	
水平间距	25.70m			27.70m			34.30m			59.50m			44.15m		
序号	深度	深度	走时	深度	深度	走时	深度	深度	走时	深度	深度	走时	深度	深度	走时
	m	m	ms	m	m	ms	m	m	ms	m	m	ms	m	m	ms
405	33.00	39.80	4.780	37.00	43.10	4.370	14.00	35.00	7.530	47.00	56.63	10.210	54.00	57.83	6.810
406	33.00	41.80	4.870	37.00	45.10	4.400	14.00	39.00	7.680	47.00	58.63	10.250	54.00	59.83	6.870
407	33.00	43.80	4.930	37.00	47.10	4.530	14.00	43.00	7.870	47.00	60.63	10.370	54.00	61.83	6.930
408	33.00	45.80	4.960	39.00	1.10	8.620	14.00	47.00	8.210	47.00	62.63	10.460	54.00	63.83	7.000
409	35.00	3.80	8.620	39.00	3.10	8.310	12.00	1.00	12.210	49.00	16.63	11.780	56.00	17.83	10.250
410	35.00	4.80	8.530	39.00	5.10	7.900	12.00	5.00	11.310	49.00	18.63	11.370	56.00	19.83	9.900
411	35.00	5.80	8.370	39.00	7.10	7.590	12.00	9.00	10.840	49.00	20.63	11.210	56.00	21.83	9.590
412	35.00	6.80	8.210	39.00	9.10	7.210	12.00	13.00	9.930	49.00	22.63	11.030	56.00	23.83	9.250
413	35.00	7.80	8.000	39.00	11.10	6.930	12.00	17.00	9.310	49.00	24.63	10.840	56.00	25.83	8.840
414	35.00	8.80	7.840	39.00	13.10	6.590	12.00	21.00	8.750	49.00	26.63	10.750	56.00	27.83	8.560
415	35.00	9.80	7.650	39.00	15.10	6.280	12.00	25.00	8.340	49.00	28.63	10.620	56.00	29.83	8.250
416	35.00	10.80	7.500	39.00	17.10	5.960	12.00	29.00	7.960	49.00	30.63	10.530	56.00	31.83	7.930
417	35.00	11.80	7.280	39.00	19.10	5.680	12.00	33.00	7.840	49.00	32.63	10.430	56.00	33.83	7.750
418	35.00	12.80	7.150	39.00	21.10	5.430	12.00	37.00	7.900	49.00	34.63	10.370	56.00	35.83	7.590
419	35.00	13.80	7.030	39.00	23.10	5.210	12.00	41.00	8.060	49.00	36.63	10.310	56.00	37.83	7.460
420	35.00	14.80	6.870	39.00	25.10	5.000	12.00	45.00	8.340	49.00	38.63	10.250	56.00	39.83	7.340
421	35.00	14.80	6.870	39.00	27.10	4.840	12.00	3.00	11.400	49.00	40.63	10.180	56.00	41.83	7.210
422	35.00	15.80	6.680	39.00	29.10	4.710	12.00	7.00	11.030	49.00	42.63	10.150	56.00	43.83	7.150
423	35.00	16.80	6.560	39.00	31.10	4.620	12.00	11.00	10.500	49.00	44.63	10.150	56.00	45.83	7.060
424	35.00	17.80	6.340	39.00	33.10	4.500	12.00	15.00	9.650	49.00	46.63	10.120	56.00	47.83	7.000
425	35.00	18.80	6.250	39.00	35.10	4.400	12.00	19.00	9.060	49.00	48.63	10.060	56.00	49.83	6.900
426	35.00	19.80	6.160	39.00	37.10	4.310	12.00	23.00	8.530	49.00	50.63	10.120	56.00	51.83	6.780
427	35.00	20.80	5.930	39.00	39.10	4.310	12.00	27.00	8.150	49.00	52.63	10.120	56.00	53.83	6.710
428	35.00	21.80	5.840	39.00	41.10	4.250	12.00	31.00	7.870	49.00	54.63	10.180	56.00	55.83	6.710
429	35.00	22.80	5.750	39.00	43.10	4.280	12.00	35.00	7.840	49.00	56.63	10.150	56.00	57.83	6.750
430	35.00	23.80	5.620	39.00	45.10	4.310	12.00	39.00	8.000	49.00	58.63	10.210	56.00	59.83	6.750
431	35.00	24.80	5.560	39.00	47.10	4.400	12.00	43.00	8.180	49.00	60.63	10.280	56.00	61.83	6.810

续表

测孔编号	CT1-1	CT1-2		CT2-1	CT2-2		CT5-1	CT5-2		CT8-1	CT8-2		CT9-1	CT9-2	
水平间距	25.70m			27.70m			34.30m			59.50m			44.15m		
序号	深度	深度	走时	深度	深度	走时	深度	深度	走时	深度	深度	走时	深度	深度	走时
	m	m	ms	m	m	ms	m	m	ms	m	m	ms	m	m	ms
432	35.00	28.80	5.250	41.00	1.10	8.750	12.00	47.00	8.530	49.00	62.63	10.370	56.00	63.83	6.840
433	35.00	29.80	5.120	41.00	3.10	8.500	10.00	1.00	11.840	51.00	16.63	12.000	58.00	17.83	10.530
434	35.00	30.80	5.000	41.00	5.10	8.060	10.00	5.00	11.180	51.00	18.63	11.430	58.00	19.83	10.120
435	35.00	31.80	5.000	41.00	7.10	7.750	10.00	9.00	10.960	51.00	20.63	11.400	58.00	21.83	9.810
436	35.00	32.80	5.000	41.00	9.10	7.370	10.00	13.00	10.180	51.00	22.63	11.090	58.00	23.83	9.460
437	35.00	33.80	4.930	41.00	11.10	7.120	10.00	17.00	9.620	51.00	24.63	11.030	58.00	25.83	9.090
438	35.00	34.80	4.840	41.00	13.10	6.750	10.00	21.00	9.090	51.00	26.63	10.780	58.00	27.83	8.710
439	35.00	36.80	4.710	41.00	15.10	6.460	10.00	25.00	8.650	51.00	28.63	10.780	58.00	29.83	8.430
440	35.00	37.80	4.810	41.00	17.10	6.120	10.00	29.00	8.250	51.00	30.63	10.590	58.00	31.83	8.150
441	35.00	38.80	4.710	41.00	19.10	5.900	10.00	33.00	8.090	51.00	32.63	10.590	58.00	33.83	7.930
442	35.00	39.80	4.620	41.00	21.10	5.590	10.00	37.00	8.180	51.00	34.63	10.430	58.00	35.83	7.750
443	35.00	40.80	4.650	41.00	23.10	5.400	10.00	41.00	8.340	51.00	36.63	10.370	58.00	37.83	7.620
444	35.00	41.80	4.680	41.00	25.10	5.150	10.00	45.00	8.620	51.00	38.63	10.280	58.00	39.83	7.500
445	35.00	42.80	4.780	41.00	27.10	5.030	10.00	3.00	11.310	51.00	40.63	10.210	58.00	41.83	7.370
446	35.00	43.80	4.780	41.00	29.10	4.840	10.00	7.00	11.060	51.00	42.63	10.150	58.00	43.83	7.280
447	35.00	44.80	4.840	41.00	31.10	4.750	10.00	11.00	10.750	51.00	44.63	10.180	58.00	45.83	7.150
448	35.00	45.80	4.870	41.00	33.10	4.590	10.00	15.00	9.960	51.00	46.63	10.120	58.00	47.83	7.090
449	35.00	46.80	4.930	41.00	35.10	4.500	10.00	19.00	9.280	51.00	48.63	10.060	58.00	49.83	6.960
450	35.00	47.80	5.030	41.00	37.10	4.370	10.00	23.00	8.780	51.00	50.63	10.090	58.00	51.83	6.810
451	37.00	6.80	8.120	41.00	39.10	4.340	10.00	27.00	8.370	51.00	52.63	10.090	58.00	53.83	6.680
452	37.00	7.80	7.870	41.00	41.10	4.250	10.00	31.00	8.090	51.00	54.63	10.150	58.00	55.83	6.710
453	37.00	8.80	7.620	41.00	43.10	4.250	10.00	35.00	8.060	51.00	56.63	10.120	58.00	57.83	6.680
454	37.00	10.80	7.310	41.00	45.10	4.280	10.00	39.00	8.210	51.00	58.63	10.180	58.00	59.83	6.710
455	37.00	11.80	7.150	41.00	47.10	4.370	10.00	43.00	8.430	51.00	60.63	10.210	58.00	61.83	6.710
456	37.00	12.80	7.000	43.00	1.10	9.000	10.00	47.00	8.780	51.00	62.63	10.340	58.00	63.83	6.780
457	37.00	13.80	6.870	43.00	3.10	8.710	8.00	5.00	11.430	53.00	16.63	11.840	60.00	17.83	10.650
458	37.00	14.80	6.560	43.00	5.10	8.340	8.00	9.00	11.210	53.00	18.63	11.780	60.00	19.83	10.280

续表

测孔编号	CT1-1	CT1-2		CT2-1	CT2-2		CT5-1	CT5-2		CT8-1	CT8-2		CT9-1	CT9-2	
水平间距	25.70m			27.70m			34.30m			59.50m			44.15m		
序号	深度	深度	走时	深度	深度	走时	深度	深度	走时	深度	深度	走时	深度	深度	走时
	m	m	ms	m	m	ms	m	m	ms	m	m	ms	m	m	ms
459	37.00	14.80	6.560	43.00	7.10	7.960	8.00	13.00	10.650	53.00	20.63	11.280	60.00	21.83	10.000
460	37.00	15.80	6.460	43.00	9.10	7.650	8.00	17.00	10.000	53.00	22.63	11.400	60.00	23.83	9.590
461	37.00	16.80	6.400	43.00	11.10	7.340	8.00	21.00	9.400	53.00	24.63	10.870	60.00	25.83	9.250
462	37.00	17.80	6.150	43.00	13.10	7.000	8.00	25.00	8.960	53.00	26.63	11.090	60.00	27.83	8.900
463	37.00	18.80	6.000	43.00	15.10	6.650	8.00	29.00	8.590	53.00	28.63	10.680	60.00	29.83	8.590
464	37.00	19.80	5.930	43.00	17.10	6.370	8.00	33.00	8.450	53.00	30.63	10.840	60.00	31.83	8.280
465	37.00	20.80	5.780	43.00	19.10	6.090	8.00	37.00	8.500	53.00	32.63	10.500	60.00	33.83	8.090
466	37.00	21.80	5.650	43.00	21.10	5.840	8.00	41.00	8.650	53.00	34.63	10.590	60.00	35.83	7.930
467	37.00	22.80	5.530	43.00	23.10	5.590	8.00	45.00	8.960	53.00	36.63	10.340	60.00	37.83	7.750
468	37.00	23.80	5.400	43.00	25.10	5.370	8.00	3.00	11.560	53.00	38.63	10.400	60.00	39.83	7.590
469	37.00	24.80	5.310	43.00	27.10	5.180	8.00	7.00	11.150	53.00	40.63	10.210	60.00	41.83	7.430
470	37.00	25.80	5.180	43.00	29.10	5.030	8.00	11.00	11.000	53.00	42.63	10.280	60.00	43.83	7.340
471	37.00	25.80	5.180	43.00	31.10	4.870	8.00	15.00	10.210	53.00	44.63	10.150	60.00	45.83	7.210
472	37.00	26.80	5.120	43.00	33.10	4.710	8.00	19.00	9.620	53.00	46.63	10.180	60.00	47.83	7.090
473	37.00	27.80	5.060	43.00	35.10	4.560	8.00	23.00	9.150	53.00	48.63	10.090	60.00	49.83	6.960
474	37.00	28.80	4.960	43.00	37.10	4.430	8.00	27.00	8.710	53.00	50.63	10.090	60.00	51.83	6.780
475	37.00	29.80	4.900	43.00	39.10	4.370	8.00	31.00	8.460	53.00	52.63	10.120	60.00	53.83	6.650
476	37.00	30.80	4.780	43.00	41.10	4.280	8.00	35.00	8.340	53.00	54.63	10.150	60.00	55.83	6.650
477	37.00	31.80	4.710	43.00	43.10	4.250	8.00	39.00	8.530	53.00	56.63	10.150	60.00	57.83	6.620
478	37.00	32.80	4.620	43.00	45.10	4.210	8.00	43.00	8.750	53.00	58.63	10.150	60.00	59.83	6.650
479	37.00	33.80	4.680	43.00	47.10	4.280	8.00	47.00	9.090	53.00	60.63	10.280	60.00	61.83	6.650
480	37.00	34.80	4.680	45.00	1.10	9.280	6.00	5.00	11.500	53.00	62.63	10.280	60.00	63.83	6.680
481	37.00	35.80	4.560	45.00	3.10	8.870	6.00	9.00	11.310	55.00	16.63	11.900	62.00	17.83	10.840
482	37.00	36.80	4.530	45.00	5.10	8.590	6.00	13.00	10.900	55.00	18.63	11.960	62.00	19.83	10.530
483	37.00	36.80	4.530	45.00	7.10	8.150	6.00	17.00	10.210	55.00	20.63	11.280	62.00	21.83	10.210
484	37.00	37.80	4.370	45.00	9.10	7.870	6.00	21.00	9.650	55.00	22.63	11.590	62.00	23.83	9.810
485	37.00	38.80	4.370	45.00	11.10	7.460	6.00	25.00	9.210	55.00	24.63	10.870	62.00	25.83	9.460

续表

测孔编号	CT1-1	CT1-2		CT2-1	CT2-2		CT5-1	CT5-2		CT8-1	CT8-2		CT9-1	CT9-2	
水平间距	25.70m			27.70m			34.30m			59.50m			44.15m		
序号	深度	深度	走时	深度	深度	走时	深度	深度	走时	深度	深度	走时	深度	深度	走时
	m	m	ms	m	m	ms	m	m	ms	m	m	ms	m	m	ms
486	37.00	39.80	4.400	45.00	13.10	7.280	6.00	29.00	8.870	55.00	26.63	11.280	62.00	27.83	9.090
487	37.00	40.80	4.430	45.00	15.10	6.840	6.00	33.00	8.710	55.00	28.63	10.680	62.00	29.83	8.780
488	37.00	41.80	4.460	45.00	17.10	6.650	6.00	37.00	8.810	55.00	30.63	11.000	62.00	31.83	8.500
489	37.00	42.80	4.530	45.00	19.10	6.280	6.00	41.00	8.960	55.00	32.63	10.500	62.00	33.83	8.280
490	37.00	43.80	4.560	45.00	21.10	6.120	6.00	45.00	9.250	55.00	34.63	10.750	62.00	35.83	8.090
491	37.00	44.80	4.590	45.00	23.10	5.780	6.00	3.00	11.900	55.00	36.63	10.340	62.00	37.83	7.930
492	37.00	45.80	4.620	45.00	25.10	5.620	6.00	7.00	11.340	55.00	38.63	10.560	62.00	39.83	7.750
493	37.00	46.80	4.680	45.00	27.10	5.340	6.00	11.00	11.310	55.00	40.63	10.150	62.00	41.83	7.620
494	37.00	47.80	4.780	45.00	29.10	5.250	6.00	15.00	10.620	55.00	42.63	10.400	62.00	43.83	7.500
495	39.00	4.80	8.250	45.00	31.10	5.000	6.00	19.00	9.930	55.00	44.63	10.150	62.00	45.83	7.340
496	39.00	5.80	8.090	45.00	33.10	4.900	6.00	23.00	9.400	55.00	46.63	10.210	62.00	47.83	7.210
497	39.00	6.80	8.060	45.00	35.10	4.650	6.00	27.00	9.060	55.00	48.63	10.060	62.00	49.83	7.090
498	39.00	7.80	7.780	45.00	37.10	4.590	6.00	31.00	8.810	55.00	50.63	10.150	62.00	51.83	6.870
499	39.00	8.80	7.560	45.00	39.10	4.400	6.00	35.00	8.650	55.00	52.63	10.120	62.00	53.83	6.750
500	39.00	9.80	7.340	45.00	41.10	4.370	6.00	39.00	8.900	55.00	54.63	10.150	62.00	55.83	6.750
501	39.00	10.80	7.250	45.00	43.10	4.210	6.00	43.00	9.120	55.00	56.63	10.120	62.00	57.83	6.680
502	39.00	11.80	7.150	45.00	45.10	4.280	6.00	47.00	9.430	55.00	58.63	10.060	62.00	59.83	6.680
503	39.00	12.80	6.960	45.00	47.10	4.180	4.00	5.00	11.780	55.00	60.63	10.250	62.00	61.83	6.650
504	39.00	13.80	6.780				4.00	9.00	11.650	55.00	62.63	10.180	62.00	63.83	6.650
505	39.00	14.80	6.560				4.00	13.00	11.210	57.00	16.63	12.650	64.00	17.83	11.090
506	39.00	15.80	6.400				4.00	17.00	10.500	57.00	18.63	12.150	64.00	19.83	10.750
507	39.00	16.80	6.370				4.00	21.00	9.960	57.00	20.63	12.150	64.00	21.83	10.400
508	39.00	17.80	6.150				4.00	25.00	9.560	57.00	22.63	11.780	64.00	23.83	10.060
509	39.00	18.80	6.000				4.00	29.00	9.210	57.00	24.63	11.560	64.00	25.83	9.680
510	39.00	19.80	5.870				4.00	33.00	9.000	57.00	26.63	11.430	64.00	27.83	9.310
511	39.00	20.80	5.680				4.00	37.00	9.120	57.00	28.63	11.280	64.00	29.83	9.000
512	39.00	21.80	5.590				4.00	41.00	9.280	57.00	30.63	11.120	64.00	31.83	8.680

附表2 某水电站11号坝基深槽各剖面地震波射线走时汇总（一）

续表

测孔编号	CT1-1	CT1-2		CT2-1	CT2-2		CT5-1	CT5-2		CT8-1	CT8-2		CT9-1	CT9-2	
水平间距	25.70m			27.70m			34.30m			59.50m			44.15m		
序号	深度	深度	走时	深度	深度	走时	深度	深度	走时	深度	深度	走时	深度	深度	走时
	m	m	ms	m	m	ms	m	m	ms	m	m	ms	m	m	ms
513	39.00	22.80	5.460				4.00	45.00	9.560	57.00	32.63	11.000	64.00	33.83	8.500
514	39.00	23.80	5.340				4.00	3.00	12.370	57.00	34.63	10.870	64.00	35.83	8.280
515	39.00	24.80	5.310				4.00	7.00	11.680	57.00	36.63	10.780	64.00	37.83	8.120
516	39.00	25.80	5.120				4.00	11.00	11.710	57.00	38.63	10.680	64.00	39.83	7.930
517	39.00	26.80	5.060				4.00	15.00	10.960	57.00	40.63	10.590	64.00	41.83	7.780
518	39.00	27.80	4.900				4.00	19.00	10.400	57.00	42.63	10.460	64.00	43.83	7.650
519	39.00	28.80	4.840				4.00	23.00	9.900	57.00	44.63	10.370	64.00	45.83	7.460
520	39.00	29.80	4.700				4.00	27.00	9.500	57.00	46.63	10.280	64.00	47.83	7.340
521	39.00	30.80	4.750				4.00	31.00	9.210	57.00	48.63	10.180	64.00	49.83	7.180
522	39.00	31.80	4.710				4.00	35.00	9.060	57.00	50.63	10.180	64.00	51.83	7.000
523	39.00	32.80	4.560				4.00	39.00	9.310	57.00	52.63	10.180	64.00	53.83	6.870
524	39.00	33.80	4.500				4.00	43.00	9.530	57.00	54.63	10.090	64.00	55.83	6.780
525	39.00	34.80	4.590				4.00	47.00	9.870	57.00	56.63	10.060	64.00	57.83	6.680
526	39.00	35.80	4.460							57.00	58.63	10.030	64.00	59.83	6.650
527	39.00	36.80	4.400							57.00	60.63	10.090	64.00	61.83	6.590
528	39.00	37.80	4.400							57.00	62.63	10.120	64.00	63.83	6.590
529	39.00	38.80	4.430							59.00	16.63	12.810			
530	39.00	39.80	4.370							59.00	18.63	12.280			
531	39.00	40.80	4.370							59.00	20.63	12.180			
532	39.00	41.80	4.400							59.00	22.63	11.900			
533	39.00	42.80	4.430							59.00	24.63	11.710			
534	39.00	43.80	4.460							59.00	26.63	11.590			
535	39.00	44.80	4.500							59.00	28.63	11.430			
536	39.00	45.80	4.500							59.00	30.63	11.280			
537	39.00	46.80	4.590							59.00	32.63	11.120			
538	39.00	47.80	4.650							59.00	34.63	11.000			
539	41.00	4.80	8.210							59.00	36.63	10.900			

续表

测孔编号	CT1-1	CT1-2		CT2-1	CT2-2		CT5-1	CT5-2		CT8-1	CT8-2		CT9-1	CT9-2	
水平间距	25.70m			27.70m			34.30m			59.50m			44.15m		
序号	深度	深度	走时	深度	深度	走时	深度	深度	走时	深度	深度	走时	深度	深度	走时
	m	m	ms	m	m	ms	m	m	ms	m	m	ms	m	m	ms
540	41.00	5.80	8.090							59.00	38.63	10.780			
541	41.00	6.80	7.960							59.00	40.63	10.680			
542	41.00	7.80	7.710							59.00	42.63	10.560			
543	41.00	8.80	7.560							59.00	44.63	10.460			
544	41.00	9.80	7.400							59.00	46.63	10.340			
545	41.00	10.80	7.250							59.00	48.63	10.250			
546	41.00	11.80	7.060							59.00	50.63	10.250			
547	41.00	12.80	6.960							59.00	52.63	10.180			
548	41.00	13.80	6.810							59.00	54.63	10.120			
549	41.00	14.80	6.590							59.00	56.63	10.090			
550	41.00	17.80	6.180							59.00	58.63	10.060			
551	41.00	18.80	6.030							59.00	60.63	10.090			
552	41.00	19.80	5.900							59.00	62.63	10.120			
553	41.00	20.80	5.710							61.00	16.63	13.030			
554	41.00	21.80	5.620							61.00	18.63	12.530			
555	41.00	22.80	5.500							61.00	20.63	12.430			
556	41.00	23.80	5.430							61.00	22.63	12.120			
557	41.00	24.80	5.310							61.00	24.63	11.900			
558	41.00	28.80	4.870							61.00	26.63	11.780			
559	41.00	29.80	4.870							61.00	28.63	11.620			
560	41.00	30.80	4.780							61.00	30.63	11.430			
561	41.00	31.80	4.780							61.00	32.63	11.310			
562	41.00	32.80	4.710							61.00	34.63	11.150			
563	41.00	33.80	4.680							61.00	36.63	11.060			
564	41.00	37.80	4.530							61.00	38.63	10.930			
565	41.00	38.80	4.460							61.00	40.63	10.780			
566	41.00	39.80	4.500							61.00	42.63	10.650			

续表

测孔编号	CT1-1	CT1-2		CT2-1	CT2-2		CT5-1	CT5-2		CT8-1	CT8-2		CT9-1	CT9-2	
水平间距	25.70m			27.70m			34.30m			59.50m			44.15m		
序号	深度	深度	走时	深度	深度	走时	深度	深度	走时	深度	深度	走时	深度	深度	走时
	m	m	ms	m	m	ms	m	m	ms	m	m	ms	m	m	ms
567	41.00	40.80	4.370							61.00	44.63	10.560			
568	41.00	41.80	4.370							61.00	46.63	10.430			
569	41.00	42.80	4.370							61.00	48.63	10.340			
570	41.00	43.80	4.400							61.00	50.63	10.310			
571	41.00	44.80	4.430							61.00	52.63	10.180			
572	41.00	45.80	4.460							61.00	54.63	10.120			
573	41.00	46.80	4.500							61.00	56.63	10.060			
574	41.00	47.80	4.530							61.00	58.63	10.030			
575	43.00	6.80	8.280							61.00	60.63	10.060			
576	43.00	7.80	7.930							61.00	62.63	10.090			
577	43.00	8.80	7.750							62.00	18.63	12.060			
578	43.00	9.80	7.590							62.00	22.63	11.650			
579	43.00	10.80	7.370							62.00	26.63	11.310			
580	43.00	11.80	7.250							62.00	30.63	11.000			
581	43.00	12.80	7.090							62.00	34.63	10.780			
582	43.00	13.80	6.960							62.00	38.63	10.560			
583	43.00	18.80	6.180							62.00	42.63	10.400			
584	43.00	19.80	6.000							62.00	46.63	10.210			
585	43.00	20.80	5.870							62.00	50.63	10.150			
586	43.00	21.80	5.810							62.00	54.63	10.090			
587	43.00	22.80	5.650							62.00	58.63	10.030			
588	43.00	23.80	5.560							62.00	62.63	10.150			
589	43.00	24.80	5.530							63.00	16.63	13.150			
590	43.00	25.80	5.280							63.00	20.63	12.590			
591	43.00	25.80	5.280							63.00	24.63	12.090			
592	43.00	27.80	5.120							63.00	28.63	11.780			
593	43.00	28.80	5.090							63.00	32.63	11.430			

续表

测孔编号	CT1-1	CT1-2		CT2-1	CT2-2		CT5-1	CT5-2		CT8-1	CT8-2		CT9-1	CT9-2	
水平间距	25.70m			27.70m			34.30m			59.50m			44.15m		
序号	深度	深度	走时	深度	深度	走时	深度	深度	走时	深度	深度	走时	深度	深度	走时
	m	m	ms	m	m	ms	m	m	ms	m	m	ms	m	m	ms
594	43.00	29.80	4.690							63.00	36.63	11.150			
595	43.00	30.80	4.900							63.00	40.63	10.870			
596	43.00	31.80	4.870							63.00	44.63	10.620			
597	43.00	32.80	4.750							63.00	48.63	10.400			
598	43.00	34.80	4.680							63.00	52.63	10.250			
599	43.00	35.80	4.590							63.00	56.63	10.090			
600	43.00	36.80	4.590							63.00	60.63	10.090			
601	43.00	37.80	4.460							65.00	16.63	13.370			
602	43.00	38.80	4.500							65.00	18.63	12.960			
603	43.00	39.80	4.460							65.00	20.63	12.840			
604	43.00	40.80	4.430							65.00	22.63	12.560			
605	43.00	41.80	4.430							65.00	24.63	12.310			
606	43.00	42.80	4.430							65.00	26.63	12.150			
607	43.00	43.80	4.430							65.00	28.63	12.000			
608	43.00	44.80	4.430							65.00	30.63	11.810			
609	43.00	45.80	4.430							65.00	32.63	11.620			
610	43.00	46.80	4.430							65.00	34.63	11.460			
611	43.00	47.80	4.400							65.00	36.63	11.310			
612	45.00	4.80	8.560							65.00	38.63	11.180			
613	45.00	5.80	8.430							65.00	40.63	11.030			
614	45.00	6.80	8.280							65.00	42.63	10.900			
615	45.00	7.80	8.120							65.00	44.63	10.780			
616	45.00	8.80	7.900							65.00	46.63	10.650			
617	45.00	9.80	7.750							65.00	48.63	10.530			
618	45.00	10.80	7.590							65.00	50.63	10.460			
619	45.00	11.80	7.610							65.00	52.63	10.370			
620	45.00	12.80	7.250							65.00	54.63	10.280			

附表2 某水电站11号坝基深槽各剖面地震波射线走时汇总（一）

续表

测孔编号	CT1-1	CT1-2		CT2-1	CT2-2		CT5-1	CT5-2		CT8-1	CT8-2		CT9-1	CT9-2	
水平间距	25.70m			27.70m			34.30m			59.50m			44.15m		
序号	深度	深度	走时	深度	深度	走时	深度	深度	走时	深度	深度	走时	深度	深度	走时
	m	m	ms	m	m	ms	m	m	ms	m	m	ms	m	m	ms
621	45.00	13.80	7.210							65.00	56.63	10.210			
622	45.00	14.80	7.010							65.00	58.63	10.150			
623	45.00	15.80	6.860							65.00	60.63	10.150			
624	45.00	17.80	6.510							65.00	62.63	10.150			
625	45.00	18.80	6.330												
626	45.00	19.80	6.230												
627	45.00	20.80	6.110												
628	45.00	21.80	5.980												
629	45.00	22.80	5.920												
630	45.00	23.80	5.760												
631	45.00	25.80	5.560												
632	45.00	26.80	5.400												
633	45.00	27.80	5.310												
634	45.00	28.80	5.250												
635	45.00	29.80	5.150												
636	45.00	30.80	5.060												
637	45.00	31.80	5.000												
638	45.00	32.80	4.900												
639	45.00	33.80	4.870												
640	45.00	34.80	4.780												
641	45.00	35.80	4.750												
642	45.00	36.80	4.650												
643	45.00	38.80	4.530												
644	45.00	39.80	4.500												
645	45.00	40.80	4.460												
646	45.00	41.80	4.430												
647	45.00	42.80	4.430												

续表

测孔编号	CT1 -1	CT1 -2		CT2 -1	CT2 -2		CT5 -1	CT5 -2		CT8 -1	CT8 -2		CT9 -1	CT9 -2	
水平间距	25.70m			27.70m			34.30m			59.50m			44.15m		
序号	深度	深度	走时	深度	深度	走时	深度	深度	走时	深度	深度	走时	深度	深度	走时
	m	m	ms	m	m	ms	m	m	ms	m	m	ms	m	m	ms
648	45.00	43.80	4.430												
649	45.00	44.80	4.430												
650	45.00	45.80	4.460												
651	45.00	46.80	4.460												
652	45.00	47.80	4.460												

附表3　　某水电站11号坝基深槽各剖面地震波射线走时汇总（二）

测孔编号	CT3 -1	CT3 -2		CT4 -1	CT4 -2		CT6 -1	CT6 -2		CT7 -1	CT7 -2		CT8 -1	CT9 -1	
水平间距	28.40m			39.30m			37.00m			49.50m			37.04m		
序号	深度	深度	走时	深度	深度	走时	深度	深度	走时	深度	深度	走时	深度	深度	走时
	m	m	ms	m	m	ms	m	m	ms	m	m	ms	m	m	ms
1	3.00	7.00	8.150	48.00	4.94	10.280	4.00	1.20	12.870	13.00	12.28	11.400	64.00	24.05	9.400
2	3.00	11.00	8.090	48.00	8.94	9.560	4.00	3.20	12.150	13.00	14.28	10.340	64.00	28.05	8.930
3	3.00	15.00	8.210	48.00	12.94	8.900	4.00	5.20	11.780	13.00	16.28	10.960	64.00	32.05	8.400
4	3.00	19.00	8.750	48.00	16.94	8.200	4.00	7.20	11.400	13.00	18.28	10.650	64.00	36.05	7.900
5	3.00	23.00	8.780	48.00	20.94	7.650	4.00	9.20	10.960	13.00	20.28	10.560	64.00	40.05	7.460
6	3.00	27.00	8.310	48.00	24.94	7.150	4.00	11.20	10.780	13.00	22.28	10.370	64.00	44.05	7.090
7	3.00	31.00	7.930	48.00	28.94	6.750	4.00	13.20	10.430	13.00	24.28	10.210	64.00	48.05	6.750
8	3.00	35.00	7.840	48.00	32.94	6.370	4.00	15.20	10.210	13.00	26.28	10.300	64.00	52.05	6.530
9	3.00	39.00	8.060	48.00	36.94	6.120	4.00	17.20	10.030	13.00	28.28	10.120	64.00	56.05	6.280
10	3.00	43.00	8.430	48.00	40.94	5.870	4.00	19.20	10.090	13.00	30.28	10.000	64.00	60.05	6.090
11	3.00	47.00	8.840	48.00	44.94	5.710	4.00	21.20	9.840	13.00	32.28	10.060	64.00	64.05	6.030
12	6.00	3.00	8.310	48.00	2.94	10.810	4.00	23.20	9.780	13.00	34.28	10.000	64.00	68.05	6.090
13	6.00	7.00	7.870	48.00	6.94	9.840	4.00	25.20	9.710	13.00	36.28	10.090	57.00	22.05	8.840
14	6.00	11.00	7.840	48.00	10.94	9.180	4.00	27.20	9.780	13.00	38.28	10.000	57.00	26.05	8.370
15	6.00	15.00	7.810	48.00	14.94	8.530	4.00	29.20	9.710	13.00	40.28	10.180	57.00	30.05	7.840

附表3　某水电站11号坝基深槽各剖面地震波射线走时汇总（二）

续表

测孔编号	CT3-1	CT3-2		CT4-1	CT4-2		CT6-1	CT6-2		CT7-1	CT7-2		CT8-1	CT9-1	
水平间距	28.40m			39.30m			37.00m			49.50m			37.04m		
序号	深度	深度	走时	深度	深度	走时	深度	深度	走时	深度	深度	走时	深度	深度	走时
	m	m	ms	m	m	ms	m	m	ms	m	m	ms	m	m	ms
16	6.00	19.00	8.430	48.00	18.94	7.900	4.00	31.20	9.620	13.00	42.28	10.210	57.00	34.05	7.430
17	6.00	23.00	8.340	48.00	22.94	7.370	4.00	33.20	9.650	13.00	44.28	10.340	57.00	38.05	7.000
18	6.00	27.00	7.870	48.00	26.94	6.900	4.00	35.20	9.650	13.00	46.28	10.530	57.00	42.05	6.680
19	6.00	31.00	7.460	48.00	30.94	6.530	4.00	37.20	9.620	13.00	48.28	10.710	57.00	46.05	6.430
20	6.00	35.00	7.370	48.00	34.94	6.250	4.00	39.20	9.750	13.00	50.28	10.840	57.00	50.05	6.250
21	6.00	39.00	7.620	48.00	38.94	6.000	4.00	41.20	9.780	13.00	52.28	11.120	57.00	54.05	6.150
22	6.00	43.00	7.930	48.00	42.94	5.780	4.00	43.20	9.930	15.00	12.28	11.430	57.00	58.05	6.180
23	6.00	47.00	8.340	48.00	46.94	5.680	4.00	45.20	10.060	15.00	14.28	10.930	57.00	62.05	6.150
24	7.00	7.00	7.750	46.00	4.94	10.150	6.00	1.20	12.810	15.00	16.28	10.650	57.00	66.05	6.280
25	7.00	11.00	7.710	46.00	8.94	9.370	6.00	3.20	12.090	15.00	18.28	10.500	57.00	24.05	8.620
26	7.00	15.00	7.840	46.00	12.94	8.780	6.00	5.20	11.280	15.00	20.28	10.340	57.00	28.05	8.150
27	7.00	19.00	8.310	46.00	16.94	8.090	6.00	7.20	10.960	15.00	22.28	10.180	57.00	32.05	7.650
28	7.00	23.00	8.150	46.00	20.94	7.530	6.00	9.20	10.930	15.00	24.28	10.000	57.00	36.05	7.150
29	7.00	27.00	7.680	46.00	24.94	7.030	6.00	11.20	10.590	15.00	26.28	9.960	57.00	40.05	6.810
30	7.00	31.00	7.250	46.00	28.94	6.650	6.00	13.20	9.930	15.00	28.28	9.870	57.00	44.05	6.560
31	7.00	35.00	7.180	46.00	32.94	6.310	6.00	15.20	10.030	15.00	30.28	9.810	57.00	48.05	6.310
32	7.00	39.00	7.400	46.00	36.94	6.060	6.00	17.20	9.560	15.00	32.28	9.750	57.00	52.05	6.180
33	7.00	43.00	7.750	46.00	40.94	5.840	6.00	19.20	9.810	15.00	34.28	9.810	57.00	56.05	6.150
34	7.00	47.00	8.150	46.00	44.94	5.710	6.00	21.20	9.590	15.00	36.28	9.840	57.00	60.05	6.150
35	7.70	3.00	8.090	46.00	2.94	10.680	6.00	23.20	9.620	15.00	38.28	9.870	57.00	64.05	6.180
36	7.70	7.00	7.650	46.00	6.94	9.680	6.00	25.20	9.430	15.00	40.28	9.930	57.00	68.05	6.370
37	7.70	11.00	7.620	46.00	10.94	9.030	6.00	27.20	9.590	15.00	42.28	9.030	55.00	22.05	8.590
38	7.70	15.00	7.780	46.00	14.94	8.370	6.00	29.20	9.400	15.00	44.28	10.180	55.00	26.05	8.180
39	7.70	19.00	8.210	46.00	18.94	7.780	6.00	31.20	9.500	15.00	46.28	10.340	55.00	30.05	7.650
40	7.70	23.00	8.030	46.00	22.94	7.210	6.00	33.20	9.310	15.00	48.28	10.460	55.00	34.05	7.180
41	7.70	27.00	7.530	46.00	26.94	6.780	6.00	35.20	9.500	15.00	50.28	10.680	55.00	38.05	6.780
42	7.70	31.00	7.150	46.00	30.94	6.430	6.00	37.20	9.340	15.00	52.28	10.870	55.00	42.05	6.500

续表

测孔编号	CT3-1	CT3-2		CT4-1	CT4-2		CT6-1	CT6-2		CT7-1	CT7-2		CT8-1	CT9-1	
水平间距	28.40m			39.30m			37.00m			49.50m			37.04m		
序号	深度	深度	走时	深度	深度	走时	深度	深度	走时	深度	深度	走时	深度	深度	走时
	m	m	ms	m	m	ms	m	m	ms	m	m	ms	m	m	ms
43	7.70	35.00	7.090	46.00	34.94	6.150	6.00	39.20	9.560	17.00	10.28	11.370	55.00	46.05	6.280
44	7.70	39.00	7.310	46.00	38.94	5.930	6.00	41.20	9.430	17.00	12.28	11.030	55.00	50.05	6.150
45	7.70	43.00	7.650	46.00	42.94	5.750	6.00	43.20	9.780	17.00	14.28	10.710	55.00	54.05	6.060
46	7.70	47.00	8.060	46.00	46.94	5.710	6.00	45.20	9.680	17.00	16.28	10.530	55.00	58.05	6.150
47	11.00	1.00	8.250	44.00	4.94	10.000	8.00	1.20	12.670	17.00	18.28	10.280	55.00	62.05	6.280
48	11.00	3.00	8.030	44.00	8.94	9.310	8.00	3.20	11.790	17.00	20.28	10.120	55.00	66.05	6.430
49	11.00	5.00	7.710	44.00	12.94	8.590	8.00	5.20	11.480	17.00	22.28	9.930	55.00	24.05	8.370
50	11.00	7.00	7.590	44.00	16.94	7.930	8.00	7.20	11.090	17.00	24.28	9.810	55.00	28.05	7.930
51	11.00	9.00	7.500	44.00	20.94	7.370	8.00	9.20	10.750	17.00	26.28	9.680	55.00	32.05	7.400
52	11.00	11.00	7.500	44.00	24.94	6.870	8.00	11.20	10.510	17.00	28.28	9.650	55.00	36.05	6.960
53	11.00	13.00	7.460	44.00	28.94	6.530	8.00	13.20	10.210	17.00	30.28	9.620	55.00	40.05	6.620
54	11.00	15.00	7.620	44.00	32.94	6.250	8.00	15.20	10.010	17.00	32.28	9.590	55.00	44.05	6.400
55	11.00	17.00	7.810	44.00	36.94	6.030	8.00	17.20	9.820	17.00	34.28	9.590	55.00	48.05	6.210
56	11.00	19.00	8.090	44.00	40.94	5.840	8.00	19.20	9.670	17.00	36.28	9.650	55.00	52.05	6.090
57	11.00	21.00	7.840	44.00	44.94	5.750	8.00	21.20	9.600	17.00	38.28	9.590	55.00	56.05	6.120
58	11.00	23.00	7.500	44.00	2.94	10.590	8.00	23.20	9.390	17.00	40.28	9.750	55.00	60.05	6.250
59	11.00	25.00	7.250	44.00	6.94	9.560	8.00	25.20	9.310	17.00	42.28	9.840	55.00	64.05	6.340
60	11.00	27.00	7.030	44.00	10.94	8.900	8.00	27.20	9.280	17.00	44.28	10.000	55.00	68.05	6.560
61	11.00	29.00	6.810	44.00	14.94	8.280	8.00	29.20	9.230	17.00	46.28	10.120	51.00	22.05	8.150
62	11.00	31.00	6.590	44.00	18.94	7.650	8.00	31.20	9.120	17.00	48.28	10.210	51.00	26.05	7.780
63	11.00	33.00	6.590	44.00	22.94	7.120	8.00	33.20	9.120	17.00	50.28	10.500	51.00	30.05	7.310
64	11.00	35.00	6.560	44.00	26.94	6.650	8.00	35.20	9.120	17.00	52.28	10.680	51.00	34.05	6.900
65	11.00	37.00	6.710	44.00	30.94	6.370	8.00	37.20	9.150	19.00	16.28	10.210	51.00	38.05	6.500
66	11.00	39.00	6.780	44.00	34.94	6.150	8.00	39.20	9.180	19.00	20.28	9.960	51.00	42.05	6.280
67	11.00	41.00	7.000	44.00	38.94	5.930	8.00	41.20	9.280	19.00	22.28	9.680	51.00	46.05	6.120
68	11.00	43.00	7.090	44.00	42.94	5.780	8.00	43.20	9.390	19.00	24.28	9.590	51.00	50.05	6.090
69	11.00	45.00	7.370	44.00	46.94	5.780	8.00	45.20	9.570	19.00	26.28	9.430	51.00	54.05	6.090

附表3　某水电站11号坝基深槽各剖面地震波射线走时汇总（二）

续表

测孔编号	CT3-1	CT3-2		CT4-1	CT4-2		CT6-1	CT6-2		CT7-1	CT7-2		CT8-1	CT9-1	
水平间距	28.40m			39.30m			37.00m			49.50m			37.04m		
序号	深度	深度	走时	深度	深度	走时	深度	深度	走时	深度	深度	走时	深度	深度	走时
	m	m	ms	m	m	ms	m	m	ms	m	m	ms	m	m	ms
70	11.00	47.00	7.530	42.00	4.94	9.900	10.00	1.20	12.150	19.00	28.28	9.500	51.00	58.05	6.250
71	13.00	1.00	8.210	42.00	8.94	9.210	10.00	3.20	11.460	19.00	30.28	9.370	51.00	62.05	6.430
72	13.00	3.00	7.900	42.00	12.94	8.500	10.00	5.20	11.070	19.00	32.28	9.370	51.00	66.05	6.650
73	13.00	5.00	7.750	42.00	16.94	7.810	10.00	7.20	10.750	19.00	34.28	9.370	51.00	24.05	7.930
74	13.00	7.00	7.560	42.00	20.94	7.250	10.00	9.20	10.320	19.00	36.28	9.310	51.00	28.05	7.560
75	13.00	9.00	7.530	42.00	24.94	6.750	10.00	11.20	10.140	19.00	40.28	9.530	51.00	32.05	7.120
76	13.00	11.00	7.430	42.00	28.94	6.400	10.00	13.20	7.840	19.00	42.28	9.710	51.00	36.05	6.710
77	13.00	13.00	7.560	42.00	32.94	6.150	10.00	15.20	9.710	19.00	44.28	9.750	51.00	40.05	6.370
78	13.00	15.00	7.530	42.00	36.94	6.030	10.00	17.20	9.500	19.00	46.28	9.960	51.00	44.05	6.210
79	13.00	17.00	7.870	42.00	40.94	5.870	10.00	19.20	9.340	19.00	48.28	10.060	51.00	48.05	6.090
80	13.00	19.00	7.870	42.00	44.94	5.780	10.00	21.20	9.210	19.00	50.28	10.310	51.00	52.05	6.090
81	13.00	21.00	7.620	42.00	6.94	9.460	10.00	23.20	9.070	19.00	52.28	10.370	51.00	56.05	6.210
82	13.00	23.00	7.250	42.00	10.94	8.750	10.00	25.20	8.980	21.00	14.28	10.130	51.00	60.05	6.370
83	13.00	25.00	7.060	42.00	14.94	8.090	10.00	27.20	8.920	21.00	16.28	10.090	51.00	64.05	6.530
84	13.00	27.00	6.750	42.00	18.94	7.530	10.00	29.20	8.870	21.00	18.28	9.870	51.00	68.05	6.810
85	13.00	29.00	6.590	42.00	22.94	6.960	10.00	31.20	8.810	21.00	20.28	9.780	49.00	22.05	7.930
86	13.00	31.00	6.340	42.00	26.94	6.530	10.00	33.20	8.790	21.00	22.28	9.430	49.00	26.05	7.560
87	13.00	33.00	6.340	42.00	30.94	6.250	10.00	35.20	8.840	21.00	24.28	9.440	49.00	30.05	7.120
88	13.00	35.00	6.280	42.00	34.94	6.090	10.00	37.20	8.840	21.00	26.28	9.370	49.00	34.05	6.750
89	13.00	37.00	6.460	42.00	38.94	5.930	10.00	39.20	8.920	21.00	28.28	9.350	49.00	38.05	6.400
90	13.00	39.00	6.500	42.00	42.94	5.810	10.00	41.20	8.960	21.00	30.28	9.310	49.00	42.05	6.180
91	13.00	41.00	6.750	42.00	46.94	5.810	10.00	43.20	9.070	21.00	32.28	9.260	49.00	46.05	6.120
92	13.00	43.00	6.840	40.00	4.94	9.780	10.00	45.20	9.260	21.00	34.28	9.370	49.00	50.05	6.120
93	13.00	45.00	7.120	40.00	8.94	9.030	12.00	1.20	10.920	21.00	36.28	9.220	49.00	54.05	6.150
94	13.00	47.00	7.250	40.00	12.94	8.400	12.00	3.20	11.150	21.00	38.28	9.400	49.00	58.05	6.340
95	15.00	3.00	7.840	40.00	16.94	7.710	12.00	5.20	10.780	21.00	40.28	9.410	49.00	62.05	6.560
96	15.00	5.00	7.750	40.00	20.94	7.120	12.00	7.20	10.400	21.00	42.28	9.680	49.00	66.05	6.810

续表

测孔编号	CT3-1	CT3-2		CT4-1	CT4-2		CT6-1	CT6-2		CT7-1	CT7-2		CT8-1	CT9-1	
水平间距	28.40m			39.30m			37.00m			49.50m			37.04m		
序号	深度	深度	走时	深度	深度	走时	深度	深度	走时	深度	深度	走时	深度	深度	走时
	m	m	ms	m	m	ms	m	m	ms	m	m	ms	m	m	ms
97	15.00	7.00	7.650	40.00	24.94	6.620	12.00	9.20	10.010	21.00	44.28	9.620	49.00	24.05	7.590
98	15.00	9.00	7.560	40.00	28.94	6.310	12.00	11.20	9.820	21.00	46.28	9.930	49.00	28.05	7.210
99	15.00	11.00	7.560	40.00	32.94	6.090	12.00	13.20	9.540	21.00	48.28	9.910	49.00	32.05	6.840
100	15.00	13.00	7.590	40.00	36.94	6.000	12.00	15.20	9.390	21.00	50.28	10.340	49.00	36.05	6.460
101	15.00	15.00	7.710	40.00	40.94	5.900	12.00	17.20	9.100	21.00	52.28	10.200	49.00	40.05	6.150
102	15.00	17.00	7.840	40.00	44.94	5.870	12.00	19.20	9.040	23.00	14.28	10.370	49.00	44.05	6.060
103	15.00	19.00	7.680	40.00	6.94	9.400	12.00	21.20	8.840	23.00	16.28	9.960	49.00	48.05	5.960
104	15.00	21.00	7.280	40.00	10.94	8.620	12.00	23.20	8.780	23.00	18.28	9.780	49.00	52.05	6.000
105	15.00	23.00	7.030	40.00	14.94	8.060	12.00	25.20	8.640	23.00	20.28	9.620	49.00	56.05	6.180
106	15.00	25.00	6.750	40.00	18.94	7.400	12.00	27.20	8.600	23.00	22.28	9.460	49.00	60.05	6.370
107	15.00	27.00	6.530	40.00	22.94	6.870	12.00	29.20	8.540	23.00	24.28	9.310	49.00	64.05	6.620
108	15.00	29.00	6.310	40.00	26.94	6.430	12.00	31.20	8.510	23.00	26.28	9.210	49.00	68.05	6.900
109	15.00	31.00	6.150	40.00	30.94	6.180	12.00	33.20	8.480	23.00	28.28	9.210	45.00	22.05	7.560
110	15.00	33.00	6.030	40.00	34.94	6.030	12.00	35.20	8.530	23.00	30.28	8.180	45.00	26.05	7.180
111	15.00	35.00	6.060	40.00	38.94	5.960	12.00	37.20	8.510	23.00	32.28	9.150	45.00	30.05	6.870
112	15.00	37.00	6.120	40.00	42.94	5.870	12.00	39.20	8.590	23.00	34.28	8.180	45.00	34.05	6.560
113	15.00	39.00	6.310	40.00	46.94	5.900	12.00	41.20	8.640	23.00	36.28	9.150	45.00	38.05	6.310
114	15.00	41.00	6.400	38.00	4.94	9.710	12.00	43.20	8.780	23.00	38.28	8.180	45.00	42.05	6.150
115	15.00	43.00	6.620	38.00	8.94	9.000	12.00	45.20	8.930	23.00	40.28	9.280	45.00	46.05	6.150
116	15.00	45.00	6.780	38.00	12.94	8.340	14.00	1.20	11.500	23.00	42.28	9.370	45.00	50.05	6.210
117	15.00	47.00	7.000	38.00	16.94	7.680	14.00	3.20	10.820	23.00	44.28	9.500	45.00	54.05	6.340
118	17.00	3.00	8.560	38.00	20.94	7.090	14.00	5.20	10.370	23.00	46.28	9.620	45.00	58.05	6.620
119	17.00	5.00	8.090	38.00	24.94	6.590	14.00	7.20	10.100	23.00	48.28	9.780	45.00	62.05	6.900
120	17.00	7.00	8.060	38.00	28.94	6.280	14.00	9.20	9.570	23.00	50.28	9.930	45.00	66.05	7.210
121	17.00	9.00	7.810	38.00	32.94	6.090	14.00	11.20	9.540	23.00	52.28	10.120	41.00	22.05	7.280
122	17.00	11.00	7.900	38.00	36.94	6.030	14.00	13.20	9.250	25.00	10.28	10.750	41.00	26.05	6.960
123	17.00	13.00	7.810	38.00	40.94	5.960	14.00	15.20	9.030	25.00	14.28	10.150	41.00	30.05	6.620

附表3　某水电站11号坝基深槽各剖面地震波射线走时汇总（二）

续表

测孔编号	CT3-1	CT3-2		CT4-1	CT4-2		CT6-1	CT6-2		CT7-1	CT7-2		CT8-1	CT9-1	
水平间距	28.40m			39.30m			37.00m			49.50m			37.04m		
序号	深度	深度	走时	深度	深度	走时	深度	深度	走时	深度	深度	走时	深度	深度	走时
	m	m	ms	m	m	ms	m	m	ms	m	m	ms	m	m	ms
124	17.00	15.00	8.030	38.00	44.94	5.960	14.00	17.20	8.820	25.00	16.28	9.870	41.00	34.05	6.400
125	17.00	17.00	7.810	38.00	6.94	9.280	14.00	19.20	8.680	25.00	18.28	9.680	41.00	38.05	6.180
126	17.00	19.00	7.210	38.00	10.94	8.500	14.00	21.20	8.510	25.00	20.28	9.500	41.00	42.05	6.120
127	17.00	21.00	7.090	38.00	14.94	7.960	14.00	23.20	8.430	25.00	22.28	9.340	41.00	46.05	6.210
128	17.00	23.00	6.590	38.00	18.94	7.340	14.00	25.20	8.290	25.00	24.28	9.150	41.00	50.05	6.340
129	17.00	25.00	6.500	38.00	22.94	6.780	14.00	27.20	8.260	25.00	26.28	9.120	41.00	54.05	6.560
130	17.00	27.00	6.150	38.00	26.94	6.340	14.00	29.20	8.210	25.00	28.28	9.060	41.00	58.05	6.930
131	17.00	29.00	6.060	38.00	30.94	6.120	14.00	31.20	8.150	25.00	30.28	9.030	41.00	62.05	7.250
132	17.00	31.00	5.750	38.00	34.94	5.960	14.00	33.20	8.140	25.00	32.28	8.960	41.00	66.05	7.620
133	17.00	33.00	5.780	38.00	38.94	5.960	14.00	35.20	8.180	25.00	34.28	9.030	41.00	24.05	7.090
134	17.00	35.00	5.650	38.00	42.94	5.870	14.00	37.20	8.180	25.00	36.28	9.000	41.00	28.05	6.810
135	17.00	37.00	5.900	38.00	46.94	5.960	14.00	39.20	8.250	25.00	38.28	9.000	41.00	32.05	6.560
136	17.00	39.00	5.870	36.00	4.94	9.680	14.00	41.20	8.320	25.00	40.28	9.090	41.00	36.05	6.280
137	17.00	41.00	6.180	36.00	8.94	8.930	14.00	43.20	8.430	25.00	42.28	9.250	41.00	40.05	6.150
138	17.00	43.00	6.210	36.00	12.94	8.280	14.00	45.20	8.600	25.00	44.28	9.340	41.00	44.05	6.180
139	17.00	45.00	6.530	36.00	16.94	7.620	16.00	1.20	11.250	25.00	46.28	9.460	41.00	48.05	6.280
140	17.00	47.00	6.590	36.00	20.94	7.060	16.00	3.20	10.430	25.00	48.28	9.590	41.00	52.05	6.430
141	19.00	3.00	8.500	36.00	24.94	6.560	16.00	5.20	10.150	25.00	50.28	9.780	41.00	56.05	6.780
142	19.00	7.00	8.150	36.00	28.94	6.250	16.00	7.20	9.760	25.00	52.28	9.930	41.00	60.05	7.090
143	19.00	11.00	8.090	36.00	32.94	6.060	16.00	9.20	9.450	27.00	14.28	10.000	41.00	64.05	7.400
144	19.00	13.00	8.120	36.00	36.94	6.060	16.00	11.20	9.150	27.00	16.28	9.750	41.00	68.05	7.780
145	19.00	15.00	7.870	36.00	40.94	6.030	16.00	13.20	8.950	27.00	18.28	9.460	39.00	24.05	6.960
146	19.00	17.00	7.500	36.00	44.94	6.060	16.00	15.20	8.680	27.00	20.28	9.340	39.00	28.05	6.680
147	19.00	19.00	7.060	36.00	2.94	10.120	16.00	17.20	8.530	27.00	22.28	9.180	39.00	32.05	6.430
148	19.00	21.00	6.780	36.00	6.94	9.210	16.00	19.20	8.340	27.00	24.28	9.030	39.00	36.05	6.250
149	19.00	23.00	6.500	36.00	10.94	8.500	16.00	21.20	8.250	27.00	26.28	9.000	39.00	40.05	6.150
150	19.00	25.00	6.210	36.00	14.94	7.900	16.00	23.20	8.120	27.00	28.28	8.870	39.00	44.05	6.210

续表

测孔编号	CT3-1	CT3-2		CT4-1	CT4-2		CT6-1	CT6-2		CT7-1	CT7-2		CT8-1	CT9-1	
水平间距	28.40m			39.30m			37.00m			49.50m			37.04m		
序号	深度	深度	走时	深度	深度	走时	深度	深度	走时	深度	深度	走时	深度	深度	走时
	m	m	ms	m	m	ms	m	m	ms	m	m	ms	m	m	ms
151	19.00	27.00	6.000	36.00	18.94	7.280	16.00	25.20	8.010	27.00	30.28	8.900	39.00	48.05	6.340
152	19.00	29.00	5.750	36.00	22.94	6.780	16.00	27.20	7.930	27.00	32.28	8.840	39.00	52.05	6.560
153	19.00	31.00	5.590	36.00	26.94	6.340	16.00	29.20	7.890	27.00	34.28	8.900	39.00	56.05	6.900
154	19.00	33.00	5.500	36.00	30.94	6.120	16.00	31.20	7.820	27.00	36.28	8.870	39.00	60.05	7.250
155	19.00	35.00	5.530	36.00	34.94	6.030	16.00	33.20	7.820	27.00	38.28	8.900	39.00	64.05	7.620
156	19.00	37.00	5.590	36.00	38.94	6.030	16.00	35.20	7.850	27.00	40.28	8.930	39.00	68.05	8.030
157	19.00	39.00	5.750	36.00	42.94	6.000	16.00	37.20	7.870	27.00	42.28	9.090	37.00	22.05	7.000
158	19.00	41.00	5.870	36.00	46.94	6.120	16.00	39.20	7.920	27.00	44.28	9.180	37.00	26.05	6.780
159	19.00	43.00	6.090	34.00	4.94	9.750	16.00	41.20	8.100	27.00	46.28	9.310	37.00	30.05	6.500
160	19.00	45.00	6.210	34.00	8.94	8.900	16.00	43.20	8.120	27.00	48.28	9.430	37.00	34.05	6.340
161	19.00	47.00	6.460	34.00	12.94	8.280	16.00	45.20	8.260	27.00	50.28	9.620	37.00	38.05	6.210
162	21.00	1.00	9.750	34.00	16.94	7.620	18.00	1.20	10.960	27.00	52.28	9.780	37.00	42.05	6.250
163	21.00	3.00	9.250	34.00	20.94	7.030	18.00	3.20	10.150	29.00	14.28	9.870	37.00	46.05	6.400
164	21.00	5.00	9.090	34.00	24.94	6.560	18.00	5.20	9.790	29.00	16.28	9.560	37.00	50.05	6.590
165	21.00	7.00	8.370	34.00	28.94	6.250	18.00	7.20	9.430	29.00	18.28	9.400	37.00	54.05	6.870
166	21.00	9.00	8.370	34.00	32.94	6.090	18.00	9.20	9.120	29.00	20.28	9.180	37.00	58.05	7.280
167	21.00	11.00	8.250	34.00	36.94	6.090	18.00	11.20	8.870	29.00	22.28	9.060	37.00	62.05	7.680
168	21.00	13.00	8.000	34.00	40.94	6.120	18.00	13.20	8.590	29.00	24.28	8.900	37.00	66.05	8.090
169	21.00	15.00	7.650	34.00	44.94	6.180	18.00	15.20	8.400	29.00	26.28	8.840	37.00	24.05	6.840
170	21.00	17.00	7.280	34.00	6.94	9.250	18.00	17.20	8.180	29.00	28.28	8.750	37.00	28.05	6.620
171	21.00	19.00	6.840	34.00	10.94	8.530	18.00	19.20	8.060	29.00	30.28	8.780	37.00	32.05	6.400
172	21.00	21.00	6.560	34.00	14.94	7.930	18.00	21.20	7.920	29.00	32.28	8.680	37.00	36.05	6.250
173	21.00	23.00	6.210	34.00	18.94	7.210	18.00	23.20	7.790	29.00	34.28	8.780	37.00	40.05	6.180
174	21.00	25.00	5.960	34.00	22.94	6.780	18.00	25.20	7.650	29.00	36.28	8.750	37.00	44.05	6.280
175	21.00	27.00	5.750	34.00	26.94	6.310	18.00	27.20	7.600	29.00	38.28	8.810	37.00	48.05	6.460
176	21.00	29.00	5.530	34.00	30.94	6.120	18.00	29.20	7.530	29.00	40.28	8.810	37.00	52.05	6.710
177	21.00	31.00	5.340	34.00	34.94	6.060	18.00	31.20	7.480	29.00	42.28	8.930	37.00	56.05	7.090

附表3　某水电站11号坝基深槽各剖面地震波射线走时汇总（二）

续表

测孔编号	CT3-1	CT3-2		CT4-1	CT4-2		CT6-1	CT6-2		CT7-1	CT7-2		CT8-1	CT9-1	
水平间距	28.40m			39.30m			37.00m			49.50m			37.04m		
序号	深度	深度	走时	深度	深度	走时	深度	深度	走时	深度	深度	走时	深度	深度	走时
	m	m	ms	m	m	ms	m	m	ms	m	m	ms	m	m	ms
178	21.00	33.00	5.280	34.00	38.94	6.120	18.00	33.20	7.460	29.00	44.28	9.030	37.00	60.05	7.460
179	21.00	35.00	5.280	34.00	42.94	6.120	18.00	35.20	7.510	29.00	46.28	9.150	37.00	64.05	7.840
180	21.00	37.00	5.370	34.00	46.94	6.250	18.00	37.20	7.510	29.00	48.28	9.250	37.00	68.05	8.250
181	21.00	39.00	5.500	32.00	4.94	9.750	18.00	39.20	7.590	29.00	50.28	9.430	35.00	22.05	6.870
182	21.00	41.00	5.650	32.00	8.94	8.960	18.00	41.20	7.640	29.00	52.28	9.560	35.00	26.05	6.650
183	21.00	43.00	5.810	32.00	12.94	8.310	18.00	43.20	7.790	31.00	14.28	9.840	35.00	30.05	6.400
184	21.00	45.00	6.000	32.00	16.94	7.620	18.00	45.20	7.930	31.00	16.28	9.530	35.00	34.05	6.310
185	21.00	47.00	6.180	32.00	20.94	7.030	20.00	1.20	10.620	31.00	18.28	9.310	35.00	38.05	6.210
186	23.00	1.00	9.500	32.00	24.94	6.590	20.00	3.20	9.840	31.00	20.28	9.150	35.00	42.05	6.310
187	23.00	3.00	9.370	32.00	28.94	6.250	20.00	5.20	9.430	31.00	22.28	9.000	35.00	46.05	6.500
188	23.00	5.00	8.900	32.00	32.94	6.120	20.00	7.20	9.090	31.00	24.28	8.870	35.00	50.05	6.750
189	23.00	7.00	8.680	32.00	36.94	6.150	20.00	9.20	8.820	31.00	26.28	8.870	35.00	54.05	7.030
190	23.00	9.00	8.310	32.00	40.94	6.210	20.00	11.20	8.480	31.00	28.28	8.710	35.00	58.05	7.460
191	23.00	11.00	8.090	32.00	44.94	6.310	20.00	13.20	8.250	31.00	30.28	8.680	35.00	62.05	7.870
192	23.00	13.00	7.620	32.00	6.94	9.340	20.00	15.20	8.040	31.00	32.28	8.680	35.00	66.05	8.280
193	23.00	15.00	7.400	32.00	10.94	8.620	20.00	17.20	7.870	31.00	34.28	8.680	35.00	24.05	6.710
194	23.00	17.00	6.930	32.00	14.94	8.000	20.00	19.20	7.710	31.00	36.28	8.680	35.00	28.05	6.560
195	23.00	19.00	6.650	32.00	18.94	7.280	20.00	21.20	7.570	31.00	38.28	8.680	35.00	32.05	6.370
196	23.00	21.00	6.210	32.00	22.94	6.780	20.00	23.20	7.450	31.00	40.28	8.750	35.00	36.05	6.250
197	23.00	23.00	6.030	32.00	26.94	6.370	20.00	25.20	7.310	31.00	42.28	8.810	35.00	40.05	6.250
198	23.00	25.00	5.650	32.00	30.94	6.180	20.00	27.20	7.250	31.00	44.28	9.930	35.00	44.05	6.400
199	23.00	27.00	5.560	32.00	34.94	6.120	20.00	29.20	7.210	31.00	46.28	9.000	35.00	48.05	6.620
200	23.00	29.00	5.180	32.00	38.94	6.210	20.00	31.20	7.140	31.00	48.28	9.120	35.00	52.05	6.870
201	23.00	31.00	5.120	32.00	42.94	6.280	20.00	33.20	7.140	31.00	50.28	9.250	35.00	56.05	7.280
202	23.00	33.00	4.960	32.00	46.94	6.430	20.00	35.20	7.150	31.00	52.28	9.400	35.00	60.05	7.680
203	23.00	35.00	5.030	30.00	4.94	9.870	20.00	37.20	7.180	33.00	14.28	9.710	35.00	64.05	8.090
204	23.00	37.00	5.060	30.00	8.94	9.030	20.00	39.20	7.230	33.00	16.28	9.530	35.00	68.05	8.530

续表

测孔编号	CT3 -1	CT3 -2		CT4 -1	CT4 -2		CT6 -1	CT6 -2		CT7 -1	CT7 -2		CT8 -1	CT9 -1	
水平间距	28.40m			39.30m			37.00m			49.50m			37.04m		
序号	深度	深度	走时	深度	深度	走时	深度	深度	走时	深度	深度	走时	深度	深度	走时
	m	m	ms	m	m	ms	m	m	ms	m	m	ms	m	m	ms
205	23.00	39.00	5.280	30.00	12.94	8.400	20.00	41.20	7.320	33.00	18.28	9.280	33.00	22.05	6.780
206	23.00	41.00	5.310	30.00	16.94	7.710	20.00	43.20	7.430	33.00	20.28	9.150	33.00	26.05	6.560
207	23.00	43.00	5.590	30.00	20.94	7.120	20.00	45.20	7.600	33.00	22.28	8.930	33.00	30.05	6.370
208	23.00	45.00	5.620	30.00	24.94	6.680	22.00	1.20	9.680	33.00	24.28	8.840	33.00	34.05	6.310
209	23.00	47.00	5.900	30.00	28.94	6.370	22.00	3.20	9.370	33.00	26.28	8.710	33.00	38.05	6.250
210	24.00	3.00	9.450	30.00	32.94	6.210	22.00	5.20	9.090	33.00	28.28	8.680	33.00	42.05	6.370
211	24.00	7.00	8.840	30.00	36.94	6.250	22.00	7.20	8.760	33.00	30.28	8.650	33.00	46.05	6.590
212	24.00	11.00	8.310	30.00	40.94	6.340	22.00	9.20	8.430	33.00	32.28	8.650	33.00	50.05	6.900
213	24.00	15.00	7.530	30.00	44.94	6.460	22.00	11.20	8.150	33.00	34.28	8.620	33.00	54.05	7.250
214	24.00	19.00	6.700	30.00	6.94	9.400	22.00	13.20	7.890	33.00	36.28	8.650	33.00	58.05	7.680
215	24.00	23.00	6.100	30.00	10.94	8.750	22.00	15.20	7.700	33.00	38.28	8.620	33.00	62.05	8.120
216	24.00	27.00	5.620	30.00	14.94	8.090	22.00	17.20	7.500	33.00	40.28	8.080	33.00	66.05	8.560
217	24.00	31.00	5.180	30.00	18.94	7.400	22.00	19.20	7.370	33.00	42.28	8.710	33.00	24.05	6.650
218	24.00	35.00	5.120	30.00	22.94	6.900	22.00	21.20	7.200	33.00	44.28	8.810	33.00	28.05	6.500
219	24.00	39.00	5.340	30.00	26.94	6.460	22.00	23.20	7.100	33.00	46.28	8.870	33.00	32.05	6.340
220	24.00	43.00	5.640	30.00	30.94	6.280	22.00	25.20	6.960	33.00	48.28	9.000	33.00	36.05	6.250
221	24.00	47.00	6.030	30.00	34.94	6.210	22.00	27.20	6.890	33.00	50.28	9.120	33.00	40.05	6.280
222	25.00	1.00	9.900	30.00	38.94	6.340	22.00	29.20	6.840	33.00	52.28	9.280	33.00	44.05	6.460
223	25.00	3.00	9.180	30.00	42.94	6.400	22.00	31.20	6.760	35.00	14.28	9.750	33.00	48.05	6.710
224	25.00	5.00	8.870	30.00	46.94	6.590	22.00	33.20	6.780	35.00	16.28	9.500	33.00	52.05	7.030
225	25.00	7.00	8.600	28.00	4.94	10.090	22.00	35.20	6.790	35.00	18.28	9.310	33.00	56.05	7.460
226	25.00	9.00	8.310	28.00	8.94	9.120	22.00	37.20	6.790	35.00	20.28	9.120	33.00	60.05	7.870
227	25.00	11.00	7.930	28.00	12.94	8.620	22.00	39.20	6.850	35.00	22.28	8.960	33.00	64.05	8.310
228	25.00	13.00	7.560	28.00	16.94	7.870	22.00	41.20	6.960	35.00	24.28	8.810	33.00	68.05	8.750
229	25.00	15.00	7.260	28.00	20.94	7.280	22.00	43.20	7.060	35.00	26.28	8.750	31.00	22.05	6.680
230	25.00	17.00	6.900	28.00	24.94	6.840	22.00	45.20	7.230	35.00	28.28	8.650	31.00	26.05	6.530
231	25.00	19.00	6.500	28.00	28.94	6.500	24.00	3.20	9.140	35.00	30.28	8.680	31.00	30.05	6.340

续表

测孔编号	CT3-1	CT3-2		CT4-1	CT4-2		CT6-1	CT6-2		CT7-1	CT7-2		CT8-1	CT9-1	
水平间距	28.40m			39.30m			37.00m			49.50m			37.04m		
序号	深度	深度	走时	深度	深度	走时	深度	深度	走时	深度	深度	走时	深度	深度	走时
	m	m	ms	m	m	ms	m	m	ms	m	m	ms	m	m	ms
232	25.00	21.00	6.140	28.00	32.94	6.370	24.00	7.20	8.460	35.00	32.28	8.590	31.00	34.05	6.340
233	25.00	23.00	5.840	28.00	36.94	6.400	24.00	11.20	7.850	35.00	34.28	8.620	31.00	38.05	6.340
234	25.00	25.00	5.570	28.00	40.94	6.530	24.00	15.20	7.400	35.00	36.28	8.560	31.00	42.05	6.460
235	25.00	27.00	5.370	28.00	44.94	6.650	24.00	19.20	7.040	35.00	38.28	8.590	31.00	46.05	6.710
236	25.00	29.00	5.120	28.00	6.94	9.620	24.00	23.20	6.780	35.00	40.28	8.590	31.00	50.05	7.060
237	25.00	31.00	5.000	28.00	10.94	8.930	24.00	27.20	6.570	35.00	42.28	8.650	31.00	54.05	7.430
238	25.00	33.00	4.850	28.00	14.94	8.280	24.00	31.20	6.460	35.00	44.28	8.710	31.00	58.05	7.870
239	25.00	35.00	4.900	28.00	18.94	7.560	24.00	35.20	6.480	35.00	46.28	8.810	31.00	62.05	8.340
240	25.00	37.00	4.950	28.00	22.94	7.060	24.00	39.20	6.560	35.00	48.28	8.870	31.00	66.05	8.780
241	25.00	39.00	5.140	28.00	26.94	6.620	24.00	43.20	6.750	35.00	50.28	9.030	31.00	24.05	6.590
242	25.00	41.00	5.180	28.00	30.94	6.430	25.00	5.20	8.500	35.00	52.28	9.120	31.00	28.05	6.460
243	25.00	43.00	5.420	28.00	34.94	6.370	25.00	9.20	7.840	37.00	14.28	9.780	31.00	32.05	6.340
244	25.00	45.00	5.460	28.00	38.94	6.500	25.00	13.20	7.310	37.00	16.28	9.560	31.00	36.05	6.340
245	25.00	47.00	5.760	28.00	42.94	6.590	25.00	17.20	6.930	37.00	18.28	9.280	31.00	40.05	6.400
246	27.00	3.00	9.040	28.00	46.94	6.810	25.00	21.20	6.620	37.00	20.28	9.180	31.00	44.05	6.590
247	27.00	7.00	8.510	26.00	8.94	9.370	25.00	25.20	6.340	37.00	22.28	9.000	31.00	48.05	6.870
248	27.00	11.00	7.850	26.00	12.94	8.780	25.00	29.20	6.250	37.00	24.28	8.900	31.00	52.05	7.250
249	27.00	13.00	7.480	26.00	16.94	8.030	25.00	33.20	6.180	37.00	26.28	8.780	31.00	56.05	7.710
250	27.00	15.00	7.150	26.00	20.94	7.430	25.00	37.20	6.210	37.00	28.28	8.710	31.00	60.05	8.120
251	27.00	17.00	6.840	26.00	24.94	7.000	25.00	41.20	6.340	37.00	30.28	8.680	31.00	64.05	8.590
252	27.00	19.00	6.340	26.00	28.94	6.680	25.00	45.20	6.620	37.00	32.28	8.620	31.00	68.05	9.030
253	27.00	21.00	6.070	26.00	32.94	6.560	26.00	1.20	9.750	37.00	34.28	8.590	29.00	22.05	6.620
254	27.00	23.00	5.750	26.00	36.94	6.590	26.00	3.20	8.760	37.00	36.28	8.560	29.00	26.05	6.500
255	27.00	25.00	5.500	26.00	40.94	6.680	26.00	5.20	8.480	37.00	38.28	8.560	29.00	30.05	6.370
256	27.00	27.00	5.260	26.00	44.94	6.840	26.00	7.20	8.170	37.00	40.28	8.590	29.00	34.05	6.400
257	27.00	29.00	5.040	26.00	6.94	9.750	26.00	9.20	7.890	37.00	42.28	8.620	29.00	38.05	6.400
258	27.00	31.00	4.870	26.00	10.94	9.060	26.00	11.20	7.560	37.00	44.28	8.680	29.00	42.05	6.590

续表

测孔编号	CT3-1	CT3-2		CT4-1	CT4-2		CT6-1	CT6-2		CT7-1	CT7-2		CT8-1	CT9-1	
水平间距	28.40m			39.30m			37.00m			49.50m			37.04m		
序号	深度	深度	走时	深度	深度	走时	深度	深度	走时	深度	深度	走时	深度	深度	走时
	m	m	ms	m	m	ms	m	m	ms	m	m	ms	m	m	ms
259	27.00	33.00	4.780	26.00	14.94	8.400	26.00	13.20	7.340	37.00	46.28	8.750	29.00	46.05	6.870
260	27.00	35.00	4.780	26.00	18.94	7.710	26.00	15.20	7.100	37.00	48.28	8.840	29.00	50.05	7.210
261	27.00	37.00	4.870	26.00	22.94	7.180	26.00	17.20	6.960	37.00	50.28	8.930	29.00	54.05	7.620
262	27.00	39.00	4.960	26.00	26.94	6.810	26.00	19.20	6.750	37.00	52.28	9.030	29.00	58.05	8.120
263	27.00	41.00	5.060	26.00	30.94	6.590	26.00	21.20	6.650	39.00	14.28	9.930	29.00	62.05	8.590
264	27.00	43.00	5.180	26.00	34.94	6.530	26.00	23.20	6.460	39.00	16.28	9.650	29.00	66.05	9.030
265	27.00	45.00	5.320	26.00	38.94	6.650	26.00	25.20	6.370	39.00	18.28	9.430	20.00	24.05	6.500
266	27.00	47.00	5.530	26.00	42.94	6.780	26.00	27.20	6.260	39.00	20.28	9.280	20.00	28.05	6.620
267	29.00	3.00	8.950	26.00	46.94	7.000	26.00	29.20	6.280	39.00	22.28	9.090	20.00	32.05	6.750
268	29.00	5.00	8.530	24.00	4.94	10.430	26.00	31.20	6.140	39.00	24.28	8.960	20.00	36.05	6.960
269	29.00	7.00	8.320	24.00	8.94	9.620	26.00	33.20	6.210	39.00	26.28	8.870	20.00	40.05	7.210
270	29.00	9.00	7.890	24.00	12.94	9.000	26.00	35.20	6.170	39.00	28.28	8.780	20.00	44.05	7.500
271	29.00	11.00	7.620	24.00	16.94	8.250	26.00	37.20	6.250	39.00	30.28	8.750	20.00	48.05	7.900
272	29.00	13.00	7.250	24.00	20.94	7.650	26.00	39.20	6.250	39.00	32.28	8.650	20.00	52.05	8.340
273	29.00	15.00	6.960	24.00	24.94	7.180	26.00	41.20	6.370	39.00	34.28	8.650	20.00	56.05	8.900
274	29.00	17.00	6.540	24.00	28.94	6.900	26.00	43.20	6.430	39.00	36.28	8.590	20.00	60.05	9.430
275	29.00	19.00	6.200	24.00	32.94	6.750	26.00	45.20	6.650	39.00	38.28	8.590	20.00	64.05	9.900
276	29.00	21.00	5.840	24.00	36.94	6.780	28.00	3.20	8.640	39.00	40.28	8.590	20.00	68.05	10.460
277	29.00	23.00	5.590	24.00	40.94	6.900	28.00	5.20	8.310	39.00	42.28	8.620	15.00	22.05	6.750
278	29.00	25.00	5.280	24.00	44.94	7.060	28.00	7.20	7.980	39.00	44.28	8.650	15.00	26.05	6.900
279	29.00	27.00	5.090	24.00	6.94	9.960	28.00	9.20	7.700	39.00	46.28	8.710	15.00	30.05	7.090
280	29.00	29.00	4.840	24.00	10.94	9.310	28.00	11.20	7.390	39.00	48.28	8.750	15.00	34.05	7.400
281	29.00	31.00	4.700	24.00	14.94	8.650	28.00	13.20	7.150	39.00	50.28	8.840	15.00	38.05	7.620
282	29.00	33.00	4.620	24.00	18.94	7.900	28.00	15.20	6.900	39.00	52.28	8.930	15.00	42.05	7.930
283	29.00	35.00	4.640	24.00	22.94	7.370	28.00	17.20	6.790	41.00	10.28	10.500	15.00	46.05	8.370
284	29.00	37.00	4.650	24.00	26.94	7.000	28.00	19.20	6.570	41.00	14.28	10.030	15.00	50.05	8.810
285	29.00	39.00	4.780	24.00	30.94	6.780	28.00	21.20	6.460	41.00	16.28	9.750	15.00	54.05	9.370

附表3　某水电站11号坝基深槽各剖面地震波射线走时汇总（二）

续表

测孔编号	CT3-1	CT3-2		CT4-1	CT4-2		CT6-1	CT6-2		CT7-1	CT7-2		CT8-1	CT9-1	
水平间距	28.40m			39.30m			37.00m			49.50m			37.04m		
序号	深度	深度	走时	深度	深度	走时	深度	深度	走时	深度	深度	走时	深度	深度	走时
	m	m	ms	m	m	ms	m	m	ms	m	m	ms	m	m	ms
286	29.00	41.00	4.820	24.00	34.94	6.710	28.00	23.20	6.290	41.00	18.28	9.530	15.00	58.05	9.960
287	29.00	43.00	4.960	24.00	38.94	6.840	28.00	25.20	6.200	41.00	20.28	9.370	15.00	62.05	10.460
288	29.00	45.00	5.090	24.00	42.94	6.960	28.00	27.20	6.090	41.00	22.28	9.210	15.00	66.05	11.030
289	29.00	47.00	5.290	24.00	46.94	7.210	28.00	29.20	6.090	41.00	24.28	9.060	15.00	24.05	6.810
290	31.00	3.00	8.890	22.00	4.94	10.710	28.00	31.20	6.000	41.00	26.28	8.960	15.00	28.05	6.960
291	31.00	5.00	8.500	22.00	8.94	9.810	28.00	33.20	6.000	41.00	28.28	8.870	15.00	32.05	7.210
292	31.00	7.00	8.150	22.00	12.94	9.180	28.00	35.20	5.960	41.00	30.28	8.840	15.00	36.05	7.530
293	31.00	9.00	7.820	22.00	16.94	8.460	28.00	37.20	6.060	41.00	32.28	8.710	15.00	40.05	7.810
294	31.00	11.00	7.480	22.00	20.94	7.870	28.00	39.20	6.040	41.00	34.28	8.680	15.00	44.05	8.120
295	31.00	13.00	7.150	22.00	24.94	7.430	28.00	41.20	6.180	41.00	36.28	8.620	15.00	48.05	8.590
296	31.00	15.00	6.820	22.00	28.94	7.090	28.00	43.20	6.280	41.00	38.28	8.590	15.00	52.05	9.090
297	31.00	17.00	6.460	22.00	32.94	6.960	28.00	45.20	6.450	41.00	40.28	8.590	15.00	56.05	9.680
298	31.00	19.00	6.060	22.00	36.94	7.000	30.00	1.20	9.430	41.00	42.28	8.620	15.00	60.05	10.250
299	31.00	21.00	5.730	22.00	40.94	7.090	30.00	3.20	8.500	41.00	44.28	8.620	15.00	64.05	10.680
300	31.00	23.00	5.430	22.00	44.94	7.280	30.00	5.20	8.150	41.00	46.28	8.680	15.00	68.05	11.340
301	31.00	25.00	5.180	22.00	6.94	10.120	30.00	7.20	7.890	41.00	48.28	8.710			
302	31.00	27.00	4.980	22.00	10.94	9.500	30.00	9.20	7.570	41.00	50.28	8.780			
303	31.00	29.00	4.730	22.00	14.94	8.840	30.00	11.20	7.310	41.00	52.28	8.840			
304	31.00	31.00	4.590	22.00	18.94	8.150	30.00	13.20	7.030	43.00	14.28	10.180			
305	31.00	33.00	4.500	22.00	22.94	7.620	30.00	15.20	6.810	43.00	16.28	9.870			
306	31.00	35.00	4.500	22.00	26.94	7.180	30.00	17.20	6.620	43.00	18.28	9.680			
307	31.00	37.00	4.530	22.00	30.94	7.000	30.00	19.20	6.500	43.00	20.28	9.500			
308	31.00	39.00	4.620	22.00	34.94	6.960	30.00	21.20	6.340	43.00	22.28	9.340			
309	31.00	41.00	4.680	22.00	38.94	7.060	30.00	23.20	6.230	43.00	24.28	9.180			
310	31.00	43.00	4.790	22.00	42.94	7.180	30.00	25.20	6.060	43.00	26.28	9.090			
311	31.00	45.00	4.950	22.00	46.94	7.430	30.00	27.20	6.030	43.00	28.28	8.960			
312	31.00	47.00	5.090	20.00	4.94	11.030	30.00	29.20	5.960	43.00	30.28	8.900			

续表

测孔编号	CT3-1	CT3-2		CT4-1	CT4-2		CT6-1	CT6-2		CT7-1	CT7-2		CT8-1	CT9-1	
水平间距	28.40m			39.30m			37.00m			49.50m			37.04m		
序号	深度	深度	走时	深度	深度	走时	深度	深度	走时	深度	深度	走时	深度	深度	走时
	m	m	ms	m	m	ms	m	m	ms	m	m	ms	m	m	ms
313	33.00	3.00	8.870	20.00	8.94	10.060	30.00	31.20	5.900	43.00	32.28	8.780			
314	33.00	5.00	8.480	20.00	12.94	9.460	30.00	33.20	5.850	43.00	34.28	8.750			
315	33.00	7.00	8.210	20.00	16.94	8.710	30.00	35.20	5.870	43.00	36.28	8.650			
316	33.00	9.00	7.890	20.00	20.94	8.120	30.00	37.20	5.870	43.00	38.28	8.620			
317	33.00	11.00	7.590	20.00	24.94	7.650	30.00	39.20	5.930	43.00	40.28	8.590			
318	33.00	13.00	7.200	20.00	28.94	7.340	30.00	41.20	6.030	43.00	42.28	8.620			
319	33.00	15.00	6.850	20.00	32.94	7.210	30.00	43.20	6.120	43.00	44.28	8.620			
320	33.00	17.00	6.480	20.00	36.94	7.250	30.00	45.20	6.250	43.00	46.28	8.650			
321	33.00	19.00	6.120	20.00	40.94	7.340	32.00	1.20	9.320	43.00	48.28	8.650			
322	33.00	21.00	5.750	20.00	44.94	7.530	32.00	3.20	8.480	43.00	50.28	8.750			
323	33.00	23.00	5.460	20.00	6.94	10.340	32.00	5.20	8.140	43.00	52.28	8.780			
324	33.00	25.00	5.200	20.00	10.94	9.810	32.00	7.20	7.840	45.00	14.28	10.250			
325	33.00	27.00	4.980	20.00	14.94	9.120	32.00	9.20	7.510	45.00	16.28	9.930			
326	33.00	29.00	4.730	20.00	18.94	8.400	32.00	11.20	7.210	45.00	18.28	9.780			
327	33.00	31.00	4.620	20.00	22.94	7.870	32.00	13.20	6.980	45.00	20.28	9.530			
328	33.00	33.00	4.460	20.00	26.94	7.460	32.00	15.20	6.760	45.00	22.28	9.400			
329	33.00	35.00	4.460	20.00	30.94	7.250	32.00	17.20	6.590	45.00	24.28	9.210			
330	33.00	37.00	4.460	20.00	34.94	7.180	32.00	19.20	6.430	45.00	26.28	9.150			
331	33.00	39.00	4.530	20.00	38.94	7.310	32.00	21.20	6.310	45.00	28.28	9.000			
332	33.00	41.00	4.560	20.00	42.94	7.430	32.00	23.20	6.180	45.00	30.28	8.930			
333	33.00	43.00	4.680	20.00	46.94	7.680	32.00	25.20	6.030	45.00	32.28	8.810			
334	33.00	45.00	4.790	18.00	4.94	11.280	32.00	27.20	5.930	45.00	34.28	8.780			
335	33.00	47.00	4.960	18.00	8.94	10.400	32.00	29.20	5.900	45.00	36.28	8.680			
336	35.00	3.00	8.840	18.00	12.94	9.710	32.00	31.20	5.810	45.00	38.28	8.650			
337	35.00	5.00	8.460	18.00	16.94	8.930	32.00	33.20	5.810	45.00	40.28	8.620			
338	35.00	7.00	8.150	18.00	20.94	8.340	32.00	35.20	5.790	45.00	42.28	8.650			
339	35.00	9.00	7.870	18.00	24.94	7.900	32.00	37.20	5.790	45.00	44.28	8.620			

续表

测孔编号	CT3-1	CT3-2		CT4-1	CT4-2		CT6-1	CT6-2		CT7-1	CT7-2		CT8-1	CT9-1	
水平间距	28.40m			39.30m			37.00m			49.50m			37.04m		
序号	深度	深度	走时	深度	深度	走时	深度	深度	走时	深度	深度	走时	深度	深度	走时
	m	m	ms	m	m	ms	m	m	ms	m	m	ms	m	m	ms
340	35.00	11.00	7.530	18.00	28.94	7.590	32.00	39.20	5.810	45.00	46.28	8.650			
341	35.00	13.00	7.150	18.00	32.94	7.430	32.00	41.20	5.900	45.00	48.28	8.650			
342	35.00	15.00	6.790	18.00	36.94	7.460	32.00	43.20	5.960	45.00	50.28	8.680			
343	35.00	17.00	6.430	18.00	40.94	7.590	32.00	45.20	6.120	45.00	52.28	8.750			
344	35.00	19.00	6.070	18.00	44.94	7.750	34.00	1.20	9.500	47.00	12.28	10.370			
345	35.00	21.00	5.750	18.00	6.94	10.560	34.00	3.20	8.530	47.00	14.28	10.500			
346	35.00	23.00	5.430	18.00	14.94	9.310	34.00	5.20	8.250	47.00	16.28	9.840			
347	35.00	25.00	5.180	18.00	18.94	8.650	34.00	7.20	7.920	47.00	18.28	9.930			
348	35.00	27.00	4.950	18.00	22.94	8.090	34.00	9.20	7.620	47.00	20.28	9.460			
349	35.00	29.00	4.710	18.00	26.94	7.680	34.00	11.20	7.310	47.00	22.28	9.590			
350	35.00	31.00	4.570	18.00	30.94	7.500	34.00	13.20	7.090	47.00	24.28	9.150			
351	35.00	33.00	4.450	18.00	34.94	7.430	34.00	15.20	6.840	47.00	26.28	9.310			
352	35.00	35.00	4.400	18.00	38.94	7.530	34.00	17.20	6.670	47.00	28.28	8.960			
353	35.00	37.00	4.400	18.00	42.94	7.650	34.00	19.20	6.510	47.00	30.28	9.090			
354	35.00	39.00	4.430	18.00	46.94	7.900	34.00	21.20	6.400	47.00	32.28	8.780			
355	35.00	41.00	4.460	16.00	4.94	11.530	34.00	23.20	6.200	47.00	34.28	8.900			
356	35.00	43.00	4.540	16.00	8.94	10.750	34.00	25.20	6.090	47.00	36.28	8.650			
357	35.00	45.00	4.670	16.00	12.94	10.030	34.00	27.20	5.960	47.00	38.28	8.780			
358	35.00	47.00	4.780	16.00	16.94	9.250	34.00	29.20	5.900	47.00	40.28	8.590			
359	37.00	1.00	9.310	16.00	20.94	8.650	34.00	31.20	5.810	47.00	42.28	8.680			
360	37.00	3.00	8.870	16.00	24.94	8.180	34.00	33.20	5.810	47.00	44.28	8.620			
361	37.00	5.00	8.560	16.00	28.94	7.870	34.00	35.20	5.750	47.00	46.28	8.650			
362	37.00	7.00	8.210	16.00	32.94	7.750	34.00	37.20	5.710	47.00	48.28	8.680			
363	37.00	9.00	7.950	16.00	36.94	7.780	34.00	39.20	5.710	47.00	50.28	8.620			
364	37.00	11.00	7.560	16.00	40.94	7.870	34.00	41.20	5.760	47.00	52.28	8.810			
365	37.00	13.00	7.210	16.00	44.94	8.060	34.00	43.20	5.870	49.00	10.28	10.680			
366	37.00	15.00	6.820	16.00	6.94	10.840	34.00	45.20	6.000	49.00	12.28	10.900			

续表

测孔编号	CT3-1	CT3-2		CT4-1	CT4-2		CT6-1	CT6-2		CT7-1	CT7-2		CT8-1	CT9-1	
水平间距	28.40m			39.30m			37.00m			49.50m			37.04m		
序号	深度	深度	走时	深度	深度	走时	深度	深度	走时	深度	深度	走时	深度	深度	走时
	m	m	ms	m	m	ms	m	m	ms	m	m	ms	m	m	ms
367	37.00	17.00	6.500	16.00	14.94	9.530	36.00	1.20	9.530	49.00	14.28	10.310			
368	37.00	19.00	6.090	16.00	18.94	8.930	36.00	3.20	8.620	49.00	16.28	10.370			
369	37.00	21.00	5.480	16.00	22.94	8.370	36.00	5.20	8.320	49.00	18.28	9.810			
370	37.00	23.00	5.460	16.00	26.94	7.960	36.00	7.20	8.000	49.00	20.28	9.960			
371	37.00	25.00	5.230	16.00	30.94	7.750	36.00	9.20	7.700	49.00	22.28	9.460			
372	37.00	27.00	4.960	16.00	34.94	7.680	36.00	11.20	7.370	49.00	24.28	9.620			
373	37.00	29.00	4.730	16.00	38.94	7.810	36.00	13.20	7.150	49.00	26.28	9.180			
374	37.00	31.00	4.560	16.00	42.94	7.930	36.00	15.20	6.900	49.00	28.28	9.370			
375	37.00	33.00	4.460	16.00	46.94	8.180	36.00	17.20	6.750	49.00	30.28	8.960			
376	37.00	35.00	4.400	14.00	4.94	11.730	36.00	19.20	6.560	49.00	32.28	9.120			
377	37.00	37.00	4.400	14.00	8.94	11.090	36.00	21.20	6.460	49.00	34.28	8.810			
378	37.00	39.00	4.400	14.00	12.94	10.310	36.00	23.20	6.280	49.00	36.28	8.900			
379	37.00	41.00	4.390	14.00	16.94	9.560	36.00	25.20	6.120	49.00	38.28	8.680			
380	37.00	43.00	4.430	14.00	20.94	8.900	36.00	27.20	5.960	49.00	40.28	8.780			
381	37.00	45.00	4.560	14.00	24.94	8.460	36.00	29.20	5.890	49.00	42.28	8.680			
382	37.00	47.00	4.590	14.00	28.94	8.120	36.00	31.20	5.810	49.00	44.28	8.710			
383	39.00	1.00	9.430	14.00	32.94	7.960	36.00	33.20	5.780	49.00	46.28	8.680			
384	39.00	3.00	9.010	14.00	36.94	8.060	36.00	35.20	5.750	49.00	48.28	8.590			
385	39.00	5.00	8.650	14.00	40.94	8.150	36.00	37.20	5.680	49.00	50.28	8.680			
386	39.00	7.00	8.320	14.00	44.94	8.340	36.00	39.20	5.650	49.00	52.28	8.650			
387	39.00	9.00	8.010	14.00	6.94	11.210	36.00	41.20	5.730	51.00	12.28	10.810			
388	39.00	11.00	7.700	14.00	14.94	9.840	36.00	43.20	5.750	51.00	14.28	10.590			
389	39.00	13.00	7.290	14.00	18.94	9.250	36.00	45.20	5.870	51.00	16.28	10.370			
390	39.00	15.00	6.920	14.00	22.94	8.680	38.00	1.20	9.620	51.00	18.28	10.120			
391	39.00	17.00	6.510	14.00	26.94	8.250	38.00	3.20	8.810	51.00	20.28	10.000			
392	39.00	19.00	6.200	14.00	30.94	8.060	38.00	5.20	8.430	51.00	22.28	9.750			
393	39.00	21.00	5.850	14.00	34.94	7.960	38.00	7.20	8.120	51.00	24.28	9.650			

续表

测孔编号	CT3-1	CT3-2		CT4-1	CT4-2		CT6-1	CT6-2		CT7-1	CT7-2		CT8-1	CT9-1	
水平间距	28.40m			39.30m			37.00m			49.50m			37.04m		
序号	深度	深度	走时	深度	深度	走时	深度	深度	走时	深度	深度	走时	深度	深度	走时
	m	m	ms	m	m	ms	m	m	ms	m	m	ms	m	m	ms
394	39.00	23.00	5.570	14.00	38.94	8.120	38.00	9.20	7.810	51.00	26.28	9.460			
395	39.00	25.00	5.290	14.00	42.94	8.250	38.00	11.20	7.530	51.00	28.28	9.400			
396	39.00	27.00	5.060	14.00	46.94	8.500	38.00	13.20	7.280	51.00	30.28	9.210			
397	39.00	29.00	4.780	12.00	16.94	9.750	38.00	15.20	7.060	51.00	32.28	9.120			
398	39.00	31.00	4.620	12.00	20.94	9.250	38.00	17.20	6.840	51.00	34.28	9.000			
399	39.00	33.00	4.500	12.00	24.94	8.750	38.00	19.20	6.710	51.00	36.28	8.930			
400	39.00	35.00	4.430	12.00	28.94	8.400	38.00	21.20	6.530	51.00	38.28	8.840			
401	39.00	37.00	4.420	12.00	32.94	8.210	38.00	23.20	6.400	51.00	40.28	8.810			
402	39.00	39.00	4.310	12.00	36.94	8.340	38.00	25.20	6.150	51.00	42.28	8.710			
403	39.00	41.00	4.340	12.00	40.94	8.430	38.00	27.20	6.060	51.00	44.28	8.710			
404	39.00	43.00	4.370	12.00	44.94	8.620	38.00	29.20	5.900	51.00	46.28	8.680			
405	39.00	45.00	4.430	12.00	2.94	9.750	38.00	31.20	5.840	51.00	48.28	8.620			
406	39.00	47.00	4.460	12.00	6.94	9.650	38.00	33.20	5.750	51.00	50.28	8.590			
407	41.00	3.00	9.170	12.00	10.94	9.500	38.00	35.20	5.680	51.00	52.28	8.650			
408	41.00	5.00	8.930	12.00	14.94	10.030	38.00	37.20	5.620	53.00	14.28	10.650			
409	41.00	7.00	8.480	12.00	18.94	9.460	38.00	39.20	5.590	53.00	16.28	10.370			
410	41.00	9.00	8.340	12.00	22.94	8.960	38.00	41.20	5.590	53.00	18.28	10.090			
411	41.00	11.00	7.780	12.00	26.94	8.530	38.00	43.20	5.650	53.00	20.28	9.960			
412	41.00	13.00	7.620	12.00	30.94	8.310	38.00	45.20	5.680	53.00	22.28	9.780			
413	41.00	15.00	7.010	12.00	34.94	8.180	40.00	1.20	9.810	53.00	24.28	9.650			
414	41.00	17.00	6.840	12.00	38.94	8.370	40.00	3.20	8.980	53.00	26.28	9.500			
415	41.00	19.00	6.290	12.00	42.94	8.500	40.00	5.20	8.650	53.00	28.28	9.400			
416	41.00	21.00	6.170	12.00	46.94	8.750	40.00	7.20	8.320	53.00	30.28	9.250			
417	41.00	23.00	5.670	10.00	4.94	12.250	40.00	9.20	8.000	53.00	32.28	9.120			
418	41.00	25.00	5.620	10.00	8.94	11.530	40.00	11.20	7.730	53.00	34.28	9.030			
419	41.00	27.00	5.150	10.00	12.94	10.840	40.00	13.20	7.500	53.00	36.28	8.930			
420	41.00	29.00	5.090	10.00	16.94	10.030	40.00	15.20	7.250	53.00	38.28	8.840			

续表

测孔编号	CT3-1	CT3-2		CT4-1	CT4-2		CT6-1	CT6-2		CT7-1	CT7-2		CT8-1	CT9-1	
水平间距	28.40m			39.30m			37.00m			49.50m			37.04m		
序号	深度	深度	走时	深度	深度	走时	深度	深度	走时	深度	深度	走时	深度	深度	走时
	m	m	ms	m	m	ms	m	m	ms	m	m	ms	m	m	ms
421	41.00	31.00	4.710	10.00	20.94	9.500	40.00	17.20	7.060	53.00	40.28	8.810			
422	41.00	33.00	4.810	10.00	24.94	9.030	40.00	19.20	6.870	53.00	42.28	8.750			
423	41.00	35.00	4.500	10.00	28.94	8.680	40.00	21.20	6.710	53.00	44.28	8.710			
424	41.00	37.00	4.620	10.00	32.94	8.460	40.00	23.20	6.500	53.00	46.28	8.680			
425	41.00	39.00	4.370	10.00	36.94	8.560	40.00	25.20	6.340	53.00	48.28	8.620			
426	41.00	41.00	4.530	10.00	40.94	8.680	40.00	27.20	6.210	53.00	50.28	8.620			
427	41.00	43.00	4.310	10.00	44.94	8.870	40.00	29.20	6.030	53.00	52.28	8.650			
428	41.00	45.00	4.560	10.00	6.94	9.900	40.00	31.20	5.930	55.00	14.28	11.090			
429	41.00	47.00	4.370	10.00	10.94	9.960	40.00	33.20	5.840	55.00	16.28	10.870			
430	43.00	1.00	9.710	10.00	14.94	10.210	40.00	35.20	5.730	55.00	18.28	10.650			
431	43.00	3.00	9.310	10.00	18.94	9.810	40.00	37.20	5.680	55.00	20.28	10.460			
432	43.00	5.00	8.980	10.00	22.94	9.280	40.00	39.20	5.640	55.00	22.28	10.280			
433	43.00	7.00	8.670	10.00	26.94	8.780	40.00	41.20	5.620	55.00	24.28	10.090			
434	43.00	9.00	8.310	10.00	30.94	8.650	40.00	43.20	5.650	55.00	26.28	9.930			
435	43.00	11.00	7.590	10.00	34.94	8.460	40.00	45.20	5.650	55.00	28.28	9.810			
436	43.00	13.00	7.530	10.00	38.94	8.680	42.00	1.20	10.030	55.00	30.28	9.620			
437	43.00	15.00	7.170	10.00	42.94	8.810	42.00	5.20	8.850	55.00	32.28	9.460			
438	43.00	17.00	6.790	10.00	46.94	9.060	42.00	9.20	8.230	55.00	34.28	9.340			
439	43.00	19.00	6.430	8.00	4.94	12.620	42.00	13.20	7.680	55.00	36.28	9.210			
440	43.00	21.00	6.120	8.00	8.94	11.900	42.00	17.20	7.210	55.00	38.28	9.120			
441	43.00	23.00	5.790	8.00	12.94	11.120	42.00	21.20	6.870	55.00	40.28	9.030			
442	43.00	25.00	5.540	8.00	16.94	10.370	42.00	25.20	6.460	55.00	42.28	8.930			
443	43.00	27.00	5.280	8.00	20.94	9.780	42.00	29.20	6.150	55.00	44.28	8.840			
444	43.00	29.00	5.010	8.00	24.94	9.340	42.00	33.20	5.930	55.00	46.28	8.750			
445	43.00	31.00	4.840	8.00	28.94	9.000	42.00	37.20	5.710	55.00	48.28	8.650			
446	43.00	33.00	4.680	8.00	32.94	8.810	42.00	41.20	5.620	55.00	50.28	8.650			
447	43.00	35.00	4.590	8.00	36.94	8.900	42.00	45.20	5.670	55.00	52.28	8.590			

附表3 某水电站11号坝基深槽各剖面地震波射线走时汇总（二）

续表

测孔编号	CT3-1	CT3-2		CT4-1	CT4-2		CT6-1	CT6-2		CT7-1	CT7-2		CT8-1	CT9-1	
水平间距	28.40m			39.30m			37.00m			49.50m			37.04m		
序号	深度	深度	走时	深度	深度	走时	深度	深度	走时	深度	深度	走时	深度	深度	走时
	m	m	ms	m	m	ms	m	m	ms	m	m	ms	m	m	ms
448	43.00	37.00	4.460	8.00	40.94	9.030	44.00	5.20	9.210	57.00	12.28	11.650			
449	43.00	39.00	4.400	8.00	44.94	9.210	44.00	9.20	8.530	57.00	14.28	10.680			
450	43.00	41.00	4.310	8.00	10.94	10.090	44.00	13.20	7.960	57.00	16.28	11.170			
451	43.00	43.00	4.310	8.00	14.94	10.650	44.00	17.20	7.500	57.00	18.28	10.150			
452	43.00	45.00	4.310	8.00	18.94	10.030	44.00	21.20	7.120	57.00	20.28	10.710			
453	43.00	47.00	4.340	8.00	22.94	9.500	44.00	25.20	6.710	57.00	22.28	9.780			
454	45.00	3.00	9.590	8.00	26.94	9.030	44.00	29.20	6.370	57.00	24.28	10.310			
455	45.00	5.00	9.180	8.00	30.94	8.900	44.00	33.20	6.060	57.00	26.28	9.500			
456	45.00	7.00	8.890	8.00	34.94	8.710	44.00	37.20	5.810	57.00	28.28	10.030			
457	45.00	9.00	8.480	8.00	38.94	8.900	44.00	41.20	5.620	57.00	30.28	9.250			
458	45.00	11.00	8.180	8.00	42.94	9.060	44.00	45.20	5.590	57.00	32.28	9.650			
459	45.00	13.00	7.430	8.00	46.94	9.310				57.00	34.28	9.030			
460	45.00	15.00	7.390	6.00	4.94	12.780				57.00	36.28	9.370			
461	45.00	17.00	6.960	6.00	8.94	12.340				57.00	38.28	8.870			
462	45.00	19.00	6.640	6.00	12.94	11.500				57.00	40.28	9.180			
463	45.00	21.00	6.290	6.00	16.94	10.750				57.00	42.28	8.750			
464	45.00	23.00	6.000	6.00	20.94	10.150				57.00	44.28	8.930			
465	45.00	25.00	5.710	6.00	24.94	9.680				57.00	46.28	8.680			
466	45.00	27.00	5.450	6.00	28.94	9.310				57.00	48.28	8.710			
467	45.00	29.00	5.170	6.00	32.94	9.090				57.00	50.28	8.620			
468	45.00	31.00	5.000	6.00	36.94	9.250				57.00	52.28	8.590			
469	45.00	33.00	4.810	6.00	40.94	9.340									
470	45.00	35.00	4.680	6.00	44.94	9.530									
471	45.00	37.00	4.540	6.00	14.94	11.180									
472	45.00	39.00	4.460	6.00	18.94	10.460									
473	45.00	41.00	4.390	6.00	22.94	9.930									
474	45.00	43.00	4.350	6.00	26.94	9.460									

续表

测孔编号	CT3-1	CT3-2		CT4-1	CT4-2		CT6-1	CT6-2		CT7-1	CT7-2		CT8-1	CT9-1	
水平间距	28.40m			39.30m			37.00m			49.50m			37.04m		
序号	深度	深度	走时	深度	深度	走时	深度	深度	走时	深度	深度	走时	深度	深度	走时
	m	m	ms	m	m	ms	m	m	ms	m	m	ms	m	m	ms
475	45.00	45.00	4.310	6.00	30.94	9.250									
476	45.00	47.00	4.310	6.00	34.94	9.090									
477	47.00	1.00	10.120	6.00	38.94	9.310									
478	47.00	3.00	9.760	6.00	42.94	9.430									
479	47.00	5.00	9.350	6.00	46.94	9.680									
480	47.00	7.00	9.090	18.00	10.94	10.090									
481	47.00	9.00	8.670	16.00	10.94	10.400									
482	47.00	11.00	8.390	14.00	10.94	10.750									
483	47.00	13.00	7.920	8.00	2.94	10.310									
484	47.00	15.00	7.620	8.00	6.94	10.310									
485	47.00	17.00	7.180												
486	47.00	19.00	6.850												
487	47.00	21.00	6.500												
488	47.00	23.00	6.210												
489	47.00	25.00	5.900												
490	47.00	27.00	5.650												
491	47.00	29.00	5.350												
492	47.00	31.00	5.180												
493	47.00	33.00	4.980												
494	47.00	35.00	4.820												
495	47.00	37.00	4.680												
496	47.00	39.00	4.590												
497	47.00	41.00	4.450												
498	47.00	43.00	4.400												
499	47.00	45.00	4.310												
500	47.00	47.00	4.280												

附表4　　西端引水洞岩溶Ⅳ区段洞间各剖面地震波射线走时汇总

隧洞编号	1号	2号		2号	3号		3号	4号	
洞间距	45.5m			45.5m			45.2m		
序号	距离[①]	距离[①]	走时	距离[①]	距离[①]	走时	距离[①]	距离[①]	走时
	m	m	ms	m	m	ms	m	m	ms
1	1.80	0.00	7.906	21.20	0.00	11.758	0.00	0.00	7.845
2	1.80	2.00	8.289	21.20	2.00	10.719	0.00	2.00	7.908
3	1.80	4.00	7.960	21.20	4.00	10.063	0.00	4.00	8.174
4	1.80	6.00	7.596	21.20	6.00	11.156	0.00	6.00	8.312
5	1.80	8.00	7.908	21.20	8.00	12.000	0.00	8.00	8.197
6	1.80	10.00	8.463	21.20	10.00	12.360	0.00	10.00	8.801
7	1.80	12.00	8.694	21.20	12.00	11.669	0.00	12.00	9.078
8	1.80	14.00	8.393	21.20	14.00	11.523	0.00	14.00	8.168
9	1.80	16.00	9.020	21.20	16.00	11.111	0.00	16.00	9.052
10	1.80	18.00	9.364	21.20	18.00	11.549	0.00	18.00	8.775
11	1.80	20.00	9.375	21.20	20.00	12.139	0.00	20.00	8.234
12	1.80	22.00	9.538	21.20	22.00	12.128	0.00	22.00	9.104
13	1.80	24.00	10.023	21.20	24.00	11.428	0.00	24.00	8.464
14	1.80	26.00	10.353	21.20	26.00	12.219	0.00	26.00	8.827
15	1.80	28.00	10.752	21.20	28.00	11.862	0.00	28.00	9.524
16	1.80	30.00	10.781	21.20	30.00	12.139	0.00	30.00	9.867
17	1.80	32.00	11.428	21.20	32.00	12.191	0.00	32.00	9.853
18	1.80	34.00	10.875	21.20	34.00	11.906	0.00	34.00	10.041
19	1.80	36.00	11.406	21.20	36.00	12.344	0.00	36.00	10.301
20	1.80	38.00	11.758	21.20	38.00	11.862	0.00	38.00	10.072
21	1.80	40.00	11.921	21.20	40.00	11.862	0.00	40.00	10.729
22	1.80	42.00	12.219	21.20	42.00	12.785	0.00	42.00	10.083
23	1.80	44.00	12.850	21.20	44.00	12.807	0.00	44.00	10.613
24	1.80	46.00	13.162	21.20	46.00	12.729	0.00	46.00	11.376
25	1.80	48.00	11.508	23.20	0.00	11.862	0.00	48.00	11.771
26	1.80	50.00	12.451	23.20	2.00	11.428	2.00	0.00	7.856
27	1.80	52.00	13.516	23.20	4.00	10.344	2.00	2.00	7.856
28	1.80	54.00	14.690	23.20	6.00	11.250	2.00	4.00	8.012

续表

隧洞编号	1号	2号		2号	3号		3号	4号	
洞间距	45.5m			45.5m			45.2m		
序号	距离[①]	距离[①]	走时	距离[①]	距离[①]	走时	距离[①]	距离[①]	走时
	m	m	ms	m	m	ms	m	m	ms
29	1.80	56.00	15.192	23.20	8.00	12.344	2.00	6.00	8.189
30	1.80	58.00	15.769	23.20	10.00	12.625	2.00	8.00	8.173
31	1.80	60.00	16.209	23.20	12.00	11.985	2.00	10.00	8.589
32	1.80	62.00	16.601	23.20	14.00	12.118	2.00	12.00	8.890
33	1.80	64.00	16.741	23.20	16.00	10.943	2.00	14.00	8.025
34	1.80	66.00	16.881	23.20	18.00	11.706	2.00	16.00	9.000
35	1.80	68.00	16.908	23.20	20.00	12.145	2.00	18.00	8.671
36	1.80	70.00	17.436	23.20	22.00	12.243	2.00	20.00	8.183
37	3.50	0.00	7.700	23.20	24.00	11.636	2.00	22.00	8.850
38	3.50	2.00	8.133	23.20	26.00	12.515	2.00	24.00	8.341
39	3.50	4.00	7.841	23.20	28.00	11.931	2.00	26.00	8.739
40	3.50	6.00	7.474	23.20	30.00	12.142	2.00	28.00	9.322
41	3.50	8.00	7.856	23.20	32.00	11.844	2.00	30.00	9.594
42	3.50	10.00	8.076	23.20	34.00	12.430	2.00	32.00	9.636
43	3.50	12.00	8.463	23.20	36.00	12.617	2.00	34.00	10.058
44	3.50	14.00	8.247	23.20	38.00	11.706	2.00	36.00	9.971
45	3.50	16.00	8.500	23.20	40.00	11.469	2.00	38.00	9.867
46	3.50	18.00	9.099	23.20	42.00	12.440	2.00	40.00	10.457
47	3.50	20.00	9.052	23.20	44.00	12.590	2.00	42.00	10.088
48	3.50	22.00	9.694	23.20	46.00	12.850	2.00	44.00	10.125
49	3.50	24.00	9.738	25.20	0.00	12.059	2.00	46.00	11.020
50	3.50	26.00	10.126	25.20	2.00	11.500	2.00	48.00	11.515
51	3.50	28.00	10.197	25.20	4.00	11.600	4.00	0.00	7.804
52	3.50	30.00	10.462	25.20	6.00	11.854	4.00	2.00	7.799
53	3.50	32.00	11.125	25.20	8.00	12.294	4.00	4.00	7.850
54	3.50	34.00	11.116	25.20	10.00	12.270	4.00	6.00	8.093
55	3.50	36.00	11.552	25.20	12.00	12.279	4.00	8.00	8.058
56	3.50	38.00	11.706	25.20	14.00	11.848	4.00	10.00	8.569

续表

隧洞编号	1号	2号		2号	3号		3号	4号	
洞间距	45.5m			45.5m			45.2m		
序号	距离[①]	距离[①]	走时	距离[①]	距离[①]	走时	距离[①]	距离[①]	走时
	m	m	ms	m	m	ms	m	m	ms
57	3.50	40.00	11.753	25.20	16.00	11.149	4.00	12.00	8.671
58	3.50	42.00	11.862	25.20	18.00	12.206	4.00	14.00	7.960
59	3.50	44.00	12.812	25.20	20.00	12.729	4.00	16.00	9.000
60	3.50	46.00	13.233	25.20	22.00	12.850	4.00	18.00	8.515
61	3.50	48.00	12.972	25.20	24.00	12.412	4.00	20.00	8.133
62	3.50	50.00	12.974	25.20	26.00	12.813	4.00	22.00	8.694
63	3.50	52.00	13.537	25.20	28.00	12.417	4.00	24.00	8.180
64	3.50	54.00	14.107	25.20	30.00	12.722	4.00	26.00	8.567
65	3.50	56.00	14.648	25.20	32.00	13.094	4.00	28.00	9.120
66	3.50	58.00	15.179	25.20	34.00	13.006	4.00	30.00	9.486
67	3.50	60.00	15.564	25.20	36.00	12.902	4.00	32.00	9.374
68	3.50	62.00	15.926	25.20	38.00	12.087	4.00	34.00	9.742
69	3.50	64.00	16.097	25.20	40.00	12.035	4.00	36.00	9.819
70	3.50	66.00	16.001	25.20	42.00	12.729	4.00	38.00	9.642
71	3.50	68.00	16.472	25.20	44.00	13.110	4.00	40.00	10.249
72	3.50	70.00	16.944	25.20	46.00	12.729	4.00	42.00	9.694
73	7.82	0.00	8.003	27.20	0.00	12.087	4.00	44.00	9.867
74	7.82	2.00	8.347	27.20	2.00	11.862	4.00	46.00	10.827
75	7.82	4.00	7.927	27.20	4.00	12.191	4.00	48.00	11.220
76	7.82	6.00	7.474	27.20	6.00	12.521	6.00	0.00	7.960
77	7.82	8.00	7.843	27.20	8.00	13.526	6.00	2.00	7.875
78	7.82	10.00	8.088	27.20	10.00	12.688	6.00	4.00	8.091
79	7.82	12.00	8.509	27.20	12.00	12.417	6.00	6.00	8.197
80	7.82	14.00	8.133	27.20	14.00	12.240	6.00	8.00	8.055
81	7.82	16.00	8.618	27.20	16.00	11.637	6.00	10.00	8.636
82	7.82	18.00	8.987	27.20	18.00	12.365	6.00	12.00	8.740
83	7.82	20.00	9.098	27.20	20.00	13.006	6.00	14.00	7.846
84	7.82	22.00	8.830	27.20	22.00	13.813	6.00	16.00	8.981

续表

隧洞编号	1号	2号		2号	3号		3号	4号	
洞间距	45.5m			45.5m			45.2m		
序号	距离[①]	距离[①]	走时	距离[①]	距离[①]	走时	距离[①]	距离[①]	走时
	m	m	ms	m	m	ms	m	m	ms
85	7.82	24.00	9.151	27.20	24.00	12.243	6.00	18.00	8.608
86	7.82	26.00	9.763	27.20	26.00	13.006	6.00	20.00	8.082
87	7.82	28.00	10.127	27.20	28.00	12.375	6.00	22.00	8.656
88	7.82	30.00	10.294	27.20	30.00	12.625	6.00	24.00	8.208
89	7.82	32.00	10.511	27.20	32.00	14.031	6.00	26.00	8.549
90	7.82	34.00	10.634	27.20	34.00	12.573	6.00	28.00	9.000
91	7.82	36.00	11.364	27.20	36.00	12.365	6.00	30.00	9.382
92	7.82	38.00	11.428	27.20	38.00	11.996	6.00	32.00	9.279
93	7.82	40.00	11.601	27.20	40.00	11.983	6.00	34.00	9.590
94	7.82	42.00	11.840	27.20	42.00	12.417	6.00	36.00	9.694
95	7.82	44.00	12.243	27.20	44.00	12.729	6.00	38.00	9.672
96	7.82	46.00	12.365	27.20	46.00	12.798	6.00	40.00	10.197
97	7.82	48.00	12.433	29.20	0.00	11.969	6.00	42.00	9.642
98	7.82	50.00	12.454	29.20	2.00	11.000	6.00	44.00	9.913
99	7.82	52.00	13.493	29.20	4.00	10.487	6.00	46.00	10.682
100	7.82	54.00	13.971	29.20	6.00	11.481	6.00	48.00	11.260
101	7.82	56.00	14.479	29.20	8.00	11.983	8.00	0.00	8.029
102	7.82	58.00	14.410	29.20	10.00	12.016	8.00	2.00	8.006
103	7.82	60.00	14.792	29.20	12.00	12.087	8.00	4.00	8.156
104	7.82	62.00	15.175	29.20	14.00	12.344	8.00	6.00	8.197
105	7.82	64.00	15.557	29.20	16.00	11.072	8.00	8.00	8.093
106	7.82	66.00	15.330	29.20	18.00	11.844	8.00	10.00	8.597
107	7.82	68.00	15.330	29.20	20.00	12.165	8.00	12.00	8.740
108	7.82	70.00	15.330	29.20	22.00	12.128	8.00	14.00	7.960
109	9.97	0.00	8.144	29.20	24.00	11.571	8.00	16.00	9.031
110	9.97	2.00	8.546	29.20	26.00	11.966	8.00	18.00	8.531
111	9.97	4.00	8.151	29.20	28.00	11.628	8.00	20.00	7.861
112	9.97	6.00	7.585	29.20	30.00	11.656	8.00	22.00	8.671

续表

隧洞编号	1号	2号		2号	3号		3号	4号	
洞间距	45.5m			45.5m			45.2m		
序号	距离①	距离①	走时	距离①	距离①	走时	距离①	距离①	走时
	m	m	ms	m	m	ms	m	m	ms
113	9.97	8.00	7.960	29.20	32.00	12.469	8.00	24.00	8.029
114	9.97	10.00	7.960	29.20	34.00	11.983	8.00	26.00	8.467
115	9.97	12.00	8.463	29.20	36.00	11.594	8.00	28.00	8.896
116	9.97	14.00	8.188	29.20	38.00	11.272	8.00	30.00	9.330
117	9.97	16.00	8.668	29.20	40.00	11.116	8.00	32.00	9.184
118	9.97	18.00	8.750	29.20	42.00	11.428	8.00	34.00	9.434
119	9.97	20.00	8.792	29.20	44.00	12.243	8.00	36.00	9.763
120	9.97	22.00	8.757	29.20	46.00	11.862	8.00	38.00	9.590
121	9.97	24.00	9.538	31.20	0.00	12.191	8.00	40.00	9.867
122	9.97	26.00	9.486	31.20	2.00	11.862	8.00	42.00	9.538
123	9.97	28.00	9.919	31.20	4.00	12.006	8.00	44.00	9.777
124	9.97	30.00	9.971	31.20	6.00	12.295	8.00	46.00	10.694
125	9.97	32.00	10.686	31.20	8.00	12.471	8.00	48.00	11.064
126	9.97	34.00	10.063	31.20	10.00	12.424	10.00	0.00	8.133
127	9.97	36.00	10.492	31.20	12.00	11.983	10.00	2.00	7.960
128	9.97	38.00	10.796	31.20	14.00	11.906	10.00	4.00	8.185
129	9.97	40.00	11.116	31.20	16.00	10.943	10.00	6.00	8.289
130	9.97	42.00	11.340	31.20	18.00	11.835	10.00	8.00	8.109
131	9.97	44.00	12.208	31.20	20.00	12.122	10.00	10.00	8.567
132	9.97	46.00	11.931	31.20	22.00	12.850	10.00	12.00	8.740
133	9.97	48.00	12.042	31.20	24.00	11.438	10.00	14.00	7.856
134	9.97	50.00	13.067	31.20	26.00	12.385	10.00	16.00	8.827
135	9.97	52.00	13.492	31.20	28.00	11.887	10.00	18.00	8.393
136	9.97	54.00	14.584	31.20	30.00	12.247	10.00	20.00	7.883
137	9.97	56.00	15.174	31.20	32.00	12.709	10.00	22.00	8.567
138	9.97	58.00	15.203	31.20	34.00	11.792	10.00	24.00	8.029
139	9.97	60.00	15.231	31.20	36.00	11.298	10.00	26.00	8.373
140	9.97	62.00	15.174	31.20	38.00	11.000	10.00	28.00	8.827

续表

隧洞编号	1号	2号		2号	3号		3号	4号	
洞间距	45.5m			45.5m			45.2m		
序号	距离[①]	距离[①]	走时	距离[①]	距离[①]	走时	距离[①]	距离[①]	走时
	m	m	ms	m	m	ms	m	m	ms
141	9.97	64.00	15.682	31.20	40.00	11.642	10.00	30.00	9.208
142	9.97	66.00	15.635	31.20	42.00	11.550	10.00	32.00	9.088
143	9.97	68.00	15.969	31.20	44.00	11.862	10.00	34.00	9.330
144	9.97	70.00	16.484	31.20	46.00	11.654	10.00	36.00	9.590
145	11.98	0.00	8.237	33.20	0.00	11.966	10.00	38.00	9.385
146	11.98	2.00	8.619	33.20	2.00	11.793	10.00	40.00	9.919
147	11.98	4.00	8.103	33.20	4.00	11.983	10.00	42.00	9.345
148	11.98	6.00	7.763	33.20	6.00	12.288	10.00	44.00	9.756
149	11.98	8.00	8.081	33.20	8.00	12.518	10.00	46.00	10.396
150	11.98	10.00	8.463	33.20	10.00	12.295	10.00	48.00	10.889
151	11.98	12.00	8.577	33.20	12.00	12.486	12.00	0.00	8.081
152	11.98	14.00	8.125	33.20	14.00	12.139	12.00	2.00	8.029
153	11.98	16.00	8.670	33.20	16.00	11.428	12.00	4.00	8.183
154	11.98	18.00	9.104	33.20	18.00	12.023	12.00	6.00	8.153
155	11.98	20.00	9.208	33.20	20.00	12.798	12.00	8.00	8.104
156	11.98	22.00	8.797	33.20	22.00	12.938	12.00	10.00	8.532
157	11.98	24.00	9.642	33.20	24.00	12.111	12.00	12.00	8.671
158	11.98	26.00	9.792	33.20	26.00	12.607	12.00	14.00	7.856
159	11.98	28.00	10.075	33.20	28.00	11.931	12.00	16.00	8.775
160	11.98	30.00	10.260	33.20	30.00	12.087	12.00	18.00	8.407
161	11.98	32.00	10.679	33.20	32.00	13.094	12.00	20.00	7.906
162	11.98	34.00	10.307	33.20	34.00	12.324	12.00	22.00	8.559
163	11.98	36.00	10.903	33.20	36.00	11.983	12.00	24.00	8.063
164	11.98	38.00	11.161	33.20	38.00	10.986	12.00	26.00	8.344
165	11.98	40.00	11.214	33.20	40.00	11.168	12.00	28.00	8.723
166	11.98	42.00	11.436	33.20	42.00	11.601	12.00	30.00	9.052
167	11.98	44.00	12.087	33.20	44.00	12.243	12.00	32.00	9.000
168	11.98	46.00	12.178	33.20	46.00	11.862	12.00	34.00	9.218

续表

隧洞编号	1 号	2 号		2 号	3 号		3 号	4 号	
洞间距	45.5m			45.5m			45.2m		
序号	距离[①]	距离[①]	走时	距离[①]	距离[①]	走时	距离[①]	距离[①]	走时
	m	m	ms	m	m	ms	m	m	ms
169	11.98	48.00	12.045	35.20	0.00	12.543	12.00	36.00	9.406
170	11.98	50.00	12.625	35.20	2.00	12.226	12.00	38.00	9.280
171	11.98	52.00	13.800	35.20	4.00	12.250	12.00	40.00	9.763
172	11.98	54.00	15.006	35.20	6.00	12.575	12.00	42.00	9.208
173	11.98	56.00	15.524	35.20	8.00	13.371	12.00	44.00	9.382
174	11.98	58.00	14.310	35.20	10.00	13.925	12.00	46.00	10.450
175	11.98	60.00	14.629	35.20	12.00	12.487	12.00	48.00	10.730
176	11.98	62.00	14.952	35.20	14.00	12.148	14.00	0.00	8.393
177	11.98	64.00	15.267	35.20	16.00	11.636	14.00	2.00	8.411
178	11.98	66.00	15.448	35.20	18.00	12.658	14.00	4.00	8.467
179	11.98	68.00	16.203	35.20	20.00	12.781	14.00	6.00	8.461
180	11.98	70.00	16.885	35.20	22.00	12.521	14.00	8.00	8.382
181	13.97	0.00	8.219	35.20	24.00	12.090	14.00	10.00	8.821
182	13.97	2.00	8.437	35.20	26.00	12.782	14.00	12.00	9.064
183	13.97	4.00	7.983	35.20	28.00	12.461	14.00	14.00	8.197
184	13.97	6.00	7.761	35.20	30.00	12.424	14.00	16.00	9.082
185	13.97	8.00	8.081	35.20	32.00	12.938	14.00	18.00	8.515
186	13.97	10.00	8.161	35.20	34.00	12.573	14.00	20.00	8.133
187	13.97	12.00	8.469	35.20	36.00	11.792	14.00	22.00	8.723
188	13.97	14.00	7.813	35.20	38.00	11.428	14.00	24.00	8.000
189	13.97	16.00	8.619	35.20	40.00	11.428	14.00	26.00	8.531
190	13.97	18.00	8.891	35.20	42.00	12.130	14.00	28.00	8.896
191	13.97	20.00	8.818	35.20	44.00	11.865	14.00	30.00	9.156
192	13.97	22.00	8.874	35.20	46.00	11.645	14.00	32.00	9.052
193	13.97	24.00	9.453	37.20	0.00	12.798	14.00	34.00	9.382
194	13.97	26.00	9.406	37.20	2.00	12.094	14.00	36.00	9.538
195	13.97	28.00	9.815	37.20	4.00	12.625	14.00	38.00	9.260
196	13.97	30.00	9.759	37.20	6.00	12.729	14.00	40.00	9.771

续表

隧洞编号	1号	2号		2号	3号		3号	4号	
洞间距	45.5m			45.5m			45.2m		
序号	距离[①]	距离[①]	走时	距离[①]	距离[①]	走时	距离[①]	距离[①]	走时
	m	m	ms	m	m	ms	m	m	ms
197	13.97	32.00	10.393	37.20	8.00	13.665	14.00	42.00	9.260
198	13.97	34.00	9.938	37.20	10.00	13.232	14.00	44.00	9.545
199	13.97	36.00	10.281	37.20	12.00	12.688	14.00	46.00	10.338
200	13.97	38.00	10.531	37.20	14.00	12.295	14.00	48.00	10.665
201	13.97	40.00	10.751	37.20	16.00	11.931	16.00	0.00	8.619
202	13.97	42.00	10.932	37.20	18.00	12.677	16.00	2.00	8.515
203	13.97	44.00	11.549	37.20	20.00	13.232	16.00	4.00	8.517
204	13.97	46.00	11.658	37.20	22.00	12.948	16.00	6.00	8.585
205	13.97	48.00	11.975	37.20	24.00	12.035	16.00	8.00	8.532
206	13.97	50.00	12.491	37.20	26.00	13.094	16.00	10.00	8.890
207	13.97	52.00	13.347	37.20	28.00	12.243	16.00	12.00	9.110
208	13.97	54.00	14.606	37.20	30.00	12.677	16.00	14.00	8.221
209	13.97	56.00	15.122	37.20	32.00	12.729	16.00	16.00	9.069
210	13.97	58.00	14.061	37.20	34.00	11.844	16.00	18.00	8.671
211	13.97	60.00	14.432	37.20	36.00	11.765	16.00	20.00	8.133
212	13.97	62.00	14.584	37.20	38.00	11.168	16.00	22.00	8.766
213	13.97	64.00	15.226	37.20	40.00	11.099	16.00	24.00	8.143
214	13.97	66.00	15.555	37.20	42.00	11.654	16.00	26.00	8.515
215	13.97	68.00	16.422	37.20	44.00	12.087	16.00	28.00	8.817
216	13.97	70.00	16.720	37.20	46.00	11.654	16.00	30.00	9.104
217	16.03	0.00	8.293	39.20	0.00	13.058	16.00	32.00	8.738
218	16.03	2.00	8.619	39.20	2.00	12.954	16.00	34.00	9.223
219	16.03	4.00	8.254	39.20	4.00	13.297	16.00	36.00	9.344
220	16.03	6.00	7.648	39.20	6.00	13.457	16.00	38.00	9.260
221	16.03	8.00	7.956	39.20	8.00	14.029	16.00	40.00	9.602
222	16.03	10.00	8.289	39.20	10.00	13.232	16.00	42.00	9.156
223	16.03	12.00	8.406	39.20	12.00	12.750	16.00	44.00	9.330
224	16.03	14.00	7.813	39.20	14.00	12.531	16.00	46.00	10.301

续表

隧洞编号	1号	2号		2号	3号		3号	4号	
洞间距	45.5m			45.5m			45.2m		
序号	距离①	距离①	走时	距离①	距离①	走时	距离①	距离①	走时
	m	m	ms	m	m	ms	m	m	ms
225	16.03	16.00	8.567	39.20	16.00	11.781	16.00	48.00	10.561
226	16.03	18.00	9.024	39.20	18.00	12.625	18.00	0.00	9.260
227	16.03	20.00	9.130	39.20	20.00	13.125	18.00	2.00	9.040
228	16.03	22.00	8.699	39.20	22.00	12.906	18.00	4.00	9.208
229	16.03	24.00	9.844	39.20	24.00	12.438	18.00	6.00	9.214
230	16.03	26.00	9.313	39.20	26.00	13.281	18.00	8.00	9.283
231	16.03	28.00	9.945	39.20	28.00	12.469	18.00	10.00	9.607
232	16.03	30.00	9.594	39.20	30.00	12.219	18.00	12.00	9.740
233	16.03	32.00	10.440	39.20	32.00	12.600	18.00	14.00	9.052
234	16.03	34.00	10.078	39.20	34.00	12.035	18.00	16.00	9.538
235	16.03	36.00	10.440	39.20	36.00	11.375	18.00	18.00	8.896
236	16.03	38.00	10.457	39.20	38.00	10.625	18.00	20.00	8.619
237	16.03	40.00	10.807	39.20	40.00	11.199	18.00	22.00	9.260
238	16.03	42.00	10.969	39.20	42.00	11.250	18.00	24.00	8.515
239	16.03	44.00	11.938	39.20	44.00	11.654	18.00	26.00	8.671
240	16.03	46.00	11.758	39.20	46.00	11.156	18.00	28.00	9.156
241	16.03	48.00	11.813	41.20	0.00	13.821	18.00	30.00	9.382
242	16.03	50.00	12.162	41.20	2.00	13.280	18.00	32.00	9.208
243	16.03	52.00	13.295	41.20	4.00	13.254	18.00	34.00	9.486
244	16.03	54.00	14.581	41.20	6.00	13.243	18.00	36.00	9.919
245	16.03	56.00	15.207	41.20	8.00	13.320	18.00	38.00	9.763
246	16.03	58.00	14.203	41.20	10.00	13.336	18.00	40.00	10.023
247	16.03	60.00	14.623	41.20	12.00	13.156	18.00	42.00	9.486
248	16.03	62.00	14.805	41.20	14.00	12.938	18.00	44.00	9.867
249	16.03	64.00	14.977	41.20	16.00	12.087	18.00	46.00	10.734
250	16.03	66.00	15.548	41.20	18.00	12.844	18.00	48.00	11.272
251	16.03	68.00	15.833	41.20	20.00	13.544	20.00	0.00	9.275
252	16.03	70.00	16.370	41.20	22.00	13.769	20.00	2.00	9.104

续表

隧洞编号	1号	2号		2号	3号		3号	4号	
洞间距	45.5m			45.5m			45.2m		
序号	距离[①]	距离[①]	走时	距离[①]	距离[①]	走时	距离[①]	距离[①]	走时
	m	m	ms	m	m	ms	m	m	ms
253	18.21	0.00	8.510	41.20	24.00	12.677	20.00	4.00	9.156
254	18.21	2.00	8.827	41.20	26.00	13.281	20.00	6.00	9.187
255	18.21	4.00	8.399	41.20	28.00	12.798	20.00	8.00	8.890
256	18.21	6.00	7.873	41.20	30.00	12.563	20.00	10.00	9.318
257	18.21	8.00	8.185	41.20	32.00	13.058	20.00	12.00	9.632
258	18.21	10.00	8.289	41.20	34.00	11.750	20.00	14.00	8.658
259	18.21	12.00	8.567	41.20	36.00	11.584	20.00	16.00	9.499
260	18.21	14.00	8.182	41.20	38.00	10.813	20.00	18.00	8.891
261	18.21	16.00	8.549	41.20	40.00	10.938	20.00	20.00	8.341
262	18.21	18.00	8.931	41.20	42.00	11.563	20.00	22.00	9.068
263	18.21	20.00	8.969	41.20	44.00	12.281	20.00	24.00	8.397
264	18.21	22.00	8.656	41.20	46.00	11.758	20.00	26.00	8.775
265	18.21	24.00	9.656	43.20	0.00	13.769	20.00	28.00	8.896
266	18.21	26.00	9.486	43.20	2.00	13.336	20.00	30.00	9.330
267	18.21	28.00	9.815	43.20	4.00	12.365	20.00	32.00	9.176
268	18.21	30.00	9.815	43.20	6.00	14.281	20.00	34.00	9.206
269	18.21	32.00	10.509	43.20	8.00	14.625	20.00	36.00	9.590
270	18.21	34.00	10.033	43.20	10.00	13.893	20.00	38.00	9.486
271	18.21	36.00	10.317	43.20	12.00	13.967	20.00	40.00	9.815
272	18.21	38.00	10.838	43.20	14.00	14.531	20.00	42.00	9.156
273	18.21	40.00	10.812	43.20	16.00	12.677	20.00	44.00	9.674
274	18.21	42.00	11.104	43.20	18.00	13.000	20.00	46.00	10.249
275	18.21	44.00	11.601	43.20	20.00	13.656	20.00	48.00	10.698
276	18.21	46.00	11.706	43.20	22.00	14.125	22.00	0.00	9.590
277	18.21	48.00	11.931	43.20	24.00	13.110	22.00	2.00	9.219
278	18.21	50.00	12.218	43.20	26.00	13.313	22.00	4.00	9.305
279	18.21	52.00	13.713	43.20	28.00	13.098	22.00	6.00	9.434
280	18.21	54.00	14.584	43.20	30.00	13.216	22.00	8.00	8.960

续表

隧洞编号	1号	2号		2号	3号		3号	4号	
洞间距	45.5m			45.5m			45.2m		
序号	距离①	距离①	走时	距离①	距离①	走时	距离①	距离①	走时
	m	m	ms	m	m	ms	m	m	ms
281	18.21	56.00	15.062	43.20	32.00	13.335	22.00	10.00	9.362
282	18.21	58.00	13.865	43.20	34.00	12.365	22.00	12.00	9.642
283	18.21	60.00	14.119	43.20	36.00	11.740	22.00	14.00	8.798
284	18.21	62.00	14.372	43.20	38.00	11.116	22.00	16.00	9.544
285	18.21	64.00	14.626	43.20	40.00	10.734	22.00	18.00	9.000
286	18.21	66.00	15.015	43.20	42.00	11.188	22.00	20.00	8.463
287	18.21	68.00	15.642	43.20	44.00	11.549	22.00	22.00	9.052
288	18.21	70.00	16.179	43.20	46.00	11.690	22.00	24.00	8.412
289	20.05	0.00	8.671	45.20	0.00	14.151	22.00	26.00	8.721
290	20.05	2.00	9.000	45.20	2.00	13.754	22.00	28.00	8.938
291	20.05	4.00	8.523	45.20	4.00	13.545	22.00	30.00	9.330
292	20.05	6.00	8.029	45.20	6.00	13.827	22.00	32.00	9.163
293	20.05	8.00	8.341	45.20	8.00	14.781	22.00	34.00	9.416
294	20.05	10.00	8.293	45.20	10.00	15.469	22.00	36.00	9.642
295	20.05	12.00	8.723	45.20	12.00	13.969	22.00	38.00	9.472
296	20.05	14.00	8.359	45.20	14.00	14.005	22.00	40.00	9.857
297	20.05	16.00	8.723	45.20	16.00	12.798	22.00	42.00	9.208
298	20.05	18.00	9.104	45.20	18.00	13.469	22.00	44.00	9.590
299	20.05	20.00	9.208	45.20	20.00	14.344	22.00	46.00	10.405
300	20.05	22.00	9.052	45.20	22.00	14.636	22.00	48.00	10.457
301	20.05	24.00	9.815	45.20	24.00	13.552	24.00	0.00	9.489
302	20.05	26.00	9.538	45.20	26.00	14.105	24.00	2.00	9.208
303	20.05	28.00	9.867	45.20	28.00	13.604	24.00	4.00	9.326
304	20.05	30.00	9.850	45.20	30.00	13.596	24.00	6.00	9.468
305	20.05	32.00	10.526	45.20	32.00	13.388	24.00	8.00	9.009
306	20.05	34.00	9.971	45.20	34.00	12.521	24.00	10.00	9.507
307	20.05	36.00	10.464	45.20	36.00	12.365	24.00	12.00	9.538
308	20.05	38.00	10.682	45.20	38.00	10.856	24.00	14.00	8.723

续表

隧洞编号	1号	2号		2号	3号		3号	4号	
洞间距	45.5m			45.5m			45.2m		
序号	距离[①]	距离[①]	走时	距离[①]	距离[①]	走时	距离[①]	距离[①]	走时
	m	m	ms	m	m	ms	m	m	ms
309	20.05	40.00	10.490	45.20	40.00	10.875	24.00	16.00	9.601
310	20.05	42.00	10.786	45.20	42.00	11.469	24.00	18.00	8.896
311	20.05	44.00	11.220	45.20	44.00	11.983	24.00	20.00	8.341
312	20.05	46.00	11.728	45.20	46.00	12.035	24.00	22.00	9.000
313	20.05	48.00	12.007	47.20	0.00	14.636	24.00	24.00	8.289
314	20.05	50.00	12.417	47.20	2.00	14.255	24.00	26.00	8.619
315	20.05	52.00	13.603	47.20	4.00	14.255	24.00	28.00	8.879
316	20.05	54.00	14.107	47.20	6.00	14.276	24.00	30.00	9.303
317	20.05	56.00	13.835	47.20	8.00	14.099	24.00	32.00	9.052
318	20.05	58.00	14.113	47.20	10.00	14.250	24.00	34.00	9.208
319	20.05	60.00	14.282	47.20	12.00	14.186	24.00	36.00	9.494
320	20.05	62.00	14.504	47.20	14.00	14.411	24.00	38.00	9.156
321	20.05	64.00	14.725	47.20	16.00	13.717	24.00	40.00	9.604
322	20.05	66.00	14.947	47.20	18.00	14.261	24.00	42.00	8.948
323	20.05	68.00	15.330	47.20	20.00	14.883	24.00	44.00	9.121
324	20.05	70.00	15.983	47.20	22.00	14.680	24.00	46.00	9.878
325	21.84	0.00	8.792	47.20	24.00	14.455	24.00	48.00	10.046
326	21.84	2.00	9.156	47.20	26.00	14.695	26.00	0.00	9.260
327	21.84	4.00	8.619	47.20	28.00	14.590	26.00	2.00	9.156
328	21.84	6.00	8.029	47.20	30.00	14.249	26.00	4.00	9.166
329	21.84	8.00	8.372	47.20	32.00	13.593	26.00	6.00	9.099
330	21.84	10.00	8.463	47.20	34.00	12.591	26.00	8.00	8.859
331	21.84	12.00	8.773	47.20	36.00	12.313	26.00	10.00	9.321
332	21.84	14.00	8.237	47.20	38.00	11.798	26.00	12.00	9.475
333	21.84	16.00	8.827	47.20	40.00	11.687	26.00	14.00	8.505
334	21.84	18.00	9.031	47.20	42.00	11.591	26.00	16.00	9.330
335	21.84	20.00	9.156	47.20	44.00	11.438	26.00	18.00	8.834
336	21.84	22.00	8.723	47.20	46.00	11.706	26.00	20.00	8.341

附表4　西端引水洞岩溶Ⅳ区段洞间各剖面地震波射线走时汇总

续表

隧洞编号	1号	2号		2号	3号		3号	4号	
洞间距	45.5m			45.5m			45.2m		
序号	距离[①]	距离[①]	走时	距离[①]	距离[①]	走时	距离[①]	距离[①]	走时
	m	m	ms	m	m	ms	m	m	ms
337	21.84	24.00	9.781	49.20	0.00	14.636	26.00	22.00	8.723
338	21.84	26.00	9.434	49.20	2.00	14.156	26.00	24.00	8.041
339	21.84	28.00	9.919	49.20	4.00	13.388	26.00	26.00	8.463
340	21.84	30.00	9.867	49.20	6.00	14.628	26.00	28.00	8.671
341	21.84	32.00	10.405	49.20	8.00	15.594	26.00	30.00	8.953
342	21.84	34.00	9.888	49.20	10.00	15.486	26.00	32.00	8.619
343	21.84	36.00	10.292	49.20	12.00	14.842	26.00	34.00	8.896
344	21.84	38.00	10.415	49.20	14.00	14.531	26.00	36.00	9.208
345	21.84	40.00	10.734	49.20	16.00	13.665	26.00	38.00	8.958
346	21.84	42.00	10.822	49.20	18.00	14.307	26.00	40.00	9.210
347	21.84	44.00	11.654	49.20	20.00	14.855	26.00	42.00	8.541
348	21.84	46.00	11.094	49.20	22.00	15.278	26.00	44.00	8.964
349	21.84	48.00	11.654	49.20	24.00	14.099	26.00	46.00	9.713
350	21.84	50.00	11.558	49.20	26.00	14.203	26.00	48.00	9.899
351	21.84	52.00	13.148	49.20	28.00	14.179	28.00	0.00	9.579
352	21.84	54.00	13.413	49.20	30.00	13.717	28.00	2.00	9.434
353	21.84	56.00	13.662	49.20	32.00	13.388	28.00	4.00	9.486
354	21.84	58.00	13.524	49.20	34.00	12.063	28.00	6.00	9.659
355	21.84	60.00	13.783	49.20	36.00	11.594	28.00	8.00	9.177
356	21.84	62.00	14.042	49.20	38.00	11.272	28.00	10.00	9.573
357	21.84	64.00	14.119	49.20	40.00	10.995	28.00	12.00	9.711
358	21.84	66.00	14.535	49.20	42.00	11.862	28.00	14.00	8.948
359	21.84	68.00	14.951	49.20	44.00	11.983	28.00	16.00	9.538
360	21.84	70.00	15.320	49.20	46.00	11.324	28.00	18.00	8.948
361	23.88	0.00	8.766	51.20	0.00	15.219	28.00	20.00	8.463
362	23.88	2.00	9.145	51.20	2.00	14.531	28.00	22.00	8.827
363	23.88	4.00	8.672	51.20	4.00	13.863	28.00	24.00	8.081
364	23.88	6.00	8.391	51.20	6.00	14.524	28.00	26.00	8.320

续表

隧洞编号	1号	2号		2号	3号		3号	4号	
洞间距	45.5m			45.5m			45.2m		
序号	距离[1]	距离[1]	走时	距离[1]	距离[1]	走时	距离[1]	距离[1]	走时
	m	m	ms	m	m	ms	m	m	ms
365	23.88	8.00	8.393	51.20	8.00	15.309	28.00	28.00	8.723
366	23.88	10.00	8.570	51.20	10.00	16.056	28.00	30.00	8.966
367	23.88	12.00	8.768	51.20	12.00	14.844	28.00	32.00	8.749
368	23.88	14.00	8.463	51.20	14.00	14.719	28.00	34.00	8.948
369	23.88	16.00	8.900	51.20	16.00	13.406	28.00	36.00	9.104
370	23.88	18.00	8.393	51.20	18.00	14.359	28.00	38.00	8.906
371	23.88	20.00	8.984	51.20	20.00	14.875	28.00	40.00	9.156
372	23.88	22.00	8.816	51.20	22.00	14.438	28.00	42.00	8.515
373	23.88	24.00	9.665	51.20	24.00	14.099	28.00	44.00	8.892
374	23.88	26.00	9.407	51.20	26.00	14.375	28.00	46.00	9.562
375	23.88	28.00	9.734	51.20	28.00	14.099	28.00	48.00	9.919
376	23.88	30.00	9.752	51.20	30.00	13.232	30.00	0.00	9.434
377	23.88	32.00	10.031	51.20	32.00	13.156	30.00	2.00	9.330
378	23.88	34.00	9.917	51.20	34.00	12.375	30.00	4.00	9.333
379	23.88	36.00	10.083	51.20	36.00	11.892	30.00	6.00	9.284
380	23.88	38.00	10.249	51.20	38.00	11.156	30.00	8.00	9.104
381	23.88	40.00	10.415	51.20	40.00	11.156	30.00	10.00	9.318
382	23.88	42.00	10.817	51.20	42.00	11.671	30.00	12.00	9.445
383	23.88	44.00	11.466	51.20	44.00	12.087	30.00	14.00	8.549
384	23.88	46.00	12.304	51.20	46.00	11.601	30.00	16.00	9.434
385	23.88	48.00	11.987	53.20	0.00	14.966	30.00	18.00	8.827
386	23.88	50.00	12.417	53.20	2.00	14.500	30.00	20.00	8.237
387	23.88	52.00	12.847	53.20	4.00	15.451	30.00	22.00	8.775
388	23.88	54.00	13.277	53.20	6.00	15.630	30.00	24.00	7.847
389	23.88	56.00	13.578	53.20	8.00	15.802	30.00	26.00	8.185
390	23.88	58.00	13.815	53.20	10.00	16.352	30.00	28.00	8.567
391	23.88	60.00	13.886	53.20	12.00	14.875	30.00	30.00	8.750
392	23.88	62.00	14.044	53.20	14.00	14.636	30.00	32.00	8.564

续表

隧洞编号	1号	2号		2号	3号		3号	4号	
洞间距	45.5m			45.5m			45.2m		
序号	距离①	距离①	走时	距离①	距离①	走时	距离①	距离①	走时
	m	m	ms	m	m	ms	m	m	ms
393	23.88	64.00	14.202	53.20	16.00	14.203	30.00	34.00	8.775
394	23.88	66.00	14.834	53.20	18.00	15.018	30.00	36.00	9.045
395	23.88	68.00	15.108	53.20	20.00	15.399	30.00	38.00	8.775
396	23.88	70.00	15.381	53.20	22.00	14.844	30.00	40.00	9.052
397	25.82	0.00	9.078	53.20	24.00	14.463	30.00	42.00	8.289
398	25.82	2.00	9.382	53.20	26.00	14.750	30.00	44.00	8.344
399	25.82	4.00	8.984	53.20	28.00	14.307	30.00	46.00	9.449
400	25.82	6.00	8.393	53.20	30.00	13.388	30.00	48.00	9.586
401	25.82	8.00	8.723	53.20	32.00	13.058	32.00	0.00	9.647
402	25.82	10.00	8.769	53.20	34.00	12.094	32.00	2.00	9.642
403	25.82	12.00	9.000	53.20	36.00	12.344	32.00	4.00	9.582
404	25.82	14.00	8.515	53.20	38.00	11.324	32.00	6.00	9.750
405	25.82	16.00	9.208	53.20	40.00	11.428	32.00	8.00	9.295
406	25.82	18.00	8.899	53.20	42.00	11.810	32.00	10.00	9.566
407	25.82	20.00	9.486	53.20	44.00	12.243	32.00	12.00	9.867
408	25.82	22.00	9.145	53.20	46.00	12.417	32.00	14.00	9.104
409	25.82	24.00	9.854	55.20	0.00	16.310	32.00	16.00	9.661
410	25.82	26.00	9.559	55.20	2.00	15.705	32.00	18.00	9.198
411	25.82	28.00	10.023	55.20	4.00	15.740	32.00	20.00	8.664
412	25.82	30.00	9.719	55.20	6.00	15.890	32.00	22.00	9.104
413	25.82	32.00	10.630	55.20	8.00	16.526	32.00	24.00	8.341
414	25.82	34.00	9.969	55.20	10.00	17.064	32.00	26.00	8.463
415	25.82	36.00	10.305	55.20	12.00	15.417	32.00	28.00	8.775
416	25.82	38.00	10.344	55.20	14.00	15.514	32.00	30.00	9.096
417	25.82	40.00	10.623	55.20	16.00	14.638	32.00	32.00	8.816
418	25.82	42.00	10.671	55.20	18.00	15.396	32.00	34.00	9.044
419	25.82	44.00	11.188	55.20	20.00	15.596	32.00	36.00	9.156
420	25.82	46.00	11.324	55.20	22.00	15.544	32.00	38.00	8.935

续表

隧洞编号	1号	2号		2号	3号		3号	4号	
洞间距	45.5m			45.5m			45.2m		
序号	距离[①]	距离[①]	走时	距离[①]	距离[①]	走时	距离[①]	距离[①]	走时
	m	m	ms	m	m	ms	m	m	ms
421	25.82	48.00	11.428	55.20	24.00	15.070	32.00	40.00	9.156
422	25.82	50.00	11.317	55.20	26.00	15.249	32.00	42.00	8.500
423	25.82	52.00	13.100	55.20	28.00	15.122	32.00	44.00	8.619
424	25.82	54.00	13.440	55.20	30.00	14.359	32.00	46.00	9.543
425	25.82	56.00	13.087	55.20	32.00	14.375	32.00	48.00	9.763
426	25.82	58.00	13.004	55.20	34.00	13.031	34.00	0.00	9.971
427	25.82	60.00	13.714	55.20	36.00	12.458	34.00	2.00	9.919
428	25.82	62.00	13.232	55.20	38.00	11.906	34.00	4.00	9.763
429	25.82	64.00	13.596	55.20	40.00	11.625	34.00	6.00	9.758
430	25.82	66.00	13.934	55.20	42.00	12.174	34.00	8.00	9.565
431	25.82	68.00	14.645	55.20	44.00	12.677	34.00	10.00	9.899
432	25.82	70.00	15.174	55.20	46.00	12.281	34.00	12.00	9.957
433	28.01	0.00	9.382	57.20	0.00	16.497	34.00	14.00	9.153
434	28.01	2.00	9.712	57.20	2.00	15.738	34.00	16.00	9.821
435	28.01	4.00	9.260	57.20	4.00	15.694	34.00	18.00	9.208
436	28.01	6.00	8.827	57.20	6.00	16.093	34.00	20.00	8.515
437	28.01	8.00	9.052	57.20	8.00	16.370	34.00	22.00	8.948
438	28.01	10.00	9.104	57.20	10.00	16.031	34.00	24.00	8.313
439	28.01	12.00	9.208	57.20	12.00	15.813	34.00	26.00	8.469
440	28.01	14.00	8.896	57.20	14.00	15.781	34.00	28.00	8.671
441	28.01	16.00	9.382	57.20	16.00	14.966	34.00	30.00	8.948
442	28.01	18.00	9.844	57.20	18.00	15.659	34.00	32.00	8.704
443	28.01	20.00	9.867	57.20	20.00	16.125	34.00	34.00	8.871
444	28.01	22.00	9.486	57.20	22.00	16.156	34.00	36.00	9.260
445	28.01	24.00	10.318	57.20	24.00	14.896	34.00	38.00	8.991
446	28.01	26.00	9.694	57.20	26.00	15.344	34.00	40.00	9.434
447	28.01	28.00	10.023	57.20	28.00	14.740	34.00	42.00	8.506
448	28.01	30.00	9.919	57.20	30.00	14.411	34.00	44.00	8.827

续表

隧洞编号	1号	2号		2号	3号		3号	4号	
洞间距	45.5m			45.5m			45.2m		
序号	距离[①]	距离[①]	走时	距离[①]	距离[①]	走时	距离[①]	距离[①]	走时
	m	m	ms	m	m	ms	m	m	ms
449	28.01	32.00	10.630	57.20	32.00	14.625	34.00	46.00	9.642
450	28.01	34.00	9.906	57.20	34.00	13.438	34.00	48.00	9.774
451	28.01	36.00	10.531	57.20	36.00	13.125	36.00	0.00	10.130
452	28.01	38.00	10.353	57.20	38.00	12.094	36.00	2.00	10.075
453	28.01	40.00	10.438	57.20	40.00	12.625	36.00	4.00	9.971
454	28.01	42.00	10.719	57.20	42.00	12.469	36.00	6.00	9.992
455	28.01	44.00	10.938	57.20	44.00	12.063	36.00	8.00	9.723
456	28.01	46.00	10.890	57.20	46.00	12.954	36.00	10.00	10.009
457	28.01	48.00	11.313	59.20	0.00	15.937	36.00	12.00	10.127
458	28.01	50.00	11.082	59.20	2.00	15.711	36.00	14.00	9.208
459	28.01	52.00	11.806	59.20	4.00	15.555	36.00	16.00	9.916
460	28.01	54.00	12.710	59.20	6.00	15.937	36.00	18.00	9.270
461	28.01	56.00	12.547	59.20	8.00	16.093	36.00	20.00	8.948
462	28.01	58.00	12.554	59.20	10.00	16.041	36.00	22.00	9.480
463	28.01	60.00	12.842	59.20	12.00	15.711	36.00	24.00	8.498
464	28.01	62.00	13.010	59.20	14.00	15.503	36.00	26.00	8.669
465	28.01	64.00	13.228	59.20	16.00	15.330	36.00	28.00	8.948
466	28.01	66.00	13.610	59.20	18.00	15.937	36.00	30.00	9.156
467	28.01	68.00	14.433	59.20	20.00	16.474	36.00	32.00	8.883
468	28.01	70.00	14.779	59.20	22.00	16.266	36.00	34.00	9.100
469	30.17	0.00	9.642	59.20	24.00	15.659	36.00	36.00	9.264
470	30.17	2.00	10.075	59.20	26.00	15.659	36.00	38.00	9.027
471	30.17	4.00	9.607	59.20	28.00	15.659	36.00	40.00	9.397
472	30.17	6.00	9.000	59.20	30.00	14.128	36.00	42.00	8.443
473	30.17	8.00	9.399	59.20	32.00	13.784	36.00	44.00	8.686
474	30.17	10.00	9.382	59.20	34.00	13.277	36.00	46.00	9.763
475	30.17	12.00	9.694	59.20	36.00	12.969	36.00	48.00	9.581
476	30.17	14.00	9.156	59.20	38.00	12.438	38.00	0.00	10.844

续表

隧洞编号	1号	2号		2号	3号		3号	4号	
洞间距	45.5m			45.5m			45.2m		
序号	距离[①]	距离[①]	走时	距离[①]	距离[①]	走时	距离[①]	距离[①]	走时
	m	m	ms	m	m	ms	m	m	ms
477	30.17	16.00	9.719	59.20	40.00	12.417	38.00	2.00	10.457
478	30.17	18.00	10.075	59.20	42.00	12.594	38.00	4.00	10.630
479	30.17	20.00	10.075	59.20	44.00	12.469	38.00	6.00	10.370
480	30.17	22.00	9.867	59.20	46.00	12.729	38.00	8.00	10.151
481	30.17	24.00	10.405	59.20	48.00	11.517	38.00	10.00	10.594
482	30.17	26.00	9.971	59.20	50.00	11.504	38.00	12.00	10.356
483	30.17	28.00	10.127	59.20	52.00	11.781	38.00	14.00	9.625
484	30.17	30.00	10.301	59.20	54.00	11.406	38.00	16.00	10.344
485	30.17	32.00	10.561	59.20	56.00	11.376	38.00	18.00	9.763
486	30.17	34.00	10.075	59.20	58.00	11.344	38.00	20.00	9.486
487	30.17	36.00	10.301	59.20	60.00	11.031	38.00	22.00	9.694
488	30.17	38.00	10.561	59.20	62.00	11.706	38.00	24.00	8.735
489	30.17	40.00	10.405	59.20	64.00	11.846	38.00	26.00	9.052
490	30.17	42.00	10.563	59.20	66.00	11.956	38.00	28.00	9.382
491	30.17	44.00	10.995	59.20	68.00	12.123	38.00	30.00	9.421
492	30.17	46.00	11.376	59.20	70.00	13.110	38.00	32.00	9.215
493	30.17	48.00	11.168	59.20	72.00	13.596	38.00	34.00	9.208
494	30.17	50.00	11.168	59.20	74.00	14.099	38.00	36.00	9.694
495	30.17	52.00	11.915	59.20	76.00	14.636	38.00	38.00	9.155
496	30.17	54.00	12.238	59.20	78.00	15.242	38.00	40.00	9.550
497	30.17	56.00	12.218	59.20	80.00	15.489	38.00	42.00	8.827
498	30.17	58.00	12.230	59.20	82.00	15.447	38.00	44.00	8.948
499	30.17	60.00	12.798	59.20	84.00	16.700	38.00	46.00	9.694
500	30.17	62.00	12.650	59.20	86.00	16.063	38.00	48.00	9.676
501	30.17	64.00	12.866	59.20	88.00	16.318	40.00	0.00	10.937
502	30.17	66.00	13.468	59.20	90.00	16.438	40.00	2.00	10.890
503	30.17	68.00	14.086	59.20	92.00	15.659	40.00	4.00	10.838
504	30.17	70.00	14.532	59.20	94.00	14.781	40.00	6.00	10.879

续表

隧洞编号	1号	2号		2号	3号		3号	4号	
洞间距	45.5m			45.5m			45.2m		
序号	距离①	距离①	走时	距离①	距离①	走时	距离①	距离①	走时
	m	m	ms	m	m	ms	m	m	ms
505	32.02	0.00	9.971	61.20	48.00	11.219	40.00	8.00	10.531
506	32.02	2.00	10.301	61.20	50.00	11.281	40.00	10.00	10.879
507	32.02	4.00	9.815	61.20	52.00	11.750	40.00	12.00	10.714
508	32.02	6.00	9.285	61.20	54.00	11.188	40.00	14.00	9.882
509	32.02	8.00	9.616	61.20	56.00	11.094	40.00	16.00	10.301
510	32.02	10.00	9.642	61.20	58.00	11.156	40.00	18.00	9.867
511	32.02	12.00	9.867	61.20	60.00	10.938	40.00	20.00	9.338
512	32.02	14.00	9.382	61.20	62.00	11.531	40.00	22.00	9.763
513	32.02	16.00	9.971	61.20	64.00	11.281	40.00	24.00	8.839
514	32.02	18.00	10.353	61.20	66.00	11.563	40.00	26.00	9.104
515	32.02	20.00	10.405	61.20	68.00	11.938	40.00	28.00	9.280
516	32.02	22.00	9.971	61.20	70.00	12.688	40.00	30.00	9.590
517	32.02	24.00	10.786	61.20	72.00	13.469	40.00	32.00	9.250
518	32.02	26.00	9.867	61.20	74.00	14.156	40.00	34.00	9.260
519	32.02	28.00	10.075	61.20	76.00	14.344	40.00	36.00	9.750
520	32.02	30.00	10.370	61.20	78.00	14.625	40.00	38.00	9.247
521	32.02	32.00	10.561	61.20	80.00	15.156	40.00	40.00	9.702
522	32.02	34.00	10.023	61.20	82.00	16.700	40.00	42.00	8.775
523	32.02	36.00	10.275	61.20	84.00	16.752	40.00	44.00	9.000
524	32.02	38.00	10.457	61.20	86.00	15.625	40.00	46.00	9.473
525	32.02	40.00	10.509	61.20	88.00	16.156	40.00	48.00	9.755
526	32.02	42.00	10.561	61.20	90.00	15.531	42.00	0.00	11.220
527	32.02	44.00	10.838	61.20	92.00	14.969	42.00	2.00	11.126
528	32.02	46.00	11.272	61.20	94.00	14.219	42.00	4.00	11.116
529	32.02	48.00	10.943	63.20	48.00	11.601	42.00	6.00	11.087
530	32.02	50.00	11.168	63.20	50.00	11.656	42.00	8.00	10.659
531	32.02	52.00	12.425	63.20	52.00	11.781	42.00	10.00	11.133
532	32.02	54.00	12.493	63.20	54.00	11.457	42.00	12.00	11.168

续表

隧洞编号	1号	2号		2号	3号		3号	4号	
洞间距	45.5m			45.5m			45.2m		
序号	距离[①]	距离[①]	走时	距离[①]	距离[①]	走时	距离[①]	距离[①]	走时
	m	m	ms	m	m	ms	m	m	ms
533	32.02	56.00	12.263	63.20	56.00	11.434	42.00	14.00	10.230
534	32.02	58.00	12.134	63.20	58.00	11.394	42.00	16.00	10.509
535	32.02	60.00	12.850	63.20	60.00	11.355	42.00	18.00	9.971
536	32.02	62.00	12.417	63.20	62.00	11.752	42.00	20.00	9.457
537	32.02	64.00	12.677	63.20	64.00	11.950	42.00	22.00	10.058
538	32.02	66.00	12.814	63.20	66.00	12.149	42.00	24.00	9.330
539	32.02	68.00	14.029	63.20	68.00	12.347	42.00	26.00	9.260
540	32.02	70.00	14.126	63.20	70.00	13.855	42.00	28.00	9.493
541	33.81	0.00	10.219	63.20	72.00	13.063	42.00	30.00	9.642
542	33.81	2.00	10.509	63.20	74.00	14.281	42.00	32.00	9.345
543	33.81	4.00	10.023	63.20	76.00	14.626	42.00	34.00	9.382
544	33.81	6.00	9.486	63.20	78.00	14.809	42.00	36.00	9.887
545	33.81	8.00	9.815	63.20	80.00	14.964	42.00	38.00	9.441
546	33.81	10.00	9.815	63.20	82.00	15.288	42.00	40.00	9.891
547	33.81	12.00	10.094	63.20	84.00	15.450	42.00	42.00	8.969
548	33.81	14.00	9.590	63.20	86.00	15.203	42.00	44.00	9.104
549	33.81	16.00	10.249	63.20	88.00	15.344	42.00	46.00	9.528
550	33.81	18.00	10.522	63.20	90.00	15.763	42.00	48.00	9.871
551	33.81	20.00	10.630	63.20	92.00	15.139	44.00	0.00	11.289
552	33.81	22.00	10.063	63.20	94.00	14.099	44.00	2.00	11.344
553	33.81	24.00	10.317	65.20	48.00	11.549	44.00	4.00	11.220
554	33.81	26.00	9.750	65.20	50.00	11.781	44.00	6.00	11.203
555	33.81	28.00	10.239	65.20	52.00	11.813	44.00	8.00	10.770
556	33.81	30.00	10.125	65.20	54.00	11.438	44.00	10.00	11.168
557	33.81	32.00	10.630	65.20	56.00	11.313	44.00	12.00	11.611
558	33.81	34.00	10.031	65.20	58.00	11.500	44.00	14.00	10.429
559	33.81	36.00	10.502	65.20	60.00	11.281	44.00	16.00	10.751
560	33.81	38.00	10.249	65.20	62.00	11.549	44.00	18.00	9.804

续表

隧洞编号	1号	2号		2号	3号		3号	4号	
洞间距	45.5m			45.5m			45.2m		
序号	距离①	距离①	走时	距离①	距离①	走时	距离①	距离①	走时
	m	m	ms	m	m	ms	m	m	ms
561	33.81	40.00	10.281	65.20	64.00	11.500	44.00	20.00	9.330
562	33.81	42.00	10.563	65.20	66.00	11.844	44.00	22.00	10.197
563	33.81	44.00	10.844	65.20	68.00	11.969	44.00	24.00	9.386
564	33.81	46.00	11.116	65.20	70.00	12.518	44.00	26.00	9.330
565	33.81	48.00	10.626	65.20	72.00	13.625	44.00	28.00	9.538
566	33.81	50.00	10.897	65.20	74.00	13.977	44.00	30.00	9.486
567	33.81	52.00	11.480	65.20	76.00	14.411	44.00	32.00	9.462
568	33.81	54.00	11.955	65.20	78.00	14.906	44.00	34.00	9.590
569	33.81	56.00	12.075	65.20	80.00	14.532	44.00	36.00	10.324
570	33.81	58.00	12.259	65.20	82.00	15.719	44.00	38.00	9.597
571	33.81	60.00	12.444	65.20	84.00	15.451	44.00	40.00	10.197
572	33.81	62.00	12.689	65.20	86.00	14.740	44.00	42.00	9.208
573	33.81	64.00	12.964	65.20	88.00	14.987	44.00	44.00	9.104
574	33.81	66.00	13.239	65.20	90.00	15.018	44.00	46.00	9.763
575	33.81	68.00	13.513	65.20	92.00	14.526	44.00	48.00	9.880
576	33.81	70.00	13.788	65.20	94.00	13.500	46.00	0.00	11.706
577	35.76	0.00	10.405	67.20	48.00	11.758	46.00	2.00	11.758
578	35.76	2.00	10.734	67.20	50.00	11.979	46.00	4.00	11.497
579	35.76	4.00	10.301	67.20	52.00	11.916	46.00	6.00	11.492
580	35.76	6.00	9.694	67.20	54.00	11.594	46.00	8.00	10.879
581	35.76	8.00	10.023	67.20	56.00	11.654	46.00	10.00	11.133
582	35.76	10.00	10.023	67.20	58.00	11.656	46.00	12.00	12.035
583	35.76	12.00	10.127	67.20	60.00	11.438	46.00	14.00	10.915
584	35.76	14.00	9.919	67.20	62.00	11.938	46.00	16.00	11.237
585	35.76	16.00	10.405	67.20	64.00	11.906	46.00	18.00	10.127
586	35.76	18.00	10.630	67.20	66.00	12.392	46.00	20.00	9.815
587	35.76	20.00	10.737	67.20	68.00	12.558	46.00	22.00	10.405
588	35.76	22.00	10.438	67.20	70.00	12.723	46.00	24.00	9.711

续表

隧洞编号	1号	2号		2号	3号		3号	4号	
洞间距	45.5m			45.5m			45.2m		
序号	距离①	距离①	走时	距离①	距离①	走时	距离①	距离①	走时
	m	m	ms	m	m	ms	m	m	ms
589	35.76	24.00	11.023	67.20	72.00	13.683	46.00	26.00	9.590
590	35.76	26.00	10.127	67.20	74.00	14.216	46.00	28.00	9.763
591	35.76	28.00	10.100	67.20	76.00	14.714	46.00	30.00	9.763
592	35.76	30.00	10.353	67.20	78.00	14.750	46.00	32.00	9.579
593	35.76	32.00	10.969	67.20	80.00	14.406	46.00	34.00	9.867
594	35.76	34.00	10.249	67.20	82.00	14.919	46.00	36.00	10.299
595	35.76	36.00	10.405	67.20	84.00	15.085	46.00	38.00	9.902
596	35.76	38.00	10.457	67.20	86.00	14.584	46.00	40.00	10.197
597	35.76	40.00	10.405	67.20	88.00	14.750	46.00	42.00	9.330
598	35.76	42.00	10.406	67.20	90.00	14.688	46.00	44.00	9.296
599	35.76	44.00	10.750	67.20	92.00	14.029	46.00	46.00	10.006
600	35.76	46.00	11.706	67.20	94.00	13.284	46.00	48.00	9.976
601	35.76	48.00	11.430	69.20	48.00	11.917	48.00	48.00	9.208
602	35.76	50.00	11.648	69.20	50.00	12.243	48.00	50.00	8.751
603	35.76	52.00	12.902	69.20	52.00	12.125	48.00	52.00	9.156
604	35.76	54.00	12.632	69.20	54.00	11.625	48.00	54.00	9.065
605	35.76	56.00	12.246	69.20	56.00	11.601	48.00	56.00	8.971
606	35.76	58.00	12.161	69.20	58.00	11.740	48.00	58.00	9.218
607	35.76	60.00	12.743	69.20	60.00	11.706	48.00	60.00	9.344
608	35.76	62.00	12.689	69.20	62.00	12.031	48.00	62.00	9.963
609	35.76	64.00	13.112	69.20	64.00	11.969	48.00	64.00	10.075
610	35.76	66.00	13.596	69.20	66.00	12.063	48.00	66.00	10.063
611	35.76	68.00	14.255	69.20	68.00	12.243	48.00	68.00	9.951
612	35.76	70.00	14.359	69.20	70.00	13.873	48.00	70.00	10.072
613	37.96	0.00	10.734	69.20	72.00	13.781	48.00	72.00	9.892
614	37.96	2.00	11.064	69.20	74.00	14.375	48.00	74.00	9.813
615	37.96	4.00	10.410	69.20	76.00	14.281	48.00	76.00	10.875
616	37.96	6.00	9.919	69.20	78.00	14.411	48.00	78.00	10.322

续表

隧洞编号	1号	2号		2号	3号		3号	4号	
洞间距	45.5m			45.5m			45.2m		
序号	距离[①] m	距离[①] m	走时 ms	距离[①] m	距离[①] m	走时 ms	距离[①] m	距离[①] m	走时 ms
617	37.96	8.00	10.127	69.20	80.00	13.665	48.00	80.00	10.585
618	37.96	10.00	10.127	69.20	82.00	14.969	50.00	48.00	9.438
619	37.96	12.00	10.405	69.20	84.00	14.625	50.00	50.00	8.987
620	37.96	14.00	9.971	69.20	86.00	14.029	50.00	52.00	9.330
621	37.96	16.00	10.509	69.20	88.00	14.627	50.00	54.00	9.130
622	37.96	18.00	10.838	69.20	90.00	14.086	50.00	56.00	9.174
623	37.96	20.00	10.858	69.20	92.00	13.545	50.00	58.00	9.382
624	37.96	22.00	10.469	69.20	94.00	13.004	50.00	60.00	9.347
625	37.96	24.00	11.168	71.20	48.00	12.078	50.00	62.00	9.913
626	37.96	26.00	10.027	71.20	50.00	12.125	50.00	64.00	10.125
627	37.96	28.00	10.127	71.20	52.00	12.094	50.00	66.00	10.023
628	37.96	30.00	10.127	71.20	54.00	11.750	50.00	68.00	9.646
629	37.96	32.00	10.786	71.20	56.00	11.813	50.00	70.00	10.173
630	37.96	34.00	10.000	71.20	58.00	11.759	50.00	72.00	10.030
631	37.96	36.00	10.250	71.20	60.00	12.013	50.00	74.00	9.590
632	37.96	38.00	10.327	71.20	62.00	12.371	50.00	76.00	10.675
633	37.96	40.00	10.313	71.20	64.00	12.318	50.00	78.00	10.179
634	37.96	42.00	10.750	71.20	66.00	12.696	50.00	80.00	10.376
635	37.96	44.00	11.168	71.20	68.00	12.895	52.00	48.00	9.507
636	37.96	46.00	12.087	71.20	70.00	13.972	52.00	50.00	9.211
637	37.96	48.00	10.894	71.20	72.00	13.219	52.00	52.00	9.938
638	37.96	50.00	10.768	71.20	74.00	13.789	52.00	54.00	9.368
639	37.96	52.00	11.338	71.20	76.00	14.031	52.00	56.00	9.036
640	37.96	54.00	11.377	71.20	78.00	13.904	52.00	58.00	9.443
641	37.96	56.00	11.777	71.20	80.00	13.336	52.00	60.00	9.153
642	37.96	58.00	11.942	71.20	82.00	14.375	52.00	62.00	9.763
643	37.96	60.00	12.320	71.20	84.00	14.469	52.00	64.00	9.971
644	37.96	62.00	12.417	71.20	86.00	13.750	52.00	66.00	9.867

续表

隧洞编号	1号	2号		2号	3号		3号	4号	
洞间距	45.5m			45.5m			45.2m		
序号	距离[①]	距离[①]	走时	距离[①]	距离[①]	走时	距离[①]	距离[①]	走时
	m	m	ms	m	m	ms	m	m	ms
645	37.96	64.00	12.779	71.20	88.00	13.955	52.00	68.00	9.558
646	37.96	66.00	13.107	71.20	90.00	13.769	52.00	70.00	9.979
647	37.96	68.00	13.507	71.20	92.00	13.232	52.00	72.00	9.629
648	37.96	70.00	13.925	71.20	94.00	12.365	52.00	74.00	9.694
649	39.82	0.00	10.995	73.20	48.00	12.451	52.00	76.00	10.024
650	39.82	2.00	11.376	73.20	50.00	12.625	52.00	78.00	9.892
651	39.82	4.00	10.874	73.20	52.00	12.526	52.00	80.00	10.008
652	39.82	6.00	10.299	73.20	54.00	12.197	54.00	48.00	7.845
653	39.82	8.00	10.509	73.20	56.00	12.136	54.00	50.00	7.908
654	39.82	10.00	10.375	73.20	58.00	12.159	54.00	52.00	8.174
655	39.82	12.00	10.821	73.20	60.00	12.182	54.00	54.00	8.312
656	39.82	14.00	10.353	73.20	62.00	12.469	54.00	56.00	8.197
657	39.82	16.00	10.811	73.20	64.00	12.457	54.00	58.00	8.801
658	39.82	18.00	11.324	73.20	66.00	13.000	54.00	60.00	9.078
659	39.82	20.00	11.220	73.20	68.00	12.906	54.00	62.00	8.168
660	39.82	22.00	10.630	73.20	70.00	14.205	54.00	64.00	9.052
661	39.82	24.00	11.376	73.20	72.00	13.873	54.00	66.00	8.775
662	39.82	26.00	10.301	73.20	74.00	13.625	54.00	68.00	8.234
663	39.82	28.00	10.630	73.20	76.00	13.977	54.00	70.00	9.104
664	39.82	30.00	10.344	73.20	78.00	13.925	54.00	72.00	8.464
665	39.82	32.00	11.000	73.20	80.00	13.213	54.00	74.00	8.827
666	39.82	34.00	10.457	73.20	82.00	14.168	54.00	76.00	9.524
667	39.82	36.00	10.838	73.20	84.00	14.307	54.00	78.00	9.867
668	39.82	38.00	10.870	73.20	86.00	13.544	54.00	80.00	9.853
669	39.82	40.00	10.561	73.20	88.00	13.772	56.00	48.00	9.690
670	39.82	42.00	10.734	73.20	90.00	13.960	56.00	50.00	9.260
671	39.82	44.00	11.116	73.20	92.00	13.197	56.00	52.00	9.906
672	39.82	46.00	11.497	73.20	94.00	12.625	56.00	54.00	9.568

续表

隧洞编号	1号	2号		2号	3号		3号	4号	
洞间距	45.5m			45.5m			45.2m		
序号	距离[①]	距离[①]	走时	距离[①]	距离[①]	走时	距离[①]	距离[①]	走时
	m	m	ms	m	m	ms	m	m	ms
673	39.82	48.00	13.700	75.20	48.00	13.005	56.00	56.00	9.272
674	39.82	50.00	13.114	75.20	50.00	13.031	56.00	58.00	9.642
675	39.82	52.00	13.058	75.20	52.00	13.078	56.00	60.00	9.486
676	39.82	54.00	12.954	75.20	54.00	12.782	56.00	62.00	9.736
677	39.82	56.00	12.705	75.20	56.00	12.689	56.00	64.00	9.971
678	39.82	58.00	12.405	75.20	58.00	12.788	56.00	66.00	9.642
679	39.82	60.00	12.332	75.20	60.00	12.637	56.00	68.00	10.000
680	39.82	62.00	12.658	75.20	62.00	13.063	56.00	70.00	10.073
681	39.82	64.00	12.740	75.20	64.00	13.021	56.00	72.00	9.501
682	39.82	66.00	12.850	75.20	66.00	13.175	56.00	74.00	9.406
683	39.82	68.00	13.458	75.20	68.00	13.232	56.00	76.00	9.976
684	39.82	70.00	14.200	75.20	70.00	14.140	56.00	78.00	9.752
685	41.63	0.00	11.494	75.20	72.00	13.385	56.00	80.00	9.829
686	41.63	2.00	11.838	75.20	74.00	13.529	58.00	48.00	9.813
687	41.63	4.00	11.385	75.20	76.00	13.672	58.00	50.00	9.330
688	41.63	6.00	10.838	75.20	78.00	13.336	58.00	52.00	9.919
689	41.63	8.00	10.960	75.20	80.00	12.729	58.00	54.00	9.767
690	41.63	10.00	11.116	75.20	82.00	13.906	58.00	56.00	9.214
691	41.63	12.00	11.324	75.20	84.00	13.844	58.00	58.00	9.590
692	41.63	14.00	10.734	75.20	86.00	13.318	58.00	60.00	9.356
693	41.63	16.00	11.428	75.20	88.00	13.344	58.00	62.00	9.894
694	41.63	18.00	10.995	75.20	90.00	13.110	58.00	64.00	10.059
695	41.63	20.00	11.654	75.20	92.00	12.867	58.00	66.00	9.642
696	41.63	22.00	10.875	75.20	94.00	12.147	58.00	68.00	9.697
697	41.63	24.00	12.031	77.20	48.00	13.066	58.00	70.00	9.815
698	41.63	26.00	10.563	77.20	50.00	13.094	58.00	72.00	9.572
699	41.63	28.00	10.943	77.20	52.00	12.750	58.00	74.00	9.433
700	41.63	30.00	10.844	77.20	54.00	12.438	58.00	76.00	9.861

续表

隧洞编号	1号	2号		2号	3号		3号	4号	
洞间距	45.5m			45.5m			45.2m		
序号	距离[1]	距离[1]	走时	距离[1]	距离[1]	走时	距离[1]	距离[1]	走时
	m	m	ms	m	m	ms	m	m	ms
701	41.63	32.00	11.313	77.20	56.00	12.625	58.00	78.00	9.641
702	41.63	34.00	10.890	77.20	58.00	12.563	58.00	80.00	9.775
703	41.63	36.00	11.064	77.20	60.00	12.563	60.00	48.00	9.762
704	41.63	38.00	11.116	77.20	62.00	12.906	60.00	50.00	9.260
705	41.63	40.00	10.943	77.20	64.00	12.634	60.00	52.00	9.867
706	41.63	42.00	11.116	77.20	66.00	12.962	60.00	54.00	9.587
707	41.63	44.00	11.497	77.20	68.00	12.912	60.00	56.00	9.294
708	41.63	46.00	11.862	77.20	70.00	14.099	60.00	58.00	9.486
709	41.63	48.00	11.180	77.20	72.00	12.969	60.00	60.00	9.330
710	41.63	50.00	11.485	77.20	74.00	13.110	60.00	62.00	9.667
711	41.63	52.00	11.790	77.20	76.00	13.023	60.00	64.00	9.980
712	41.63	54.00	12.141	77.20	78.00	13.058	60.00	66.00	9.590
713	41.63	56.00	12.127	77.20	80.00	12.406	60.00	68.00	9.721
714	41.63	58.00	12.106	77.20	82.00	12.668	60.00	70.00	9.814
715	41.63	60.00	12.125	77.20	84.00	12.623	60.00	72.00	9.466
716	41.63	62.00	12.456	77.20	86.00	12.533	60.00	74.00	9.440
717	41.63	64.00	12.786	77.20	88.00	13.016	60.00	76.00	9.815
718	41.63	66.00	13.117	77.20	90.00	12.730	60.00	78.00	9.903
719	41.63	68.00	13.447	77.20	92.00	12.372	60.00	80.00	9.794
720	41.63	70.00	13.778	77.20	94.00	11.716	62.00	48.00	9.701
721	43.92	0.00	11.469	79.20	48.00	13.682	62.00	50.00	9.330
722	43.92	2.00	11.706	79.20	50.00	13.856	62.00	52.00	9.845
723	43.92	4.00	11.272	79.20	52.00	13.708	62.00	54.00	9.590
724	43.92	6.00	10.682	79.20	54.00	13.395	62.00	56.00	9.382
725	43.92	8.00	10.890	79.20	56.00	13.350	62.00	58.00	9.590
726	43.92	10.00	10.906	79.20	58.00	13.304	62.00	60.00	9.237
727	43.92	12.00	11.219	79.20	60.00	13.237	62.00	62.00	9.772
728	43.92	14.00	10.876	79.20	62.00	13.492	62.00	64.00	10.023

附表4　西端引水洞岩溶Ⅳ区段洞间各剖面地震波射线走时汇总

续表

隧洞编号	1号	2号		2号	3号		3号	4号	
洞间距	45.5m			45.5m			45.2m		
序号	距离[1]	距离[1]	走时	距离[1]	距离[1]	走时	距离[1]	距离[1]	走时
	m	m	ms	m	m	ms	m	m	ms
729	43.92	16.00	11.376	79.20	64.00	13.492	62.00	66.00	9.538
730	43.92	18.00	11.625	79.20	66.00	13.215	62.00	68.00	9.746
731	43.92	20.00	11.549	79.20	68.00	12.945	62.00	70.00	9.790
732	43.92	22.00	11.116	79.20	70.00	14.029	62.00	72.00	9.508
733	43.92	24.00	11.875	79.20	72.00	13.106	62.00	74.00	9.582
734	43.92	26.00	10.344	79.20	74.00	13.061	62.00	76.00	9.846
735	43.92	28.00	10.561	79.20	76.00	13.058	62.00	78.00	9.665
736	43.92	30.00	10.630	79.20	78.00	12.667	62.00	80.00	9.694
737	43.92	32.00	11.188	79.20	80.00	12.174	64.00	48.00	9.971
738	43.92	34.00	10.406	79.20	82.00	12.938	64.00	50.00	9.538
739	43.92	36.00	11.931	79.20	84.00	13.220	64.00	52.00	10.254
740	43.92	38.00	11.324	79.20	86.00	12.560	64.00	54.00	9.857
741	43.92	40.00	10.734	79.20	88.00	12.813	64.00	56.00	9.504
742	43.92	42.00	10.906	79.20	90.00	12.358	64.00	58.00	9.590
743	43.92	44.00	11.406	79.20	92.00	11.948	64.00	60.00	9.228
744	43.92	46.00	11.792	79.20	94.00	11.537	64.00	62.00	9.724
745	43.92	48.00	11.592	81.20	48.00	13.912	64.00	64.00	10.023
746	43.92	50.00	11.306	81.20	50.00	13.711	64.00	66.00	9.486
747	43.92	52.00	12.140	81.20	52.00	13.510	64.00	68.00	9.590
748	43.92	54.00	12.256	81.20	54.00	13.309	64.00	70.00	9.766
749	43.92	56.00	11.983	81.20	56.00	13.221	64.00	72.00	9.408
750	43.92	58.00	11.623	81.20	58.00	13.190	64.00	74.00	9.300
751	43.92	60.00	11.601	81.20	60.00	13.169	64.00	76.00	9.753
752	43.92	62.00	11.601	81.20	62.00	13.357	64.00	78.00	9.575
753	43.92	64.00	11.899	81.20	64.00	13.175	64.00	80.00	9.694
754	43.92	66.00	12.201	81.20	66.00	12.993	66.00	48.00	9.971
755	43.92	68.00	12.634	81.20	68.00	12.897	66.00	50.00	9.833
756	43.92	70.00	13.067	81.20	70.00	12.875	66.00	52.00	10.353

续表

隧洞编号	1号	2号		2号	3号		3号	4号	
洞间距	45.5m			45.5m			45.2m		
序号	距离①	距离①	走时	距离①	距离①	走时	距离①	距离①	走时
	m	m	ms	m	m	ms	m	m	ms
757	46.00	0.00	11.862	81.20	72.00	12.912	66.00	54.00	9.706
758	46.00	2.00	12.125	81.20	74.00	12.762	66.00	56.00	9.598
759	46.00	4.00	11.625	81.20	76.00	12.613	66.00	58.00	9.633
760	46.00	6.00	11.031	81.20	78.00	12.188	66.00	60.00	9.371
761	46.00	8.00	11.220	81.20	80.00	11.810	66.00	62.00	9.694
762	46.00	10.00	11.344	81.20	82.00	12.692	66.00	64.00	10.049
763	46.00	12.00	11.654	81.20	84.00	12.609	66.00	66.00	9.642
764	46.00	14.00	11.168	81.20	86.00	12.035	66.00	68.00	9.642
765	46.00	16.00	11.706	81.20	88.00	12.313	66.00	70.00	9.706
766	46.00	18.00	12.191	81.20	90.00	12.573	66.00	72.00	9.463
767	46.00	20.00	12.035	81.20	92.00	11.844	66.00	74.00	9.796
768	46.00	22.00	12.902	81.20	94.00	11.116	66.00	76.00	9.627
769	46.00	24.00	13.873	83.20	48.00	14.584	66.00	78.00	9.637
770	46.00	26.00	11.428	83.20	50.00	14.469	66.00	80.00	9.867
771	46.00	28.00	11.396	83.20	52.00	14.188	68.00	48.00	10.125
772	46.00	30.00	11.168	83.20	54.00	13.906	68.00	50.00	10.028
773	46.00	32.00	11.862	83.20	56.00	13.829	68.00	52.00	10.353
774	46.00	34.00	11.168	83.20	58.00	13.922	68.00	54.00	9.974
775	46.00	36.00	11.428	83.20	60.00	13.706	68.00	56.00	9.710
776	46.00	38.00	11.597	83.20	62.00	13.490	68.00	58.00	9.805
777	46.00	40.00	11.810	83.20	64.00	13.331	68.00	60.00	9.434
778	46.00	42.00	11.931	83.20	66.00	13.190	68.00	62.00	9.644
779	46.00	44.00	12.438	83.20	68.00	13.110	68.00	64.00	9.985
780	46.00	46.00	13.492	83.20	70.00	13.813	68.00	66.00	9.668
781	46.00	48.00	15.011	83.20	72.00	12.886	68.00	68.00	9.555
782	46.00	50.00	14.795	83.20	74.00	12.692	68.00	70.00	9.642
783	46.00	52.00	14.208	83.20	76.00	12.499	68.00	72.00	9.574
784	46.00	54.00	13.763	83.20	78.00	12.088	68.00	74.00	9.433

附表4　西端引水洞岩溶Ⅳ区段洞间各剖面地震波射线走时汇总

续表

隧洞编号	1号	2号		2号	3号		3号	4号	
洞间距	45.5m			45.5m			45.2m		
序号	距离①	距离①	走时	距离①	距离①	走时	距离①	距离①	走时
	m	m	ms	m	m	ms	m	m	ms
785	46.00	56.00	13.066	83.20	80.00	11.677	68.00	76.00	9.677
786	46.00	58.00	12.497	83.20	82.00	12.717	68.00	78.00	9.607
787	46.00	60.00	12.269	83.20	84.00	12.573	68.00	80.00	9.382
788	46.00	62.00	12.087	83.20	86.00	11.810	70.00	48.00	10.457
789	46.00	64.00	11.654	83.20	88.00	12.211	70.00	50.00	10.055
790	46.00	66.00	11.862	83.20	90.00	12.191	70.00	52.00	10.491
791	46.00	68.00	12.706	83.20	92.00	11.706	70.00	54.00	10.440
792	46.00	70.00	12.225	83.20	94.00	10.890	70.00	56.00	9.852
793	47.98	0.00	12.295	85.20	48.00	14.788	70.00	58.00	10.127
794	47.98	2.00	12.281	85.20	50.00	14.518	70.00	60.00	9.694
795	47.98	4.00	11.844	85.20	52.00	14.248	70.00	62.00	9.890
796	47.98	6.00	11.497	85.20	54.00	14.275	70.00	64.00	10.374
797	47.98	8.00	11.549	85.20	56.00	13.952	70.00	66.00	9.919
798	47.98	10.00	11.469	85.20	58.00	13.962	70.00	68.00	9.711
799	47.98	12.00	11.781	85.20	60.00	13.709	70.00	70.00	9.809
800	47.98	14.00	11.497	85.20	62.00	13.759	70.00	72.00	9.829
801	47.98	16.00	12.035	85.20	64.00	13.450	70.00	74.00	9.538
802	47.98	18.00	12.417	85.20	66.00	13.092	70.00	76.00	9.578
803	47.98	20.00	12.241	85.20	68.00	12.798	70.00	78.00	9.807
804	47.98	22.00	11.774	85.20	70.00	13.665	70.00	80.00	10.207
805	47.98	24.00	12.139	85.20	72.00	13.006	72.00	48.00	10.525
806	47.98	26.00	11.330	85.20	74.00	12.729	72.00	50.00	10.175
807	47.98	28.00	11.272	85.20	76.00	12.469	72.00	52.00	10.607
808	47.98	30.00	10.943	85.20	78.00	11.983	72.00	54.00	10.382
809	47.98	32.00	11.792	85.20	80.00	11.376	72.00	56.00	9.994
810	47.98	34.00	10.995	85.20	82.00	12.365	72.00	58.00	10.509
811	47.98	36.00	12.139	85.20	84.00	12.422	72.00	60.00	10.023
812	47.98	38.00	11.601	85.20	86.00	11.706	72.00	62.00	10.023

续表

隧洞编号	1号	2号		2号	3号		3号	4号	
洞间距	45.5m			45.5m			45.2m		
序号	距离[1]	距离[1]	走时	距离[1]	距离[1]	走时	距离[1]	距离[1]	走时
	m	m	ms	m	m	ms	m	m	ms
813	47.98	40.00	11.341	85.20	88.00	11.983	72.00	64.00	10.509
814	47.98	42.00	11.601	85.20	90.00	11.844	72.00	66.00	9.948
815	47.98	44.00	12.365	85.20	92.00	11.497	72.00	68.00	9.694
816	47.98	46.00	12.295	85.20	94.00	10.619	72.00	70.00	9.858
817	47.98	48.00	14.391	87.20	48.00	14.725	72.00	72.00	10.031
818	47.98	50.00	13.906	87.20	50.00	14.489	72.00	74.00	9.590
819	47.98	52.00	14.551	87.20	52.00	14.253	72.00	76.00	9.781
820	47.98	54.00	14.266	87.20	54.00	14.203	72.00	78.00	9.919
821	47.98	56.00	13.395	87.20	56.00	14.099	72.00	80.00	10.083
822	47.98	58.00	12.365	87.20	58.00	13.810	74.00	48.00	10.670
823	47.98	60.00	12.615	87.20	60.00	13.521	74.00	50.00	10.249
824	47.98	62.00	12.151	87.20	62.00	13.418	74.00	52.00	10.682
825	47.98	64.00	12.346	87.20	64.00	13.160	74.00	54.00	10.561
826	47.98	66.00	12.568	87.20	66.00	12.736	74.00	56.00	10.135
827	47.98	68.00	13.084	87.20	68.00	12.597	74.00	58.00	10.031
828	47.98	70.00	13.573	87.20	70.00	12.459	74.00	60.00	9.639
829	49.95	0.00	13.110	87.20	72.00	12.288	74.00	62.00	9.973
830	49.95	2.00	13.284	87.20	74.00	12.075	74.00	64.00	10.023
831	49.95	4.00	12.625	87.20	76.00	11.884	74.00	66.00	9.942
832	49.95	6.00	12.139	87.20	78.00	11.429	74.00	68.00	9.590
833	49.95	8.00	12.191	87.20	80.00	10.974	74.00	70.00	9.469
834	49.95	10.00	12.521	87.20	82.00	12.125	74.00	72.00	9.448
835	49.95	12.00	12.625	87.20	84.00	11.938	74.00	74.00	9.353
836	49.95	14.00	12.191	87.20	86.00	11.116	74.00	76.00	9.754
837	49.95	16.00	13.596	87.20	88.00	11.142	74.00	78.00	9.711
838	49.95	18.00	13.006	87.20	90.00	10.882	74.00	80.00	9.648
839	49.95	20.00	12.781	87.20	92.00	10.609	76.00	48.00	10.745
840	49.95	22.00	12.902	87.20	94.00	9.962	76.00	50.00	10.301

续表

隧洞编号	1号	2号		2号	3号		3号	4号	
洞间距	45.5m			45.5m			45.2m		
序号	距离①	距离①	走时	距离①	距离①	走时	距离①	距离①	走时
	m	m	ms	m	m	ms	m	m	ms
841	49.95	24.00	12.798	89.20	48.00	15.495	76.00	52.00	11.031
842	49.95	26.00	12.243	89.20	50.00	15.174	76.00	54.00	10.653
843	49.95	28.00	12.295	89.20	52.00	14.727	76.00	56.00	10.146
844	49.95	30.00	12.521	89.20	54.00	14.242	76.00	58.00	10.075
845	49.95	32.00	12.573	89.20	56.00	13.945	76.00	60.00	9.867
846	49.95	34.00	12.243	89.20	58.00	13.649	76.00	62.00	10.112
847	49.95	36.00	13.440	89.20	60.00	13.353	76.00	64.00	10.023
848	49.95	38.00	12.625	89.20	62.00	13.180	76.00	66.00	9.815
849	49.95	40.00	12.243	89.20	64.00	12.900	76.00	68.00	9.564
850	49.95	42.00	12.295	89.20	66.00	12.684	76.00	70.00	9.642
851	49.95	44.00	12.850	89.20	68.00	12.311	76.00	72.00	9.259
852	49.95	46.00	13.821	89.20	70.00	12.798	76.00	74.00	9.071
853	49.95	48.00	16.543	89.20	72.00	11.995	76.00	76.00	9.565
854	49.95	50.00	16.388	89.20	74.00	11.706	76.00	78.00	9.368
855	49.95	52.00	15.937	89.20	76.00	11.281	76.00	80.00	9.285
856	49.95	54.00	15.088	89.20	78.00	11.203	78.00	48.00	10.838
857	49.95	56.00	14.514	89.20	80.00	10.630	78.00	50.00	10.370
858	49.95	58.00	13.918	89.20	82.00	11.472	78.00	52.00	10.734
859	49.95	60.00	13.366	89.20	84.00	11.201	78.00	54.00	10.478
860	49.95	62.00	13.227	89.20	86.00	10.816	78.00	56.00	10.072
861	49.95	64.00	12.773	89.20	88.00	11.045	78.00	58.00	10.023
862	49.95	66.00	12.656	89.20	90.00	10.793	78.00	60.00	9.760
863	49.95	68.00	12.925	89.20	92.00	10.306	78.00	62.00	9.910
864	49.95	70.00	13.714	89.20	94.00	10.000	78.00	64.00	9.867
865	52.46	0.00	14.647	91.20	48.00	15.517	78.00	66.00	9.475
866	52.46	2.00	15.016	91.20	50.00	15.178	78.00	68.00	9.330
867	52.46	4.00	15.133	91.20	52.00	14.839	78.00	70.00	9.590
868	52.46	6.00	15.251	91.20	54.00	14.499	78.00	72.00	9.048

续表

隧洞编号	1号	2号		2号	3号		3号	4号	
洞间距	45.5m			45.5m			45.2m		
序号	距离[①]	距离[①]	走时	距离[①]	距离[①]	走时	距离[①]	距离[①]	走时
	m	m	ms	m	m	ms	m	m	ms
869	52.46	8.00	15.369	91.20	56.00	14.158	78.00	74.00	9.095
870	52.46	10.00	15.486	91.20	58.00	13.835	78.00	76.00	9.454
871	52.46	12.00	15.604	91.20	60.00	13.606	78.00	78.00	9.096
872	52.46	14.00	15.441	91.20	62.00	13.250	78.00	80.00	9.103
873	52.46	16.00	15.602	91.20	64.00	12.975	80.00	48.00	10.854
874	52.46	18.00	15.764	91.20	66.00	12.635	80.00	50.00	10.405
875	52.46	20.00	15.925	91.20	68.00	12.271	80.00	52.00	10.677
876	52.46	22.00	16.010	91.20	70.00	12.192	80.00	54.00	10.573
877	52.46	24.00	16.181	91.20	72.00	12.038	80.00	56.00	9.997
878	52.46	26.00	16.367	91.20	74.00	12.087	80.00	58.00	9.919
879	52.46	28.00	16.351	91.20	76.00	11.497	80.00	60.00	9.815
880	52.46	30.00	16.334	91.20	78.00	11.324	80.00	62.00	9.815
881	52.46	32.00	16.318	91.20	80.00	10.763	80.00	64.00	9.642
882	52.46	34.00	16.302	91.20	82.00	10.682	80.00	66.00	9.382
883	52.46	36.00	16.134	91.20	84.00	10.864	80.00	68.00	9.250
884	52.46	38.00	16.106	91.20	86.00	10.995	80.00	70.00	9.590
885	52.46	40.00	16.079	91.20	88.00	11.007	80.00	72.00	8.890
886	52.46	42.00	16.051	91.20	90.00	10.665	80.00	74.00	8.977
887	52.46	44.00	16.024	91.20	92.00	10.270	80.00	76.00	9.250
888	52.46	46.00	15.996	91.20	94.00	9.896	80.00	78.00	8.938
889	52.46	48.00	15.349	93.20	48.00	14.752	80.00	80.00	8.983
890	52.46	50.00	16.031	93.20	50.00	14.398	82.00	48.00	10.995
891	52.46	52.00	16.413	93.20	52.00	13.968	82.00	50.00	10.405
892	52.46	54.00	16.795	93.20	54.00	13.634	82.00	52.00	10.838
893	52.46	56.00	17.461	93.20	56.00	13.294	82.00	54.00	10.682
894	52.46	58.00	17.841	93.20	58.00	13.083	82.00	56.00	10.044

续表

隧洞编号	1号	2号		2号	3号		3号	4号	
洞间距	45.5m			45.5m			45.2m		
序号	距离[①]	距离[①]	走时	距离[①]	距离[①]	走时	距离[①]	距离[①]	走时
	m	m	ms	m	m	ms	m	m	ms
895	52.46	60.00	17.924	93.20	60.00	12.872	82.00	58.00	9.971
896	52.46	62.00	18.008	93.20	62.00	12.662	82.00	60.00	9.815
897	52.46	64.00	18.091	93.20	64.00	12.457	82.00	62.00	9.850
898	52.46	66.00	18.174	93.20	66.00	12.231	82.00	64.00	9.730
899	52.46	68.00	18.258	93.20	68.00	12.006	82.00	66.00	9.486
900	52.46	70.00	18.341	93.20	70.00	12.345	82.00	68.00	9.382
901	54.13	0.00	17.651	93.20	72.00	11.798	82.00	70.00	9.590
902	54.13	2.00	17.480	93.20	74.00	11.457	82.00	72.00	8.959
903	54.13	4.00	17.310	93.20	76.00	11.111	82.00	74.00	8.827
904	54.13	6.00	17.139	93.20	78.00	10.799	82.00	76.00	9.056
905	54.13	8.00	17.198	93.20	80.00	10.197	82.00	78.00	8.824
906	54.13	10.00	17.129	93.20	82.00	11.097	82.00	80.00	8.858
907	54.13	12.00	17.060	93.20	84.00	10.952	84.00	48.00	11.272
908	54.13	14.00	17.079	93.20	86.00	10.342	84.00	50.00	11.168
909	54.13	16.00	17.173	93.20	88.00	10.690	84.00	52.00	11.484
910	54.13	18.00	17.267	93.20	90.00	10.433	84.00	54.00	11.116
911	54.13	20.00	17.361	93.20	92.00	10.048	84.00	56.00	10.289
912	54.13	22.00	17.369	93.20	94.00	9.434	84.00	58.00	10.509
913	54.13	24.00	17.489	95.20	48.00	15.111	84.00	60.00	10.457
914	54.13	26.00	17.608	95.20	50.00	14.825	84.00	62.00	10.406
915	54.13	28.00	17.728	95.20	52.00	14.539	84.00	64.00	10.353
916	54.13	30.00	17.847	95.20	54.00	13.993	84.00	66.00	9.763
917	54.13	32.00	17.967	95.20	56.00	13.754	84.00	68.00	9.919
918	54.13	34.00	18.081	95.20	58.00	13.487	84.00	70.00	10.197
919	54.13	36.00	18.260	95.20	60.00	13.208	84.00	72.00	9.511
920	54.13	38.00	18.185	95.20	62.00	12.926	84.00	74.00	9.642

续表

隧洞编号	1号	2号		2号	3号		3号	4号	
洞间距	45.5m			45.5m			45.2m		
序号	距离[①]	距离[①]	走时	距离[①]	距离[①]	走时	距离[①]	距离[①]	走时
	m	m	ms	m	m	ms	m	m	ms
921	54.13	40.00	18.305	95.20	64.00	12.643	84.00	76.00	9.434
922	54.13	42.00	18.426	95.20	66.00	12.330	84.00	78.00	9.432
923	54.13	44.00	18.404	95.20	68.00	12.080	84.00	80.00	9.486
924	54.13	46.00	18.536	95.20	70.00	11.724	86.00	48.00	11.413
925	54.13	48.00	18.214	95.20	72.00	11.500	86.00	50.00	10.988
926	54.13	50.00	18.870	95.20	74.00	11.274	86.00	52.00	11.497
927	54.13	52.00	19.526	95.20	76.00	10.972	86.00	54.00	11.064
928	54.13	54.00	20.183	95.20	78.00	10.564	86.00	56.00	10.521
929	54.13	56.00	20.839	95.20	80.00	10.305	86.00	58.00	10.630
930	54.13	58.00	21.349	95.20	82.00	10.197	86.00	60.00	10.380
931	54.13	60.00	21.669	95.20	84.00	10.197	86.00	62.00	10.316
932	54.13	62.00	21.990	95.20	86.00	10.248	86.00	64.00	10.127
933	54.13	64.00	22.006	95.20	88.00	10.339	86.00	66.00	9.763
934	54.13	66.00	21.781	95.20	90.00	10.220	86.00	68.00	9.815
935	54.13	68.00	21.781	95.20	92.00	10.178	86.00	70.00	10.048
936	54.13	70.00	21.526	95.20	94.00	9.418	86.00	72.00	9.290
937	55.76	0.00	17.074	97.20	48.00	15.239	86.00	74.00	9.260
938	55.76	2.00	16.715	97.20	50.00	14.818	86.00	76.00	9.486
939	55.76	4.00	16.356	97.20	52.00	14.438	86.00	78.00	9.382
940	55.76	6.00	15.997	97.20	54.00	14.137	86.00	80.00	9.204
941	55.76	8.00	15.638	97.20	56.00	13.836	88.00	48.00	11.654
942	55.76	10.00	15.585	97.20	58.00	13.545	88.00	50.00	11.220
943	55.76	12.00	15.664	97.20	60.00	13.223	88.00	52.00	11.545
944	55.76	14.00	15.742	97.20	62.00	12.898	88.00	54.00	11.224
945	55.76	16.00	15.820	97.20	64.00	12.622	88.00	56.00	10.643
946	55.76	18.00	15.899	97.20	66.00	12.332	88.00	58.00	10.698

续表

隧洞编号	1号	2号		2号	3号		3号	4号	
洞间距	45.5m			45.5m			45.2m		
序号	距离[①]	距离[①]	走时	距离[①]	距离[①]	走时	距离[①]	距离[①]	走时
	m	m	ms	m	m	ms	m	m	ms
947	55.76	20.00	15.977	97.20	68.00	12.084	88.00	60.00	10.470
948	55.76	22.00	16.055	97.20	70.00	11.807	88.00	62.00	10.473
949	55.76	24.00	16.265	97.20	72.00	11.713	88.00	64.00	10.353
950	55.76	26.00	16.406	97.20	74.00	11.361	88.00	66.00	9.915
951	55.76	28.00	16.646	97.20	76.00	11.191	88.00	68.00	9.870
952	55.76	30.00	17.060	97.20	78.00	10.863	88.00	70.00	9.924
953	55.76	32.00	17.516	97.20	80.00	10.409	88.00	72.00	9.428
954	55.76	34.00	17.788	97.20	82.00	10.843	88.00	74.00	9.471
955	55.76	36.00	18.315	97.20	84.00	11.272	88.00	76.00	9.519
956	55.76	38.00	18.411	97.20	86.00	10.399	88.00	78.00	9.333
957	55.76	40.00	18.639	97.20	88.00	10.703	88.00	80.00	9.174
958	55.76	42.00	18.571	97.20	90.00	10.559	90.00	48.00	12.035
959	55.76	44.00	18.711	97.20	92.00	10.289	90.00	50.00	11.437
960	55.76	46.00	18.852	97.20	94.00	9.574	90.00	52.00	11.775
961	55.76	48.00	18.662	99.20	48.00	14.490	90.00	54.00	11.433
962	55.76	50.00	18.405	99.20	50.00	14.237	90.00	56.00	10.764
963	55.76	52.00	18.344	99.20	52.00	13.984	90.00	58.00	10.883
964	55.76	54.00	18.313	99.20	54.00	13.731	90.00	60.00	10.890
965	55.76	56.00	18.313	99.20	56.00	13.544	90.00	62.00	10.821
966	55.76	58.00	18.414	99.20	58.00	13.357	90.00	64.00	10.682
967	55.76	60.00	18.538	99.20	60.00	13.126	90.00	66.00	10.395
968	55.76	62.00	18.538	99.20	62.00	12.894	90.00	68.00	10.127
969	55.76	64.00	18.538	99.20	64.00	12.667	90.00	70.00	10.303
970	55.76	66.00	18.613	99.20	66.00	12.413	90.00	72.00	9.688
971	55.76	68.00	18.627	99.20	68.00	11.929	90.00	74.00	9.560
972	55.76	70.00	18.642	99.20	70.00	11.900	90.00	76.00	9.979

续表

隧洞编号	1号	2号		2号	3号		3号	4号	
洞间距	45.5m			45.5m			45.2m		
序号	距离[①]	距离[①]	走时	距离[①]	距离[①]	走时	距离[①]	距离[①]	走时
	m	m	ms	m	m	ms	m	m	ms
973	57.81	0.00	14.382	99.20	72.00	11.871	90.00	78.00	9.532
974	57.81	2.00	14.728	99.20	74.00	11.690	90.00	80.00	9.347
975	57.81	4.00	14.411	99.20	76.00	11.356	92.00	48.00	12.216
976	57.81	6.00	13.609	99.20	78.00	10.968	92.00	50.00	11.565
977	57.81	8.00	13.717	99.20	80.00	10.405	92.00	52.00	12.041
978	57.81	10.00	13.821	99.20	82.00	10.249	92.00	54.00	11.614
979	57.81	12.00	14.099	99.20	84.00	10.249	92.00	56.00	11.064
980	57.81	14.00	13.672	99.20	86.00	10.259	92.00	58.00	11.101
981	57.81	16.00	14.061	99.20	88.00	10.257	92.00	60.00	10.960
982	57.81	18.00	14.688	99.20	90.00	10.019	92.00	62.00	10.824
983	57.81	20.00	14.344	99.20	92.00	9.977	92.00	64.00	10.800
984	57.81	22.00	13.678	99.20	94.00	9.437	92.00	66.00	10.561
985	57.81	24.00	13.492	101.20	48.00	14.794	92.00	68.00	10.249
986	57.81	26.00	13.544	101.20	50.00	14.494	92.00	70.00	10.509
987	57.81	28.00	13.336	101.20	52.00	14.194	92.00	72.00	9.862
988	57.81	30.00	13.321	101.20	54.00	13.636	92.00	74.00	9.833
989	57.81	32.00	13.814	101.20	56.00	13.229	92.00	76.00	10.087
990	57.81	34.00	13.440	101.20	58.00	13.250	92.00	78.00	9.777
991	57.81	36.00	13.665	101.20	60.00	12.979	92.00	80.00	9.546
992	57.81	38.00	13.690	101.20	62.00	12.846	94.00	48.00	12.417
993	57.81	40.00	13.826	101.20	64.00	12.425	94.00	50.00	11.884
994	57.81	42.00	13.746	101.20	66.00	12.191	94.00	52.00	12.307
995	57.81	44.00	14.181	101.20	68.00	11.953	94.00	54.00	11.983
996	57.81	46.00	14.616	101.20	70.00	11.733	94.00	56.00	11.376
997	59.88	0.00	14.877	101.20	72.00	11.825	94.00	60.00	11.272
998	59.88	2.00	14.844	101.20	74.00	11.471	94.00	62.00	11.220
999	59.88	4.00	14.469	101.20	76.00	11.117	94.00	64.00	10.995
1000	59.88	6.00	13.925	101.20	78.00	10.899	94.00	66.00	10.786

续表

隧洞编号	1号	2号		2号	3号		3号	4号	
洞间距	45.5m			45.5m			45.2m		
序号	距离①	距离①	走时	距离①	距离①	走时	距离①	距离①	走时
	m	m	ms	m	m	ms	m	m	ms
1001	59.88	8.00	14.097	101.20	80.00	10.513	94.00	68.00	10.457
1002	59.88	10.00	14.093	101.20	82.00	10.404	94.00	70.00	10.509
1003	59.88	12.00	14.411	101.20	84.00	10.338	94.00	72.00	10.035
1004	59.88	14.00	14.029	101.20	86.00	10.290	94.00	74.00	10.050
1005	59.88	16.00	14.411	101.20	88.00	10.440	94.00	76.00	10.196
1006	59.88	18.00	14.688	101.20	90.00	10.261	94.00	78.00	9.854
1007	59.88	20.00	14.408	101.20	92.00	10.023	94.00	80.00	9.642
1008	59.88	22.00	14.209	101.20	94.00	9.434			
1009	59.88	24.00	13.813	105.20	48.00	14.382			
1010	59.88	26.00	13.661	105.20	50.00	14.136			
1011	59.88	28.00	13.590	105.20	52.00	13.891			
1012	59.88	30.00	13.732	105.20	54.00	13.605			
1013	59.88	32.00	13.975	105.20	56.00	13.315			
1014	59.88	34.00	13.529	105.20	58.00	13.061			
1015	59.88	36.00	13.610	105.20	60.00	13.102			
1016	59.88	38.00	13.724	105.20	62.00	12.596			
1017	59.88	40.00	13.596	105.20	64.00	12.158			
1018	59.88	42.00	13.611	105.20	66.00	11.984			
1019	59.88	44.00	13.809	105.20	68.00	11.596			
1020	59.88	46.00	14.007	105.20	70.00	11.717			
1021	59.88	48.00	13.631	105.20	72.00	11.376			
1022	59.88	50.00	14.151	105.20	74.00	11.004			
1023	59.88	52.00	14.359	105.20	76.00	10.682			
1024	59.88	54.00	12.902	105.20	78.00	10.424			
1025	59.88	56.00	12.433	105.20	80.00	10.165			
1026	59.88	58.00	11.758	105.20	82.00	9.922			
1027	59.88	60.00	12.129	105.20	84.00	10.353			
1028	59.88	62.00	11.428	105.20	86.00	9.919			

续表

隧洞编号	1号	2号		2号	3号		3号	4号	
洞间距	45.5m			45.5m			45.2m		
序号	距离[1]	距离[1]	走时	距离[1]	距离[1]	走时	距离[1]	距离[1]	走时
	m	m	ms	m	m	ms	m	m	ms
1029	59.88	64.00	10.786	105.20	88.00	9.919			
1030	59.88	66.00	11.099	105.20	90.00	9.929			
1031	59.88	68.00	11.272	105.20	92.00	9.566			
1032	59.88	70.00	11.344	105.20	94.00	9.117			
1033				107.20	48.00	14.740			
1034				107.20	50.00	14.740			
1035				107.20	52.00	14.653			
1036				107.20	54.00	14.364			
1037				107.20	56.00	13.704			
1038				107.20	58.00	13.572			
1039				107.20	60.00	13.440			
1040				107.20	62.00	13.335			
1041				107.20	64.00	13.056			
1042				107.20	66.00	12.629			
1043				107.20	68.00	12.284			
1044				107.20	70.00	12.677			
1045				107.20	72.00	12.423			
1046				107.20	74.00	12.090			
1047				107.20	76.00	11.399			
1048				107.20	78.00	11.039			
1049				107.20	80.00	10.457			
1050				107.20	82.00	10.249			
1051				107.20	84.00	10.162			
1052				107.20	86.00	10.111			
1053				107.20	88.00	10.457			
1054				107.20	90.00	10.353			
1055				107.20	92.00	9.719			
1056				107.20	94.00	9.273			

① 本表“距离”是指各激发点或接收点离计算模型原点在隧洞轴线方向的距离。

附表5　　　　　　**岩溶地震波CT探测实测资料**

测孔编号	103	104		103	105		103	106		104	106		105	106	
水平间距	16.30m			15.30m			20.70m			14.20m			17.90m		
序号	深度	深度	走时	深度	深度	走时	深度	深度	走时	深度	深度	走时	深度	深度	走时
	m	m	ms	m	m	ms	m	m	ms	m	m	ms	m	m	ms
1	0.00	0.00	8.863	0.00	0.00	6.682	0.00	0.00	10.369	0.00	0.00	7.792	0.00	0.00	9.341
2	0.00	1.00	8.347	0.00	1.00	6.682	0.00	1.00	9.912	0.00	1.00	7.214	0.00	1.00	8.809
3	0.00	2.00	8.185	0.00	2.00	6.601	0.00	2.00	9.588	0.00	2.00	7.018	0.00	2.00	8.648
4	0.00	3.00	8.131	0.00	3.00	6.971	0.00	3.00	9.639	0.00	3.00	6.890	0.00	3.00	8.520
5	0.00	4.00	8.344	0.00	4.00	7.214	0.00	4.00	9.788	0.00	4.00	7.052	0.00	4.00	8.278
6	0.00	5.00	8.478	0.00	5.00	7.530	0.00	5.00	9.932	0.00	5.00	7.179	0.00	5.00	8.520
7	0.00	6.00	8.648	0.00	5.00	7.619	0.00	6.00	10.205	0.00	6.00	7.457	0.00	7.00	9.052
8	0.00	7.00	8.971	0.00	6.00	7.530	0.00	7.00	10.305	0.00	7.00	7.746	0.00	7.00	9.133
9	0.00	7.00	9.187	0.00	6.00	7.746	0.00	7.00	10.369	0.00	7.00	8.035	0.00	8.00	8.925
10	0.00	8.00	9.179	0.00	7.00	7.584	0.00	8.00	10.413	0.00	8.00	7.962	0.00	8.00	9.087
11	0.00	8.00	9.403	0.00	7.00	7.792	0.00	8.00	10.456	0.00	8.00	7.954	0.00	9.00	8.844
12	0.00	9.00	9.295	0.00	8.00	7.638	0.00	9.00	10.659	0.00	9.00	7.954	0.00	9.00	9.133
13	0.00	9.00	9.349	0.00	8.00	7.619	0.00	9.00	10.821	0.00	9.00	8.070	0.00	10.00	9.133
14	0.00	10.00	9.434	0.00	9.00	7.669	0.00	10.00	10.682	0.00	10.00	7.954	0.00	10.00	9.260
15	0.00	10.00	9.488	0.00	9.00	7.665	0.00	10.00	10.872	0.00	10.00	7.792	0.00	11.00	9.376
16	0.00	11.00	9.680	0.00	10.00	7.854	0.00	11.00	10.844	0.00	11.00	8.116	0.00	11.00	9.457
17	0.00	11.00	9.488	0.00	10.00	7.792	0.00	11.00	10.986	0.00	11.00	7.989	0.00	12.00	9.619
18	0.00	13.00	10.027	0.00	11.00	7.962	0.00	12.00	10.983	0.00	13.00	8.440	0.00	14.00	10.474
19	0.00	14.00	10.070	0.00	11.00	7.873	0.00	13.00	11.145	0.00	14.00	8.486	0.00	15.00	10.474
20	0.00	15.00	10.232	0.00	12.00	8.154	0.00	14.00	11.307	0.00	15.00	8.890	0.00	16.00	10.682
21	0.00	16.00	10.359	0.00	13.00	8.185	0.00	15.00	11.338	0.00	16.00	8.971	0.00	17.00	10.521
22	0.00	17.00	10.359	0.00	14.00	8.210	0.00	16.00	11.415	0.00	17.00	8.925	0.00	18.00	10.474
23	1.00	0.00	8.401	0.00	15.00	8.233	0.00	17.00	11.230	1.00	0.00	7.260	1.00	0.00	8.890
24	1.00	1.00	8.077	0.00	16.00	8.540	0.00	18.00	11.037	1.00	1.00	6.937	1.00	1.00	8.567
25	1.00	2.00	7.746	1.00	0.00	6.648	1.00	0.00	9.840	1.00	2.00	6.486	1.00	2.00	8.231
26	1.00	3.00	7.723	1.00	1.00	6.601	1.00	1.00	9.495	1.00	3.00	6.520	1.00	3.00	7.989
27	1.00	4.00	7.939	1.00	2.00	6.520	1.00	2.00	9.208	1.00	4.00	6.520	1.00	4.00	7.954

续表

测孔编号	103	104		103	105		103	106		104	106		105	106	
水平间距	16.30m			15.30m			20.70m			14.20m			17.90m		
序号	深度	深度	走时	深度	深度	走时	深度	深度	走时	深度	深度	走时	深度	深度	走时
	m	m	ms	m	m	ms	m	m	ms	m	m	ms	m	m	ms
28	1.00	5.00	8.154	1.00	3.00	6.763	1.00	3.00	9.187	1.00	5.00	6.682	1.00	5.00	8.151
29	1.00	6.00	8.278	1.00	4.00	7.133	1.00	4.00	9.372	1.00	6.00	7.018	1.00	7.00	8.719
30	1.00	7.00	8.601	1.00	5.00	7.368	1.00	5.00	9.531	1.00	7.00	7.376	1.00	7.00	8.682
31	1.00	7.00	8.725	1.00	5.00	7.457	1.00	6.00	9.876	1.00	7.00	7.538	1.00	8.00	8.486
32	1.00	8.00	8.763	1.00	6.00	7.260	1.00	7.00	9.788	1.00	8.00	7.476	1.00	8.00	8.648
33	1.00	8.00	8.887	1.00	6.00	7.584	1.00	7.00	10.025	1.00	8.00	7.422	1.00	9.00	8.520
34	1.00	9.00	8.844	1.00	7.00	7.314	1.00	8.00	10.027	1.00	9.00	7.526	1.00	9.00	8.729
35	1.00	9.00	9.025	1.00	7.00	7.584	1.00	8.00	10.133	1.00	9.00	7.711	1.00	10.00	8.682
36	1.00	10.00	9.006	1.00	8.00	7.283	1.00	9.00	10.197	1.00	10.00	7.530	1.00	10.00	8.729
37	1.00	10.00	9.025	1.00	8.00	7.341	1.00	9.00	10.420	1.00	10.00	7.503	1.00	11.00	8.890
38	1.00	11.00	9.295	1.00	9.00	7.337	1.00	10.00	10.328	1.00	11.00	7.700	1.00	11.00	9.006
39	1.00	11.00	9.110	1.00	9.00	7.503	1.00	10.00	10.420	1.00	11.00	7.538	1.00	12.00	9.214
40	1.00	13.00	9.619	1.00	10.00	7.615	1.00	11.00	10.467	1.00	13.00	7.885	1.00	14.00	10.035
41	1.00	14.00	9.538	1.00	10.00	7.538	1.00	11.00	10.549	1.00	14.00	8.064	1.00	15.00	9.950
42	1.00	15.00	9.700	1.00	11.00	7.723	1.00	12.00	10.574	1.00	15.00	8.486	1.00	16.00	10.070
43	1.00	16.00	9.746	1.00	11.00	7.665	1.00	13.00	10.821	1.00	16.00	8.376	1.00	17.00	9.954
44	1.00	17.00	9.781	1.00	12.00	7.831	1.00	14.00	10.875	1.00	17.00	8.324	1.00	18.00	10.070
45	2.00	0.00	8.197	1.00	13.00	7.908	1.00	15.00	10.821	2.00	0.00	6.971	2.00	0.00	8.567
46	2.00	1.00	7.792	1.00	14.00	7.939	1.00	16.00	10.952	2.00	1.00	6.682	2.00	1.00	8.151
47	2.00	2.00	7.584	1.00	15.00	7.723	1.00	17.00	10.713	2.00	2.00	6.278	2.00	2.00	7.908
48	2.00	3.00	7.430	1.00	16.00	7.993	1.00	18.00	10.682	2.00	3.00	6.243	2.00	3.00	7.665
49	2.00	4.00	7.558	2.00	0.00	6.648	2.00	0.00	9.680	2.00	4.00	6.197	2.00	4.00	7.538
50	2.00	5.00	7.827	2.00	1.00	6.551	2.00	1.00	9.295	2.00	5.00	6.439	2.00	5.00	7.827
51	2.00	6.00	8.035	2.00	2.00	6.466	2.00	2.00	8.971	2.00	6.00	6.607	2.00	7.00	8.312
52	2.00	7.00	8.197	2.00	3.00	6.744	2.00	3.00	8.951	2.00	7.00	7.093	2.00	7.00	8.440
53	2.00	7.00	8.375	2.00	4.00	7.068	2.00	4.00	9.100	2.00	7.00	7.214	2.00	8.00	8.070
54	2.00	8.00	8.440	2.00	5.00	7.219	2.00	5.00	9.259	2.00	8.00	7.206	2.00	8.00	8.151

续表

测孔编号	103	104		103	105		103	106		104	106		105	106	
水平间距	16.30m			15.30m			20.70m			14.20m			17.90m		
序号	深度	深度	走时	深度	深度	走时	深度	深度	走时	深度	深度	走时	深度	深度	走时
	m	m	ms	m	m	ms	m	m	ms	m	m	ms	m	m	ms
55	2.00	8.00	8.591	2.00	5.00	7.368	2.00	6.00	9.660	2.00	8.00	7.098	2.00	9.00	8.197
56	2.00	9.00	8.601	2.00	6.00	7.206	2.00	7.00	9.573	2.00	9.00	7.206	2.00	9.00	8.312
57	2.00	9.00	8.663	2.00	6.00	7.422	2.00	7.00	9.768	2.00	9.00	7.179	2.00	10.00	8.359
58	2.00	10.00	8.682	2.00	7.00	7.152	2.00	8.00	9.788	2.00	10.00	7.162	2.00	10.00	8.231
59	2.00	10.00	8.756	2.00	7.00	7.368	2.00	8.00	9.824	2.00	10.00	7.052	2.00	11.00	8.405
60	2.00	11.00	8.971	2.00	8.00	7.152	2.00	9.00	9.811	2.00	11.00	7.214	2.00	11.00	8.520
61	2.00	11.00	8.756	2.00	8.00	7.156	2.00	9.00	10.025	2.00	11.00	7.250	2.00	12.00	8.763
62	2.00	13.00	9.260	2.00	9.00	7.152	2.00	10.00	9.919	2.00	13.00	7.352	2.00	14.00	9.584
63	2.00	14.00	9.179	2.00	9.00	7.201	2.00	10.00	10.169	2.00	14.00	7.663	2.00	15.00	9.584
64	2.00	15.00	9.341	2.00	10.00	7.422	2.00	11.00	10.027	2.00	15.00	8.046	2.00	16.00	9.781
65	2.00	16.00	9.422	2.00	10.00	7.260	2.00	11.00	10.220	2.00	16.00	8.064	2.00	17.00	9.827
66	2.00	17.00	9.457	2.00	11.00	7.619	2.00	12.00	10.220	2.00	17.00	8.133	2.00	18.00	9.746
67	3.00	0.00	7.908	2.00	12.00	7.561	2.00	13.00	10.328	3.00	0.00	6.035	3.00	0.00	8.197
68	3.00	1.00	7.584	2.00	13.00	7.561	2.00	14.00	10.413	3.00	1.00	6.070	3.00	1.00	7.942
69	3.00	2.00	7.341	2.00	14.00	7.530	2.00	15.00	10.328	3.00	2.00	6.070	3.00	2.00	7.746
70	3.00	3.00	7.341	2.00	15.00	7.422	2.00	16.00	10.359	3.00	3.00	5.989	3.00	3.00	7.457
71	3.00	4.00	7.422	2.00	16.00	7.939	2.00	17.00	10.251	3.00	4.00	6.150	3.00	4.00	7.405
72	3.00	5.00	7.538	3.00	0.00	6.763	2.00	18.00	10.089	3.00	5.00	6.281	3.00	5.00	7.648
73	3.00	6.00	7.746	3.00	1.00	6.439	3.00	0.00	9.603	3.00	6.00	6.605	3.00	7.00	8.070
74	3.00	7.00	7.908	3.00	2.00	6.405	3.00	1.00	9.172	3.00	7.00	6.929	3.00	7.00	8.231
75	3.00	7.00	8.197	3.00	3.00	6.729	3.00	2.00	8.863	3.00	7.00	7.052	3.00	8.00	8.035
76	3.00	8.00	8.197	3.00	4.00	6.971	3.00	3.00	8.827	3.00	8.00	6.875	3.00	8.00	8.035
77	3.00	8.00	8.231	3.00	5.00	7.223	3.00	4.00	8.971	3.00	8.00	6.875	3.00	9.00	7.989
78	3.00	9.00	8.312	3.00	5.00	7.260	3.00	5.00	9.187	3.00	9.00	6.914	3.00	9.00	8.116
79	3.00	9.00	8.440	3.00	6.00	7.015	3.00	6.00	9.408	3.00	9.00	6.821	3.00	10.00	8.070
80	3.00	10.00	8.405	3.00	6.00	7.314	3.00	7.00	9.349	3.00	10.00	6.953	3.00	10.00	8.197
81	3.00	10.00	8.567	3.00	7.00	6.948	3.00	7.00	9.624	3.00	10.00	6.718	3.00	11.00	8.151

续表

测孔编号	103	104		103	105		103	106		104	106		105	106	
水平间距	16.30m			15.30m			20.70m			14.20m			17.90m		
序号	深度	深度	走时	深度	深度	走时	深度	深度	走时	深度	深度	走时	深度	深度	走时
	m	m	ms	m	m	ms	m	m	ms	m	m	ms	m	m	ms
82	3.00	11.00	8.648	3.00	7.00	7.133	3.00	8.00	9.542	3.00	11.00	7.018	3.00	11.00	8.405
83	3.00	11.00	8.567	3.00	8.00	6.809	3.00	8.00	9.752	3.00	11.00	6.918	3.00	12.00	8.567
84	3.00	13.00	8.809	3.00	8.00	6.875	3.00	9.00	9.704	3.00	13.00	7.179	3.00	14.00	9.295
85	3.00	14.00	8.809	3.00	9.00	6.870	3.00	9.00	9.912	3.00	14.00	7.507	3.00	15.00	9.214
86	3.00	15.00	9.133	3.00	9.00	6.971	3.00	10.00	9.734	3.00	15.00	7.792	3.00	16.00	9.434
87	3.00	16.00	9.214	3.00	10.00	7.076	3.00	10.00	9.968	3.00	16.00	7.669	3.00	17.00	9.457
88	3.00	17.00	9.260	3.00	10.00	7.052	3.00	11.00	9.788	3.00	17.00	7.711	3.00	18.00	9.457
89	4.00	0.00	7.989	3.00	11.00	7.260	3.00	11.00	10.025	4.00	0.00	7.098	4.00	0.00	8.497
90	4.00	1.00	7.665	3.00	11.00	7.295	3.00	12.00	9.896	4.00	1.00	6.682	4.00	1.00	7.942
91	4.00	2.00	7.422	3.00	12.00	7.206	3.00	13.00	10.027	4.00	2.00	6.324	4.00	2.00	7.648
92	4.00	3.00	7.260	3.00	13.00	7.184	3.00	14.00	10.089	4.00	3.00	6.278	4.00	3.00	7.457
93	4.00	4.00	7.260	3.00	14.00	7.206	3.00	15.00	10.058	4.00	4.00	6.278	4.00	4.00	7.405
94	4.00	5.00	7.503	3.00	15.00	7.183	3.00	16.00	9.950	4.00	5.00	6.439	4.00	5.00	7.578
95	4.00	6.00	7.665	3.00	16.00	7.391	3.00	17.00	9.680	4.00	6.00	6.659	4.00	7.00	8.035
96	4.00	7.00	7.873	4.00	0.00	6.809	3.00	18.00	9.488	4.00	6.00	6.906	4.00	7.00	8.255
97	4.00	7.00	8.070	4.00	1.00	6.520	4.00	0.00	9.624	4.00	7.00	7.023	4.00	8.00	7.954
98	4.00	8.00	8.035	4.00	2.00	6.439	4.00	1.00	9.208	4.00	7.00	7.260	4.00	8.00	7.821
99	4.00	8.00	8.151	4.00	3.00	6.763	4.00	2.00	8.863	4.00	8.00	6.923	4.00	9.00	7.989
100	4.00	9.00	8.197	4.00	4.00	7.052	4.00	3.00	8.879	4.00	8.00	6.852	4.00	9.00	8.064
101	4.00	9.00	8.278	4.00	5.00	7.052	4.00	4.00	8.951	4.00	9.00	6.832	4.00	10.00	8.035
102	4.00	10.00	8.231	4.00	5.00	7.133	4.00	5.00	9.115	4.00	9.00	6.844	4.00	10.00	8.012
103	4.00	10.00	8.312	4.00	6.00	6.729	4.00	6.00	9.295	4.00	10.00	6.781	4.00	11.00	8.151
104	4.00	11.00	8.486	4.00	7.00	6.567	4.00	7.00	9.295	4.00	10.00	6.767	4.00	11.00	8.324
105	4.00	11.00	8.486	4.00	8.00	6.439	4.00	7.00	9.531	4.00	11.00	6.850	4.00	12.00	8.567
106	4.00	13.00	8.682	4.00	8.00	6.520	4.00	8.00	9.511	4.00	11.00	6.850	4.00	14.00	9.079
107	4.00	14.00	8.567	4.00	9.00	6.413	4.00	8.00	9.660	4.00	13.00	6.991	4.00	15.00	8.971
108	4.00	15.00	8.729	4.00	9.00	6.520	4.00	9.00	9.680	4.00	14.00	7.260	4.00	16.00	9.457

续表

测孔编号	103	104		103	105		103	106		104	106		105	106	
水平间距	16.30m			15.30m			20.70m			14.20m			17.90m		
序号	深度	深度	走时	深度	深度	走时	深度	深度	走时	深度	深度	走时	深度	深度	走时
	m	m	ms	m	m	ms	m	m	ms	m	m	ms	m	m	ms
109	4.00	16.00	8.763	4.00	10.00	6.567	4.00	9.00	9.696	4.00	15.00	7.476	4.00	17.00	9.434
110	4.00	17.00	8.925	4.00	10.00	6.601	4.00	10.00	9.650	4.00	16.00	7.344	4.00	18.00	9.596
111	5.00	0.00	8.035	4.00	11.00	6.890	4.00	10.00	9.804	4.00	17.00	7.260	5.00	0.00	8.688
112	5.00	1.00	7.619	4.00	12.00	6.723	4.00	11.00	9.704	5.00	0.00	7.422	5.00	1.00	8.203
113	5.00	2.00	7.295	4.00	13.00	6.793	4.00	11.00	9.948	5.00	1.00	6.844	5.00	2.00	7.821
114	5.00	3.00	7.214	4.00	14.00	6.820	4.00	12.00	9.788	5.00	2.00	6.648	5.00	3.00	7.578
115	5.00	4.00	7.179	4.00	15.00	6.803	4.00	13.00	9.704	5.00	3.00	6.486	5.00	4.00	7.526
116	5.00	5.00	7.295	4.00	16.00	6.906	4.00	14.00	9.704	5.00	4.00	6.567	5.00	5.00	7.821
117	5.00	6.00	7.376	5.00	0.00	7.098	4.00	15.00	9.573	5.00	5.00	6.682	5.00	7.00	8.070
118	5.00	7.00	7.711	5.00	1.00	6.809	4.00	16.00	9.758	5.00	6.00	7.093	5.00	7.00	8.324
119	5.00	7.00	7.954	5.00	2.00	6.729	4.00	17.00	9.272	5.00	7.00	6.929	5.00	8.00	7.989
120	5.00	8.00	7.908	5.00	3.00	7.052	4.00	18.00	9.079	5.00	7.00	7.133	5.00	8.00	8.133
121	5.00	8.00	7.989	5.00	4.00	7.179	5.00	0.00	9.516	5.00	8.00	6.744	5.00	9.00	7.954
122	5.00	9.00	8.197	5.00	5.00	6.809	5.00	1.00	9.079	5.00	9.00	6.582	5.00	9.00	8.255
123	5.00	10.00	8.197	5.00	5.00	6.844	5.00	2.00	8.807	5.00	10.00	6.413	5.00	10.00	8.035
124	5.00	11.00	8.151	5.00	6.00	6.405	5.00	3.00	8.771	5.00	11.00	6.413	5.00	10.00	8.064
125	5.00	13.00	8.156	5.00	7.00	6.324	5.00	4.00	8.843	5.00	11.00	6.486	5.00	11.00	8.035
126	5.00	14.00	8.278	5.00	8.00	6.243	5.00	5.00	9.028	5.00	13.00	6.473	5.00	11.00	8.133
127	5.00	15.00	8.486	5.00	8.00	6.197	5.00	6.00	9.223	5.00	14.00	6.603	5.00	12.00	8.520
128	5.00	16.00	8.648	5.00	9.00	6.243	5.00	7.00	9.187	5.00	15.00	6.960	5.00	14.00	9.025
129	5.00	17.00	8.890	5.00	9.00	6.188	5.00	7.00	9.372	5.00	16.00	6.648	5.00	15.00	8.890
130	6.00	0.00	8.188	5.00	10.00	6.405	5.00	8.00	9.434	5.00	17.00	6.601	5.00	16.00	9.056
131	6.00	1.00	7.711	5.00	10.00	6.278	5.00	8.00	9.531	6.00	0.00	7.831	5.00	17.00	8.617
132	6.00	2.00	7.422	5.00	11.00	6.601	5.00	9.00	9.542	6.00	1.00	7.368	5.00	18.00	8.131
133	6.00	3.00	7.283	5.00	12.00	6.567	5.00	9.00	9.588	6.00	2.00	7.014	6.00	0.00	8.809
134	6.00	4.00	7.314	5.00	13.00	6.601	5.00	10.00	9.434	6.00	3.00	6.929	6.00	1.00	8.255
135	6.00	5.00	7.445	5.00	14.00	6.659	5.00	10.00	9.588	6.00	4.00	6.929	6.00	2.00	7.821

续表

测孔编号	103	104		103	105		103	106		104	106		105	106	
水平间距	16.30m			15.30m			20.70m			14.20m			17.90m		
序号	深度	深度	走时	深度	深度	走时	深度	深度	走时	深度	深度	走时	深度	深度	走时
	m	m	ms	m	m	ms	m	m	ms	m	m	ms	m	m	ms
136	6.00	6.00	7.619	5.00	15.00	6.567	5.00	11.00	9.380	6.00	5.00	7.068	6.00	3.00	7.700
137	6.00	7.00	7.827	5.00	16.00	6.798	5.00	11.00	9.603	6.00	6.00	6.867	6.00	4.00	7.700
138	6.00	7.00	8.046	5.00	17.00	6.577	5.00	12.00	9.457	6.00	7.00	6.410	6.00	5.00	7.890
139	6.00	8.00	7.954	5.00	18.00	6.582	5.00	13.00	9.457	6.00	7.00	6.729	6.00	7.00	8.278
140	6.00	8.00	8.077	5.00	19.00	6.582	5.00	14.00	9.488	6.00	8.00	6.177	6.00	7.00	8.376
141	6.00	9.00	8.197	5.00	20.00	6.690	5.00	15.00	9.336	6.00	8.00	6.174	6.00	8.00	7.954
142	6.00	9.00	8.262	5.00	21.00	6.690	5.00	16.00	9.434	6.00	9.00	6.066	6.00	8.00	7.942
143	6.00	10.00	8.070	5.00	23.00	6.797	5.00	17.00	8.994	6.00	9.00	6.364	6.00	9.00	7.827
144	6.00	10.00	7.962	5.00	24.00	6.818	5.00	18.00	8.563	6.00	10.00	5.962	6.00	9.00	8.133
145	6.00	11.00	8.151	5.00	25.00	6.867	6.00	0.00	9.603	6.00	10.00	5.740	6.00	10.00	7.792
146	6.00	11.00	8.046	5.00	26.00	6.980	6.00	1.00	9.172	6.00	11.00	5.957	6.00	10.00	7.648
147	6.00	13.00	8.231	5.00	27.00	7.368	6.00	2.00	8.863	6.00	11.00	6.000	6.00	11.00	7.746
148	6.00	14.00	8.151	6.00	0.00	7.457	6.00	3.00	8.863	6.00	13.00	6.023	6.00	11.00	7.942
149	6.00	15.00	8.440	6.00	1.00	7.152	6.00	4.00	8.935	6.00	14.00	6.126	6.00	12.00	8.151
150	6.00	16.00	8.567	6.00	2.00	7.068	6.00	5.00	9.136	6.00	15.00	6.364	6.00	14.00	8.452
151	6.00	17.00	8.619	6.00	3.00	7.098	6.00	6.00	9.388	6.00	16.00	6.197	6.00	15.00	8.278
152	6.00	17.00	8.682	6.00	4.00	6.850	6.00	7.00	9.403	6.00	17.00	6.089	6.00	16.00	8.486
153	6.00	18.00	8.809	6.00	5.00	6.439	6.00	7.00	9.567	7.00	0.00	7.457	6.00	17.00	8.239
154	6.00	19.00	8.971	6.00	5.00	6.607	6.00	8.00	9.488	7.00	1.00	7.023	6.00	18.00	7.584
155	6.00	20.00	9.052	6.00	6.00	6.228	6.00	8.00	9.660	7.00	2.00	6.902	7.00	0.00	8.969
156	6.00	21.00	9.295	6.00	7.00	6.035	6.00	9.00	9.434	7.00	3.00	6.781	7.00	1.00	8.445
157	6.00	22.00	9.729	6.00	7.00	6.120	6.00	9.00	9.680	7.00	4.00	6.781	7.00	2.00	8.133
158	6.00	24.00	10.093	6.00	8.00	5.927	6.00	10.00	9.133	7.00	5.00	6.850	7.00	3.00	7.942
159	6.00	25.00	10.405	6.00	8.00	6.012	6.00	10.00	9.408	7.00	6.00	6.538	7.00	4.00	7.700
160	6.00	26.00	10.769	6.00	9.00	5.954	6.00	11.00	9.048	7.00	7.00	6.000	7.00	5.00	7.890
161	6.00	27.00	10.359	6.00	9.00	6.035	6.00	11.00	9.444	7.00	7.00	6.364	7.00	7.00	7.821
162	6.00	28.00	10.729	6.00	10.00	6.120	6.00	12.00	9.048	7.00	8.00	5.688	7.00	7.00	8.203

续表

测孔编号	103	104		103	105		103	106		104	106		105	106	
水平间距	16.30m			15.30m			20.70m			14.20m			17.90m		
序号	深度	深度	走时	深度	深度	走时	深度	深度	走时	深度	深度	走时	深度	深度	走时
	m	m	ms	m	m	ms	m	m	ms	m	m	ms	m	m	ms
163	7.00	0.00	8.312	6.00	10.00	6.120	6.00	13.00	8.917	7.00	8.00	5.765	7.00	8.00	7.578
164	7.00	1.00	8.035	6.00	11.00	6.364	6.00	14.00	9.025	7.00	9.00	5.861	7.00	8.00	7.688
165	7.00	2.00	7.711	6.00	12.00	6.150	6.00	15.00	8.809	7.00	9.00	5.788	7.00	9.00	7.700
166	7.00	3.00	7.584	6.00	13.00	6.197	6.00	16.00	8.594	7.00	10.00	5.688	7.00	10.00	7.405
167	7.00	4.00	7.457	6.00	14.00	6.359	6.00	17.00	8.293	7.00	10.00	5.465	7.00	11.00	7.526
168	7.00	5.00	7.746	6.00	15.00	6.197	6.00	18.00	8.208	7.00	11.00	5.567	7.00	12.00	7.250
169	7.00	6.00	7.711	6.00	16.00	6.551	7.00	0.00	9.984	7.00	11.00	5.376	7.00	14.00	7.723
170	7.00	7.00	8.116	6.00	17.00	6.142	7.00	1.00	9.567	7.00	13.00	5.549	7.00	15.00	7.723
171	7.00	7.00	8.359	6.00	18.00	6.174	7.00	2.00	9.259	7.00	14.00	5.680	7.00	16.00	7.854
172	7.00	8.00	7.873	6.00	19.00	6.122	7.00	3.00	9.223	7.00	15.00	5.950	7.00	17.00	7.432
173	7.00	8.00	8.035	6.00	20.00	6.201	7.00	4.00	9.295	7.00	16.00	5.656	7.00	18.00	7.014
174	7.00	9.00	8.313	6.00	21.00	6.237	7.00	5.00	9.480	7.00	17.00	5.554	7.00	19.00	6.567
175	7.00	9.00	8.231	6.00	23.00	6.393	7.00	6.00	9.680	7.00	17.00	5.567	7.00	20.00	5.954
176	7.00	10.00	7.873	6.00	24.00	6.467	7.00	7.00	9.626	7.00	18.00	5.630	7.00	21.00	5.819
177	7.00	10.00	7.908	6.00	25.00	6.497	7.00	7.00	9.860	7.00	19.00	5.707	7.00	22.00	5.746
178	7.00	11.00	7.908	6.00	26.00	6.605	7.00	8.00	9.403	7.00	20.00	5.842	7.00	23.00	5.842
179	7.00	11.00	7.827	6.00	27.00	6.906	7.00	8.00	9.660	7.00	21.00	6.095	7.00	25.00	5.927
180	7.00	13.00	8.070	7.00	0.00	6.906	7.00	9.00	9.187	7.00	22.00	6.497	7.00	26.00	6.090
181	7.00	14.00	7.908	7.00	1.00	6.834	7.00	9.00	9.516	7.00	24.00	7.206	7.00	27.00	6.289
182	7.00	15.00	8.151	7.00	2.00	6.852	7.00	10.00	8.917	7.00	25.00	7.789	7.00	28.00	6.413
183	7.00	16.00	8.151	7.00	3.00	6.798	7.00	10.00	9.208	7.00	26.00	7.982	7.00	29.00	6.605
184	7.00	17.00	8.324	7.00	4.00	6.486	7.00	11.00	8.702	7.00	27.00	7.732	8.00	0.00	8.983
185	7.00	17.00	8.405	7.00	5.00	6.278	7.00	11.00	9.136	7.00	28.00	7.800	8.00	1.00	8.619
186	7.00	18.00	8.324	7.00	5.00	6.243	7.00	12.00	8.779	8.00	0.00	7.746	8.00	2.00	8.324
187	7.00	19.00	8.535	7.00	6.00	5.908	7.00	13.00	8.779	8.00	1.00	7.098	8.00	3.00	8.064
188	7.00	20.00	8.648	7.00	7.00	5.746	7.00	14.00	8.648	8.00	2.00	6.852	8.00	4.00	7.890
189	7.00	21.00	8.809	7.00	7.00	5.819	7.00	15.00	8.478	8.00	3.00	6.607	8.00	5.00	8.255

续表

测孔编号	103	104		103	105		103	106		104	106		105	106	
水平间距	16.30m			15.30m			20.70m			14.20m			17.90m		
序号	深度	深度	走时	深度	深度	走时	深度	深度	走时	深度	深度	走时	深度	深度	走时
	m	m	ms	m	m	ms	m	m	ms	m	m	ms	m	m	ms
190	7.00	22.00	9.298	7.00	8.00	5.746	7.00	16.00	8.208	8.00	4.00	6.659	8.00	7.00	8.133
191	7.00	24.00	9.757	7.00	8.00	5.626	7.00	17.00	7.908	8.00	5.00	6.607	8.00	8.00	7.526
192	7.00	25.00	9.986	7.00	9.00	5.711	7.00	18.00	7.800	8.00	6.00	5.969	8.00	9.00	7.162
193	7.00	26.00	10.526	7.00	9.00	5.630	7.00	18.00	7.908	8.00	7.00	5.531	8.00	9.00	7.335
194	7.00	27.00	10.070	7.00	10.00	5.746	7.00	19.00	7.615	8.00	7.00	5.896	8.00	10.00	6.781
195	7.00	28.00	10.151	7.00	10.00	5.746	7.00	20.00	8.154	8.00	8.00	5.357	8.00	10.00	6.850
196	8.00	0.00	8.725	7.00	11.00	5.873	7.00	21.00	9.164	8.00	8.00	5.326	8.00	11.00	6.729
197	8.00	1.00	8.370	7.00	12.00	5.847	7.00	22.00	9.626	8.00	9.00	5.326	8.00	11.00	6.902
198	8.00	2.00	8.016	7.00	13.00	5.913	7.00	23.00	10.027	8.00	9.00	5.380	8.00	12.00	7.045
199	8.00	3.00	7.831	7.00	14.00	5.969	7.00	24.00	10.027	8.00	10.00	5.133	8.00	14.00	7.615
200	8.00	4.00	7.723	7.00	15.00	5.746	7.00	25.00	9.811	8.00	10.00	5.202	8.00	15.00	7.391
201	8.00	5.00	7.993	7.00	16.00	6.055	7.00	26.00	7.831	8.00	11.00	5.281	8.00	16.00	7.548
202	8.00	6.00	8.070	7.00	16.00	6.197	7.00	27.00	9.542	8.00	11.00	5.141	8.00	17.00	7.173
203	8.00	7.00	8.116	7.00	17.00	5.861	7.00	28.00	9.573	8.00	13.00	5.381	8.00	18.00	6.798
204	8.00	7.00	8.440	7.00	18.00	5.619	7.00	29.00	9.811	8.00	14.00	5.488	8.00	18.00	6.659
205	8.00	8.00	7.503	7.00	19.00	5.567	8.00	0.00	10.312	8.00	15.00	5.861	8.00	19.00	6.116
206	8.00	8.00	7.827	7.00	20.00	5.688	8.00	1.00	9.896	8.00	16.00	5.465	8.00	20.00	5.827
207	8.00	9.00	7.711	7.00	21.00	5.735	8.00	2.00	9.531	8.00	17.00	5.357	8.00	21.00	5.630
208	8.00	9.00	7.908	7.00	22.00	5.764	8.00	3.00	9.567	8.00	17.00	5.465	8.00	22.00	5.665
209	8.00	10.00	7.503	7.00	23.00	5.899	8.00	4.00	9.639	8.00	18.00	5.357	8.00	23.00	5.572
210	8.00	10.00	7.584	7.00	24.00	5.963	8.00	5.00	9.752	8.00	19.00	5.497	8.00	25.00	5.711
211	8.00	11.00	7.584	7.00	25.00	6.089	8.00	6.00	9.788	8.00	20.00	5.630	8.00	26.00	5.630
212	8.00	11.00	7.422	7.00	26.00	6.251	8.00	7.00	9.488	8.00	21.00	5.572	8.00	27.00	5.725
213	8.00	13.00	7.619	7.00	27.00	6.659	8.00	7.00	9.680	8.00	22.00	5.734	8.00	28.00	5.930
214	8.00	14.00	7.584	8.00	0.00	6.843	8.00	8.00	9.110	8.00	24.00	7.220	8.00	29.00	6.174
215	8.00	15.00	7.711	8.00	1.00	6.786	8.00	8.00	9.259	8.00	25.00	7.575	9.00	0.00	9.052
216	8.00	16.00	7.954	8.00	2.00	6.809	8.00	9.00	8.809	8.00	26.00	8.023	9.00	1.00	8.691

续表

测孔编号	103	104		103	105		103	106		104	106		105	106	
水平间距	16.30m			15.30m			20.70m			14.20m			17.90m		
序号	深度	深度	走时	深度	深度	走时	深度	深度	走时	深度	深度	走时	深度	深度	走时
	m	m	ms	m	m	ms	m	m	ms	m	m	ms	m	m	ms
217	8.00	17.00	8.012	8.00	3.00	6.601	8.00	9.00	9.151	8.00	27.00	7.204	9.00	2.00	8.428
218	8.00	17.00	8.035	8.00	4.00	6.278	8.00	10.00	8.478	8.00	28.00	6.753	9.00	3.00	8.203
219	8.00	18.00	8.064	8.00	5.00	5.908	8.00	10.00	8.807	9.00	0.00	7.531	9.00	4.00	8.023
220	8.00	19.00	8.324	8.00	5.00	6.035	8.00	11.00	8.424	9.00	1.00	7.098	9.00	5.00	8.064
221	8.00	20.00	8.376	8.00	6.00	5.610	8.00	11.00	8.792	9.00	2.00	6.821	9.00	7.00	7.493
222	8.00	21.00	8.688	8.00	7.00	5.462	8.00	12.00	8.401	9.00	3.00	6.607	9.00	7.00	7.457
223	8.00	22.00	9.052	8.00	7.00	5.657	8.00	13.00	8.262	9.00	4.00	6.469	9.00	8.00	7.140
224	8.00	24.00	9.391	8.00	8.00	5.436	8.00	14.00	8.100	9.00	5.00	6.438	9.00	8.00	7.168
225	8.00	25.00	9.717	8.00	8.00	5.326	8.00	15.00	7.993	9.00	6.00	6.197	9.00	9.00	6.899
226	8.00	26.00	10.457	8.00	9.00	5.465	8.00	16.00	7.908	9.00	6.00	6.313	9.00	9.00	6.960
227	8.00	27.00	9.954	8.00	9.00	5.422	8.00	17.00	7.530	9.00	7.00	5.734	9.00	10.00	6.708
228	8.00	28.00	10.266	8.00	10.00	5.518	8.00	18.00	7.391	9.00	7.00	5.688	9.00	10.00	6.607
229	9.00	0.00	9.006	8.00	10.00	5.406	8.00	18.00	7.391	9.00	7.00	5.842	9.00	11.00	6.592
230	9.00	1.00	8.567	8.00	11.00	5.630	8.00	19.00	7.229	9.00	8.00	5.593	9.00	11.00	6.636
231	9.00	2.00	8.278	8.00	12.00	5.574	8.00	20.00	7.800	9.00	8.00	6.052	9.00	12.00	6.669
232	9.00	3.00	8.197	8.00	13.00	5.611	8.00	21.00	8.293	9.00	8.00	5.156	9.00	14.00	7.204
233	9.00	4.00	8.070	8.00	14.00	5.819	8.00	22.00	8.478	9.00	9.00	5.338	9.00	15.00	7.143
234	9.00	5.00	8.231	8.00	15.00	5.549	8.00	23.00	8.671	9.00	9.00	5.740	9.00	16.00	7.105
235	9.00	6.00	8.197	8.00	16.00	5.559	8.00	24.00	8.648	9.00	9.00	5.380	9.00	17.00	6.787
236	9.00	7.00	7.619	8.00	17.00	5.338	8.00	25.00	8.478	9.00	10.00	5.202	9.00	18.00	6.335
237	9.00	8.00	7.295	8.00	18.00	5.195	8.00	26.00	7.962	9.00	10.00	5.202	9.00	18.00	6.174
238	9.00	9.00	7.619	8.00	19.00	5.195	8.00	27.00	8.077	9.00	10.00	5.324	9.00	19.00	5.711
239	9.00	9.00	7.746	8.00	20.00	5.324	8.00	28.00	8.185	9.00	11.00	5.110	9.00	20.00	5.295
240	9.00	10.00	7.376	8.00	21.00	5.465	8.00	29.00	8.563	9.00	11.00	5.254	9.00	21.00	5.179
241	9.00	10.00	7.376	8.00	23.00	5.549	9.00	0.00	10.657	9.00	11.00	5.133	9.00	22.00	5.179
242	9.00	11.00	7.260	8.00	24.00	5.549	9.00	1.00	10.276	9.00	13.00	5.195	9.00	23.00	5.357
243	9.00	11.00	7.214	8.00	25.00	5.626	9.00	2.00	9.896	9.00	13.00	5.376	9.00	25.00	5.245

续表

测孔编号	103	104		103	105		103	106		104	106		105	106	
水平间距	16.30m			15.30m			20.70m			14.20m			17.90m		
序号	深度	深度	走时	深度	深度	走时	深度	深度	走时	深度	深度	走时	深度	深度	走时
	m	m	ms	m	m	ms	m	m	ms	m	m	ms	m	m	ms
244	9.00	13.00	7.422	8.00	26.00	5.747	9.00	3.00	9.896	9.00	14.00	5.409	9.00	26.00	5.341
245	9.00	14.00	7.179	8.00	27.00	6.251	9.00	4.00	9.948	9.00	14.00	5.344	9.00	27.00	5.549
246	9.00	15.00	7.503	9.00	0.00	6.448	9.00	5.00	10.040	9.00	15.00	5.549	9.00	28.00	5.503
247	9.00	16.00	7.457	9.00	1.00	6.556	9.00	6.00	9.896	9.00	15.00	5.688	9.00	29.00	6.174
248	9.00	17.00	7.512	9.00	2.00	6.601	9.00	7.00	9.110	9.00	16.00	5.324	10.00	0.00	9.268
249	9.00	18.00	7.598	9.00	3.00	6.172	9.00	7.00	9.588	9.00	16.00	5.324	10.00	1.00	8.884
250	9.00	19.00	7.746	9.00	4.00	5.892	9.00	8.00	8.702	9.00	17.00	5.133	10.00	2.00	8.688
251	9.00	20.00	7.908	9.00	5.00	5.792	9.00	8.00	8.735	9.00	17.00	5.324	10.00	3.00	8.255
252	9.00	21.00	8.231	9.00	5.00	5.707	9.00	9.00	8.347	9.00	17.00	5.324	10.00	4.00	8.012
253	9.00	22.00	8.445	9.00	6.00	5.438	9.00	9.00	8.571	9.00	18.00	4.971	10.00	5.00	8.131
254	9.00	24.00	8.966	9.00	6.00	5.535	9.00	10.00	8.077	9.00	19.00	5.033	10.00	7.00	7.063
255	9.00	25.00	9.175	9.00	7.00	5.281	9.00	10.00	8.182	9.00	20.00	5.133	10.00	7.00	7.362
256	9.00	26.00	9.538	9.00	7.00	5.322	9.00	11.00	8.100	9.00	21.00	5.324	10.00	8.00	6.798
257	9.00	27.00	9.133	9.00	8.00	5.179	9.00	11.00	8.334	9.00	22.00	5.649	10.00	8.00	6.914
258	9.00	28.00	9.295	9.00	8.00	5.142	9.00	12.00	7.908	9.00	23.00	5.986	10.00	9.00	6.563
259	10.00	0.00	9.422	9.00	9.00	5.133	9.00	13.00	7.800	9.00	24.00	6.656	10.00	9.00	6.875
260	10.00	1.00	8.890	9.00	9.00	5.195	9.00	14.00	7.615	9.00	25.00	6.776	10.00	10.00	6.359
261	10.00	2.00	8.682	9.00	10.00	5.295	9.00	15.00	7.314	9.00	26.00	6.749	10.00	10.00	6.486
262	10.00	3.00	8.440	9.00	10.00	5.260	9.00	16.00	7.068	9.00	27.00	6.500	10.00	11.00	6.486
263	10.00	4.00	8.405	9.00	11.00	5.411	9.00	17.00	6.929	9.00	28.00	6.335	10.00	11.00	6.416
264	10.00	5.00	8.520	9.00	12.00	5.411	9.00	18.00	6.852	10.00	0.00	7.942	10.00	12.00	6.528
265	10.00	6.00	8.012	9.00	13.00	5.424	9.00	18.00	6.852	10.00	1.00	7.526	10.00	14.00	7.122
266	10.00	7.00	7.405	9.00	14.00	5.503	9.00	19.00	6.659	10.00	2.00	7.283	10.00	15.00	6.830
267	10.00	8.00	6.902	9.00	15.00	5.344	9.00	20.00	7.122	10.00	3.00	7.014	10.00	16.00	6.894
268	10.00	8.00	7.018	9.00	16.00	5.345	9.00	21.00	7.939	10.00	4.00	6.906	10.00	17.00	6.281
269	10.00	9.00	7.219	9.00	17.00	5.165	9.00	22.00	8.262	10.00	5.00	6.781	10.00	18.00	5.680
270	10.00	9.00	7.341	9.00	18.00	4.928	9.00	23.00	8.478	10.00	6.00	6.122	10.00	18.00	5.809

续表

测孔编号	103	104		103	105		103	106		104	106		105	106	
水平间距	16.30m			15.30m			20.70m			14.20m			17.90m		
序号	深度	深度	走时	深度	深度	走时	深度	深度	走时	深度	深度	走时	深度	深度	走时
	m	m	ms	m	m	ms	m	m	ms	m	m	ms	m	m	ms
271	10.00	10.00	6.902	9.00	19.00	4.850	9.00	24.00	8.509	10.00	7.00	5.711	10.00	19.00	5.260
272	10.00	10.00	6.971	9.00	20.00	4.696	9.00	25.00	8.401	10.00	7.00	5.927	10.00	20.00	5.052
273	10.00	11.00	6.719	9.00	21.00	4.732	9.00	26.00	7.885	10.00	8.00	5.433	10.00	21.00	4.937
274	10.00	11.00	6.890	9.00	23.00	5.249	9.00	27.00	7.885	10.00	8.00	5.313	10.00	22.00	4.937
275	10.00	13.00	6.971	9.00	24.00	5.328	9.00	28.00	7.962	10.00	9.00	5.366	10.00	23.00	4.937
276	10.00	14.00	6.850	9.00	25.00	5.428	9.00	29.00	8.077	10.00	9.00	5.272	10.00	25.00	4.809
277	10.00	15.00	7.018	9.00	26.00	5.601	10.00	0.00	10.112	10.00	10.00	5.202	10.00	26.00	4.971
278	10.00	16.00	7.098	9.00	27.00	6.125	10.00	1.00	9.704	10.00	10.00	5.164	10.00	27.00	5.295
279	10.00	17.00	7.344	10.00	0.00	6.937	10.00	2.00	9.380	10.00	11.00	5.087	10.00	28.00	5.295
280	10.00	17.00	7.283	10.00	1.00	6.725	10.00	3.00	9.272	10.00	11.00	5.133	10.00	29.00	5.380
281	10.00	18.00	7.281	10.00	2.00	6.505	10.00	4.00	9.272	10.00	13.00	5.110	11.00	0.00	9.226
282	10.00	19.00	7.341	10.00	3.00	6.229	10.00	5.00	9.519	10.00	14.00	5.193	11.00	1.00	8.740
283	10.00	20.00	7.438	10.00	4.00	5.896	10.00	6.00	9.465	10.00	15.00	5.488	11.00	2.00	8.567
284	10.00	21.00	7.648	10.00	5.00	5.549	10.00	7.00	8.725	10.00	16.00	5.133	11.00	3.00	8.203
285	10.00	22.00	7.746	10.00	5.00	5.665	10.00	7.00	8.894	10.00	17.00	4.866	11.00	4.00	8.133
286	10.00	24.00	8.324	10.00	6.00	5.260	10.00	8.00	8.316	10.00	17.00	5.056	11.00	5.00	8.012
287	10.00	25.00	8.626	10.00	7.00	5.052	10.00	8.00	7.831	10.00	18.00	4.886	11.00	7.00	6.929
288	10.00	26.00	9.052	10.00	8.00	4.971	10.00	9.00	7.962	10.00	19.00	4.960	11.00	7.00	7.091
289	10.00	27.00	9.131	10.00	8.00	5.082	10.00	9.00	7.885	10.00	20.00	4.970	11.00	8.00	6.850
290	10.00	28.00	9.233	10.00	9.00	4.971	10.00	10.00	7.723	10.00	21.00	4.991	11.00	8.00	6.759
291	11.00	0.00	9.364	10.00	9.00	5.110	10.00	10.00	7.476	10.00	22.00	5.326	11.00	9.00	6.531
292	11.00	1.00	8.890	10.00	10.00	5.087	10.00	11.00	7.692	10.00	24.00	6.542	11.00	9.00	6.543
293	11.00	2.00	8.567	10.00	10.00	5.110	10.00	11.00	7.692	10.00	25.00	6.850	11.00	10.00	6.141
294	11.00	3.00	8.497	10.00	11.00	5.260	10.00	12.00	7.615	10.00	26.00	7.040	11.00	10.00	6.211
295	11.00	4.00	8.376	10.00	12.00	5.197	10.00	13.00	7.445	10.00	27.00	6.875	11.00	11.00	6.227
296	11.00	5.00	8.563	10.00	13.00	5.235	10.00	14.00	7.283	10.00	28.00	6.659	11.00	11.00	6.281
297	11.00	6.00	8.031	10.00	14.00	5.465	10.00	15.00	7.037	11.00	0.00	8.203	11.00	12.00	6.294

续表

测孔编号	103	104		103	105		103	106		104	106		105	106	
水平间距	16.30m			15.30m			20.70m			14.20m			17.90m		
序号	深度	深度	走时	深度	深度	走时	深度	深度	走时	深度	深度	走时	深度	深度	走时
	m	m	ms	m	m	ms	m	m	ms	m	m	ms	m	m	ms
298	11.00	7.00	7.250	10.00	15.00	5.195	10.00	16.00	6.744	11.00	1.00	7.821	11.00	14.00	6.798
299	11.00	7.00	7.584	10.00	16.00	5.328	10.00	17.00	6.551	11.00	2.00	7.314	11.00	15.00	6.625
300	11.00	8.00	6.890	10.00	16.00	5.468	10.00	18.00	6.497	11.00	3.00	7.068	11.00	16.00	6.680
301	11.00	8.00	6.763	10.00	17.00	4.984	10.00	18.00	6.359	11.00	4.00	6.902	11.00	17.00	6.031
302	11.00	9.00	6.890	10.00	18.00	4.696	10.00	19.00	6.605	11.00	5.00	6.729	11.00	18.00	5.584
303	11.00	9.00	6.890	10.00	19.00	4.682	10.00	20.00	7.260	11.00	6.00	6.122	11.00	18.00	5.380
304	11.00	10.00	6.729	10.00	20.00	4.748	10.00	21.00	7.615	11.00	7.00	5.567	11.00	19.00	4.890
305	11.00	10.00	6.567	10.00	21.00	4.840	10.00	22.00	7.854	11.00	7.00	5.765	11.00	20.00	4.728
306	11.00	11.00	6.486	10.00	23.00	5.005	10.00	23.00	8.154	11.00	8.00	5.188	11.00	21.00	4.567
307	11.00	13.00	6.486	10.00	24.00	5.098	10.00	24.00	8.401	11.00	8.00	5.081	11.00	22.00	4.601
308	11.00	14.00	6.359	10.00	25.00	5.179	10.00	25.00	8.262	11.00	9.00	5.133	11.00	23.00	4.648
309	11.00	15.00	6.607	10.00	26.00	5.349	10.00	26.00	7.854	11.00	9.00	5.303	11.00	25.00	4.809
310	11.00	16.00	6.682	10.00	27.00	5.801	10.00	27.00	7.638	11.00	10.00	4.960	11.00	26.00	4.856
311	11.00	17.00	6.750	11.00	0.00	6.989	10.00	28.00	7.499	11.00	10.00	5.002	11.00	27.00	4.971
312	11.00	17.00	6.682	11.00	1.00	6.836	10.00	29.00	7.638	11.00	11.00	4.960	11.00	28.00	4.917
313	11.00	18.00	6.781	11.00	2.00	6.690	11.00	0.00	9.919	11.00	11.00	4.890	11.00	29.00	5.665
314	11.00	19.00	6.856	11.00	3.00	6.443	11.00	1.00	9.650	11.00	13.00	4.948	12.00	0.00	9.729
315	11.00	20.00	6.971	11.00	4.00	6.089	11.00	2.00	9.156	11.00	14.00	5.012	12.00	1.00	9.295
316	11.00	21.00	7.260	11.00	5.00	5.819	11.00	3.00	8.563	11.00	15.00	5.202	12.00	2.00	8.917
317	11.00	22.00	7.503	11.00	6.00	5.411	11.00	4.00	8.532	11.00	16.00	4.838	12.00	3.00	8.740
318	11.00	24.00	8.140	11.00	7.00	5.195	11.00	5.00	8.856	11.00	17.00	4.578	12.00	4.00	8.497
319	11.00	25.00	8.286	11.00	8.00	5.017	11.00	6.00	8.833	11.00	17.00	4.526	12.00	5.00	8.497
320	11.00	26.00	8.682	11.00	8.00	5.164	11.00	7.00	7.800	11.00	18.00	4.457	12.00	7.00	7.280
321	11.00	27.00	8.807	11.00	9.00	4.971	11.00	7.00	8.532	11.00	19.00	4.457	12.00	7.00	7.405
322	11.00	28.00	8.933	11.00	9.00	5.110	11.00	8.00	7.445	11.00	20.00	4.578	12.00	8.00	7.021
323	12.00	0.00	9.486	11.00	10.00	5.098	11.00	8.00	7.283	11.00	21.00	4.700	12.00	8.00	7.036
324	12.00	1.00	8.931	11.00	10.00	5.195	11.00	9.00	7.206	11.00	22.00	5.087	12.00	9.00	6.767

续表

测孔编号	103	104		103	105		103	106		104	106		105	106	
水平间距	16.30m			15.30m			20.70m			14.20m			17.90m		
序号	深度	深度	走时	深度	深度	走时	深度	深度	走时	深度	深度	走时	深度	深度	走时
	m	m	ms	m	m	ms	m	m	ms	m	m	ms	m	m	ms
325	12.00	2.00	8.531	11.00	11.00	5.406	11.00	9.00	6.952	11.00	24.00	6.295	12.00	9.00	6.696
326	12.00	3.00	8.376	11.00	12.00	5.220	11.00	10.00	6.960	11.00	25.00	6.486	12.00	10.00	6.364
327	12.00	4.00	8.250	11.00	13.00	5.247	11.00	10.00	7.206	11.00	26.00	6.557	12.00	10.00	6.390
328	12.00	5.00	8.376	11.00	14.00	5.326	11.00	11.00	6.821	11.00	27.00	6.299	12.00	11.00	6.295
329	12.00	6.00	8.070	11.00	15.00	5.017	11.00	11.00	7.422	11.00	28.00	6.197	12.00	11.00	6.335
330	12.00	7.00	7.023	11.00	16.00	5.256	11.00	12.00	6.659	12.00	0.00	8.203	12.00	12.00	6.466
331	12.00	8.00	6.890	11.00	16.00	5.295	11.00	13.00	6.636	12.00	1.00	7.908	12.00	14.00	6.993
332	12.00	9.00	6.729	11.00	17.00	4.724	11.00	14.00	6.574	12.00	2.00	7.578	12.00	15.00	6.539
333	12.00	9.00	7.018	11.00	18.00	4.424	11.00	15.00	6.497	12.00	3.00	7.314	12.00	16.00	6.359
334	12.00	10.00	6.438	11.00	19.00	4.367	11.00	16.00	6.305	12.00	4.00	6.902	12.00	17.00	5.803
335	12.00	10.00	6.486	11.00	20.00	4.424	11.00	17.00	6.058	12.00	5.00	6.729	12.00	18.00	5.549
336	12.00	11.00	6.243	11.00	21.00	4.547	11.00	18.00	5.981	12.00	6.00	6.364	12.00	19.00	4.775
337	12.00	11.00	6.243	11.00	23.00	4.568	11.00	18.00	5.981	12.00	7.00	5.864	12.00	20.00	4.324
338	12.00	13.00	6.295	11.00	24.00	4.732	11.00	19.00	5.819	12.00	7.00	6.035	12.00	21.00	4.324
339	12.00	14.00	6.174	11.00	25.00	4.840	11.00	20.00	6.497	12.00	8.00	5.637	12.00	22.00	4.486
340	12.00	15.00	6.243	11.00	26.00	4.894	11.00	21.00	6.983	12.00	8.00	5.376	12.00	23.00	4.624
341	12.00	16.00	6.156	11.00	27.00	5.056	11.00	22.00	7.176	12.00	9.00	5.467	12.00	25.00	4.570
342	12.00	17.00	6.156	12.00	0.00	7.615	11.00	23.00	8.131	12.00	9.00	5.680	12.00	26.00	4.567
343	12.00	18.00	6.614	12.00	1.00	7.376	11.00	24.00	8.366	12.00	10.00	5.370	12.00	27.00	4.786
344	12.00	19.00	6.729	12.00	2.00	6.989	11.00	25.00	7.854	12.00	10.00	5.202	12.00	28.00	4.890
345	12.00	20.00	6.763	12.00	3.00	6.603	11.00	26.00	7.584	12.00	11.00	5.202	12.00	29.00	5.411
346	12.00	21.00	6.937	12.00	4.00	6.150	11.00	27.00	7.391	12.00	11.00	5.081	13.00	0.00	9.349
347	12.00	22.00	7.214	12.00	5.00	5.837	11.00	28.00	7.391	12.00	13.00	4.952	13.00	1.00	9.104
348	12.00	24.00	7.363	12.00	5.00	5.989	11.00	29.00	8.563	12.00	14.00	5.142	13.00	2.00	8.809
349	12.00	25.00	7.853	12.00	6.00	5.449	12.00	0.00	10.413	12.00	15.00	5.326	13.00	3.00	8.619
350	12.00	26.00	8.278	12.00	7.00	5.211	12.00	1.00	9.842	12.00	16.00	5.081	13.00	4.00	8.376
351	12.00	27.00	8.487	12.00	8.00	5.110	12.00	2.00	9.326	12.00	17.00	4.533	13.00	5.00	8.255

续表

测孔编号	103	104		103	105		103	106		104	106		105	106	
水平间距	16.30m			15.30m			20.70m			14.20m			17.90m		
序号	深度	深度	走时	深度	深度	走时	深度	深度	走时	深度	深度	走时	深度	深度	走时
	m	m	ms	m	m	ms	m	m	ms	m	m	ms	m	m	ms
352	12.00	28.00	8.671	12.00	9.00	5.098	12.00	3.00	8.994	12.00	17.00	4.678	13.00	7.00	7.238
353	13.00	0.00	9.313	12.00	10.00	5.295	12.00	4.00	8.671	12.00	18.00	4.358	13.00	7.00	7.368
354	13.00	1.00	8.862	12.00	10.00	5.376	12.00	5.00	8.594	12.00	19.00	4.335	13.00	8.00	6.858
355	13.00	2.00	8.497	12.00	11.00	5.503	12.00	6.00	8.455	12.00	20.00	4.405	13.00	8.00	7.031
356	13.00	3.00	8.255	12.00	12.00	5.295	12.00	7.00	7.854	12.00	21.00	4.526	13.00	9.00	6.607
357	13.00	4.00	8.203	12.00	13.00	5.141	12.00	7.00	8.185	12.00	22.00	4.678	13.00	9.00	6.798
358	13.00	5.00	7.942	12.00	14.00	5.214	12.00	8.00	7.283	12.00	24.00	6.070	13.00	10.00	6.368
359	13.00	6.00	7.457	12.00	15.00	5.052	12.00	8.00	7.391	12.00	25.00	6.035	13.00	10.00	6.295
360	13.00	7.00	6.659	12.00	16.00	4.876	12.00	9.00	7.037	12.00	26.00	6.067	13.00	11.00	6.486
361	13.00	7.00	7.018	12.00	16.00	4.937	12.00	9.00	7.314	12.00	27.00	5.996	13.00	12.00	6.431
362	13.00	8.00	6.566	12.00	17.00	4.324	12.00	10.00	6.713	12.00	28.00	5.896	13.00	14.00	6.188
363	13.00	9.00	6.607	12.00	18.00	4.044	12.00	10.00	6.821	13.00	0.00	8.166	13.00	15.00	5.769
364	13.00	9.00	6.533	12.00	19.00	3.969	12.00	11.00	6.605	13.00	1.00	7.889	13.00	16.00	5.573
365	13.00	10.00	6.278	12.00	20.00	4.046	12.00	11.00	6.659	13.00	2.00	7.534	13.00	17.00	5.400
366	13.00	10.00	6.243	12.00	21.00	4.059	12.00	12.00	6.389	13.00	3.00	7.216	13.00	18.00	5.380
367	13.00	11.00	6.000	12.00	23.00	4.203	12.00	13.00	6.251	13.00	4.00	6.930	13.00	19.00	4.648
368	13.00	13.00	5.827	12.00	24.00	4.227	12.00	14.00	6.197	13.00	5.00	6.693	13.00	20.00	4.293
369	13.00	14.00	5.908	12.00	25.00	4.297	12.00	15.00	6.004	13.00	6.00	6.035	13.00	21.00	4.344
370	13.00	15.00	6.116	12.00	26.00	4.425	12.00	16.00	5.873	13.00	7.00	5.688	13.00	22.00	4.270
371	13.00	16.00	6.122	12.00	27.00	4.672	12.00	17.00	5.680	13.00	7.00	5.693	13.00	23.00	4.239
372	13.00	17.00	6.031	13.00	0.00	7.563	12.00	18.00	5.411	13.00	8.00	5.244	13.00	25.00	4.378
373	13.00	17.00	6.174	13.00	1.00	7.125	12.00	18.00	5.657	13.00	8.00	5.201	13.00	26.00	4.347
374	13.00	18.00	6.156	13.00	2.00	6.750	12.00	19.00	5.357	13.00	9.00	4.976	13.00	27.00	4.570
375	13.00	19.00	6.405	13.00	3.00	6.538	12.00	20.00	6.004	13.00	9.00	5.056	13.00	28.00	4.594
376	13.00	20.00	6.486	13.00	4.00	6.031	12.00	21.00	6.443	13.00	10.00	4.786	13.00	29.00	5.218
377	13.00	21.00	6.729	13.00	5.00	6.089	12.00	22.00	6.690	13.00	10.00	4.719	14.00	0.00	9.594
378	13.00	22.00	7.023	13.00	6.00	5.630	12.00	23.00	7.098	13.00	11.00	4.725	14.00	1.00	9.188

续表

测孔编号	103	104		103	105		103	106		104	106		105	106	
水平间距	16.30m			15.30m			20.70m			14.20m			17.90m		
序号	深度	深度	走时	深度	深度	走时	深度	深度	走时	深度	深度	走时	深度	深度	走时
	m	m	ms	m	m	ms	m	m	ms	m	m	ms	m	m	ms
379	13.00	24.00	7.448	13.00	7.00	5.380	12.00	24.00	7.206	13.00	11.00	4.509	14.00	2.00	9.000
380	13.00	25.00	7.784	13.00	7.00	5.356	12.00	25.00	7.152	13.00	13.00	4.678	14.00	3.00	8.671
381	13.00	26.00	8.116	13.00	8.00	5.295	12.00	26.00	7.152	13.00	14.00	4.695	14.00	4.00	8.497
382	13.00	27.00	8.070	13.00	8.00	5.250	12.00	27.00	6.929	13.00	15.00	4.809	14.00	5.00	8.324
383	13.00	28.00	8.231	13.00	9.00	5.260	12.00	28.00	6.929	13.00	16.00	4.347	14.00	7.00	7.297
384	14.00	0.00	8.971	13.00	9.00	5.248	12.00	29.00	7.037	13.00	17.00	4.197	14.00	7.00	7.664
385	14.00	1.00	8.809	13.00	10.00	5.326	13.00	0.00	10.305	13.00	17.00	4.214	14.00	8.00	7.000
386	14.00	2.00	8.601	13.00	10.00	5.208	13.00	1.00	9.542	13.00	18.00	4.035	14.00	8.00	7.092
387	14.00	3.00	8.324	13.00	11.00	5.303	13.00	2.00	9.110	13.00	19.00	4.116	14.00	9.00	6.781
388	14.00	4.00	8.278	13.00	12.00	5.245	13.00	3.00	8.941	13.00	20.00	4.131	14.00	9.00	6.744
389	14.00	5.00	7.821	13.00	13.00	5.082	13.00	4.00	8.594	13.00	21.00	4.216	14.00	10.00	6.436
390	14.00	6.00	7.648	13.00	14.00	4.971	13.00	5.00	8.478	13.00	22.00	4.455	14.00	10.00	6.486
391	14.00	6.00	7.570	13.00	15.00	4.648	13.00	6.00	8.316	13.00	24.00	5.472	14.00	11.00	6.274
392	14.00	7.00	6.906	13.00	16.00	4.403	13.00	7.00	7.723	13.00	25.00	5.848	14.00	11.00	6.359
393	14.00	8.00	6.122	13.00	17.00	3.807	13.00	7.00	7.800	13.00	26.00	6.359	14.00	12.00	6.528
394	14.00	8.00	6.359	13.00	18.00	3.503	13.00	8.00	7.260	13.00	27.00	5.931	14.00	14.00	6.251
395	14.00	9.00	6.601	13.00	19.00	3.422	13.00	8.00	7.314	13.00	28.00	5.626	14.00	15.00	5.844
396	14.00	10.00	6.375	13.00	20.00	3.422	13.00	9.00	6.983	14.00	0.00	8.682	14.00	16.00	5.518
397	14.00	10.00	6.362	13.00	21.00	3.503	13.00	9.00	7.152	14.00	1.00	8.262	14.00	17.00	5.376
398	14.00	11.00	6.162	13.00	23.00	3.612	13.00	10.00	6.713	14.00	2.00	7.989	14.00	18.00	4.971
399	14.00	11.00	6.192	13.00	24.00	3.729	13.00	10.00	6.767	14.00	3.00	7.792	14.00	18.00	4.960
400	14.00	13.00	6.081	13.00	25.00	3.807	13.00	11.00	6.605	14.00	4.00	7.341	14.00	19.00	4.185
401	14.00	14.00	6.122	13.00	26.00	3.922	13.00	11.00	6.690	14.00	5.00	6.971	14.00	20.00	3.969
402	14.00	15.00	6.116	13.00	27.00	4.059	13.00	12.00	6.466	14.00	6.00	6.364	14.00	21.00	3.885
403	14.00	16.00	6.174	14.00	3.00	6.906	13.00	13.00	6.305	14.00	7.00	5.873	14.00	22.00	3.861
404	14.00	17.00	6.375	14.00	4.00	6.536	13.00	14.00	6.143	14.00	7.00	6.035	14.00	23.00	3.861
405	14.00	17.00	6.295	14.00	5.00	6.035	13.00	15.00	5.981	14.00	8.00	5.567	14.00	25.00	4.216

续表

测孔编号	103	104		103	105		103	106		104	106		105	106	
水平间距	16.30m			15.30m			20.70m			14.20m			17.90m		
序号	深度	深度	走时	深度	深度	走时	深度	深度	走时	深度	深度	走时	深度	深度	走时
	m	m	ms	m	m	ms	m	m	ms	m	m	ms	m	m	ms
406	14.00	18.00	6.324	14.00	5.00	6.186	13.00	16.00	5.765	14.00	8.00	5.376	14.00	26.00	4.023
407	14.00	19.00	6.439	14.00	6.00	5.680	13.00	17.00	5.542	14.00	9.00	5.218	14.00	27.00	4.131
408	14.00	20.00	6.486	14.00	7.00	5.434	13.00	18.00	5.542	14.00	9.00	5.249	14.00	28.00	4.239
409	14.00	21.00	6.688	14.00	8.00	5.250	13.00	18.00	5.542	14.00	10.00	5.081	14.00	29.00	4.755
410	14.00	22.00	6.902	14.00	8.00	5.355	13.00	19.00	5.326	14.00	10.00	5.056	15.00	0.00	9.896
411	14.00	24.00	7.341	14.00	9.00	5.195	13.00	20.00	5.488	14.00	11.00	4.960	15.00	1.00	9.465
412	14.00	25.00	7.683	14.00	9.00	5.309	13.00	21.00	5.380	14.00	11.00	5.002	15.00	2.00	9.241
413	14.00	26.00	8.231	14.00	10.00	5.218	13.00	22.00	5.680	14.00	13.00	4.436	15.00	3.00	9.104
414	14.00	27.00	8.159	14.00	10.00	5.179	13.00	23.00	6.004	14.00	14.00	4.256	15.00	4.00	8.934
415	14.00	28.00	8.336	14.00	11.00	4.938	13.00	24.00	5.971	14.00	15.00	4.347	15.00	5.00	8.587
416	15.00	0.00	8.844	14.00	12.00	4.647	13.00	25.00	5.680	14.00	16.00	3.831	15.00	7.00	7.769
417	15.00	1.00	8.763	14.00	13.00	4.371	13.00	26.00	5.411	14.00	17.00	3.685	15.00	7.00	7.767
418	15.00	2.00	8.567	14.00	14.00	4.423	13.00	27.00	5.326	14.00	17.00	3.607	15.00	8.00	7.457
419	15.00	3.00	8.405	14.00	15.00	4.254	13.00	28.00	5.572	14.00	18.00	3.547	15.00	8.00	7.275
420	15.00	4.00	8.312	14.00	16.00	4.059	13.00	29.00	5.657	14.00	19.00	6.537	15.00	9.00	7.188
421	15.00	5.00	8.405	14.00	17.00	3.422	14.00	0.00	10.328	14.00	20.00	6.371	15.00	9.00	7.074
422	15.00	6.00	7.942	14.00	18.00	3.170	14.00	1.00	9.734	14.00	21.00	6.205	15.00	10.00	6.742
423	15.00	7.00	7.457	14.00	19.00	3.026	14.00	2.00	9.326	14.00	22.00	6.039	15.00	10.00	6.592
424	15.00	7.00	7.422	14.00	20.00	3.026	14.00	3.00	9.048	14.00	24.00	5.196	15.00	11.00	6.466
425	15.00	8.00	6.925	14.00	21.00	3.063	14.00	4.00	8.833	14.00	25.00	5.684	15.00	12.00	6.798
426	15.00	9.00	6.809	14.00	23.00	3.155	14.00	5.00	8.563	14.00	26.00	6.066	15.00	14.00	5.719
427	15.00	10.00	6.682	14.00	24.00	3.263	14.00	6.00	8.239	14.00	27.00	5.434	15.00	15.00	5.411
428	15.00	11.00	6.500	14.00	25.00	3.371	14.00	7.00	7.854	14.00	28.00	5.195	15.00	16.00	5.372
429	15.00	13.00	6.486	14.00	26.00	3.427	14.00	7.00	7.800	15.00	0.00	8.887	15.00	17.00	5.068
430	15.00	14.00	6.486	14.00	27.00	3.735	14.00	8.00	7.391	15.00	1.00	8.790	15.00	18.00	4.971
431	15.00	15.00	6.439	15.00	0.00	7.638	14.00	8.00	7.391	15.00	2.00	8.512	15.00	19.00	4.239
432	15.00	16.00	6.486	15.00	1.00	7.229	14.00	9.00	7.122	15.00	3.00	8.138	15.00	20.00	3.938

续表

测孔编号	103	104		103	105		103	106		104	106		105	106	
水平间距	16.30m			15.30m			20.70m			14.20m			17.90m		
序号	深度	深度	走时	深度	深度	走时	深度	深度	走时	深度	深度	走时	深度	深度	走时
	m	m	ms	m	m	ms	m	m	ms	m	m	ms	m	m	ms
433	15.00	17.00	6.659	15.00	2.00	6.853	14.00	9.00	7.260	15.00	4.00	7.763	15.00	21.00	3.915
434	15.00	17.00	6.520	15.00	3.00	6.516	14.00	10.00	6.798	15.00	5.00	7.443	15.00	22.00	4.046
435	15.00	18.00	6.607	15.00	4.00	6.125	14.00	10.00	6.821	15.00	6.00	5.835	15.00	23.00	4.063
436	15.00	19.00	6.650	15.00	5.00	5.873	14.00	11.00	6.713	15.00	7.00	5.746	15.00	25.00	3.915
437	15.00	20.00	6.673	15.00	5.00	5.938	14.00	11.00	6.744	15.00	8.00	5.688	15.00	26.00	3.915
438	15.00	21.00	6.850	15.00	6.00	5.549	14.00	12.00	6.551	15.00	9.00	5.549	15.00	27.00	3.938
439	15.00	22.00	7.162	15.00	7.00	5.405	14.00	13.00	6.308	15.00	9.00	5.603	15.00	28.00	4.077
440	15.00	24.00	7.427	15.00	7.00	5.456	14.00	14.00	6.035	15.00	10.00	5.202	15.00	29.00	4.540
441	15.00	25.00	7.688	15.00	8.00	5.259	14.00	15.00	5.680	15.00	10.00	5.098	16.00	0.00	9.902
442	15.00	26.00	8.116	15.00	8.00	5.271	14.00	16.00	5.572	15.00	11.00	4.890	16.00	1.00	9.607
443	15.00	27.00	7.885	15.00	9.00	5.195	14.00	17.00	5.465	15.00	11.00	4.971	16.00	2.00	9.416
444	15.00	28.00	7.706	15.00	9.00	5.161	14.00	18.00	5.380	15.00	13.00	4.347	16.00	3.00	9.226
445	16.00	0.00	8.882	15.00	10.00	5.179	14.00	18.00	5.380	15.00	14.00	4.077	16.00	4.00	8.983
446	16.00	1.00	8.669	15.00	10.00	5.043	14.00	19.00	5.326	15.00	15.00	4.054	16.00	5.00	8.809
447	16.00	2.00	8.475	15.00	11.00	4.917	14.00	20.00	5.465	15.00	16.00	3.969	16.00	7.00	7.789
448	16.00	3.00	8.346	15.00	12.00	4.580	14.00	21.00	5.488	15.00	17.00	4.000	16.00	7.00	7.988
449	16.00	4.00	8.336	15.00	13.00	4.216	14.00	22.00	5.357	15.00	18.00	3.873	16.00	8.00	7.499
450	16.00	5.00	8.473	15.00	14.00	4.150	14.00	23.00	5.626	15.00	19.00	3.827	16.00	8.00	7.355
451	16.00	6.00	8.012	15.00	15.00	3.981	14.00	24.00	5.518	15.00	20.00	3.873	16.00	9.00	7.094
452	16.00	7.00	7.746	15.00	16.00	3.895	14.00	25.00	5.603	15.00	21.00	3.915	16.00	9.00	7.086
453	16.00	7.00	7.503	15.00	17.00	3.260	14.00	26.00	5.357	15.00	22.00	4.378	16.00	10.00	6.729
454	16.00	8.00	7.335	15.00	18.00	2.934	14.00	27.00	5.380	15.00	24.00	5.260	16.00	10.00	6.842
455	16.00	8.00	7.219	15.00	19.00	2.847	14.00	28.00	5.465	15.00	25.00	5.514	16.00	11.00	6.605
456	16.00	9.00	7.179	15.00	20.00	2.852	14.00	29.00	5.488	15.00	26.00	5.981	16.00	11.00	6.798
457	16.00	9.00	7.161	15.00	21.00	2.906	15.00	0.00	10.490	15.00	27.00	5.503	16.00	12.00	6.659
458	16.00	10.00	6.937	15.00	23.00	3.098	15.00	1.00	10.220	15.00	28.00	5.357	16.00	14.00	5.811
459	16.00	10.00	6.908	15.00	24.00	3.121	15.00	2.00	9.734	16.00	0.00	8.836	16.00	15.00	5.148

续表

测孔编号	103	104		103	105		103	106		104	106		105	106	
水平间距	16.30m			15.30m			20.70m			14.20m			17.90m		
序号	深度	深度	走时	深度	深度	走时	深度	深度	走时	深度	深度	走时	深度	深度	走时
	m	m	ms	m	m	ms	m	m	ms	m	m	ms	m	m	ms
460	16.00	11.00	6.729	15.00	25.00	3.206	15.00	3.00	9.457	16.00	1.00	9.096	16.00	16.00	4.972
461	16.00	11.00	6.809	15.00	26.00	3.314	15.00	4.00	9.187	16.00	2.00	8.702	16.00	17.00	4.684
462	16.00	13.00	6.359	15.00	27.00	3.535	15.00	5.00	8.887	16.00	3.00	8.434	16.00	18.00	4.335
463	16.00	14.00	6.495	16.00	3.00	6.660	15.00	6.00	8.563	16.00	4.00	8.133	16.00	19.00	4.023
464	16.00	15.00	6.601	16.00	4.00	6.483	15.00	7.00	8.185	16.00	5.00	7.780	16.00	20.00	3.723
465	16.00	16.00	6.656	16.00	5.00	6.324	15.00	7.00	8.016	16.00	6.00	6.174	16.00	21.00	3.646
466	16.00	17.00	6.601	16.00	5.00	6.228	15.00	8.00	7.445	16.00	7.00	6.000	16.00	22.00	3.646
467	16.00	17.00	6.781	16.00	6.00	6.070	15.00	8.00	7.615	16.00	8.00	5.928	16.00	23.00	3.646
468	16.00	18.00	6.601	16.00	7.00	5.873	15.00	9.00	7.260	16.00	9.00	5.734	16.00	25.00	3.992
469	16.00	19.00	6.601	16.00	8.00	5.549	15.00	9.00	7.391	16.00	10.00	5.402	16.00	26.00	3.807
470	16.00	20.00	6.648	16.00	9.00	5.272	15.00	10.00	7.037	16.00	11.00	5.197	16.00	27.00	4.077
471	16.00	21.00	6.659	16.00	9.00	5.411	15.00	10.00	6.960	16.00	11.00	5.164	16.00	28.00	4.046
472	16.00	22.00	6.809	16.00	10.00	5.110	15.00	11.00	7.098	16.00	13.00	4.401	16.00	29.00	4.701
473	16.00	24.00	7.043	16.00	10.00	5.056	15.00	11.00	6.906	16.00	14.00	4.215	17.00	0.00	9.828
474	16.00	25.00	7.238	16.00	11.00	4.838	15.00	12.00	6.690	16.00	15.00	4.190	17.00	1.00	9.522
475	16.00	26.00	7.550	16.00	12.00	4.701	15.00	13.00	6.497	16.00	16.00	3.798	17.00	2.00	9.391
476	16.00	27.00	7.160	16.00	13.00	4.278	15.00	14.00	6.035	16.00	17.00	3.665	17.00	3.00	9.005
477	16.00	28.00	6.937	16.00	14.00	4.185	15.00	15.00	5.518	16.00	18.00	3.561	17.00	4.00	8.740
478	17.00	0.00	7.259	16.00	15.00	3.938	15.00	16.00	5.249	16.00	19.00	3.584	17.00	5.00	8.401
479	17.00	1.00	7.217	16.00	16.00	3.549	15.00	17.00	5.249	16.00	20.00	3.630	17.00	7.00	7.730
480	17.00	2.00	7.341	16.00	17.00	3.191	15.00	18.00	5.141	16.00	21.00	3.746	17.00	7.00	7.723
481	17.00	3.00	7.566	16.00	18.00	2.883	15.00	18.00	5.141	16.00	22.00	3.969	17.00	8.00	7.335
482	17.00	4.00	7.630	16.00	19.00	2.829	15.00	19.00	4.894	16.00	24.00	5.123	17.00	8.00	7.335
483	17.00	5.00	7.792	16.00	20.00	2.829	15.00	20.00	4.894	16.00	25.00	5.406	17.00	9.00	6.902
484	17.00	6.00	7.890	16.00	21.00	2.883	15.00	21.00	4.755	16.00	26.00	5.549	17.00	9.00	7.122
485	17.00	7.00	7.405	16.00	23.00	2.970	15.00	22.00	4.624	16.00	27.00	5.272	17.00	10.00	6.729
486	17.00	8.00	6.729	16.00	24.00	3.026	15.00	23.00	4.701	16.00	28.00	5.195	17.00	11.00	6.528

续表

测孔编号	103	104		103	105		103	106		104	106		105	106	
水平间距	16.30m			15.30m			20.70m			14.20m			17.90m		
序号	深度	深度	走时	深度	深度	走时	深度	深度	走时	深度	深度	走时	深度	深度	走时
	m	m	ms	m	m	ms	m	m	ms	m	m	ms	m	m	ms
487	17.00	8.00	6.890	16.00	25.00	3.047	15.00	24.00	4.755	17.00	0.00	8.879	17.00	12.00	6.035
488	17.00	9.00	7.133	16.00	26.00	3.121	15.00	25.00	4.840	17.00	1.00	9.064	17.00	14.00	5.249
489	17.00	9.00	7.179	16.00	27.00	3.391	15.00	26.00	4.809	17.00	2.00	8.911	17.00	15.00	4.753
490	17.00	10.00	6.729	17.00	5.00	6.389	15.00	27.00	4.716	17.00	3.00	8.574	17.00	16.00	4.657
491	17.00	10.00	6.601	17.00	6.00	6.066	15.00	28.00	4.809	17.00	4.00	8.239	17.00	17.00	4.335
492	17.00	11.00	6.520	17.00	7.00	5.711	15.00	29.00	4.840	17.00	5.00	7.861	17.00	18.00	4.000
493	17.00	11.00	6.278	17.00	8.00	5.563	16.00	0.00	9.896	17.00	7.00	6.937	17.00	19.00	3.584
494	17.00	13.00	6.295	17.00	9.00	5.468	16.00	1.00	9.434	17.00	8.00	6.278	17.00	20.00	3.291
495	17.00	14.00	6.197	17.00	10.00	5.465	16.00	2.00	9.048	17.00	9.00	5.422	17.00	21.00	3.314
496	17.00	15.00	6.116	17.00	12.00	4.840	16.00	3.00	9.025	17.00	10.00	4.840	17.00	22.00	3.368
497	17.00	16.00	5.931	17.00	13.00	4.324	16.00	4.00	9.025	17.00	10.00	4.937	17.00	23.00	3.584
498	17.00	17.00	5.931	17.00	14.00	4.125	16.00	5.00	9.164	17.00	11.00	4.701	17.00	25.00	4.046
499	17.00	18.00	6.122	17.00	15.00	3.879	16.00	6.00	8.756	17.00	11.00	4.775	17.00	26.00	3.476
500	17.00	19.00	5.954	17.00	16.00	3.336	16.00	7.00	7.638	17.00	13.00	4.288	17.00	27.00	3.831
501	17.00	20.00	6.081	17.00	17.00	3.011	16.00	7.00	8.532	17.00	14.00	4.028	17.00	28.00	3.885
502	17.00	21.00	6.162	17.00	18.00	2.750	16.00	8.00	7.176	17.00	15.00	3.971	17.00	29.00	4.324
503	17.00	22.00	6.439	17.00	19.00	2.632	16.00	8.00	8.208	17.00	16.00	3.723	18.00	0.00	9.314
504	17.00	24.00	6.682	17.00	20.00	2.629	16.00	9.00	6.852	17.00	17.00	3.530	18.00	1.00	9.047
505	17.00	25.00	7.170	17.00	21.00	2.645	16.00	9.00	7.885	17.00	17.00	3.538	18.00	2.00	8.662
506	17.00	26.00	7.570	17.00	23.00	2.775	16.00	10.00	6.413	17.00	18.00	3.453	18.00	3.00	8.485
507	17.00	27.00	7.260	17.00	24.00	2.785	16.00	10.00	7.122	17.00	19.00	3.419	18.00	4.00	8.149
508	17.00	28.00	7.457	17.00	25.00	2.887	16.00	11.00	5.927	17.00	20.00	3.476	18.00	5.00	7.923
509	18.00	6.00	8.064	17.00	26.00	2.953	16.00	11.00	6.767	17.00	21.00	3.561	18.00	7.00	7.526
510	18.00	7.00	7.457	17.00	27.00	3.047	16.00	12.00	5.657	17.00	22.00	3.885	18.00	7.00	7.460
511	18.00	8.00	7.023	18.00	5.00	6.251	16.00	13.00	5.518	17.00	24.00	4.912	18.00	8.00	7.316
512	18.00	9.00	7.413	18.00	6.00	6.120	16.00	14.00	5.326	17.00	25.00	5.033	18.00	8.00	7.152
513	18.00	10.00	6.971	18.00	7.00	6.035	16.00	15.00	5.141	17.00	26.00	5.050	18.00	9.00	7.095

续表

测孔编号	103	104		103	105		103	106		104	106		105	106	
水平间距	16.30m			15.30m			20.70m			14.20m			17.90m		
序号	深度	深度	走时	深度	深度	走时	深度	深度	走时	深度	深度	走时	深度	深度	走时
	m	m	ms	m	m	ms	m	m	ms	m	m	ms	m	m	ms
514	18.00	11.00	6.607	18.00	8.00	5.969	16.00	16.00	4.894	17.00	27.00	5.087	18.00	9.00	6.776
515	18.00	13.00	6.364	18.00	9.00	5.873	16.00	17.00	4.732	17.00	28.00	4.917	18.00	10.00	6.538
516	18.00	14.00	6.162	18.00	10.00	5.788	16.00	18.00	4.648	18.00	6.00	6.486	18.00	10.00	6.443
517	18.00	15.00	6.243	18.00	12.00	4.131	16.00	18.00	4.648	18.00	7.00	6.000	18.00	11.00	6.174
518	18.00	16.00	6.197	18.00	13.00	3.561	16.00	19.00	4.455	18.00	8.00	5.567	18.00	11.00	6.281
519	18.00	17.00	6.257	18.00	14.00	3.647	16.00	20.00	4.432	18.00	9.00	5.133	18.00	12.00	6.035
520	18.00	18.00	6.009	18.00	15.00	3.718	16.00	21.00	4.486	18.00	10.00	4.890	18.00	14.00	5.049
521	18.00	19.00	6.035	18.00	16.00	3.387	16.00	22.00	4.455	18.00	11.00	4.648	18.00	15.00	4.701
522	18.00	20.00	6.068	18.00	17.00	2.954	16.00	23.00	4.563	18.00	13.00	4.405	18.00	16.00	4.657
523	18.00	21.00	6.168	18.00	18.00	2.626	16.00	24.00	4.455	18.00	14.00	3.798	18.00	17.00	4.308
524	18.00	22.00	6.264	18.00	19.00	2.554	16.00	25.00	4.486	18.00	15.00	3.919	18.00	18.00	4.041
525	18.00	24.00	6.801	18.00	20.00	2.538	16.00	26.00	4.455	18.00	16.00	3.476	18.00	19.00	3.453
526	18.00	25.00	6.921	18.00	21.00	2.518	16.00	27.00	4.378	18.00	17.00	3.364	18.00	20.00	3.206
527	18.00	26.00	7.114	18.00	23.00	2.626	16.00	28.00	4.486	18.00	18.00	3.345	18.00	21.00	3.260
528	18.00	27.00	7.052	18.00	24.00	2.682	16.00	29.00	4.594	18.00	19.00	3.291	18.00	22.00	3.260
529	18.00	28.00	7.341	18.00	25.00	2.775	17.00	0.00	9.719	18.00	20.00	3.368	18.00	23.00	3.406
530	19.00	6.00	8.445	18.00	26.00	2.826	17.00	1.00	9.281	18.00	21.00	3.403	18.00	25.00	3.399
531	19.00	7.00	8.000	18.00	27.00	2.954	17.00	2.00	9.272	18.00	22.00	3.793	18.00	26.00	3.422
532	19.00	8.00	7.648	19.00	5.00	6.890	17.00	3.00	9.000	18.00	24.00	4.804	18.00	27.00	3.615
533	19.00	9.00	7.908	19.00	6.00	6.567	17.00	4.00	9.063	18.00	25.00	4.997	18.00	28.00	3.723
534	19.00	10.00	7.335	19.00	7.00	6.150	17.00	5.00	9.110	18.00	26.00	5.002	18.00	29.00	4.216
535	19.00	11.00	7.052	19.00	8.00	5.954	17.00	6.00	8.725	18.00	27.00	4.894	19.00	7.00	6.500
536	19.00	13.00	6.902	19.00	9.00	5.711	17.00	7.00	7.206	18.00	28.00	4.678	19.00	8.00	6.545
537	19.00	14.00	6.902	19.00	10.00	5.503	17.00	7.00	7.854	19.00	6.00	6.598	19.00	9.00	6.566
538	19.00	15.00	7.018	19.00	12.00	4.601	17.00	8.00	6.906	19.00	7.00	6.064	19.00	10.00	6.307
539	19.00	16.00	6.648	19.00	13.00	4.162	17.00	8.00	6.713	19.00	8.00	5.626	19.00	11.00	6.000
540	19.00	17.00	6.635	19.00	14.00	4.197	17.00	9.00	6.443	19.00	9.00	5.041	19.00	12.00	5.806

续表

测孔编号	103	104		103	105		103	106		104	106		105	106	
水平间距	16.30m			15.30m			20.70m			14.20m			17.90m		
序号	深度	深度	走时	深度	深度	走时	深度	深度	走时	深度	深度	走时	深度	深度	走时
	m	m	ms	m	m	ms	m	m	ms	m	m	ms	m	m	ms
541	19.00	17.00	6.625	19.00	15.00	3.908	17.00	9.00	6.466	19.00	10.00	4.807	19.00	14.00	4.938
542	19.00	18.00	6.424	19.00	16.00	3.468	17.00	10.00	6.058	19.00	11.00	4.573	19.00	15.00	4.420
543	19.00	19.00	6.355	19.00	17.00	3.117	17.00	10.00	5.896	19.00	13.00	4.162	19.00	16.00	4.405
544	19.00	20.00	6.327	19.00	18.00	2.798	17.00	11.00	5.734	19.00	14.00	3.616	19.00	17.00	4.054
545	19.00	21.00	6.567	19.00	19.00	2.626	17.00	11.00	5.711	19.00	15.00	3.642	19.00	18.00	3.919
546	19.00	22.00	6.763	19.00	20.00	2.574	17.00	12.00	5.434	19.00	16.00	3.390	19.00	19.00	3.515
547	19.00	24.00	6.964	19.00	21.00	2.590	17.00	13.00	5.357	19.00	17.00	3.183	19.00	20.00	3.299
548	19.00	25.00	7.259	19.00	23.00	2.750	17.00	14.00	5.195	19.00	17.00	3.215	19.00	21.00	3.119
549	19.00	26.00	7.827	19.00	24.00	2.826	17.00	15.00	4.948	19.00	18.00	2.960	19.00	22.00	3.083
550	19.00	27.00	7.503	19.00	25.00	2.862	17.00	16.00	4.594	19.00	19.00	2.990	19.00	23.00	3.083
551	19.00	28.00	7.665	19.00	26.00	2.970	17.00	17.00	4.455	19.00	20.00	3.044	19.00	25.00	3.125
552	20.00	6.00	8.016	19.00	27.00	3.047	17.00	18.00	4.401	19.00	21.00	3.098	19.00	26.00	3.155
553	20.00	7.00	8.118	20.00	5.00	5.788	17.00	18.00	4.401	19.00	22.00	3.453	19.00	27.00	3.242
554	20.00	8.00	8.255	20.00	6.00	5.518	17.00	19.00	4.216	19.00	24.00	4.509	19.00	28.00	3.314
555	20.00	9.00	8.012	20.00	7.00	5.214	17.00	20.00	4.293	19.00	25.00	4.594	19.00	29.00	3.823
556	20.00	10.00	7.861	20.00	8.00	5.017	17.00	21.00	4.185	19.00	26.00	4.648	20.00	7.00	7.796
557	20.00	11.00	7.648	20.00	9.00	4.894	17.00	22.00	4.162	19.00	27.00	4.401	20.00	8.00	7.211
558	20.00	12.00	7.526	20.00	10.00	4.841	17.00	23.00	4.316	19.00	28.00	4.293	20.00	9.00	6.761
559	20.00	13.00	7.335	20.00	12.00	3.961	17.00	24.00	4.378	20.00	6.00	6.066	20.00	10.00	6.349
560	20.00	14.00	7.160	20.00	13.00	3.534	17.00	25.00	4.347	20.00	7.00	5.688	20.00	11.00	6.073
561	20.00	15.00	7.097	20.00	14.00	3.561	17.00	26.00	4.185	20.00	8.00	5.202	20.00	12.00	5.724
562	20.00	16.00	6.914	20.00	15.00	3.146	17.00	27.00	4.347	20.00	9.00	4.769	20.00	14.00	4.521
563	20.00	17.00	6.844	20.00	16.00	3.168	17.00	28.00	4.347	20.00	10.00	4.457	20.00	15.00	4.065
564	20.00	17.00	6.680	20.00	17.00	2.644	17.00	29.00	4.455	20.00	11.00	4.162	20.00	16.00	4.054
565	20.00	18.00	6.744	20.00	18.00	2.309	18.00	0.00	9.680	20.00	13.00	3.514	20.00	17.00	3.746
566	20.00	19.00	6.767	20.00	19.00	2.257	18.00	1.00	9.349	20.00	14.00	3.168	20.00	18.00	3.659
567	20.00	20.00	6.844	20.00	20.00	2.257	18.00	2.00	8.971	20.00	15.00	3.152	20.00	19.00	3.191

续表

测孔编号	103	104		103	105		103	106		104	106		105	106	
水平间距	16.30m			15.30m			20.70m			14.20m			17.90m		
序号	深度	深度	走时	深度	深度	走时	深度	深度	走时	深度	深度	走时	深度	深度	走时
	m	m	ms	m	m	ms	m	m	ms	m	m	ms	m	m	ms
568	20.00	21.00	6.971	20.00	21.00	2.271	18.00	3.00	9.025	20.00	16.00	2.879	20.00	20.00	2.990
569	20.00	22.00	7.283	20.00	23.00	2.368	18.00	4.00	9.025	20.00	17.00	2.775	20.00	21.00	2.898
570	20.00	24.00	7.584	20.00	24.00	2.448	18.00	5.00	9.241	20.00	17.00	2.744	20.00	22.00	2.811
571	20.00	25.00	7.214	20.00	25.00	2.512	18.00	6.00	8.863	20.00	18.00	2.551	20.00	23.00	2.790
572	20.00	26.00	7.045	20.00	26.00	2.537	18.00	7.00	7.152	20.00	19.00	2.636	20.00	25.00	2.844
573	20.00	27.00	6.765	20.00	27.00	2.715	18.00	7.00	8.154	20.00	20.00	2.551	20.00	26.00	2.883
574	20.00	28.00	6.335	21.00	9.00	5.124	18.00	8.00	6.744	20.00	21.00	2.667	20.00	27.00	2.954
575	21.00	6.00	8.682	21.00	10.00	4.772	18.00	8.00	6.983	20.00	22.00	3.044	20.00	28.00	3.042
576	21.00	7.00	8.405	21.00	12.00	4.148	18.00	9.00	6.359	20.00	24.00	4.108	20.00	29.00	3.607
577	21.00	8.00	8.278	21.00	13.00	3.467	18.00	9.00	7.692	20.00	25.00	4.540	21.00	14.00	4.331
578	21.00	9.00	8.070	21.00	14.00	3.511	18.00	10.00	6.058	20.00	26.00	4.162	21.00	15.00	3.988
579	21.00	10.00	7.827	21.00	15.00	3.317	18.00	10.00	6.004	20.00	27.00	4.023	21.00	16.00	3.936
580	21.00	11.00	7.457	21.00	16.00	3.031	18.00	11.00	5.788	20.00	28.00	3.831	21.00	17.00	3.638
581	21.00	13.00	7.133	21.00	16.00	3.066	18.00	11.00	5.819	21.00	10.00	4.278	21.00	18.00	3.615
582	21.00	14.00	7.294	21.00	17.00	2.561	18.00	12.00	5.572	21.00	11.00	3.885	21.00	19.00	3.069
583	21.00	15.00	7.270	21.00	18.00	2.261	18.00	13.00	5.411	21.00	13.00	3.422	21.00	20.00	2.816
584	21.00	16.00	7.089	21.00	23.00	2.279	18.00	14.00	5.164	21.00	14.00	3.098	21.00	21.00	2.706
585	21.00	17.00	6.991	21.00	24.00	2.343	18.00	15.00	5.025	21.00	15.00	3.075	21.00	22.00	2.656
586	21.00	17.00	6.852	21.00	25.00	2.375	18.00	16.00	4.894	21.00	16.00	2.656	21.00	23.00	2.682
587	21.00	18.00	6.682	21.00	26.00	2.400	18.00	17.00	4.540	21.00	17.00	2.613	21.00	25.00	2.731
588	21.00	19.00	6.605	21.00	27.00	2.546	18.00	18.00	4.594	21.00	18.00	2.582	21.00	26.00	2.763
589	21.00	20.00	6.486	22.00	5.00	6.359	18.00	18.00	4.486	21.00	19.00	2.582	21.00	27.00	2.827
590	21.00	21.00	6.567	22.00	6.00	5.927	18.00	19.00	4.270	21.00	20.00	2.582	21.00	28.00	2.875
591	21.00	22.00	6.729	22.00	7.00	5.572	18.00	20.00	4.347	21.00	21.00	2.721	21.00	29.00	3.101
592	21.00	24.00	6.906	22.00	8.00	5.290	18.00	21.00	4.324	21.00	22.00	3.152	22.00	14.00	4.279
593	21.00	25.00	7.150	22.00	9.00	5.086	18.00	22.00	4.216	21.00	24.00	4.077	22.00	15.00	4.073
594	21.00	26.00	7.337	22.00	10.00	4.894	18.00	23.00	4.239	21.00	25.00	4.077	22.00	16.00	4.141

续表

测孔编号	103	104		103	105		103	106		104	106		105	106	
水平间距	16.30m			15.30m			20.70m			14.20m			17.90m		
序号	深度	深度	走时	深度	深度	走时	深度	深度	走时	深度	深度	走时	深度	深度	走时
	m	m	ms	m	m	ms	m	m	ms	m	m	ms	m	m	ms
595	21.00	27.00	6.707	22.00	12.00	3.992	18.00	24.00	4.270	21.00	26.00	3.969	22.00	17.00	3.737
596	21.00	28.00	6.470	22.00	13.00	3.486	18.00	25.00	4.455	21.00	27.00	3.915	22.00	18.00	3.530
597	22.00	6.00	8.035	22.00	14.00	3.507	18.00	26.00	4.509	21.00	28.00	3.831	22.00	19.00	3.156
598	22.00	7.00	8.035	22.00	15.00	3.044	18.00	27.00	4.455	22.00	10.00	4.266	22.00	20.00	2.922
599	22.00	8.00	7.989	22.00	16.00	2.906	18.00	28.00	4.509	22.00	11.00	4.021	22.00	21.00	2.744
600	22.00	9.00	8.539	22.00	17.00	2.610	18.00	29.00	4.563	22.00	13.00	3.777	22.00	22.00	2.688
601	22.00	10.00	8.100	22.00	18.00	2.285	19.00	7.00	8.077	22.00	14.00	3.075	22.00	23.00	2.720
602	22.00	11.00	7.549	22.00	20.00	2.222	19.00	8.00	7.615	22.00	15.00	3.152	22.00	25.00	2.720
603	22.00	12.00	7.094	22.00	23.00	2.272	19.00	9.00	7.045	22.00	16.00	2.688	22.00	26.00	2.720
604	22.00	13.00	6.971	22.00	24.00	2.336	19.00	10.00	6.636	22.00	17.00	2.721	22.00	27.00	2.840
605	22.00	14.00	6.890	22.00	25.00	2.295	19.00	11.00	6.372	22.00	18.00	2.721	22.00	28.00	2.874
606	22.00	15.00	7.149	22.00	26.00	2.313	19.00	12.00	6.174	22.00	19.00	2.721	22.00	29.00	3.384
607	22.00	16.00	6.809	22.00	27.00	2.512	19.00	13.00	5.765	22.00	20.00	2.690	23.00	14.00	4.317
608	22.00	17.00	6.648	23.00	5.00	5.788	19.00	15.00	5.333	22.00	21.00	2.636	23.00	15.00	3.966
609	22.00	18.00	6.648	23.00	6.00	5.411	19.00	16.00	5.172	22.00	22.00	3.152	23.00	16.00	3.652
610	22.00	19.00	6.594	23.00	7.00	5.168	19.00	17.00	4.848	22.00	24.00	3.969	23.00	17.00	3.425
611	22.00	20.00	6.520	23.00	8.00	5.136	19.00	18.00	4.786	22.00	25.00	4.324	23.00	18.00	3.507
612	22.00	21.00	6.648	23.00	9.00	5.065	19.00	18.00	4.786	22.00	26.00	4.678	23.00	19.00	3.080
613	22.00	22.00	6.729	23.00	10.00	4.971	19.00	19.00	4.540	22.00	27.00	4.046	23.00	20.00	2.850
614	22.00	24.00	6.767	23.00	12.00	4.066	19.00	20.00	4.455	22.00	28.00	3.885	23.00	21.00	2.688
615	22.00	25.00	6.389	23.00	13.00	3.530	19.00	21.00	4.971	23.00	10.00	4.334	23.00	22.00	2.668
616	22.00	26.00	6.035	23.00	14.00	3.476	19.00	22.00	5.249	23.00	11.00	4.007	23.00	23.00	2.610
617	22.00	27.00	5.908	23.00	15.00	3.129	19.00	23.00	5.140	23.00	13.00	3.507	23.00	25.00	2.658
618	22.00	28.00	5.819	23.00	16.00	2.960	19.00	24.00	5.326	23.00	14.00	3.295	23.00	26.00	2.682
619	23.00	6.00	8.085	23.00	17.00	2.634	19.00	25.00	4.948	23.00	15.00	3.173	23.00	27.00	2.744
620	23.00	7.00	8.370	23.00	18.00	2.333	19.00	26.00	4.486	23.00	16.00	2.775	23.00	28.00	2.792
621	23.00	8.00	8.563	23.00	19.00	2.271	19.00	27.00	4.239	23.00	17.00	2.634	23.00	29.00	3.227

续表

测孔编号	103	104		103	105		103	106		104	106		105	106	
水平间距	16.30m			15.30m			20.70m			14.20m			17.90m		
序号	深度	深度	走时	深度	深度	走时	深度	深度	走时	深度	深度	走时	深度	深度	走时
	m	m	ms	m	m	ms	m	m	ms	m	m	ms	m	m	ms
622	23.00	9.00	8.983	23.00	20.00	2.238	19.00	28.00	4.216	23.00	18.00	2.597	24.00	14.00	4.144
623	23.00	10.00	8.530	23.00	21.00	2.206	19.00	29.00	4.894	23.00	19.00	2.573	24.00	15.00	3.754
624	23.00	11.00	8.255	23.00	23.00	2.295	20.00	7.00	9.511	23.00	20.00	2.605	24.00	16.00	3.807
625	23.00	13.00	8.023	23.00	24.00	2.295	20.00	8.00	9.133	23.00	21.00	2.667	24.00	17.00	3.422
626	23.00	14.00	7.823	23.00	25.00	2.256	20.00	9.00	8.779	23.00	22.00	3.098	24.00	18.00	3.350
627	23.00	15.00	7.717	23.00	26.00	2.247	20.00	10.00	8.293	23.00	24.00	4.216	24.00	19.00	2.955
628	23.00	16.00	7.515	23.00	27.00	2.409	20.00	11.00	7.962	23.00	25.00	4.401	24.00	20.00	2.706
629	23.00	17.00	7.422	24.00	5.00	6.012	20.00	12.00	7.638	23.00	26.00	4.786	24.00	21.00	2.617
630	23.00	18.00	7.405	24.00	6.00	5.497	20.00	13.00	7.283	23.00	27.00	4.131	24.00	27.00	2.601
631	23.00	19.00	7.260	24.00	7.00	5.195	20.00	14.00	6.852	23.00	28.00	4.570	24.00	28.00	2.649
632	23.00	20.00	7.093	24.00	8.00	5.081	20.00	15.00	6.197	24.00	13.00	3.634	24.00	29.00	3.005
633	23.00	21.00	7.122	24.00	9.00	4.971	20.00	16.00	5.734	24.00	14.00	3.262	25.00	9.00	6.157
634	23.00	22.00	7.260	24.00	10.00	4.948	20.00	17.00	4.894	24.00	15.00	3.253	25.00	10.00	5.898
635	23.00	24.00	7.314	24.00	12.00	4.107	20.00	18.00	6.729	24.00	16.00	3.121	25.00	11.00	5.435
636	23.00	25.00	7.098	24.00	13.00	3.592	21.00	7.00	7.499	24.00	17.00	2.698	25.00	12.00	5.188
637	23.00	26.00	7.283	24.00	14.00	3.646	21.00	8.00	7.098	24.00	18.00	2.682	25.00	14.00	4.162
638	23.00	27.00	6.744	24.00	15.00	3.260	21.00	9.00	6.605	24.00	19.00	2.734	25.00	15.00	3.799
639	23.00	28.00	6.605	24.00	16.00	3.098	21.00	10.00	6.305	24.00	20.00	2.646	25.00	16.00	3.712
640	24.00	6.00	8.091	24.00	17.00	2.754	21.00	11.00	5.981	24.00	21.00	2.690	25.00	17.00	3.226
641	24.00	7.00	8.366	24.00	18.00	2.410	21.00	12.00	5.765	24.00	22.00	3.152	25.00	18.00	3.013
642	24.00	8.00	8.813	24.00	19.00	2.374	21.00	13.00	5.603	24.00	24.00	3.807	25.00	19.00	3.007
643	24.00	9.00	9.465	24.00	20.00	2.319	21.00	14.00	5.488	24.00	25.00	3.824	25.00	20.00	2.777
644	24.00	10.00	8.972	24.00	21.00	2.281	21.00	15.00	5.272	24.00	26.00	3.861	25.00	21.00	2.637
645	24.00	11.00	8.833	24.00	23.00	2.343	21.00	16.00	4.971	24.00	27.00	3.669	25.00	27.00	2.601
646	24.00	12.00	8.594	24.00	24.00	2.271	21.00	17.00	4.863	24.00	28.00	3.753	25.00	28.00	2.617
647	24.00	13.00	8.544	24.00	25.00	2.219	21.00	18.00	4.863	25.00	13.00	3.753	25.00	29.00	3.021
648	24.00	14.00	8.344	24.00	26.00	2.247	21.00	18.00	4.755	25.00	14.00	3.346	26.00	7.00	12.031

续表

测孔编号	103	104		103	105		103	106		104	106		105	106	
水平间距	16.30m			15.30m			20.70m			14.20m			17.90m		
序号	深度	深度	走时	深度	深度	走时	深度	深度	走时	深度	深度	走时	深度	深度	走时
	m	m	ms	m	m	ms	m	m	ms	m	m	ms	m	m	ms
649	24.00	15.00	8.262	24.00	27.00	2.405	21.00	19.00	4.624	25.00	15.00	3.237	26.00	8.00	8.125
650	24.00	16.00	8.100	25.00	5.00	5.981	21.00	20.00	4.347	25.00	16.00	3.040	26.00	9.00	8.969
651	24.00	17.00	7.939	25.00	6.00	5.488	21.00	21.00	4.324	25.00	17.00	2.744	26.00	10.00	8.688
652	24.00	17.00	8.067	25.00	7.00	5.295	21.00	22.00	4.239	25.00	17.00	2.734	26.00	11.00	9.031
653	24.00	18.00	7.952	25.00	8.00	5.081	21.00	23.00	4.378	25.00	18.00	2.698	26.00	12.00	13.125
654	24.00	19.00	7.793	25.00	9.00	5.110	21.00	24.00	4.432	25.00	19.00	2.646	26.00	14.00	4.252
655	24.00	20.00	7.756	25.00	10.00	5.110	21.00	25.00	4.347	25.00	20.00	2.667	26.00	15.00	3.804
656	24.00	21.00	7.710	25.00	12.00	4.216	21.00	26.00	4.378	25.00	21.00	2.698	26.00	16.00	3.723
657	24.00	22.00	7.823	25.00	13.00	3.726	21.00	27.00	4.324	25.00	22.00	3.075	26.00	17.00	3.247
658	24.00	24.00	7.337	25.00	14.00	3.723	21.00	28.00	4.347	25.00	24.00	3.671	26.00	18.00	2.960
659	24.00	25.00	7.104	25.00	15.00	3.368	21.00	29.00	4.432	25.00	25.00	3.792	26.00	19.00	3.012
660	24.00	26.00	6.744	25.00	16.00	3.152	22.00	7.00	7.206	25.00	26.00	3.753	26.00	20.00	2.795
661	24.00	27.00	6.466	25.00	17.00	2.826	22.00	8.00	6.574	25.00	27.00	3.503	26.00	27.00	2.563
662	24.00	28.00	6.281	25.00	18.00	2.502	22.00	9.00	6.197	25.00	28.00	3.341	26.00	28.00	2.617
663	25.00	6.00	8.068	25.00	19.00	2.389	22.00	10.00	5.896	26.00	13.00	3.660	26.00	29.00	2.770
664	25.00	7.00	8.278	25.00	20.00	2.353	22.00	11.00	5.842	26.00	14.00	3.536	27.00	14.00	4.480
665	25.00	8.00	8.696	25.00	21.00	2.338	22.00	12.00	5.465	26.00	15.00	3.401	27.00	15.00	3.931
666	25.00	9.00	9.461	25.00	23.00	2.353	22.00	13.00	5.326	26.00	16.00	3.190	27.00	16.00	3.955
667	25.00	10.00	8.969	25.00	24.00	2.281	22.00	14.00	5.110	26.00	17.00	2.744	27.00	17.00	3.390
668	25.00	11.00	8.520	25.00	25.00	2.230	22.00	15.00	4.948	26.00	17.00	2.829	27.00	18.00	3.075
669	25.00	12.00	8.197	25.00	26.00	2.266	22.00	17.00	4.401	26.00	18.00	2.667	27.00	19.00	3.092
670	25.00	13.00	8.125	25.00	27.00	2.374	22.00	18.00	4.378	26.00	19.00	2.667	27.00	20.00	2.868
671	25.00	14.00	7.873	26.00	5.00	6.281	22.00	18.00	4.401	26.00	20.00	2.744	27.00	21.00	2.699
672	25.00	15.00	7.873	26.00	6.00	5.923	22.00	19.00	4.131	26.00	21.00	2.721	27.00	26.00	2.569
673	25.00	16.00	7.664	26.00	7.00	5.612	22.00	20.00	4.023	26.00	22.00	2.990	27.00	27.00	2.601
674	25.00	17.00	7.791	26.00	8.00	5.324	22.00	21.00	4.100	26.00	24.00	3.700	27.00	28.00	2.585
675	25.00	17.00	7.635	26.00	9.00	5.202	22.00	22.00	3.969	26.00	25.00	3.700	27.00	29.00	2.763

续表

测孔编号	103	104		103	105		103	106		104	106		105	106	
水平间距	16.30m			15.30m			20.70m			14.20m			17.90m		
序号	深度	深度	走时	深度	深度	走时	深度	深度	走时	深度	深度	走时	深度	深度	走时
	m	m	ms	m	m	ms	m	m	ms	m	m	ms	m	m	ms
676	25.00	18.00	7.682	26.00	10.00	5.202	22.00	23.00	3.861	26.00	26.00	3.592	28.00	14.00	4.503
677	25.00	19.00	7.492	26.00	12.00	4.270	22.00	24.00	3.777	26.00	27.00	3.291	28.00	15.00	3.956
678	25.00	20.00	7.361	26.00	13.00	3.646	22.00	25.00	3.861	26.00	28.00	3.260	28.00	16.00	4.137
679	25.00	21.00	7.391	26.00	14.00	3.753	22.00	26.00	3.807	27.00	13.00	5.406	28.00	17.00	3.642
680	25.00	22.00	7.578	26.00	15.00	3.314	22.00	27.00	3.777	27.00	14.00	3.608	28.00	18.00	3.535
681	25.00	24.00	6.881	26.00	16.00	3.152	22.00	28.00	3.861	27.00	15.00	3.517	28.00	19.00	3.219
682	25.00	25.00	6.528	26.00	17.00	2.768	22.00	29.00	3.885	27.00	16.00	3.498	28.00	20.00	2.964
683	25.00	26.00	6.466	26.00	27.00	2.231	23.00	7.00	8.594	27.00	17.00	2.936	28.00	21.00	2.786
684	25.00	27.00	6.174	27.00	9.00	5.341	23.00	8.00	8.154	27.00	18.00	2.829	28.00	22.00	2.715
685	25.00	28.00	6.066	27.00	10.00	5.002	23.00	9.00	7.854	27.00	19.00	2.883	28.00	23.00	2.658
686	26.00	6.00	8.255	27.00	12.00	4.131	23.00	10.00	7.391	27.00	20.00	2.883	28.00	29.00	2.626
687	26.00	7.00	8.445	27.00	13.00	3.615	23.00	11.00	6.852	27.00	21.00	2.936	29.00	14.00	3.938
688	26.00	8.00	9.104	27.00	14.00	3.723	23.00	12.00	6.551	27.00	22.00	3.399	29.00	15.00	3.777
689	26.00	9.00	9.729	27.00	15.00	3.314	23.00	13.00	6.143	27.00	24.00	4.162	29.00	16.00	4.023
690	26.00	10.00	9.214	27.00	16.00	3.191	23.00	15.00	5.249	27.00	25.00	4.046	29.00	17.00	3.453
691	26.00	11.00	9.052	27.00	16.00	3.121	23.00	16.00	4.917	27.00	26.00	3.885	29.00	18.00	3.291
692	26.00	13.00	8.729	27.00	17.00	2.754	23.00	17.00	4.755	27.00	27.00	3.507	29.00	19.00	3.237
693	26.00	14.00	8.440	27.00	27.00	2.161	23.00	18.00	4.455	27.00	28.00	3.345	29.00	20.00	3.005

附表 6　　大直径钻孔灌注桩声波 CT 质量检测实测资料

测孔编号	13－1	13－2		13－1	13－3		13－1	13－4		13－2	13－3		13－3	13－4		13－4	13－2	
水平间距	2.35m			3.32m			2.35m			2.35m			2.35m			3.32m		
序号	深度	深度	走时	深度	深度	走时	深度	深度	走时	深度	深度	走时	深度	深度	走时	深度	深度	走时
	m	m	ms	m	m	ms	m	m	ms	m	m	ms	m	m	ms	m	m	ms
1	0.0	0.0	0.518	0.0	0.0	0.730	0.0	0.0	0.515	0.0	0.0	0.519	0.0	0.0	0.526	0.0	0.0	0.724
2	0.0	0.2	0.521	0.0	0.2	0.728	0.0	0.2	0.515	0.0	0.2	0.527	0.0	0.2	0.524	0.0	0.2	0.725
3	0.0	0.4	0.526	0.0	0.4	0.732	0.0	0.4	0.518	0.0	0.4	0.533	0.0	0.4	0.526	0.0	0.4	0.727

附表6　大直径钻孔灌注桩声波CT质量检测实测资料

续表

测孔编号	13-1	13-2		13-1	13-3		13-1	13-4		13-2	13-3		13-3	13-4		13-4	13-2	
水平间距	2.35m			3.32m			2.35m			2.35m			2.35m			3.32m		
序号	深度	深度	走时	深度	深度	走时	深度	深度	走时	深度	深度	走时	深度	深度	走时	深度	深度	走时
	m	m	ms	m	m	ms	m	m	ms	m	m	ms	m	m	ms	m	m	ms
4	0.0	0.6	0.534	0.0	0.6	0.738	0.0	0.6	0.526	0.0	0.6	0.544	0.0	0.6	0.535	0.0	0.6	0.733
5	0.0	0.8	0.542	0.0	0.8	0.747	0.0	0.8	0.536	0.0	0.8	0.556	0.0	0.8	0.544	0.0	0.8	0.740
6	0.0	1.0	0.555	0.0	1.0	0.757	0.0	1.0	0.552	0.0	1.0	0.574	0.0	1.0	0.556	0.0	1.0	0.752
7	0.0	1.2	0.574	0.0	1.2	0.766	0.0	1.2	0.564	0.0	1.2	0.594	0.0	1.2	0.573	0.0	1.2	0.763
8	0.0	1.4	0.590	0.0	1.4	0.785	0.0	1.4	0.588	0.0	1.4	0.619	0.0	1.4	0.591	0.0	1.4	0.780
9	0.0	1.6	0.614	0.0	1.6	0.800	0.0	1.6	0.612	0.0	1.6	0.642	0.0	1.6	0.615	0.0	1.6	0.799
10	0.0	1.8	0.639	0.0	1.8	0.817	0.0	1.8	0.636	0.0	1.8	0.671	0.0	1.8	0.635	0.0	1.8	0.818
11	0.0	2.0	0.667	0.0	2.0	0.840	0.0	2.0	0.656	0.0	2.0	0.701	0.0	2.0	0.655	0.0	2.0	0.861
12	0.0	2.2	0.697	0.0	2.2	0.867	0.0	2.2	0.680	0.0	2.2	0.732	0.0	2.2	0.682	0.0	2.2	0.881
13	0.0	2.4	0.726	0.0	2.4	0.893	0.0	2.4	0.710	0.0	2.4	0.780	0.0	2.4	0.717	0.0	2.4	0.911
14	0.0	2.6	0.776	0.0	2.6	0.911	0.0	2.6	0.739	0.0	2.6	0.925	0.0	2.6	0.744	0.0	2.6	0.963
15	0.0	2.8	0.811	0.0	2.8	0.957	0.0	2.8	0.770	0.2	0.0	0.523	0.0	2.8	0.776	0.0	2.8	0.995
16	0.0	3.0	0.848	0.0	3.0	1.019	0.0	3.0	0.811	0.2	0.2	0.523	0.0	3.0	0.803	0.0	3.0	1.022
17	0.0	3.2	0.891	0.2	0.0	0.734	0.0	3.2	0.844	0.2	0.4	0.527	0.0	3.2	0.839	0.0	3.2	1.048
18	0.0	3.4	0.922	0.2	0.2	0.733	0.0	3.4	0.872	0.2	0.6	0.533	0.2	0.0	0.526	0.0	3.4	1.080
19	0.0	3.6	0.960	0.2	0.4	0.733	0.0	3.6	0.917	0.2	0.8	0.545	0.2	0.2	0.523	0.0	3.6	1.104
20	0.2	0.0	0.522	0.2	0.6	0.738	0.2	0.0	0.520	0.2	1.0	0.562	0.2	0.4	0.523	0.2	0.0	0.725
21	0.2	0.2	0.519	0.2	0.8	0.741	0.2	0.2	0.514	0.2	1.2	0.577	0.2	0.6	0.526	0.2	0.2	0.727
22	0.2	0.4	0.519	0.2	1.0	0.742	0.2	0.4	0.514	0.2	1.4	0.598	0.2	0.8	0.536	0.2	0.4	0.728
23	0.2	0.6	0.525	0.2	1.2	0.755	0.2	0.6	0.517	0.2	1.6	0.622	0.2	1.0	0.543	0.2	0.6	0.734
24	0.2	0.8	0.533	0.2	1.4	0.770	0.2	0.8	0.524	0.2	1.8	0.645	0.2	1.2	0.556	0.2	0.8	0.743
25	0.2	1.0	0.543	0.2	1.6	0.781	0.2	1.0	0.536	0.2	2.0	0.674	0.2	1.4	0.573	0.2	1.0	0.750
26	0.2	1.2	0.558	0.2	1.8	0.799	0.2	1.2	0.547	0.2	2.2	0.706	0.2	1.6	0.586	0.2	1.2	0.764
27	0.2	1.4	0.576	0.2	2.0	0.820	0.2	1.4	0.565	0.2	2.4	0.749	0.2	1.8	0.608	0.2	1.4	0.781
28	0.2	1.6	0.598	0.2	2.2	0.836	0.2	1.6	0.584	0.2	2.6	0.877	0.2	2.0	0.630	0.2	1.6	0.799
29	0.2	1.8	0.618	0.2	2.4	0.860	0.2	1.8	0.603	0.4	0.0	0.527	0.2	2.2	0.656	0.2	1.8	0.815
30	0.2	2.0	0.644	0.2	2.6	0.884	0.2	2.0	0.627	0.4	0.2	0.524	0.2	2.4	0.686	0.2	2.0	0.836

续表

测孔编号	13-1	13-2		13-1	13-3		13-1	13-4		13-2	13-3		13-3	13-4		13-4	13-2	
水平间距	2.35m			3.32m			2.35m			2.35m			2.35m			3.32m		
序号	深度	深度	走时	深度	深度	走时	深度	深度	走时	深度	深度	走时	深度	深度	走时	深度	深度	走时
	m	m	ms	m	m	ms	m	m	ms	m	m	ms	m	m	ms	m	m	ms
31	0.2	2.2	0.673	0.2	2.8	0.924	0.2	2.2	0.655	0.4	0.4	0.524	0.2	2.6	0.722	0.2	2.2	0.858
32	0.2	2.4	0.702	0.2	3.0	0.978	0.2	2.4	0.686	0.4	0.6	0.527	0.2	2.8	0.746	0.2	2.4	0.882
33	0.2	2.6	0.741	0.4	0.0	0.735	0.2	2.6	0.710	0.4	0.8	0.534	0.2	3.0	0.782	0.2	2.6	0.942
34	0.2	2.8	0.785	0.4	0.2	0.734	0.2	2.8	0.740	0.4	1.0	0.548	0.2	3.2	0.812	0.2	2.8	0.972
35	0.2	3.0	0.820	0.4	0.4	0.732	0.2	3.0	0.771	0.4	1.2	0.563	0.2	3.4	0.841	0.2	3.0	0.986
36	0.2	3.2	0.861	0.4	0.6	0.734	0.2	3.2	0.806	0.4	1.4	0.581	0.4	0.0	0.534	0.2	3.2	1.020
37	0.2	3.4	0.899	0.4	0.8	0.733	0.2	3.4	0.835	0.4	1.6	0.601	0.4	0.2	0.527	0.2	3.4	1.039
38	0.4	0.0	0.525	0.4	1.0	0.740	0.2	3.6	0.872	0.4	1.8	0.622	0.4	0.4	0.524	0.2	3.6	1.066
39	0.4	0.2	0.518	0.4	1.2	0.746	0.4	0.0	0.526	0.4	2.0	0.650	0.4	0.6	0.524	0.4	0.0	0.726
40	0.4	0.4	0.515	0.4	1.4	0.754	0.4	0.2	0.517	0.4	2.2	0.680	0.4	0.8	0.527	0.4	0.2	0.727
41	0.4	0.6	0.517	0.4	1.6	0.761	0.4	0.4	0.510	0.4	2.4	0.717	0.4	1.0	0.533	0.4	0.4	0.731
42	0.4	0.8	0.523	0.4	1.8	0.779	0.4	0.6	0.513	0.4	2.6	0.769	0.4	1.2	0.540	0.4	0.6	0.731
43	0.4	1.0	0.529	0.4	2.0	0.798	0.4	0.8	0.516	0.4	2.8	0.820	0.4	1.4	0.554	0.4	0.8	0.736
44	0.4	1.2	0.543	0.4	2.2	0.812	0.4	1.0	0.522	0.6	0.0	0.529	0.4	1.6	0.569	0.4	1.0	0.744
45	0.4	1.4	0.557	0.4	2.4	0.842	0.4	1.2	0.534	0.6	0.2	0.528	0.4	1.8	0.585	0.4	1.2	0.752
46	0.4	1.6	0.578	0.4	2.6	0.863	0.4	1.4	0.549	0.6	0.4	0.523	0.4	2.0	0.609	0.4	1.4	0.766
47	0.4	1.8	0.595	0.4	2.8	0.900	0.4	1.6	0.566	0.6	0.6	0.525	0.4	2.2	0.634	0.4	1.6	0.781
48	0.4	2.0	0.619	0.4	3.0	0.989	0.4	1.8	0.583	0.6	0.8	0.526	0.4	2.4	0.656	0.4	1.8	0.797
49	0.4	2.2	0.650	0.6	0.0	0.746	0.4	2.0	0.606	0.6	1.0	0.538	0.4	2.6	0.693	0.4	2.0	0.813
50	0.4	2.4	0.673	0.6	0.2	0.740	0.4	2.2	0.631	0.6	1.2	0.547	0.4	2.8	0.715	0.4	2.2	0.837
51	0.4	2.6	0.709	0.6	0.4	0.736	0.4	2.4	0.656	0.6	1.4	0.565	0.4	3.0	0.751	0.4	2.4	0.857
52	0.4	2.8	0.763	0.6	0.6	0.732	0.4	2.6	0.680	0.6	1.6	0.583	0.4	3.2	0.777	0.4	2.6	0.909
53	0.4	3.0	0.798	0.6	0.8	0.732	0.4	2.8	0.711	0.6	1.8	0.598	0.4	3.4	0.813	0.4	2.8	0.944
54	0.4	3.2	0.826	0.6	1.0	0.731	0.4	3.0	0.736	0.6	2.0	0.619	0.6	0.0	0.545	0.4	3.0	0.966
55	0.6	0.0	0.532	0.6	1.2	0.737	0.4	3.2	0.768	0.6	2.2	0.658	0.6	0.2	0.534	0.4	3.2	0.987
56	0.6	0.2	0.524	0.6	1.4	0.747	0.4	3.4	0.799	0.6	2.4	0.713	0.6	0.4	0.525	0.4	3.4	1.018
57	0.6	0.4	0.518	0.6	1.6	0.753	0.4	3.6	0.839	0.8	0.0	0.543	0.6	0.6	0.521	0.4	3.6	1.034

续表

测孔编号	13-1	13-2		13-1	13-3		13-1	13-4		13-2	13-3		13-3	13-4		13-4	13-2	
水平间距	2.35m			3.32m			2.35m			2.35m			2.35m			3.32m		
序号	深度	深度	走时	深度	深度	走时	深度	深度	走时	深度	深度	走时	深度	深度	走时	深度	深度	走时
	m	m	ms	m	m	ms	m	m	ms	m	m	ms	m	m	ms	m	m	ms
58	0.6	0.6	0.515	0.6	1.8	0.770	0.4	3.8	0.871	0.8	0.2	0.534	0.6	0.8	0.522	0.6	0.0	0.734
59	0.6	0.8	0.519	0.6	2.0	0.784	0.4	4.0	0.915	0.8	0.4	0.529	0.6	1.0	0.522	0.6	0.2	0.732
60	0.6	1.0	0.522	0.6	2.2	0.797	0.6	0.0	0.534	0.8	0.6	0.525	0.6	1.2	0.527	0.6	0.4	0.731
61	0.6	1.2	0.533	0.6	2.4	0.825	0.6	0.2	0.523	0.8	0.8	0.523	0.6	1.4	0.542	0.6	0.6	0.727
62	0.6	1.4	0.543	0.6	2.6	0.841	0.6	0.4	0.514	0.8	1.0	0.535	0.6	1.6	0.552	0.6	0.8	0.732
63	0.6	1.6	0.561	0.6	2.8	0.908	0.6	0.6	0.511	0.8	1.2	0.541	0.6	1.8	0.568	0.6	1.0	0.734
64	0.6	1.8	0.577	0.6	3.0	0.967	0.6	0.8	0.510	0.8	1.4	0.550	0.6	2.0	0.589	0.6	1.2	0.743
65	0.6	2.0	0.600	0.8	0.0	0.756	0.6	1.0	0.515	0.8	1.6	0.565	0.6	2.2	0.609	0.6	1.4	0.755
66	0.6	2.2	0.625	0.8	0.2	0.748	0.6	1.2	0.524	0.8	1.8	0.584	0.6	2.4	0.630	0.6	1.6	0.766
67	0.6	2.4	0.650	0.8	0.4	0.741	0.6	1.4	0.534	0.8	2.0	0.604	0.6	2.6	0.661	0.6	1.8	0.782
68	0.6	2.6	0.690	0.8	0.6	0.736	0.6	1.6	0.548	0.8	2.2	0.630	0.6	2.8	0.688	0.6	2.0	0.799
69	0.6	2.8	0.735	0.8	0.8	0.731	0.6	1.8	0.564	0.8	2.4	0.664	0.6	3.0	0.718	0.6	2.2	0.817
70	0.6	3.0	0.763	0.8	1.0	0.733	0.6	2.0	0.570	1.0	0.0	0.557	0.6	3.2	0.751	0.6	2.4	0.841
71	0.6	3.2	0.791	0.8	1.2	0.734	0.6	2.2	0.585	1.0	0.2	0.545	0.6	3.4	0.780	0.6	2.6	0.889
72	0.8	0.0	0.546	0.8	1.4	0.741	0.6	2.4	0.607	1.0	0.4	0.539	0.8	0.0	0.554	0.6	2.8	0.929
73	0.8	0.2	0.533	0.8	1.6	0.742	0.6	2.6	0.626	1.0	0.6	0.530	0.8	0.2	0.543	0.6	3.0	0.946
74	0.8	0.4	0.524	0.8	1.8	0.756	0.6	2.8	0.652	1.0	0.8	0.528	0.8	0.4	0.533	0.6	3.2	0.970
75	0.8	0.6	0.519	0.8	2.0	0.772	0.6	3.0	0.679	1.0	1.0	0.533	0.8	0.6	0.525	0.6	3.4	0.983
76	0.8	0.8	0.518	0.8	2.2	0.788	0.6	3.2	0.709	1.0	1.2	0.535	0.8	0.8	0.522	0.8	0.0	0.744
77	0.8	1.0	0.517	0.8	2.4	0.806	0.6	3.4	0.738	1.0	1.4	0.542	0.8	1.0	0.520	0.8	0.2	0.739
78	0.8	1.2	0.523	0.8	2.6	0.814	0.6	3.6	0.767	1.0	1.6	0.556	0.8	1.2	0.523	0.8	0.4	0.735
79	0.8	1.4	0.532	0.8	2.8	0.862	0.6	3.8	0.840	1.0	1.8	0.569	0.8	1.4	0.532	0.8	0.6	0.728
80	0.8	1.6	0.545	0.8	3.0	0.918	0.8	0.0	0.546	1.0	2.0	0.586	0.8	1.6	0.544	0.8	0.8	0.729
81	0.8	1.8	0.562	0.8	3.2	0.913	0.8	0.2	0.536	1.0	2.2	0.614	0.8	1.8	0.560	0.8	1.0	0.733
82	0.8	2.0	0.579	1.0	0.0	0.767	0.8	0.4	0.522	1.0	2.4	0.672	0.8	2.0	0.574	0.8	1.2	0.737
83	0.8	2.2	0.604	1.0	0.2	0.760	0.8	0.6	0.515	1.2	0.0	0.574	0.8	2.2	0.594	0.8	1.4	0.745
84	0.8	2.4	0.627	1.0	0.4	0.750	0.8	0.8	0.513	1.2	0.2	0.557	0.8	2.4	0.614	0.8	1.6	0.754

续表

测孔编号	13-1	13-2		13-1	13-3		13-1	13-4		13-2	13-3		13-3	13-4		13-4	13-2	
水平间距	2.35m			3.32m			2.35m			2.35m			2.35m			3.32m		
序号	深度	深度	走时	深度	深度	走时	深度	深度	走时	深度	深度	走时	深度	深度	走时	深度	深度	走时
	m	m	ms	m	m	ms	m	m	ms	m	m	ms	m	m	ms	m	m	ms
85	0.8	2.6	0.657	1.0	0.6	0.742	0.8	1.0	0.512	1.2	0.4	0.544	0.8	2.6	0.639	0.8	1.8	0.769
86	0.8	2.8	0.702	1.0	0.8	0.736	0.8	1.2	0.515	1.2	0.6	0.533	0.8	2.8	0.663	0.8	2.0	0.784
87	0.8	3.0	0.741	1.0	1.0	0.733	0.8	1.4	0.525	1.2	0.8	0.530	0.8	3.0	0.691	0.8	2.2	0.799
88	0.8	3.2	0.766	1.0	1.2	0.736	0.8	1.6	0.534	1.2	1.0	0.531	0.8	3.2	0.716	0.8	2.4	0.820
89	1.0	0.0	0.559	1.0	1.4	0.735	0.8	1.8	0.550	1.2	1.2	0.534	0.8	3.4	0.754	0.8	2.6	0.872
90	1.0	0.2	0.543	1.0	1.6	0.742	0.8	2.0	0.561	1.2	1.4	0.538	1.0	0.0	0.569	0.8	2.8	0.910
91	1.0	0.4	0.533	1.0	1.8	0.750	0.8	2.2	0.583	1.2	1.6	0.547	1.0	0.2	0.553	0.8	3.0	0.927
92	1.0	0.6	0.525	1.0	2.0	0.759	0.8	2.4	0.603	1.2	1.8	0.554	1.0	0.4	0.539	0.8	3.2	0.935
93	1.0	0.8	0.519	1.0	2.2	0.776	0.8	2.6	0.626	1.2	2.0	0.573	1.0	0.6	0.530	0.8	3.4	0.957
94	1.0	1.0	0.517	1.0	2.4	0.784	0.8	2.8	0.649	1.2	2.2	0.600	1.0	0.8	0.525	1.0	0.0	0.753
95	1.0	1.2	0.519	1.0	2.6	0.801	0.8	3.0	0.686	1.2	2.4	0.644	1.0	1.0	0.519	1.0	0.2	0.748
96	1.0	1.4	0.522	1.0	2.8	0.862	0.8	3.2	0.710	1.4	0.0	0.595	1.0	1.2	0.521	1.0	0.4	0.738
97	1.0	1.6	0.535	1.0	3.0	0.917	0.8	3.4	0.737	1.4	0.2	0.575	1.0	1.4	0.525	1.0	0.6	0.732
98	1.0	1.8	0.547	1.0	3.2	0.900	0.8	3.6	0.768	1.4	0.4	0.560	1.0	1.6	0.534	1.0	0.8	0.728
99	1.0	2.0	0.562	1.0	3.4	0.904	0.8	3.8	0.799	1.4	0.6	0.547	1.0	1.8	0.546	1.0	1.0	0.727
100	1.0	2.2	0.583	1.2	0.0	0.786	1.0	0.0	0.562	1.4	0.8	0.540	1.0	2.0	0.555	1.0	1.2	0.730
101	1.0	2.4	0.607	1.2	0.2	0.772	1.0	0.2	0.546	1.4	1.0	0.538	1.0	2.2	0.574	1.0	1.4	0.739
102	1.0	2.6	0.639	1.2	0.4	0.757	1.0	0.4	0.529	1.4	1.2	0.536	1.0	2.4	0.592	1.0	1.6	0.746
103	1.0	2.8	0.683	1.2	0.6	0.753	1.0	0.6	0.520	1.4	1.4	0.536	1.0	2.6	0.617	1.0	1.8	0.756
104	1.0	3.0	0.712	1.2	0.8	0.744	1.0	0.8	0.514	1.4	1.6	0.538	1.0	2.8	0.641	1.0	2.0	0.770
105	1.2	0.0	0.573	1.2	1.0	0.740	1.0	1.0	0.513	1.4	1.8	0.547	1.0	3.0	0.667	1.0	2.2	0.785
106	1.2	0.2	0.560	1.2	1.2	0.738	1.0	1.2	0.512	1.4	2.0	0.557	1.0	3.2	0.692	1.0	2.4	0.804
107	1.2	0.4	0.544	1.2	1.4	0.738	1.0	1.4	0.518	1.4	2.2	0.580	1.0	3.4	0.720	1.0	2.6	0.861
108	1.2	0.6	0.534	1.2	1.6	0.736	1.0	1.6	0.526	1.4	2.4	0.614	1.0	3.6	0.753	1.0	2.8	0.888
109	1.2	0.8	0.524	1.2	1.8	0.745	1.0	1.8	0.536	1.6	0.0	0.612	1.2	0.0	0.586	1.0	3.0	0.895
110	1.2	1.0	0.519	1.2	2.0	0.755	1.0	2.0	0.552	1.6	0.2	0.595	1.2	0.2	0.570	1.0	3.2	0.912
111	1.2	1.2	0.517	1.2	2.2	0.760	1.0	2.2	0.569	1.6	0.4	0.572	1.2	0.4	0.553	1.2	0.0	0.768

续表

测孔编号	13-1	13-2		13-1	13-3		13-1	13-4		13-2	13-3		13-3	13-4		13-4	13-2	
水平间距	2.35m			3.32m			2.35m			2.35m			2.35m			3.32m		
序号	深度	深度	走时	深度	深度	走时	深度	深度	走时	深度	深度	走时	深度	深度	走时	深度	深度	走时
	m	m	ms	m	m	ms	m	m	ms	m	m	ms	m	m	ms	m	m	ms
112	1.2	1.4	0.520	1.2	2.4	0.775	1.0	2.4	0.588	1.6	0.6	0.560	1.2	0.6	0.541	1.2	0.2	0.757
113	1.2	1.6	0.525	1.2	2.6	0.779	1.0	2.6	0.608	1.6	0.8	0.547	1.2	0.8	0.530	1.2	0.4	0.745
114	1.2	1.8	0.533	1.2	2.8	0.812	1.0	2.8	0.630	1.6	1.0	0.545	1.2	1.0	0.524	1.2	0.6	0.737
115	1.2	2.0	0.549	1.2	3.0	0.888	1.0	3.0	0.655	1.6	1.2	0.537	1.2	1.2	0.523	1.2	0.8	0.730
116	1.2	2.2	0.566	1.2	3.2	0.868	1.0	3.2	0.681	1.6	1.4	0.535	1.2	1.4	0.523	1.2	1.0	0.726
117	1.2	2.4	0.582	1.4	0.0	0.800	1.0	3.4	0.711	1.6	1.6	0.531	1.2	1.6	0.527	1.2	1.2	0.729
118	1.2	2.6	0.610	1.4	0.2	0.784	1.0	3.6	0.740	1.6	1.8	0.534	1.2	1.8	0.534	1.2	1.4	0.735
119	1.2	2.8	0.655	1.4	0.4	0.770	1.2	0.0	0.579	1.6	2.0	0.550	1.2	2.0	0.541	1.2	1.6	0.738
120	1.2	3.0	0.686	1.4	0.6	0.761	1.2	0.2	0.560	1.6	2.2	0.564	1.2	2.2	0.554	1.2	1.8	0.747
121	1.4	0.0	0.594	1.4	0.8	0.748	1.2	0.4	0.543	1.8	0.0	0.640	1.2	2.4	0.577	1.2	2.0	0.757
122	1.4	0.2	0.576	1.4	1.0	0.739	1.2	0.6	0.530	1.8	0.2	0.612	1.2	2.6	0.595	1.2	2.2	0.771
123	1.4	0.4	0.558	1.4	1.2	0.739	1.2	0.8	0.521	1.8	0.4	0.595	1.2	2.8	0.618	1.2	2.4	0.787
124	1.4	0.6	0.543	1.4	1.4	0.735	1.2	1.0	0.516	1.8	0.6	0.580	1.2	3.0	0.640	1.2	2.6	0.842
125	1.4	0.8	0.531	1.4	1.6	0.734	1.2	1.2	0.514	1.8	0.8	0.563	1.2	3.2	0.675	1.2	2.8	0.869
126	1.4	1.0	0.522	1.4	1.8	0.741	1.2	1.4	0.515	1.8	1.0	0.557	1.2	3.4	0.690	1.2	3.0	0.871
127	1.4	1.2	0.519	1.4	2.0	0.743	1.2	1.6	0.520	1.8	1.2	0.547	1.2	3.6	0.719	1.2	3.2	0.893
128	1.4	1.4	0.516	1.4	2.2	0.749	1.2	1.8	0.525	1.8	1.4	0.540	1.2	3.8	0.753	1.4	0.0	0.783
129	1.4	1.6	0.519	1.4	2.4	0.758	1.2	2.0	0.536	1.8	1.6	0.535	1.4	0.0	0.606	1.4	0.2	0.771
130	1.4	1.8	0.525	1.4	2.6	0.769	1.2	2.2	0.549	1.8	1.8	0.532	1.4	0.2	0.589	1.4	0.4	0.756
131	1.4	2.0	0.537	1.4	2.8	0.817	1.2	2.4	0.565	1.8	2.0	0.542	1.4	0.4	0.570	1.4	0.6	0.743
132	1.4	2.2	0.553	1.4	3.0	0.878	1.2	2.6	0.585	1.8	2.2	0.557	1.4	0.6	0.553	1.4	0.8	0.737
133	1.4	2.4	0.566	1.4	3.2	0.850	1.2	2.8	0.607	2.0	0.0	0.663	1.4	0.8	0.541	1.4	1.0	0.731
134	1.4	2.6	0.607	1.6	0.0	0.818	1.2	3.0	0.631	2.0	0.2	0.645	1.4	1.0	0.533	1.4	1.2	0.731
135	1.4	2.8	0.650	1.6	0.2	0.799	1.2	3.2	0.654	2.0	0.4	0.614	1.4	1.2	0.524	1.4	1.4	0.735
136	1.4	3.0	0.673	1.6	0.4	0.786	1.2	3.4	0.679	2.0	0.6	0.595	1.4	1.4	0.522	1.4	1.6	0.735
137	1.4	3.2	0.697	1.6	0.6	0.768	1.2	3.6	0.712	2.0	0.8	0.574	1.4	1.6	0.521	1.4	1.8	0.742
138	1.6	0.0	0.615	1.6	0.8	0.757	1.2	3.8	0.740	2.0	1.0	0.568	1.4	1.8	0.526	1.4	2.0	0.750

续表

测孔编号	13-1	13-2		13-1	13-3		13-1	13-4		13-2	13-3		13-3	13-4		13-4	13-2	
水平间距	2.35m			3.32m			2.35m			2.35m			2.35m			3.32m		
序号	深度	深度	走时	深度	深度	走时	深度	深度	走时	深度	深度	走时	深度	深度	走时	深度	深度	走时
	m	m	ms	m	m	ms	m	m	ms	m	m	ms	m	m	ms	m	m	ms
139	1.6	0.2	0.595	1.6	1.0	0.753	1.2	4.0	0.779	2.0	1.2	0.553	1.4	2.0	0.531	1.4	2.2	0.763
140	1.6	0.4	0.575	1.6	1.2	0.744	1.2	4.2	0.819	2.0	1.4	0.542	1.4	2.2	0.541	1.4	2.4	0.778
141	1.6	0.6	0.559	1.6	1.4	0.738	1.4	0.0	0.599	2.0	1.6	0.537	1.4	2.4	0.553	1.4	2.6	0.828
142	1.6	0.8	0.544	1.6	1.6	0.735	1.4	0.2	0.576	2.0	1.8	0.533	1.4	2.6	0.577	1.4	2.8	0.855
143	1.6	1.0	0.531	1.6	1.8	0.736	1.4	0.4	0.555	2.0	2.0	0.539	1.4	2.8	0.594	1.4	3.0	0.854
144	1.6	1.2	0.523	1.6	2.0	0.737	1.4	0.6	0.541	2.0	2.2	0.560	1.4	3.0	0.617	1.4	3.2	0.868
145	1.6	1.4	0.518	1.6	2.2	0.745	1.4	0.8	0.530	2.2	0.0	0.691	1.4	3.2	0.639	1.6	0.0	0.798
146	1.6	1.6	0.520	1.6	2.4	0.752	1.4	1.0	0.518	2.2	0.2	0.660	1.4	3.4	0.667	1.6	0.2	0.782
147	1.6	1.8	0.521	1.6	2.6	0.759	1.4	1.2	0.516	2.2	0.4	0.641	1.4	3.6	0.699	1.6	0.4	0.766
148	1.6	2.0	0.529	1.6	2.8	0.802	1.4	1.4	0.516	2.2	0.6	0.616	1.6	0.0	0.628	1.6	0.6	0.753
149	1.6	2.2	0.540	1.6	3.0	0.858	1.4	1.6	0.518	2.2	0.8	0.587	1.6	0.2	0.607	1.6	0.8	0.747
150	1.6	2.4	0.552	1.6	3.2	0.839	1.4	1.8	0.521	2.2	1.0	0.579	1.6	0.4	0.587	1.6	1.0	0.740
151	1.6	2.6	0.591	1.6	3.4	0.851	1.4	2.0	0.530	2.2	1.2	0.562	1.6	0.6	0.566	1.6	1.2	0.738
152	1.6	2.8	0.640	1.8	0.0	0.830	1.4	2.2	0.540	2.2	1.4	0.553	1.6	0.8	0.552	1.6	1.4	0.734
153	1.6	3.0	0.617	1.8	0.2	0.820	1.4	2.4	0.551	2.2	1.6	0.546	1.6	1.0	0.540	1.6	1.6	0.735
154	1.6	3.2	0.629	1.8	0.4	0.799	1.4	2.6	0.567	2.2	1.8	0.543	1.6	1.2	0.531	1.6	1.8	0.738
155	1.8	0.0	0.636	1.8	0.6	0.781	1.4	2.8	0.584	2.2	2.0	0.544	1.6	1.4	0.526	1.6	2.0	0.744
156	1.8	0.2	0.612	1.8	0.8	0.770	1.4	3.0	0.608	2.2	2.2	0.570	1.6	1.6	0.520	1.6	2.2	0.753
157	1.8	0.4	0.592	1.8	1.0	0.758	1.4	3.2	0.632	2.4	0.0	0.720	1.6	1.8	0.523	1.6	2.4	0.767
158	1.8	0.6	0.572	1.8	1.2	0.750	1.4	3.4	0.654	2.4	0.2	0.688	1.6	2.0	0.524	1.6	2.6	0.824
159	1.8	0.8	0.554	1.8	1.4	0.743	1.4	3.6	0.684	2.4	0.4	0.656	1.6	2.2	0.534	1.6	2.8	0.844
160	1.8	1.0	0.540	1.8	1.6	0.738	1.4	3.8	0.712	2.4	0.6	0.638	1.6	2.4	0.548	1.6	3.0	0.836
161	1.8	1.2	0.529	1.8	1.8	0.732	1.4	4.0	0.743	2.4	0.8	0.612	1.6	2.6	0.559	1.6	3.2	0.859
162	1.8	1.4	0.522	1.8	2.0	0.735	1.4	4.2	0.779	2.4	1.0	0.593	1.6	2.8	0.580	1.6	3.4	0.871
163	1.8	1.6	0.520	1.8	2.2	0.738	1.6	0.0	0.621	2.4	1.2	0.580	1.6	3.0	0.606	1.6	3.6	0.889
164	1.8	1.8	0.518	1.8	2.4	0.742	1.6	0.2	0.599	2.4	1.4	0.565	1.6	3.2	0.623	1.6	3.8	0.906
165	1.8	2.0	0.525	1.8	2.6	0.749	1.6	0.4	0.577	2.4	1.6	0.555	1.6	3.4	0.651	1.6	4.0	0.935

续表

测孔编号	13-1	13-2		13-1	13-3		13-1	13-4		13-2	13-3		13-3	13-4		13-4	13-2	
水平间距	2.35m			3.32m			2.35m			2.35m			2.35m			3.32m		
序号	深度	深度	走时	深度	深度	走时	深度	深度	走时	深度	深度	走时	深度	深度	走时	深度	深度	走时
	m	m	ms	m	m	ms	m	m	ms	m	m	ms	m	m	ms	m	m	ms
166	1.8	2.2	0.530	1.8	2.8	0.783	1.6	0.6	0.559	2.4	1.8	0.554	1.8	0.0	0.650	1.6	4.2	0.962
167	1.8	2.4	0.544	1.8	3.0	0.843	1.6	0.8	0.544	2.4	2.0	0.550	1.8	0.2	0.628	1.8	0.0	0.814
168	1.8	2.6	0.584	1.8	3.2	0.827	1.6	1.0	0.532	2.4	2.2	0.558	1.8	0.4	0.608	1.8	0.2	0.799
169	1.8	2.8	0.617	1.8	3.4	0.826	1.6	1.2	0.524	2.4	2.4	0.604	1.8	0.6	0.589	1.8	0.4	0.779
170	1.8	3.0	0.608	1.8	3.6	0.854	1.6	1.4	0.518	2.6	0.0	0.750	1.8	0.8	0.573	1.8	0.6	0.767
171	1.8	3.2	0.620	2.0	0.0	0.858	1.6	1.6	0.516	2.6	0.2	0.716	1.8	1.0	0.556	1.8	0.8	0.756
172	2.0	0.0	0.669	2.0	0.2	0.840	1.6	1.8	0.516	2.6	0.4	0.688	1.8	1.2	0.543	1.8	1.0	0.747
173	2.0	0.2	0.646	2.0	0.4	0.819	1.6	2.0	0.523	2.6	0.6	0.659	1.8	1.4	0.538	1.8	1.2	0.746
174	2.0	0.4	0.620	2.0	0.6	0.804	1.6	2.2	0.527	2.6	0.8	0.635	1.8	1.6	0.528	1.8	1.4	0.740
175	2.0	0.6	0.596	2.0	0.8	0.786	1.6	2.4	0.534	2.6	1.0	0.625	1.8	1.8	0.526	1.8	1.6	0.737
176	2.0	0.8	0.572	2.0	1.0	0.773	1.6	2.6	0.548	2.6	1.2	0.606	1.8	2.0	0.527	1.8	1.8	0.737
177	2.0	1.0	0.556	2.0	1.2	0.764	1.6	2.8	0.565	2.6	1.4	0.593	1.8	2.2	0.530	1.8	2.0	0.742
178	2.0	1.2	0.543	2.0	1.4	0.749	1.6	3.0	0.584	2.6	1.6	0.576	1.8	2.4	0.539	1.8	2.2	0.750
179	2.0	1.4	0.531	2.0	1.6	0.740	1.6	3.2	0.606	2.6	1.8	0.579	1.8	2.6	0.554	1.8	2.4	0.759
180	2.0	1.6	0.526	2.0	1.8	0.742	1.6	3.4	0.628	2.6	2.0	0.576	1.8	2.8	0.567	1.8	2.6	0.798
181	2.0	1.8	0.525	2.0	2.0	0.736	1.6	3.6	0.652	2.6	2.2	0.603	1.8	3.0	0.586	1.8	2.8	0.828
182	2.0	2.0	0.526	2.0	2.2	0.739	1.6	3.8	0.680	2.6	2.4	0.690	1.8	3.2	0.610	1.8	3.0	0.827
183	2.0	2.2	0.530	2.0	2.4	0.738	1.6	4.0	0.717	2.6	2.6	0.607	1.8	3.4	0.622	1.8	3.2	0.840
184	2.0	2.4	0.536	2.0	2.6	0.739	1.8	0.0	0.653	2.8	2.4	0.589	2.0	0.0	0.684	1.8	3.4	0.851
185	2.0	2.6	0.573	2.0	2.8	0.780	1.8	0.2	0.621	2.8	2.6	0.560	2.0	0.2	0.662	1.8	3.6	0.872
186	2.0	2.8	0.586	2.0	3.0	0.807	1.8	0.4	0.598	2.8	2.8	0.551	2.0	0.4	0.638	1.8	3.8	0.885
187	2.0	3.0	0.574	2.0	3.2	0.799	1.8	0.6	0.578	2.8	3.0	0.554	2.0	0.6	0.612	1.8	4.0	0.914
188	2.0	3.2	0.592	2.0	3.4	0.823	1.8	0.8	0.560	2.8	3.2	0.556	2.0	0.8	0.595	1.8	4.2	0.924
189	2.0	3.4	0.615	2.0	3.6	0.857	1.8	1.0	0.546	2.8	3.4	0.572	2.0	1.0	0.576	2.0	0.0	0.844
190	2.0	3.6	0.626	2.0	3.8	0.878	1.8	1.2	0.534	2.8	3.6	0.580	2.0	1.2	0.555	2.0	0.2	0.823
191	2.0	3.8	0.649	2.0	4.0	0.897	1.8	1.4	0.526	2.8	3.8	0.598	2.0	1.4	0.542	2.0	0.4	0.806
192	2.0	4.0	0.671	2.0	4.2	0.921	1.8	1.6	0.521	2.8	4.0	0.612	2.0	1.6	0.530	2.0	0.6	0.791

续表

测孔编号	13-1	13-2		13-1	13-3		13-1	13-4		13-2	13-3		13-3	13-4		13-4	13-2	
水平间距	2.35m			3.32m			2.35m			2.35m			2.35m			3.32m		
序号	深度	深度	走时	深度	深度	走时	深度	深度	走时	深度	深度	走时	深度	深度	走时	深度	深度	走时
	m	m	ms	m	m	ms	m	m	ms	m	m	ms	m	m	ms	m	m	ms
193	2.0	4.2	0.697	2.0	4.4	0.961	1.8	1.8	0.517	2.8	4.2	0.633	2.0	1.8	0.526	2.0	0.8	0.773
194	2.0	4.4	0.731	2.0	4.6	0.990	1.8	2.0	0.517	2.8	4.4	0.683	2.0	2.0	0.522	2.0	1.0	0.764
195	2.0	4.6	0.771	2.2	0.0	0.878	1.8	2.2	0.521	2.8	4.6	0.684	2.0	2.2	0.522	2.0	1.2	0.755
196	2.0	4.8	0.805	2.2	0.2	0.862	1.8	2.4	0.526	2.8	4.8	0.734	2.0	2.4	0.527	2.0	1.4	0.748
197	2.2	0.0	0.687	2.2	0.4	0.839	1.8	2.6	0.536	2.8	5.0	0.766	2.0	2.6	0.536	2.0	1.6	0.741
198	2.2	0.2	0.665	2.2	0.6	0.821	1.8	2.8	0.548	3.0	2.2	0.623	2.0	2.8	0.548	2.0	1.8	0.735
199	2.2	0.4	0.639	2.2	0.8	0.805	1.8	3.0	0.564	3.0	2.4	0.580	2.0	3.0	0.568	2.0	2.0	0.740
200	2.2	0.6	0.611	2.2	1.0	0.790	1.8	3.2	0.585	3.0	2.6	0.552	2.0	3.2	0.591	2.0	2.2	0.746
201	2.2	0.8	0.589	2.2	1.2	0.774	1.8	3.4	0.603	3.0	2.8	0.544	2.0	3.4	0.604	2.0	2.4	0.753
202	2.2	1.0	0.569	2.2	1.4	0.765	1.8	3.6	0.625	3.0	3.0	0.539	2.2	0.0	0.714	2.0	2.6	0.800
203	2.2	1.2	0.555	2.2	1.6	0.751	1.8	3.8	0.654	3.0	3.2	0.540	2.2	0.2	0.685	2.0	2.8	0.810
204	2.2	1.4	0.542	2.2	1.8	0.748	1.8	4.0	0.685	3.0	3.4	0.552	2.2	0.4	0.662	2.0	3.0	0.835
205	2.2	1.6	0.534	2.2	2.0	0.746	2.0	0.0	0.670	3.0	3.6	0.560	2.2	0.6	0.639	2.0	3.2	0.823
206	2.2	1.8	0.528	2.2	2.2	0.738	2.0	0.2	0.647	3.0	3.8	0.573	2.2	0.8	0.613	2.0	3.4	0.831
207	2.2	2.0	0.529	2.2	2.4	0.739	2.0	0.4	0.621	3.0	4.0	0.585	2.2	1.0	0.593	2.0	3.6	0.843
208	2.2	2.2	0.530	2.2	2.6	0.738	2.0	0.6	0.600	3.0	4.2	0.606	2.2	1.2	0.574	2.0	3.8	0.859
209	2.2	2.4	0.532	2.2	2.8	0.796	2.0	0.8	0.581	3.0	4.4	0.634	2.2	1.4	0.556	2.0	4.0	0.878
210	2.2	2.6	0.572	2.2	3.0	0.810	2.0	1.0	0.560	3.0	4.6	0.673	2.2	1.6	0.540	2.0	4.2	0.908
211	2.2	2.8	0.566	2.2	3.2	0.801	2.0	1.2	0.543	3.0	4.8	0.700	2.2	1.8	0.531	2.2	0.0	0.856
212	2.2	3.0	0.565	2.2	3.4	0.808	2.0	1.4	0.535	3.0	5.0	0.716	2.2	2.0	0.524	2.2	0.2	0.845
213	2.2	3.2	0.573	2.2	3.6	0.838	2.0	1.6	0.524	3.2	2.2	0.630	2.2	2.2	0.522	2.2	0.4	0.824
214	2.2	3.4	0.579	2.2	3.8	0.863	2.0	1.8	0.520	3.2	2.4	0.586	2.2	2.4	0.523	2.2	0.6	0.801
215	2.2	3.6	0.602	2.2	4.0	0.893	2.0	2.0	0.517	3.2	2.6	0.555	2.2	2.6	0.529	2.2	0.8	0.786
216	2.2	3.8	0.623	2.2	4.2	0.910	2.0	2.2	0.517	3.2	2.8	0.538	2.2	2.8	0.541	2.2	1.0	0.776
217	2.2	4.0	0.651	2.2	4.4	0.929	2.0	2.4	0.519	3.2	3.0	0.534	2.2	3.0	0.563	2.2	1.2	0.765
218	2.2	4.2	0.676	2.4	0.0	0.910	2.0	2.6	0.524	3.2	3.2	0.532	2.2	3.2	0.573	2.2	1.4	0.757
219	2.2	4.4	0.703	2.4	0.2	0.893	2.0	2.8	0.534	3.2	3.4	0.530	2.2	3.4	0.583	2.2	1.6	0.748

续表

测孔编号	13-1	13-2		13-1	13-3		13-1	13-4		13-2	13-3		13-3	13-4		13-4	13-2	
水平间距	2.35m			3.32m			2.35m			2.35m			2.35m			3.32m		
序号	深度	深度	走时	深度	深度	走时	深度	深度	走时	深度	深度	走时	深度	深度	走时	深度	深度	走时
	m	m	ms	m	m	ms	m	m	ms	m	m	ms	m	m	ms	m	m	ms
220	2.2	4.6	0.732	2.4	0.4	0.863	2.0	3.0	0.547	3.2	3.6	0.539	2.2	3.6	0.604	2.2	1.8	0.742
221	2.4	0.0	0.716	2.4	0.6	0.846	2.0	3.2	0.563	3.2	3.8	0.548	2.4	0.0	0.748	2.2	2.0	0.741
222	2.4	0.2	0.689	2.4	0.8	0.823	2.0	3.4	0.580	3.2	4.0	0.564	2.4	0.2	0.721	2.2	2.2	0.744
223	2.4	0.4	0.658	2.4	1.0	0.809	2.0	3.6	0.599	3.2	4.2	0.585	2.4	0.4	0.690	2.2	2.4	0.753
224	2.4	0.6	0.634	2.4	1.2	0.790	2.0	3.8	0.630	3.2	4.4	0.606	2.4	0.6	0.667	2.2	2.6	0.791
225	2.4	0.8	0.610	2.4	1.4	0.777	2.0	4.0	0.660	3.2	4.6	0.634	2.4	0.8	0.643	2.2	2.8	0.806
226	2.4	1.0	0.589	2.4	1.6	0.765	2.0	4.2	0.697	3.2	4.8	0.652	2.4	1.0	0.616	2.2	3.0	0.809
227	2.4	1.2	0.573	2.4	1.8	0.759	2.2	0.0	0.707	3.2	5.0	0.675	2.4	1.2	0.596	2.2	3.2	0.811
228	2.4	1.4	0.557	2.4	2.0	0.743	2.2	0.2	0.676	3.4	2.2	0.646	2.4	1.4	0.578	2.2	3.4	0.818
229	2.4	1.6	0.548	2.4	2.2	0.740	2.2	0.4	0.647	3.4	2.4	0.603	2.4	1.6	0.559	2.2	3.6	0.823
230	2.4	1.8	0.539	2.4	2.4	0.742	2.2	0.6	0.622	3.4	2.6	0.567	2.4	1.8	0.546	2.2	3.8	0.842
231	2.4	2.0	0.536	2.4	2.6	0.741	2.2	0.8	0.600	3.4	2.8	0.549	2.4	2.0	0.535	2.2	4.0	0.856
232	2.4	2.2	0.537	2.4	2.8	0.796	2.2	1.0	0.580	3.4	3.0	0.542	2.4	2.2	0.526	2.2	4.2	0.887
233	2.4	2.4	0.534	2.4	3.0	0.811	2.2	1.2	0.560	3.4	3.2	0.530	2.4	2.4	0.527	2.2	4.4	0.907
234	2.4	2.6	0.574	2.4	3.2	0.797	2.2	1.4	0.547	3.4	3.4	0.535	2.4	2.6	0.529	2.2	4.6	0.938
235	2.4	2.8	0.552	2.4	3.4	0.815	2.2	1.6	0.535	3.4	3.6	0.533	2.4	2.8	0.535	2.2	4.8	0.967
236	2.4	3.0	0.543	2.4	3.6	0.809	2.2	1.8	0.524	3.4	3.8	0.537	2.4	3.0	0.556	2.4	0.0	0.889
237	2.4	3.2	0.552	2.4	3.8	0.819	2.2	2.0	0.519	3.4	4.0	0.556	2.4	3.2	0.566	2.4	0.2	0.869
238	2.4	3.4	0.560	2.4	4.0	0.846	2.2	2.2	0.516	3.4	4.2	0.559	2.4	3.4	0.581	2.4	0.4	0.852
239	2.4	3.6	0.578	2.6	0.0	0.935	2.2	2.4	0.515	3.4	4.4	0.587	2.4	3.6	0.602	2.4	0.6	0.829
240	2.4	3.8	0.597	2.6	0.2	0.911	2.2	2.6	0.517	3.4	4.6	0.607	2.4	3.8	0.626	2.4	0.8	0.814
241	2.4	4.0	0.619	2.6	0.4	0.888	2.2	2.8	0.524	3.4	4.8	0.627	2.6	0.0	0.767	2.4	1.0	0.790
242	2.4	4.2	0.646	2.6	0.6	0.866	2.2	3.0	0.534	3.4	5.0	0.658	2.6	0.2	0.741	2.4	1.2	0.782
243	2.4	4.4	0.672	2.6	0.8	0.846	2.2	3.2	0.545	3.6	2.4	0.615	2.6	0.4	0.711	2.4	1.4	0.767
244	2.4	4.6	0.701	2.6	1.0	0.825	2.2	3.4	0.564	3.6	2.6	0.571	2.6	0.6	0.682	2.4	1.6	0.758
245	2.4	4.8	0.740	2.6	1.2	0.807	2.2	3.6	0.583	3.6	2.8	0.555	2.6	0.8	0.657	2.4	1.8	0.749
246	2.4	5.0	0.771	2.6	1.4	0.783	2.2	3.8	0.605	3.6	3.0	0.546	2.6	1.0	0.632	2.4	2.0	0.744

续表

测孔编号	13-1	13-2		13-1	13-3		13-1	13-4		13-2	13-3		13-3	13-4		13-4	13-2	
水平间距	2.35m			3.32m			2.35m			2.35m			2.35m			3.32m		
序号	深度	深度	走时	深度	深度	走时	深度	深度	走时	深度	深度	走时	深度	深度	走时	深度	深度	走时
	m	m	ms	m	m	ms	m	m	ms	m	m	ms	m	m	ms	m	m	ms
247	2.6	0.0	0.751	2.6	1.6	0.770	2.2	4.0	0.635	3.6	3.2	0.530	2.6	1.2	0.606	2.4	2.2	0.748
248	2.6	0.2	0.726	2.6	1.8	0.767	2.2	4.2	0.666	3.6	3.4	0.529	2.6	1.4	0.582	2.4	2.4	0.754
249	2.6	0.4	0.693	2.6	2.0	0.749	2.4	0.0	0.731	3.6	3.6	0.527	2.6	1.6	0.563	2.4	2.6	0.793
250	2.6	0.6	0.664	2.6	2.2	0.740	2.4	0.2	0.703	3.6	3.8	0.534	2.6	1.8	0.546	2.4	2.8	0.800
251	2.6	0.8	0.639	2.6	2.4	0.740	2.4	0.4	0.674	3.6	4.0	0.537	2.6	2.0	0.535	2.4	3.0	0.801
252	2.6	1.0	0.614	2.6	2.6	0.743	2.4	0.6	0.649	3.6	4.2	0.550	2.6	2.2	0.525	2.4	3.2	0.799
253	2.6	1.2	0.593	2.6	2.8	0.833	2.4	0.8	0.622	3.6	4.4	0.564	2.6	2.4	0.526	2.4	3.4	0.802
254	2.6	1.4	0.576	2.6	3.0	0.825	2.4	1.0	0.599	3.6	4.6	0.587	2.6	2.6	0.526	2.4	3.6	0.802
255	2.6	1.6	0.565	2.6	3.2	0.797	2.4	1.2	0.581	3.6	4.8	0.603	2.6	2.8	0.534	2.4	3.8	0.819
256	2.6	1.8	0.554	2.6	3.4	0.802	2.4	1.4	0.563	3.6	5.0	0.629	2.6	3.0	0.540	2.4	4.0	0.839
257	2.6	2.0	0.550	2.6	3.6	0.813	2.4	1.6	0.546	3.8	2.2	0.665	2.6	3.2	0.555	2.4	4.2	0.864
258	2.6	2.2	0.546	2.6	3.8	0.818	2.4	1.8	0.534	3.8	2.4	0.631	2.6	3.4	0.562	2.4	4.4	0.889
259	2.6	2.4	0.545	2.8	0.0	0.961	2.4	2.0	0.526	3.8	2.6	0.597	2.6	3.6	0.578	2.4	4.6	0.920
260	2.6	2.6	0.575	2.8	0.2	0.937	2.4	2.2	0.519	3.8	2.8	0.568	2.6	3.8	0.611	2.4	4.8	0.940
261	2.6	2.8	0.534	2.8	0.4	0.906	2.4	2.4	0.514	3.8	3.0	0.556	2.6	4.0	0.636	2.6	0.0	0.909
262	2.6	3.0	0.534	2.8	0.6	0.895	2.4	2.6	0.514	3.8	3.2	0.545	2.8	0.6	0.734	2.6	0.2	0.890
263	2.6	3.2	0.538	2.8	0.8	0.856	2.4	2.8	0.515	3.8	3.4	0.538	2.8	0.8	0.696	2.6	0.4	0.864
264	2.6	3.4	0.545	2.8	1.0	0.839	2.4	3.0	0.525	3.8	3.6	0.530	2.8	1.0	0.671	2.6	0.6	0.847
265	2.6	3.6	0.566	2.8	1.2	0.823	2.4	3.2	0.533	3.8	3.8	0.532	2.8	1.2	0.640	2.6	0.8	0.827
266	2.6	3.8	0.577	2.8	1.4	0.806	2.4	3.4	0.547	3.8	4.0	0.537	2.8	1.4	0.617	2.6	1.0	0.810
267	2.6	4.0	0.599	2.8	1.6	0.790	2.4	3.6	0.561	3.8	4.2	0.545	2.8	1.6	0.597	2.6	1.2	0.795
268	2.6	4.2	0.620	2.8	1.8	0.774	2.4	3.8	0.582	3.8	4.4	0.563	2.8	1.8	0.579	2.6	1.4	0.776
269	2.6	4.4	0.648	2.8	2.0	0.762	2.4	4.0	0.609	3.8	4.6	0.583	2.8	2.0	0.569	2.6	1.6	0.769
270	2.6	4.6	0.684	2.8	2.2	0.759	2.4	4.2	0.638	3.8	4.8	0.602	2.8	2.2	0.561	2.6	1.8	0.757
271	2.6	4.8	0.717	2.8	2.4	0.750	2.6	0.0	0.762	4.0	2.2	0.699	2.8	2.4	0.556	2.6	2.0	0.752
272	2.6	5.0	0.745	2.8	2.6	0.752	2.6	0.2	0.736	4.0	2.4	0.648	2.8	2.6	0.547	2.6	2.2	0.754

续表

测孔编号	13-1	13-2		13-1	13-3		13-1	13-4		13-2	13-3		13-3	13-4		13-4	13-2	
水平间距	2.35m			3.32m			2.35m			2.35m			2.35m			3.32m		
序号	深度	深度	走时	深度	深度	走时	深度	深度	走时	深度	深度	走时	深度	深度	走时	深度	深度	走时
	m	m	ms	m	m	ms	m	m	ms	m	m	ms	m	m	ms	m	m	ms
273	2.8	0.0	0.786	2.8	2.8	0.826	2.6	0.4	0.702	4.0	2.6	0.608	2.8	2.8	0.550	2.6	2.4	0.759
274	2.8	0.2	0.753	2.8	3.0	0.814	2.6	0.6	0.674	4.0	2.8	0.582	2.8	3.0	0.556	2.6	2.6	0.797
275	2.8	0.4	0.722	2.8	3.2	0.781	2.6	0.8	0.647	4.0	3.0	0.562	2.8	3.2	0.558	2.6	2.8	0.809
276	2.8	0.6	0.695	2.8	3.4	0.783	2.6	1.0	0.623	4.0	3.2	0.550	2.8	3.4	0.565	2.6	3.0	0.788
277	2.8	0.8	0.660	2.8	3.6	0.795	2.6	1.2	0.597	4.0	3.4	0.537	2.8	3.6	0.571	2.6	3.2	0.789
278	2.8	1.0	0.637	2.8	3.8	0.806	2.6	1.4	0.580	4.0	3.6	0.533	2.8	3.8	0.591	2.6	3.4	0.793
279	2.8	1.2	0.616	2.8	4.0	0.817	2.6	1.6	0.561	4.0	3.8	0.530	3.0	0.0	0.856	2.6	3.6	0.799
280	2.8	1.4	0.597	2.8	4.2	0.834	2.6	1.8	0.547	4.0	4.0	0.530	3.0	0.2	0.825	2.6	3.8	0.809
281	2.8	1.6	0.583	2.8	4.4	0.847	2.6	2.0	0.536	4.0	4.2	0.530	3.0	0.4	0.794	2.6	4.0	0.829
282	2.8	1.8	0.573	3.0	0.0	0.994	2.6	2.2	0.525	4.0	4.4	0.545	3.0	0.6	0.763	2.6	4.2	0.856
283	2.8	2.0	0.565	3.0	0.2	0.963	2.6	2.4	0.518	4.0	4.6	0.554	3.0	0.8	0.734	2.6	4.4	0.869
284	2.8	2.2	0.560	3.0	0.4	0.941	2.6	2.6	0.513	4.0	4.8	0.566	3.0	1.0	0.711	2.8	0.0	0.935
285	2.8	2.4	0.559	3.0	0.6	0.912	2.6	2.8	0.513	4.0	5.0	0.586	3.0	1.2	0.681	2.8	0.2	0.915
286	2.8	2.6	0.565	3.0	0.8	0.890	2.6	3.0	0.517	4.2	2.2	0.728	3.0	1.4	0.651	2.8	0.4	0.889
287	2.8	2.8	0.534	3.0	1.0	0.866	2.6	3.2	0.527	4.2	2.4	0.686	3.0	1.6	0.634	2.8	0.6	0.867
288	2.8	3.0	0.528	3.0	1.2	0.846	2.6	3.4	0.533	4.2	2.6	0.631	3.0	1.8	0.617	2.8	0.8	0.846
289	2.8	3.2	0.533	3.0	1.4	0.824	2.6	3.6	0.547	4.2	2.8	0.606	3.0	2.0	0.608	2.8	1.0	0.827
290	2.8	3.4	0.539	3.0	1.6	0.801	2.6	3.8	0.567	4.2	3.0	0.588	3.0	2.2	0.597	2.8	1.2	0.814
291	2.8	3.6	0.549	3.0	1.8	0.798	2.6	4.0	0.596	4.2	3.2	0.566	3.0	2.4	0.588	2.8	1.4	0.795
292	2.8	3.8	0.562	3.0	2.0	0.783	2.6	4.2	0.621	4.2	3.4	0.547	3.0	2.6	0.572	2.8	1.6	0.780
293	2.8	4.0	0.581	3.0	2.2	0.769	2.6	4.4	0.650	4.2	3.6	0.543	3.0	2.8	0.563	2.8	1.8	0.768
294	2.8	4.2	0.601	3.0	2.4	0.784	2.6	4.6	0.682	4.2	3.8	0.531	3.0	3.0	0.545	2.8	2.0	0.761
295	2.8	4.4	0.627	3.0	2.6	0.791	2.8	0.0	0.801	4.2	4.0	0.526	3.0	3.2	0.541	2.8	2.2	0.765
296	2.8	4.6	0.649	3.0	2.8	0.871	2.8	0.2	0.766	4.2	4.2	0.528	3.0	3.4	0.545	2.8	2.4	0.767
297	2.8	4.8	0.686	3.0	3.0	0.812	2.8	0.4	0.735	4.2	4.4	0.535	3.0	3.6	0.551	2.8	2.6	0.822
298	2.8	5.0	0.714	3.0	3.2	0.788	2.8	0.6	0.702	4.2	4.6	0.538	3.0	3.8	0.567	2.8	2.8	0.808

续表

测孔编号	13-1	13-2		13-1	13-3		13-1	13-4		13-2	13-3		13-3	13-4		13-4	13-2	
水平间距	2.35m			3.32m			2.35m			2.35m			2.35m			3.32m		
序号	深度	深度	走时	深度	深度	走时	深度	深度	走时	深度	深度	走时	深度	深度	走时	深度	深度	走时
	m	m	ms	m	m	ms	m	m	ms	m	m	ms	m	m	ms	m	m	ms
299	3.0	0.0	0.815	3.0	3.4	0.788	2.8	0.8	0.679	4.2	4.8	0.552	3.0	4.0	0.589	2.8	3.0	0.796
300	3.0	0.2	0.786	3.0	3.6	0.792	2.8	1.0	0.652	4.2	5.0	0.570	3.2	1.6	0.661	2.8	3.2	0.792
301	3.0	0.4	0.752	3.0	3.8	0.799	2.8	1.2	0.623	4.4	2.2	0.743	3.2	1.8	0.642	2.8	3.4	0.786
302	3.0	0.6	0.720	3.0	4.0	0.810	2.8	1.4	0.602	4.4	2.4	0.701	3.2	2.0	0.622	2.8	3.6	0.790
303	3.0	0.8	0.691	3.2	0.0	1.025	2.8	1.6	0.580	4.4	2.6	0.654	3.2	2.2	0.613	2.8	3.8	0.800
304	3.0	1.0	0.665	3.2	0.2	0.995	2.8	1.8	0.563	4.4	2.8	0.630	3.2	2.4	0.592	2.8	4.0	0.814
305	3.0	1.2	0.642	3.2	0.4	0.965	2.8	2.0	0.547	4.4	3.0	0.609	3.2	2.6	0.579	2.8	4.2	0.840
306	3.0	1.4	0.622	3.2	0.6	0.943	2.8	2.2	0.537	4.4	3.2	0.582	3.2	2.8	0.547	2.8	4.4	0.861
307	3.0	1.6	0.607	3.2	0.8	0.920	2.8	2.4	0.524	4.4	3.4	0.560	3.2	3.0	0.538	2.8	4.6	0.881
308	3.0	1.8	0.591	3.2	1.0	0.888	2.8	2.6	0.517	4.4	3.6	0.550	3.2	3.2	0.536	2.8	4.8	0.899
309	3.0	2.0	0.582	3.2	1.2	0.872	2.8	2.8	0.512	4.4	3.8	0.543	3.2	3.4	0.536	2.8	5.0	0.908
310	3.0	2.2	0.578	3.2	1.4	0.853	2.8	3.0	0.513	4.4	4.0	0.530	3.2	3.6	0.542	3.0	0.0	0.969
311	3.0	2.4	0.585	3.2	1.6	0.830	2.8	3.2	0.515	4.4	4.2	0.530	3.2	3.8	0.554	3.0	0.2	0.947
312	3.0	2.6	0.587	3.2	1.8	0.819	2.8	3.4	0.521	4.4	4.4	0.535	3.2	4.0	0.561	3.0	0.4	0.919
313	3.0	2.8	0.538	3.2	2.0	0.816	2.8	3.6	0.534	4.4	4.6	0.535	3.2	4.2	0.577	3.0	0.6	0.891
314	3.0	3.0	0.532	3.2	2.2	0.807	2.8	3.8	0.554	4.4	4.8	0.535	3.2	4.4	0.596	3.0	0.8	0.867
315	3.0	3.2	0.531	3.2	2.4	0.806	2.8	4.0	0.571	4.4	5.0	0.551	3.2	4.6	0.622	3.0	1.0	0.849
316	3.0	3.4	0.535	3.2	2.6	0.808	2.8	4.2	0.599	4.6	2.2	0.785	3.4	2.0	0.635	3.0	1.2	0.831
317	3.0	3.6	0.542	3.2	2.8	0.872	2.8	4.4	0.624	4.6	2.4	0.737	3.4	2.2	0.611	3.0	1.4	0.810
318	3.0	3.8	0.553	3.2	3.0	0.812	2.8	4.6	0.655	4.6	2.6	0.695	3.4	2.4	0.587	3.0	1.6	0.798
319	3.0	4.0	0.571	3.2	3.2	0.797	2.8	4.8	0.679	4.6	2.8	0.657	3.4	2.6	0.563	3.0	1.8	0.789
320	3.0	4.2	0.581	3.2	3.4	0.793	2.8	5.0	0.705	4.6	3.0	0.626	3.4	2.8	0.555	3.0	2.0	0.790
321	3.0	4.4	0.602	3.2	3.6	0.788	3.0	0.0	0.824	4.6	3.2	0.605	3.4	3.0	0.539	3.0	2.2	0.778
322	3.0	4.6	0.633	3.2	3.8	0.793	3.0	0.2	0.795	4.6	3.4	0.579	3.4	3.2	0.536	3.0	2.4	0.792
323	3.0	4.8	0.660	3.2	4.0	0.807	3.0	0.4	0.766	4.6	3.6	0.559	3.4	3.4	0.533	3.0	2.6	0.823
324	3.0	5.0	0.689	3.2	4.2	0.809	3.0	0.6	0.735	4.6	3.8	0.550	3.4	3.6	0.535	3.0	2.8	0.790

续表

测孔编号	13-1	13-2		13-1	13-3		13-1	13-4		13-2	13-3		13-3	13-4		13-4	13-2	
水平间距	2.35m			3.32m			2.35m			2.35m			2.35m			3.32m		
序号	深度	深度	走时	深度	深度	走时	深度	深度	走时	深度	深度	走时	深度	深度	走时	深度	深度	走时
	m	m	ms	m	m	ms	m	m	ms	m	m	ms	m	m	ms	m	m	ms
325	3.2	0.0	0.850	3.4	0.0	1.057	3.0	0.8	0.704	4.6	4.0	0.537	3.4	3.8	0.545	3.0	3.0	0.782
326	3.2	0.2	0.817	3.4	0.2	1.029	3.0	1.0	0.678	4.6	4.2	0.528	3.4	4.0	0.551	3.0	3.2	0.780
327	3.2	0.4	0.784	3.4	0.4	1.000	3.0	1.2	0.649	4.6	4.4	0.529	3.4	4.2	0.563	3.0	3.4	0.783
328	3.2	0.6	0.751	3.4	0.6	0.978	3.0	1.4	0.627	4.6	4.6	0.521	3.4	4.4	0.583	3.0	3.6	0.784
329	3.2	0.8	0.721	3.4	0.8	0.956	3.0	1.6	0.598	4.6	4.8	0.538	3.4	4.6	0.599	3.0	3.8	0.792
330	3.2	1.0	0.695	3.4	1.0	0.927	3.0	1.8	0.581	4.6	5.0	0.541	3.4	4.8	0.613	3.0	4.0	0.812
331	3.2	1.2	0.671	3.4	1.2	0.909	3.0	2.0	0.565	4.8	2.2	0.824	3.4	5.0	0.628	3.0	4.2	0.831
332	3.2	1.4	0.647	3.4	1.4	0.889	3.0	2.2	0.553	4.8	2.4	0.780	3.6	2.0	0.671	3.0	4.4	0.841
333	3.2	1.6	0.630	3.4	1.6	0.863	3.0	2.4	0.534	4.8	2.6	0.717	3.6	2.2	0.640	3.0	4.6	0.863
334	3.2	1.8	0.619	3.4	1.8	0.856	3.0	2.6	0.523	4.8	2.8	0.684	3.6	2.4	0.602	3.0	4.8	0.873
335	3.2	2.0	0.610	3.4	2.0	0.845	3.0	2.8	0.517	4.8	3.0	0.663	3.6	2.6	0.581	3.0	5.0	0.901
336	3.2	2.2	0.599	3.4	2.2	0.834	3.0	3.0	0.511	4.8	3.2	0.622	3.6	2.8	0.567	3.2	0.0	0.993
337	3.2	2.4	0.608	3.4	2.4	0.853	3.0	3.2	0.512	4.8	3.4	0.606	3.6	3.0	0.547	3.2	0.2	0.974
338	3.2	2.6	0.581	3.4	2.6	0.856	3.0	3.4	0.517	4.8	3.6	0.580	3.6	3.2	0.544	3.2	0.4	0.948
339	3.2	2.8	0.546	3.4	2.8	0.870	3.0	3.6	0.527	4.8	3.8	0.566	3.6	3.4	0.537	3.2	0.6	0.915
340	3.2	3.0	0.536	3.4	3.0	0.842	3.0	3.8	0.545	4.8	4.0	0.552	3.6	3.6	0.536	3.2	0.8	0.892
341	3.2	3.2	0.532	3.4	3.2	0.799	3.0	4.0	0.559	4.8	4.2	0.539	3.6	3.8	0.540	3.2	1.0	0.871
342	3.2	3.4	0.528	3.4	3.4	0.786	3.0	4.2	0.585	4.8	4.4	0.538	3.6	4.0	0.545	3.2	1.2	0.852
343	3.2	3.6	0.530	3.4	3.6	0.790	3.0	4.4	0.608	4.8	4.6	0.530	3.6	4.2	0.549	3.2	1.4	0.837
344	3.2	3.8	0.539	3.4	3.8	0.795	3.0	4.6	0.622	4.8	4.8	0.526	3.6	4.4	0.573	3.2	1.6	0.816
345	3.2	4.0	0.548	3.4	4.0	0.806	3.0	4.8	0.650	4.8	5.0	0.534	3.6	4.6	0.586	3.2	1.8	0.802
346	3.2	4.2	0.566	3.4	4.2	0.814	3.0	5.0	0.678	5.0	2.0	0.911	3.6	4.8	0.599	3.2	2.0	0.809
347	3.2	4.4	0.578	3.4	4.4	0.833	3.2	0.0	0.862	5.0	2.2	0.878	3.6	5.0	0.614	3.2	2.2	0.809
348	3.2	4.6	0.607	3.4	4.6	0.837	3.2	0.2	0.825	5.0	2.4	0.812	3.8	2.2	0.652	3.2	2.4	0.820
349	3.2	4.8	0.635	3.4	4.8	0.851	3.2	0.4	0.795	5.0	2.6	0.764	3.8	2.4	0.625	3.2	2.6	0.831
350	3.2	5.0	0.660	3.6	0.0	1.085	3.2	0.6	0.763	5.0	2.8	0.728	3.8	2.6	0.601	3.2	2.8	0.798
351	3.4	0.0	0.889	3.6	0.2	1.068	3.2	0.8	0.734	5.0	3.0	0.698	3.8	2.8	0.583	3.2	3.0	0.786

续表

测孔编号	13-1	13-2		13-1	13-3		13-1	13-4		13-2	13-3		13-3	13-4		13-4	13-2	
水平间距	2.35m			3.32m			2.35m			2.35m			2.35m			3.32m		
序号	深度	深度	走时	深度	深度	走时	深度	深度	走时	深度	深度	走时	深度	深度	走时	深度	深度	走时
	m	m	ms	m	m	ms	m	m	ms	m	m	ms	m	m	ms	m	m	ms
352	3.4	0.2	0.854	3.6	0.4	1.046	3.2	1.0	0.705	5.0	3.2	0.657	3.8	3.0	0.559	3.2	3.2	0.784
353	3.4	0.4	0.820	3.6	0.6	1.017	3.2	1.2	0.672	5.0	3.4	0.627	3.8	3.2	0.554	3.2	3.4	0.778
354	3.4	0.6	0.783	3.6	0.8	0.981	3.2	1.4	0.651	5.0	3.6	0.601	3.8	3.4	0.544	3.2	3.6	0.791
355	3.4	0.8	0.750	3.6	1.0	0.963	3.2	1.6	0.625	5.0	3.8	0.588	3.8	3.6	0.543	3.2	3.8	0.797
356	3.4	1.0	0.723	3.6	1.2	0.946	3.2	1.8	0.601	5.0	4.0	0.566	3.8	3.8	0.538	3.2	4.0	0.808
357	3.4	1.2	0.696	3.6	1.4	0.926	3.2	2.0	0.585	5.0	4.2	0.554	3.8	4.0	0.538	3.2	4.2	0.814
358	3.4	1.4	0.677	3.6	1.6	0.907	3.2	2.2	0.558	5.0	4.4	0.547	3.8	4.2	0.552	3.2	4.4	0.832
359	3.4	1.6	0.658	3.6	1.8	0.889	3.2	2.4	0.548	5.0	4.6	0.536	3.8	4.4	0.563	3.2	4.6	0.855
360	3.4	1.8	0.644	3.6	2.0	0.873	3.2	2.6	0.535	5.0	4.8	0.530	3.8	4.6	0.575	3.2	4.8	0.861
361	3.4	2.0	0.631	3.6	2.2	0.929	3.2	2.8	0.523	5.0	5.0	0.530	3.8	4.8	0.583	3.2	5.0	0.880
362	3.4	2.2	0.628	3.6	2.4	0.947	3.2	3.0	0.514	2.0	2.0	0.533	3.8	5.0	0.603	3.4	1.2	0.876
363	3.4	2.4	0.621	3.6	2.6	0.874	3.2	3.2	0.513	2.1	2.1	0.536	4.0	2.2	0.677	3.4	1.4	0.854
364	3.4	2.6	0.587	3.6	2.8	0.883	3.2	3.4	0.513	2.2	2.2	0.548	4.0	2.4	0.652	3.4	1.6	0.846
365	3.4	2.8	0.559	3.6	3.0	0.856	3.2	3.6	0.521	2.3	2.3	0.557	4.0	2.6	0.620	3.4	1.8	0.826
366	3.4	3.0	0.543	3.6	3.2	0.800	3.2	3.8	0.534	2.4	2.4	0.560	4.0	2.8	0.608	3.4	2.0	0.828
367	3.4	3.2	0.536	3.6	3.4	0.795	3.2	4.0	0.551	2.5	2.5	0.569	4.0	3.0	0.581	3.4	2.2	0.833
368	3.4	3.4	0.531	3.6	3.6	0.792	3.2	4.2	0.568	2.6	2.6	0.631	4.0	3.2	0.571	3.4	2.4	0.841
369	3.4	3.6	0.528	3.6	3.8	0.788	3.2	4.4	0.590	2.7	2.7	0.590	4.0	3.4	0.559	3.4	2.6	0.847
370	3.4	3.8	0.531	3.6	4.0	0.790	3.2	4.6	0.601	2.8	2.8	0.567	4.0	3.6	0.546	3.4	2.8	0.822
371	3.4	4.0	0.542	3.6	4.2	0.800	3.2	4.8	0.624	2.9	2.9	0.556	4.0	3.8	0.536	3.4	3.0	0.787
372	3.4	4.2	0.550	3.6	4.4	0.845	3.2	5.0	0.650	3.0	3.0	0.546	4.0	4.0	0.534	3.4	3.2	0.787
373	3.4	4.4	0.566	3.6	4.6	0.834	3.4	0.0	0.900	3.1	3.1	0.539	4.0	4.2	0.541	3.4	3.4	0.785
374	3.4	4.6	0.591	3.6	4.8	0.866	3.4	0.2	0.868	3.2	3.2	0.536	4.0	4.4	0.542	3.4	3.6	0.784
375	3.4	4.8	0.608	3.6	5.0	0.874	3.4	0.4	0.826	3.3	3.3	0.533	4.0	4.6	0.556	3.4	3.8	0.793
376	3.4	5.0	0.630	3.8	0.0	1.148	3.4	0.6	0.800	3.4	3.4	0.530	4.0	4.8	0.558	3.4	4.0	0.800
377	3.6	0.0	0.912	3.8	0.2	1.120	3.4	0.8	0.765	3.5	3.5	0.531	4.0	5.0	0.574	3.4	4.2	0.808
378	3.6	0.2	0.881	3.8	0.4	1.092	3.4	1.0	0.736	3.6	3.6	0.529	4.2	2.4	0.676	3.4	4.4	0.819

参 考 文 献

[1] 卞爱飞，於文辉. 三维最短路径法射线追踪及改进 [J]. 天然气工业，2006，26 (5)：43－45.

[2] 陈国金，曹辉，吴永拴，等. 最短路径层析成像技术在井间地震中的应用 [J]. 石油物探，2004，43 (4)：327－330.

[3] 陈文华，彭书生. 最短走时路径搜索新方法在弹性波层析成像解释中的应用 [J]. 工程地球物理学报，2009，6 (增刊)：17－20.

[4] 葛瑞·马沃克，塔潘·木克基，杰克·德沃金，等. 岩石物理手册：孔隙介质中地震分析工具 [M]. 北京：中国科学技术大学出版社，2008.

[5] 孔春玉. 地震层析成像地理信息系统 [D]. 成都：成都理工大学，2007.

[6] 李飞，徐涛，武振波，等. 三维非均匀地质模型中的逐段迭代射线追踪 [J]. 地球物理学报，2013，56 (10)：3514－3522.

[7] 李平，许厚泽，卢造勋，等. LSQRD 及解的分辨分析 [J]. 地壳形变与地震，1999，19 (3)：1－7.

[8] 李平，许厚泽. 地球物理抗差估计和广义逆方法 [J]. 地球物理学报，2000，43 (2)：232－240.

[9] 李文文，李广场. 综合物探在城市轨道交通岩溶探测中的应用 [J]. 工程地球物理学报，2018，15 (1)：104－111.

[10] 骆循，宋正宗. 跨孔地震法井间距离选择的讨论 [J]. 物探化探计算技术，1989 (2)：169－173.

[11] 牛彦良，杨文采，吴永刚. 跨孔地震 CT 中的逐次线性化方法 [J]. 地球物理学报，1995 (3)：378－386.

[12] 宋林平，刘浩吾，沙椿. 阻尼加权地震走时层析成像迭代算法及工程应用 [J]. 应用科学学报，1997，15 (3)：325－334.

[13] 宋正宗，沙椿，宋霖平. 各向异性地震层析成像技术研究 [J]. 水电站设计，1998，14 (1)：71－74.

[14] 苏全. 井间层析成像技术在水利结构工程检测中的应用 [D]. 杭州：浙江大学，2007.

[15] 王辉，常旭. 基于图形结构的三维射线追踪方法 [J]. 地球物理学报，2000，43 (4)：534－541.

[16] 王运生，王家映，顾汉明. 弹性波 CT 关键技术与应用实例 [J]. 工程勘察，2005 (3)：66－68.

[17] 王运生，毋光荣，王旭明. 色谱图像处理方法技术研究 [J]. 勘察科学技术，2001 (6)：57－59.

[18] 王运生. 弯曲射线地震波透射层析成像的一种实现方法 [J]. 河海大学学报，1993，21 (4)：21－28.

[19] 王运生. 最佳路径算法在计算波路中的应用 [J]. 物探化探计算技术，1992，14 (2)：32－36.

[20] 王振宇，刘国华，梁国权. 基于广义逆的层析成像反演方法研究 [J]. 浙江大学学报 (工学版)，2005，39 (1)：1－5.

[21] 王振宇，刘国华. 走时层析成像的迭代 Tikhonov 正则化反演研究 [J]. 浙江大学学报 (工学版)，2005，39 (2)：259－263.

[22] 徐明果. 反演理论及其应用 [M]. 北京：地震出版社，2003.

[23] 杨文采. 地球物理反演和地震层析成像 [M]. 北京：地质出版社，1989.

[24] 杨文采，李幼铭，等. 应用地震层析成像 [M]. 北京：地质出版社，1993.

[25] 于师建，刘润泽. 三角网层析成像方法及应用 [M]. 北京：科学出版社，2014.

[26] 张建中，陈世军，徐初伟. 动态网络最短路径射线追踪 [J]. 地球物理学报，2004，47 (5)：

899 - 904.

[27] 张建中，陈世军，余大祥. 最短路径射线追踪方法及其改进 [J]. 地球物理学进展，2003，18 (1)：146 - 150.

[28] 张霖斌，刘迎庵，赵振峰，等. 有限差分法射线追踪 [J]. 石油地球物理勘探，1993，28 (6)：673 - 677.

[29] 张霖斌，姚振兴，纪晨. 地震初至波走时的有限差分计算 [J]. 地球物理学进展，1996，11 (4)：47 - 52.

[30] 张美根，贾豫葛，王妙月，等. 界面二次源波前扩展法全局最小走时射线追踪技术 [J]. 地球物理学报，2006，49 (4)：1169 - 1175.

[31] 张沙清. 波路径旅行时层析成像方法研究 [D]. 青岛：中国海洋大学，2006.

[32] 赵改善，郝守玲，杨尔皓，等. 基于旅行时线性插值的地震射线追踪算法 [J]. 石油物探，1998，37 (2)：14 - 24.

[33] 赵连锋，朱介寿，曹俊兴，等. 有序波前重建法的射线追踪 [J]. 地球物理学报，2003，46 (3)：415 - 420.

[34] 赵连锋，朱介寿，曹俊兴. 并行化交错网格法地震层析成像 [J]. 石油物探，2003，42 (1)：6 - 15.

[35] 赵群峰，张东，王敬. 网格逐次剖分算法在三维地震射线追踪中的应用 [J]. 石油物探，2012，51 (5)：451 - 458.

[36] 赵永贵，王超凡，陈燕民，等. 地震 CT 及其地质解释 [J]. 地质科学，1997，32 (1)：96 - 102.

[37] 周兵，赵明阶. 最小走时射线追踪层析方法 [J]. 物化探计算技术，1992，14 (2)：124 - 130.

[38] Asawaka E，Kawanaka T. Seismic ray tracing using linear traveltime interpolation [J]. Geophysics，1993，57 (2)：326 - 333.

[39] Blakelee Mills. Surfer. chm [EB/OL]. http：//surferhelp. goldensoftware. com/ # t = surfer/introduction _ to _ surfer. htm. 2015 - 02 - 24.

[40] Blakelee Mills. Voxler. chm [EB/OL]. http：//voxlerhelp. goldensoftware. com/ # t = Voxler% 2FIntroduction _ to _ Voxler. htm. 2017 - 05 - 04.

[41] Cormack A M. Representation of a function by its line integrals with some adiological application [J]. Journal of Applied Physics，1963，34 (9)：2722 - 2727.

[42] J Radon. Uber die bestimmung von funktionen dureh ihre integralwerte langs gewisser mannigfaltigkeitem. Befichte Saehsische Akademie der Wissensehalten [J]. 1917，69：262 - 267.

[43] K A Dines，R J Lytle. Computerized Geophysical Tomography [J]. Proc. IEEE，1979，67 (7)：1065 - 1073.

[44] Nakanishi I，Yamaguchi K. A numerical experimcnt on nonlinear image reconstruction from first - arrival times for two - dimensional island are structure [J]. Journal of Physics of the Earth，1986，34 (1)：195 - 201.

[45] P Bios，M La Porte，M Lavergne，et al. Well to Well seismic measurements [J]. Geophysics，1972，37 (3)：471 - 480.

[46] Qin F，Olsen K，Luo Y，et al. Finite - difference solution of eikonal equation along expanding Wavefronts [J]. Geophysics，1992，57 (3)：478 - 487.

[47] Rathore S K，Kishore N N，Munshi P. An Improved Method for Ray Tracing Through Curved Inhomogeneities in Composite Materials [J]. Journal of ondestructive Evaluation，2003，22 (1)：1 - 9.

[48] Vidale J E. Finite - difference calculation of travel times [J]. Bulletion of eismological Society of America，1988，78：2062 - 2076.